数学の知識

3 弧度法

・弧度法とは

角度をπを用いて表す方法を弧度法といいます ……ので，$180^\circ=\pi$，

$90^\circ=\frac{\pi}{2}$，$60^\circ=\frac{\pi}{3}$，$45^\circ=\frac{\pi}{4}$，$30^\circ=\frac{\pi}{6}$などと表されます。

・弧度法と弧の長さ

半径rで中心角がθ（弧度法）のおうぎ形の，
弧の長さℓは$\ell=r\theta$となります。
θに2π（$=360^\circ$）を入れると，円になり，
その弧の長さ（円周）は$2\pi r$，
θにπ（$=180^\circ$）を入れると，半円になり，その弧の長さはπr，
θに$\frac{\pi}{2}$（$=90^\circ$）を入れると，中心角が直角のおうぎ形になり，
その弧の長さは$\frac{\pi r}{2}$などとなります。

4 三角関数のグラフ

縦軸にy，横軸に角度（弧度法）をとって三角関数のグラフをかくと，次のようになります。

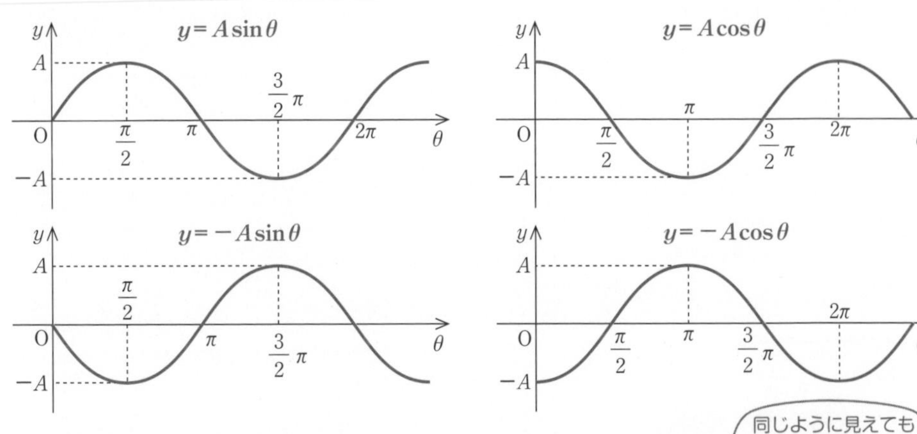

$-1\leqq\sin\theta\leqq1$，$-1\leqq\cos\theta\leqq1$なので，上のグラフは
すべて最小値が$-A$，最大値がAの波形になります。

同じように見えても
少しだけ形が
違うんだよ

鯉沼 拓

Gakken

はじめに

本書を手にとっていただきありがとうございます。

恐らく，この本をご覧になっている人の多くは，難しい数式が広がるこの科目に嫌気がさし，「物理アレルギー」になってしまった人だと思います。
物理アレルギーになる大きな理由は，現象をイメージできていないからです。
特に，電磁気・熱・原子の分野は何が起こっているかが想像しづらいため，お手上げになってしまう人も多いのではないでしょうか。
イラストをたくさん使ったこの本では，電磁気・熱・原子の分野で特におろそかになりがちな「イメージする」ということを最大限サポートしていきます。
現象がイメージできれば，数式のいっている意味もきっとわかってくるはずです。
「この公式はこういうことをいっているんだな」ということが理解できると，次第に「物理っておもしろい！」と思えてくるかもしれません。
物理のたのしさを味わいながら，ゆかいなキャラクターたちと一緒に学んでいってください！

鯉沼　拓

「物理の世界へようこそ」と胸を張っていえる本はなかなかないものです。
その理由は，難解であったり，数式ばかりだったり，途中計算が記載されていなかったり，単なるトピックスの寄せ集めだったり，とさまざまです。
しかし，本書はそれらの問題点をすべて解消した本であるといってよいでしょう。
図やイラストをふんだんに用いて数式をできる限り具体化し，身近なものにしてくれています。
物理では，目に見えない現象でも「まるで見えているかのようにイメージして数式化する」ことが求められます。
特に電磁気・熱力学・原子物理学の分野では目に見える現象は数少なく，これらを物理学として理解することは容易なことではありません。
本書では，ただ式を追いかけるだけではなく，「なるほど，そういう意味なのか！」，「なるほど，そういう現象なのか！」と思ってもらえるように，容易な表現で数式の意味を明らかにし，現象を説明してあります。
物理のおもしろさ，美しさを味わうとともに，入試問題まで解けるようになる本です。
あせらずにゆっくりと読み進めてください。
きっと物理がより身近な科目になっていくはずです。

為近　和彦

本書の特長と使いかた

■ 左が説明，右が図解の使いやすい見開き構成

本書は左ページがたとえ話を多用したわかりやすい解説，右ページがイラストを使った図解となっており，初学者の人も読みやすく勉強しやすい構成になっています。

左ページを読んでから右ページの図解に目を通すもよし，まず右ページをながめてから左ページの解説を読むもよし，ご自身の勉強しやすいように自由にお使いください。

■ 別冊の問題集と章末のチェックで実力がつく！

本冊はところどころに別冊の確認問題への誘導がついています。そこまで読んで得た知識を，実際に自分で使えるかどうかを試してみましょう。確認問題の中には難しい問題も入っています。最初は解けなかったとしても，時間をおいて再度挑戦し，すべての問題を解ける力をつけるようにしてください。

章末の「ハカセの宇宙一キビしいチェック」は，その章に学んだ大事なことのチェック事項です。よくわからないところがあれば，該当箇所を読み直してみましょう。

■ 東大生が書いた，物理受験生に必要なエッセンスが満載の本格派

本書にはユルいキャラクターが描かれており，一見したところ，あまり本格的な参考書には見えないかもしれません。

しかし，受験物理において重要な要素はしっかりとまとめてあり，他の参考書では教えてくれないような目からウロコの考えかたや解法も掲載されています。

侮るなかれ，東大生が自分の学習法を体現した本格派の物理の参考書なのです。

■ 楽しんで物理を勉強してください

上記の通り，実は本格派である物理の参考書をなぜこんな体裁にしたのかというと，読者のみなさんに楽しんで勉強をしてもらいたいからです。「勉強はつらく面倒なもの」というのは，たしかにそうなのですが，「少しでも勉強の苦労を軽減させ，みなさんに楽しんでもらえるように」という著者と編集部の想いで本書は作られました。

みなさんがハカセとリス，そしてクラゲのジェリーの掛けあいを楽しみながら，物理の力をつけていけることを願っております。

ここは地球…
落ちこぼれリスと宇宙ハカセ学園校長であるハカセは
「地球の物理《力学・波動》」を宇宙一わかりやすく
まとめあげたものの，宇宙船の鍵をなくして
星に帰れず，サバイバル生活をしていた。
ハカセ～
釣れません
しょうがないのぅ
リスは…
ほれっ！
ワシはもう10匹も
捕まえたぞ！
すご～い！
今日はお刺身？
焼き魚？
すっかり地球に
なじんでいるが…
助けが来るといいんじゃが…
トホホ…
ザバ
うわーっ?!
キャーッ

ハカセ！
助けに来ました！
キャー！
宇宙人!?
ぱかっ
あんたも
宇宙人でしょ！
見た目が
いかにも
なんだもん
バリ
バリ
私は宇宙ハカセ学園のクラゲ
ジェリーと申します
ハカセ校長捜索を命じられました！
一体何が
あったのですか!?
…リスが宇宙船の
鍵をなくしての…
やだー
言わないでよ～
トホホ
リスのせいだったんですね！
ハカセ校長
そんなリスはクビにして
私を助手にしてください!!

えー！
こんな落ちこぼれより私のほうが有能ですから！
フンッ
一緒に『宇宙一わかりやすい』シリーズの新作を作りましょう！
え？
2ヵ月前…宇宙ハカセ学園
『宇宙一わかりやすい高校物理《力学・波動》』の本…すごい！
ニガテな地球の物理がすごくわかるわ！
すごくヒットしてるね
これ…ハカセ校長が作ったんですって！
さすがハカセ校長…
はっ…アシスタントが…リス!?
え…リスって…あの成績で最低評価「Z」を取ったと言われる…？
退学になったんじゃないの？
ザワ ザワ
ど…どういうこと!? リスが…
私の憧れのハカセ校長と私の憧れの宇宙出版で仕事するなんて…！
だだだだ

校長先生に
お会いしたいのですが！
それがあいにく
不在中でして…
タントウさん！
あなたがこの本の原稿を
受け取ってから
校長は消息を絶ってるんですよ！
え？
校長先生が行方不明
ですって!?
生徒が入らないで〜！
キミは…？
副校長
先生！
学年トップの
ジェリーです！
なぜ落ちこぼれの
リスがハカセ校長の
アシスタントなんですか！
納得いきません！
す…すまないが今は
それどころじゃ
ないのだよ
はっ
そうだ！
校長が!?
あなた…新たなアシスタント候補として
ハカセ校長を探しに行きませんか？
え!?

ハカセ校長のロケットから出る電波をキャッチできるレーダーを搭載した宇宙船があるのです
行ってくれる人を探していたんですよね
やります！行きます！
ついでに新しい原稿も取ってきてくれるといいな…
タ…タントウさん…?!
あ…宇宙出版のタントウです
…というわけではるばる地球までやってきました！
私は新しいアシスタント候補なのです！
ハカセ校長！ぜひ私と新しい本を！
た…助けに来たんじゃないの？
ボクの立場が
ボクとハカセは力を合わせてサバイバル生活してきたし…
アシスタントの座は渡さないよ！
なんですって！
リスのくせに…生意気よ！
ギャーッ
バリバリ
バリバリ
だ…大丈夫かリス！

ジェリーくん
これは一体…
電気クラゲ？
す…すみません！
私…感情が高ぶると
電気が出ちゃう体質で…
なぜかうまく
コントロール
できないんです…！
ふーむ
なるほど！
では今から
電磁気・熱・原子の
ニガテを克服じゃ！
ミンナでな！
やった！
ハカセ校長！
やって
くれるんですね！
え～！
またやるのぉ～？
キャンプ生活も
十分に満喫したし…
本業復帰じゃ！
ジェリーくんも電磁気・熱・原子の３分野を
理解すれば，その電気体質を制御できる
かもしれんぞ
わーい
ちぇー
とりあえずジェリーくん
キミの宇宙船に入れてもらって
よいかね？
あ…はい!!

電磁気

私の夢は本を出すことなんです！ですから将来の足がかりとしても！ ぜひ!!
有能なら自分で本出せるんじゃない？
ハカセの助手はボクのほうが向いてると思うな！
メラ
メラ

熱

原子

なので…活躍して
もっといい女になって
彼氏を見返そうと
思ってるんです！
なんだ
そうだったのか
勉強を頑張って
電気もコントロールできる
ように訓練するんじゃ

Chapter

1

静電気

静電気

はじめに

まずは，電磁気の基本となる部分を説明していきます。
電磁気というと，力学に比べてイメージが湧きにくいため，苦手意識をもつ人が多いのではないでしょうか。
「電磁気って簡単だし，たのしそう！」と思えるように，説明していきます。
ハカセとリス，そしてクラゲのジェリーと一緒に学んでいきましょう。

このChapterでは電子の動きについてくわしく見ていきます。
原子核と電子の関係性，物体をこすり合わせたときの電荷の移動，箔(はく)検電器のしくみなど，イメージしやすいように具体的に説明していきますね。

この章で勉強すること

まず，原子の構造や，電気量などの電磁気の基本知識について紹介します。
それにもとづいて，導体や不導体の違いや静電誘導や誘電分極などを，子どもと父親のたとえを使って説明していきます。

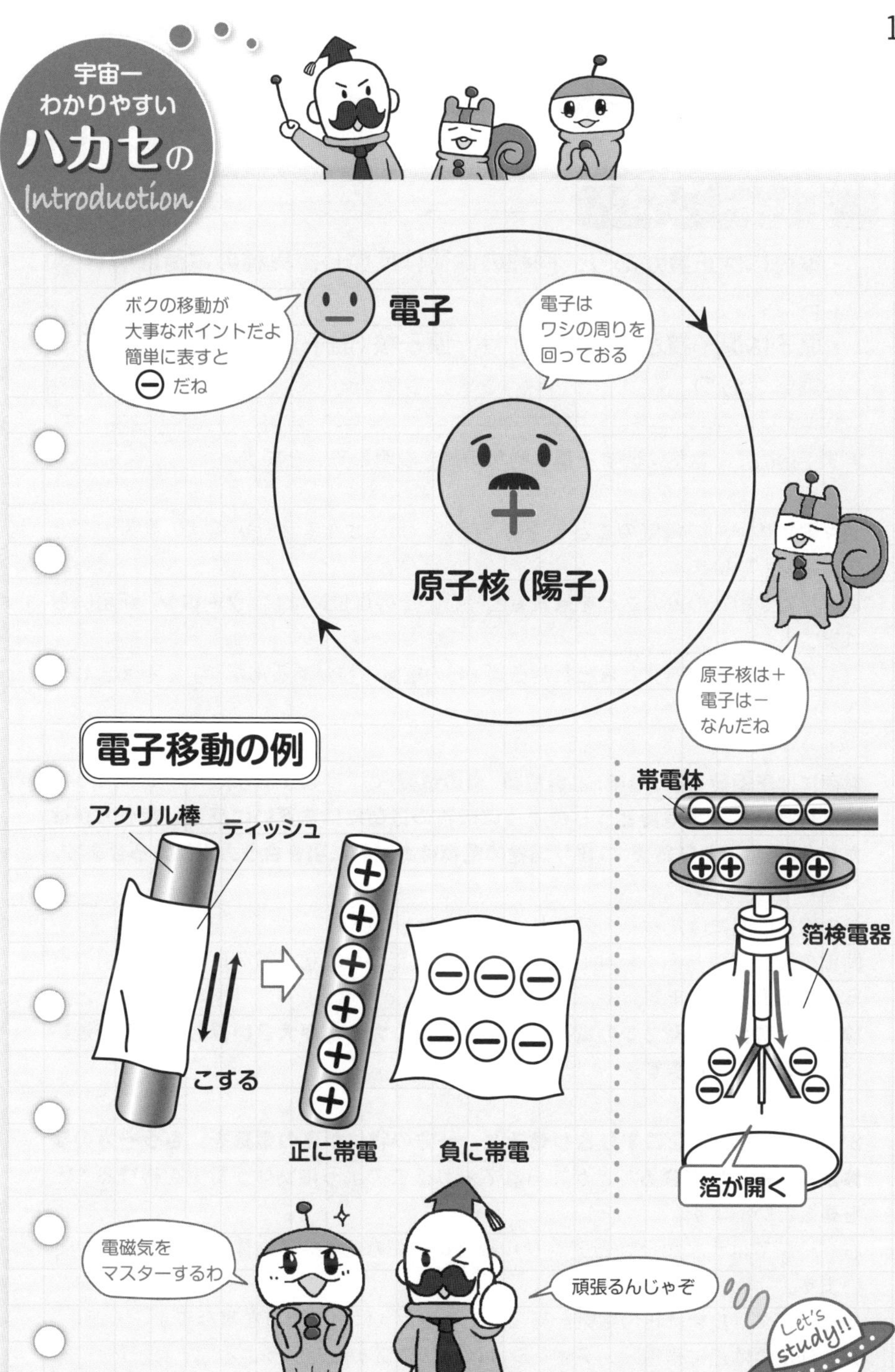

宇宙一
わかりやすい
ハカセの
Introduction
ボクの移動が
大事なポイントだよ
簡単に表すと
⊖ だね
電子
電子は
ワシの周りを
回っておる
原子核（陽子）
原子核は＋
電子は－
なんだね
電子移動の例
アクリル棒
ティッシュ
こする
正に帯電
負に帯電
帯電体
箔検電器
箔が開く
電磁気を
マスターするわ
頑張るんじゃぞ
Let's study!!

1-1　電気の基本知識と原子の構造

ココをおさえよう！

- **電荷には正負があり，同種の電荷は反発し，異種の電荷は引き合う。**
- **原子は原子核と電子からなり，原子核（陽子）は正，電子は負の電気をもつ。**

まず手始めに，電気に関する基本的な知識を説明していきます。

個々の物体がもつ電気のことを**電荷**と呼び，大きさを考えない点状の電荷のことを**点電荷**といいます。
電荷がもつ電気の量のことを**電気量**と呼び，その単位にはC（**クーロン**）が用いられます。
「1Cの点電荷がある」と言われたら，「1Cの電気の粒があるんだな」と考えましょう。

電荷には**正電荷**（**正の電荷**）と**負電荷**（**負の電荷**）の2種類があり，
正電荷どうし，負電荷どうしのように同種の電荷にはお互いに反発し合う力がはたらき，正電荷と負電荷，つまり異種の電荷はお互いに引き合う力がはたらきます。

この電荷の間にはたらく力のことを**静電気力**といい，
同種の電荷にはたらく反発し合う力のことを**斥力**，異種の電荷にはたらく引き合う力を**引力**といいます。
静電気力の大きさは2つの電荷のもつ電気量の大きさが大きいほど，距離が近いほど，大きくなります。

2つの異なる物体をこすり合わせると，一方の物体が正の電気を，もう一方の物体が負の電気を帯びることが知られており，このように物体が電気を帯びることを**帯電**といいます。
右ページではティッシュとアクリル棒という異なる2つの物体をこすり合わせています。
するとアクリル棒は正の電気を帯び，ティッシュは負の電気を帯びます。
アクリル棒は正に帯電し，ティッシュは負に帯電するということですね。

電気の基本的性質

・物体がもつ電気を電荷といい，その量を電気量という。
・電気量の単位にはC(クーロン)を用いる。
・同種の電荷には斥力，異種の電荷には引力がはたらく(静電気力)。

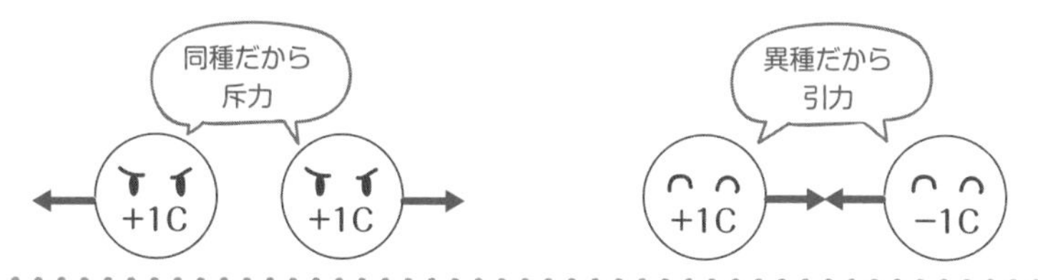

静電気力の変化

・2つの電荷の電気量の大きさが大きいほど
　静電気力の大きさが大きい。
・2つの電荷の距離が近いほど静電気力の大きさが大きい。

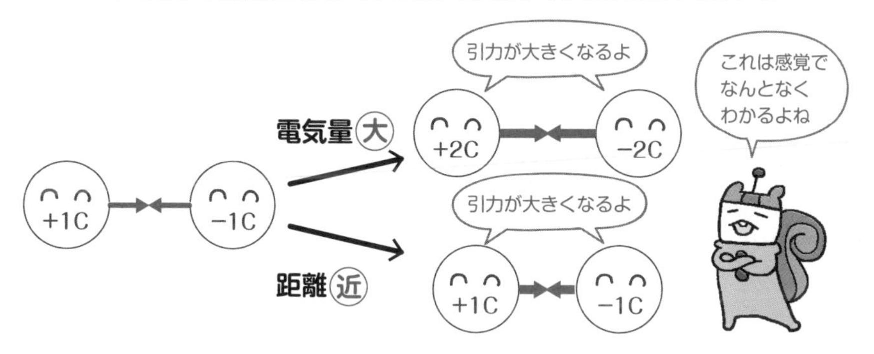

帯電

2つの異なる物質をこすり合わせると一方が正，他方が負の電気を帯びること。

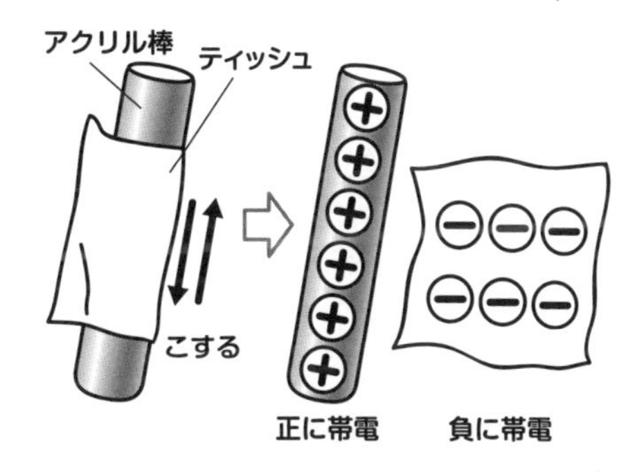

すべての物体は，原子で構成されています。
原子とは物質を構成している粒のようなものです。

原子の構造をのぞいてみると，原子は**原子核**と**電子**からできています。
原子核は陽子と中性子からなり，原子の中心に位置しています。
そして，電子は原子核の周りを回っています。

この世の中に電気が存在するのは，物体を構成する原子が電気をもっているからです。
原子核の中の陽子は正の電気を，電子は負の電気を帯びています。
電子1つは-1.6×10^{-19} C，陽子1つは$+1.6 \times 10^{-19}$ Cの電気量をもち，
これは世の中にある電気量の最小単位です。
この1.6×10^{-19} Cを**電気素量**といい，eで表すことが多いです。

原子には水素Hや炭素C，酸素Oなどいろいろありますが，
水素Hでは陽子の数と電子の数が1個ずつ，
炭素Cでは陽子の数と電子の数が6個ずつ，
酸素Oでは陽子の数と電子の数が8個ずつ，というように
すべての原子は陽子の数と電子の数が等しく，原子は全体として電荷をもたない状態です。

原子核（陽子）と電子は同じ数でセットになっていて，反対の電気量をもっているために，原子全体ではプラスマイナスゼロになっているということですね。

このように，物体が電荷をもたない状態のことを中性と呼びます。
原子は基本的に中性のため，身の回りにある多くのものは中性です。

では，どうして物体は電気を帯びることがあるのでしょうか？
そのしくみについて1-2で見ていきましょう。

原子の構造

中心に原子核(陽子と中性子)があり，その周りを電子が回っている。

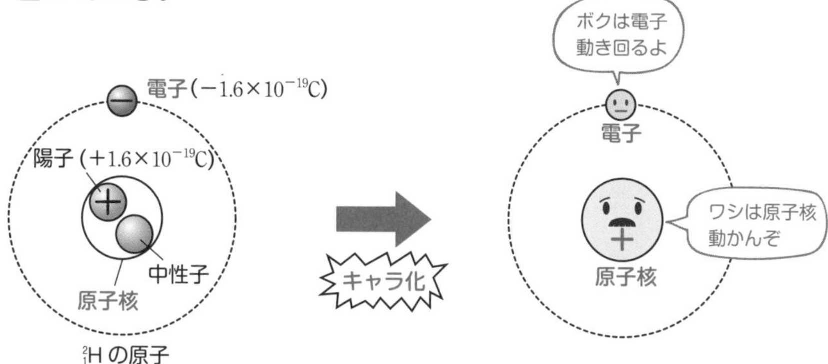

いろいろな原子

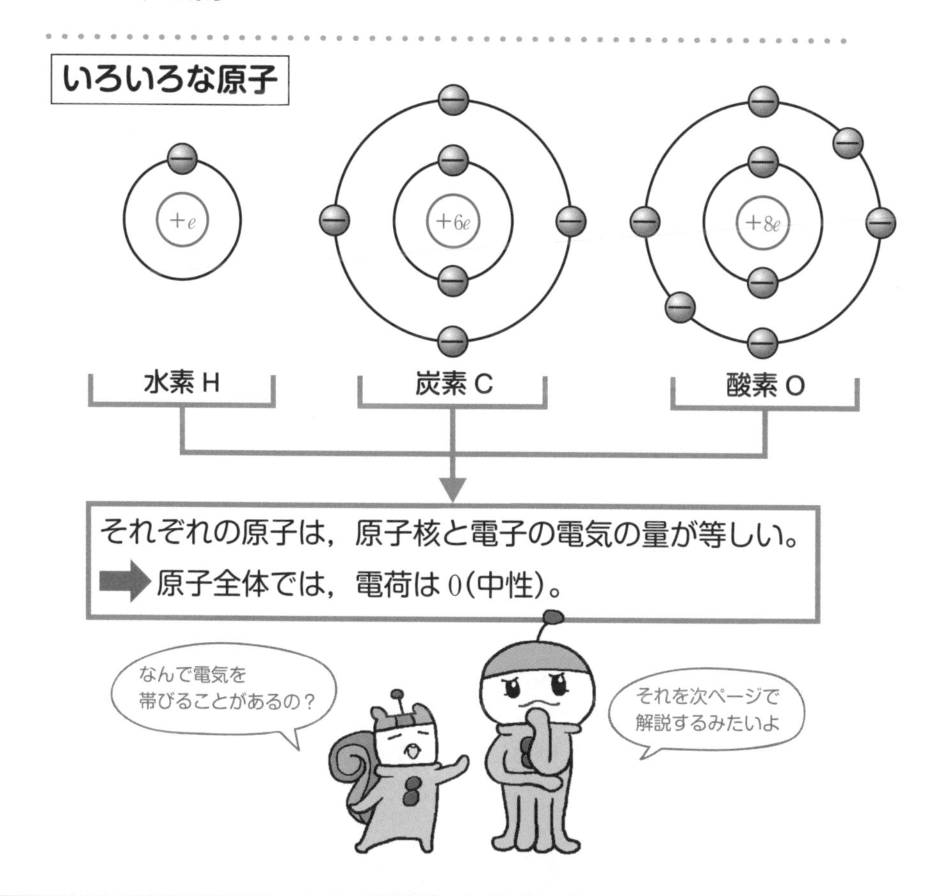

1-2　静電気

ココをおさえよう！

2つの異なる物体をこすると，2物体間を電子が移動するため，静電気が生じる（原子核のほうの正電荷は移動しない）。

子どものころ，下敷きで頭をこすって，髪の毛を逆立てて遊んだ経験はありませんか？　この現象には，静電気が深く関係しています。

原子は，中心が原子核（陽子と中性子）で，その周りを電子が回っているのでした。
つまり中心に正の電荷が集まり，周りを負の電荷が回っているのです。
この負の電荷である電子が物体の間で移動することで，**静電気**が起こるのです。
ここでは便宜的に，原子核を正の電荷，電子を負の電荷として，どちらも1つずつでセットになっているとします。
下敷きで頭をこすったときに何が起きているのかを見ていきましょう。

はじめは下敷きと髪の毛のどちらの原子も，原子核と電子が1つずつになっているので，中性を保っています。
ここで，頭を下敷きでこすったとしましょう。
すると，髪の毛にいた電子たちが「下敷きのほうが居心地がいい！」と言って，どんどん下敷きのほうへと移動していきます。
それに対して，原子核はまったく動きません。そうなると
・髪の毛には原子核に対して電子が少ない　→　正の電気を帯びている
・下敷きには原子核に対して電子が多い　→　負の電気を帯びている
ということになりますね。

こすった結果，下敷きは負に，髪の毛は正に帯電して異種の電気をもつことになりますから，髪の毛は下敷きに吸いつけられます。
このようにして，**帯電した物体にとどまっている電気を静電気と呼びます**。

ちなみに，電子がどちらの物体に移動するかは，物体によって異なります。
要は，電子は自分たちが，居心地がよいと感じる物体のほうへと移動するわけです。
「原子核は落ちついていて動かないお父さん，電子は居心地のいいほうに移動してしまう子どもたち」というイメージで考えるといいかもしれませんね。

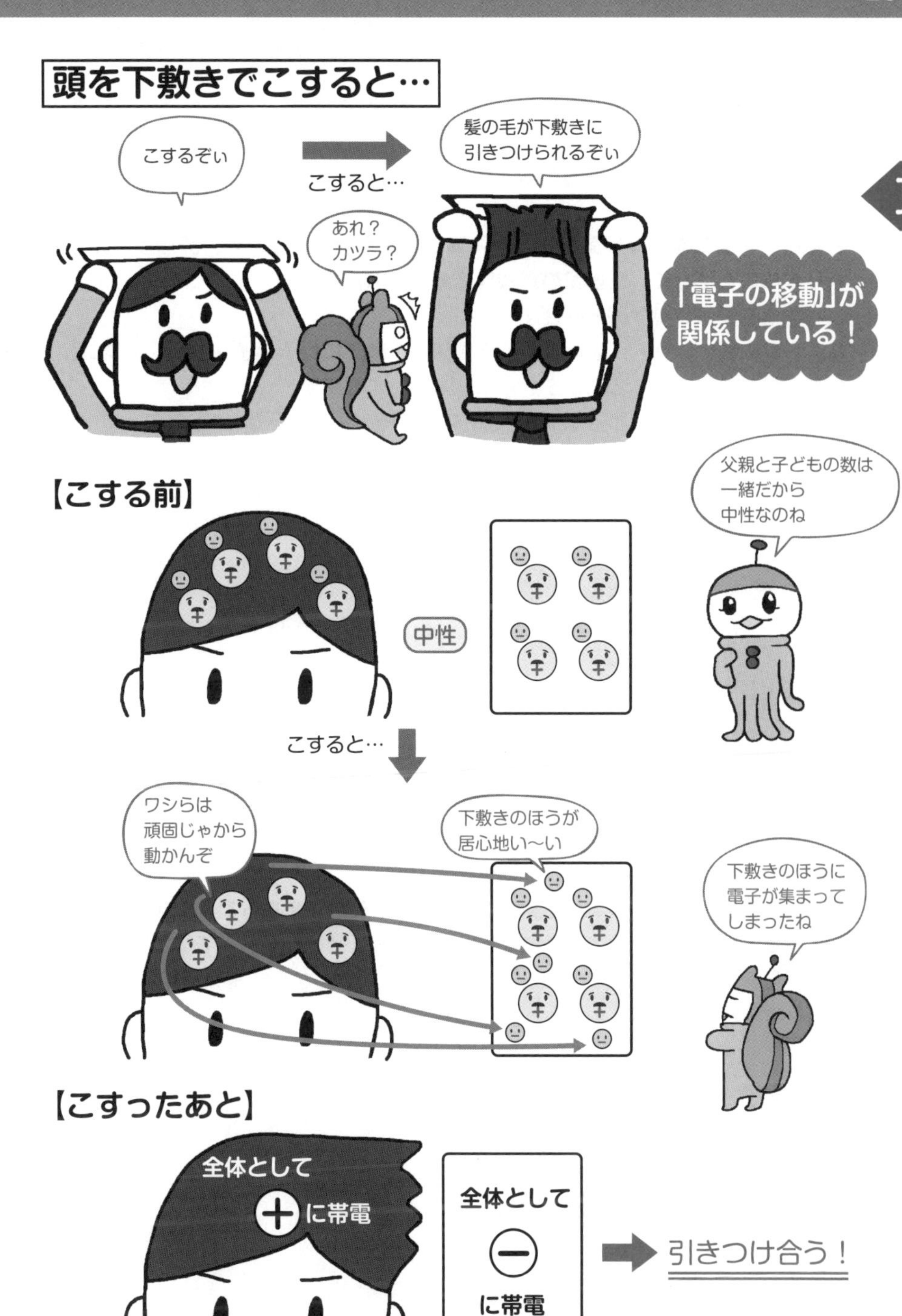
頭を下敷きでこすると…
こするぞい
こすると…
髪の毛が下敷きに
引きつけられるぞい
あれ？
カツラ？
「電子の移動」が
関係している！
1
【こする前】
父親と子どもの数は
一緒だから
中性なのね
中性
こすると…
ワシらは
頑固じゃから
動かんぞ
下敷きのほうが
居心地い〜い
下敷きのほうに
電子が集まって
しまったね
【こすったあと】
全体として
＋に帯電
全体として
−
に帯電
引きつけ合う！

ここで，電気量に関する法則を紹介しましょう。

物体をこすると電子は移動しますが，移動した先で消滅したり，突然生み出されたりすることはなく，電気量の総和は変わりません。
これを**電気量保存の法則**と呼びます。
前ページの例でいうと，髪の毛にいる電子と下敷きにいる電子を合わせた総数は，こする前とこすったあとでは変わらないということです。
原子核と電子の数は変わらないから，電気量の総和も変わらない，ってことですね。

では，この電気量保存の法則に関する問題を解いて理解を深めましょう。

問1-1 2つの材質や形状がまったく等しい金属球AとBがあり，金属球Aを$+6.0\times10^{-7}$ C，金属球Bを-2.0×10^{-7} Cに帯電させた。2つの金属球を接触させ，十分時間が経ったあとに離した。このとき，それぞれの金属球がもつ電気量を求めよ。

金属球AとBでは，Bのほうが負に帯電しているので，電子がギュウギュウにつまっていると思ってください。
金属球AとBを接触させると，金属球中の電子が移動します。
2つの金属球はまったく同じものですから，電子の居心地のよさも同じです。
すると，Bの金属球にたまった電子は「あっちも同じ金属球なのに空いてる！」といって，Aの金属球に移動していきます。
そのため，**接触後は，2つの金属球には均等に電子が存在する**ことになります。
ということは，接触後の2つの金属球がもつ電気量は等しくなっています。
また，電子は移動の前後で増えたり減ったりしませんから，電気量の総和は接触の前後で変わりません。

解きかた 接触後の金属球がもつ電気量をxとおけば，電気量保存の法則より

$$(+6.0\times10^{-7})+(-2.0\times10^{-7})=x+x$$

$$x=\mathbf{2.0\times10^{-7}\ C}$$ …答

電気量が保存するイメージはつかめましたか？

電気量保存の法則 …電子の移動の前後で電気量の総和は変わらない。

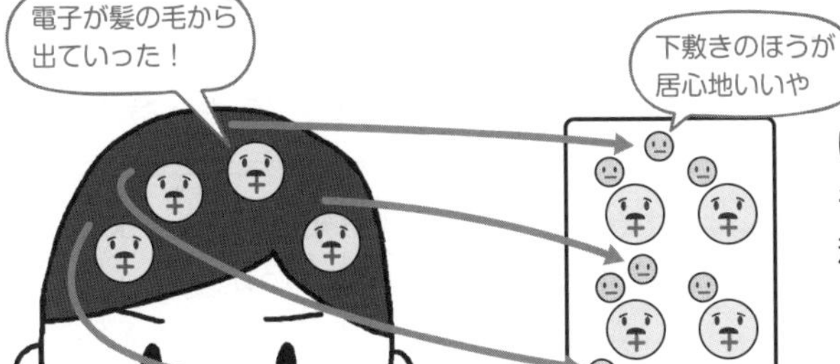

いくら電子が移動しても，原子核と電子の総和は 8 個ずつで一定

➡ 電気量の総和も一定！

問 1-1

A：$+6.0\times10^{-7}$ C　　B：-2.0×10^{-7} C

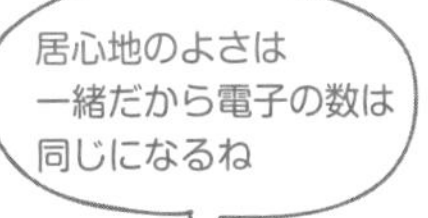

A：x〔C〕　　B：x〔C〕

$$(+6.0\times10^{-7})+(-2.0\times10^{-7})=x+x$$

$$2x=4.0\times10^{-7}$$

$$x=\underline{\underline{2.0\times10^{-7}\text{ C}}}$$ …答

1-3　導体と不導体

ココをおさえよう！

電気を通しやすい物質を導体，通しにくい物質を不導体と呼ぶ。

「金属は電気をよく通すが，ゴムは通さない」という事実は知っていますよね。
電気を通す物質とそうでない物質の違いはどこにあるのでしょうか。

金属のように，電気をよく通す物質のことを**導体**と呼びます。
それに対して，ゴムや木のような，電気を通しにくい性質をもつ物体を**不導体**（**絶縁体**）と呼びます。

導体と不導体の違いは「電子と原子核との結びつきの強さ」にあります。
つまり「原子核の頑固さ」が違うのです。

金属のような導体の中にある原子核は，そこまで頑固ではないので，電子が離れてしまっても許してしまいます。
つまり，導体の場合，**原子核が電子を引きつける力が弱く，電子は比較的自由に物質内を動き回ることができるのです**（金属内を自由に動く電子を**自由電子**といいます）。
導体の原子の原子核は，とてもやさしいお父さんという感じですね。

それに対し，**ゴムなどの不導体の原子核は，とても頑固なので，電子が自分の周りを離れるのを許さない**のです。
つまり，不導体の場合は，**原子核が電子を引きつける力が非常に強く，電子は原子核から離れることができないため，原子核の周りしか動くことができない**のです。
不導体の原子の原子核は，超厳格な頑固おやじという感じですね。

ガラスやゴム，ビニールなどが不導体の仲間です。
右ページの図でイメージを明確にしましょう。

よく耳にする半導体という物質は，導体と不導体の間の性質を示します。

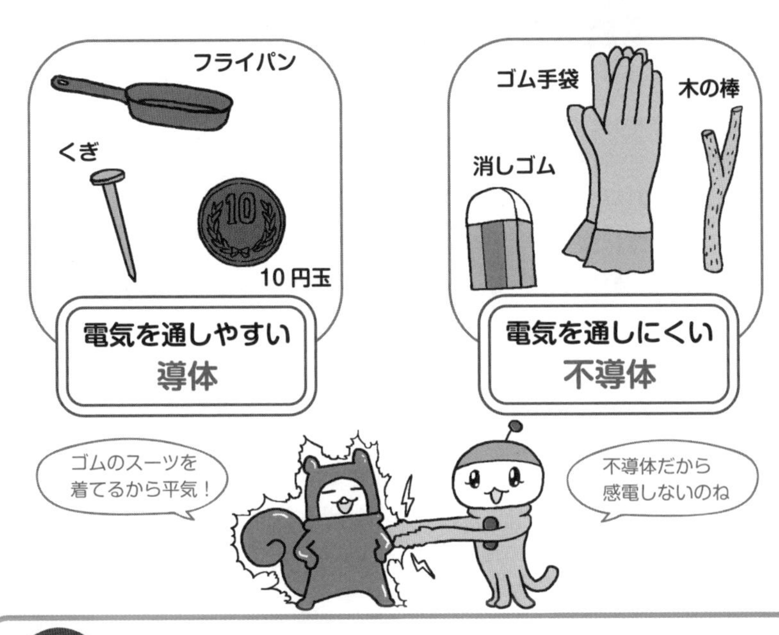

1

質問 導体と不導体の違いはなに？

答え 電子と原子核の結びつきの強さが違う！

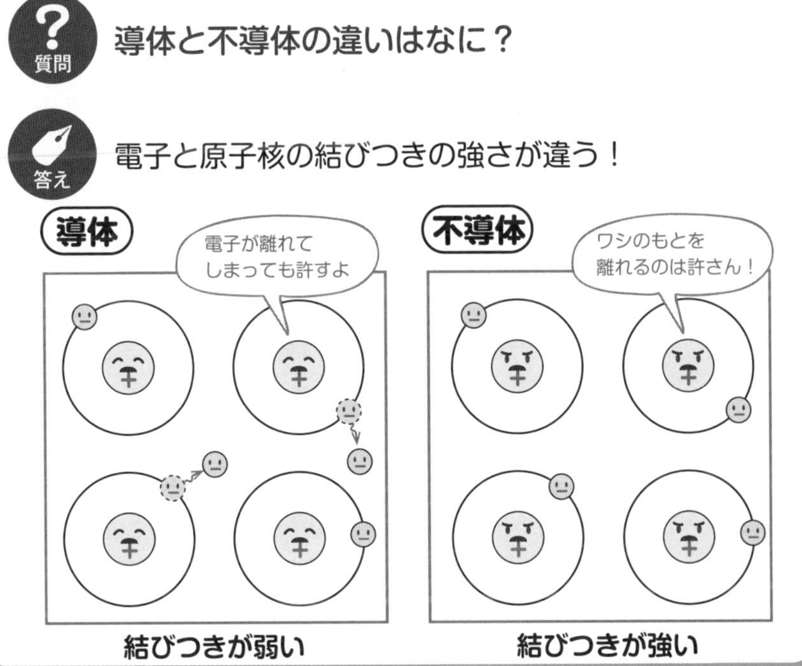

ここまでやったら
別冊 p. 1へ

1-4 静電誘導と誘電分極

ココをおさえよう！

静電誘導…導体に帯電体を近づけると，電子が自由に移動するため，帯電体に近い側に帯電体とは異種の電荷が現れ，引き寄せられる。
誘電分極…不導体において，電気的な偏りが生じて，少し引き寄せられる。

正に帯電した帯電体を，導体と不導体にそれぞれ近づけたらどうなると思いますか？　正解は，
「導体は帯電体に引き寄せられ，不導体も帯電体に少し引き寄せられる」です。
しかし，導体と不導体では“引き寄せられる仕組み”が異なります。
導体内と不導体内では，どんなことが起こっているのでしょうか。

まず，正に帯電した帯電体を導体に近づけた場合を考えましょう。
導体内にある原子核は「電子よ，自由に動いていいぞ」と，電子が動くことを許します。
電子は自由に動けるので，「正電荷があっちにある」と言って帯電体の近くへ移動します。
そうすると，帯電体の近くに電子がビッシリと集まり，異種の電荷どうしには引力がはたらくので，導体は帯電体に引き寄せられるのです。
このように，**導体に帯電体を近づけた際，帯電体に近い側に，帯電体とは異種の電荷が現れる現象を静電誘導**と呼びます。

もし負の帯電体を近づけたとすると，導体の電子は帯電体から遠いほうに逃げるので，帯電体に遠いほうが負に，帯電体に近いほうが正に帯電します。
そして結局，導体は帯電体に引き寄せられます。

次は，正に帯電した帯電体を不導体に近づけた場合です。
不導体内にある原子核は超厳格な頑固おやじですから
「電子よ，ワシのそばを離れてはイカン！」と，電子が自由に動くことを禁じます。
でも，電子は正に帯電した帯電体の近くに行きたがるので，頑固おやじの原子核が許す範囲で，帯電体の近くに寄ろうとします。
そうすると，右ページのように，整列しながらも電子は帯電体の近くに寄ります。
帯電体に近い表面は負に帯電するので，不導体は少し引きつけられるのです。
このように，**電荷の分布がずれて，不導体が帯電する現象を誘電分極**と呼びます。

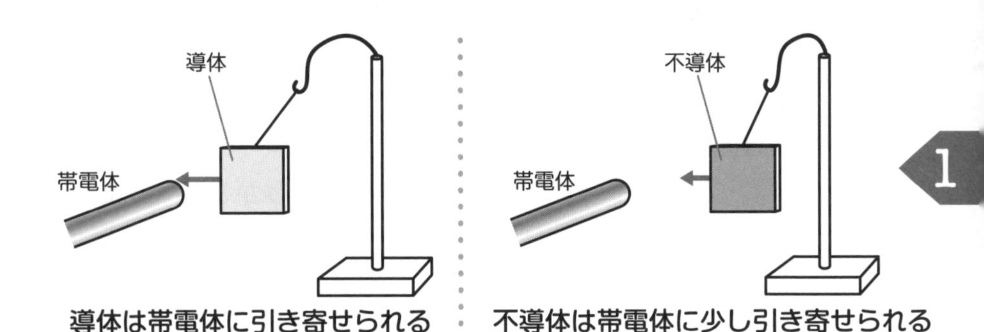

導体が引き寄せられる仕組み ➡静電誘導

不導体が引き寄せられる仕組み ➡誘電分極

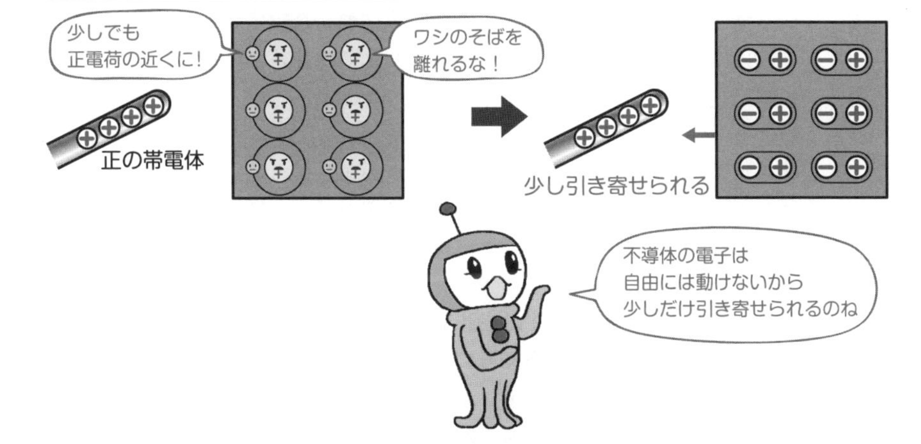

1-5 箔(はく)検電器

ココをおさえよう！

箔検電器…箔の開閉で物体が帯電しているかどうかを調べる装置。

静電誘導の現象を利用して電気を検出する，**箔(はく)検電器**について説明します。
箔検電器は，金属円板と金属箔がつながった装置です。
円板も箔も金属なので，電子は円板と箔を自由に行ったり来たりできます。

正の帯電体を，箔検電器の金属円板にくっつけてみます。
すると，金属円板や箔にいる電子が，正の帯電体へと移動します。
箔検電器全体は，電子が少なくなり正に帯電します。
すると，2枚の箔が正に帯電し斥力がはたらくので，箔が開きます。
このように，**箔検電器は帯電すると，箔が開きます**。

また，箔検電器に物体を近づけることで，その物体が帯電しているかどうかを調べることができます。
(帯電していない) **箔検電器の金属円板に帯電体を近づける (くっつけない) と，箔が帯電して開くのです。**
箔が開けば“近づけた物体は帯電している”ということになります。
なぜ帯電した物体を近づけると，箔は開く (帯電する) のでしょうか？
その理由を電子の動きから考えてみましょう。

まず，正の帯電体を，金属円板に近づけた場合，電子が物体に引きつけられるので，金属箔にある電子が金属円板に移動します。これは静電誘導ですね。
一方，原子核は移動しないので，箔には原子核が多くいることになります。
このため，箔は正に帯電して，開きます。

負の帯電体を近づけた場合も，同じように考えてみましょう。
負の帯電体を近づけると，金属円板にある電子は反発して，箔に逃げていきます。
そうすると箔には電子が多く集まることになり，箔は負に帯電して，開きます。

以上のように，箔検電器では，電子の動きを想像するのが大事なポイントです。
金属円板は近づけた帯電体と異なる符号に，箔は同符号に帯電しているのです。

箔検電器…金属箔が帯電すると，金属箔が開く。

【箔検電器に帯電体をくっつける】

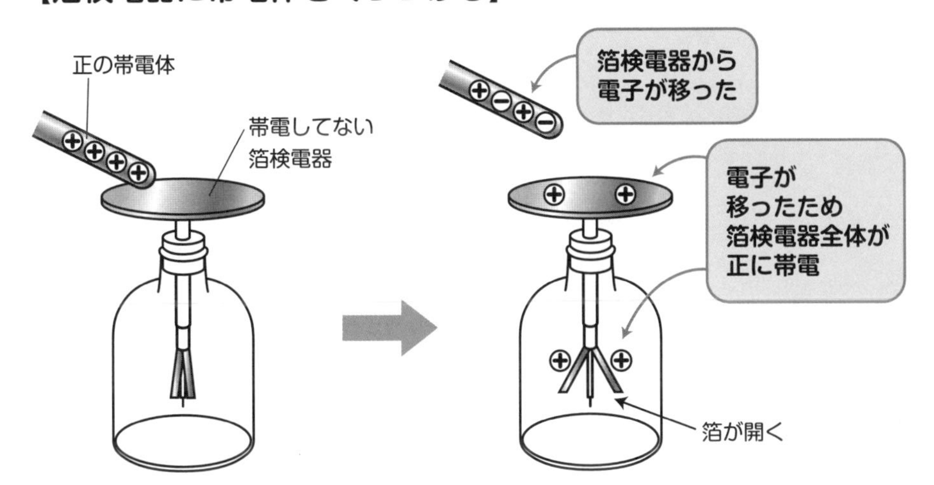

【箔検電器に帯電体を近づける】

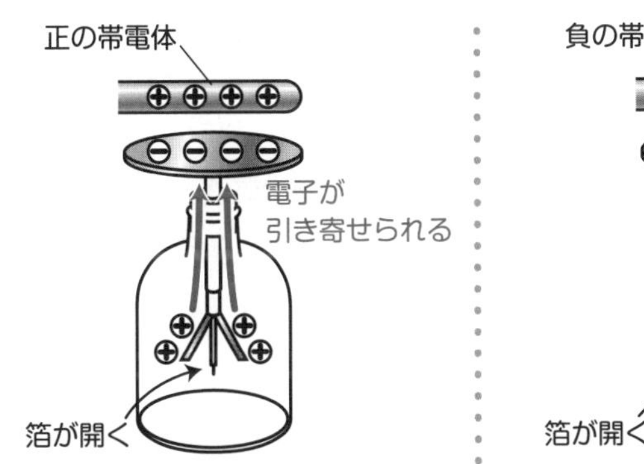

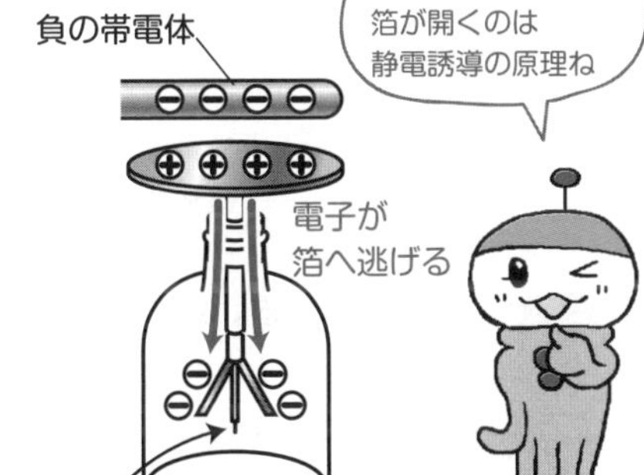

問1-2 もともと帯電していて箔が開いている箔検電器がある。この箔検電器の金属円板に正の帯電体をゆっくり近づけたところ，箔が閉じていき，さらに近づけると箔が完全に閉じたあと，再び開いた。次の問いに答えよ。

(1) 金属箔は，もともとは正，負のどちらに帯電していたか。

(2) 箔が完全に閉じてから再び開いたとき，金属円板と金属箔はそれぞれ正，負のどちらに帯電しているか。

もともと帯電しているということは，金属円板も金属箔も一様に帯電しているということです。
「円板も箔も正に帯電している」，もしくは，「円板も箔も負に帯電している」のどちらかであると考えましょう。

解きかた (1) 正の帯電体を近づけると，箔から金属円板へと電子が移動していきます。そうすると箔が開いた状態から閉じていくのですから，もともと箔には電子が集まりすぎていて，金属円板へ電子が流れていくと中性になった(箔が閉じた)と考えられます。
よって，**もともと金属箔は負に帯電していた。** …答

箔検電器がもともと帯電していても，電子の動きが想像できれば難しいことはありません。
正の帯電体を近づけられたら，金属円板に電子が集まっていきますね。

もし，もともと箔検電器が正に帯電していたとすると，正の帯電体を金属円板に近づけたとき，電子が金属円板へと移動し，箔はますます正に帯電するので，箔の開きが大きくなっていきます。

解きかた (2) (1)の続きで考えます。
電子が箔から金属円板のほうへと集まっていき，箔には電子が足りなくなり，正に帯電します。
よって，**金属円板は負に帯電し，金属箔は正に帯電している。** …答

電子の動き，想像できましたでしょうか？

次は箔検電器の接地について見ていきましょう。

(1) 正の帯電体を近づける。

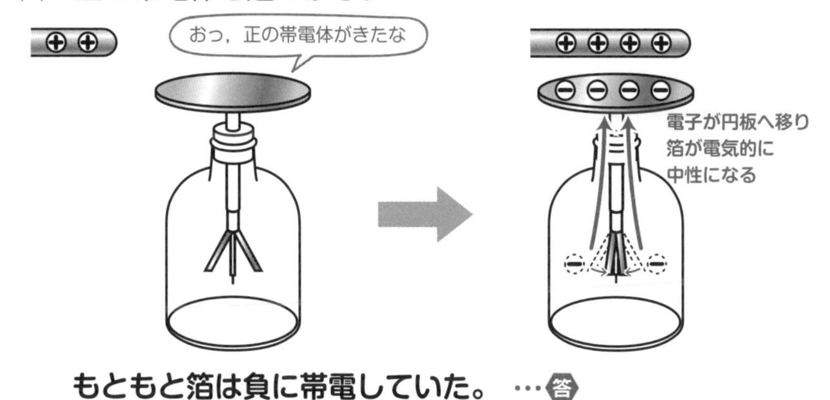

もともと箔は負に帯電していた。 …答

(2) 正の帯電体をさらに近づける。

金属円板は負に帯電し，金属箔は正に帯電する。 …

接地とは，**帯電している器具などを地球や人の体と接続することによって中性に保つ操作のこと**です。
電荷がプラスマイナスゼロの状態にするということですね。
最も簡単な接地の方法は“手で触る”です。

原子核は動きませんから，**接地の際，正電荷が移動することはなく，移動するのは電子だけ**ということに注意しましょう。
電子が過剰にあるときは電子を地球や体に放出し，電子が不足しているときは地球や体から電子をもってくる，ということです。
地球や体を**電子の倉庫**と考えるとわかりやすいかもしれません。

例えば，箔検電器が負に帯電し，金属箔が開いている状態で，金属円板に触れる（接地する）と，電子が指へと放出されるので，箔検電器は中性になり，金属箔が閉じます。

また，箔検電器が正に帯電し，金属箔が開いている状態で，金属円板に触れる（接地する）と，電子が指から流れ込むので，箔検電器は中性になり，金属箔が閉じます。

ただし，**箔検電器に帯電体を近づけたままで，接地をする場合は注意が必要です。**
正の帯電体を箔検電器に近づけると，金属円板の部分では静電誘導が発生して負に帯電していますよね。
このときに箔検電器を接地するとどうなるでしょうか？
実は，**静電誘導による力は比較的強いので，静電誘導が起こっている場所は接地の影響を受けない**のです。
ですから，金属円板の部分は，接地の影響を受けず，負に帯電したままです。
一方，箔には静電誘導が起こらないので，箔は接地され，中性になります。

これらのことをふまえて，接地が関係する問題を解いてみましょう。

接地 …帯電している器具などを，
電気的に中性にリセットする操作。

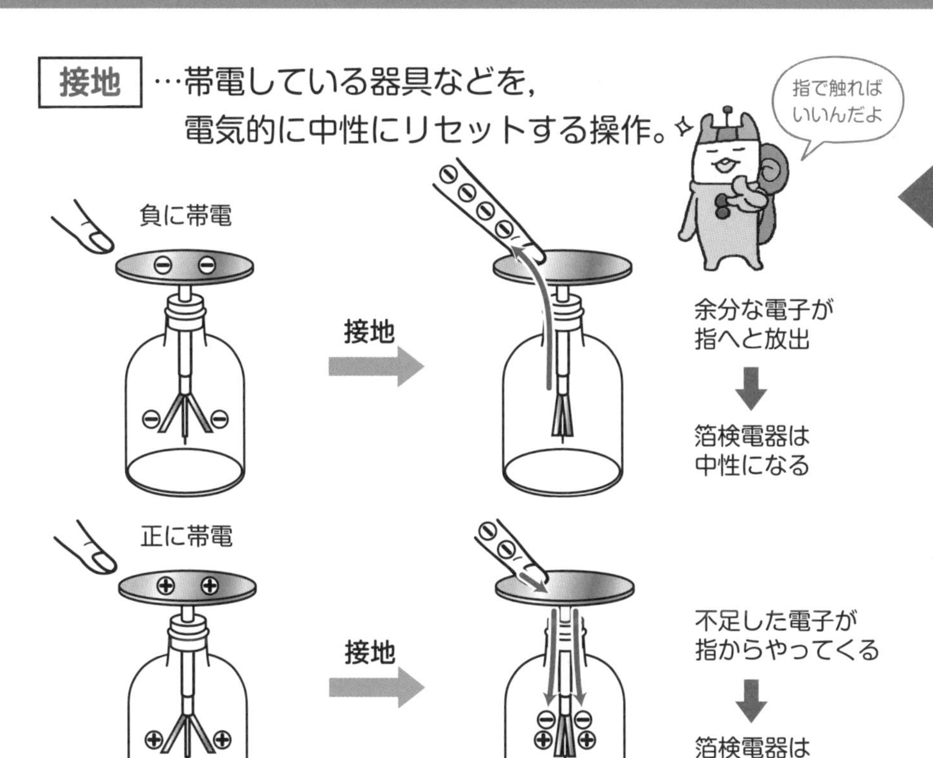

帯電体を近づけたまま接地すると…

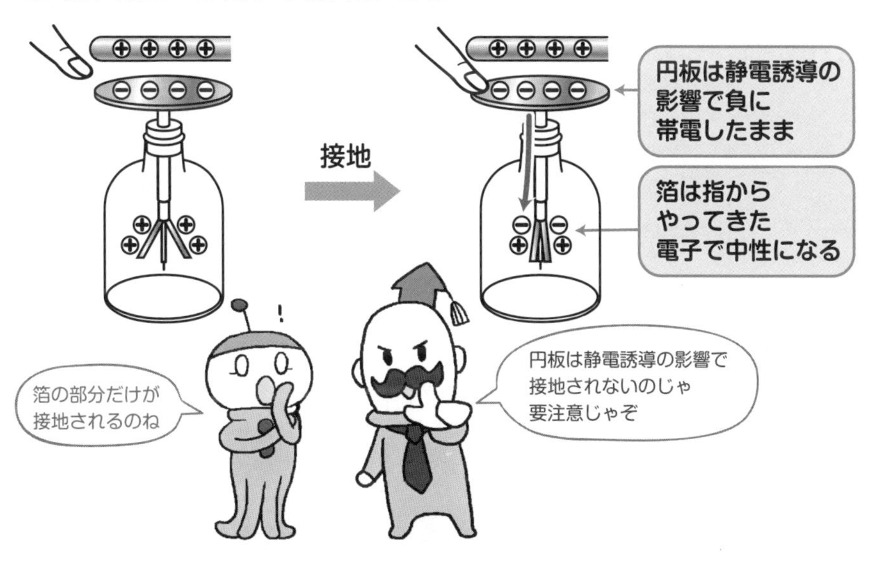

問1-3 帯電していない箔検電器の金属円板に，負の帯電体を近づけると箔が開いた。そのあと，帯電体を近づけたままで金属円板に指で触れた。次の問いに答えよ。

(1) 金属円板に指で触れたあと，箔は閉じたか，それとも開いたままか。

(2) 金属円板から指を離したあと，帯電体を箔検電器から遠ざけた。このとき，箔は開くか閉じるか。開くとしたら，正と負のどちらに帯電しているか。

解きかた (1) 負の帯電体を金属円板に近づけると，電子が箔のほうへ逃げるため，金属円板は正に，箔は負に帯電し，箔は開きます。
そのあと，「指で触れた」というのは「接地した」ということです。
金属円板では近くに負の帯電体があるので，静電誘導が起こっているため，接地の影響を受けず，正に帯電したままです。
箔の部分は電子が集まり，負に帯電していましたが，接地によって，電子たちは指へと放出されてしまいます。
その結果，箔の部分は中性になり，箔は閉じてしまいます。
よって，**箔は閉じる。** …答

実際には移動できるのは電子だけですが,**「電子が移動した」ことを,便宜的に「反対方向に正電荷が移動した」**と考えると，箔検電器の問題が考えやすくなる場合があります。
次の(2)では，そのように考えてみましょう。

解きかた (2) 金属円板から指を離した瞬間，金属円板は帯電体による静電誘導で正に帯電しています。一方，箔は中性なので電荷はありません。
ここで帯電体を遠ざけると，金属円板での静電誘導が起こらなくなり，電荷の移動が起こります。
金属円板にあった正電荷は箔検電器内で一様になるように移動するので，箔は正に帯電し，開きます。
よって，**箔は開き，正に帯電している。** …答

箔検電器の問題の考えかたはわかりましたか？
別冊の問題もやってみましょうね。

(2)を正電荷の移動ではなく，電子の移動で考えると，「金属円板が正に帯電し，箔が中性の状態から，箔の電子が金属円板へ移動することによって一様になるので，結果として箔は正に帯電する」ということになります。

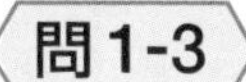

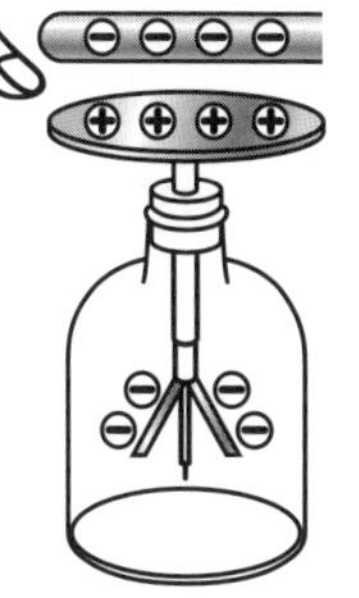

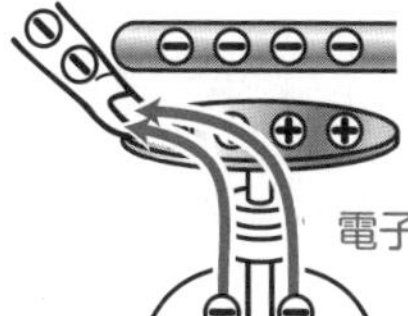

接地

電子が指へと移動

箔は閉じる。 …答

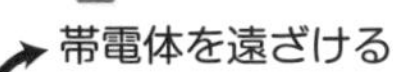

帯電体を遠ざける

(2)

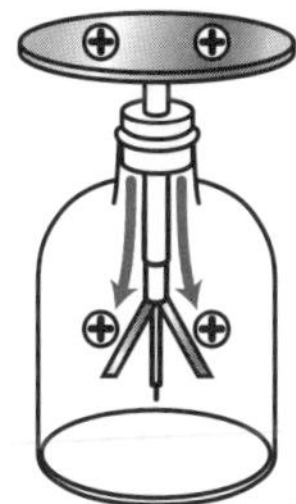

箔は開き，正に帯電している。 …答

金属円板の電荷が
均等に広まるんだね

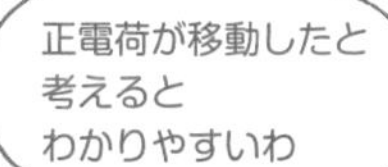

電子の移動で(2)を考えると
中性の箔から電子が円板へ移り，箔が正に帯電する

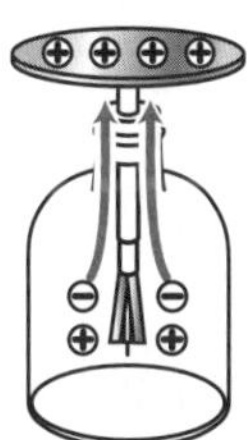

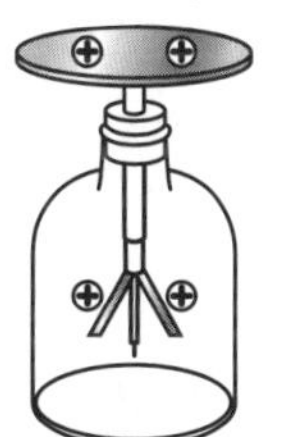

ここまでやったら
別冊 P. 1へ

1-6　クーロンの法則

ココをおさえよう！

静電気力Fは$F=k\frac{q_1q_2}{r^2}$で表される（クーロンの法則）。

Chapter 1の最後に，とても大事な法則をお教えしましょう。
この法則の式は必ず覚えなくてはいけませんよ。

クーロンという学者は「電荷どうしはお互いに力を及ぼし合うが，その力の大きさは何で決まるんだ？」と疑問に思い，研究を続けていました。
そして，以下のような関係を発見したのです。
2つの点電荷の間にはたらく静電気力F〔N〕は，それぞれの点電荷の電気量の大きさq_1〔C〕，q_2〔C〕の積に比例し，点電荷間の距離r〔m〕の2乗に反比例する。
これを**クーロンの法則**といい，式に表すと次のようになります。

$$F=k\frac{q_1q_2}{r^2}$$

このとき，q_1とq_2が同符号なら斥力になり，異符号なら引力になります。
また，式中のk〔$N \cdot m^2/C^2$〕は比例定数です。kの値はおよそ$9.0\times10^9\ N \cdot m^2/C^2$ですが，問題文で与えられますので，覚える必要はありません。
また，**点電荷とは，限りなく小さくて，点（＝大きさがない）とみなせるような電荷のこと**です（p.18参照）。

問1-4　電気量がそれぞれ3.0×10^{-8} Cと-4.0×10^{-9} Cの点電荷が0.20 m離れた地点に置かれている。このとき，点電荷間にはたらく静電気力の大きさを求めよ。また，その力は引力か斥力か。ただし，$k=9.0\times10^9\ N \cdot m^2/C^2$とする。

解きかた　まず，2つの電気量は異符号なので，引力とわかります。
クーロンの法則に代入するときは，符号をとり，大きさを代入しましょう。

$$F=k\frac{q_1q_2}{r^2}=9.0\times10^9\times\frac{(3.0\times10^{-8})\times(4.0\times10^{-9})}{0.20^2}$$

$$=\frac{108\times10^{-8}}{4.0\times10^{-2}}=27\times10^{-6}=\underline{\underline{2.7\times10^{-5}\ N}}\ \cdots 答$$

2つの点電荷の電気量は異符号なので，**引力である。**　…答

クーロンの法則は，Chapter 2以降でも使いますので，式を覚えておきましょう。

クーロンの法則

2 つの点電荷の間にはたらく
静電気力 F は

$$\boldsymbol{F = k\frac{q_1 q_2}{r^2}}$$

(k は比例定数，q_1〔C〕，q_2〔C〕，r〔m〕)

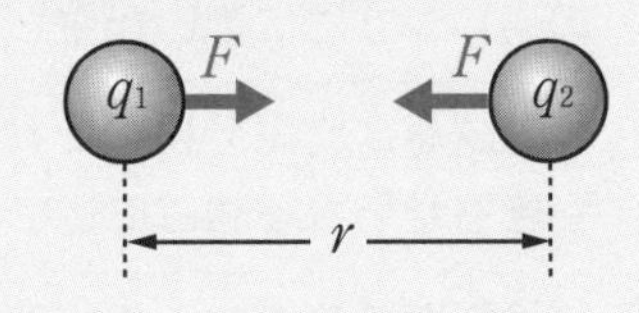

問 1-4

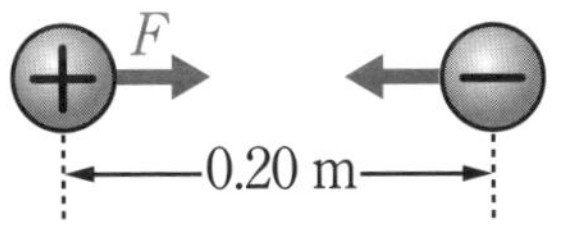

マイナスの符号をとって
大きさを代入

$$F = k\frac{q_1 q_2}{r^2} = 9.0\times10^{9}\times\frac{(3.0\times10^{-8})\times(4.0\times10^{-9})}{0.20^2}$$

$$= 2.7\times10^{-5}\ \mathrm{N}$$

2 つの電荷は異符号なので

大きさ：2.7×10^{-5} N，引力である。 …答

ここまでやったら
別冊 P. 3 へ

理解できたものに，☑チェックをつけよう。

- [ ] 電荷の符号を見て，はたらく静電気力の向きを判断できる。
- [ ] 原子では，正の電荷をもつ原子核の周りを負の電荷をもつ電子が回っている。
- [ ] 電子が移動して静電気が発生する様子をイメージできる。
- [ ] 電気量保存の法則を理解し，式に適用できる。
- [ ] 導体と不導体では，電子と原子核の結びつきの強さが異なるため，電気の通しやすさに違いが生じる。
- [ ] 静電誘導と誘電分極がそれぞれどういう現象であるかを理解し，物体が引き寄せられる強さに違いが生まれることを理解した。
- [ ] 箔検電器の箔が開く仕組みがわかる。
- [ ] 箔検電器を接地すると，箔の部分は中性になるが，静電誘導が起こっている部分は接地の影響を受けない。
- [ ] クーロンの法則の式 $F = k\dfrac{q_1q_2}{r^2}$ を覚えた。

Chapter

2

電場

Chapter 2 電場

はじめに

Chapter 2では，電磁気の中でも重要な電場（電界）について勉強します。

電場というのは，電荷に力がはたらく空間のことと思ってください。
私たちが地球上で重力を受けるように，電荷たちは電場中では静電気力を受けます。

電場については，「一様な電場」と「点電荷の作る電場」の2種類を考えます。
まずは「一様な電場」について，そのあとに「点電荷の作る電場」についての説明をしていきますよ。
電場には大きさと向きがありますので，それぞれの場合について，大きさと向きがどうなるかを理解しましょう。

頭の中で電場のイメージをふくらませながら勉強してみてください。

この章で勉強すること

まず電場とは何かを説明し，電場に関する重要な知識を1つずつまとめていきます。
また，ガウスの法則についてもくわしく説明していきます。

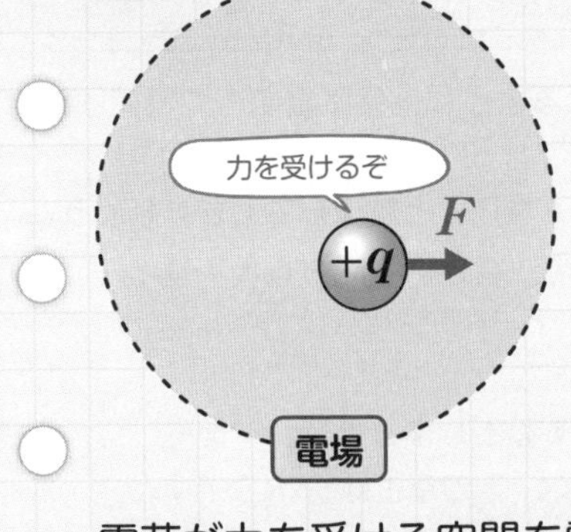

電荷が力を受ける空間を電場という。

【一様な電場】

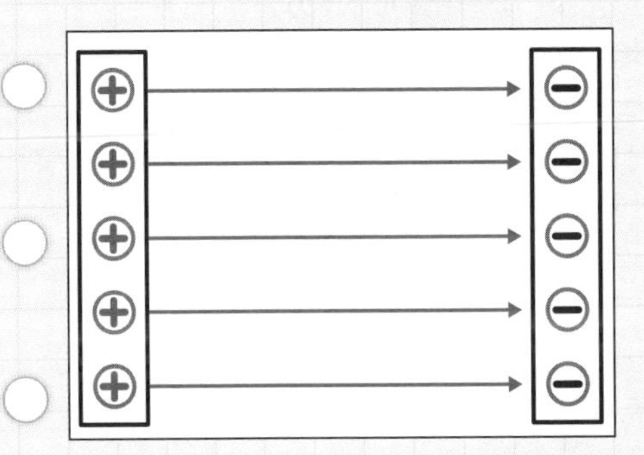

【点電荷の作る電場】

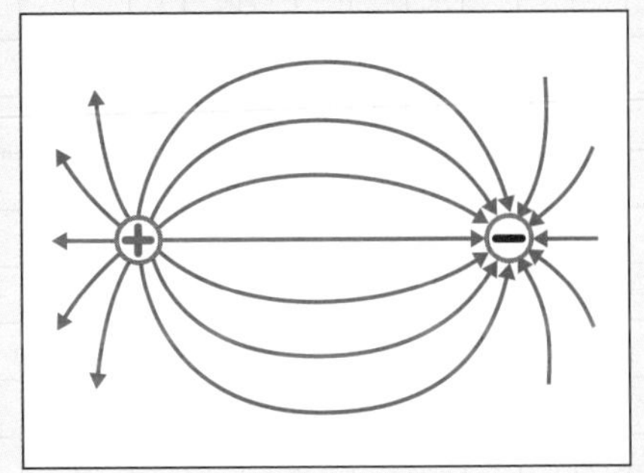

2-1 電場とは

ココをおさえよう！

電荷に対して電気的な力のはたらく空間を電場と呼ぶ。

質量のある物体が地球上にあると，重力を受けるように，電気量をもつ電荷は電場の中にあると，静電気力を受けます。
電場は，電荷を置くと（その電荷に）力がはたらく場所，と認識しておきましょう。
では，どんな大きさの力を受けるのでしょうか？　具体例で説明しますね。

電場には大きさと向きがあります。
右ページのように，右向きで大きさEの電場があるとしましょう。
電場はアルファベットのEで表されることが多く，その単位は〔N/C〕です。

この電場に＋5Cの点電荷と，－2Cの点電荷を置いてみましょう。
そうすると，
＋5Cの点電荷は右向き，つまり，電場と同じ向きに$5E$〔N〕の力を受け，
－2Cの点電荷は左向き，つまり，電場と反対向きに$2E$〔N〕の力を受けます。
つまり，E〔N/C〕の電場中ではq〔C〕の大きさの点電荷はqE〔N〕の力を受け，
受ける力の向きは正電荷なら電場と同じ向き，負電荷なら電場と逆向きということです。それを式で表すとこうなります。

$$F=qE \quad \cdots\cdots (*)$$

この式はとても重要なので覚えておいてくださいね。

さて，Eで表される電場中に＋1Cの点電荷を置いた場合を考えてみましょう。
（＊）の式のqに＋1Cをあてはめると$F=E$となります。
つまり“＋1Cの点電荷が受ける力の大きさと向き”は，
“その点における電場の大きさと向きと同じ”ということです。

電場の大きさと向きは，「ある点に＋1Cの点電荷を置いたときに，その電荷が受ける力の大きさと向き」と定義されています。
ある点での電場の大きさと向きを知りたかったら，そこに＋1Cの点電荷を置いてみて，点電荷が受ける力の大きさと向きを調べればよい，ということです。
この定義はp.50で使いますよ。

電場とは…電荷に対して電気的な力のはたらく空間。

[右向きで大きさが E〔N/C〕の電場]

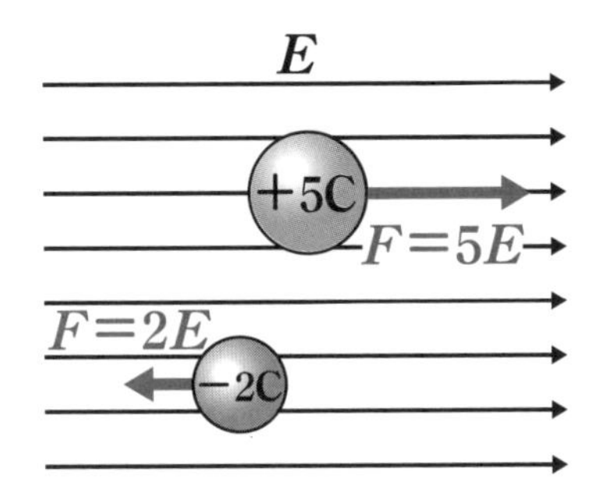

正電荷は電場と同じ向き，
負電荷は電場と逆の向きに

$$F=qE$$

の力を受ける。

電場の大きさと向きの定義…ある点に＋1C の電荷を置いたときに
その電荷が受ける力の大きさと向き。

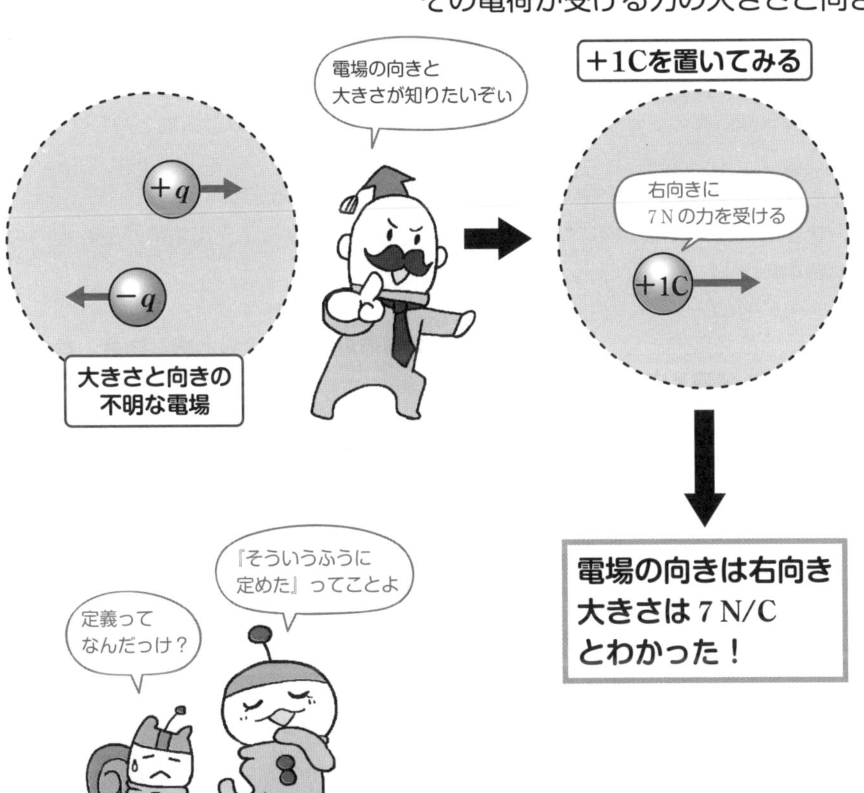

2-2 一様な電場

ココをおさえよう！

大きさEの一様な電場では，どこでも電場の大きさはE，電場の向きは正に帯電した極板から負に帯電した極板へ向かう方向。

p.42で電場については「一様な電場」と「点電荷の作る電場」の2種類を考えるといいました。
まずは「一様な電場」についてお話ししていきましょう。

同じ大きさの2枚の金属板を，片方は正，もう片方を負に，同じ大きさの電気量で帯電させ，平行に向かい合わせます。
このとき，正に帯電した金属板から負に帯電した金属板へ向かって，電気的な流れが発生します。この流れが電場です。

この電場は，金属板の間において，大きさや向きがどこでも同じになります。
このような，大きさと向きがどの場所でも同じ電場を，**一様な電場**と呼びます。

あとは，p.44の話と同じです。(*)の式を使いましょう。
大きさがEの一様な電場に，q〔C〕の点電荷を置いてみると，点電荷が受ける力の大きさF〔N〕は

$$\boldsymbol{F = qE}$$

で，受ける力の向きは，**置いた電荷が正の電荷のときは電場と同じ向き，負の電荷のときは電場と逆の向き**になります。

もし電場の大きさがわからないときは(*)の式を変形して，$E=\dfrac{F}{q}$としましょう。
例えば「ある一様な電場中に，＋2 Cの点電荷を置いたところ，その点電荷は14 Nの力を受けた。電場の大きさはいくらか」と問われたら

$$E=\frac{14}{2}=7\ \mathrm{N/C}$$

となります。

補足 ＋2 Cの点電荷に14 Nの力がはたらくことから，「＋1 Cの電荷を置いたら，7 Nの力がはたらくので，電場の大きさは7 N/Cである」と考えることもできます。

一様な電場…大きさと向きが，どの場所でも同じ電場。

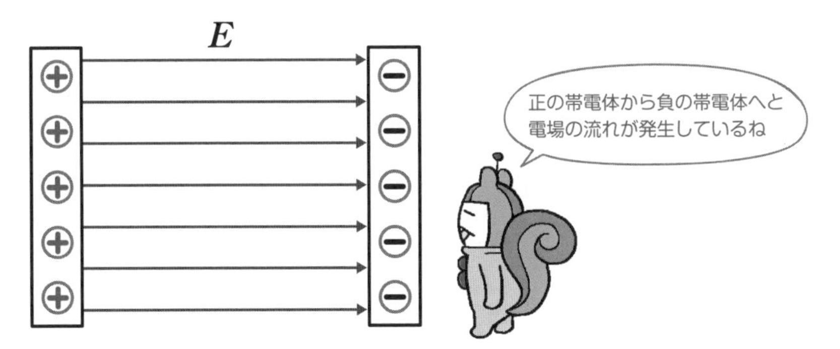

一様な電場 E に置かれた電荷にはたらく力は　$\boldsymbol{F=qE}$

例 ある一様な電場に，+2 C の電荷を置いたら
14 N の力を受けた。電場の大きさはいくらか？

$F=qE$ より　$E=\dfrac{F}{q}$

よって　$E=\dfrac{14}{2}=7$ N/C

ここまでやったら
別冊 P. 4 へ

2-3 点電荷が作る電場

ココをおさえよう！

点電荷の作る電場の大きさは $E = k\dfrac{Q}{r^2}$

電場の向きは，正の点電荷なら湧き出す方向，負の点電荷なら吸い込む方向。

続いては「点電荷の作る電場」についてお話ししていきましょう。

あるところに温泉があり，お湯が湧き出し口から放射状に湧き出ていました。
少し離れたところに排水口があり，お湯が吸い込まれていきます。
“湧き出し口から排水口へ”という，お湯の流れができていますので，
湧き出ているお湯の上に物をのせると，物は力を受けて流されていきますよね。
つまり，おおげさにいえば「物体に力を与える空間」ができているといえます。

実は，点電荷の作る電場についても，同じようなことがいえます。
点電荷の作る電場の向きは，正の点電荷から湧き出し，負の点電荷へと向かいます。
正の点電荷は電場の湧き出し口，負の点電荷は電場の吸い込み口（排水口）ということです。
この電場（流れ）に，電荷を置くと電荷は力を受けるのです。

問題では，正の点電荷や負の点電荷がポツンと1つだけ与えられることも多いです。
正の点電荷が与えられたら「電場が湧き出しているな」
負の点電荷が与えられたら「電場が吸い込まれているな」とイメージしましょう。

次のページでは，点電荷の作る電場に関する公式を学んでいきましょう。

温泉

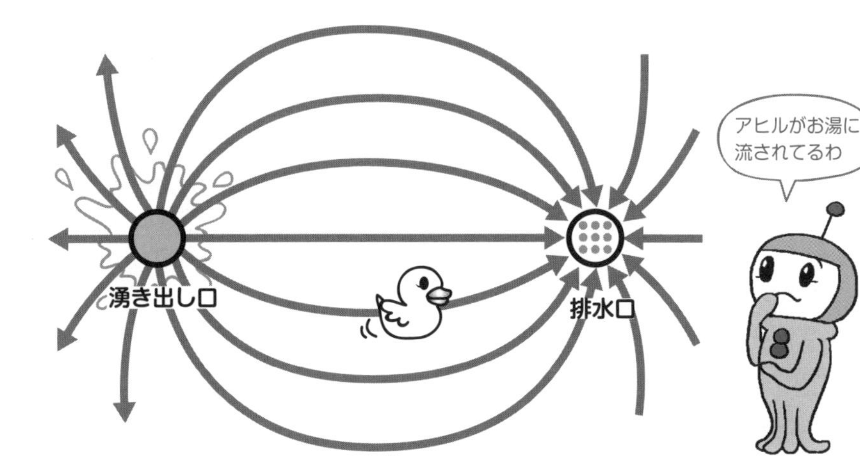
湧き出し口
排水口
アヒルがお湯に
流されてるわ

点電荷

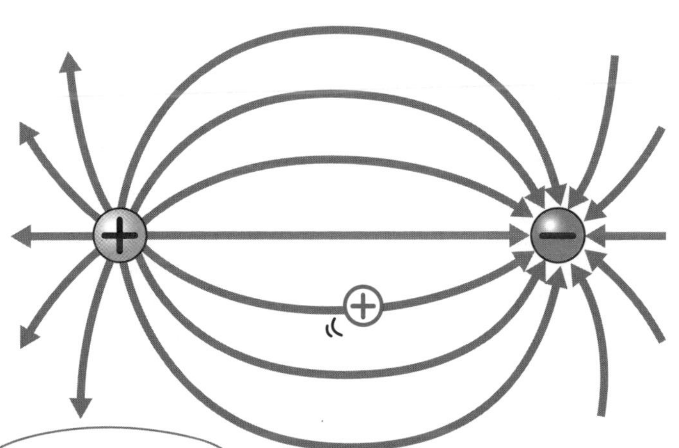

点電荷が作る電場は温泉の
お湯の流れと同じなのじゃ

正電荷が湧き出し口
負電荷が排水口だね

$+Q$〔C〕の点電荷の作る電場について考えていきましょう。
ポツンと$+Q$〔C〕を置くと，目には見えませんが周りには電場が発生しています。

$+Q$〔C〕の点電荷からr〔m〕離れた地点Aに＋1Cの点電荷を置いてみます。
p.38で説明したクーロンの法則より，＋1Cの点電荷が受ける力の大きさは

$$k\frac{Q\times 1}{r^2}=k\frac{Q}{r^2}$$

となります。
同符号なので斥力がはたらくため，向きは反発し合う向きになります。
つまり，地点Aでの電場の大きさは$k\dfrac{Q}{r^2}$，向きは$+Q$〔C〕の点電荷から地点Aに向かう向きということです。

続いては$-Q$〔C〕の点電荷が作る電場を考えます。
地点Aに＋1Cの点電荷を置いたとすると，＋1Cの点電荷の受ける力の大きさは，$+Q$〔C〕の点電荷が作る電場の場合と同じです。
ですが，はたらく力が引力になるので向きが変わります。
向きは地点Aから点電荷に向かう向きになります。

ここでp.44で触れた電場の大きさと向きの定義をおさらいしましょう。
“電場の大きさと向き”＝“＋1Cの点電荷が受ける力の大きさと向き”
でしたね。

よって，Q〔C〕の点電荷がr〔m〕離れた地点に作る電場の大きさE〔N/C〕は

$$\boldsymbol{E=k\frac{Q}{r^2}}$$

となり，向きは**Qが正のときは点電荷から広がる向き，Qが負のときは点電荷に向かう向き**になります。
Qの符号によって，電場の向きが変わることに注意しましょう。

これが点電荷の作る電場です。
点電荷の作る電場の大きさは，距離rによって変わるのがわかりますね。
これが「一様な電場」と異なるところです。

点電荷の作る電場

［正電荷の場合］

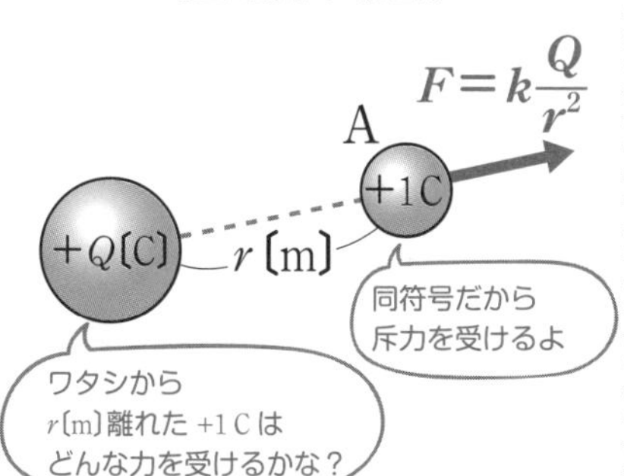

［負電荷の場合］

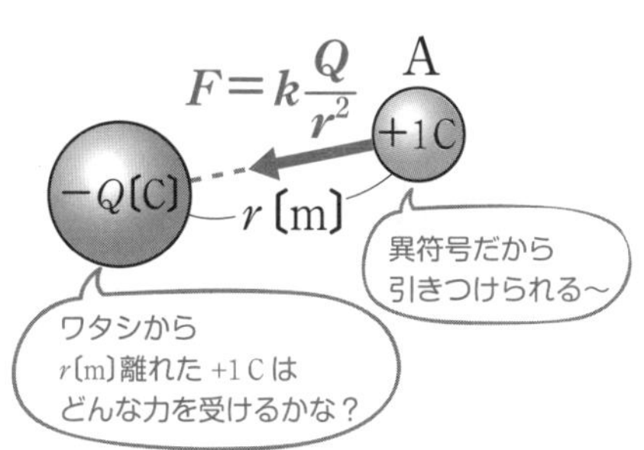

電場の大きさと向きの定義：
“電場の大きさと向き”＝“+1 C の電荷が受ける力の大きさと向き”

〈点電荷の作る電場〉

電場の大きさ：$E=k\frac{Q}{r^2}$〔N/C〕

（k：比例定数〔N・m²/C²〕，r：距離〔m〕，
Q：電荷の大きさ〔C〕）

電場の向き：正電荷の場合，点電荷から広がる向き
負電荷の場合，点電荷に向かう向き

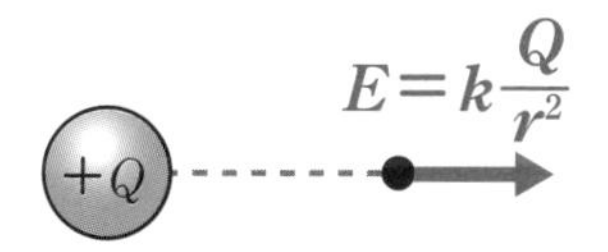

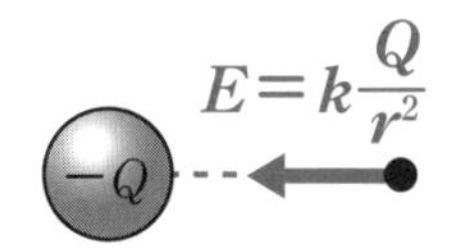

2-4 電場についての基礎事項のまとめ

ココをおさえよう！

- **電場の大きさと向きの定義は，＋1Cを置いたときにはたらく力の大きさと向き。**
- **一様な電場は距離rに関係ない。点電荷の作る電場は　$E=k\dfrac{Q}{r^2}$**
- **$F=qE$は一様な電場でも，点電荷の作る電場でも成立する。**

ここまでに出てきた，電場についての3つの基礎事項をまとめておきましょう。
まず，電場の大きさと向きの定義は“＋1Cにはたらく力の大きさと向き”です。
＋1Cを置いてみると，その場所での電場の大きさと向きがわかるのでしたね(p.44，p.50)。

そして「一様な電場」と，「点電荷の作る電場」の違いです。
「一様な電場」は，その空間内で同じ大きさと向きの電場になります。
点電荷と違い，一様な電場を求める式はありません。

「点電荷の作る電場」は，置かれた点電荷Q〔C〕から$E=k\dfrac{Q}{r^2}$の式で求めます。
式にある通り，点電荷からの距離rによって，電場の大きさが変わります。

「一様な電場」であっても「点電荷の作る電場」であっても

$$F=qE \quad \cdots\cdots (*)$$

の関係式は成り立ちます。一様な電場ではF，q，Eの3つのうち，どれか2つが与えられて，$F=qE$から残りの1つを求めることが多いです。

点電荷の作る電場では，まず点電荷が与えられて，$E=k\dfrac{Q}{r^2}$の式で電場を求めます。
このEを$F=qE$にあてはめると次のようになります。

$$F=qE=q\cdot k\frac{Q}{r^2}=k\frac{Qq}{r^2} \quad \cdots\cdots (**)$$

(＊＊)の式はクーロンの法則(p.38)と同じですね。
“2つの点電荷が同時に置いてある”として，クーロンの法則を使うのも，
“1つの点電荷が電場を作る”として，もう1つの点電荷をその電場の中に置くのも，
現象としては同じことを表しているので，同じ式になるのです。

2

電場の基礎事項

❶ 電場の大きさと向きの定義は
“+1C にはたらく力の大きさと向き”

❷ 一様な電場は距離 r によらない。

点電荷の作る電場は距離 r による。$E=k\frac{Q}{r^2}$

❸ $F=q\underline{E}$ は，一様な電場でも点電荷の作る電場でも成立。

クーロンの法則と，点電荷の作る電場

[クーロンの法則]

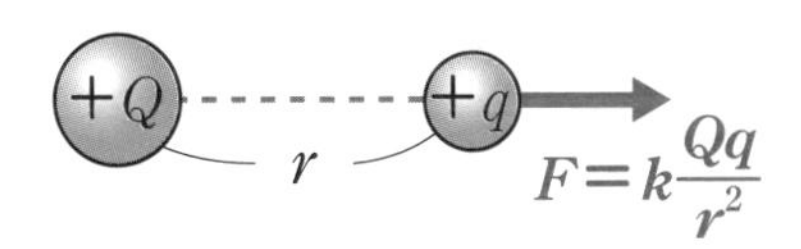

[点電荷の作る電場]

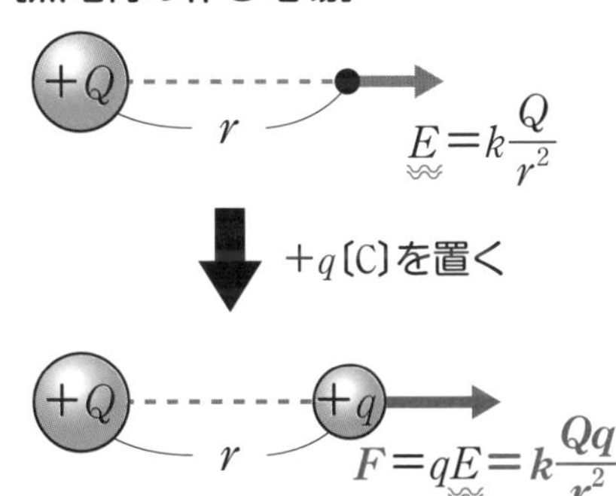

ここまでやったら
別冊 P. 5へ

2-5 電場の重ね合わせ

ココをおさえよう！

複数の点電荷が作る電場は，各点電荷が作る電場を足し合わせたものである。
これを電場の重ね合わせの原理と呼ぶ。

ここでは点電荷が複数になった場合に，できる電場を考えていきましょう。

右ページのように，点Aと点Bにそれぞれ電気量が$+Q_1$〔C〕，$+Q_2$〔C〕の正の点電荷があります（$Q_1 > Q_2$）。
このとき，点Pにはどのような電場ができるのでしょうか。

点A，Bの電荷が，右ページの図のようにそれぞれ$\overrightarrow{E_A}$，$\overrightarrow{E_B}$という電場を作ったとします。
このとき，**実際にできる電場は，これらの電場を足し合わせたものなのです**。
（ここでいう「足し合わせる」とは，ベクトルの足し算のことです）
図のようにベクトル$\overrightarrow{E_A}$と$\overrightarrow{E_B}$を足し合わせた$\overrightarrow{E_P}$が点Pの電場になります。

これを，**電場の重ね合わせの原理**と呼びます。

ベクトル（矢印）の足し算について確認しておきましょう。
2つのベクトル$\vec{a}$，$\vec{b}$の足し算$\vec{a}+\vec{b}$は次の2つの方法でかけます。
［方法①］
$\vec{a}$の終点（矢先）に，矢印$\vec{b}$の始点を合わせてかく。
$\vec{a}$の始点から$\vec{b}$の終点（矢先）に向かって矢印をかくと$\vec{a}+\vec{b}$の完成！
［方法②］
$\vec{a}$，$\vec{b}$の始点を合わせてかく。
$\vec{a}$，$\vec{b}$を2辺とする平行四辺形の対角線を始点からかくと$\vec{a}+\vec{b}$の完成！

また，足し合わせる矢印の向きが平行な場合（同じ向きの場合や正反対の向きの場合）は，ただ足し算や引き算をするだけです。

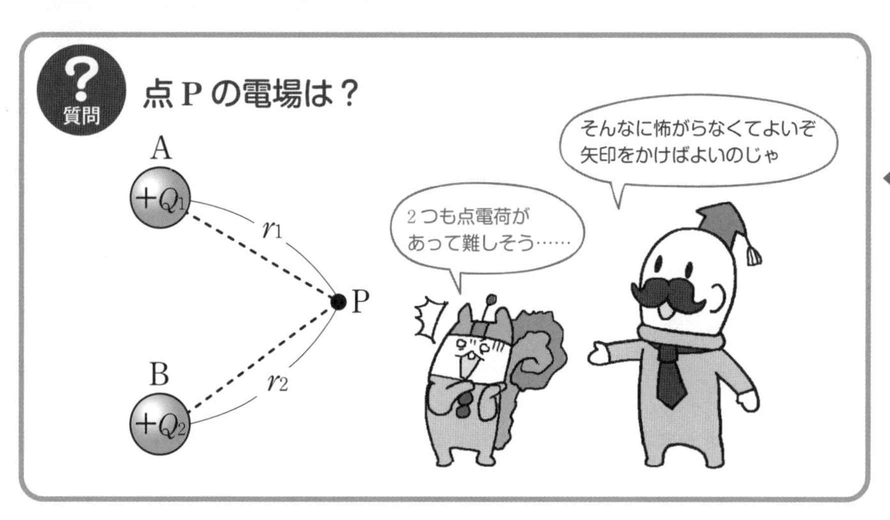

まずは，それぞれの点電荷が作る電場をかく。

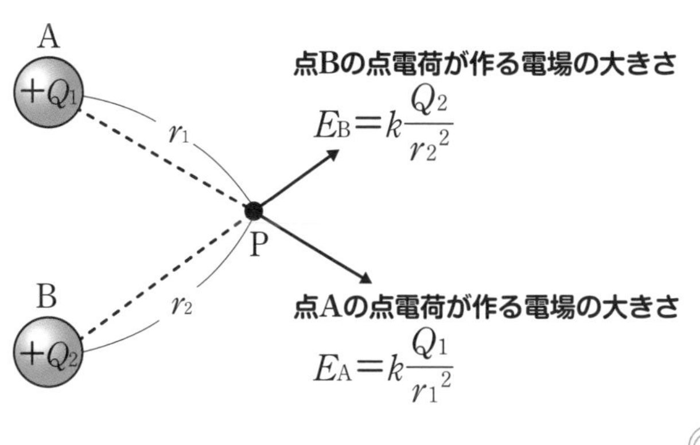

矢印（ベクトル）を足すと完成！

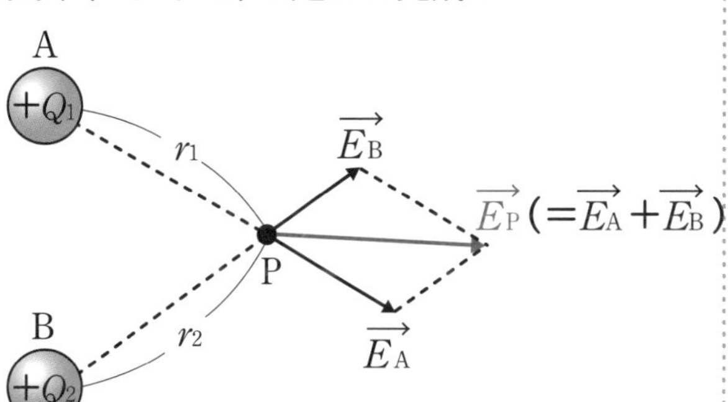

ベクトルの足し算

［方法①］
矢印をつなぐ

$\vec{b}$
$\vec{a}$
$\vec{a}+\vec{b}$

［方法②］
平行四辺形を作る

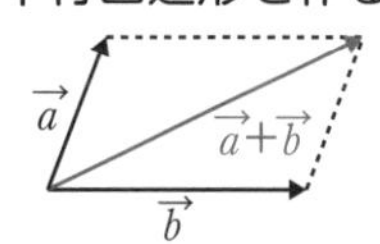

では，電場の重ね合わせの問題を解いてみましょう。

問2-1 図のように，x-y平面上の点A$(0,\ a)$と点B$(0,\ -a)$に，電気量がそれぞれ$q\ (>0)$と$-q$の点電荷を固定した。
クーロンの法則の比例定数をkとして，以下の問いに答えよ。
(1) 原点O$(0,\ 0)$における電場の大きさと向きを答えよ。
(2) 点C$(a,\ 0)$における電場の大きさと向きを答えよ。

電場の公式を使う練習をするとともに，電場の重ね合わせの考えかたを確認しましょう。
この問題では座標が与えられているので，電場をx軸とy軸の方向に分解して考えていきましょう。

解きかた 大きさQの電荷がr離れた地点に作る電場の大きさは$k\dfrac{Q}{r^2}$で，正電荷の場合は自分から広がる方向に，負電荷の場合は自分に向かう方向に作るということでしたね。

(1) 点Aの電荷が原点Oに作る電場の大きさは$k\dfrac{q}{a^2}$で，その向きはy軸負の向きです。
点Bの電荷が原点Oに作る電場の大きさも$k\dfrac{q}{a^2}$で，その向きもy軸負の向きですね。
2つの電場は同じ向きなので，求める電場の大きさは重ね合わせの原理より

$$k\frac{q}{a^2}+k\frac{q}{a^2}=2k\frac{q}{a^2}$$

よって，**電場の大きさは$2k\dfrac{q}{a^2}$で，その方向はy軸負の向き** …答

(2)は，p.58でくわしくお教えしますね。

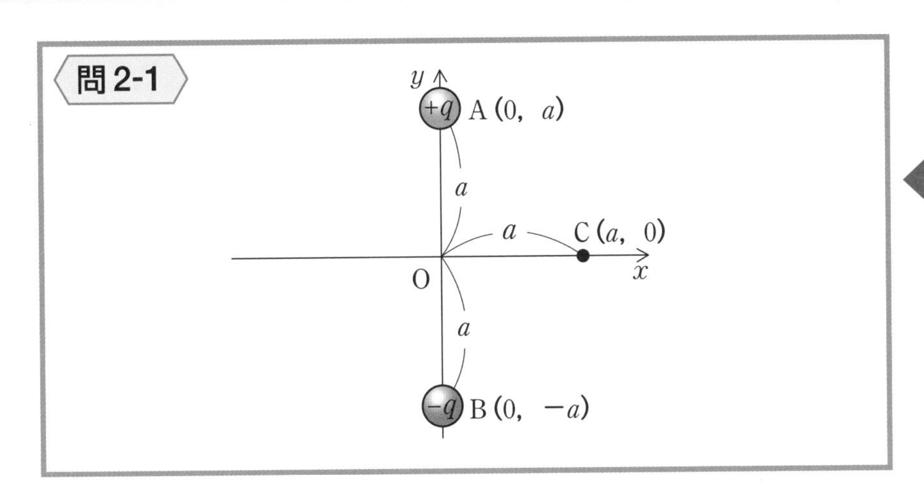

(1)

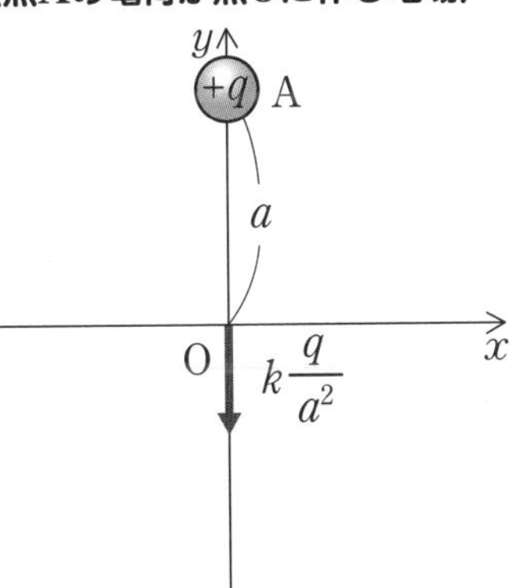

2 つの電場を重ね合わせると…

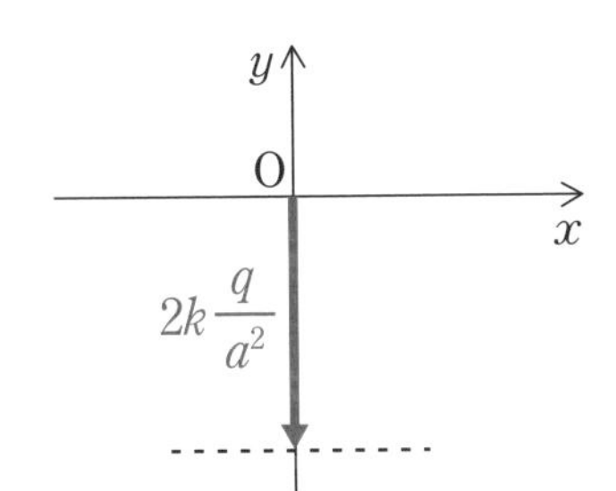

大きさ：$2k\dfrac{q}{a^2}$

向き：y 軸負の向き …答

点C$(a,\ 0)$に，$+q$の電荷の作る電場をE_1，$-q$の電荷の作る電場をE_2としてベクトル（矢印）をかいて足し算していきましょう。

解きかた (2) まず，E_1について考えましょう。
三角形OACはOを直角とする直角三角形です。
三平方の定理より，$\mathrm{AC}=\sqrt{a^2+a^2}=\sqrt{2}\,a$になります。
これより，電場E_1の大きさは$\dfrac{kq}{(\sqrt{2}\,a)^2}$となります。
同じようにして電場E_2の大きさも$\dfrac{kq}{(\sqrt{2}\,a)^2}$とわかりますね。
計算しやすいように，この大きさをEと置いておきましょう。
右ページの図をみると，$\overrightarrow{E_1}$と$\overrightarrow{E_2}$を重ね合わせた電場の向きはy軸の負の向きを向いているように見えます。
大きさは$\overrightarrow{E_1}$，$\overrightarrow{E_2}$それぞれの大きさより大きくなっているようです。

この向きや大きさを正確に求めるために，$\overrightarrow{E_1}$，$\overrightarrow{E_2}$をx軸，y軸の方向に分解しましょう。
図のように$\overrightarrow{E_1}$はx軸から45°の向きを向いています。
符号も考えると，x軸方向の電場は$E\cos 45^\circ$，y軸方向の電場は$-E\sin 45^\circ$になります。
同じように$\overrightarrow{E_2}$もx軸から45°の向きを向いていますが，こちらはx軸方向が負の向きを向いています。
つまり，x軸方向，y軸方向の電場はそれぞれ，$-E\cos 45^\circ$，$-E\sin 45^\circ$になります。
x軸方向の電場を重ね合わせると，$E\cos 45^\circ-E\cos 45^\circ=0$です。
y軸方向の電場を重ね合わせると，$-E\sin 45^\circ-E\sin 45^\circ$
$=-2E\sin 45^\circ=-\sqrt{2}\,E$ですね。
合わせると電場はy軸方向に，$-\sqrt{2}\times\dfrac{kq}{(\sqrt{2}\,a)^2}=-\dfrac{kq}{\sqrt{2}\,a^2}$となります。

よって，**電場の大きさは$\boldsymbol{\dfrac{kq}{\sqrt{2}\,a^2}}$で，その方向は$\boldsymbol{y}$軸負の向き** …答

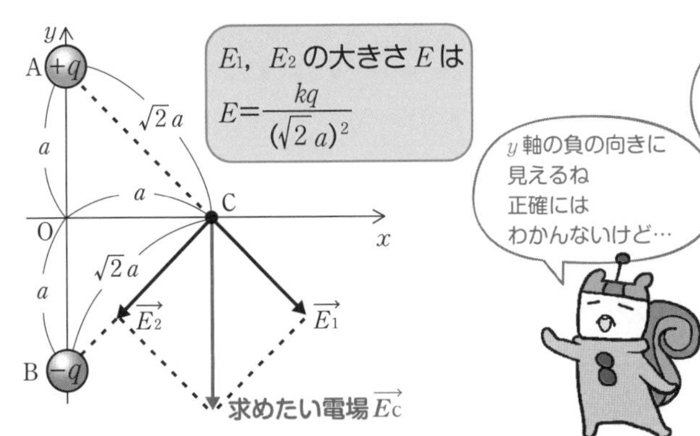

2

$\overrightarrow{E_C}$ を正確に求めるため，$\overrightarrow{E_1}$，$\overrightarrow{E_2}$ を x，y の 2 方向に分解

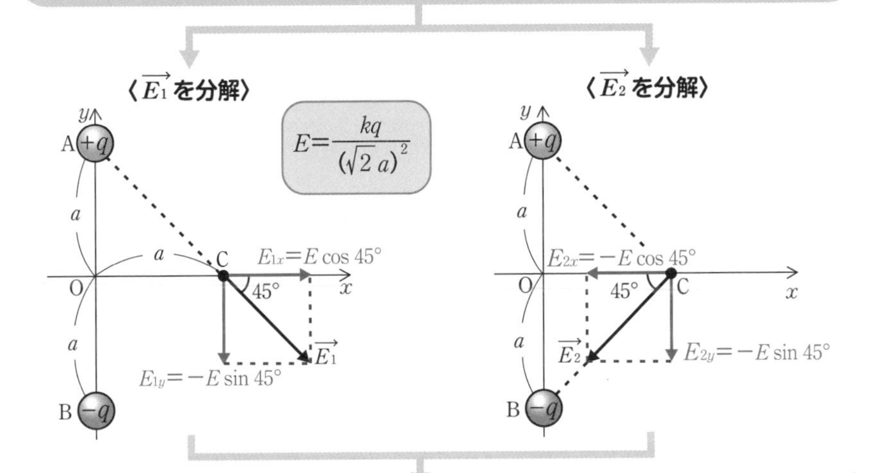

x，y の 2 方向について足し合わせて $\overrightarrow{E_C}$ を求める

$$E_{Cx}=E_{1x}+E_{2x}=E\cos 45°+(-E\cos 45°)=0$$

$$E_{Cy}=E_{1y}+E_{2y}=-E\sin 45°+(-E\sin 45°)=-\sqrt{2}E$$

$E=\dfrac{kq}{(\sqrt{2}a)^2}$ より　$-\sqrt{2}E=-\sqrt{2}\times\dfrac{kq}{(\sqrt{2}a)^2}=-\dfrac{kq}{\sqrt{2}a^2}$

よって，点 C の電場は

大きさ：$\dfrac{kq}{\sqrt{2}a^2}$，向き：y 軸負の向き …答

ここまでやったら 別冊 P. 5 へ

2-6　電気力線

ココをおさえよう！

電気力線の特徴
① 電気力線は正電荷から出て負電荷に入る。
② 電気力線の接線の方向は，その点での電場の方向を表す。
③ 途中で折れ曲がったり，枝分かれしたり，交わったりしない。
④ 電場の強いところほど密になる。

温泉水の流れる方向を図にかくと，流れがわかりやすいですよね（p.49でやりましたね）。
目には見えない電場も，同じように図でかけば性質がわかりやすくなります。
各点での電場の様子を表した曲線，あるいは直線を**電気力線**といいます。
電気力線には次のような特徴があります。

①　電気力線は正電荷から出て負電荷に入る。
電気力線は，あるところから突然発生したり，消滅したりすることはなく，必ず正電荷から出て，負電荷に入るという性質をもちます。
温泉水が湧き出し口から出て，排水口へと流れていくのと同じですね。
もし正電荷しかなかった場合は，電気力線は無限に遠いところまで伸びていきます。

②　電気力線の接線の方向は，その点での電場の方向を表す。
例えば，右ページの図の点Aにおける電場の方向は，点Aにおける接線の向きと一致するということですね。

③　途中で折れ曲がったり，枝分かれしたり，交わったりしない。

④　電場の強いところほど密になる。
電気力線が密集しているところほど電場が強くなります。
逆に，スカスカのところは電場が弱いということですね。

次のページからは，ガウスの法則について学びます。そこでは，これらの電気力線の特徴を使います。
このページを確認しながら進めてくださいね。

電気力線の特徴

① 電気力線は正電荷から出て負電荷に入る。

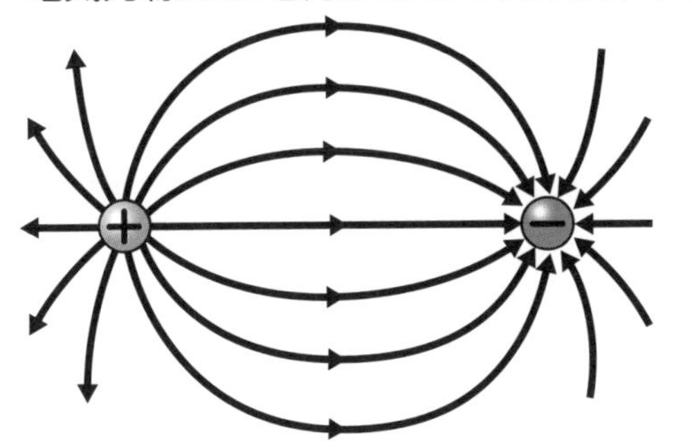

② 電気力線の接線の方向は，その点での電場の方向を表す。

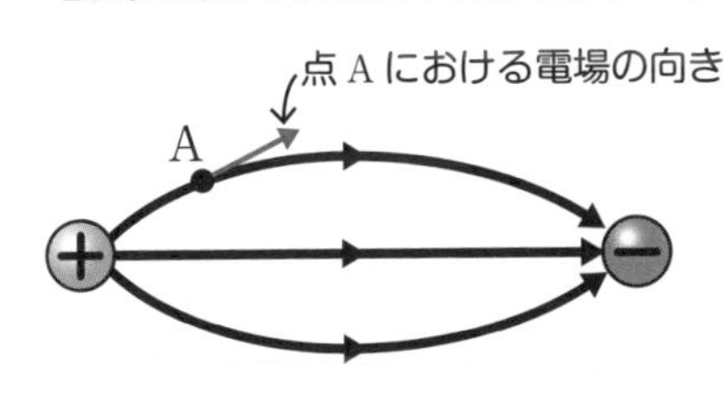

③ 途中で折れ曲がったり，枝分かれしたり，交わったりしない。

×

×

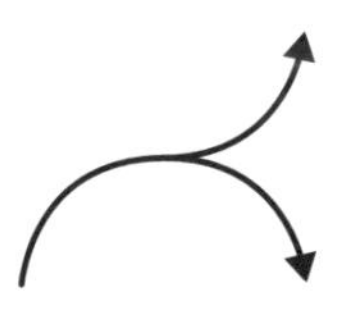

×

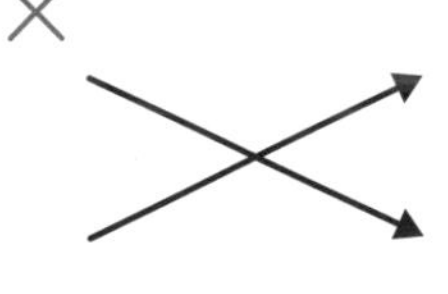

④ 電場の強いところほど密になる。

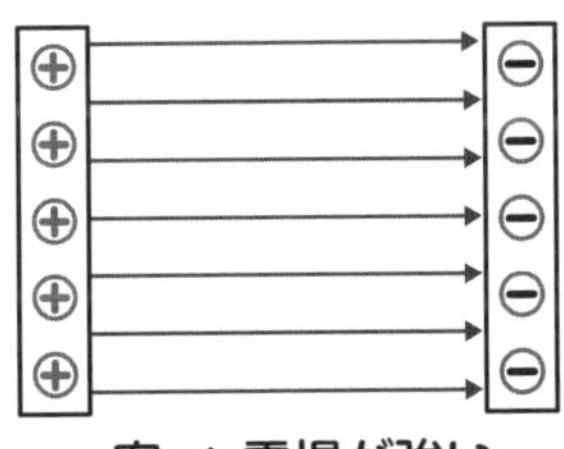

密 ⇒ 電場が強い

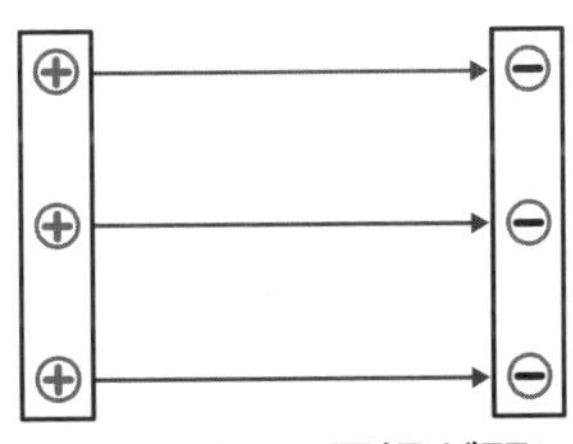

スカスカ ⇒ 電場が弱い

本数が多いほうが
電場が強いんだね

2-7 ガウスの法則

ココをおさえよう！

ガウスの法則：Q〔C〕の電荷から出る電気力線の総本数は$4\pi kQ$本である

＋Q〔C〕の点電荷があります。
点電荷は電場を発生させますので，点電荷からは電気力線が出ているはずです。
この点電荷が発生させる電場を電気力線で表してみたいのですが……。
ここで疑問がありますよね。
「電気力線って，かく本数にきまりはないの？」
たしかにかく本数にきまりがないと，何本の電気力線をかいたらよいかわかりませんね。

電気力線の本数については，実は次のようなきまりがあります。
きまり：**電場の大きさがE〔N/C〕のところは，1 m^{2}あたりE本の電気力線をかく！**

＋Q〔C〕の点電荷から出ている電気力線の本数を調べる前に，このきまりについて具体例で確認してみましょう。

帯電した2枚の金属板を平行に向かい合わせたときに，5 N/Cの一様な電場が作られたとします。一様な電場中にある金属板と平行な3 m^{2}の面を貫く電気力線の本数を調べましょう。

まず正に帯電した金属板から，負に帯電した金属板へ向かって電場が生じますから，電気力線は正の金属板から出て，負の金属板に到達することになります。
電場の大きさは5 N/Cですから，1 m^{2}あたり5本の電気力線をかきます。
3 m^{2}の面を貫く電気力線は，3×5＝15本になります。

p.64では＋Q〔C〕の点電荷からは何本の電気力線が出ているのか，考えていきましょう。

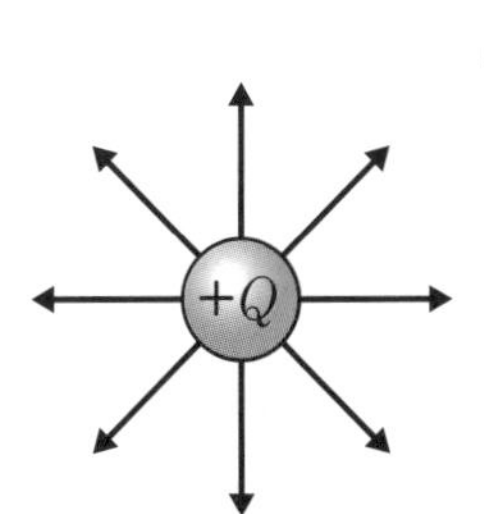

きまり：電場の大きさが E〔N/C〕のところは
$1\ \mathrm{m}^2$ あたり E〔本〕の電気力線をかく！

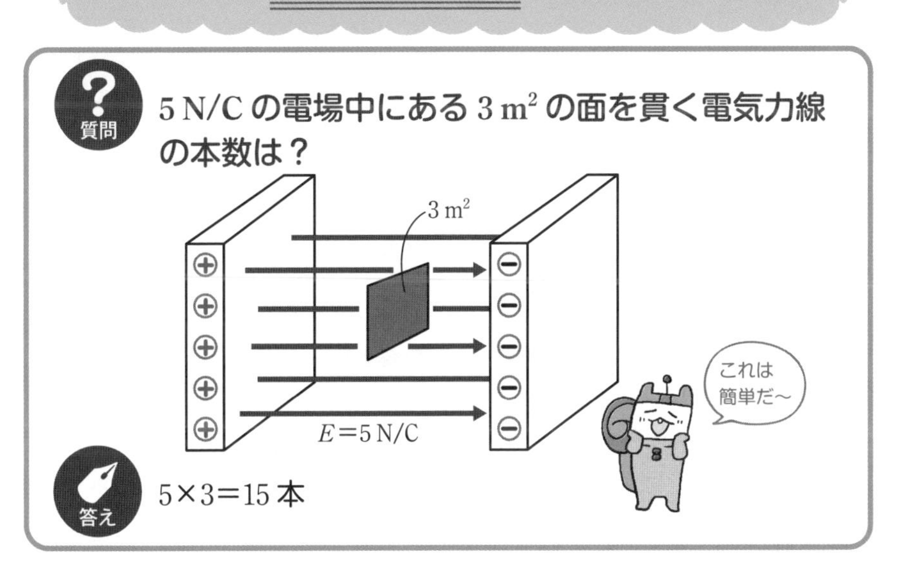

5 N/C の電場中にある $3\ \mathrm{m}^2$ の面を貫く電気力線の本数は？

$5\times3=15$ 本

p.62の電気力線の本数のきまりを守って，$+Q$〔C〕の点電荷からは何本の電気力線が出ているのかを調べてみましょう。

点電荷を半径r〔m〕の球で囲うと，この球面上の点はすべて，電荷から距離r〔m〕の位置にありますから，この球面上の電場の大きさはどこも$E=k\dfrac{Q}{r^2}$〔N/C〕ですよね（p.50）。
ということは先ほどの「きまり」から，**この点電荷を囲った球面の1 m^2あたりには$E=k\dfrac{Q}{r^2}$本の電気力線が出ている**ことになります。

球面の表面積は中学の数学で習ったとおり，$4\pi r^2$〔m^2〕ですから

1 m^2あたり　→　$k\dfrac{Q}{r^2}$本

$4\pi r^2$〔m^2〕あたり（球全体）　→　$4\pi r^2\times k\dfrac{Q}{r^2}=4\pi kQ$本

となり，球面全体を貫く電気力線は合計で$4\pi kQ$本ということがわかりました。

この$4\pi kQ$本の電気力線は，もともとは$+Q$〔C〕の点電荷から生じているものです。
つまり，**Q〔C〕の点電荷から出る電気力線の総本数Nは，$N=4\pi kQ$**ということですね（$k=9.0\times10^9$ですから，すごい本数をかかなくてはいけません）。
この法則を**ガウスの法則**と呼びます。

点電荷に限らず，**Q〔C〕に帯電した物体から出る電気力線の総本数Nは，$N=4\pi kQ$**となりますので覚えておきましょう。
すなわち，「1 m^2あたり，E本の電気力線が出ている」ということは
「Q〔C〕からは$4\pi kQ$本の電気力線が出ている」ということなのです。
この電場や電荷と電気力線の関係はアタマに入れておいてくださいね。
あとあとコンデンサーを学ぶときに役立ちますよ。

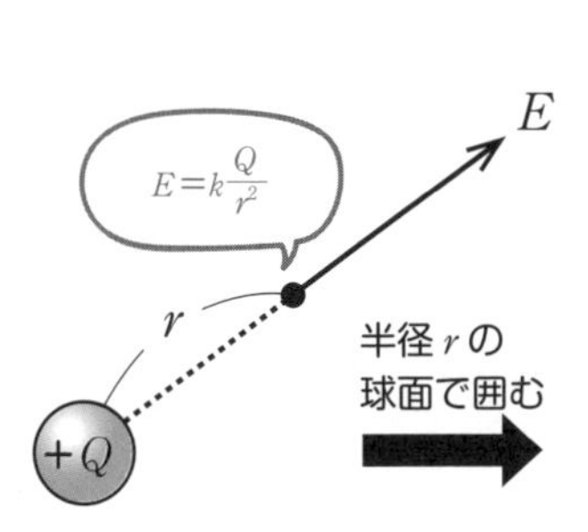

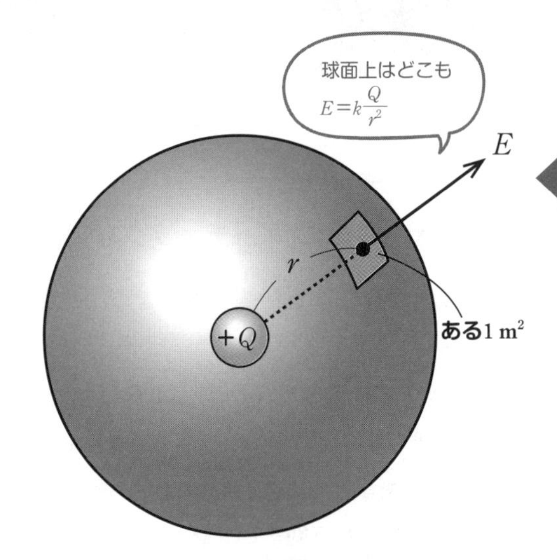

球面の
ある $1\ \mathrm{m}^2$ に着目

電気力線のきまりより

$1\ \mathrm{m}^2$ あたり $E=k\frac{Q}{r^2}$ 本の

電気力線をかく

球の表面積は $4\pi r^2$〔m^2〕
よって，球面全体を貫く
電気力線の本数は

$$4\pi r^2 \times k\frac{Q}{r^2} = 4\pi kQ \text{ 本}$$

＋Q〔C〕の点電荷からは
$4\pi kQ$ 本の電気力線が
出ている！

ここまでやったら
別冊 p. 7へ

理解できたものに，☑チェックをつけよう。

- [ ] 電場が存在する空間に電荷を置いたときにはたらく力の向きを判断できる。
- [ ] $F=qE$の関係を用いて，電荷にはたらく力や電場の大きさを求めることができる。
- [ ] 点電荷の作る電場の向きは正の点電荷から湧き出し，負の点電荷へと吸い込まれる方向だとイメージできる。
- [ ] 点電荷が作る電場の式$E=k\dfrac{Q}{r^2}$を覚えた。
- [ ] 電場の重ね合わせにおけるベクトルの計算のしかたを理解した。
- [ ] 電気力線の4つの特徴を理解した。
- [ ] 電場の大きさがE〔N/C〕である面からは，$1\ \mathrm{m}^2$あたりE本の電気力線が出ている。
- [ ] Q〔C〕の電荷から出る電気力線の本数$N=4\pi kQ$本を自分で導ける。

Chapter

3

電位

3–1 電位

3–2 電位と静電気力による位置エネルギー

3–3 一様な電場中の電位

3–4 点電荷による電位

3–5 等電位面と電気力線

3–6 力学的エネルギー保存則

3–7 電場中の導体の性質

電位

はじめに

力学では，“高い位置にある物体は（重力による）位置エネルギーをもっている”ということを学びました。物体を高い位置に運ぶには仕事をする必要があり，その仕事がエネルギーになるのです。※
（※『宇宙一わかりやすい高校物理（力学・波動）』p.138参照）
つまり，位置の高い・低いによって物体のもつエネルギーが違うということです。

電気の世界でも同じように，位置の高い・低いによって，電荷のもつエネルギーが異なります。この電気的な位置（高低）のことを電位というのです。

イメージが大事なところです。正電荷を高いところに持ち上げたり，低いところに下ろしたりするようなイメージをもちましょう。

慣れないうちはわかりにくいと思いますが，電位によって，電荷がもつエネルギーや電場などの多くの電気的な現象を簡単に表すことができます。

この章で勉強すること

まず，電気的な高さである電位を説明し，静電気力による位置エネルギーと電位の関係を明確にします。
それらを踏まえて，電位差と仕事の関係や等電位面について，例題を交えながら勉強していきます。
電場中の導体の性質についても，このChapterで扱います。

宇宙一わかりやすい
ハカセの
Introduction

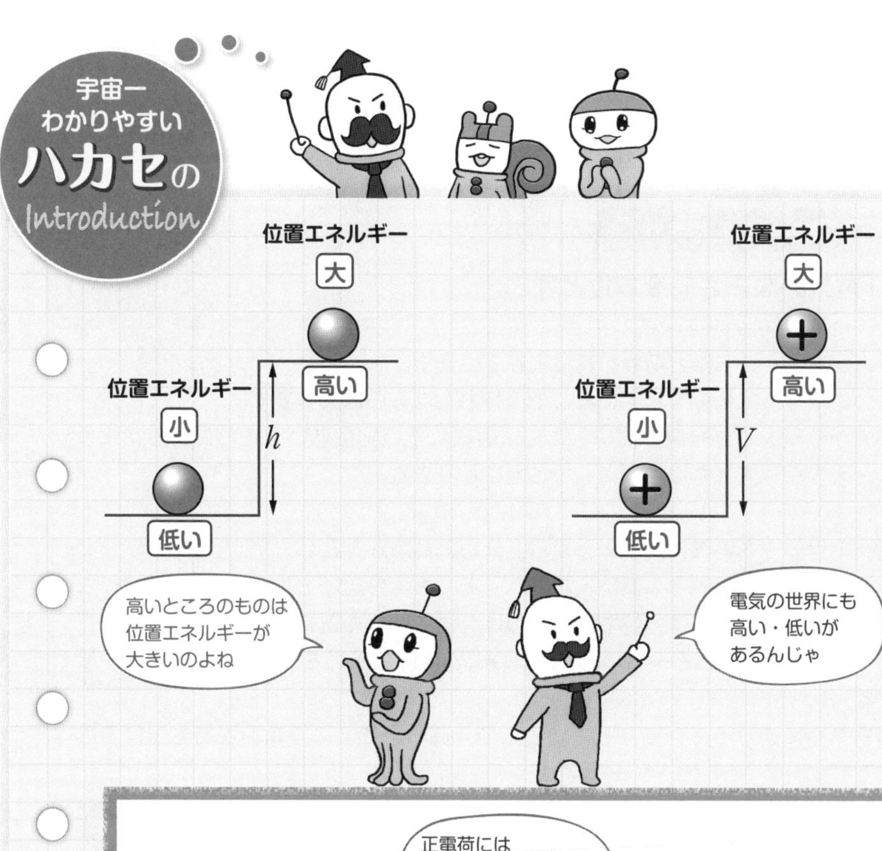

3-1 電位

ココをおさえよう！

「電気的な高さ」を電位と呼ぶ。

リスが高いところへと荷物を持ち上げています。
重力に逆らって仕事をしているので，持ち上げるのは大変です。
リスが仕事をした結果，高いところに運ばれた荷物は低いところにある荷物よりも，大きな位置エネルギーをもつことになります。

電気の世界でも同様に，高いところと低いところが存在します。
リスは，電気の世界でも高いところへとモノを持ち上げることになりました。
ただし電気の世界では，持ち上げるのは荷物ではなく正電荷です。
正電荷は“高いところ→低いところ”の向きに静電気力を受けます（重力と一緒ですね）。
静電気力に逆らって仕事をしているので，高いところに正電荷を持ち上げるのは大変です。
リスが仕事をした結果，高いところに運ばれた正電荷は低いところにある正電荷よりも，大きな位置エネルギーをもつことになります。

この，「電気的な高さ」を表したものを**電位**といい，単位はV（**ボルト**）を使います。
地球上で，物体は高いところから低いところへと，重力を受けて落ちるように，電気の世界では，正電荷は電位の高いところから低いところへと，静電気力を受けて落ちます。

電位は，「基準点からその点まで，＋1Cの点電荷をゆっくりと動かしたとき，外力がした仕事」と定義されています。
この定義からV（ボルト）という単位はJ/C（ジュール毎クーロン）とも表されます。
リスが＋1Cの正電荷を持って，仕事をしている姿をイメージしましょう。
基準点Aから，ある点Bまでリスが＋1Cを持ち上げたとき，リスがした仕事が5Jだったとすると，点Aと点Bの電位差は5J/C＝5Vになります。
電位は「＋1Cの点電荷がもつ位置エネルギー」ともいえるのです。

基準点の取りかたによって，電位の値は変わることに注意しましょう。

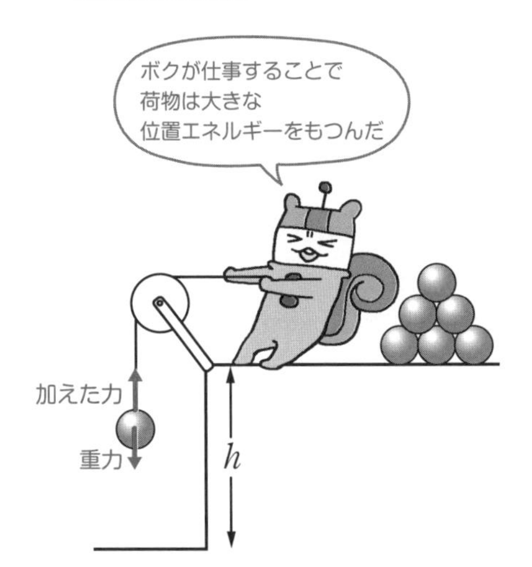

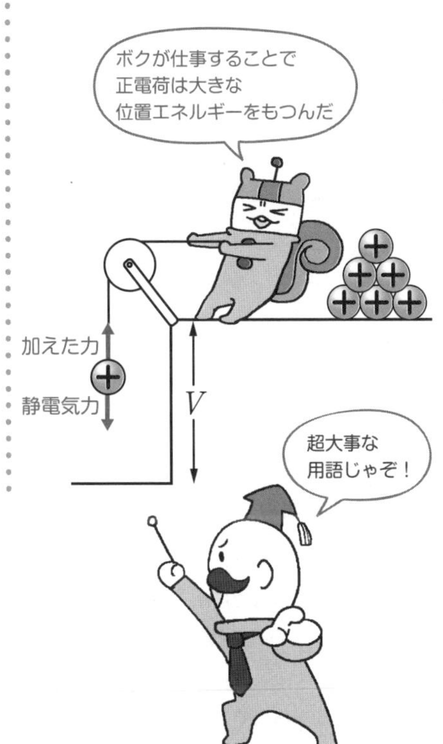

電位 …電気的な高さのこと。
単位はV(ボルト)。

電位の定義 …基準点からその点まで，+1Cの点電荷をゆっくり動かしたとき，外力がした仕事。

p.70では，私たちの住む世界と電気の世界を対比して説明しました。
しかし，気をつけなければならないのは，負電荷の存在です。
負電荷は正電荷と逆で，電位の低いところから高いところへと静電気力を受けます。勝手に上の方向へと浮かび上がってしまう，風船のようなイメージです。

問3-1 点Aより点Bは電位が10 V高い。次の問いに答えよ。
(1) 点Aから点Bへ正電荷をゆっくりと移動させるとき，外力のする仕事は正か負か答えよ。
(2) 点Aから点Bへ負電荷をゆっくりと移動させるとき，静電気力のする仕事は正か負か答えよ。
(3) 点Aから点Bへ負電荷をゆっくりと移動させるとき，外力のする仕事は正か負か答えよ。

“外力のする仕事”といわれたら，“リスが電荷を持ち上げる仕事”と考えましょう。

解きかた まずは(1)ですが，正電荷を高いところへとリスが持ち上げるのですから，静電気力に逆らって仕事をすることになります。大変ですね。
リスのする仕事，つまり外力のする仕事は**正**になります。…答

(2)と(3)は同時に考えます。負電荷を高いところへとリスが持ち上げようとするのですが，負電荷は静電気力を上向きへと受けるので，リス（外力）が仕事をしなくても高いところへ上がっていきます。
リスはラクですね(ゆっくりと持ち上げるために，押さえつけてはいますが)。
このとき，仕事をするのは静電気力です。ですので，静電気力のする仕事は**正**です。…答
ではリス(外力)のする仕事はどうでしょうか？
移動方向が上で，リス（外力）が加えた力の方向は逆の下向きなので，リスのした仕事，つまり外力のした仕事は**負**です。…答

リス(外力)のする仕事というのは，ラクをしていたら減点されてしまうのですね。

補足 この種の問題では　静電気力(電場)のする仕事＝－(外力のする仕事)
という関係が成り立ちます。
“ゆっくりと移動させる”ということは，“静電気力(電場から受ける力)と外力がつり合った状態で移動させる”ということです。移動方向と同じ向きの力は正の仕事をしたことになり，移動方向と逆の力は負の仕事をしたことになります。

電気の世界の注意点

負電荷は低いところから
高いところへと静電気力
を受ける。

負電荷は
電位が高いところへと
浮かんでしまう
風船のイメージじゃ

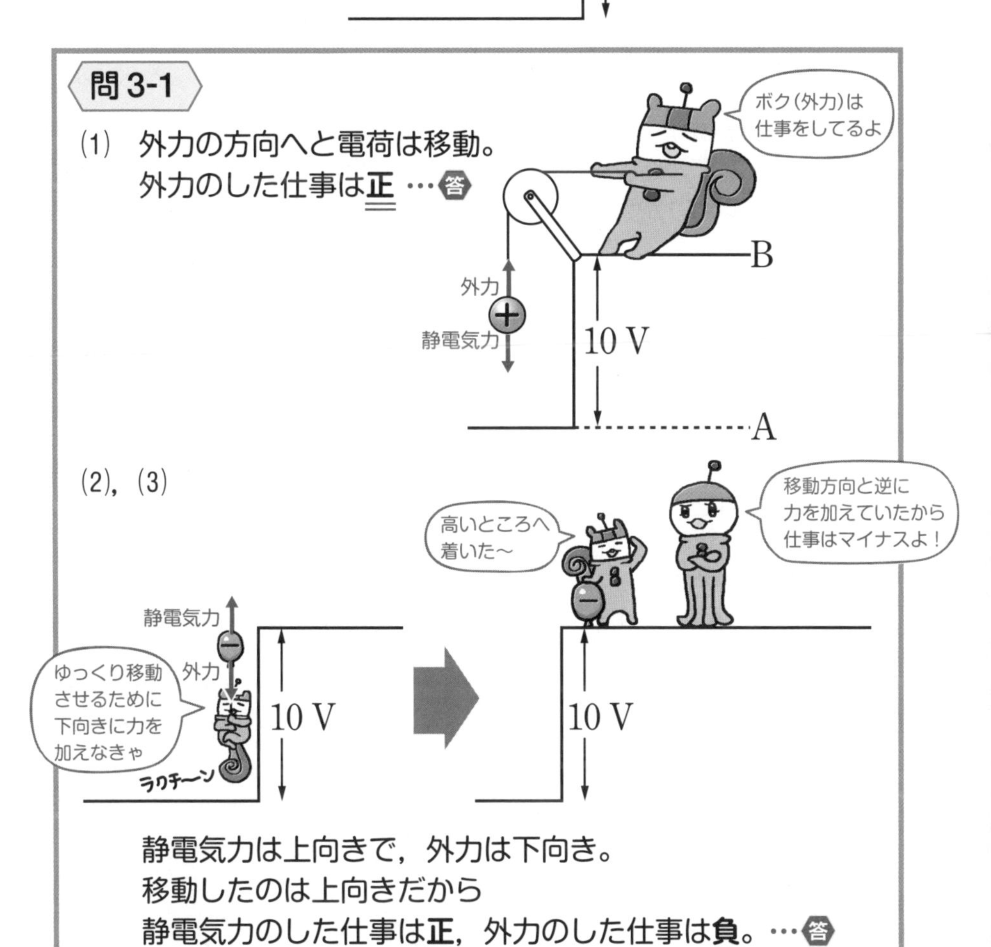

問 3-1

(1) 外力の方向へと電荷は移動。
外力のした仕事は**正** …答

(2)，(3)

静電気力は上向きで，外力は下向き。
移動したのは上向きだから
静電気力のした仕事は**正**，外力のした仕事は**負**。…答

3-2 電位と静電気力による位置エネルギー

ココをおさえよう！

V〔V〕のところにq〔C〕を運ぶときに，外力がする仕事は
$W=qV$〔J〕
V〔V〕のところにあるq〔C〕の電荷のもつ静電気力による位置エネルギーは　$U=qV$〔J〕

電位が電気的な高さを表すことはわかってきましたね。
p.70でも説明した通り，電位の定義は，**「基準点からその点まで，＋1 Cの点電荷をゆっくりと動かしたとき，外力がした仕事」**でした。

いま点Aと点Bがあり，点Aより点Bは電位が5 V高いとします。
点Aから点Bへ，リス（外力）が＋1 Cの電荷を移動させたとき，リス（外力）のする仕事は　　1 C×5 V（＝5 J/C）＝5 J
ここで移動させる電荷の大きさを変えてみます。
点Aから点Bへ，リス（外力）が＋3 Cの電荷を移動させたとき，リス（外力）のする仕事は　　3 C×5 V（＝5 J/C）＝15 J
点Aから点Bへ，リス（外力）が－2 Cの電荷を移動させたとき，リス（外力）のする仕事は　　－2 C×5 V（＝5 J/C）＝－10 J
となります。
つまり，V〔V〕のところへq〔C〕の電荷を移動させるときに，リス（外力）がする仕事は **$W=qV$〔J〕**ということです。

また，V〔V〕の高さ（電位）のところにq〔C〕の電荷があるとき，その電荷は**$U=qV$〔J〕**の静電気力による位置エネルギーをもっていることになります。

重力mgと高さhの積で，重力による位置エネルギーmghとなるのと似ていますね。$m=1$ kgと考えると，重力による位置エネルギーはghとなります。すなわち，mとqが対応し，Vとghが対応しています。
質量mが大きいか高さhが高ければ，重力による位置エネルギーmghは大きくなり，電荷qが大きいか電位Vが高ければ，静電気力による位置エネルギーqVが大きくなります。

3

電位の定義（おさらい）

基準点からその点まで，+1 C の点電荷をゆっくり動かしたときに，外力がした仕事。

5 V の高さに+1 C を
持ち上げるのには
5 J の仕事をするよ

外力
+1C
静電気力
5 V（＝5 J/C）
B
A

外力のする仕事 W　　$W=qV$〔J〕

- +3 C を 5 V のところへ移動させるときの
  外力の仕事は　3 C×5 V＝15 J
- −2 C を 5 V のところへ移動させるときの
  外力の仕事は　−2 C×5 V＝−10 J

静電気力による位置エネルギー U　　$U=qV$〔J〕

V〔V〕のところにある q〔C〕の電荷は“外力に持ってこられた”と考えると，外力のした仕事の分だけ，位置エネルギーをもっていると考えられる。

ここまでやったら
別冊 P. 8 へ

3-3 一様な電場中の電位

ココをおさえよう！

電位は高さ，電場は坂のイメージ。
電場の大きさは坂の傾斜の急さを表している。
一様な電場 E〔N/C〕で電場の向きに沿って d〔m〕離れた2点の電位差 V〔V〕は　$V = Ed$

ここでは，電位と一様な電場の関係を調べてみましょう。

正に帯電した金属板と負に帯電した金属板を平行に向かい合わせると，一様な電場が正の金属板から負の金属板へ向かう方向にできるのでした(p.46)。
E〔N/C〕の一様な電場中に q〔C〕の電荷を置くと，その電荷には $\boldsymbol{F = qE}$ **〔N〕**の力がはたらきます。

一様な電場を作る，正に帯電した金属板を金属板A，負に帯電した金属板を金属板Bとします。
一様な電場中に正電荷を置くと，正電荷は電場の向き（金属板A→金属板B）に静電気力を受けますね。
ということは，位置（電位）が高いのは金属板Aのほうだとわかります。
一様な電場中のどこでも正電荷は力を受けるので，電位が最も高いのは金属板Aで，徐々に電位が低くなり，電位が最も低いのは金属板Bということです。

つまり，電場は坂のようなものなのです。
金属板Aが坂の頂上，金属板Bが坂のふもとです。
金属板Bから金属板Aへとずっと坂が続いているので，どこでも正電荷は下の方向（金属板Bの方向）へと力を受けます。

電場の大きさは坂の傾斜を表しています。
電場の大きさが大きいと受ける静電気力が大きいのは，傾斜が急で下向きに受ける力が大きいからです。

おさらい

[一様な電場]

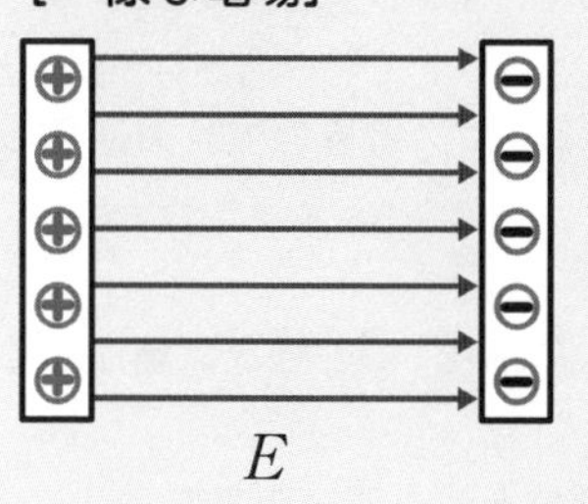

[一様な電場中で電荷の受ける力]

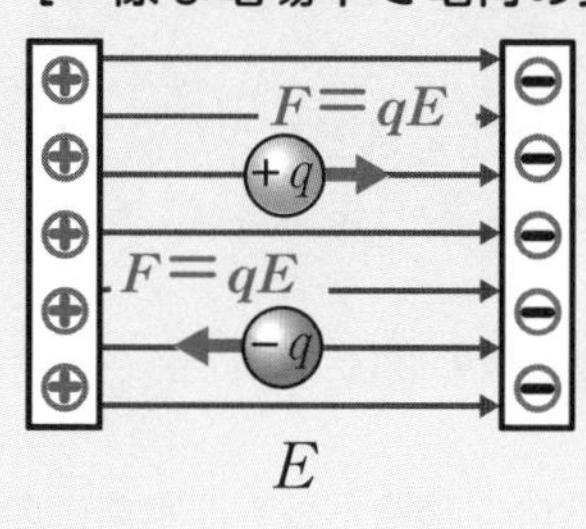

正電荷は電場の向き
負電荷は電場と逆向きに
$F=qE$ を受けるのよね

一様な電場中の電位

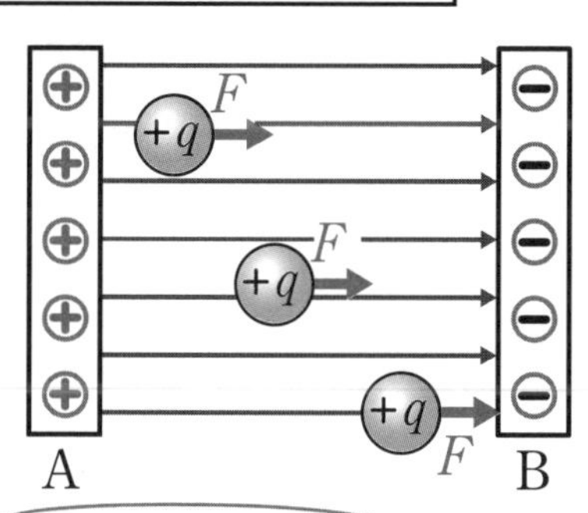

正電荷は電位の高いところから低いところへ静電気力を受ける。

＋

一様な電場中では，どこに正電荷を置いても A→B の向きへ静電気力を受ける。

電位が最も高いのは金属板 A で，徐々に電位が低くなり，金属板 B が最も電位が低い。

つまり，金属板 A を頂上として
坂のようになっており
坂のふもとが金属板 B じゃ

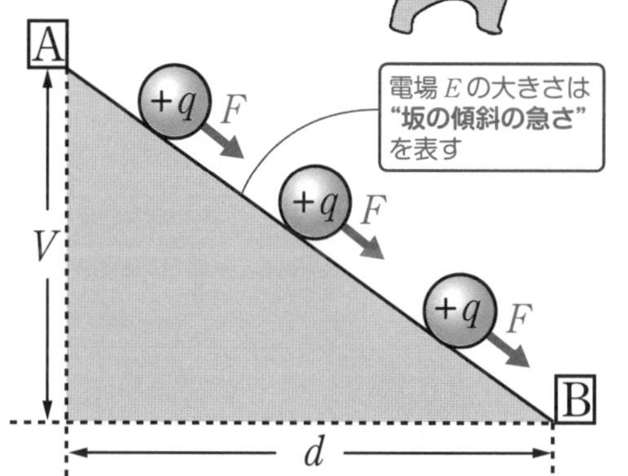

極板間の距離 d が同じで
A，B の電位差 V が大きいと
E は大きく(坂がきつく)なる
また，電位差 V が同じでも
極板間の距離 d が小さいと
E は大きくなってしまうぞぃ

一様な電場では，電場の大きさも向きも変わらないので，傾斜が一定の坂をイメージしましょう。
坂の傾斜に逆らって上れば上るほど高さが高くなるように，電場の流れに逆らって上れば上るほど電位が高くなります。

2枚の正負に帯電した金属板の間に，右向きで大きさE〔N/C〕の一様な電場があるとしましょう。
負の金属板上の点Pを電位の基準として，電場中の電位を調べていきます。

点Pから電場の向きと反対方向にd〔m〕進んだ点Aの電位を調べましょう。
電位の定義はp.70で説明した通り，＋1 Cの点電荷をゆっくり動かしたときに外力がする仕事でしたね。
＋1 Cの点電荷が受ける静電気力は$F=qE=+1\times E=E$〔N〕なので，それに逆らう外力の大きさもEです。
また，外力の向きは電場と反対の向き，つまり，電荷を動かす方向と同じですね。
仕事は（力の大きさ）×（移動距離）で表されるのでした。
d〔m〕移動させたので，外力がする仕事は，Ed〔J〕になります。

よって，点Pを基準としたときの点Aの電位は **$V=Ed$〔V〕**になります。
（このとき，$\boldsymbol{E=\frac{V}{d}}$になるので，**電場の単位をV/mと表す場合もあります**）

横軸に点Pからの距離d，縦軸に電位Vをとったグラフをかくと，右ページのような直線になりますね。慣れ親しんだ数学の$y=ax$のグラフです。
xがd，yがVに置き換わったのですね。
電場の大きさEが変わらないので，傾きがEで一定な比例のグラフなのです。

V
キツイよ～
一様な電場坂
坂に負けないで！電位の高いところへ持っていって！
傾斜は一定じゃよ

一様な電場中の電位差

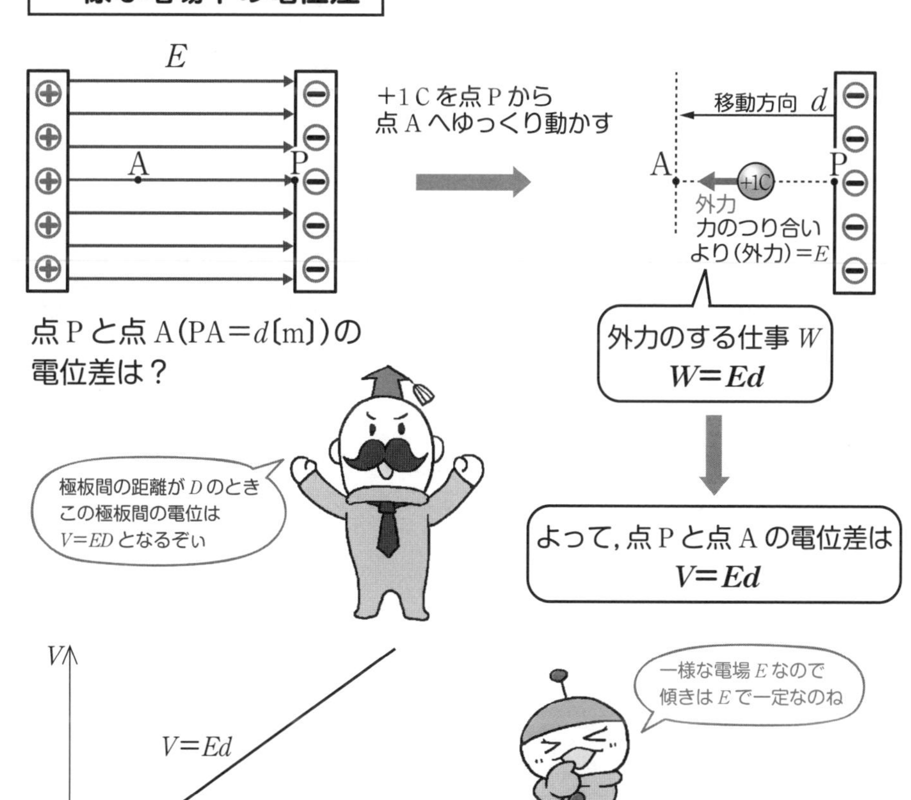
E
A
P
+1Cを点Pから点Aへゆっくり動かす
移動方向 d
+1C
外力
力のつり合いより(外力)=E
点Pと点A(PA=d〔m〕)の電位差は？
外力のする仕事W
W=Ed
極板間の距離がDのとき この極板間の電位は V=ED となるぞぃ
よって，点Pと点Aの電位差は
V=Ed
V
V=Ed
O
d
一様な電場Eなので 傾きはEで一定なのね

3-4 点電荷による電位

ココをおさえよう！

点電荷による電位は $V=k\frac{Q}{r}$

複数の点電荷がある場合の電位は，それぞれの点電荷による電位を足し合わせたものになる。

今度は点電荷による電位です。

正の点電荷に近いほど電位は大きく，負の点電荷に近いほど電位は小さくなります。
正電荷は高くそびえる山，負電荷は深い谷のようなイメージです。
点電荷による電位は公式がありますので，覚えておきましょう。
Q〔C〕の点電荷からr〔m〕離れた場所の電位V〔V〕は

$$V=k\frac{Q}{r}$$

になります。

点電荷から離れる（rが大きくなる）ほど，電位が0に近づいていくということです。
電位のグラフは右ページの真ん中の図のようになります。

2つの点電荷Q_A，Q_Bがある場合の電位はどうなるのでしょうか？
その場合はそれぞれの電荷による電位を足し合わせたもの

$$V=V_A+V_B$$

になります。
電位は向きがあるものではなく高い・低いなので，電場のときのように絵をかいて，ベクトル（矢印）の足し算をすることはありません。

p.82では練習問題をやってみましょう。

点電荷による電位

正電荷による電位は山のイメージ　負電荷による電位は谷のイメージ

Q〔C〕の点電荷から
r〔m〕離れた場所の電位 V〔V〕　$V=k\dfrac{Q}{r}$

〈グラフ〉 [$Q>0$ のとき]

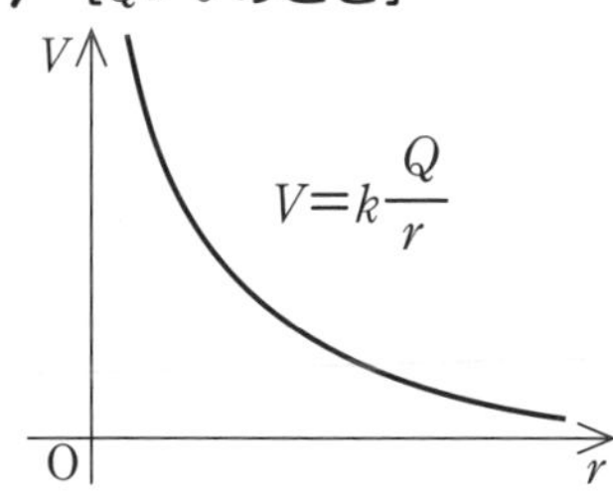

[$Q<0$ のとき]

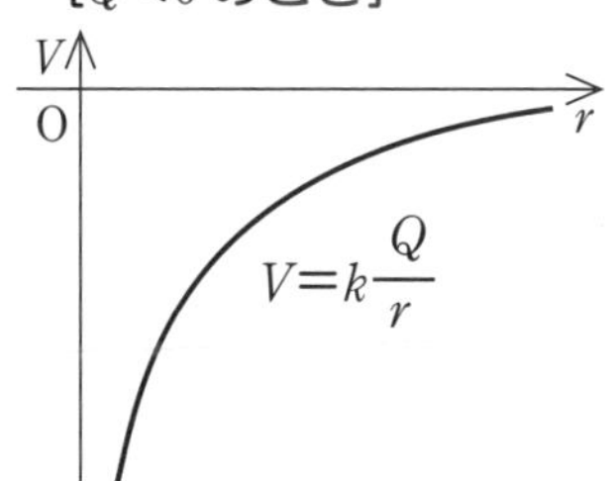

複数の点電荷による電位は？

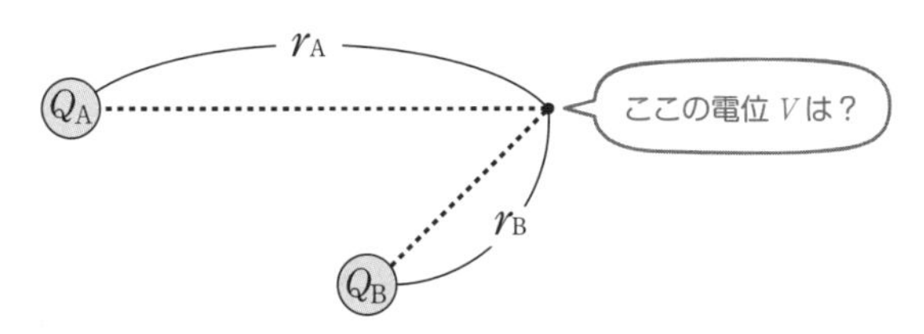

それぞれの点電荷による電位を足し合わせればよい。

$$V_A=k\frac{Q_A}{r_A},\quad V_B=k\frac{Q_B}{r_B}$$

よって　$V=V_A+V_B=k\dfrac{Q_A}{r_A}+k\dfrac{Q_B}{r_B}$

問3-2 x-y平面上の点A$(0,\ a)$，B$(0,\ -a)$にそれぞれ$+Q$，$-Q$の電荷を置いた。クーロンの法則の比例定数をkとして，次の点での電位を求めよ。
(1) 原点O$(0,\ 0)$　(2) 点C$(2a,\ a)$

解きかた
(1) Aと原点O，Bと原点Oの距離は，どちらもaですね。
点電荷による電位は，$V=k\dfrac{Q}{r}$と表されました。
よって，
点Aの電荷による点Oの電位V_{AO}は　$V_{AO}=k\dfrac{Q}{a}$
点Bの電荷による点Oの電位V_{BO}は　$V_{BO}=-k\dfrac{Q}{a}$
点Oの電位V_Oは，これらの電位を足し合わせたものになるので

$$V_O=V_{AO}+V_{BO}=k\frac{Q}{a}+\left(-k\frac{Q}{a}\right)=\underline{\underline{0}}$$ …答

(2) AとCの距離は$2a$です。
三角形ABCはAを直角とした直角三角形ですね。
三平方の定理より，$BC=\sqrt{(2a-0)^2+\{a-(-a)\}^2}=2\sqrt{2}\,a$となります。
よって，
点Aの電荷による点Cの電位V_{AC}は　$V_{AC}=k\dfrac{Q}{2a}$
点Bの電荷による点Cの電位V_{BC}は　$V_{BC}=-k\dfrac{Q}{2\sqrt{2}\,a}$
点Cの電位V_Cは，これらの電位を足し合わせたものになるので

$$V_C=V_{AC}+V_{BC}=k\frac{Q}{2a}+\left(-k\frac{Q}{2\sqrt{2}\,a}\right)$$
$$=\frac{kQ}{2\sqrt{2}\,a}(\sqrt{2}-1)$$
$$=\underline{\underline{\boldsymbol{\frac{(2-\sqrt{2})\,kQ}{4a}}}}$$ …答

どうでしょうか？　公式さえ覚えておけば難しくはありませんよね？

p.84では，電位に関してここまでで学んだことをおさらいしておきましょう。

問 3-2

(1)　原点 O の電位は？

(2)　点 C$(2a,\ a)$の電位は？

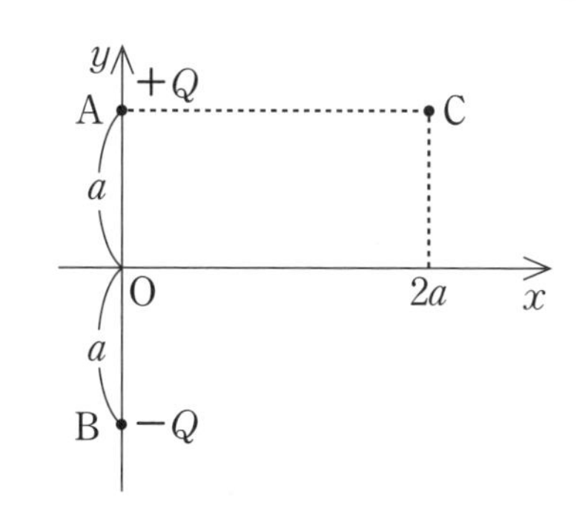

(1)　点 A の電荷による原点 O の電位は　$V_{AO}=k\dfrac{Q}{a}$

点 B の電荷による原点 O の電位は　$V_{BO}=-k\dfrac{Q}{a}$

よって，原点 O の電位は

$$V_O=V_{AO}+V_{BO}$$
$$=k\frac{Q}{a}+\left(-k\frac{Q}{a}\right)=\underline{\underline{0}}$$ …答

(2)

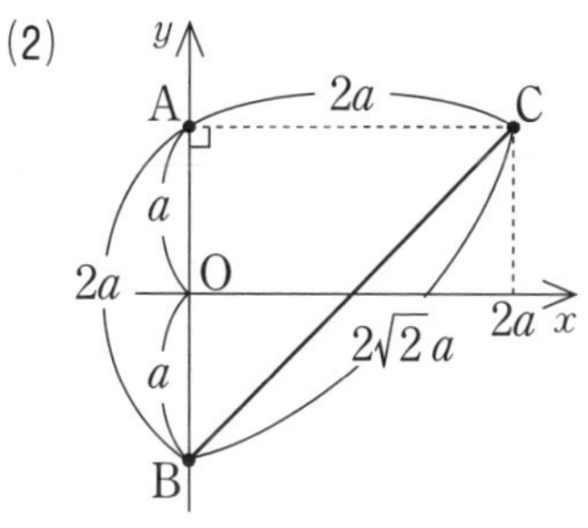

点 A の電荷による点 C の電位は　$V_{AC}=k\dfrac{Q}{2a}$

点 B の電荷による点 C の電位は　$V_{BC}=-k\dfrac{Q}{2\sqrt{2}a}$

よって，点 C の電位は

$$V_C=V_{AC}+V_{BC}=k\frac{Q}{2a}+\left(-k\ \frac{Q}{2\sqrt{2}a}\right)$$
$$=\frac{kQ}{2\sqrt{2}a}\left(\sqrt{2}-1\right)$$
$$=\underline{\underline{\boldsymbol{\frac{\left(2-\sqrt{2}\right)kQ}{4a}}}}$$ …答

ここまでに習ったことをおさらいしていきましょう。

- 電位とは電気的な高さ
- 正電荷は電位の高いほうから低いほうへと静電気力を受ける
- 電位の定義は＋1Cの電荷をゆっくりと移動させたときの外力のした仕事
- 2点間の電位差が V〔V〕のとき，電位の低いほうから高いほうへと電荷 q〔C〕を移動させるときの仕事 W〔J〕は　$W = qV$
- 電位が V〔V〕の位置にある q〔C〕の電荷のもつ静電気力による位置エネルギー U〔J〕は　$U = qV$
- 電場は坂道のようなもの
- 一様な電場 E〔N/C〕において，電場の向きに沿って d〔m〕離れた2点間の電位差 V〔V〕は　$V = Ed$
- Q〔C〕の点電荷から r〔m〕離れた場所の電位 V〔V〕は　$V = k\dfrac{Q}{r}$

上にまとめたことはとても大事です。式を覚えてイメージできるようにしましょう。

問3-3

右図のように7 N/Cの一様な電場中に，電場と平行な向きに4 m離れた2点A，Bがある。次の問いに答えよ。

(1) 2点A，Bはどちらが高電位で電位差はいくらか。

(2) 点Bから点Aへと＋5Cの電荷をゆっくりと移動させるとき，外力のする仕事を求めよ。

(3) (2)のとき，電場のする仕事を求めよ。

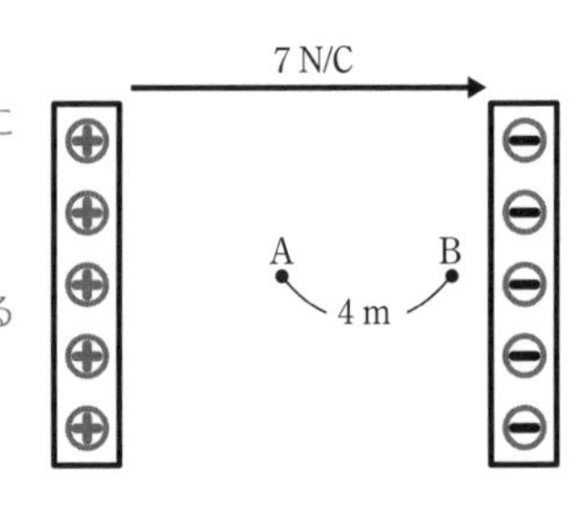

解きかた

(1) 電場の正の極板に近いほうが高電位ですから，**点Aが高電位**。…答

電位差は $V = Ed$ より　$V = 7 \times 4 =$ **28 V** …答

(2) 点Aのほうが28 V高く，そこへ＋5Cを移動させることになります。

高いところへ正電荷を移動させるので，外力のする仕事は正です。

$W = qV$ より　$W = 5 \times 28 =$ **140 J** …答

(3) “電場のする仕事”というのは“静電気力のする仕事”ということです。

p.72でも説明した通り，外力と静電気力はつり合っています。

互いに逆向きで同じ大きさです。

電場の向きとは逆向きに＋5Cの電荷が移動したのですから，

電場のする仕事はマイナスです。　**－140 J** …答

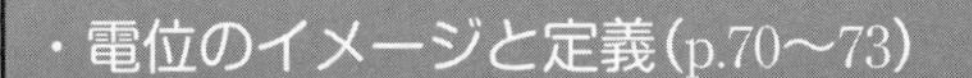

・電位のイメージと定義(p.70〜73)

・外力のする仕事　$W=qV$

・電位 V のところにある電荷のもつ静電気力による位置エネルギー　$U=qV$

(p.74〜75)

・一様な電場と電位について　$V=Ed$ (p.76〜79)

・点電荷による電位　$V=k\dfrac{Q}{r}$ (p.80〜83)

しっかりおさえるんじゃぞ

3

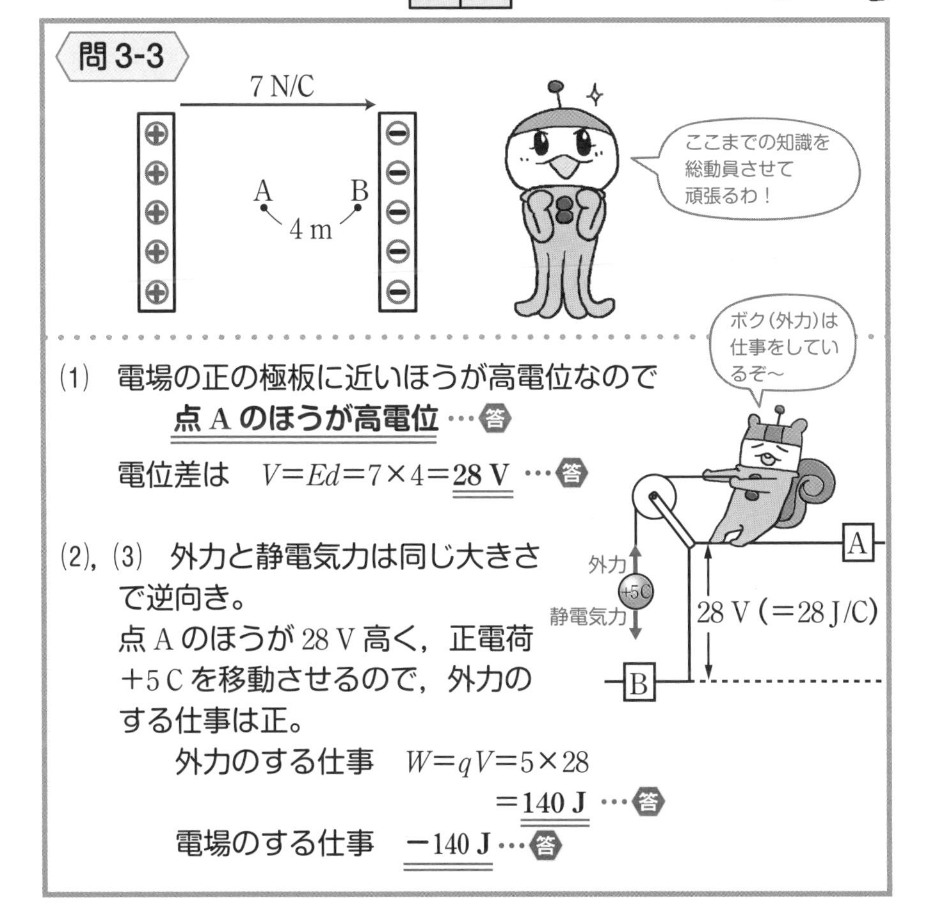

(1)　電場の正の極板に近いほうが高電位なので

点 A のほうが高電位 …答

電位差は　$V=Ed=7\times4=$ **28 V** …答

(2), (3)　外力と静電気力は同じ大きさで逆向き。

点 A のほうが 28 V 高く，正電荷 +5 C を移動させるので，外力のする仕事は正。

外力のする仕事　$W=qV=5\times28$

$=$ **140 J** …答

電場のする仕事　**−140 J** …答

問3-4 x-y平面上の原点に-1.5×10^{-8} C，点(4，0)に2.0×10^{-8} Cの点電荷がある。次の問いに答えよ。ただし，x，y座標の単位は〔m〕とし，$k=9.0\times10^{9}\ \mathrm{N\cdot m^2/C^2}$とする。

(1) 点A(4，3)の電位を求めよ。

(2) 点B(0，3)の電位を求めよ。

(3) 点Aに3.0×10^{-9} Cの電荷を置いた。この電荷のもつ位置エネルギーを求めよ。

(4) 点Bに3.0×10^{-9} Cの電荷を置いた。この電荷のもつ位置エネルギーを求めよ。

(5) 点Aから点Bへとゆっくり3.0×10^{-9} Cを移動させたとき，外力のした仕事を求めよ。

(6) 点Aから点Bへとゆっくり3.0×10^{-9} Cを移動させたとき，静電気力のした仕事を求めよ。

解きかた (1)，(2) 2つの点電荷に関して，点電荷による電位$V=k\dfrac{Q}{r}$を足し合わせると

点A(4，3)に点電荷が作る電位V_Aは

$$V_A=9.0\times10^9\times\frac{2.0\times10^{-8}}{3}+9.0\times10^9\times\frac{-1.5\times10^{-8}}{5}$$

$$=60-27=\mathbf{33\ V}$$ …答

点B(0，3)に点電荷が作る電位V_Bは

$$V_B=9.0\times10^9\times\frac{2.0\times10^{-8}}{5}+9.0\times10^9\times\frac{-1.5\times10^{-8}}{3}$$

$$=36-45=\mathbf{-9.0\ V}$$ …答

(3) 点Aの電位は33 Vなので，$U=qV$より点Aに置かれた3.0×10^{-9} Cの位置エネルギーU_Aは

$$U_A=3.0\times10^{-9}\times33=\mathbf{9.9\times10^{-8}\ J}$$ …答

(4) 点Bの電位は-9.0 Vなので，$U=qV$より点Bに置かれた3.0×10^{-9} Cの位置エネルギーU_Bは

$$U_B=3.0\times10^{-9}\times(-9.0)=\mathbf{-2.7\times10^{-8}\ J}$$ …答

(5)，(6) $V_A=33$ V，$V_B=-9.0$ Vより点Aが高電位で，点Bが低電位なので，正電荷である3.0×10^{-9} Cは静電気力を受けて自動的に点Aから点Bへ移動する。

これをゆっくり移動させるのに逆向きに外力をはたらかせるので，外力のする仕事は負で，移動方向と同じ向きの力の静電気力のする仕事は正。

点Aと点Bの電位差V_{AB}は　$V_{AB}=|-9.0-33|=42$ V

よって，外力のした仕事は

$$-(qV_{AB})=-(3.0\times10^{-9}\times42)=\mathbf{-1.26\times10^{-7}\ J}$$ …答

静電気力のした仕事は，正負を入れ替えて　$\mathbf{1.26\times10^{-7}\ J}$ …答

問 3-4

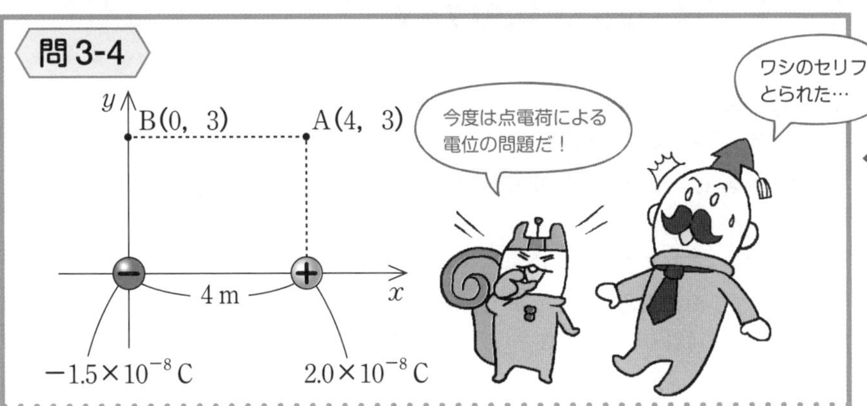

(1), (2)

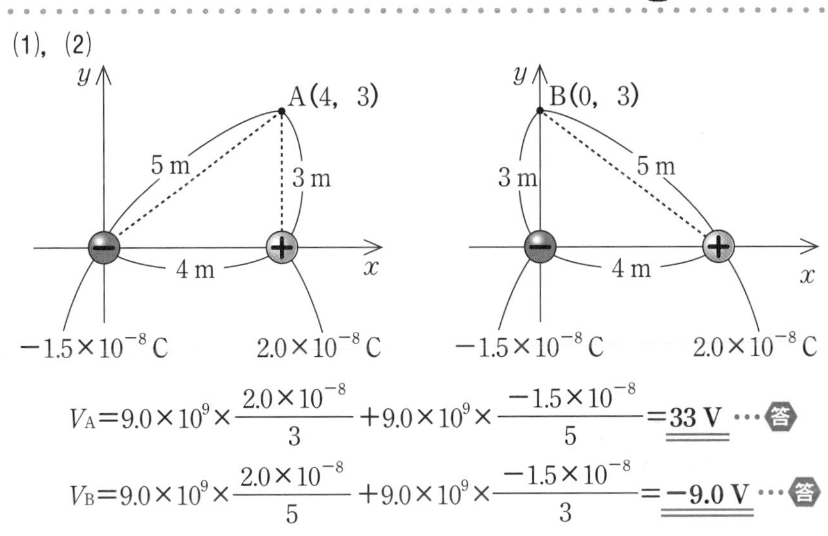

$$V_A = 9.0\times10^9\times\frac{2.0\times10^{-8}}{3} + 9.0\times10^9\times\frac{-1.5\times10^{-8}}{5} = \underline{\underline{\mathbf{33\ V}}}$$ …答

$$V_B = 9.0\times10^9\times\frac{2.0\times10^{-8}}{5} + 9.0\times10^9\times\frac{-1.5\times10^{-8}}{3} = \underline{\underline{\mathbf{-9.0\ V}}}$$ …答

(5), (6)【別解】

点Aから点Bへ 3.0×10^{-9} C の電荷を移動させたときの位置エネルギーの変化は，(3)，(4)より

$$U_B - U_A = -2.7\times10^{-8} - 9.9\times10^{-8} = -1.26\times10^{-7}\ \mathrm{J}$$

この位置エネルギーの変化は外力のした仕事によるものなので

外力のした仕事は　$\underline{\underline{\mathbf{-1.26\times10^{-7}\ J}}}$ …答

静電気力のした仕事は，正負を入れ替えて　$\underline{\underline{\mathbf{1.26\times10^{-7}\ J}}}$ …答

ここまでやったら 別冊 P. 10 へ

3-5 等電位面と電気力線

ココをおさえよう！

電位が等しい点を連ねた面を等電位面と呼び，等電位面と電気力線は直交する。

地図で高さを表す場合，高さが同じ場所を線で結ぶと地形がわかりやすいです（等高線）。電位も同様に，同じ高さの場所を結んで表すと，各点での電位がわかりやすくなります。
電位が等しい点を結んでできた面を**等電位面**と呼びます。
例えば，正の点電荷では，点電荷からの距離rが同じ場所では電位が等しくなりますから，球状の等電位面ができます。
また，一様な電場では，電場を作っている金属板と平行な等電位面ができます。

一様な電場で，等電位面と電気力線を同じ図にかくとどうなるのでしょうか？
一様な電場において，等しい電位差の間隔で等電位面をかき，そこに電気力線を重ねると，右ページの真ん中の図のようになります。
電位は金属板と平行で，電場は正に帯電した金属板から負に帯電した金属板へと垂直に向かいます。
これらのことから，等電位面と電気力線には次の関係があることがわかっています。
① **電気力線は高電位から低電位の方向へ向いている。**
② **等電位面と電気力線は垂直に交わる。**

この等電位面を，平面上に表したものが**等電位線**です
等電位線と電気力線でも上の①，②は成り立っています。

点電荷でも考えましょう。例えば，電気量が$+Q$の点電荷による電位において，等しい電位差の間隔で等電位線をかきます。
そこに電気力線を重ねると，等電位線と電気力線は右ページの下の図のようになります。等電位線と電気力線が垂直に交わっていることがわかりますね。
また，点電荷に近いところでは，等電位線の間隔がせまくなっています。
電位というのは高さですから，等電位線の間隔がせまいところは，坂の傾きが大きい（急である）ということです。
p.76で説明した通り，傾きが大きい（急な）ほど電場の大きさは大きいのでした。
つまり，**等電位線の間隔がせまいほど，その場所の電場は大きいということです。**

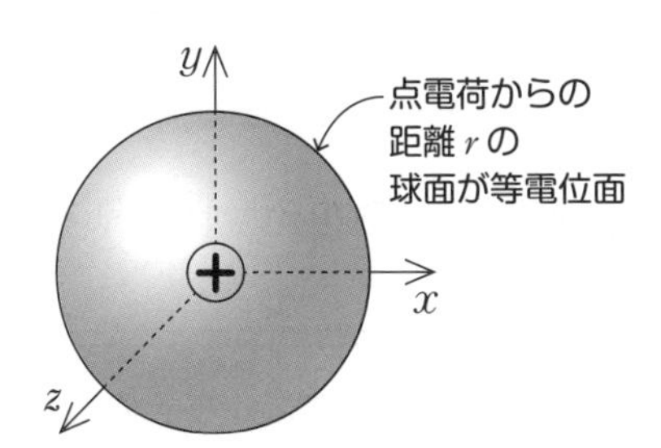

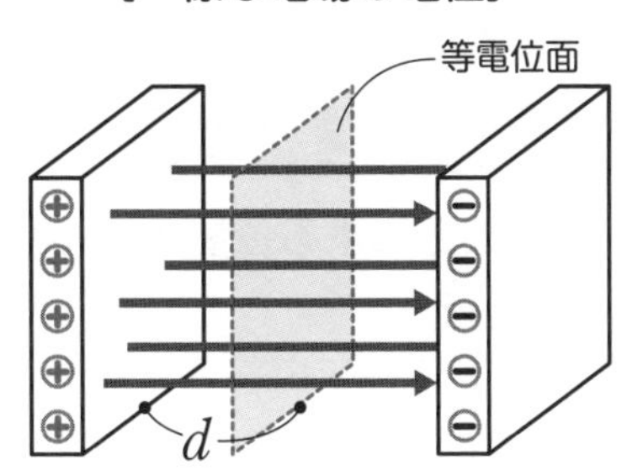

3

等電位面(等電位線)と電気力線

① 電気力線は高電位から低電位の方向へ向く。

② 等電位面(等電位線)と電気力線は垂直に交わる。

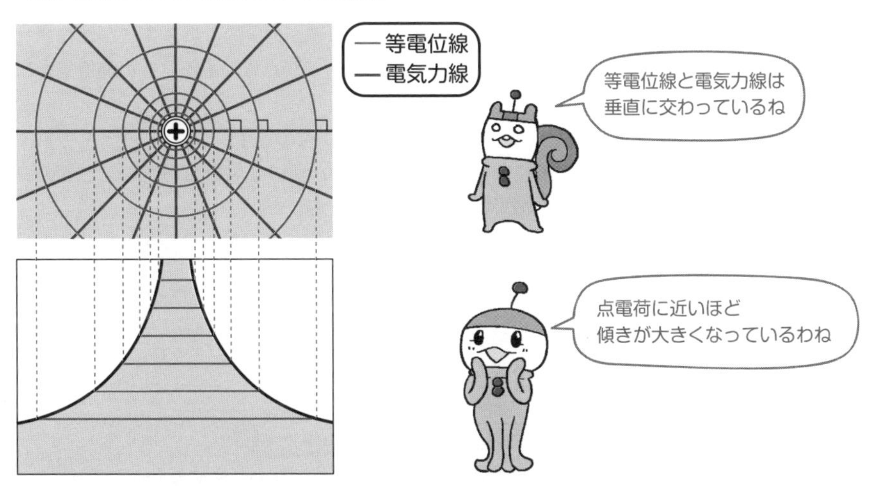

3-6 力学的エネルギー保存則

ココをおさえよう！

静電気力による位置エネルギーも，力学的エネルギー保存則が適用される。

力学のときに学習したことですが，運動エネルギーと位置エネルギーの和を**力学的エネルギー**といいます。静電気力による位置エネルギーも位置エネルギーの1つなので，力学的エネルギーです。

静電気力だけがはたらいている場合，次の力学的エネルギー保存則が成立します。

（運動エネルギー）＋（静電気力による位置エネルギー）＝（一定）

重力や弾性力がはたらいている場合でも，左辺に重力による位置エネルギーや弾性エネルギーを加えれば，力学的エネルギー保存則は成り立ちますよ。

問3-5 正負に帯電した2枚の金属板があり，その間の一様な電場の大きさは20 V/mであった。次の問いに答えよ。

(1) 負の金属板を基準にすると点Aの電位は10Vだった。点Aと負の金属板の距離は何mか。

(2) 点Aに質量6.0×10^{-27} kgで$+3.0 \times 10^{-18}$ Cの荷電粒子を置いたところ，粒子は電場から力を受け移動した。負の金属板に到達したときの粒子の速さを求めよ。

解きかた

(1) 点Aと負の金属板の距離をd〔m〕とすると，点Aの電位は$V=Ed$より

$$10=20d \qquad d=\mathbf{0.50\ m}$$ …答

(2) 電荷には静電気力しかはたらいておらず，力学的エネルギーが保存されます。点Aの電位は10 Vですから，粒子が点Aにあるときの静電気力による位置エネルギーは

$$U=qV=3.0 \times 10^{-18} \times 10=3.0 \times 10^{-17}\ \mathrm{J}$$

負の金属板の電位は0 Vなので，粒子が負の金属板に到達したときの静電気力による位置エネルギーは0 Jですね。

このときの粒子の速さをv〔m/s〕とすれば，力学的エネルギー保存則より

$$0+3.0 \times 10^{-17}=\frac{1}{2} \times 6.0 \times 10^{-27} \times v^2+0$$

$$v^2=\frac{2 \times 3.0 \times 10^{-17}}{6.0 \times 10^{-27}}=1.0 \times 10^{10}$$

vは速さなのでマイナスにはなりませんね。

よって　$v=\sqrt{1.0 \times 10^{10}}=\mathbf{1.0 \times 10^5\ m/s}$ …答

力学的エネルギー保存則

(運動エネルギー)＋(位置エネルギー)＝(一定)

3

静電気力のみが物体にはたらくとき

(運動エネルギー)＋(静電気力による位置エネルギー)＝(一定)

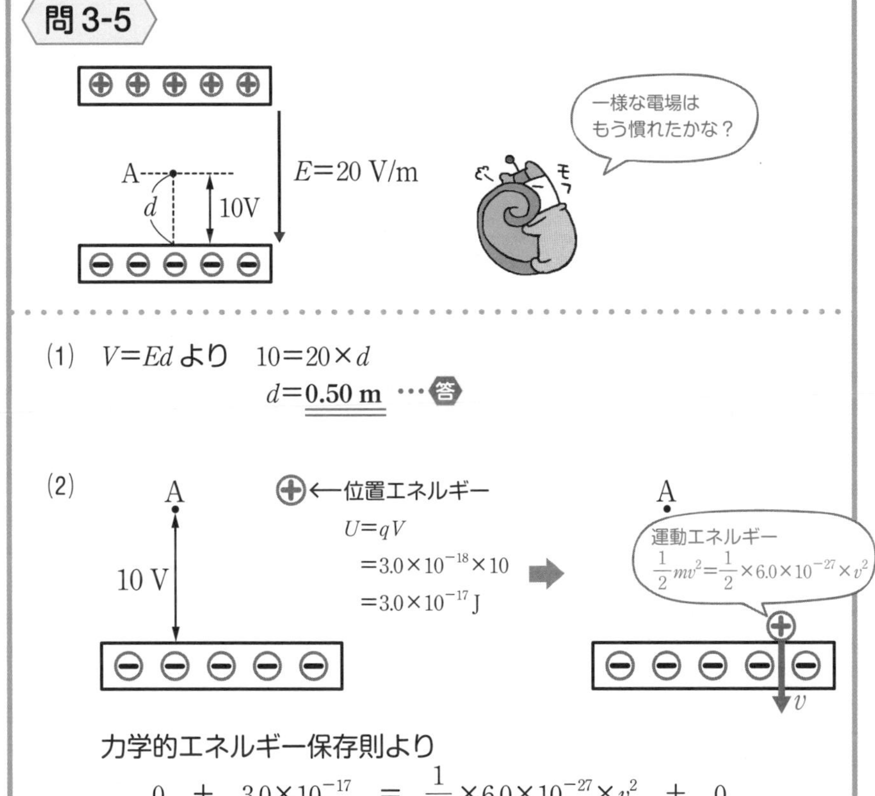

(1) $V=Ed$ より　$10=20\times d$

$d=$ **0.50 m** …答

(2) $U=qV$

$=3.0\times10^{-18}\times10$

$=3.0\times10^{-17}$ J

力学的エネルギー保存則より

$$\underbrace{0}_{\text{運動エネルギー}}+\underbrace{3.0\times10^{-17}}_{\text{位置エネルギー}}=\underbrace{\frac{1}{2}\times6.0\times10^{-27}\times v^2}_{\text{運動エネルギー}}+\underbrace{0}_{\text{位置エネルギー}}$$

$v=$ **1.0×10^5 m/s** …答

ここまでやったら
別冊 P. 11へ

3-7 電場中の導体の性質

ココをおさえよう！

電場中の導体の性質

① **導体内部の電場は0。**

② **導体の表面に電荷が分布する（内部には分布しない）。**

③ **導体内部は等電位。**

このChapterの最後に，金属の導体を電場に差し込んだときの性質を学びましょう。$+Q$〔C〕に帯電した金属板と$-Q$〔C〕に帯電した金属板を向かい合わせてできた一様な電場中に，導体を差し込んだ場合を考えます。

① 導体内部の電場は0

右ページの図のように導体が電場中にある場合，導体中を自由に飛び回る電子は，電場とは逆向きの静電気力を受け，導体の端にどんどん移動していきます。
電子が移動すると，導体内で「左側が負，右側が正」と，電荷の偏りが生じますね。
その電荷の偏りによって，導体内には，外部の電場とは逆向きの電場が生じます。
導体内部の電場は，外部の電場とは逆向きなので，導体内部の電場と外部の電場は互いに打ち消し合っていきます。
導体内では，外部の電場を打ち消すまで電子が偏ります。
これらの電場は完全に打ち消し合い，**導体内部の電場は0になる**のです。

② 導体の表面に電荷が分布する

①で外部の電場を打ち消すために導体内に電場を生じさせたため，導体の表面に電荷があり，導体内部には電荷がありません。
電荷は導体の表面にのみ分布しているのです。

③ 導体内部は等電位

導体内部の電場が0ということは，導体内部には坂がないということです。
つまり高低差がないということなので，導体内に電位差はありません。
よって，**電場中の導体内部は等電位**となります。

これで電位についての学習は終了です。
電位はここから先のChapterでも登場するので，しっかり理解しましょう。

電場中に導体を差し込むとどうなる？

① 導体内部の電場は 0。
② 導体の表面に電荷が分布。
(内部には分布しない)
③ 導体内部は等電位。

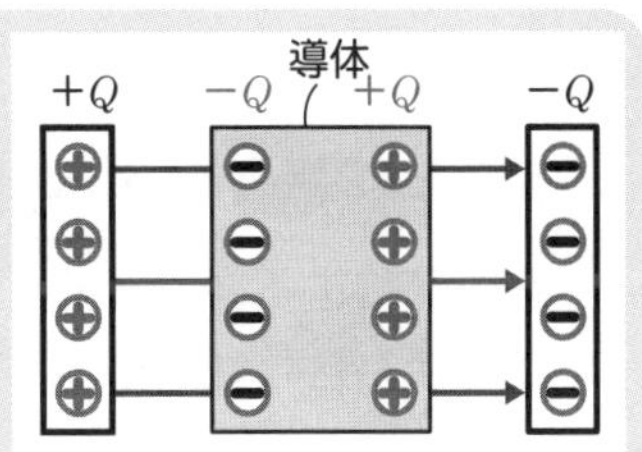

【理由】

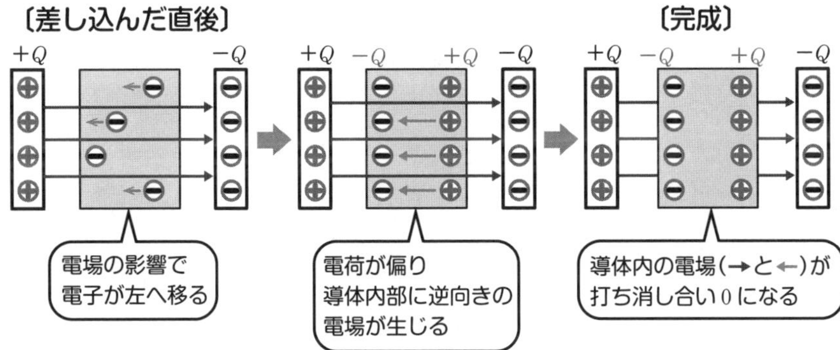

ここまでやったら
別冊 P. 12 へ

理解できたものに，☑チェックをつけよう。

- [ ] 電位は「電気的な高さ」である。
- [ ] 外力のした仕事と静電気力のした仕事の正負が反対になることがわかった。
- [ ] $U=qV$の関係を用いて電位や静電気力による位置エネルギーを計算できる。
- [ ] $V=Ed$の関係を用いて一様な電場の電位や電場の大きさを計算できる。
- [ ] 点電荷による電位の式を覚え，複数の点電荷が作る電位はそれぞれの電位を足し合わせたもので表されることを理解した。
- [ ] 等電位面と電気力線の関係を理解した。
- [ ] 静電気力による位置エネルギーを含めた力学的エネルギー保存則の式が立てられる。
- [ ] 電場中の導体の3つの性質を理解した。

Chapter

4

電流

電流

はじめに

電流とは文字通り電気の流れのことです。
この電気の流れを邪魔するものが抵抗です。

電気回路は，電流と電圧，抵抗や電源（電池）で説明することができます。
例えば，電熱線に電池をつなげると熱が発生します。
電熱線も抵抗の一種です。
電流が流れることで電荷が移動し，その位置エネルギーの変化によって熱が出るのです。

ここでは「オームの法則」や「キルヒホッフの法則」などの法則をはじめとして，盛りだくさんな内容を学びます。

明確なイメージをもてるように教えていきますので，しっかりついてきてくださいね。

この章で勉強すること

電流とは何か，オームの法則とは何かといった，直流回路の基本事項から学んでいきます。
次に並列，直列接続といった出題されやすいところを勉強します。
キルヒホッフの法則など，難しめの項目は例題を交えながらやっていきます。

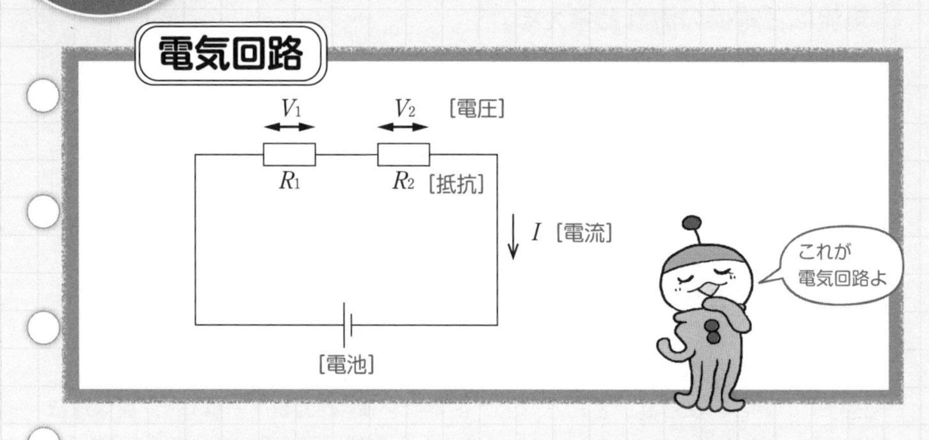

[オームの法則]

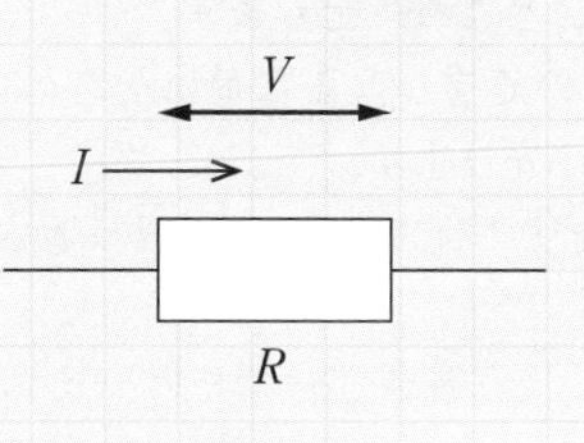

$$V = RI$$

[キルヒホッフの法則]

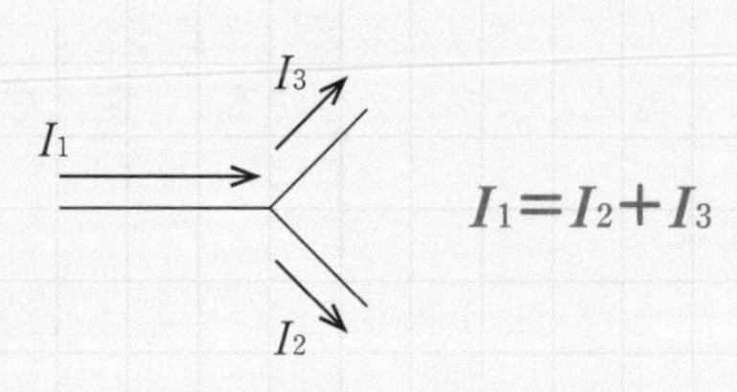

a → b → c → f の
閉回路で

$$E - RI_1 - RI_1 = 0$$

f → c → d → e の
閉回路で

$$RI_1 + RI_1 - RI_2 = 0$$

4-1 電流とは

ココをおさえよう！

電流は正電荷の流れと考える。
電流の向きと電子の流れの向きは逆。
電流の定義により，流れる電流が一定（すなわち電気量が一定）のとき，1秒間に流れる電気量　$I=\frac{Q}{t}$〔A〕

電池に豆電球をつなげると，電流が流れて光りますよね。
電流は正電荷の流れと考えられます。正電荷が絶え間なく流れているのです。

電流（正電荷）が流れて豆電球が光る様子をイメージしてみましょう。
電池は低いところから高いところへと，正電荷を運ぶ“エレベーター”，豆電球は“タービンつきのすべり台”（タービンが回ると豆電球が光る）と思ってください。

まず正電荷はエレベーターに乗り，電位の高いところへ上ります。
そしてすべり台で低いところへと降りていくのですが，正電荷はその際にタービンを回します。そうすると，豆電球が一瞬だけ光ります。
すべりきった正電荷は，またエレベーターに乗り，同じサイクルが繰り返されます。

この例では1個の正電荷の動きを追ったので，“豆電球は一瞬だけ光る”といいましたが，本来は，導線中に多量にある正電荷がこのサイクルを続けているため，タービンは常に回って豆電球は光り続けるのです。
電流が流れて豆電球が光る仕組みはイメージできたでしょうか？

さて，ここまで正電荷が流れるから電流が流れると話してきましたが，
これは大昔に“正極から負極の方向へと電流が流れる”と決めたからです。
その後，負の電気量をもつ電子が発見され，**電流の正体は電子の流れである**ことがわかりました。“電子が負極から正極の方向へ流れる”というのを，相対的に“正電荷が正極から負極へ流れている”と見ていたのですね。
回路を流れる電子の向きと電流の向きは逆向きということです。
ただ，回路を考えるときは，電流の向きに正電荷が流れているとしたほうが考えやすいことも多いので，正電荷が流れていると思っておけば大丈夫です。

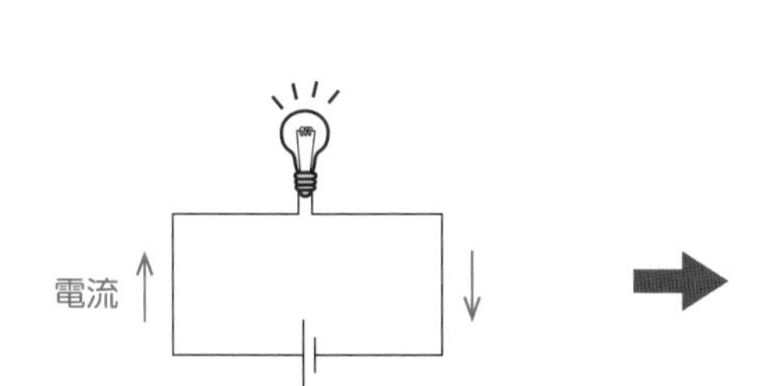

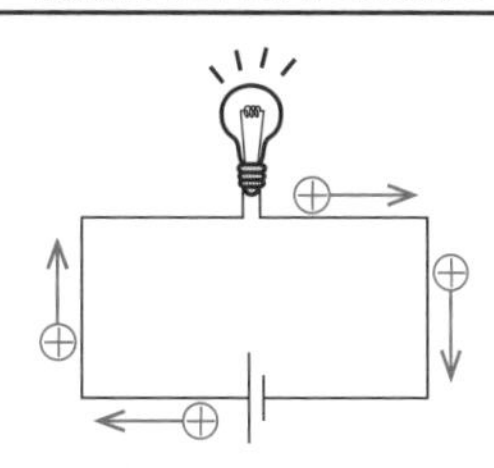

[電流（正電荷）が流れて豆電球の光る様子をイメージ化]

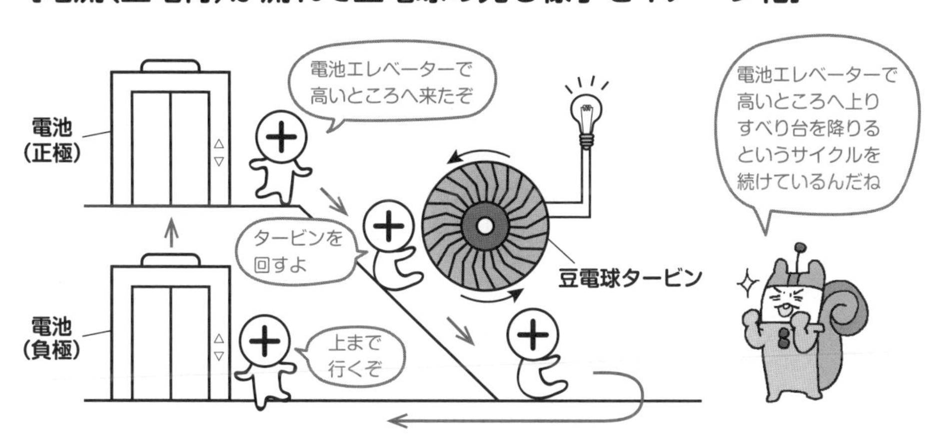

電流の向きと電子の流れの向き

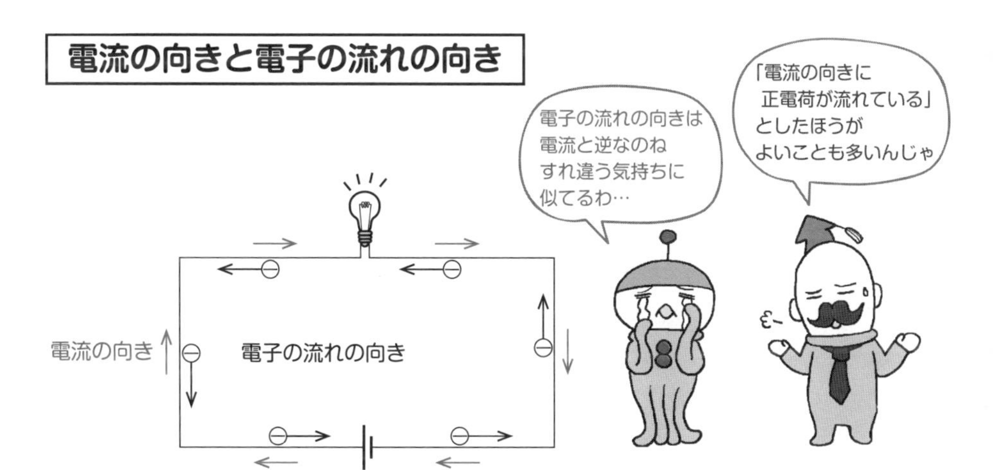

さて，次に電流の定義についてお話しします。

電流の大きさを表す単位にはA（**アンペア**）を使います。
電流の大きさは，**1秒間に導線を移動する電気量**で定義されています。
単位の変換をすると，**A＝C/s**ということです。
1秒間に1Cの電荷が通ったら1A＝1C/sの電流が流れていることになりますし，
1秒間に3Cの電荷が通ったら3A＝3C/sの電流が流れているということになります。

t秒間にQ〔C〕の電荷が通るとき，電流値が一定であればその電流は$\boldsymbol{I=\frac{Q}{t}}$〔A〕となります。

例えば，導線のある場所を3秒間で12Cの電荷が通ったとしましょう。
電流の大きさは1秒間に通った電気量なので，$\frac{12}{3}=4$ Aになります。

補足 ここでは，一定の電流が流れるとして$I=\frac{Q}{t}$としましたが，流れる電流が一定でない場合もあります。そういうときでも，微小時間Δtで考えれば大丈夫です。
Δt秒の間に移動した電気量がΔQ〔C〕であるとすると，そのときの電流値は$I=\frac{\Delta Q}{\Delta t}$となります。$\Delta$がついただけなので，難しくありませんね。

逆に，電流の大きさがIで一定のとき，t秒間で導線を通った電気量は
$\boldsymbol{Q=It}$〔C〕で求められます。
6Aの電流が流れているとき，3秒間で導線を通った電気量は
6A×3s＝18Cとなります。

電気量と電流の関係を理解しておきましょうね。

電流の定義と単位

1 秒間に導線を移動する電気量

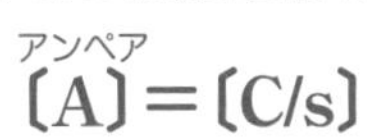

〔A〕（アンペア）＝〔C/s〕

電流 →

+1C →

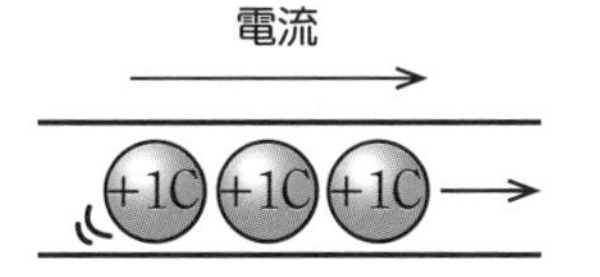

1 秒間に 1 C ＝ 1 A

1 秒間に 3 C ＝ 3 A

電流の大きさが I で一定のとき

t 秒間に Q〔C〕移動したときの電流は？

$$\Rightarrow \quad I = \frac{Q}{t}\text{〔A〕}(=\text{C/s})$$

I〔A〕の電流が t 秒間流れたときの移動した電気量は？

$$\Rightarrow \quad Q = It\text{〔C〕}$$

ここまでやったら
別冊 P. 13 へ

4-2 電子の動きと電流

ココをおさえよう！

電子の電気量を$-e$〔C〕，動く速さ（平均の速さ）をv〔m/s〕，導線$1\ \mathrm{m}^3$あたりに含まれる電子の数をn〔個〕，導線の断面積をS〔m^2〕とすると，導線を流れる電流の大きさI〔A〕は$I = envS$で表される。

4-1で説明した通り，電流の正体は電子の動きで，電流の向きと電子の流れの向きは逆向きなのでしたね。ここでは，電流の流れる様子をミクロにとらえます。たくさんの電子が導線中を動いている様子をイメージしましょう。

断面積がS〔m^2〕の導線があり，その導線には$1\ \mathrm{m}^3$あたりn個の電子があるとします。この導線に電池をつないで電流を流します。
このとき，電流の向きとは逆に電子が動くことになるのですね。
電子は電気量が$-e$〔C〕$= -1.6 \times 10^{-19}$ Cの負電荷です（p.20）。
電子の動く速さ（平均の速さ）をv〔m/s〕としましょう。

電流の大きさは，1秒間に導線を移動する電気量のことでしたが，
まずはt秒間で導線の断面を通る電子の個数を調べてみます。
導線にはたくさん電子があるので，同時に複数の電子が断面を移動しますね。
通った電子の個数をひとつひとつ数えていこうとすると，かなり大変です。
そこで，電子の速さがv〔m/s〕であることに注目します。

電子はt秒間でvt〔m〕進みますね。そのため，断面から手前vt〔m〕までの位置にいるすべての電子は，t秒間の間に断面を通ることになります。
導線の断面の面積（断面積）はS〔m^2〕なので，この部分は底面積がS〔m^2〕で高さがvt〔m〕の立体と考えることができ，この立体の体積は$vt \cdot S$〔m^3〕になります。
$1\ \mathrm{m}^3$あたりにn個の電子があるので，この部分にある電子の個数は
$vt \cdot S \times n = nvtS$ 個です。

電子の電気量は$-e$〔C〕なので，$nvtS$個の電子の電気量は$-envtS$〔C〕ですね。
t秒間に移動する電気量が$-envtS$〔C〕なので，1秒間に移動する電気量は
$\dfrac{-envtS}{t} = -envS$〔C〕になります。
つまり，電流の大きさI〔C/s = A〕は$\boldsymbol{I = |-e|\,nvS = envS}$となります。
この式の導出は入試問題でもよく見かけられます。導く流れを理解しましょう。

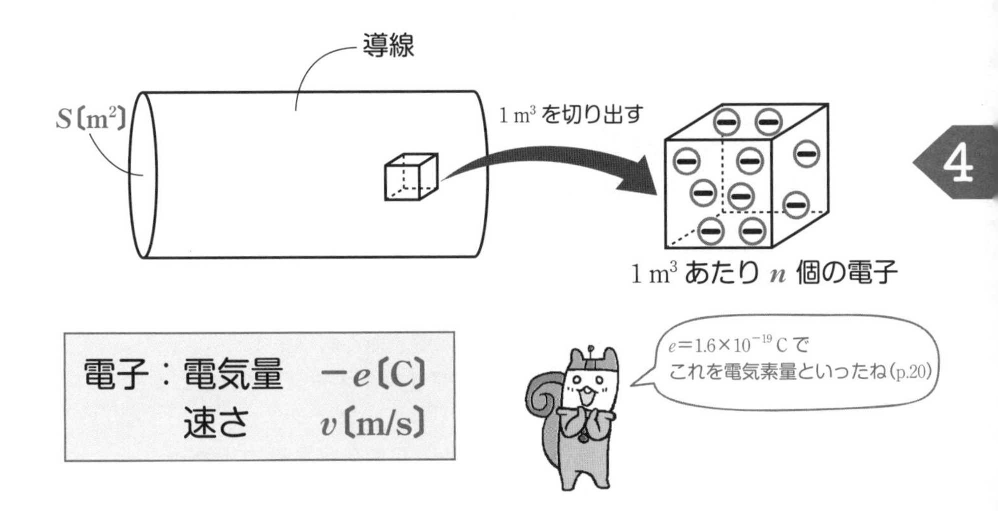

電子：電気量	$-e$〔C〕
速さ	v〔m/s〕

t 秒間に導線を移動する電子の個数

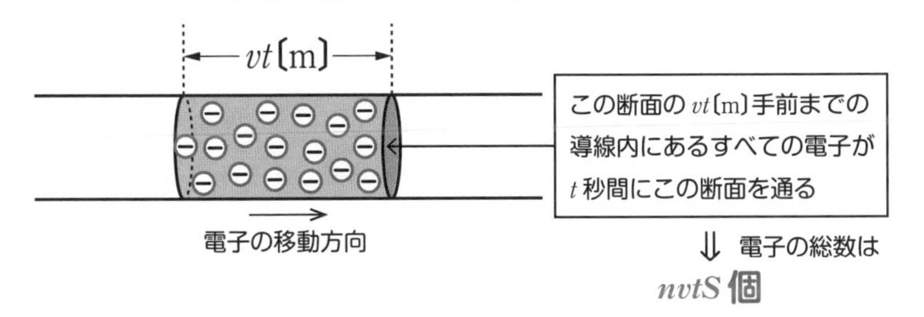

電子の電気量の大きさは e なので
t 秒間に移動した電子の電気量の大きさは

$envtS$〔C〕

1 秒間に移動する電気量の大きさ，すなわち電流は

$I=envS$〔A〕

ここまでやったら
別冊 P. 14 へ

4-3 抵抗とオームの法則

ココをおさえよう！

流れる電流と抵抗の電圧は比例関係にあり, $V=RI$(オームの法則)

抵抗率 ρ(ロー)〔Ω·m〕, 断面積 S〔m^2〕, 長さ ℓ〔m〕の抵抗は $R=\rho\dfrac{\ell}{S}$〔Ω〕。

電池に電熱線をつないで電流を流すと，電熱線が熱くなります。
電流（正電荷）が流れて電熱線が熱くなる様子を，イメージしてみましょう。

電池は電位の低いところから高いところへと，正電荷を運ぶ“エレベーター”，
電熱線は，“粗くてボコボコの坂”だと思ってください。
正電荷はこの粗い斜面の坂をすべって，上から下へと降りていくのですが，粗くてボコボコしているので熱が発生するのです。

また，正電荷に摩擦がはたらくことをイメージすると，あまり速く移動することもできません。このような電荷の動きを妨げるものを**抵抗器**, または**抵抗**と呼びます。

電池を，電位がより高いところまで上がるエレベーターに変えてみましょう。
すると，粗い坂の傾きが急になるので，電荷は速く移動します。
これは, 電池の電圧を大きくすると電流の大きさも大きくなることを表しています。

この関係をくわしく調べると，多くの抵抗では**流れる電流と抵抗にかかる電圧とが比例関係になっている**ことがわかっています。つまり，電圧 V〔V〕と電流 I〔A〕について，$V=RI$ となっています。この関係を**オームの法則**と呼びます。
R を**電気抵抗**，または**抵抗**と呼び，抵抗の単位にはΩ（**オーム**）を使います。
1Ωの抵抗は，電圧が1Vの電池をつなぐと，電流の大きさが1Aとなる抵抗のことです。抵抗 R の値が大きいほど, 坂はとても粗くなり, 電荷の動きが遅くなります。

また，電流（正電荷）が抵抗（粗い坂）を流れると，電位は低くなります（正電荷は低いところへ降りる）。つまり，抵抗につながっている両端の導線では，電位に差が生じているということです。
この電位差を抵抗による**電圧降下**といいます。
抵抗を電流が流れると，電位が下がるというのを，覚えておきましょう。

[電流（正電荷）が流れて電熱線が熱くなる様子をイメージ化]

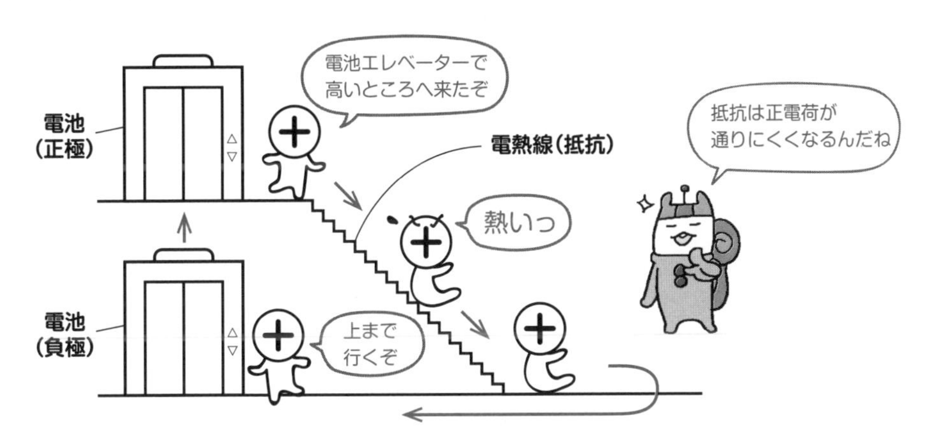

オームの法則

抵抗値 R の抵抗に流れる電流 I と，抵抗にかかる電圧 V の関係式は

$$V = RI$$

電荷にとっては，抵抗という坂は動きにくいもので，特に，「道幅がせまく，距離が長い」抵抗なんていったら，動きにくくてたまりません。

抵抗Rの大きさ（＝電流の流れにくさ）は「断面積に反比例して，長さに比例する」ということがわかっています。
つまり，抵抗の断面積をS〔m^2〕，長さをℓ〔m〕とすると，抵抗R〔Ω〕は

$$R=\rho\frac{\ell}{S}$$

と表されます。比例定数ρ（ロー）〔Ω･m〕は**抵抗率**と呼ばれる量で，その値は抵抗の物質の種類や温度によって決まるものです。

導体は抵抗率が小さな物質なので電流が流れやすく，不導体は抵抗率がとても大きい物質のためほとんど電流が流れません。
半導体の抵抗率は，だいたい導体と不導体の間の値になっています。

補足　実際には導線は抵抗値の小さい抵抗ですが，多くの場合では，導線の抵抗は抵抗器の抵抗と比べてとても小さいので0として考えて大丈夫です。

抵抗率は，温度によって少し変化します。
0℃における抵抗率をρ_0〔Ω･m〕とすると，t℃における抵抗率ρ〔Ω･m〕は

$$\rho=\rho_0(1+\alpha t)$$

と表されます。
α〔1/K〕は**抵抗率の温度係数**と呼ばれ，抵抗の物質によって異なります。
金属などの導体では，温度係数は正になっていて，温度が高いほど抵抗率が大きくなっています。
反対に，不導体や半導体では温度係数は負になっているものが多く，温度が高いほど抵抗率が低くなっています。

4

抵抗 R の大きさ（電流の流れにくさ）

「断面積に反比例して，長さに比例する」
（せまくて，長いと電荷が移動しにくい！）

〈抵抗の坂〉

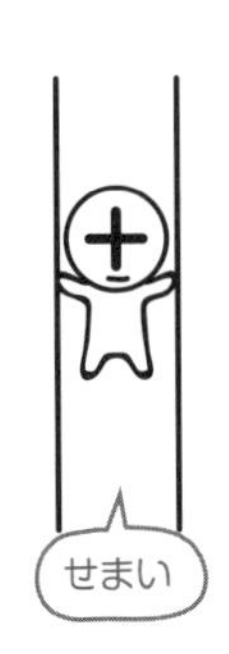

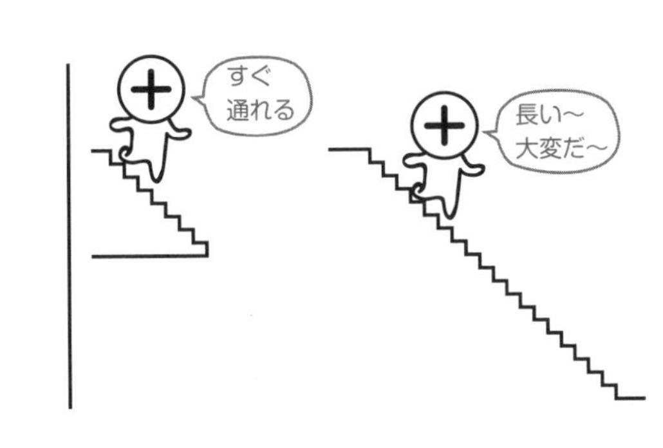

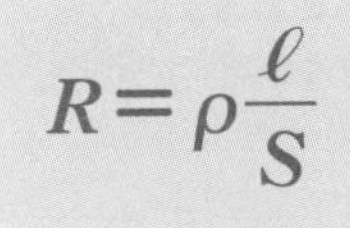

↑
S が小さいほど
ℓ が大きいほど
R が大きい
（電流が流れにくい）

断面積 S に反比例し
長さ ℓ に比例しておるな
ρ は材質などで決まる定数じゃ

[抵抗率 ρ の温度変化]

0 ℃における抵抗率を ρ_0 とすると，t ℃における抵抗率 ρ は

$$\rho=\rho_0(1+\alpha t)$$

α は金属などでは正
不導体などでは負
になっているんだって

ここまでやったら
別冊 P. 14 へ

4-4 直流回路と電気用図記号

ココをおさえよう！

電荷を動かす向きがずっと同じ電源を直流電源といい，直流電源による電気回路を直流回路という。
電気回路図を知ろう。

電池は正電荷を電位の高いところへ移動させるエレベーターでした。
このように，電荷を動かす役割をするものを**電源**と呼びます。
電源には，直流電源と交流電源がありますが，Chapter 8までは直流電源しか扱いません。

直流電源は，電池のように電荷を動かす向きがずっと同じ電源です。
正電荷は正極から出発し，導線や抵抗を経て，負極へ戻ってきます。
電源は，正極と負極の間の電圧が一定の値になるように電荷を移動させています。
この電圧のことを**起電力**と呼びます。
また，直流電源によって作られた電気回路のことを**直流回路**と呼びます。

電源や抵抗などがどのようにつながっているかを表した図を**電気回路図**といいます。
電気回路図をかくときに使われている記号が**電気用図記号**です。
電気回路図では導線を線で表します。
複数の線が1カ所で交わっているところの真ん中に黒丸がある場合は，そこで導線がつながっていることを表しています。

直流電源は長さの違う2本の棒で表します。**長いほうが正極，短いほうが負極**です。
長いほうにつながっている導線は，短いほうの導線よりも電位が高くなっています。

抵抗は四角い箱で表します。
また，抵抗の大きさが変えられる抵抗を**可変抵抗**と呼び，抵抗の記号を矢印で貫いたものになっています。

他にも，よく使われる電気用図記号を右ページの図にまとめておきますので，少しずつ慣れていきましょう。

直流電源

⊕→ ⊕→

負極(−) 正極(+)

電荷を動かす向きが一定

交流電源

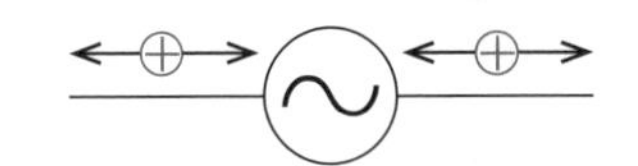

電荷を動かす向きが変化する

Chapter 8までは直流だけ扱うってさ

直流回路 …直流電源によって作られた電気回路。

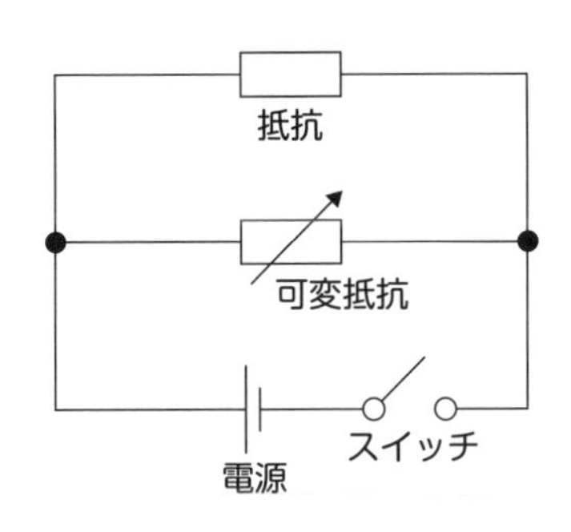

可変抵抗は抵抗の大きさを変えられるものじゃ

〈電気用図記号〉

名称	記号	名称	記号
直流電源		接地	
交流電源		コンデンサー	
抵抗		コイル	
可変抵抗		電流計	A
ランプ(豆電球)		電圧計	V
スイッチ		検流計	↑

これらの記号は使っていくうちに覚えちゃうわ

4-5 直流回路の考えかた

ココをおさえよう！

直流回路は水の流れのように考える。
回路1周の電圧の変化は0である。

ここまで，電流は正電荷の流れでグルグルと回路を回っており，
電源（電池）は電位の低いところから高いところへ正電荷を運ぶエレベーターと考えてきました。

ここからは電流を“流れ”として見ていくとわかりやすくなります。
正電荷を水滴，電流を水の流れと考え，電源（電池）は水を高いところへ持ち上げるポンプと考えましょう。

右ページの図のような，電源と抵抗でできた回路があったとします。
この回路に電流が流れる様子を，水の流れで表してみましょう。
まずポンプ（電源）によって，水（電流）が持ち上げられて流れていきます。
（電位の高いところへ上がったのですね）
そして，抵抗のでこぼこな坂を水はウォータースライダーのように下っていきますね。
（抵抗を電流が流れると電圧降下が起こるのでした。電位の低いところへ下がったのですね）
その後，またポンプ（電源）で持ち上げられます。

このように，水（電流）は高低差（電位差）のあるところをグルグルと回っています。
1周したら元の高さに戻ってきますよね。
したがって，**回路1周の電位の変化は**0という関係が成り立ちます。
この電位のルールを「**電圧1周0ルール**」と呼ぶことにしましょう。

また，1本道である限り流れる水の量はどこも同じですが，道が分かれたら水も分かれて流れます。
電流でもこれは同じで，**回路が分かれていないところでは電流は一定，回路が分かれていたら電流も分かれて流れます**。

回路のイメージ変換

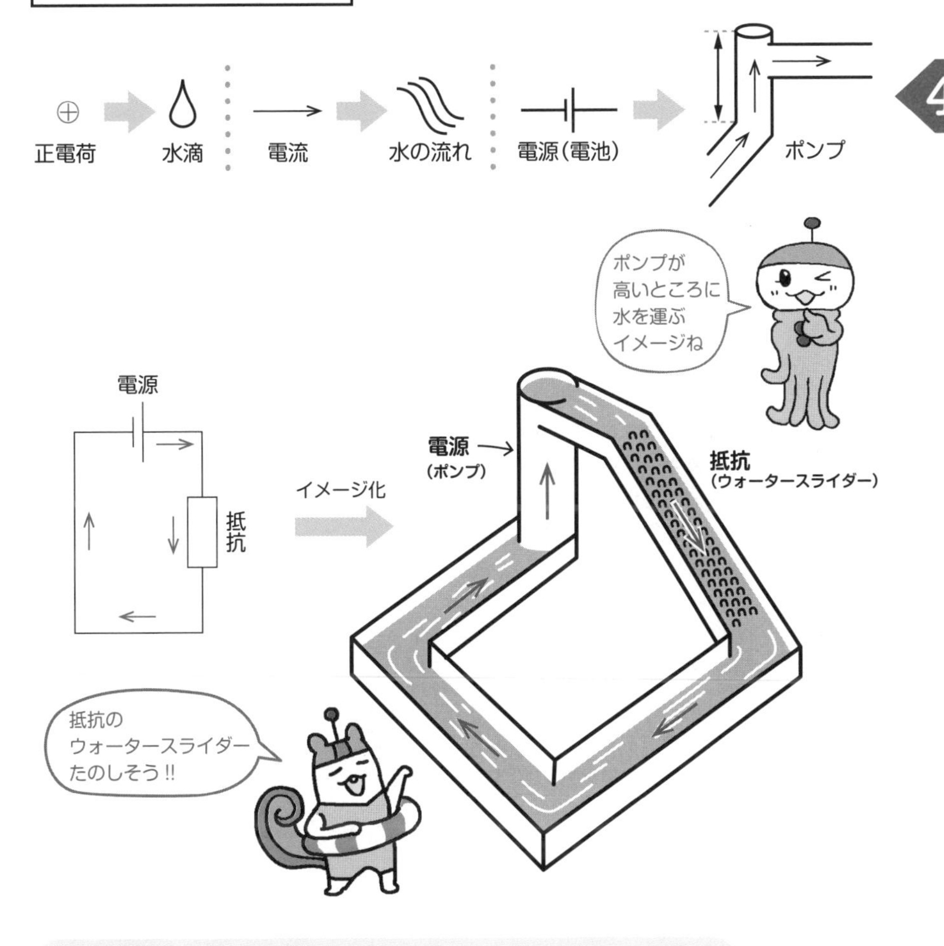

4

回路のルール

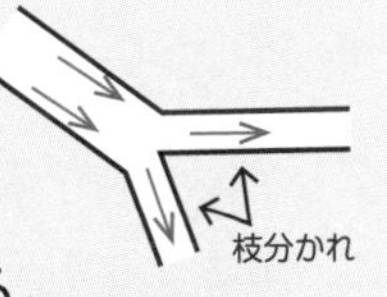

・1 周したら電位の変化は 0。

・枝分かれしたら，電流が分かれる。

では，p.110で説明したイメージをもちながら，p.104で説明したオームの法則を使って直流回路の基本的な問題を解いてみましょう。

問4-1　起電力が変えられる電源と，抵抗値が一定の抵抗が右ページの図のようにつながっている。このとき，以下の問いに答えよ。ただし，導線の抵抗や電源の内部抵抗は無視できるとする。

(1)　電源の起電力を6.0 Vにしたとき，電流が1.5A流れた。この抵抗の大きさはいくらか。

(2)　この回路に2.5 Aの電流を流すためには，起電力をいくらにすればよいか。

解きかた

(1)　起電力が6.0 Vですから，ポンプ(電源)で6.0 Vのところまで水(電流)が持ち上げられるということです。
導線の抵抗や電源の内部抵抗が無視できるので，電圧1周0ルールより，抵抗での電圧降下は$V = 6.0$ Vになります。
オームの法則$V = RI$に代入すると　$6.0 = 1.5R$
よって　$R =$ **4.0 Ω** …答

(2)　(1)と同じように電圧1周0ルールより，電源の起電力と抵抗での電圧降下が等しくなります。
$R = 4.0$ Ωとわかったので，オームの法則より，
抵抗の電圧は$V = 4.0 \times 2.5 = 10$ Vになります。
よって，起電力を**10 V**にすればよい。…答

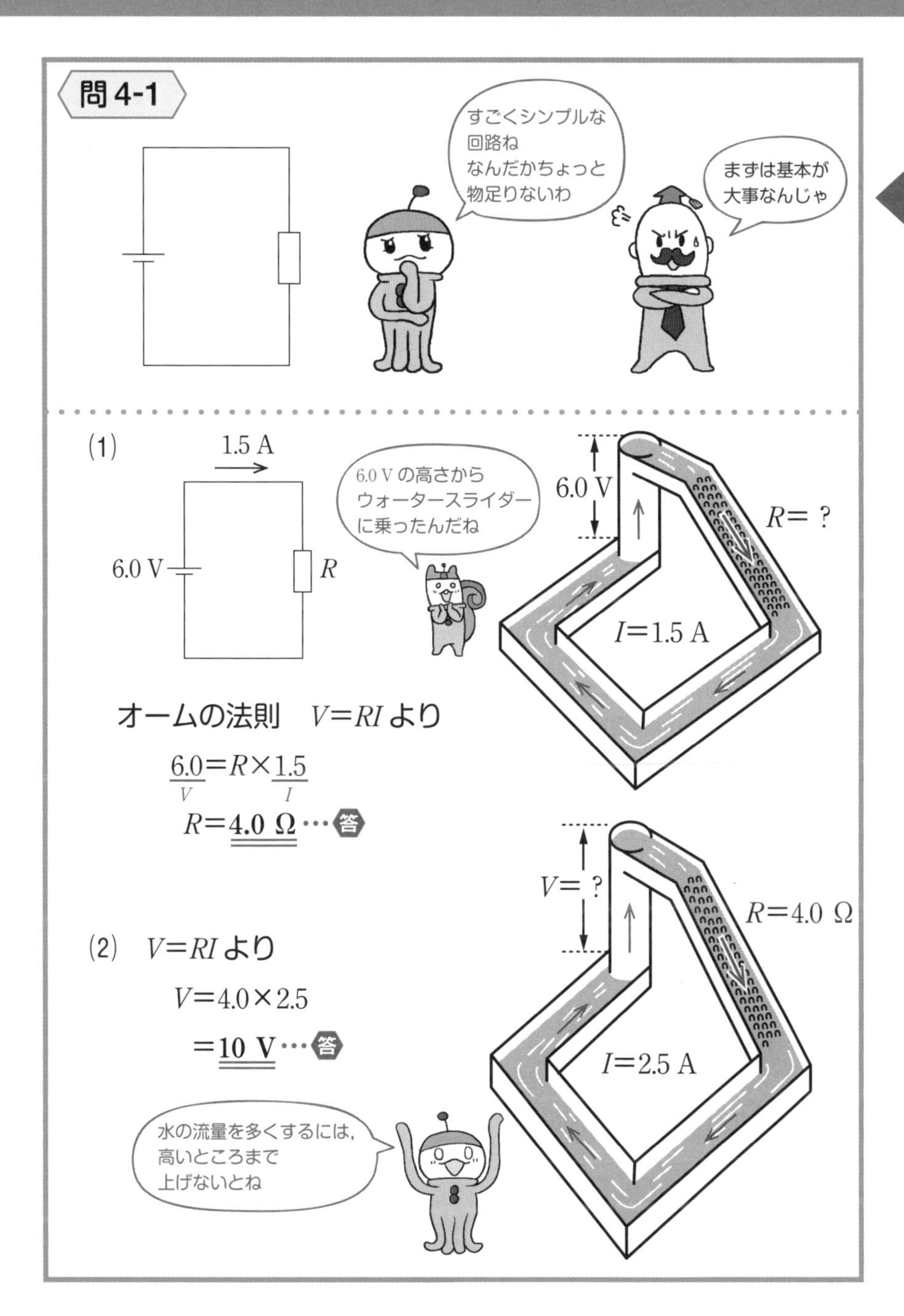
問 4-1
すごくシンプルな回路ね なんだかちょっと物足りないわ
まずは基本が大事なんじゃ
(1)
1.5 A
6.0 V
R
6.0 V の高さからウォータースライダーに乗ったんだね
6.0 V
R＝？
I＝1.5 A
オームの法則　V＝RI より
6.0＝R×1.5
V
I
R＝4.0 Ω…答
V＝？
R＝4.0 Ω
I＝2.5 A
(2)　V＝RI より
V＝4.0×2.5
＝10 V…答
水の流量を多くするには，高いところまで上げないとね

4-6 抵抗の直列接続

ココをおさえよう！

抵抗を直列につないだときの合成抵抗は　$R = R_1 + R_2 + \cdots\cdots$

右ページの図のように，抵抗を直列につないだときのことを考えてみましょう。

抵抗(でこぼこな坂)を電流（水）はウォータースライダーのように下っていくのでした。直列に2つ並んだ抵抗は2連続のウォータースライダーです。
最初のウォータースライダーを流れた水は，次のウォータースライダーも流れますね。そのため，2つの抵抗を流れる電流も同じ大きさです。

2つの抵抗の抵抗値をR_1，R_2とし，電流Iが流れているとしましょう。正電荷は最初に抵抗R_1を通り抜け，次に抵抗R_2を通り抜けますね。
ですから，この回路では，2段階で電位が下がっています。

右ページの図のように電位の変化の様子を表すと，電圧1周0ルールより，**ポンプで持ち上げた高さ(＝電源の電圧)と2つのスライダーの高さの和が等しくなります**。

2つのスライダーによる高さの変化（2つの抵抗における電圧の降下）は，それぞれR_1I，R_2Iですから

$$V = R_1I + R_2I = (R_1 + R_2)I \quad \cdots\cdots ①$$

さて，ここで2つの抵抗R_1，R_2を1つの大きな抵抗と考えてみましょう。
このように複数の抵抗を1つの抵抗に見立てたものを，**合成抵抗**といいます。
合成抵抗の大きさをRとすると，オームの法則より

$$V = RI \quad \cdots\cdots ②$$

①，②式を比べると，合成抵抗の値は

$$R = R_1 + R_2$$

抵抗の数が増えても同様に考えられるので，複数の抵抗を直列に接続したときの合成抵抗は

$$\boldsymbol{R = R_1 + R_2 + R_3 + \cdots\cdots}$$

となります。

抵抗の直列接続

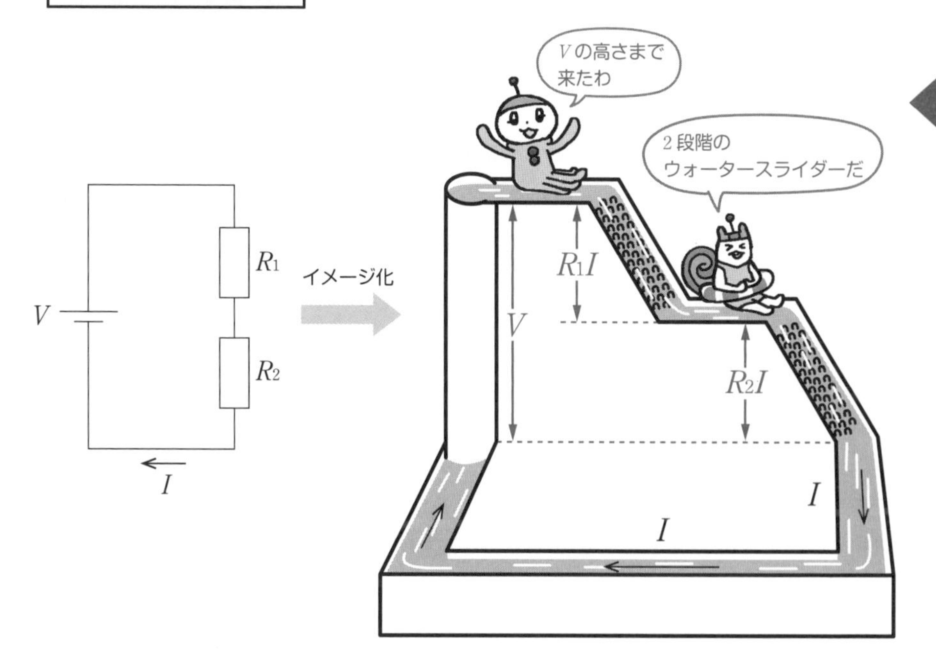

$$V=R_1I+R_2I=(R_1+R_2)I$$

直列接続の合成抵抗

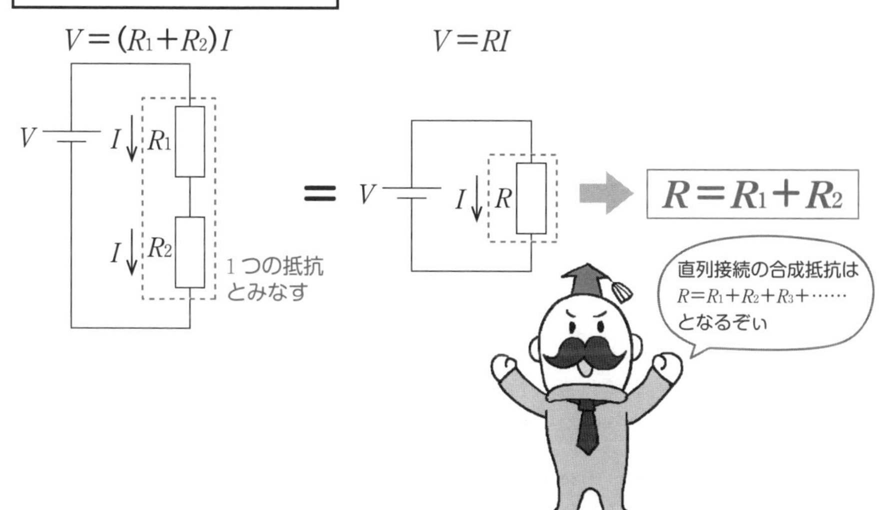

4-7 抵抗の並列接続

ココをおさえよう！

抵抗を並列につないだときの合成抵抗は $\dfrac{1}{R}=\dfrac{1}{R_1}+\dfrac{1}{R_2}+\cdots\cdots$

今度は，抵抗を並列につないだときのことを考えてみましょう。

並列につながれた2つの抵抗は2コースに分かれるウォータースライダーです。
電圧1周0ルールを，抵抗R_1を通るコースにあてはめると，ポンプで持ち上げた高さ（電源の電圧）の分だけウォータースライダー1で下りますね。
抵抗R_2を通るコースにあてはめても，ポンプで持ち上げた高さ（電源の電圧）の分だけウォータースライダー2で下ります。
つまり，2コースとも，ポンプで持ち上げた高さ（電源の電圧）の分だけ落下しています。2つの抵抗にかかる電圧は，どちらも電池の電圧と等しいのです。

抵抗R_1を流れる電流をI_1，抵抗R_2を流れる電流をI_2とすると，オームの法則
$V=RI$を変形して，$\dfrac{V}{R}=I$なので

$$\frac{V}{R_1}=I_1 \quad \cdots\cdots① \qquad \frac{V}{R_2}=I_2 \quad \cdots\cdots②$$

R_1，R_2を合成した抵抗の大きさを考えましょう。
合成抵抗を流れる電流は，抵抗R_1，R_2に分かれる前の電流ですね。
この電流は抵抗R_1，R_2を流れる電流を合わせたもの，すなわちI_1+I_2となります。
よって，合成抵抗をRとすると，次式のように表せます。

$$\frac{V}{R}=I_1+I_2 \quad \cdots\cdots③$$

①，②式を③式に代入すると

$$\frac{V}{R}=\frac{V}{R_1}+\frac{V}{R_2}$$

これより，$\dfrac{1}{R}=\dfrac{1}{R_1}+\dfrac{1}{R_2}$が成り立ちます。
抵抗の数が増えても同様に考えられるので，複数の抵抗を並列に接続したときの合成抵抗は，次式のようになります。

$$\boldsymbol{\frac{1}{R}=\frac{1}{R_1}+\frac{1}{R_2}+\frac{1}{R_3}+\cdots\cdots}$$

4

抵抗の並列接続

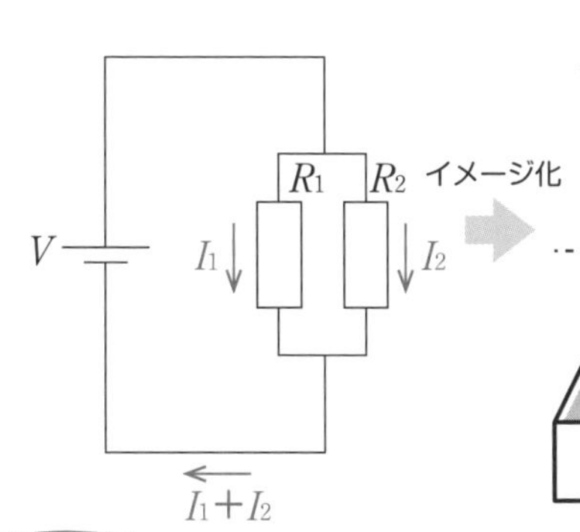

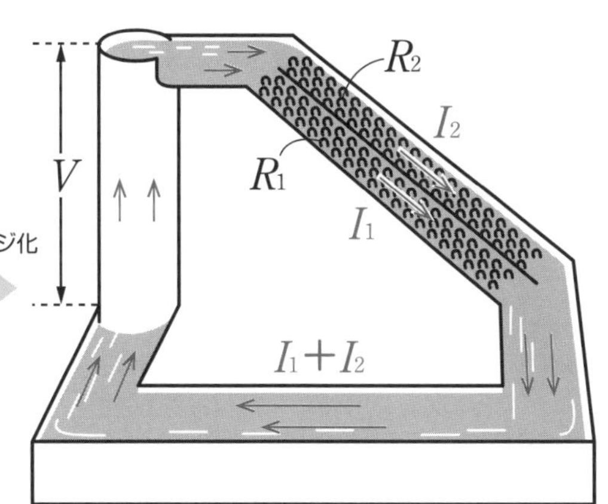

抵抗による電圧降下がVで等しいのね

- $V = R_1 I_1 = R_2 I_2$
- $I_1 = \dfrac{V}{R_1}$, $I_2 = \dfrac{V}{R_2}$

並列接続の合成抵抗

$$\frac{V}{R_1} = I_1,\ \frac{V}{R_2} = I_2$$

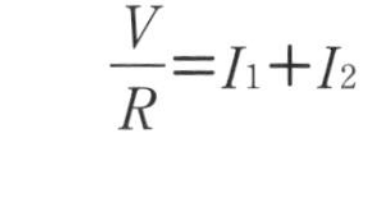

$$\frac{V}{R} = I_1 + I_2$$

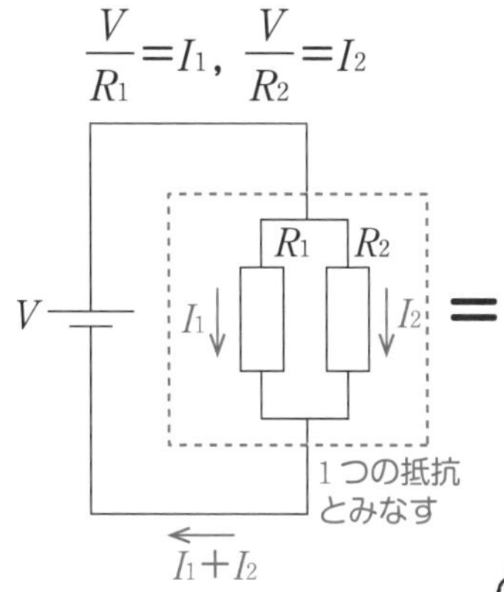

＝

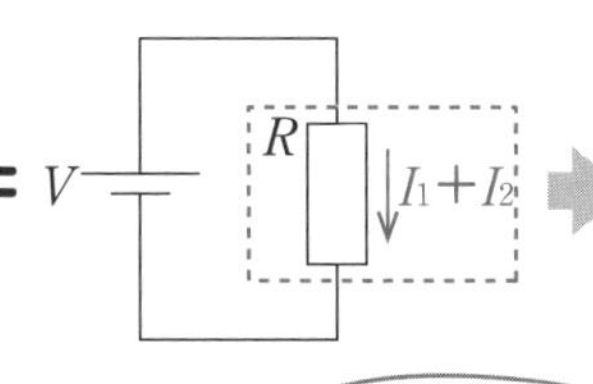

$$\frac{V}{R} = \frac{V}{R_1} + \frac{V}{R_2}$$

$$\frac{1}{R} = \frac{1}{R_1} + \frac{1}{R_2}$$

p.114〜117で
直列と並列の違いを
理解しておくれ

問4-2 起電力Eの電源に大きさが等しい3つの抵抗Rを右ページの図のようにつないだ直流回路がある。以下の問いに答えよ。ただし，導線の抵抗および電池の内部抵抗は無視できるとする。

(1) 点Aを流れる電流I_Aの大きさはいくらか。

(2) 図中の抵抗にかかる電圧V_1, V_2, V_3を求めなさい。

(3) 点B，Cを流れる電流の大きさI_B, I_Cをそれぞれ求めなさい。

解きかた (1) 3つの抵抗を1つに合成します。この抵抗は並列接続の中に直列接続が入っています。このようなときは，内側から合成していきます。

直列になっている上の部分の合成抵抗は$R+R=2R$です。

3つの抵抗を1つのものと考えた，求める合成抵抗をR'とすると

$$\frac{1}{R'}=\frac{1}{R}+\frac{1}{2R}=\frac{3}{2R} \qquad R'=\frac{2}{3}R$$

電圧1周0ルールより，この抵抗の電圧は起電力に等しくなります。

この合成抵抗R'は1つの大きな抵抗とみなすことができるので，点Aを流れる電流をI_Aとすると，オームの法則より $E=R'I_A$

よって $I_A=\frac{E}{R'}=\mathbf{\frac{3E}{2R}}$ …答

(2) 電源は水を持ち上げるポンプ，抵抗はウォータースライダーでしたね。

まずはV_1についてですが，下のルートで進んだ場合は電源で持ち上げられた分を1つのウォータースライダーで下ることになります。

よって $\mathbf{V_1=E}$ …答

続いて，V_2, V_3です。こちらのルートで進んだ場合は電源で持ち上げられた分を2連続のウォータースライダーで下ることになりますね。

よって $V_2+V_3=E$ ……①

また，2つの抵抗に流れる電流は同じ（2つのウォータースライダーに流れる水の量は同じ）で，抵抗の値も同じなので，電圧降下$V=RI$は同じになります。よって $V_2=V_3$ ……②

①，②式より $\mathbf{V_2=V_3=\frac{E}{2}}$ …答

(3) (2)より各抵抗にかかる電圧の大きさはわかっているので，オームの法則より

$$E=RI_B \quad \mathbf{I_B=\frac{E}{R}} \qquad \frac{E}{2}=RI_C \quad \mathbf{I_C=\frac{E}{2R}}$$ …答

補足 $I_B+I_C=\frac{E}{R}+\frac{E}{2R}=\frac{3E}{2R}=I_A$より，$I_B$と$I_C$が足し合わさって$I_A$になると確認できます。

4

問 4-2

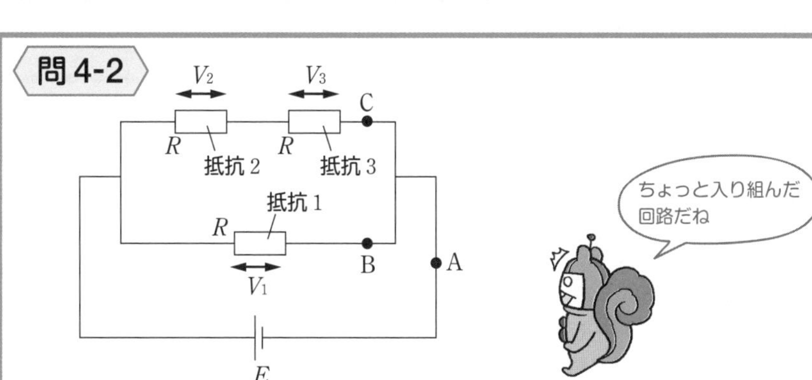

(1)

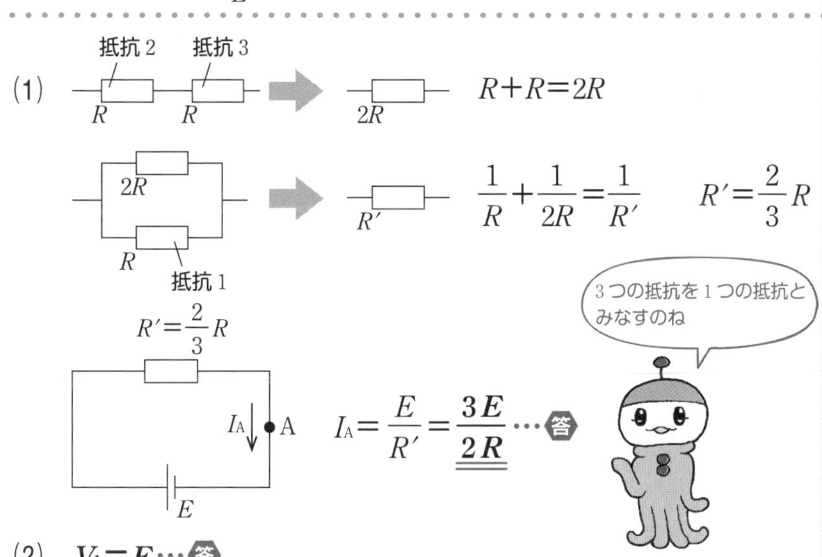

$R+R=2R$

$\frac{1}{R}+\frac{1}{2R}=\frac{1}{R'}$ $R'=\frac{2}{3}R$

$I_A=\frac{E}{R'}=\mathbf{\frac{3E}{2R}}$ …答

(2) $\mathbf{V_1=E}$ …答

$V_2=V_3(=RI_C)$, $V_2+V_3=E$ より $\mathbf{V_2=V_3=\frac{E}{2}}$ …答

(3) 抵抗 1 についてオームの法則より $E=RI_B$

抵抗 2 についてオームの法則より $\frac{E}{2}=RI_C$

$\mathbf{I_B=\frac{E}{R}}$, $\mathbf{I_C=\frac{E}{2R}}$ …答

難しかったかのぅ？
わからなかった人は
p.104, 105, 110〜117
を復習じゃ

ここまでやったら
別冊 P. 17へ

4-8 回路のかき直し

ココをおさえよう！

電源と抵抗群で分けるようにかく。
電源や抵抗などの回路記号の前後に点を打ち，電位の高さが同じ部分に着目する。

回路は素直にかいてあれば「この2つの抵抗が並列だ」とか「電流はこうやって流れる」などとわかるのですが，イジワルな出題者は見にくい回路をかくこともあります。見やすいように回路をかき直す方法を，ここでは教えておきますね。

問4-3 右ページの(1)，(2)の回路図について，見やすいようにかき直しなさい。かき直したものについては，それぞれ点a～jがどこにあたるかをわかるようにすること。

読みやすい回路にするためのポイントは2つです。

① 電源と抵抗群は分けてかく。

② 電源と抵抗などの回路記号の前後に点を打ち，電位の高さが同じ部分に着目する。

今回は問題文で点a～jを設定してくれていますが，回路のかき直しをしたいときは，自分で点を打つようにしましょう。

解きかた

(1) まず，「電源を左にかき，右に抵抗群をかく」と決めます。
点と点の間に抵抗や電源がない場合は，その点が同電位です。
2つの点が同電位のときは，導線で1本につなぎ，
3つ以上の点が同電位のときは，それらの点を並列回路にします。
(点d，e，gや点f，h，jは同電位の3点なので並列になっていますね)

(2) これも，まず，「電源を左にかき，右に抵抗群をかく」と決めます。
点と点の間に抵抗や電源がない場合は，その点が同電位です。
2つの点が同電位のときは，導線で1本につなぎ，
(点jとhは同電位なので，1本にして縦に並べてしまいましょう)
3つ以上の点が同電位のときは，それらの点を並列回路に分けます。
(点d，e，iや点f，g，aは同電位の3点なので並列になっていますね)

(1)，(2)とも，正解は右ページの図のようになります。

「この回路，読みにくいな」と思ったら自分でかき直せるようにしておきましょう。

4

問 4-3

(1)

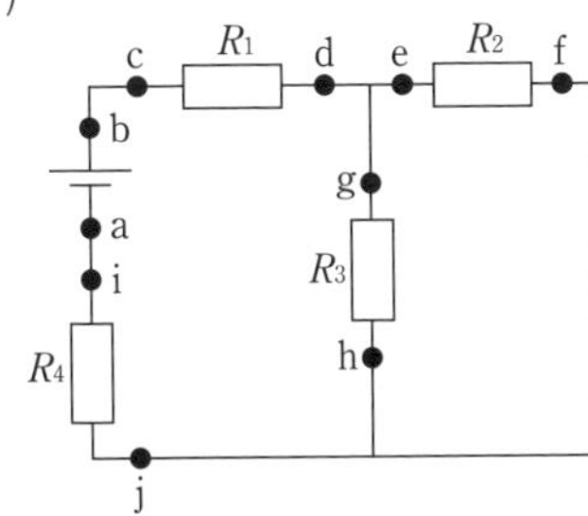

(2)

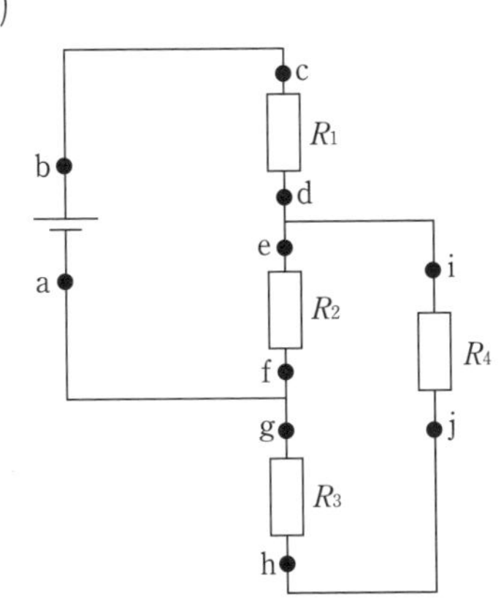

(1)

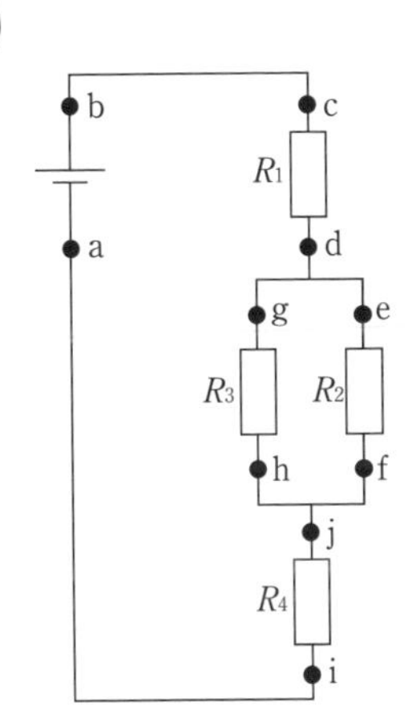

(2)

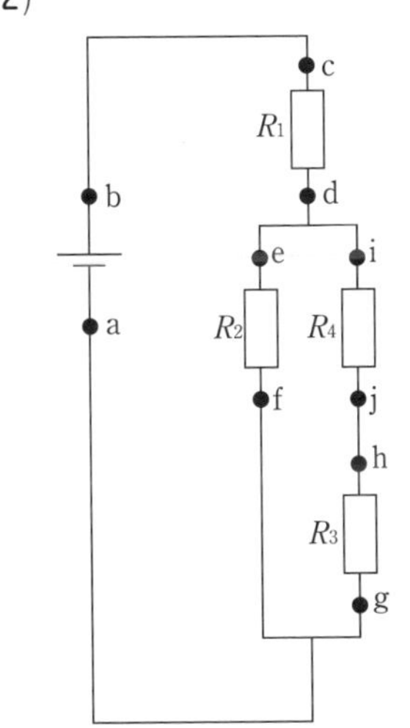

まずは回路記号の前後に
点を打つことが大事じゃ
点と点の間に電源や抵抗がなければ，
それらの点は同電位じゃぞ

(2)はかき換えると
こうなるのか
ちゃんと理解しなきゃ

ここまでやったら
別冊 P. 20 へ

4-9　キルヒホッフの法則

ココをおさえよう！

キルヒホッフの法則

①　回路内の分岐点や合流点において，流れ出る電流の和と，流れ込む電流の和は等しい。

②　回路中の任意の閉回路において，閉回路1周の電位の変化＝0が成り立つ。

回路を流れる電流に関して，**キルヒホッフの法則**と呼ばれる重要なきまりがあります。そのきまりを紹介していきます。

①　キルヒホッフの第1法則

回路内の分岐点や合流点において，流れ出る電流の和と，流れ込む電流の和は等しい。

2コースに分かれるウォータースライダーがあったとしましょう。
分岐したあとのコースを流れる水が，それぞれ毎秒5 Lと10 Lだとしたら，分岐する前は毎秒何L流れていたでしょうか。
当然，5＋10＝15 Lですよね。

キルヒホッフの第1法則はこれとまったく同じことです。
最初にI_1の電流が流れていて，その後回路が分岐してI_2，I_3の電流が流れていたとしたら，$I_1=I_2+I_3$となるのですね。

②　キルヒホッフの第2法則

回路中の任意の閉回路において，閉回路1周の電位の変化＝0が成り立つ。
何やら難しそうな法則ですが，こちらも簡単なことです。

右ページの図のような，やや複雑な回路があります。
この回路には経路❶，❷，❸という3つのぐるりと回れるコースがありますね。
第2法則がいいたいのは「これらのどの経路に関しても，電圧1周0ルールが成り立つよ！」ということなのです。

キルヒホッフの法則

① 回路内の分岐点において
流れ出る電流の和と
流れ込む電流の和は等しい。

② 回路中の任意の閉回路において
“閉回路 1 周の電位の変化” ＝0
（電圧 1 周 0 ルール）

❸
❶
❷

つながっている回路を
1 周すると，
必ず元の高さのところに
戻るということじゃ

ここで，直流回路の問題でやるべきことを，まとめておきます。

【1】抵抗を流れる電流の大きさと向きを文字でおく

抵抗に流れる電流をI_1，I_2などと文字でおき，その向きも決めてあげます。
分岐している部分の電流の大きさは異なるので，別の記号を使い，1本道では電流は等しいので，同じ記号を使いましょう。

回路が複雑になっていくと，どの抵抗にどの方向で電流が流れているかがパッと見ただけではわからなくなりがちです。そういった場合は，「とりあえずこっちの向きに流れているとしよう」と仮定してしまいましょう。
もし向きが逆だったら，$I=-2.0$ Aみたいに，答えが負の値になるので，そのときは「仮定した電流は逆向きだったんだ」と考えればよいのです。

また，分岐している部分では，わざわざ「I_1, I_2, I_3」などとする必要はありません。
文字は少ないほうがラクですから，「I_1，I_2，I_1+I_2」という具合に，
キルヒホッフの第1法則を活用していきましょう。

【2】各閉回路について「電圧1周0ルール」の式を立てる

キルヒホッフの第2法則ですね。
着目する閉回路を決めて，1周をなぞっていきます。
このとき，閉回路をなぞる向きについては，【1】で決めた電流の向きに合わせるのが基本です。そうすれば，「電源だからポンプで持ち上げられたな」とか「抵抗を電流が流れたらウォータースライダーをすべり下りるイメージ」などと，電圧1周0ルールが使いやすいです。

もし，閉回路をなぞる向きが，【1】の電流の向きと逆向きになったら，「抵抗のところだけど，ここはウォータースライダーを逆行したから電位が高いところへ上がったな」と考えましょう。
電源を逆向きになぞるときは，「ここはポンプを下って，電位が低いところに行ったからマイナス」と考えます。

【3】立てた方程式を解く

式がちょっと多くなることもありますが，ここまでくれば解けたも同然です。

[直流回路の問題の対処法]

【1】 抵抗を流れる電流の大きさと向きを文字でおく。

【2】 各閉回路について「電圧 1 周 0 ルール」の式を立てる。

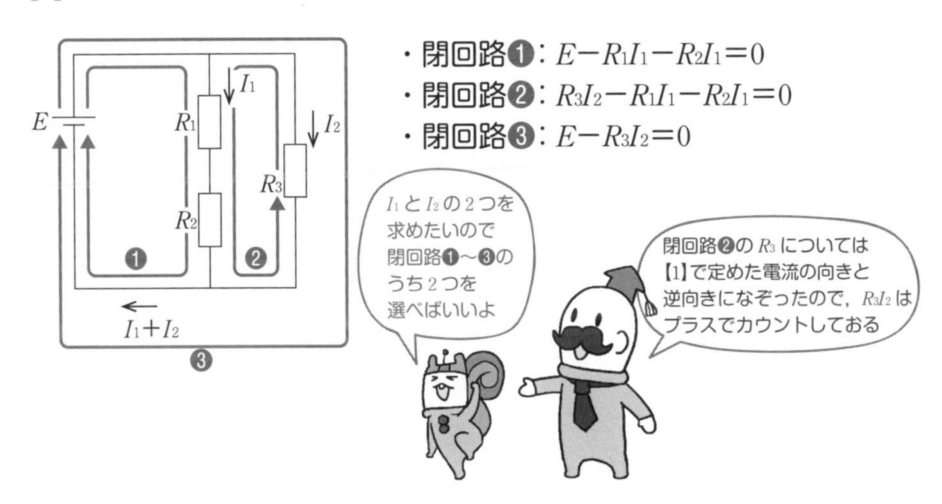

【3】 立てた方程式を解く。

問4-4 右ページの図のように，起電力12 V，10 Vの電源と2.0 Ω，3.0 Ω，4.0 Ωの抵抗からなる回路がある。それぞれの抵抗を流れる電流を求めよ。ただし，電源の内部抵抗や導線の抵抗は無視できるとする。

直流回路の問題でやるべきことにそって解いていきましょう。

解きかた

【1】 抵抗を流れる電流の大きさと向きを文字でおく

まずは，抵抗を流れる電流の大きさと向きを文字でおいていきます。
どのようにおいてもいいですが，計算しやすいように，
3.0 Ωの抵抗をf→aの向きにI_1の電流が，
4.0 Ωの抵抗をd→cの向きにI_2の電流が流れているとしましょう。
2.0 Ωの抵抗に流れる電流をI_3とおく必要はありません。
キルヒホッフの第1法則より，2.0 Ωの抵抗に流れる電流を，
b→eの向きにI_1+I_2としましょう。

【2】 各閉回路について「電圧1周0ルール」の式を立てる

次に着目する閉回路を決めて，電圧1周0ルールの式を立てていきましょう。
閉回路としては

(A) 3.0 Ωと2.0 Ωの抵抗を通る回路
(B) 2.0 Ωと4.0 Ωの抵抗を通る回路
(C) 3.0 Ωと4.0 Ωの抵抗を通る回路

の3つがあります。3つすべてについて式を立ててもいいですが大変ですよね。実は多くの場合，【1】でおいた電流の文字の数と同じだけ，電圧1周0ルールの式を立てればいいのです。
今回は文字を2つおいたので，(A)3.0 Ωと2.0 Ωの抵抗を通る回路，(B)2.0 Ωと4.0 Ωの抵抗を通る回路の2つについて，電圧1周0ルールの式を立てていきます。

(A) fをスタート地点として，f→a→b→e→fとなぞっていきます。
はじめは，12 Vの電源を負極から正極に移動するので，電位が12 V上がります。
次に，3.0 Ωの抵抗を電流と同じ向きに進むので，電位が$3.0I_1$下がります。
その後，2.0 Ωの抵抗を電流と同じ向きに進むので，電位が$2.0(I_1+I_2)$下がります。するとスタート地点に戻ってきますね。
よって，電圧1周0ルールの式は$12-3.0I_1-2.0(I_1+I_2)=0$となります。
整理して　$12=5.0I_1+2.0I_2$　……①

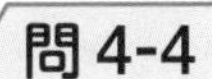

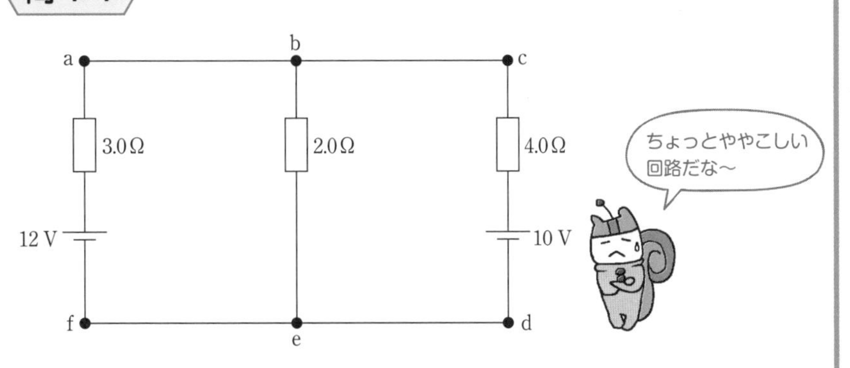

【1】 抵抗を流れる電流の大きさと向きを文字でおく。

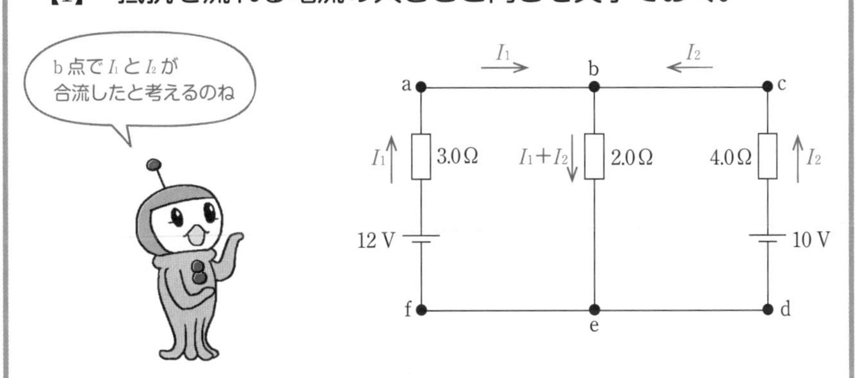

【2】 各閉回路について「電圧 1 周 0 ルール」の式を立てる。

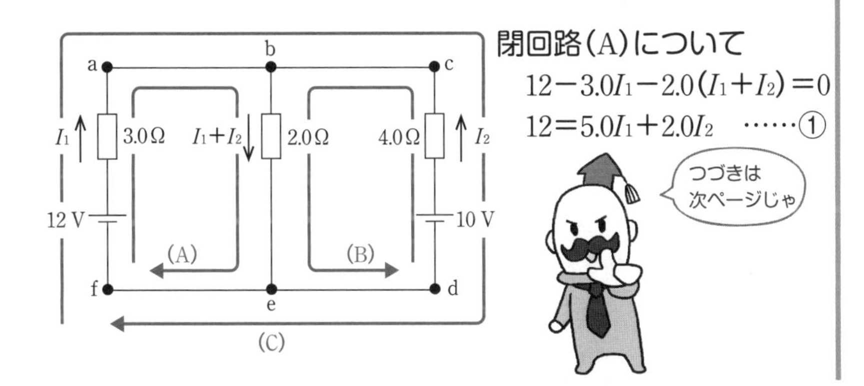

閉回路(A)について

$$12-3.0I_1-2.0(I_1+I_2)=0$$

$$12=5.0I_1+2.0I_2 \quad \cdots\cdots ①$$

解きかた

(B)　dをスタート地点として，d→c→b→e→dとなぞっていきます。
はじめは，10 Vの電源を負極から正極に移動するので，電位が10 V上がります。
次に，4.0 Ωの抵抗を電流と同じ向きに進むので，電位が4.0 I_2下がります。
その後，2.0 Ωの抵抗を電流と同じ向きに進むので，電位が$2.0(I_1+I_2)$下がります。するとスタート地点に戻ってきますね。
よって，電圧1周0ルールの式は$10-4.0I_2-2.0(I_1+I_2)=0$となります。
整理して　$10=2.0I_1+6.0I_2$　……②

【3】　立てた方程式を解く

$12=5.0I_1+2.0I_2$　……①　　$10=2.0I_1+6.0I_2$　……②
の2式を使って方程式を解いていきましょう。まずは，I_2を消します。
①×3－②を計算すると

$$
\begin{array}{rl}
36=15I_1+6.0I_2 & \cdots\cdots①\times 3\\
-)\ 10=2.0I_1+6.0I_2 & \cdots\cdots②\\
\hline
26=13I_1 &
\end{array}
$$

よって，$I_1=2.0$ Aになります。
これを，①に代入して解くと$I_2=1.0$ Aになります。
また，2.0 Ωの抵抗を流れる電流は，$I_1+I_2=3.0$ Aになります。
以上より　**3.0 Ωの抵抗：f→aの向きに2.0 A** …答
2.0 Ωの抵抗：b→eの向きに3.0 A …答
4.0 Ωの抵抗：d→cの向きに1.0 A …答

(C)　3.0 Ωと4.0 Ωの抵抗を通る回路でも，電圧1周0ルールが成り立つかを確認してみましょう。fをスタート地点として，f→a→c→d→fとなぞります。
はじめは，12 Vの電源を負極から正極に移動するので，電位が12 V上がります。
次に，3.0 Ωの抵抗を電流と同じ向きに進むので，電位が3.0 I_1下がります。
その後，4.0 Ωの抵抗を，電流の向きと逆に進むので，電位が4.0 I_2上がります。
最後に10 Vの電源を正極から負極に移動するので，電位が10 V下がります。
するとスタート地点に戻りますね。
よって，電圧1周0ルールの式は$12-3.0I_1+4.0I_2-10=0$となります。
整理して　$2=3.0I_1-4.0I_2$　……③
$I_1=2.0$ A，$I_2=1.0$ Aを代入すると③は成立しますね。
(C)の閉回路は電流の向きと逆に回路をなぞるので，少しややこしいですが，回路をなぞる向きと電流の向きが異なる場合でも対応できるようにしましょう。

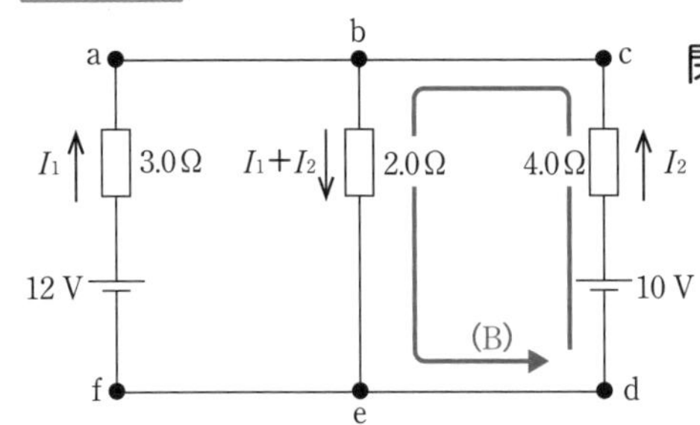

閉回路(B)について

$$10-4.0I_2-2.0(I_1+I_2)=0$$

$$10=2.0I_1+6.0I_2 \quad \cdots\cdots②$$

$$(12=5.0I_1+2.0I_2 \quad \cdots\cdots①)$$

【3】 立てた方程式を解く。

①×3−②より

$$36=15I_1+6.0I_2 \quad \cdots\cdots①\times3$$

$$-)\ 10=2.0I_1+6.0I_2 \quad \cdots\cdots②$$

$$26=13I_1$$

$I_1=2.0$ A ⇒ ①に代入して　$I_2=1.0$ A

ちなみに閉回路(C)で「電圧１周０ルール」の式を立てると…

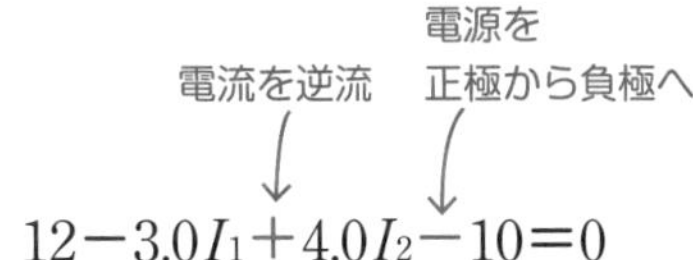

$$12-3.0I_1+4.0I_2-10=0$$

$$2=3.0I_1-4.0I_2 \quad \cdots\cdots③$$

($I_1=2.0$ A, $I_2=1.0$ A は適する)

ここまでやったら
別冊 P. 21 へ

4-10 電源の内部抵抗

ココをおさえよう!

電源の内部抵抗rを無視しない場合に限り,
電源の端子電圧は $V=E-rI$で考える。

少し厳密な話をします。
導線にも抵抗があると話しましたが(p.106), 電源の中にも実は抵抗があります。
この抵抗を**内部抵抗**と呼びます。

右ページのように, 内部抵抗がrの電源に可変抵抗をつなぎ, 電源の正極と負極の間の電圧(端子電圧)と, 回路に流れる電流を計測します。
可変抵抗の抵抗値を変化させて, 回路に流れる電流Iを変化させたとき, 電源の端子電圧Vの値は右ページのグラフのように変化します。
右下がりのグラフですね。
電流が流れると内部抵抗rによる電圧降下が起こるので, 電源の端子電圧は起電力Eとは異なるのです。
起電力がE〔V〕, 内部抵抗r〔Ω〕の電源に, 電流I〔A〕が流れているとき, 端子電圧は, $\boldsymbol{V=E-rI}$となります。

多くの電源では, 内部抵抗の大きさは, 回路の抵抗よりもかなり小さくなっています。
そのため, 内部抵抗を無視する場合が多いですが, 問題文中に「電源の内部抵抗をrとし…」などという記述があったら無視してはいけません。
内部抵抗による電圧降下rIを考慮して, $V=E-rI$としましょう。

電源の内部抵抗

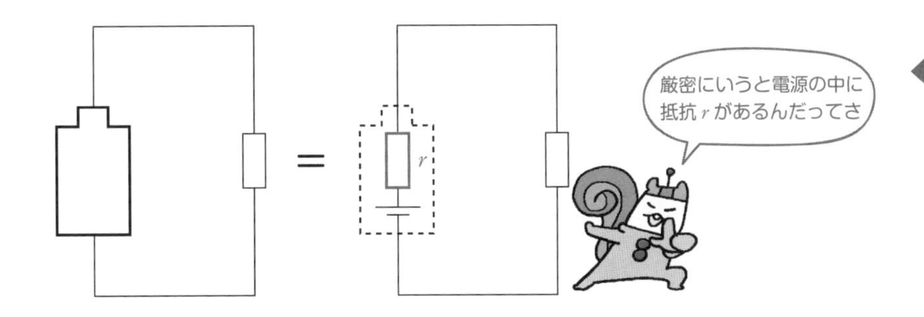

内部抵抗を考えた場合の電源の電圧

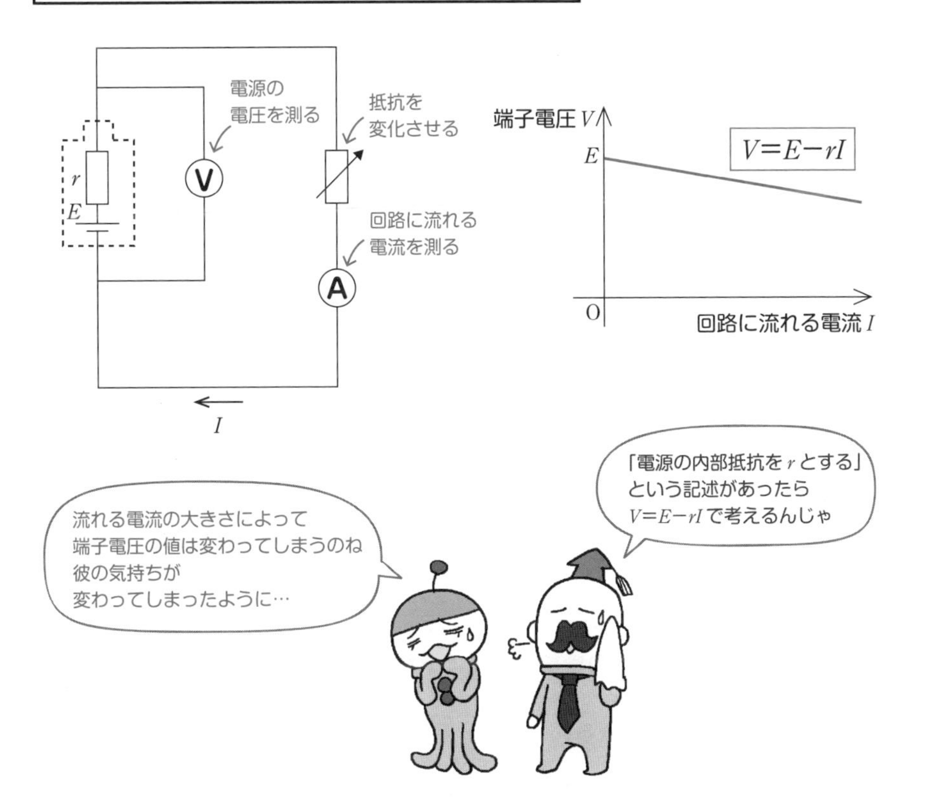

4-11 電流計

ココをおさえよう！

電流計は，測定したい場所に直列につなぐ。
電流計の内部抵抗は小さいのが理想的。
電流計（内部抵抗 r_A）の測定範囲を n 倍にする場合は，抵抗 $\dfrac{r_A}{n-1}$ の分流器を並列につなげばよい。

回路内の電流を計測する装置として**電流計**があります。
電流計は，回路の途中に直列につなぎます。
また，電流計の内部には抵抗が存在しているため，電流計をつなぐと，もともと回路を流れていた電流の大きさが変化してしまいます。
その電流の変化を極力抑えるために，**電流計の内部抵抗は小さくしてあります**。

さて，電流計ですが，測れる電流の大きさには限界があります。
限界以上の大きさの電流は，本来は測定できないのですが，実は，**電流計の測定範囲を n 倍に引き伸ばす裏ワザ**があるのです。
（厳密には電流計を流れる電流を $\dfrac{1}{n}$ 倍にする裏ワザ）
測定範囲が I_0 までで，内部抵抗が r_A の電流計があるとします。右ページの図のように，I_0 までしか測れない電流計に nI_0 の電流が流れてきたとします。
このとき，電流計に **nI_0 の $\dfrac{1}{n}$ 倍である I_0 の電流しか流れないように，$nI_0 - I_0 = (n-1)I_0$ の電流を，別の抵抗へ逃がしてしまうのです**。
電流を逃がすために電流計に並列につなぐ抵抗を**分流器**といいます。
抵抗値が R_A の分流器を電流計に並列につないで，$(n-1)I_0$ の電流を逃がしたとすると　$R_A(n-1)I_0 = r_AI_0$　（並列なので2つの抵抗の電圧降下は等しい）
これより　$R_A = \dfrac{r_A}{n-1}$
したがって，**$R_A = \dfrac{r_A}{n-1}$ の抵抗を並列につないであげれば，電流計を流れる電流は，元の電流の $\dfrac{1}{n}$ 倍となる**のです。計測した電流を n 倍すれば元の電流が求まるので，こうすれば実質電流計の測定範囲が n 倍になったことになりますね。

電流計

・回路に流れる電流の大きさを測る。
・電流の大きさを測りたいところに直列につなぐ。
・内部抵抗 r_A は小さいのが理想的。

これが電流計の記号だよ

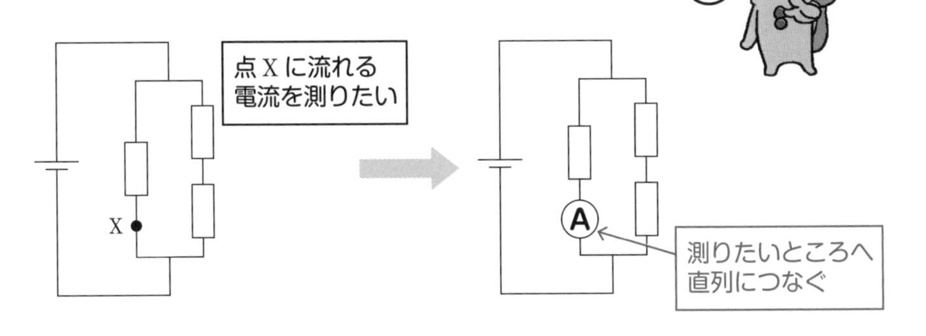

[電流計の測定範囲を n 倍にする方法]

測定範囲が I_0 までの電流計を，nI_0 まで測れるようにするには $(n-1)I_0$ の電流を逃がす抵抗（分流器）を並列につなぐ。

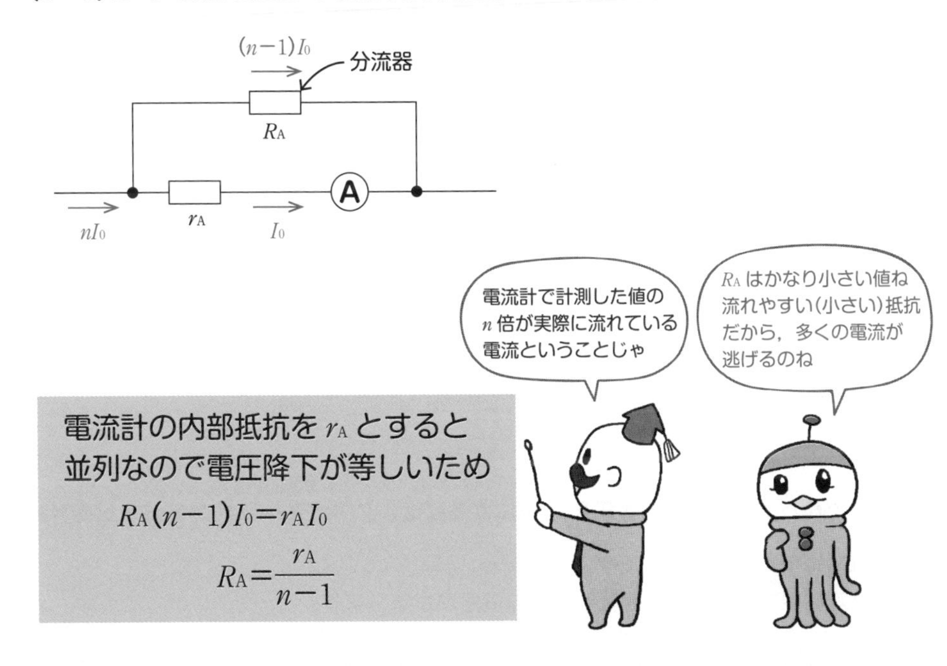

電流計の内部抵抗を r_A とすると
並列なので電圧降下が等しいため

$$R_A(n-1)I_0=r_AI_0$$

$$R_A=\frac{r_A}{n-1}$$

4-12 電圧計

ココをおさえよう！

電圧計は，測定したい場所に並列につなぐ。
電圧計の内部抵抗は大きいのが理想的。
電圧計（内部抵抗 r_V）の測定範囲を n 倍にする場合は，抵抗 $(n-1)r_V$ の倍率器を直列につなげばよい。

電圧計は，2カ所の電位の差を測定する装置です。
電圧計からは2本の導線が伸び，それらを測定したい2つの地点に接続します。
そうすると2つの地点の電位の差を電圧計の針が指し示すのです。
高さの差を測るのですから，流れに乗っていてはいけません。
外から見ないとわからないですから，**電圧計は測定したい場所に並列につなぎます**。

電圧計にも内部抵抗が存在しますが，並列につないだ電圧計側に電流が流れてしまうと，測定したい地点に流れる電流が小さくなり，測定電圧に変化が出てきてしまいます。これを防ぐために，**電圧計の内部抵抗は大きくしてあるのです**。

やはり電圧計にも，測定できる電圧の限界があります。
限界以上の大きさの電圧は，本来は測定できないのですが，**電圧計の測定範囲を n 倍に引き伸ばす裏ワザ**があるのです。その裏ワザを説明しましょう。

測定範囲が V_0 までで，内部抵抗が r_V の電圧計があるとします。
右ページの図のように，ab間の電圧が nV_0 であるとしましょう。
このとき，電圧計の隣りに大きさ R_V の抵抗を直列につなぎ，$(n-1)V_0$ の電圧を負担してもらいます。そうすると，電圧計は元の $\frac{1}{n}$ 倍である電圧 V_0 を測定すればよいですね。電圧計にかかる電圧を減らすための抵抗は**倍率器**と呼ばれます。
電圧計と倍率器に流れる電流は等しいので　$\frac{V_0}{r_V}=\frac{(n-1)V_0}{R_V}$
これより　$R_V=(n-1)r_V$
したがって，**電圧計の電圧を $\frac{1}{n}$ 倍にするには，$R_V=(n-1)r_V$ の抵抗を電圧計に直列につなげばよい**のです。
測定結果を n 倍してあげれば，元の電圧が求まります。

電圧計

- 回路の 2 点間の電位差を測る。
- 電位差を測りたいところに並列につなぐ。
- 内部抵抗 r_V は大きいのが理想的。

これが
電圧計の記号よ

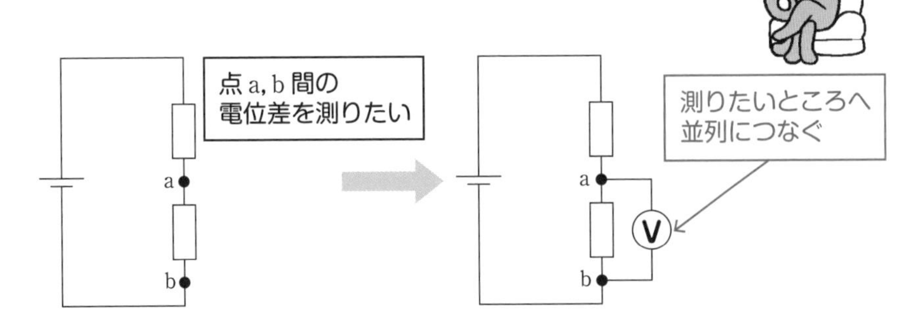

[電圧計の測定範囲を n 倍にする方法]

測定範囲が V_0 までの電圧計を，nV_0 まで測れるようにするには $(n-1)V_0$ の電圧がかかる抵抗（倍率器）を直列につなぐ。

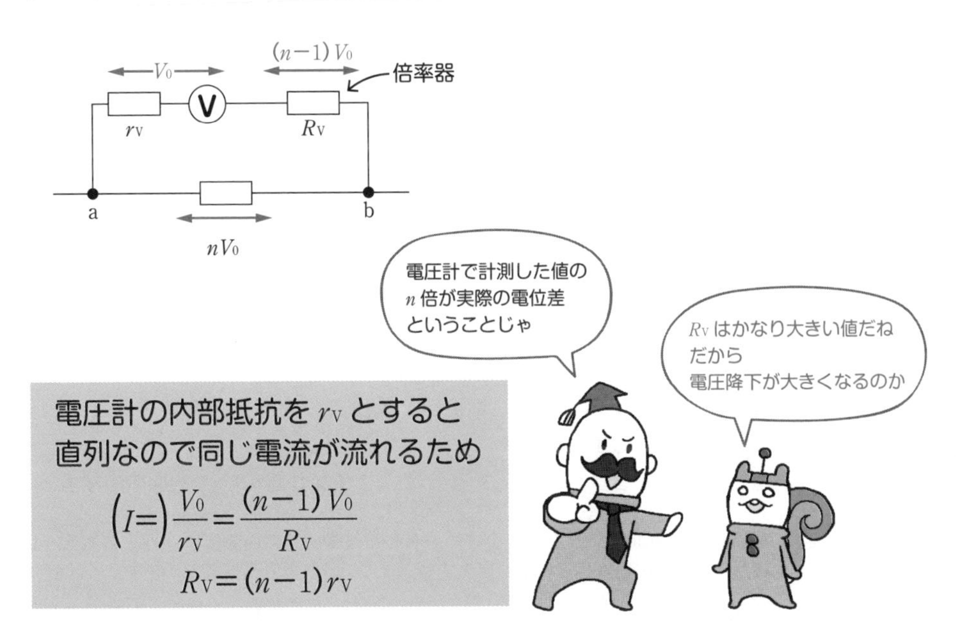

電圧計の内部抵抗を r_V とすると
直列なので同じ電流が流れるため

$$\left(I=\right)\frac{V_0}{r_V}=\frac{(n-1)V_0}{R_V}$$

$$R_V=(n-1)r_V$$

問4-5 内部抵抗がr_Aの電流計と内部抵抗がr_Vの電圧計，および電源がある。抵抗Rの大きさを求めるために，右ページの図の(a)，(b)のような回路を作った。このとき，以下の問いに答えよ。ただし，電源の内部抵抗や導線の抵抗は無視できるとする。

(1) (a)の回路において，電流計はI_a，電圧計はV_aを示した。このとき，$\frac{V_a}{I_a}$をr_A，r_VおよびRのうち，必要なものを用いて表せ。

(2) (b)の回路において，電流計はI_b，電圧計はV_bを示した。このとき，$\frac{V_b}{I_b}$をr_A，r_VおよびRのうち，必要なものを用いて表せ。

オームの法則より$R=\frac{V}{I}$なので，電圧と電流を調べることで未知の抵抗の大きさを計算することができるはずなのですが，電流計と電圧計のつなぎかたで$\frac{V}{I}$の値が変わってしまいます。

解きかた (1) 電流計と電圧計を抵抗r_A，r_Vとみなして回路をかくと右ページのようになります。回路の電圧計の部分と，電流計と抵抗Rがつながった部分は並列になっているので，電圧が等しいですね。
電圧計の電圧はV_aであり，電流計を流れる電流はI_aですね。
オームの法則より，$V_a=(r_A+R)I_a$となります。

よって $\boldsymbol{\frac{V_a}{I_a}=r_A+R}$ …答

(2) (1)と同じように，電流計と電圧計を抵抗r_A，r_Vとみなして回路をかくと右ページのようになりますね。電圧計と抵抗Rが並列につながっているので，Rにかかる電圧とr_Vにかかる電圧がV_bで等しいです。
オームの法則より，Rに流れる電流は$\frac{V_b}{R}$，r_Vに流れる電流は$\frac{V_b}{r_V}$ですね。
キルヒホッフの第1法則より，I_bはRとr_Vに流れた電流の和になります。

$$I_b=\frac{V_b}{R}+\frac{V_b}{r_V}=\frac{V_b(r_V+R)}{r_VR}$$

よって $\boldsymbol{\frac{V_b}{I_b}=\frac{r_V}{r_V+R}R}$ …答

もともとはRとなるはずのものが，電流計・電圧計の内部抵抗を考えると，(1)や(2)のような値になってしまいました。
電流計，電圧計の値から抵抗を計測するのは，なかなか難しいことなのですね。

電流計の内部抵抗r_Aがとても小さい，もしくは電圧計の内部抵抗r_Vがとても大きい場合，(1)，(2)の答えはRに近づきますね。そういう計器が理想的なのです。

問 4-5

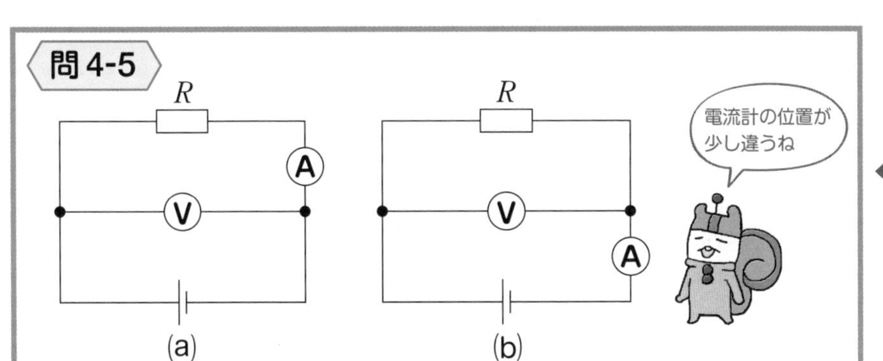

(1) 右図より R と r_A による電圧降下は V_a
I_a は R と r_A の抵抗を流れるので

$$V_a=(r_A+R)I_a$$

$$\frac{V_a}{I_a}=r_A+R$$ …答

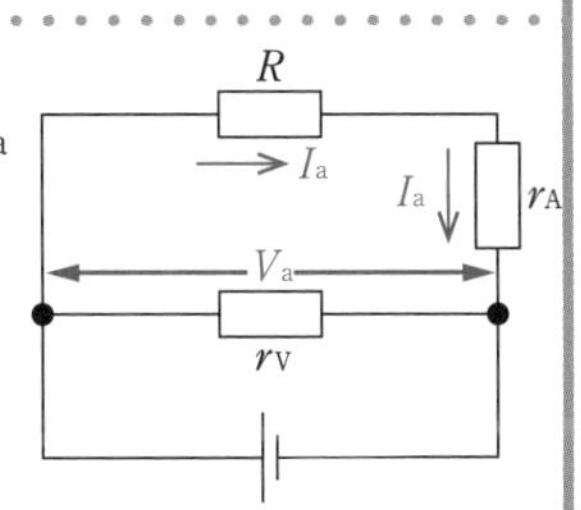

(2) 右図より R と r_V にかかる電圧は V_b
よって，右下図のように電流が流れるので，キルヒホッフの第 1 法則より

$$I_b=\frac{V_b}{R}+\frac{V_b}{r_V}$$

$$=\frac{V_b(r_V+R)}{r_VR}$$

$$\frac{V_b}{I_b}=\frac{r_V}{r_V+R}R$$ …答

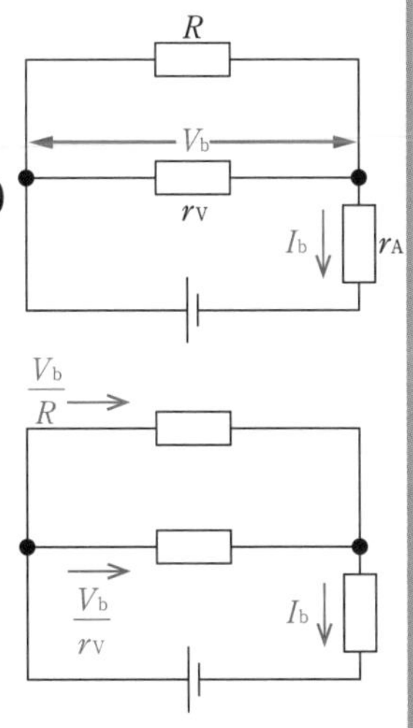

ここまでやったら
別冊 P. 22 へ

4-13 ホイートストンブリッジ

ココをおさえよう！

ホイートストンブリッジを使うことで，未知の抵抗の大きさを求めることができる。

〈問4-5〉の結果から，電流計や電圧計を使って正確な抵抗の値を求めるのは大変なことがわかりました。そこで，**すでにわかっている複数の抵抗から，未知の抵抗の値を求めてしまう装置**が**ホイートストンブリッジ**です。

ホイートストンブリッジは右ページの回路のように，未知の抵抗Rとすでにわかっている抵抗R_1，R_2，抵抗の値を自由に変えることができる可変抵抗R_3，そして検流計からなっています。検流計は電流計を簡単にしたもので，どちらの向きに電流が流れているかを調べることができます。
また，**検流計に電流が流れていない場合，検流計をつないだ2点の電位差は0になっています**。

可変抵抗R_3の大きさを変えて検流計に電流が流れないようにします。
BCには電流が流れないので，ABを流れる電流とBDを流れる電流が等しくなりますね。同じように，ACを流れる電流とCDを流れる電流が等しくなります。
A→B→Dと流れる電流をI_1，A→C→Dと流れる電流をI_2としましょう。

点Bと点Cの間の電位差が0なので，AB間とAC間の電圧が等しくなるため

$$R_1I_1 = R_2I_2$$

つまり，$\dfrac{R_1}{R_2}=\dfrac{I_2}{I_1}$ ……① となります。

検流計には電流が流れないので，BDを流れる電流がI_1，CDを流れる電流がI_2となります。点Bと点Cの間の電位差が0なので，BD間とCD間の電圧も等しくなるため $R_3I_1 = RI_2$

よって $\dfrac{R_3}{R}=\dfrac{I_2}{I_1}$ ……② となりますね。

①，②式から，$\boldsymbol{\dfrac{R_1}{R_2}=\dfrac{R_3}{R}}$となります。

よって，求めたい抵抗Rの大きさが$R=\dfrac{R_2R_3}{R_1}$とわかります。

ホイートストンブリッジ

すでに値のわかっている抵抗から未知の抵抗の値を求める装置。

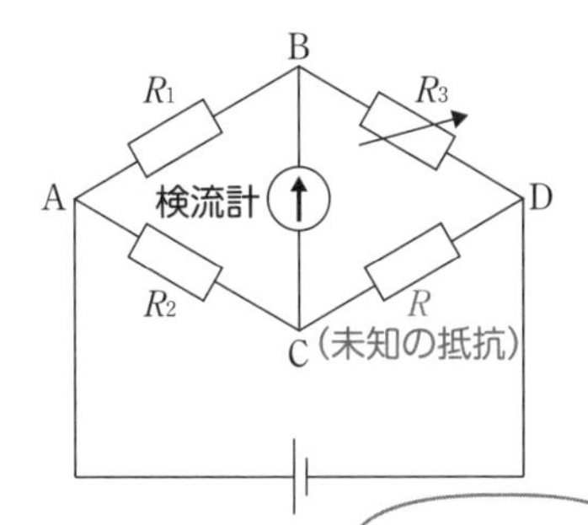

値のわかっている R_1，R_2 と値を変えられる R_3 を用いて R の値を求める

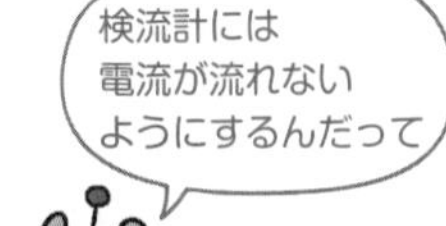

検流計に電流が流れないので B，C は電位差が 0。

$V_{AB}=V_{AC}$ より

$$R_1I_1=R_2I_2$$

$$\frac{R_1}{R_2}=\frac{I_2}{I_1} \quad \cdots\cdots①$$

$V_{BD}=V_{CD}$ より

$$R_3I_1=RI_2$$

$$\frac{R_3}{R}=\frac{I_2}{I_1} \quad \cdots\cdots②$$

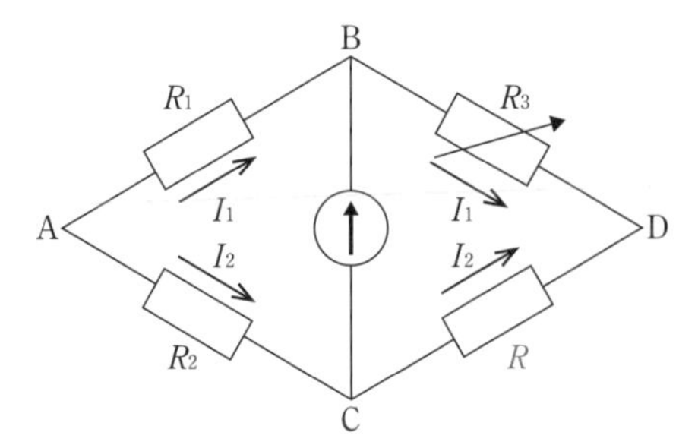

①，②より $\quad \dfrac{R_1}{R_2}=\dfrac{R_3}{R}\left(R=\dfrac{R_2R_3}{R_1}\right)$

4-14 電力とジュール熱

ココをおさえよう！

抵抗に電流が流れると発生するジュール熱：$Q=IVt=I^2Rt=\dfrac{V^2}{R}t$〔J〕

電力量：$W=IVt=I^2Rt=\dfrac{V^2}{R}t$〔J〕

p.104で説明しましたが，抵抗（電熱線）に電流が流れると熱が発生します。
電荷が抵抗中の障害物とぶつかると，障害物の運動が盛んになり，**ジュール熱**という熱が発生するからです。電気ストーブはこれを利用した暖房器具です。
抵抗R〔Ω〕に電圧V〔V〕をかけ，t秒間だけ電流I〔A〕が流れるときに発生するジュール熱Q〔J〕は，以下のように表され，この関係をジュールの法則と呼びます。

$$Q=IVt=I^2Rt=\frac{V^2}{R}t$$

電流I〔A〕がt秒間流れたときに抵抗を移動した電気量は$q=It$〔C〕です。
抵抗を通り過ぎると$q=It$〔C〕の電荷がV〔V〕だけ低いところに下りるので
電荷のもつ静電気力による位置エネルギーは$qV=IVt$〔J〕だけ減少しますね。
その位置エネルギーがジュール熱に変わったのです。

また，**電流の仕事率（1秒間あたりに電流がする仕事）**を**電力**といい，電力をPとすれば次のように表されます。

$$P=IV\text{〔J/s〕}(=IV\text{〔W〕})$$

〔J/s〕の他に，W（**ワット**）という単位も用いられます。よく耳にしますね。
さらに，ワットには**Wh**（**ワット時**）という派生した単位もあります。
ワット時はその電力を1時間供給または消費したときのエネルギーを表しています。1時間＝3600秒ですから**1 Wh＝3600 J**ですね。

電力に，使用した時間を掛けると電流がした仕事になり，これを**電力量**といいます。
したがって，電力量W〔J〕は次式のようになります。

$$W=IVt=I^2Rt=\frac{V^2}{R}t$$

「電力量とジュール熱って式が同じだ！」と思った人もいると思います。
電力量は，本来なら熱の他にも，光や音，動力など，いろいろな形に変換されます。
しかし，高校物理で一般的に出てくる，抵抗しかない回路では電球や力学的なはたらきをする装置がありませんから，光や動力に変換しようにもできません。
ゆえに電力量はすべて「熱」になることが多いので，電力量とジュール熱の式が等しいのです。

ジュール熱

R〔Ω〕の抵抗に電圧 V〔V〕をかけ
I〔A〕の電流を t 秒間流したときに
抵抗に発生するジュール熱 Q〔J〕は

$$Q=IVt=I^2Rt=\frac{V^2}{R}t \text{ [J]}$$

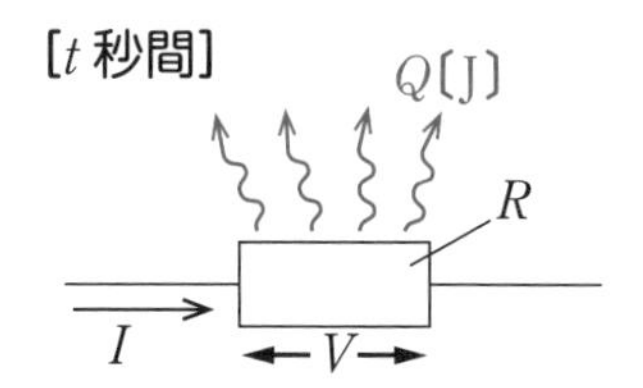

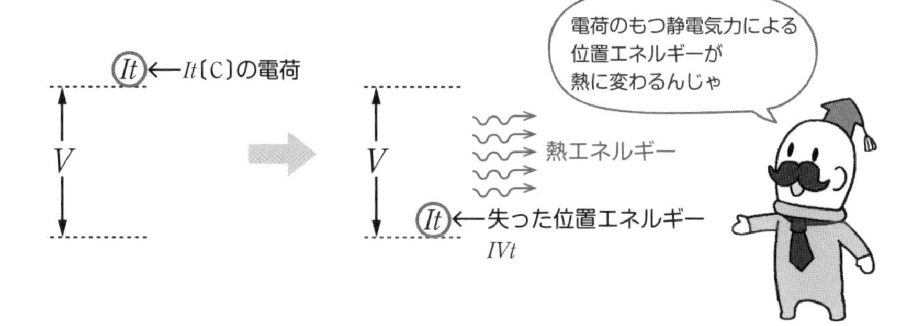

電力 P〔J/s〕(＝W)と電力量 W〔J〕

電流の仕事率(1 秒間にする仕事)を**電力**といい

$$P=IV \text{ [J/s] (=W)}$$

(〔Wh〕はその電力を 1 時間(＝3600 秒)消費したときのエネルギーなので　1 Wh＝1 W×3600 s＝3600 J)

電力に，使用した時間を掛けると**電力量** W が求められる。

$$W=IVt=I^2Rt=\frac{V^2}{R}t \text{ [J]}$$

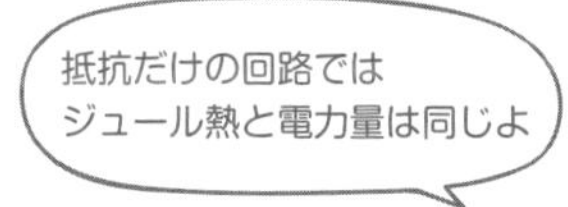

問4-6 右ページの図のような抵抗値の同じ抵抗A～Eからなる回路がある。同じ時間電流を流したとき，各抵抗のジュール熱で，最も大きいものは最も小さいものの何倍になっているか。ただし，電源の内部抵抗や導線の抵抗は無視できるとする。

ジュール熱の式は$Q=IVt=I^2Rt=\frac{V^2}{R}t$でした。

どの抵抗もその大きさは同じなので，流れる電流が大きいほど，抵抗の電圧が大きいほど発生するジュール熱も大きくなりますね。

解きかた まずは，$Q=\frac{V^2}{R}t$より抵抗にかかる電圧の大きさ比べをしてみましょう。
抵抗A～Eで，最も大きい電圧がかかるのは抵抗Eです。
抵抗Eは電源と並列なので，電源の電圧がすべてかかることになります。
また，抵抗Dにかかる電圧は，抵抗Bと抵抗Cにかかる電圧を合わせたものですから，最もかかる電圧が小さいのは抵抗Aか抵抗Bか抵抗Cのどれかです。

次に抵抗A，B，Cに流れる電流の大きさを比べましょう。
抵抗Aに流れる電流は，抵抗B＆抵抗C側と抵抗D側の2方向に分かれます。
よって，$Q=I^2Rt$より抵抗Aに発生するジュール熱は，抵抗B，Cで発生するジュール熱よりも大きくなります。
抵抗B，Cには同じ電流が流れるので，発生するジュール熱は等しくなります。

ゆえに，抵抗Eで発生するジュール熱が最も大きく，抵抗B，Cで発生するジュール熱が最も小さいと予想できますね。

この予想をふまえて，最もジュール熱が小さい抵抗Bと抵抗Cに流れる電流をIとおきましょう。他の抵抗を流れる電流の大きさを求めていきます。
抵抗Dと抵抗B，Cは並列なので，電圧が等しくなるため
$RI_D=RI+RI$より，$I_D=2I$となりますね。
抵抗Aを流れる電流は，キルヒホッフの第1法則より
$I_A=I+I_D=3I$となります。
抵抗Eと抵抗A，Dは並列なので，電圧が等しくなるため
$RI_E=RI_A+RI_D=3RI+2RI=5RI$より，$I_E=5I$となります。

ジュール熱は$Q=I^2Rt$なので，流れる電流が最も大きいEのジュール熱が最も大きく，電流が最も小さいB，Cのジュール熱が最も小さくなりますね。

よって $\frac{Q_E}{Q_B}=\frac{I_E{}^2Rt}{I^2Rt}=\frac{25I^2}{I^2}=$**25倍** …答

問 4-6

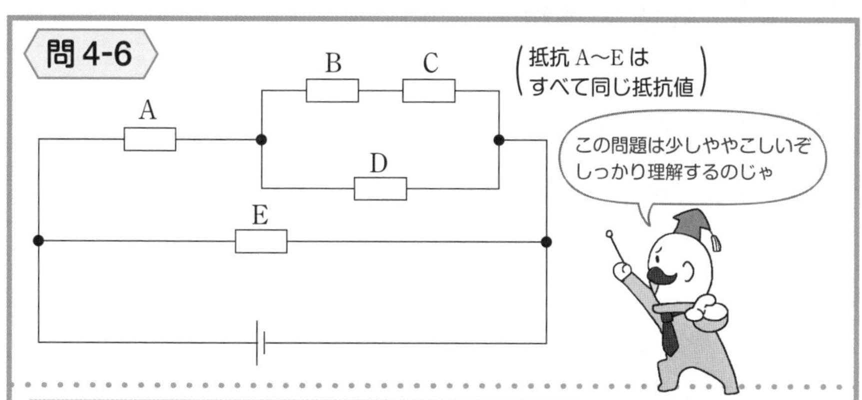

4

まずは抵抗 A〜E で発生するジュール熱が最大のものと最小のものを予想する。

- $Q=\dfrac{V^2}{R}t$ より，V が最大なのは抵抗 E なので，
  抵抗 E が最大のジュール熱を発生する。
- $V_D=V_B+V_C$ より，抵抗 D のジュール熱は最小ではない。
- 抵抗 A に流れる電流 ＞ 抵抗 B，C に流れる電流
  $Q=I^2Rt$ より，抵抗 B，C で発生するジュール熱が最小。

よって　ジュール熱最大 → 抵抗 E, ジュール熱最小 → 抵抗 B, C

抵抗 B, C に流れる電流を I として，各抵抗を流れる電流を調べる。

- 抵抗 D にかかる電圧と抵抗 B，C にかかる電圧の和は等しいので
  $RI_D=RI+RI \qquad I_D=2I$
- キルヒホッフの第 1 法則より　$I_A=I+I_D=3I$
- 抵抗 E にかかる電圧と抵抗 A，D にかかる電圧の和は等しいので
  $RI_E=RI_A+RI_D=5RI \qquad I_E=5I$
  $\dfrac{Q_E}{Q_B}=\dfrac{(5I)^2Rt}{I^2Rt}=$ **25 倍** …答

ここまでやったら
別冊 P. 23 へ

4-15 非直線抵抗

ココをおさえよう！

回路に非直線抵抗があるときは，抵抗を流れる電流をI，電圧降下をVとおき，電流-電圧特性のグラフにおける交点を求める。

白熱電灯や電球は，電流が流れると温度が大きく上昇し，抵抗の大きさも変わってしまいます（このような抵抗を**非直線抵抗**といいます）。
そのため，通常の抵抗のようにオームの法則にはしたがいません。
単純に$V=RI$では電圧降下を計算できないのです。

非直線抵抗の問題では必ず，流れる電流とその電流が流れたときの電圧降下の大きさの関係を示すグラフが与えられます。このグラフを使って，問題を解くのです。

問4-7 右ページの図のグラフは回路内の電球の電流-電圧特性を示したものである。図のように回路を作った場合，電球を流れる電流と，電球に加わる電圧はいくらか。

非直線抵抗の問題では，次のステップを踏んで解いていきます。

〔1〕 非直線抵抗を流れる電流をI，非直線抵抗にかかる電圧をVとする。
〔2〕 電圧1周0ルールを使い，VとIに関する関係式を立てる。
〔3〕 〔2〕の関係式のグラフを，与えられた電流-電圧特性グラフにかき込む。
〔4〕 グラフの交点のIとVの値を読み取る！

解きかた
〔1〕 右ページの図のように，文字をおきましょう。
〔2〕 普通の抵抗では$80I$だけ電圧が下がりますから，電圧1周0ルールより
$$40=80I+V$$
〔3〕 〔2〕の式のグラフは2点$(V,\ I)=(0,\ 0.5)$，$(40,\ 0)$を通りますから，この2点を結べばよいですね。
〔4〕 できたグラフは，$(V,\ I)=(20,\ 0.25)$で交わっていますね。
これより，$\underline{\underline{I=0.25\ \mathrm{A},\ V=20\ \mathrm{V}}}$ …答

回路中で電球に流れる電流をI，電球にかかる電圧をVとして式を立てて，
“回路で成り立つ式のグラフ”と“電球の特性として成り立つグラフ”の両方を満たすのが，答えになるのです。
非直線抵抗の問題はワンパターンなので，これらのステップは覚えてしまいましょう。

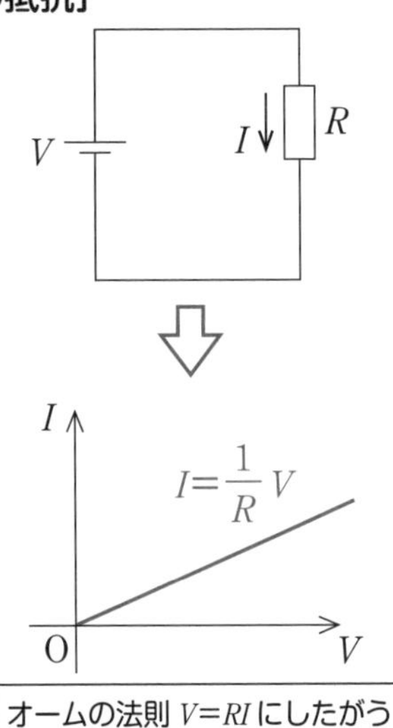

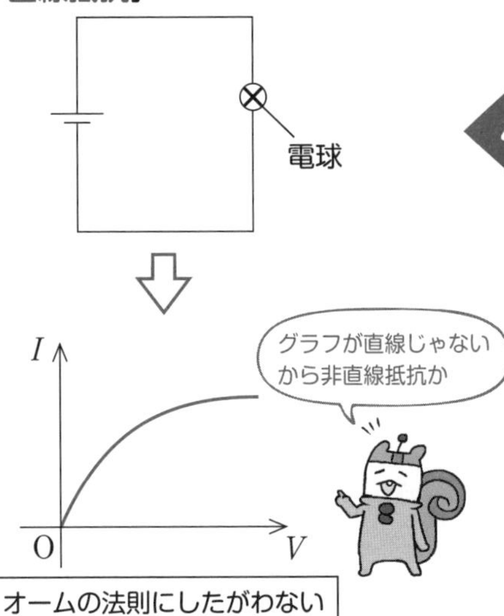

非直線抵抗の問題では，グラフを使って問題を解く！

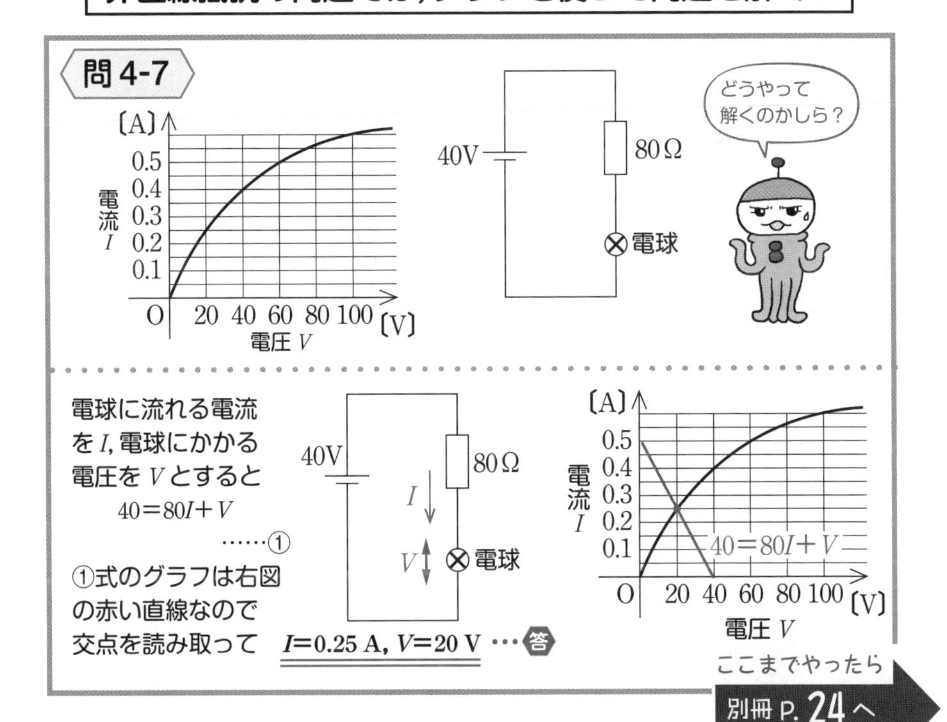

電球に流れる電流を I，電球にかかる電圧を V とすると

$$40=80I+V \quad \cdots\cdots①$$

①式のグラフは右図の赤い直線なので交点を読み取って $I=0.25$ A, $V=20$ V …答

ここまでやったら 別冊 P. 24 へ

理解できたものに，☑チェックをつけよう。

- □ 電流は正電荷の流れと考える。
- □ 電流の定義は「1秒間に流れる電気量」であるので，電流Iが一定のとき，t秒間に流れる電気量は$Q=It$となる。
- □ $I=envS$の式を，自分で導くことができる。
- □ 電流が抵抗を流れると，抵抗の両端では$V=RI$の電位差が生じる。
- □ 抵抗はせまくて長いと電荷が流れにくいので，抵抗線の長さに比例し，断面積に反比例する$\left(R=\rho\frac{\ell}{S}\right)$。
- □ 直列接続と並列接続の合成抵抗を，導きかたも含めて理解した。
- □ 見づらい回路を見やすいものにかき直せる。
- □ キルヒホッフの第1法則を使い，電流を表すのに使う文字を節約できる。
- □ 各閉回路について電圧1周0ルールの式を立てられる。
- □ 電流計および電圧計の測定範囲をn倍にする方法を理解した。
- □ 抵抗から発生するジュール熱および電力，電力量の式を覚えた。
- □ 非直線抵抗における4ステップの考えかたを理解した。

Chapter

5

コンデンサー

Chapter 5 コンデンサー

はじめに

Chapter 5はコンデンサーについて学んでいきます。

コンデンサーとは，金属板2枚を向かい合わせた簡単な装置です。
それを電源につなぐと，電荷が金属板（極板）に蓄えられます。
この，“電荷を蓄えられる”というのがコンデンサーの特徴です。

電気用図記号は電源と似ていますが，電源は正極を長く，負極を短くするのに対してコンデンサーはどちらも同じ長さでかきますので，注意してください。

「コンデンサーがわからない！」という人は，公式だけ理解しようとして，実際に回路で何が起きているかがイメージできていないのだと思います。

コンデンサー回路で起こっていること，それは「電荷の移動」です。
「電荷の移動」をイメージしやすいように説明していきますね。

この章で勉強すること

まず，コンデンサーの基本的な性質を学び，コンデンサーがどんなものかを明確にイメージできるようにします。
さらに，誘電率やコンデンサーの静電エネルギーを勉強し，コンデンサーの合成や導体，誘電体の挿入など，ややこしい内容もていねいに説明していきます。

コンデンサー…金属板 2 枚を向かい合わせた装置。
電源につなぐと電荷が蓄えられる。

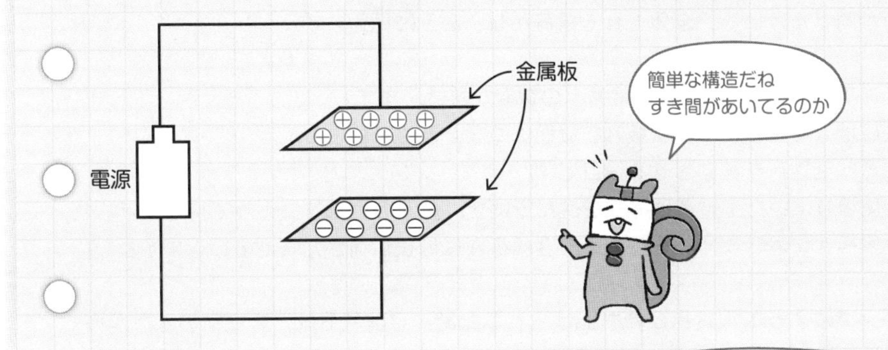

電気用図記号では…

（図記号）や（図記号）

長さが同じ 2 本の線をかくのね
電源は似てるけど
2 本の長さが違うわ

ちなみに電源は（図記号）

わかりやすく
説明するぞい

コンデンサーを学ぶうえで大事なのは
電荷の移動をイメージすること！

5-1 コンデンサーとは

ココをおさえよう！

2枚の極板からなる，電荷を蓄える装置をコンデンサーと呼ぶ。

2枚の金属板A，Bを用意します。
金属板は電荷の集まる広場のようなイメージです。この広場には，正電荷と負電荷が同じだけいて，全体として電荷がないように見えます。

ここで金属板A，Bと，起電力Vの電源を接続します。
金属板Aを正極に，金属板Bを負極につなぐとしましょう。
電源は正電荷を移動させる役目です。
金属板Bにいた正電荷は導線を進んでいき，電源のポンプによって持ち上げられ，金属板Aに着きます。そのため，金属板Aには正電荷がたまっていきますね。

ポンプによって正電荷が持ち上げられるため，金属板Bは，負電荷のほうが多くなり負に帯電します。
このため，AとBに蓄えられる電気量の大きさは必ず同じになるのです。
やがて，AとBの電位差がVとなると，電源のポンプはもうそれ以上正電荷を持ち上げることができません。

その結果，金属板Aには正電荷，金属板Bには負電荷がたまり，**金属板AとBの間に一様な電場が生じます**。
電場（坂）があるということは，電位差（高さ）も生じています（p.76～79）。
電源につないでから十分な時間が経ったあと，金属板AとBの間の電位差は，電源の起電力と等しくなります。
金属板AとBの広場は，最初は高低差がなかったのですが，電荷が蓄えられることで高低差が生じてしまう不思議な広場なのです。

金属板に電源をつなぐと，最初は電流が流れます（電荷が移動します）が，時間が経つと金属板に電荷がいっぱいになり，電流は流れなくなります（電荷の移動がなくなります）。「抵抗をつないだときとは違って，ずっと電流が流れるわけではない」ということを理解しましょう。

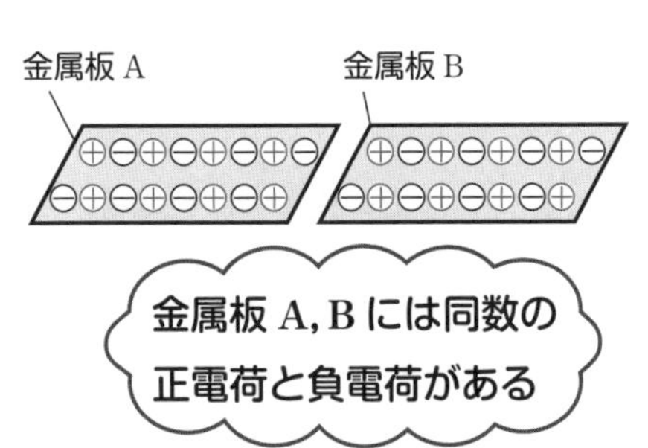

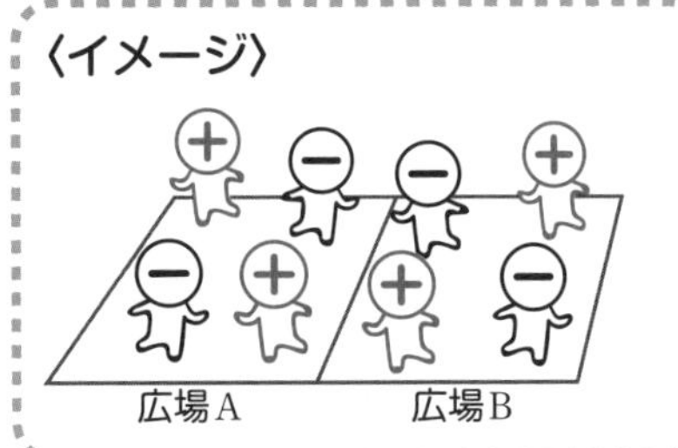

金属板A，Bを電源につなぐと…

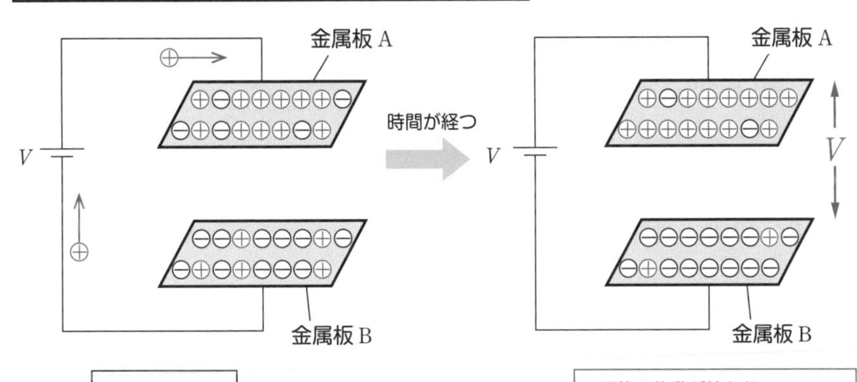

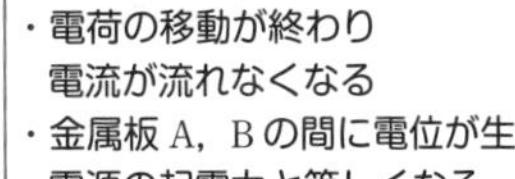

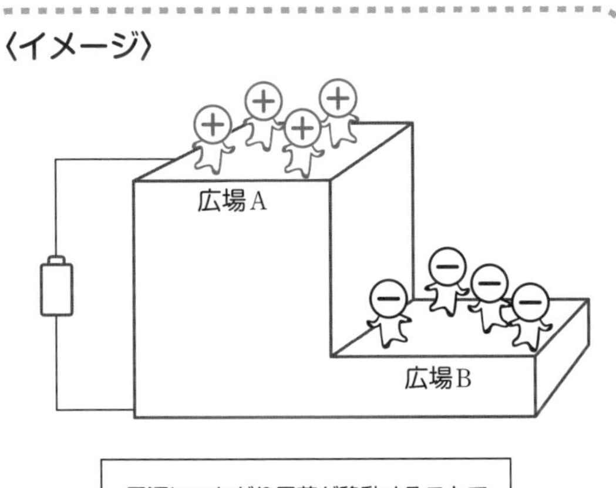

金属板A，Bと電源をつないでからしばらく経つと，金属板Aには正電荷，金属板Bには負電荷が蓄えられ，電位差が生じてしまうのでした。

では，この状態で電源を外して，今度は豆電球をつないでみましょう。
そうすると，豆電球は光ります。
広場Aにいた正電荷たちが，坂をすべってタービンを回し豆電球を光らせたのです（p.99）。
坂をすべり終えた正電荷たちは広場Bに戻っていきます。
正電荷を持ち上げる電源がないので，導線を通り終えたら正電荷はもともといた金属板Bに戻るのです。

しばらくすると，電荷の移動はなくなり，豆電球は光らなくなります。
金属板Aも金属板Bも，正電荷と負電荷が同じだけいる，はじめの状態に戻ります。
金属板AとBには電位差がなくなります。

さて，「電源から外して，豆電球につないだところ豆電球が光った」ということは，金属板は電荷を蓄えていたといえますね。
このような，**2枚の近接した金属板からなり，電荷を蓄える装置をコンデンサーと呼びます**。また，この金属板のことを**極板**と呼びます。

前ページのように，コンデンサーに電源などを接続して電荷を蓄えることを**充電**と呼びます。充電されたコンデンサーでは，2枚の極板間に電位差が生じています。
また，蓄えた電荷を電流として流すことを**放電**と呼びます。

問題などで，「しばらく経ったあと…」のようなことが書かれている場合は，充電や放電が終わったことを意味しています。

コンデンサーにおける，電荷の移動のイメージがつかめたでしょうか？
p.154からはコンデンサーに関する重要な公式を解説していきます。

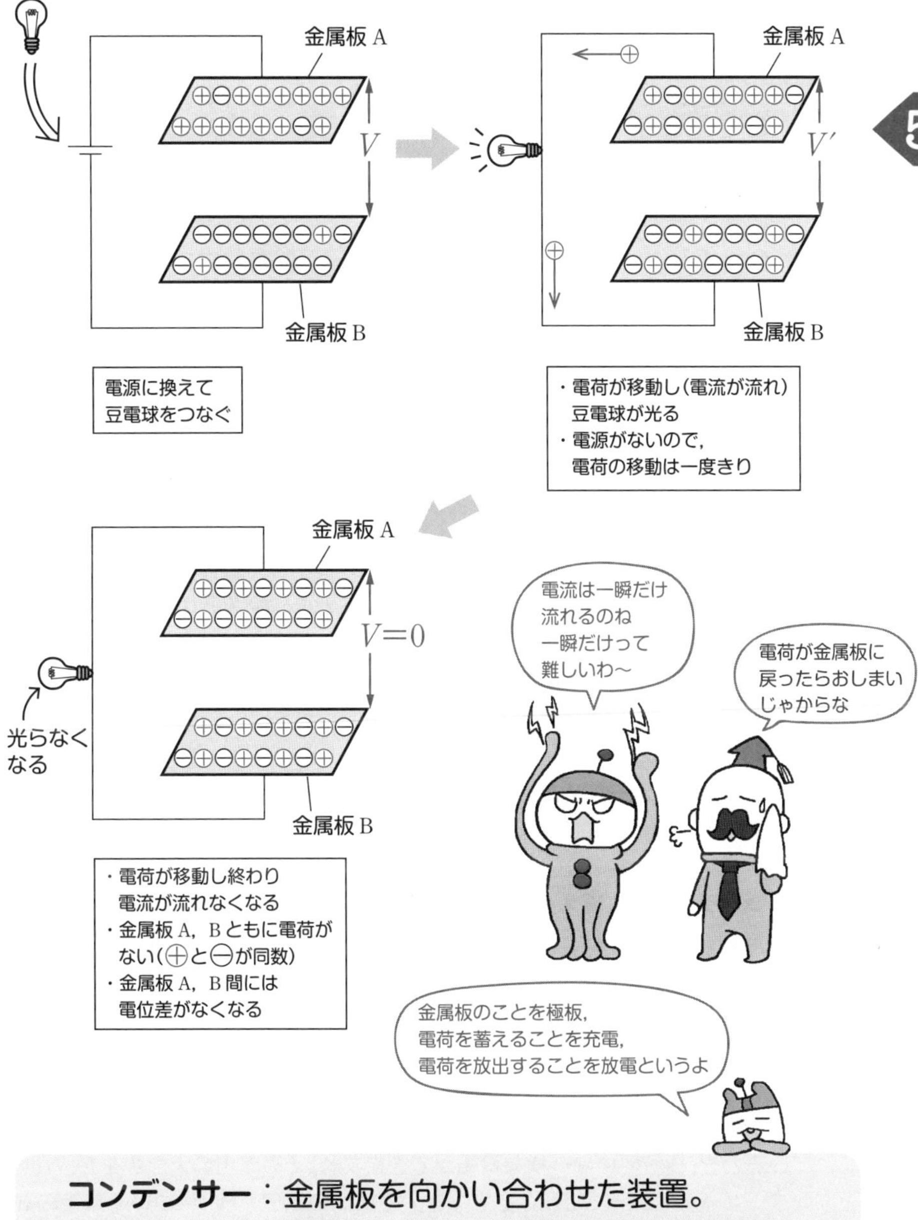

コンデンサー：金属板を向かい合わせた装置。
電源につなぐと電荷を蓄えられる。

5-2 コンデンサーに関連する3つの公式

ココをおさえよう！

極板の面積 S，極板間の距離 d，誘電率 ε のコンデンサーについて，電気量 Q，電圧 V，電気容量 C，電場 E とすると

$Q = CV$，　$V = Ed$，　$C = \varepsilon \dfrac{S}{d}$　が成り立つ。

最初，電荷が蓄えられていなかったコンデンサーを電源につなぎ，充電しました。
極板Aに蓄えられた電気量を Q_A，極板Bに蓄えられた電気量を Q_B とします。
電荷が移動するときは，電気量保存の法則が成り立つのでした（p.24）。
最初，極板A，B全体でみると電気量は0だったので，$Q_A + Q_B = 0$ となります。

補足　電源は電荷を生み出す道具ではなく，電荷を移動させる道具です。電源につないでも，もともとの極板A，Bの電気量が0なら，移動後の電気量の和は0です。

つまり，極板Aに $+Q$ の電気量が蓄えられているとき，極板Bには $-Q$ の電気量が蓄えられているのです。「コンデンサーに Q〔C〕の電気量が蓄えられている」といわれたら，電位が高いほうの極板に $+Q$〔C〕，反対側の極板に $-Q$〔C〕の電気量が蓄えられている，ということです。

起電力 V〔V〕の電源につないだところ，コンデンサーに Q〔C〕が蓄えられたとします。このとき蓄えられた電気量 Q と起電力 V の間には，次の関係があります。

$$Q = CV \quad \cdots\cdots①$$

つまり，**コンデンサーに蓄えられる電気量は，極板間の電圧に比例するのです**。
この比例定数 C を**電気容量**と呼び，単位にはC/V＝F（**ファラド**）を使います。
1 Fは1 Vの電圧がかかったら1 Cの電気量が蓄えられる電気容量を表します。
電気容量 C は電荷の蓄えやすさを表しています。電気容量 C が大きいコンデンサーのほうが，同じ電圧で多くの電荷を蓄えることができますね。

p.150でも説明しましたが，極板Aに $+Q$〔C〕，極板Bに $-Q$〔C〕の電気量が蓄えられているとき，極板間には一様な電場ができますね。その電場の大きさを E〔V/m〕とします。極板間の距離を d〔m〕とすると，極板間の電圧 V〔V〕について以下の式が成り立つのでしたね。

$$V = Ed \quad \cdots\cdots②$$

これはChapter 3で学んだ内容ですが，とても大事なのでおさえておきましょう。

コンデンサーの電荷の蓄えられかた

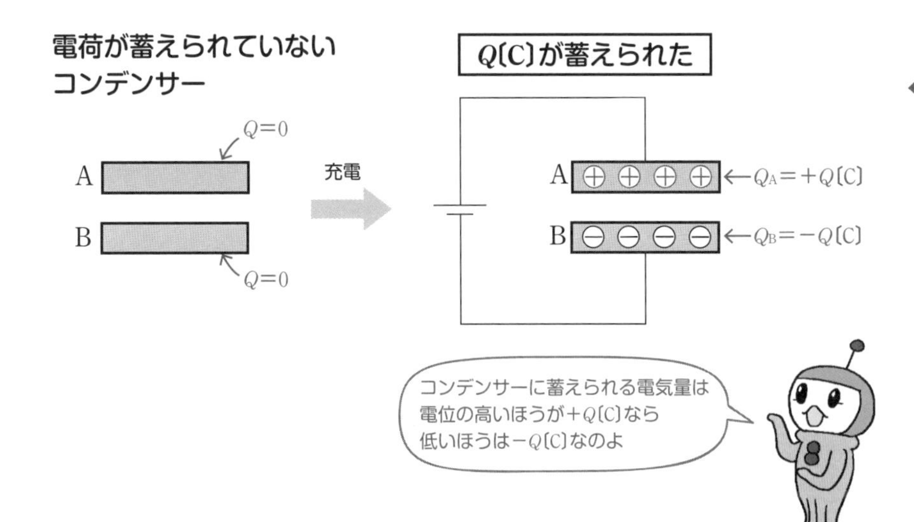

コンデンサーに関連する3つの公式

① $Q=CV$ （Q：電気量〔C〕，V：極板間の電圧〔V〕
C：電気容量〔C/V〕（＝F（ファラド）)）

② $V=Ed$ （V：極板間の電圧〔V〕，E：極板間の電場の大きさ〔V/m〕
d：極板間の距離〔m〕）

次に，電気力線とガウスの法則を使って，コンデンサーに電荷が蓄えられている様子を説明します。p.60 ～ 65を読み返しながら理解してくださいね。
コンデンサーの極板の面積をS〔m^2〕，極板間の距離をd〔m〕とします。
極板Aには$+Q$〔C〕，極板Bには$-Q$〔C〕の電気量が帯電しているとします。

極板Aは正に帯電しているので，電場が発生しています。
$+Q$〔C〕に帯電した物体から出る電気力線の本数は，$4\pi kQ$ 本でしたね (p.64)。
$4\pi kQ$ 本の電気力線は極板の両面から出ているので，片面では$2\pi kQ$ 本です。
電場の大きさは1 m^2あたりの電気力線の本数なので，$+Q$〔C〕に帯電した極板Aが極板間に作る電場の大きさE'は　$E'=2\pi kQ\div S=\dfrac{2\pi kQ}{S}$

同じように，$-Q$〔C〕に帯電している極板Bには大きさE'の電場が生じていますが，この電場の向きは極板に吸い込まれるような向きになっています。

コンデンサーはこの2枚の極板を平行に並べたものになっていますね。
このとき，コンデンサーの外側では，電場が打ち消し合ってなくなってしまいます。
一方，極板の間では，電場の向きが同じなので強め合いますね。
この電場の大きさは$E=2E'=\dfrac{4\pi kQ}{S}$ になっています。

ここで　$\boldsymbol{V=Ed}$　……②　より，極板間の電圧は　$V=\dfrac{4\pi kQ}{S}\cdot d$

また　$\boldsymbol{Q=CV}$　……①　より　$Q=C\dfrac{4\pi kQ}{S}\cdot d$　　　$C=\dfrac{1}{4\pi k}\cdot\dfrac{S}{d}$

$\dfrac{1}{4\pi k}$ は極板に関係なく値が決まっている定数なので，$\dfrac{1}{4\pi k}=\varepsilon$〔F/m〕とすると

$$\boldsymbol{C=\varepsilon\frac{S}{d}}\quad\cdots\cdots③$$

電気容量は極板の面積に比例し，極板間の距離に反比例することがわかりますね。
極板の面積Sが大きく，極板間の距離dが小さいほど大きくなるのです。
比例定数 ε を**誘電率**と呼びます。誘電率は，極板間の状態によって決まる値です。
例えば，真空中では $\varepsilon_0=8.85\times10^{-12}$ F/mです。くわしくはp.190で説明します。

ガウスの法則とコンデンサー

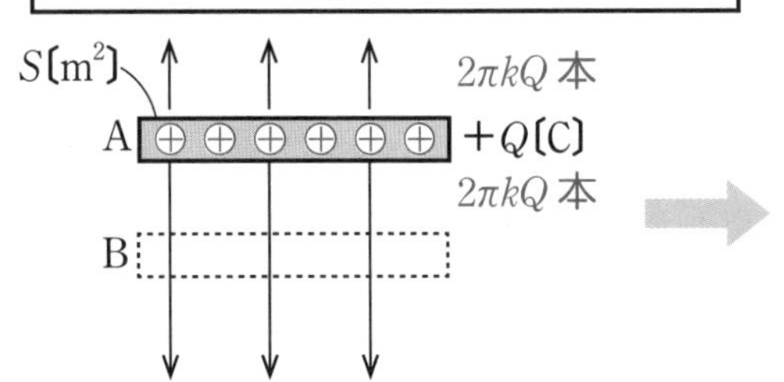

（$+Q$〔C〕に帯電した金属板からは片面で $2\pi kQ$ 本ずつ，合わせて $4\pi kQ$ 本の電気力線が出ている）

極板面積が S〔m²〕のとき
極板 A が作る
電場の大きさ E' は

$$E'=\frac{2\pi kQ}{S}$$

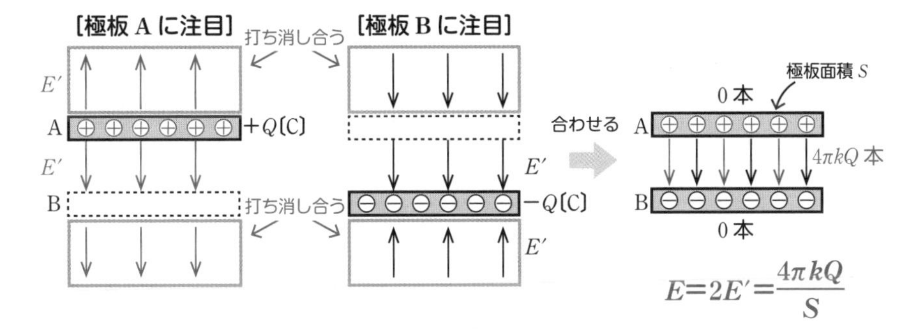

コンデンサーに関連する3つの公式（3つめ）

$V=Ed$ より　$V=\dfrac{4\pi kQ}{S}\cdot d$

$Q=CV$ より　$Q=C\dfrac{4\pi kQ}{S}\cdot d$　⇒　$C=\dfrac{1}{4\pi k}\cdot\dfrac{S}{d}$

$\dfrac{1}{4\pi k}=\varepsilon$ とおいて

③　$\boldsymbol{C=\varepsilon\dfrac{S}{d}}$　（ε：誘電率〔F/m〕，S：極板面積〔m²〕　d：極板間距離〔m〕）

慣れないうちは
③式は覚えておけば
よいぞ

さて，p.154 ～ 157では3つの公式$Q=CV$，$V=Ed$，$C=\varepsilon\dfrac{S}{d}$を説明しました。
この3つの公式はとても重要です。
回路中のコンデンサーについて説明する前に，問題を通して確認しておきましょう。

問5-1 極板の面積が10 cm²，極板間の距離が1.5 mmのコンデンサーがある。以下の問いに答えよ。ただし，誘電率を$\varepsilon=8.85\times10^{-12}$ F/mとする。

(1) このコンデンサーの電気容量はいくらか。

(2) このコンデンサーに電源を接続し，極板間の電圧が3.0 Vになった。このとき，コンデンサーに蓄えられている電気量はいくらか。また，極板間の電場の大きさはいくらか。

公式に代入するときは単位に気をつけましょう。

解きかた

(1) コンデンサーの電気容量の公式$C=\varepsilon\dfrac{S}{d}$に値を代入しましょう。

公式の単位はS〔m²〕，d〔m〕なので，これに単位を合わせます。
$10\ \text{cm}^2=1.0\times10^{-3}\ \text{m}^2$，$1.5\ \text{mm}=1.5\times10^{-3}\ \text{m}$ですね。

よって
$$C=\varepsilon\frac{S}{d}=\frac{8.85\times10^{-12}\times1.0\times10^{-3}}{1.5\times10^{-3}}$$
$$=\mathbf{5.9\times10^{-12}\ F}\ \cdots 答$$

(2) 電気量の公式$Q=CV$に値を代入しましょう。
$$Q=CV=5.9\times10^{-12}\times3.0=17.7\times10^{-12}$$
$$\fallingdotseq\mathbf{1.8\times10^{-11}\ C}\ \cdots 答$$

電場については$V=Ed$を変形して
$$E=\frac{V}{d}=\frac{3.0}{1.5\times10^{-3}}=\mathbf{2.0\times10^{3}\ V/m}\ \cdots 答$$

3つの公式を使う問題でした。それぞれ覚えて使えるようにしましょう。
多くのコンデンサーの電気容量はとても小さい値になっています。
そのため，電気容量を表すときに，μF（マイクロファラド）やnF（ナノファラド），pF（ピコファラド）を使う場合もあります。
$1\ \mu\text{F}=10^{-6}\ \text{F}$，$1\ \text{nF}=10^{-9}\ \text{F}$，$1\ \text{pF}=10^{-12}\ \text{F}$ですので覚えておきましょう。

問 5-1

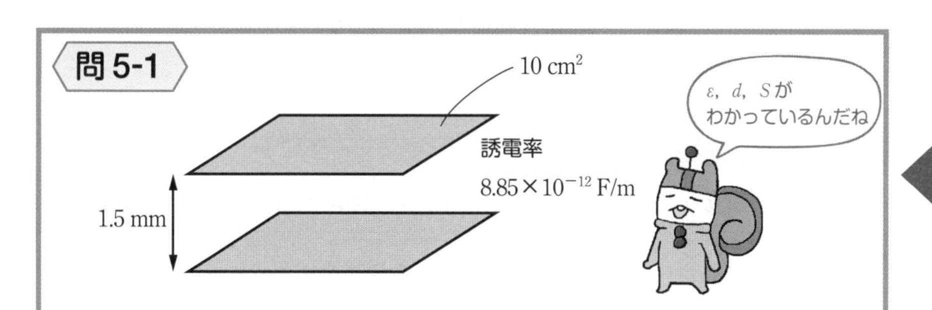

(1) $C=\varepsilon\dfrac{S}{d}=\dfrac{8.85\times10^{-12}\times1.0\times10^{-3}}{1.5\times10^{-3}}=\mathbf{5.9\times10^{-12}\ F}$ …答

(2) $Q=CV=5.9\times10^{-12}\times3.0\fallingdotseq\mathbf{1.8\times10^{-11}\ C}$ …答

$E=\dfrac{V}{d}=\dfrac{3.0}{1.5\times10^{-3}}=\mathbf{2.0\times10^{3}\ V/m}$ …答

〈単位の前につける語の一覧〉

10^n	記号	読みかた	10^n	記号	読みかた
10^{12}	T	テラ	10^{-3}	m	ミリ
10^{9}	G	ギガ	10^{-6}	μ	マイクロ
10^{6}	M	メガ	10^{-9}	n	ナノ
10^{3}	k	キロ	10^{-12}	p	ピコ

ここまでやったら
別冊 P. 26 へ

5-3 コンデンサーの電気量保存

ココをおさえよう！

回路内で独立している場所の電気量の総和は不変である。

コンデンサーの極板は広場のようなもので，電荷が蓄えられると，その広場には高低差（電位差）が生じるのでした。
電荷が蓄えられたコンデンサーは，崖のようになっていると考えましょう。
電荷の蓄えられたコンデンサーの崖は，急すぎて危険なので，電荷は極板から極板へ飛び移ることはできません。ですので，電荷の移動は導線に沿って行われます。
極板間をジャンプするように電荷は移動できないのです。

右ページのように，5 Cの電荷が蓄えられているコンデンサーC_1，2 Cの電荷が蓄えられているコンデンサーC_2の2つのコンデンサーを回路につなぐ場合を考えます。
スイッチを入れると，電源とつながるので電荷の移動が行われますね。

しかし，**極板間をジャンプするように電荷は移動できないのでした。**
極板Bと極板Cは導線でつながれていますが，その先には移動できません。
そのため，**極板Bと極板Cの間に取り残された電荷の電気量は不変なのです。**
もともと，C_1の極板Bには-5 Cが帯電し，C_2の極板Cには$+2$ Cが帯電していましたので極板Bと極板Cの電気量の総和は$-5\text{ C}+2\text{ C}=-3\text{ C}$で変わりません。
このように，**回路内で独立した極板の電気量の総和は不変となります。**

スイッチを入れてしばらくしてから，極板Aに蓄えられた電気量が$+7$ Cになったとします。
このとき，極板B，C，Dに蓄えられた電気量Q_B，Q_C，Q_Dは次のように求められます。
向かい合う極板の電気量は正負が反対になるので　$Q_B=-7\text{ C}$
電気量の総和が不変なので　$-3\text{ C}=Q_B+Q_C=-7\text{ C}+Q_C$　よって　$Q_C=+4\text{ C}$
向かい合う極板の電気量は正負が反対になるので　$Q_D=-4\text{ C}$

コンデンサーの問題では，以下の3点が大切なポイントとなります。
- **$Q=CV$から各コンデンサーの電圧V，または電気量Qを求める。**
- **電圧1周0ルールを使って，回路1周の電圧の変化が0という式を立てる。**
- **“独立部分の電気量の総和は不変”を使って式を立てる。**

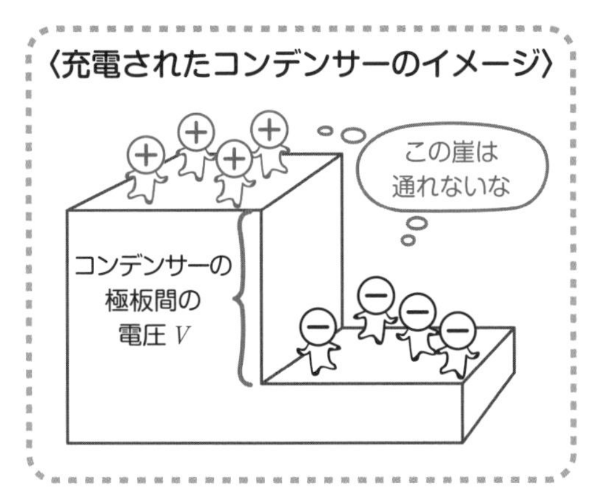

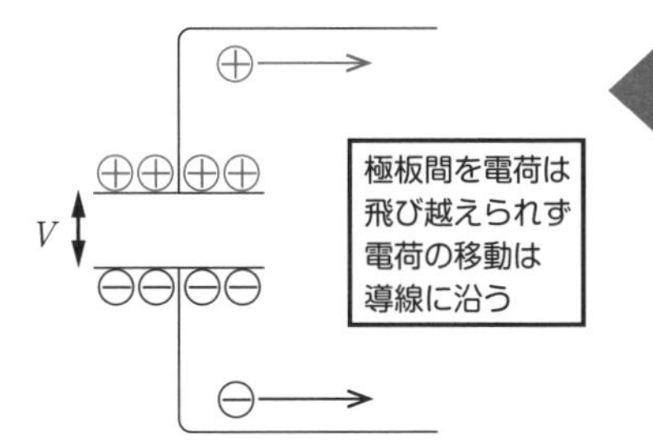

回路内で独立した極板の電気量の総和は不変

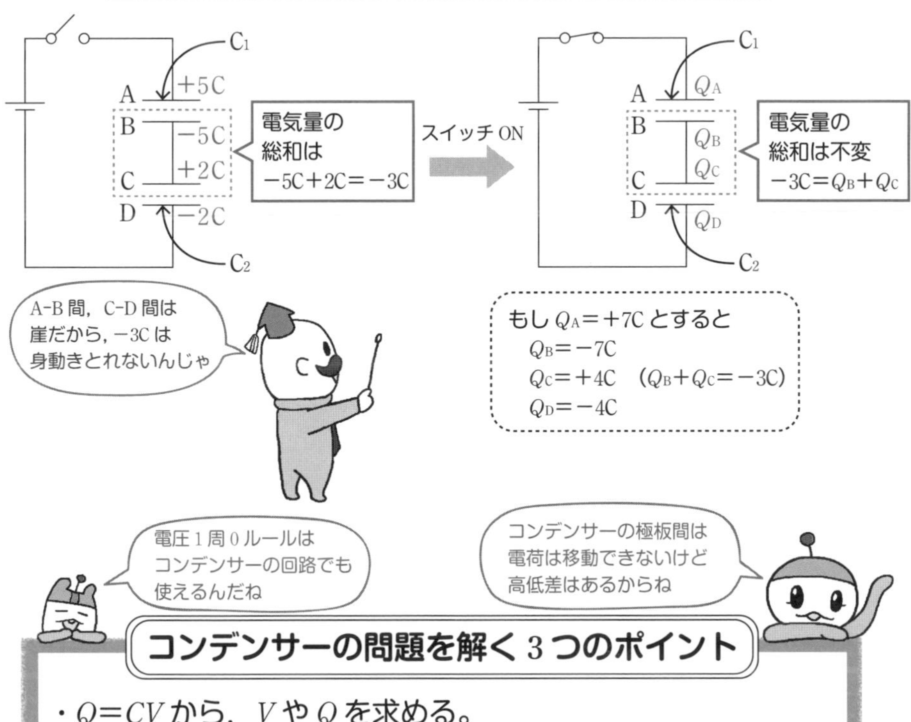

コンデンサーの問題を解く 3 つのポイント

- $Q=CV$ から，V や Q を求める。
- 電圧 1 周 0 ルールで電圧の変化が 0 という式を立てる。
- “独立部分の電気量の総和は不変” を使って式を立てる。

問5-2 電気容量が$C=3.0\ \mu\mathrm{F}$のコンデンサーC_1と$2C=6.0\ \mu\mathrm{F}$のコンデンサーC_2がある。右ページの図のように，起電力が$V=5.0\ \mathrm{V}$の電源とスイッチS_1，S_2をつなげた。以下の問いに答えよ。ただし，電源に接続する前はコンデンサーC_1，C_2に電荷はたまっていないとする。

(1) スイッチS_1だけを閉じた。十分に時間が経過したあとのコンデンサーC_1に蓄えられた電気量はいくらか。

(2) その後，スイッチS_1を開き，スイッチS_2を閉じた。十分に時間が経過したあとのコンデンサーC_1，C_2の電気量はいくらか。

それぞれの状態での電荷の様子を図にかいて確認していきましょう。

解きかた

(1) S_1だけを閉じたので，電源とC_1だけをつないだ回路になります。
電圧1周0ルールより，C_1にかかる電圧は5.0 Vです。
電源で上がった電位がすべて，C_1の崖の高さになっているということです。
コンデンサーの電気量の公式より，$1\ \mu\mathrm{F}=10^{-6}\ \mathrm{F}$に注意して

$$Q=CV=3.0\times10^{-6}\times5.0=\mathbf{1.5\times10^{-5}\ C}\ \cdots 答$$

(2) S_1を開き，S_2を閉じたので，コンデンサーC_1とC_2をつないだ回路です。
電圧1周0ルールより，C_1とC_2の電圧が等しくなります。
この電圧をV'としましょう。
コンデンサーの電気量の公式より，$Q_1=CV'$，$Q_2=2CV'$となりますね。
ここで，“独立部分の電気量の総和は不変”のルールを使います。
独立部分は，右ページの赤い点線と黒い点線で囲った部分です。
極板間を電荷は飛び越えられないので，電荷はその範囲しか動けませんね。
S_2を閉じる前はC_1には$Q=CV$の電気量が蓄えられていますが，C_2には電荷がありません。
閉じたあとはそれぞれ$Q_1=CV'$，$Q_2=2CV'$の電気量が蓄えられているのでした。
ここから，$\boldsymbol{CV+0=CV'+2CV'}$となりますね。
これを変形すると，$V'=\frac{1}{3}V$となります。
よって

$$Q_1=CV'=\frac{1}{3}CV=\frac{1}{3}Q=\frac{1}{3}\times1.5\times10^{-5}=\mathbf{5.0\times10^{-6}\ C}\ \cdots 答$$

$$Q_2=2CV'=\frac{2}{3}CV=\frac{2}{3}Q=\frac{2}{3}\times1.5\times10^{-5}=\mathbf{1.0\times10^{-5}\ C}\ \cdots 答$$

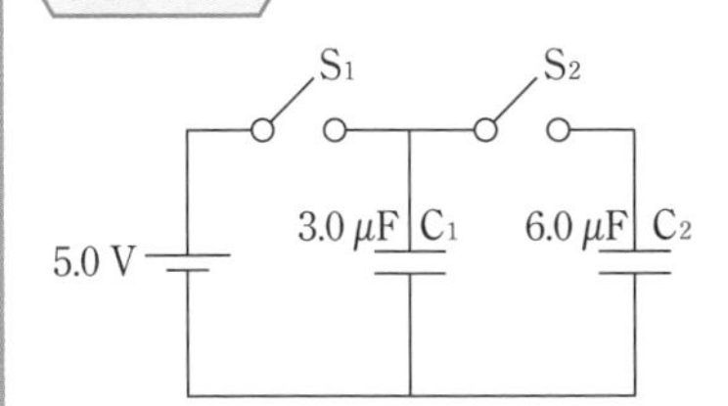

(1) $C=3.0\times10^{-6}$ F とする。

$Q=CV$

$=3.0\times10^{-6}\times5.0$

$=\underline{\underline{\mathbf{1.5\times10^{-5}\ C}}}$ …答

5.0 V　C1　3.0×10^{-6}F

充電されたあと

C1　$+CV=+1.5\times10^{-5}$C

$-CV=-1.5\times10^{-5}$C

(2) 電圧 1 周 0 ルールより C1，C2 の電圧は同じになるので V'とすると

$Q_1=CV'$，$Q_2=2CV'$

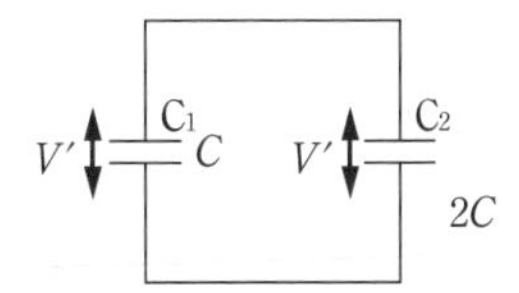

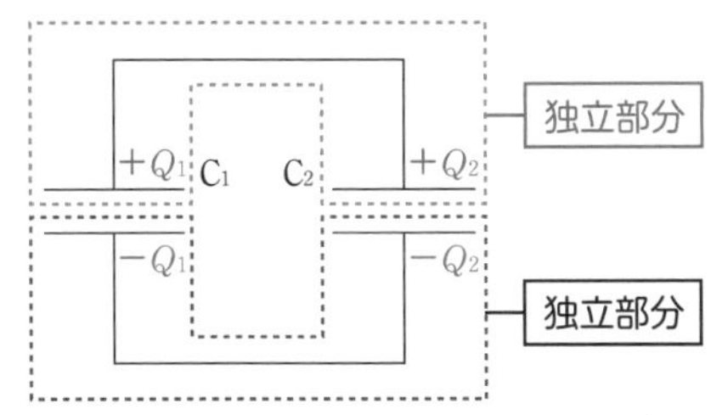

(黒い点線で囲まれた部分で式を作ると

$-CV+0=-Q_1+(-Q_2)$

となり，同じ式になる)

左図の赤い点線部分で“独立部分の電気量の総和は不変”のルールを使って

$+CV+0=+Q_1+Q_2$

$=+CV'+2CV'$

$V'=\dfrac{1}{3}V$

よって　$Q_1=CV'=\dfrac{1}{3}CV=\dfrac{1}{3}Q=\underline{\underline{\mathbf{5.0\times10^{-6}\ C}}}$ …答

$Q_2=2CV'=\dfrac{2}{3}CV=\dfrac{2}{3}Q=\underline{\underline{\mathbf{1.0\times10^{-5}\ C}}}$ …答

ここまでやったら 別冊 P. 29へ

5-4 コンデンサーの並列接続

ココをおさえよう！

並列につながれたコンデンサー間の電圧は等しくなる。
また，その合成容量は　$C = C_1 + C_2 + \cdots\cdots$

コンデンサーを2つ，電源に並列につないだ場合を考えてみましょう。
並列の場合，電源に持ち上げられた正電荷は，両方の極板に蓄えられていきます。
Chapter 4で学んだように，導線でつながった部分は電位が等しくなります。
そのため，並列接続の部分は，電気的な高さが同じになります。
つまり，**並列に接続されたコンデンサーにかかる電圧は等しくなる**のです。
（並列接続のコンデンサーは，同じ高さの崖が並んでいるイメージです）

ここで，並列につながれた2つのコンデンサーに蓄えられる電気量を求めましょう。
各コンデンサーには同じ電圧Vがかかり，コンデンサーC_1にはQ_1，コンデンサーC_2にはQ_2の電荷が蓄えられるとすると

$$Q_1 = C_1 V \quad \cdots\cdots ①$$
$$Q_2 = C_2 V \quad \cdots\cdots ②$$

さて，ここで2つのコンデンサーC_1，C_2を1つの大きなコンデンサーと考えてみましょう。このように複数のコンデンサーを1つのコンデンサーに見立てることをコンデンサーの合成といい，1つにまとめられたコンデンサーの電気容量を**合成容量**と呼びます。

1つのコンデンサーとみなすと，このコンデンサーはVの電圧をかけると，$Q_1 + Q_2$の電荷が蓄えられることになります。
合成したコンデンサーの電気容量（合成容量）をCとすれば

$$Q_1 + Q_2 = CV \quad \cdots\cdots ③$$

①＋②より　$Q_1 + Q_2 = (C_1 + C_2)V \quad \cdots\cdots ④$
であるので，③と④を比べれば，2つの並列に接続したコンデンサーC_1，C_2をまとめたときの電気容量（合成容量）は　$\boldsymbol{C = C_1 + C_2}$　となります。
コンデンサーの数が増えても，同じように考えれば，並列接続の合成容量は

$\boldsymbol{C = C_1 + C_2 + C_3 + \cdots\cdots}$　となるのです。

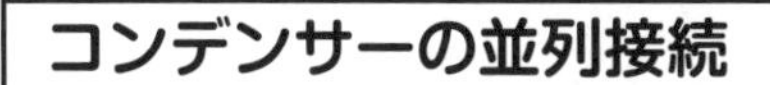

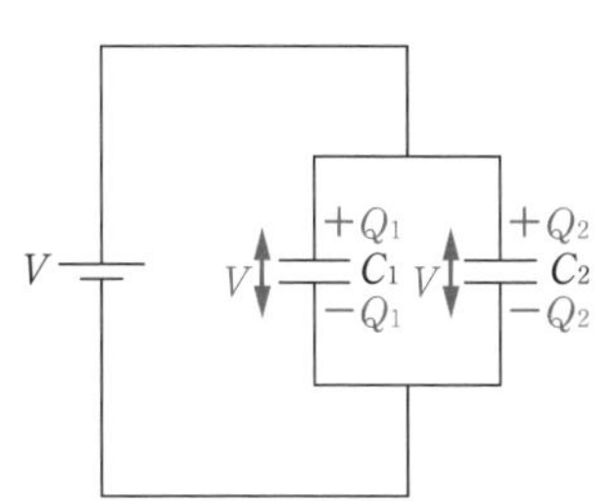

C_1 も C_2 も極板間の
電圧は V になるんだね
同じ高さの崖が並ぶ
イメージか

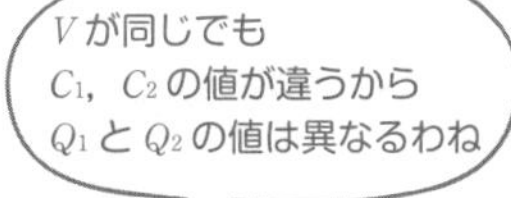

5

同じ電圧 V が
C_1，C_2 にかかる

$Q_1 = C_1V$ ……①
$Q_2 = C_2V$ ……②

2つのコンデンサー V $+Q_1$ C_1 $-Q_1$ V $+Q_2$ C_2 $-Q_2$ を

1つのコンデンサー V $+Q_1+Q_2$ C $-(Q_1+Q_2)$ とみなすと

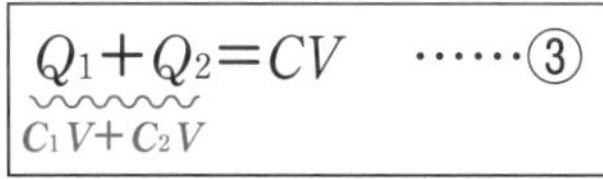

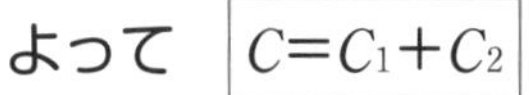

並列接続では
合成容量は
足し合わせるだけじゃ

並列接続の合成容量：$C=C_1+C_2+C_3+\cdots\cdots$

5-5 コンデンサーの直列接続

ココをおさえよう！

直列接続の合成容量は　$\frac{1}{C}=\frac{1}{C_1}+\frac{1}{C_2}+\cdots\cdots$

右ページのように，コンデンサーを2つ直列につないだ回路があります。
電源を接続させる前に，コンデンサーに電荷が蓄えられていないとします。

電源をつなぐと電荷が移動していきますが，極板ⅡとⅢは回路から独立していますね。ですから“独立部分の電気量の総和は不変”のルールが成り立ちます。
はじめは，コンデンサーに電荷が蓄えられていないので，電気量の総和は0です。
そのため，極板Ⅱが－5Cに帯電したら，極板Ⅲは＋5Cに帯電することになります。
「はじめにコンデンサーに電荷が蓄えられていない」という条件は，とても重要なのです。

最終的に，極板Ⅰ，Ⅲは$+Q$，極板Ⅱ，Ⅳは$-Q$に帯電したとしましょう。
$Q=CV$より，$V=\frac{Q}{C}$です。極板Ⅰ，Ⅱ間の電圧をV_1，極板Ⅲ，Ⅳ間の電圧をV_2とすると，$V_1=\frac{Q}{C_1}$，$V_2=\frac{Q}{C_2}$となりますね。電圧1周0ルールを使うと

$$V=V_1+V_2=\frac{Q}{C_1}+\frac{Q}{C_2} \quad \cdots\cdots ①$$

直列につないだ2つのコンデンサーを1つのコンデンサーとみなします。
極板Ⅰに$+Q$，極板Ⅳに$-Q$の電荷が帯電しているので，Qの電荷を帯電したと考えられます。かかっている電圧はVなので，合成容量をCとすると

$$V=\frac{Q}{C} \quad \cdots\cdots ②$$

①，②より，直列に接続された電荷をもたない2つのコンデンサーの合成容量は

$$\frac{1}{C}=\frac{1}{C_1}+\frac{1}{C_2}$$

となります。
コンデンサーの数が増えても，同じように考えれば，直列接続した電荷をもたないコンデンサーの合成容量は　$\frac{1}{C}=\frac{1}{C_1}+\frac{1}{C_2}+\frac{1}{C_3}+\cdots\cdots$　となります。

コンデンサーの直列接続

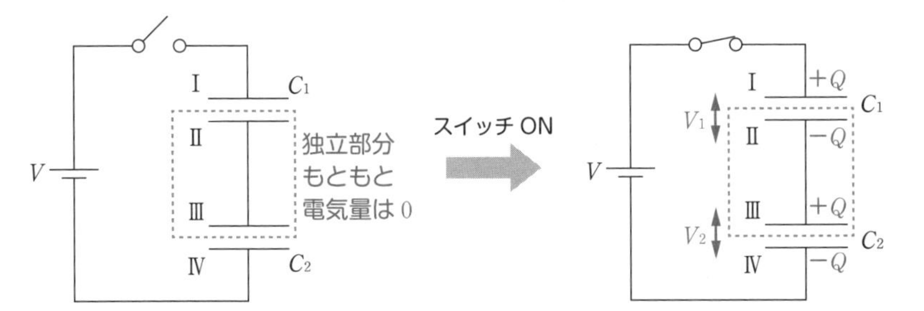

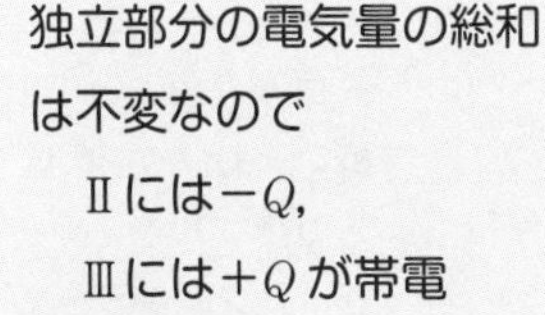

$Q=C_1V_1=C_2V_2$ より

$$V_1=\frac{Q}{C_1},\quad V_2=\frac{Q}{C_2}$$

電圧 1 周 0 ルールより

$$\boxed{V=V_1+V_2=\frac{Q}{C_1}+\frac{Q}{C_2}} \quad \cdots\cdots①$$

2 つのコンデンサー（Ⅰ $+Q$, Ⅱ $-Q$ の C_1（電圧 V_1）, Ⅲ $+Q$, Ⅳ $-Q$ の C_2（電圧 V_2））を 1 つのコンデンサー（Ⅰ $+Q$, Ⅳ $-Q$ の C（電圧 V））と

みなすと　$Q=CV$

ゆえに　$$\boxed{V=\frac{Q}{C}} \quad \cdots\cdots②$$

①, ②より　$$\boxed{\frac{1}{C_1}+\frac{1}{C_2}=\frac{1}{C}}$$

p.164〜167
の合成容量は
公式として覚えては
いかんぞ！
導きかたを理解する
だけじゃ

直列接続の合成容量： $$\frac{1}{C}=\frac{1}{C_1}+\frac{1}{C_2}+\frac{1}{C_3}+\cdots\cdots$$

5-4と5-5では，合成容量の公式をお見せしましたが，これは覚えるものではありません。p.164，p.166で説明したように，電位の高さVと，電気量Qを確認しながらp.160で説明した3つのポイントで解いていくようにしましょう。

問5-3 右ページの図のような複数のコンデンサーと電源，スイッチからなる回路がある。はじめ，どのコンデンサーにも電荷が蓄えられていないとする。このとき，以下の問いに答えよ。

(1) スイッチS_1のみを閉じて十分に時間が経った。このときコンデンサーC_1とC_2にかかるそれぞれの電圧の大きさV_1，V_2と，それぞれに蓄えられた電気量Q_1，Q_2を求めよ。

(2) その後，スイッチS_1を開き，スイッチS_2を閉じて十分に時間が経った。このときコンデンサーC_1とC_3にかかるそれぞれの電圧の大きさV_1'，V_3と，それぞれに蓄えられた電気量Q_1'，Q_3を求めよ。

解きかた (1) まずは電位の高さを比べます。

C_1にかかる電圧をV_1，C_2にかかる電圧をV_2とすると，電圧1周0ルールにより

$$V = V_1 + V_2 \quad \cdots\cdots①$$

また，コンデンサーC_1に蓄えられる電気量をQ_1，コンデンサーC_2に蓄えられる電気量をQ_2とすると，コンデンサーの電気量の公式より

$$Q_1 = CV_1 \quad \cdots\cdots②$$

$$Q_2 = 2CV_2 \quad \cdots\cdots③$$

独立部分の電気量の総和は不変なので

$$0 + 0 = -Q_1 + Q_2 \quad \cdots\cdots④$$

②，③，④より $0 = -CV_1 + 2CV_2$

$$0 = -V_1 + 2V_2 \quad \cdots\cdots⑤$$

①，⑤より $\boldsymbol{V_1 = \frac{2}{3}V,\ V_2 = \frac{V}{3}}$ …答

②，③より $\boldsymbol{Q_1 = \frac{2}{3}CV,\ Q_2 = \frac{2}{3}CV}$ …答

右ページには，合成容量の公式を使って解く別解を載せておきましたが，上のように解くのがおすすめです。

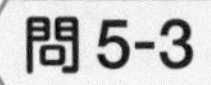

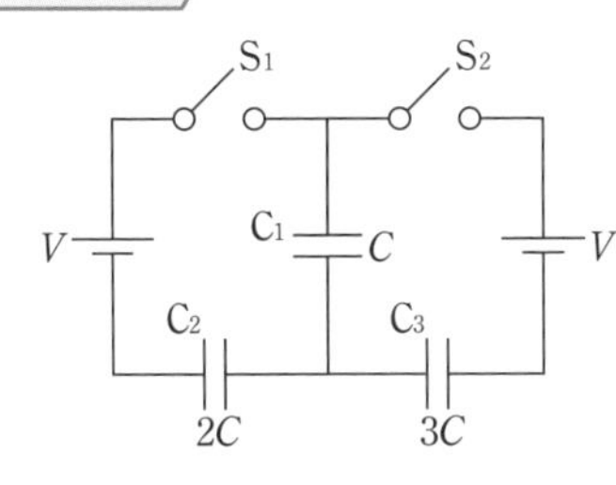

(1)　・「電圧1周0ルール」⇒ $V=V_1+V_2$ ……①

・「$Q=CV$」⇒ $Q_1=CV_1$ ……②

$Q_2=2CV_2$ ……③

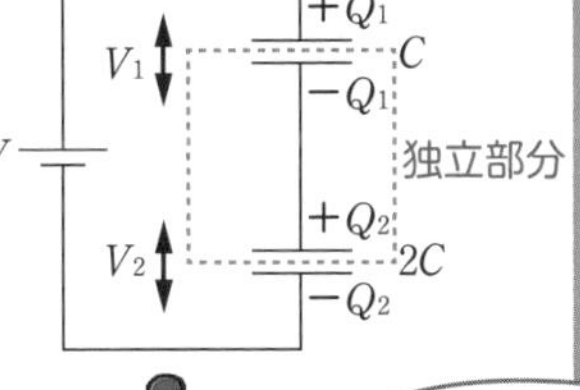

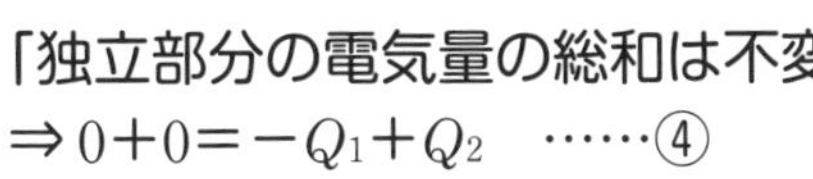

・「独立部分の電気量の総和は不変」

⇒ $0+0=-Q_1+Q_2$ ……④

②, ③, ④より　$0=-CV_1+2CV_2$

$0=-V_1+2V_2$ ……⑤

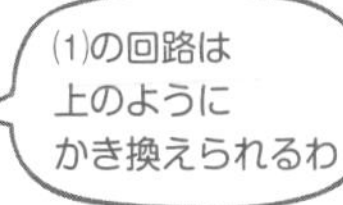

①+⑤より　$V=3V_2$

したがって　$V_2=\dfrac{V}{3}$, $V_1=\dfrac{2}{3}V$ …答

よって　$Q_1=CV_1=C\cdot\dfrac{2}{3}V=\dfrac{2}{3}CV$ …答

$Q_2=2CV_2=2C\cdot\dfrac{V}{3}=\dfrac{2}{3}CV$ …答

こうやって解くのがよいぞ
別解の解きかたはあまりよくない！

【別解】

C_1, C_2 には電荷が蓄えられていないので，合成容量を C' とすると

$$\frac{1}{C'}=\frac{1}{C}+\frac{1}{2C} \qquad C'=\frac{2}{3}C$$

$Q=C'\times V=\dfrac{2}{3}CV$　より　$Q_1=Q_2=\dfrac{2}{3}CV$ …答

$Q_1=CV_1$, $Q_2=2CV_2$　より　$V_1=\dfrac{2}{3}V$, $V_2=\dfrac{V}{3}$ …答

解きかた (2) 今度はすでにコンデンサーに電荷がたまっているので，合成容量からは求められません。まずは，電位の高さを見ていきましょう。

電圧1周0ルールより，コンデンサーC_1，C_3の電圧をV_1'，V_3とすると

$$V = V_1' + V_3 \quad \cdots\cdots①$$

また，コンデンサーC_1に蓄えられる電気量をQ_1'，コンデンサーC_3に蓄えられる電気量をQ_3とすると，コンデンサーの電気量の公式より

$$Q_1' = CV_1' \quad \cdots\cdots②$$

$$Q_3 = 3CV_3 \quad \cdots\cdots③$$

独立部分の電気量の総和は不変なので

$$-Q_1 + 0 = -\frac{2}{3}CV = -Q_1' + Q_3 \quad \cdots\cdots④$$

②，③，④より $-\frac{2}{3}CV = -CV_1' + 3CV_3$

$$-\frac{2}{3}V = -V_1' + 3V_3 \quad \cdots\cdots⑤$$

①，⑤より $\frac{V}{3} = 4V_3$

よって $\mathbf{V_3 = \frac{V}{12}}$，$\mathbf{V_1' = \frac{11}{12}V}$ …答

②，③より

$$\mathbf{Q_1' = \frac{11}{12}CV,\quad Q_3 = \frac{1}{4}CV} \cdots 答$$

(1)と(2)は電気量の総和の値が違うだけで，同じ解きかたでしたね？

コンデンサーに電荷が蓄えられていても，蓄えられていなくても，同じ解きかたが染みついていれば怖くありません。

この解きかたをしっかり理解しておきましょう。

合成容量の公式は「合成容量はいくらか？」というような問題でだけ使うようにすればよいと思いますよ。

つづき

(2)

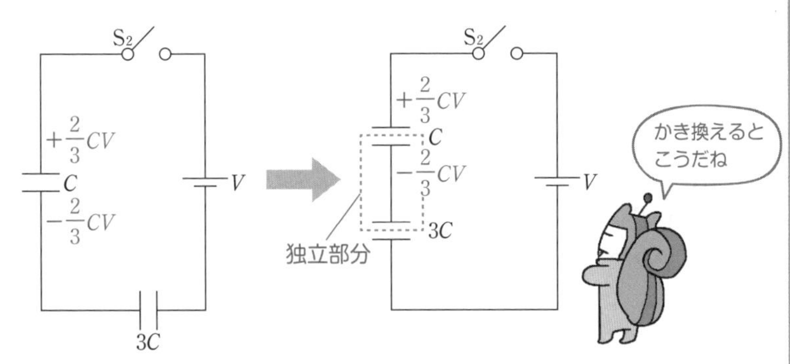

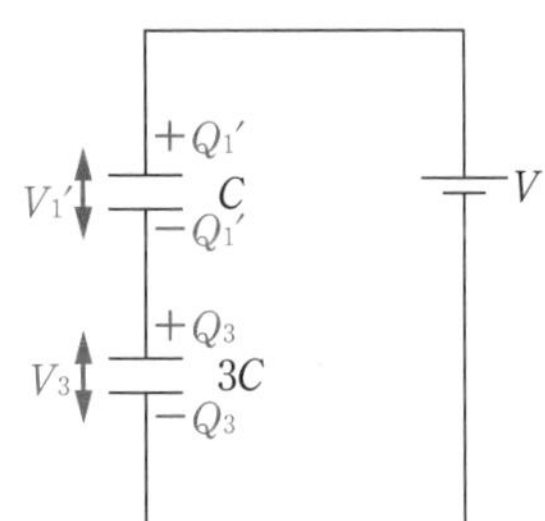

・「電圧 1 周 0 ルール」

$\Rightarrow V = V_1' + V_3$ ……①

・「$Q=CV$」

$\Rightarrow Q_1' = CV_1'$ ……②

$Q_3 = 3CV_3$ ……③

・「独立部分の電気量の総和は不変」

$\Rightarrow -\frac{2}{3}CV + 0 = -Q_1' + Q_3$ ……④

②, ③, ④より $-\frac{2}{3}CV = -CV_1' + 3CV_3$

$-\frac{2}{3}V = -V_1' + 3V_3$ ……⑤

①＋⑤より $\frac{1}{3}V = 4V_3$

よって $V_3 = \frac{1}{12}V,\ V_1' = \frac{11}{12}V$ …答

②, ③より $Q_1' = \frac{11}{12}CV,\ Q_3 = \frac{1}{4}CV$ …答

ここまでやったら
別冊 P. 31へ

5-6 コンデンサーと抵抗を含む直流回路

ココをおさえよう！

コンデンサーと抵抗を含む直流回路のポイント
- **電荷が0のときは，電流はコンデンサーに優先して流れる。**
- **充電されるとコンデンサーには電流は流れなくなる。**
- **電圧1周0ルールやオームの法則で，コンデンサーの電荷や電流を求める。**

今度は，コンデンサーと抵抗が同じ回路にある場合を見てみましょう。
コンデンサーは電荷が集まる広場で，電荷が蓄えられると高低差ができて急な崖になるのでした。抵抗はでこぼこな坂（ウォータースライダー）でしたね。

コンデンサーと抵抗が一緒の回路では**「コンデンサーの広場は大人気なので，すぐに電荷が集まるが，そのうち満杯になってしまうので，新たな電荷が寄らなくなる」**とイメージしておきましょう。

右ページの図のように，コンデンサーと抵抗をつなげましょう。
スイッチを閉じると，大人気の広場（コンデンサー）をめがけて，電荷が移動します。そのため，**回路には電流が流れ始めます**。もちろん，抵抗にも電流が流れます。

やがて，広場（コンデンサー）が電荷で満杯になります。
すると，『満杯の広場ならもう行きたくないな』と電荷の移動がなくなります。
（私たち人間も混んでいるところに，ピークの時間には行きたくないですよね）
ということは，回路には**電流が流れなくなりますね**。

この回路では，次の❶，❷の2つの段階があるということです。

❶ スイッチを入れた瞬間に，電荷の移動が起こり（電流が流れ），コンデンサーに電荷が蓄えられていく
❷ スイッチを入れてしばらく経つと，コンデンサーの充電が終わり，電荷が移動しなくなる（電流が流れなくなる）

❶のときは，コンデンサーには電荷がないので，高低差のない広場（極板間の電圧が0）だったのですが，❷のときは，電荷がたまったので高さVの崖（極板間の電圧がV）になってしまうのです。
最終的には電流が流れず，電源とコンデンサーの電圧が等しくなるのですね。

コンデンサーと抵抗を含む回路

コンデンサーは大人気！　でも満杯だと入場規制

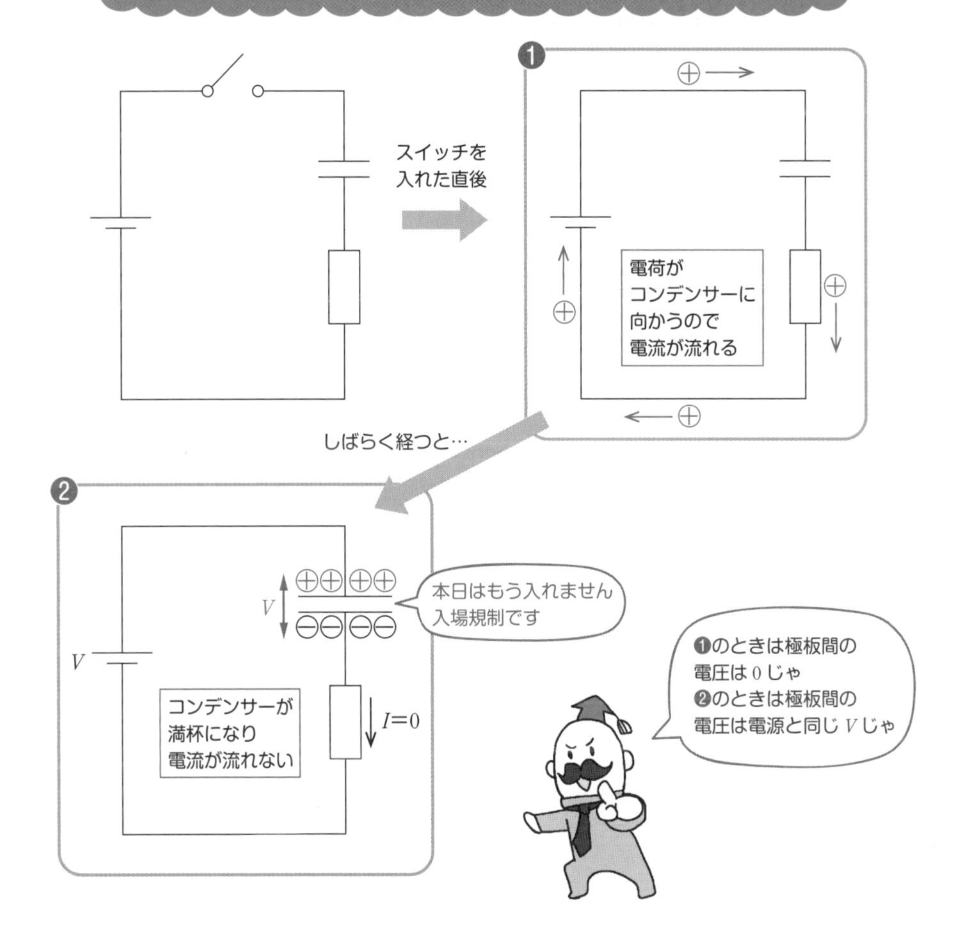

前ページの回路について「流れる電流の大きさの時間変化」,「コンデンサーに蓄えられる電気量の時間変化」の2つのグラフは，右ページのようになります。
スイッチを入れた瞬間は電流が勢いよく流れ，時間が経ちコンデンサーに蓄えられる電気量が大きくなるにつれて，電流が減少していくのがわかりますね。

コンデンサーは「抵抗値の大きさの変わる抵抗」と考えることもできます。電気量を蓄えていないときは抵抗値が0で電流が流れやすく，満杯になったときは抵抗値が∞で電流は流れません。

問題でよく問われるのは「**スイッチを入れた直後(広場がガラガラ)**」と「**スイッチを入れて十分に時間が経ったあと(広場が満杯)**」のときのことです。
コンデンサーに蓄えられた電荷の量や，抵抗を流れる電流の大きさをたずねられたら，電圧1周0ルールやオームの法則を使って求めましょう。

問5-4 右ページの図のような回路がある。はじめ，コンデンサーには電荷が蓄えられていない。次の問いに答えよ。ただし，電源の内部抵抗や導線の抵抗は無視できるとする。

(1) スイッチを入れた瞬間に，抵抗に流れる電流はいくらか。
(2) スイッチを入れてから十分に時間が経ったあと，コンデンサーに蓄えられた電気量と抵抗を流れる電流の大きさを求めよ。

解きかた

(1) スイッチを入れた瞬間は，大人気の広場がガラガラなので，コンデンサーのほうの通路を電流は流れます。そのため抵抗には電流は流れません。
0(抵抗には電流は流れない)。…答
(2) 十分に時間が経ったので，コンデンサーが充電されました。
そのため，コンデンサーのほうには電流が流れませんね。
抵抗を通る回路に電圧1周0ルールの式を立てると，$V=RI$より，$I=\frac{V}{R}$となります。
よって，**抵抗を流れる電流の大きさは $\frac{V}{R}$** …答
コンデンサーも電源に並列につながっているので，電圧は同じになりますね。したがって，コンデンサーにかかる電圧はVとなります。
よって，**コンデンサーに蓄えられた電気量は CV** …答

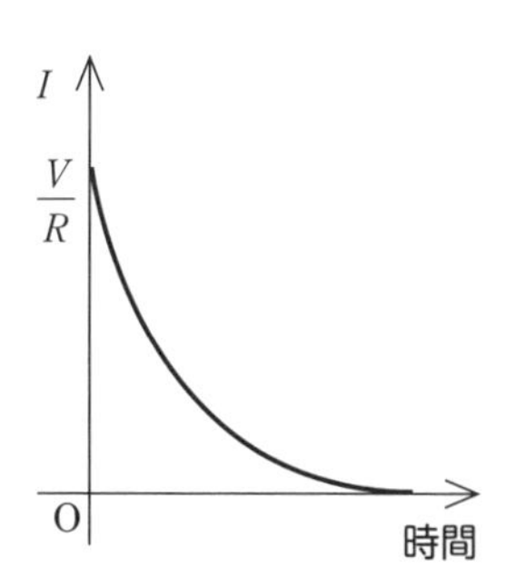

▲電流の大きさの時間変化

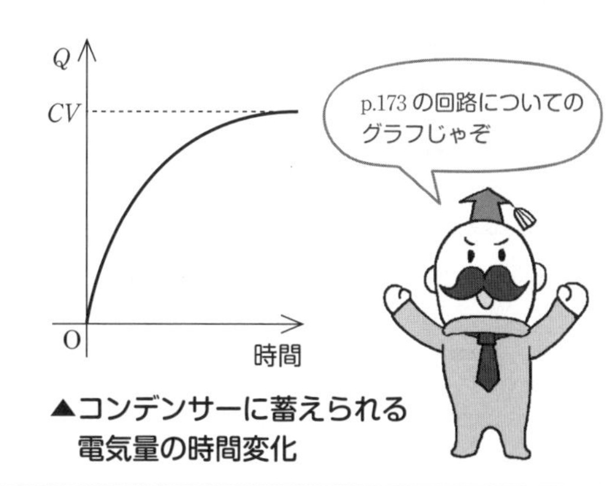

▲コンデンサーに蓄えられる電気量の時間変化

問 5-4

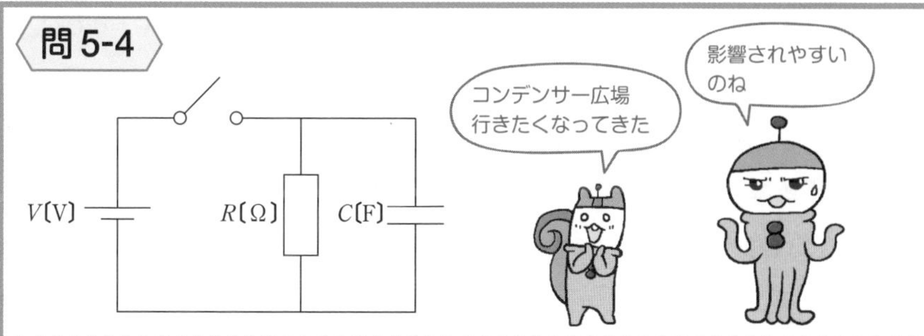

(1) スイッチを入れた瞬間

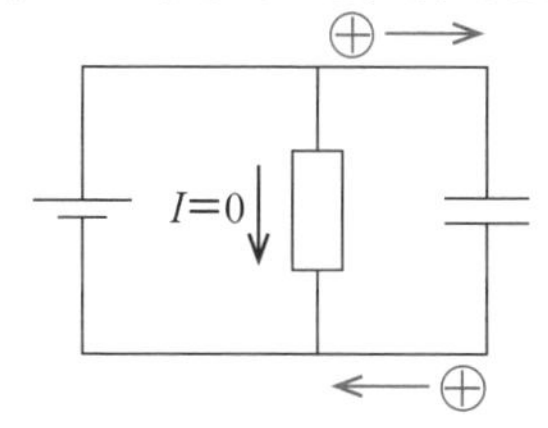

電荷はコンデンサーへ向かうので
抵抗に電流は流れない！ …答

(2) スイッチを入れてしばらく経った

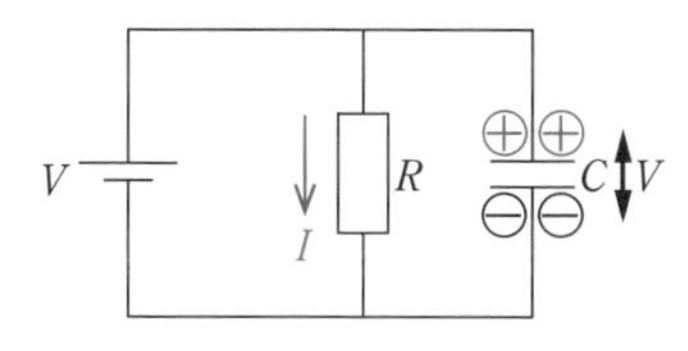

コンデンサーは充電されたので

$Q=\mathbf{CV}$ …答

電流は抵抗にのみ流れるようになり
電圧1周0ルールより

$V=RI \qquad I=\dfrac{\mathbf{V}}{\mathbf{R}}$ …答

ここまでやったら
別冊 P. 34へ

5-7 静電エネルギー

ココをおさえよう！

電荷が蓄えられているコンデンサーがもつエネルギーを静電エネルギーと呼び，静電エネルギー U は次の3式で表される。

$$U=\frac{1}{2}QV=\frac{1}{2}CV^2=\frac{Q^2}{2C}$$

電荷の蓄えられているコンデンサーを電球につなぐと，少しの間電球が光ります。コンデンサーが蓄えたエネルギーが，電球の光エネルギーに変換されたのです。

このように，充電されたコンデンサーにはエネルギーが蓄えられています。
このエネルギーのことを**静電エネルギー**と呼びます。
Q〔C〕の電気量が蓄えられていて，極板間の電圧が V〔V〕であるコンデンサーには $\frac{1}{2}QV$〔J〕の静電エネルギーが蓄えられるということがわかっています。

電気量の公式 $Q=CV$ を使えば，電気容量 C，電気量 Q，電圧 V のコンデンサーの静電エネルギー U〔J〕は

$$U=\frac{1}{2}QV=\frac{1}{2}CV^2=\frac{Q^2}{2C}$$

の3通りで表されます。これらはすべて覚えるようにしましょう。

問5-5 極板間距離 d〔m〕，面積 S〔m^2〕のコンデンサーを用いて，右ページの図のようにスイッチと起電力 V〔V〕の電源からなる回路を作った。スイッチを入れてから十分に時間が経った。真空の誘電率を ε_0 として以下の問いに答えよ。
(1) コンデンサーに蓄えられた電気量はいくらか。
(2) コンデンサーに蓄えられた静電エネルギーはいくらか。

解きかた (1) このコンデンサーの電気容量は $C=\varepsilon_0\frac{S}{d}$ ですね。
コンデンサー間の電圧は電源と同じ V となっているので

$$Q=CV=\varepsilon_0\frac{S}{d}V \cdots 答$$

(2) $U=\frac{1}{2}QV=\frac{1}{2}\varepsilon_0\frac{S}{d}V^2 \cdots 答$

静電エネルギー

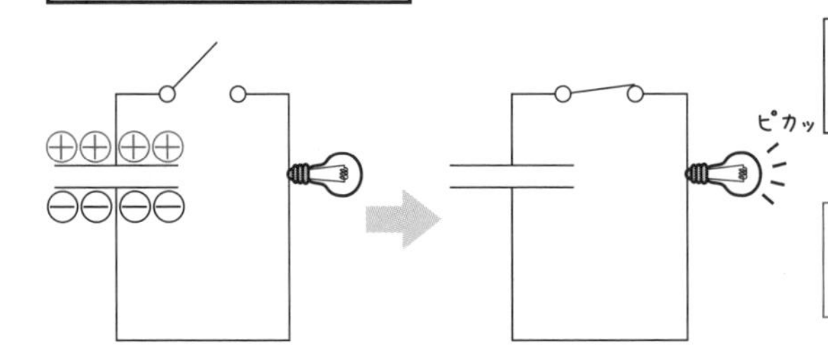

コンデンサーにつなぐと光エネルギーが発生

⇩

充電されたコンデンサーはエネルギーを蓄えている！

‖

静電エネルギー

静電エネルギーの式

$$U=\frac{1}{2}QV$$

$$=\frac{1}{2}CV^2$$

$$=\frac{Q^2}{2C}$$

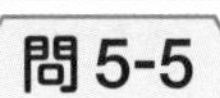

問 5-5

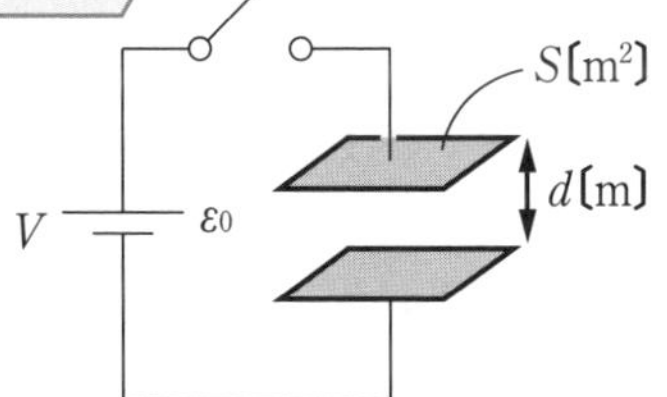

(1) $C=\varepsilon_0\frac{S}{d}$

$Q=CV=\varepsilon_0\frac{S}{d}V$ …答

(2) $U=\frac{1}{2}QV=\frac{1}{2}\varepsilon_0\frac{S}{d}V^2$ …答

ここまでやったら
別冊 P. 35 へ

5-8 静電エネルギー，ジュール熱，電源のした仕事

ココをおさえよう！

電源のした仕事＝静電エネルギーの変化＋発生したジュール熱

起電力 V〔V〕の電源，コンデンサー，抵抗からなる回路があります。
スイッチを閉じて十分に時間が経過すると，コンデンサーには Q〔C〕の電荷が蓄えられました。
電荷が蓄えられるまでに，抵抗で発生したジュール熱はどのくらいでしょうか？
スイッチを閉じた直後には電流が流れるので，抵抗でジュール熱が発生します。
しかし，電流は徐々に減少しコンデンサーの充電が終わると電流は流れなくなるので，ジュール熱は発生しなくなります。
p.140では，抵抗で発生するジュール熱は IVt と説明しましたが，**コンデンサーを含む回路では電流 I や電圧 V は時間によって変わるため，この式は使えません。**
このようなときは，**仕事とエネルギーの関係**を使いましょう。

「スイッチを閉じる → 電流が流れてジュール熱が発生する → コンデンサーが充電され，電流が流れなくなる」という一連の流れにおいて，仕事を“した”ものはなんでしょうか？　正解は電源です。
電源は正電荷を電位の高いところに持ち上げているので，仕事をしていますね(p.70)。電源はコンデンサーに蓄えられている分の電気量 Q を起電力 V だけ持ち上げたので，電源がした仕事は QV となります。

この電源のした QV の仕事が，コンデンサーに蓄えられる静電エネルギーと，抵抗で消費された熱エネルギー（ジュール熱）に変換されたということです。つまり
電源のした仕事 ＝ 静電エネルギーの変化 ＋ 発生したジュール熱 が成立します。
完全に充電されたとき，コンデンサーに蓄えられた静電エネルギーは $\frac{1}{2}QV$ と表されるのでしたね。よって，抵抗で発生したジュール熱を J とすると

$$J = QV - \frac{1}{2}QV = \frac{1}{2}QV$$

補足 もし，この回路に抵抗 R がなかったとしても，電源のした仕事は QV，コンデンサーに蓄えられた静電エネルギーは $\frac{1}{2}QV$ なので，同じくジュール熱が $\frac{1}{2}QV$ となります。この場合は，「導線の抵抗でジュール熱が消費された」と考えます。

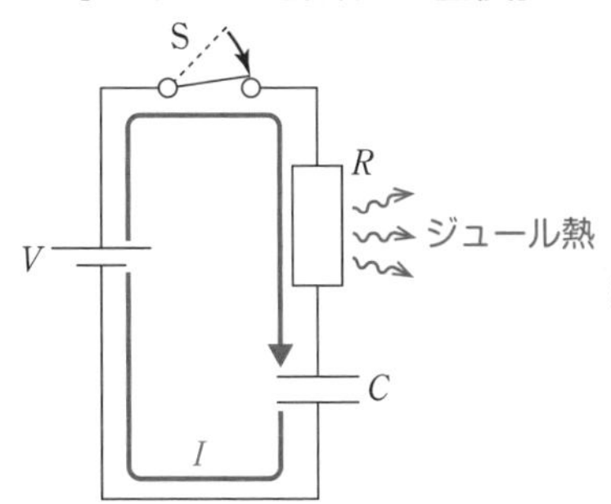

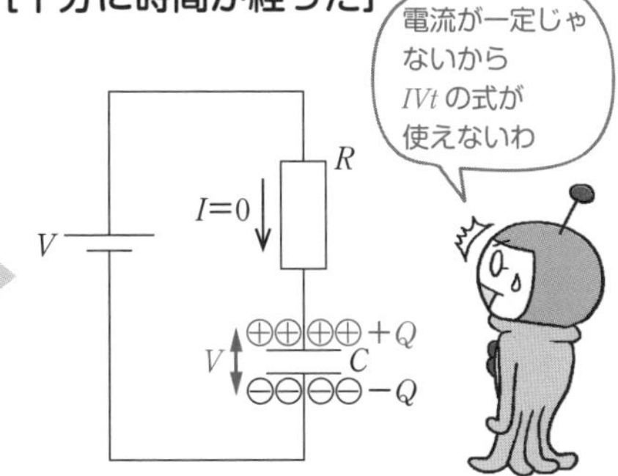

電流が流れるので，抵抗で
ジュール熱が発生する

電流が流れなくなるので
ジュール熱は発生しない

「スイッチ ON」から「充電完了」までに
抵抗で発生したジュール熱は？

➡ **仕事とエネルギーの関係を利用！**

電源のした仕事：Q〔C〕を V〔V〕のところまで
持ち上げたので　QV〔J〕

静電エネルギーの変化：電荷のない状態から Q〔C〕が
蓄えられたので　$\frac{1}{2}QV$〔J〕

“電源のした仕事＝静電エネルギーの変化＋発生したジュール熱”

発生したジュール熱　$J=QV-\frac{1}{2}QV=\frac{1}{2}QV$

（QV：電源のした仕事，$\frac{1}{2}QV$：静電エネルギーの変化）

仕事とエネルギーの関係が
電磁気でも役に立つのか

電源のした仕事のうちの
半分がジュール熱，
もう半分が静電エネルギーに
なったんじゃ

〈問5-6〉 右ページの図のような回路がある。はじめ，どのコンデンサーにも電荷が蓄えられていない。このとき，次の問いに答えよ。

(1) スイッチをaにつないでから十分に時間が経過した。この間に回路で発生したジュール熱はいくらか。

(2) その後，スイッチをbにつなぎ替えて十分に時間が経過した。この間に回路で発生したジュール熱はいくらか。

電源のした仕事＝静電エネルギーの変化＋発生したジュール熱

の関係を使って計算していきましょう。

〈解きかた〉 (1) はじめ，どのコンデンサーにも電荷が蓄えられていないので静電エネルギーは0ですね。コンデンサーC_1とコンデンサーC_2の電圧をV_1，V_2とすると

電圧1周0ルールより　$E = V_1 + V_2$　……①

蓄えられる電気量は　$Q_1 = CV_1$　……②

$Q_2 = 2CV_2$　……③

独立部分の電気量の総和は不変なので，②，③より

$$0 + 0 = -CV_1 + 2CV_2$$

$$0 = -V_1 + 2V_2 \quad \cdots\cdots ④$$

①＋④より　$E = 3V_2$

ゆえに　$V_1 = \frac{2}{3}E$，$V_2 = \frac{1}{3}E$

静電エネルギーはそれぞれ

$$U_1 = \frac{1}{2}CV_1{}^2 = \frac{2}{9}CE^2$$

$$U_2 = \frac{1}{2}\cdot 2CV_2{}^2 = \frac{1}{9}CE^2$$

電源は$Q_1 = CV_1$の電気量をEだけ持ち上げたので，電源のした仕事は

$$Q_1E = C\cdot\frac{2}{3}E\cdot E = \frac{2}{3}CE^2$$

よって，回路で発生したジュール熱をJ_1とすると

$$\frac{2}{3}CE^2 = \frac{2}{9}CE^2 + \frac{1}{9}CE^2 + J_1$$

ゆえに　$J_1 = \boldsymbol{\frac{1}{3}CE^2}$ …答

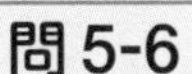

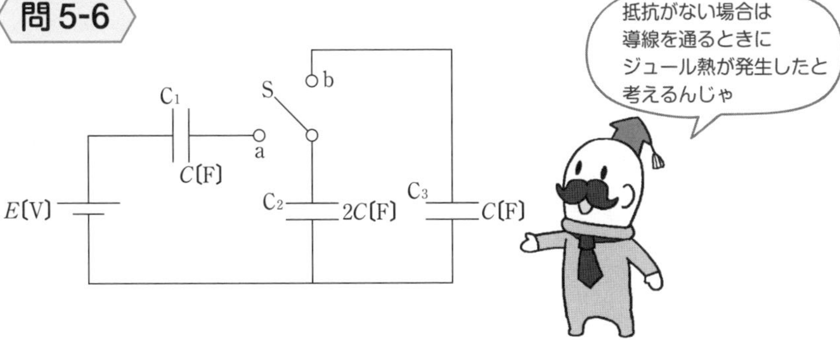

5

(1) ・「電圧1周0ルール」⇒ $E=V_1+V_2$ ……①

・「$Q=CV$」⇒ $Q_1=CV_1$ ……②

$Q_2=2CV_2$ ……③

・「独立部分の電気量の総和は不変」

⇒ $0=\underbrace{-CV_1}_{-Q_1}+\underbrace{2CV_2}_{Q_2}$

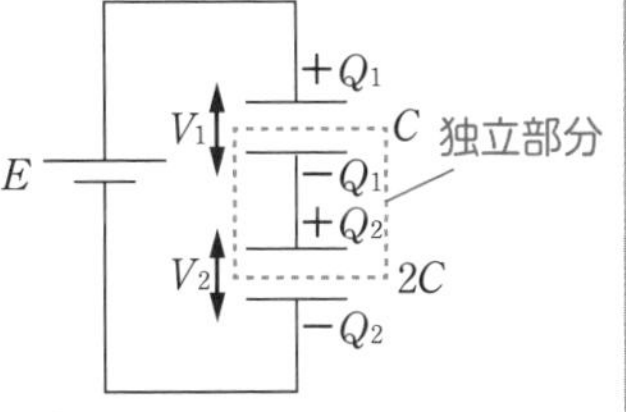

$0=-V_1+2V_2$ ……④

①，④より　$V_1=\dfrac{2}{3}E$，$V_2=\dfrac{1}{3}E$

電源のした仕事：Q_1〔C〕を E だけ持ち上げたので

$$Q_1E=CV_1E=\frac{2}{3}CE^2$$

静電エネルギーの変化：$U_1=\dfrac{1}{2}C_1V_1^2=\dfrac{1}{2}C\left(\dfrac{2}{3}E\right)^2=\dfrac{2}{9}CE^2$

$$U_2=\frac{1}{2}C_2V_2^2=\frac{1}{2}\cdot 2C\left(\frac{1}{3}E\right)^2=\frac{1}{9}CE^2$$

回路で発生したジュール熱を J_1 とすると

$$\underbrace{\frac{2}{3}CE^2}_{\text{電源のした仕事}}=\underbrace{\frac{2}{9}CE^2+\frac{1}{9}CE^2}_{\text{静電エネルギーの変化}}+J_1$$

$J_1=\boldsymbol{\dfrac{1}{3}CE^2}$ …答

解きかた (2) スイッチをbにつなぎ替える前，C_2には$Q_2=2CV_2=\frac{2}{3}CE$〔C〕が蓄えられています。
スイッチをbにつなぎ替えると，電源とC_1は問題に関係なくなります。
C_2，C_3だけの回路になり，C_2は(1)の状態から電圧や電気量が変化します。
C_2，C_3にかかる電圧をそれぞれV_2'，V_3としましょう。
電圧1周0ルールより　$V_2'=V_3$　……①
$Q=CV$より　$Q_2'=2CV_2'$　……②
$Q_3=CV_3$　……③
独立部分の電気量の総和は不変なので，②，③より

$$\frac{2}{3}CE+0=2CV_2'+CV_3$$

$$\frac{2}{3}E=2V_2'+V_3 \quad \cdots\cdots④$$

①，④より　$V_2'=V_3=\frac{2}{9}E$
静電エネルギーはそれぞれ

$$U_2'=\frac{1}{2}\cdot 2CV_2'^2=\frac{4}{81}CE^2$$

$$U_3=\frac{1}{2}CV_3^2=\frac{2}{81}CE^2$$

電源にはつながってないので，電源は仕事をしていません。
よって，“電源のした仕事＝静電エネルギーの変化＋発生したジュール熱”より，回路で発生したジュール熱をJ_2とすると

$$0=\underbrace{\left(\frac{4}{81}CE^2+\frac{2}{81}CE^2\right)-\left(\frac{1}{9}CE^2+0\right)}_{\text{静電エネルギーの変化}}+J_2$$

よって　$J_2=\mathbf{\frac{1}{27}CE^2}$ …答

“電源のした仕事＝静電エネルギーの変化＋発生したジュール熱”
という式の使いかたは理解できたでしょうか？
流れる電流の大きさが一定でないときは，このようにジュール熱を求めましょう。

つづき

(2) C_2 に $\frac{2}{3}CE$〔C〕が蓄えられた状態でスイッチを切り替えた。

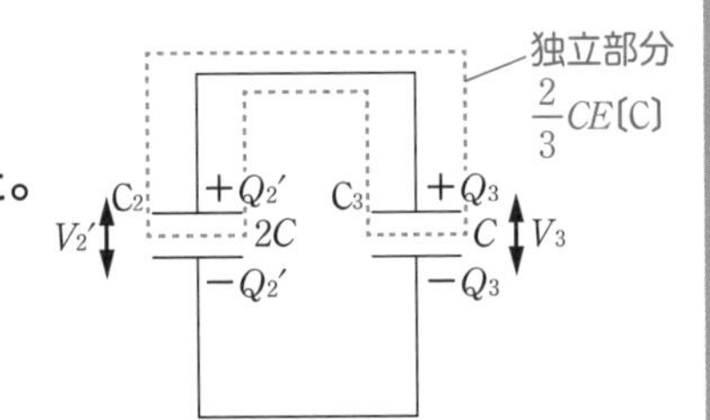

・「電圧 1 周 0 ルール」

$\Rightarrow V_2' = V_3$ ……①

・「$Q = CV$」

$\Rightarrow Q_2' = 2CV_2'$ ……②

$Q_3 = CV_3$ ……③

・「独立部分の電気量の総和は不変」

$$\Rightarrow \frac{2}{3}CE + 0 = \underbrace{2CV_2'}_{+Q_2'} + \underbrace{CV_3}_{+Q_3}$$

$$\frac{2}{3}E = 2V_2' + V_3 \quad \cdots\cdots④$$

①，④より $V_2' = V_3 = \frac{2}{9}E$

静電エネルギーは $U_2' = \frac{1}{2}C_2V_2'^2 = \frac{1}{2}\cdot 2C\cdot\left(\frac{2}{9}E\right)^2 = \frac{4}{81}CE^2$

$$U_3 = \frac{1}{2}C_3V_3^2 = \frac{1}{2}C\left(\frac{2}{9}E\right)^2 = \frac{2}{81}CE^2$$

回路で発生したジュール熱を J_2 とすると

$$\underbrace{0}_{\text{電源のした仕事}} = \underbrace{\left(\frac{4}{81}CE^2 + \frac{2}{81}CE^2\right)}_{(2)\text{の状態での静電エネルギー}} - \underbrace{\left(\frac{1}{9}CE^2 + 0\right)}_{(1)\text{の状態での静電エネルギー}} + J_2$$

（静電エネルギーの変化）

$$J_2 = \frac{3}{81}CE^2 = \mathbf{\frac{1}{27}CE^2} \cdots 答$$

ここまでやったら
別冊 P. 36 へ

5-9　極板間への導体の挿入

ココをおさえよう！

導体を挿入すると，コンデンサーの極板間距離が縮まり，電気容量の値が大きくなる。

ここでは，“Q〔C〕の電荷が帯電したコンデンサーの極板間に導体を挿入するとどうなるか”ということについてお話ししていきましょう。
結論からいいますと，**導体の厚みの分だけ極板間距離が縮まるので，電気容量の値が大きくなります。**

この結論だけを覚えておいてもかまいませんが，理由を説明しておきますね。
右ページの図のように，Q〔C〕の電気量が帯電している極板間距離がdのコンデンサーがあるとします。極板Aには$+Q$〔C〕，極板Bには$-Q$〔C〕が帯電しているのでしたね。
このとき極板A → 極板Bの方向に，一様な電場Eが生じているとします。

ここに厚さtの導体を，極板AからXだけ離れた位置に挿入したとします。
p.92，93で説明しましたが，電場中に導体を挿入すると，導体内部には逆向きの電場が生じるために導体内部の電場は0になり，導体の表面にだけ電荷が現れるのでした。

導体が挿入されたことにより，2つのコンデンサーが直列に並んでいるようになりますね。
導体を挿入したあとのコンデンサーの電気容量（つまり合成容量）をC'，上の部分のコンデンサーの電気容量をC_1，下の部分のコンデンサーの電気容量をC_2とすると，直列なので

$$\frac{1}{C'}=\frac{1}{C_1}+\frac{1}{C_2}=\frac{X}{\varepsilon_0 S}+\frac{d-t-X}{\varepsilon_0 S}=\frac{d-t}{\varepsilon_0 S}$$

よって　$\boldsymbol{C'=\varepsilon_0\frac{S}{d-t}}$

もともとのコンデンサーの電気容量は$\varepsilon_0\dfrac{S}{d}$なので，厚さ$t$の導体の分だけ，極板間距離が縮まったと考えられますね。導体が挿入されたら，その厚みの分だけ“ギュッと極板間を縮めてしまった”と考えてよいのです。

極板間への導体の挿入

コンデンサーの極板間に導体を挿入すると？

➡導体の厚みの分だけ極板間距離が縮まる。ゆえに電気容量は大きくなる！

5

【理由】

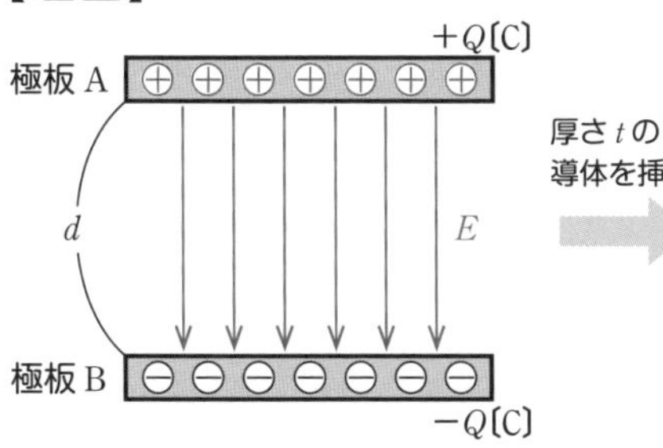

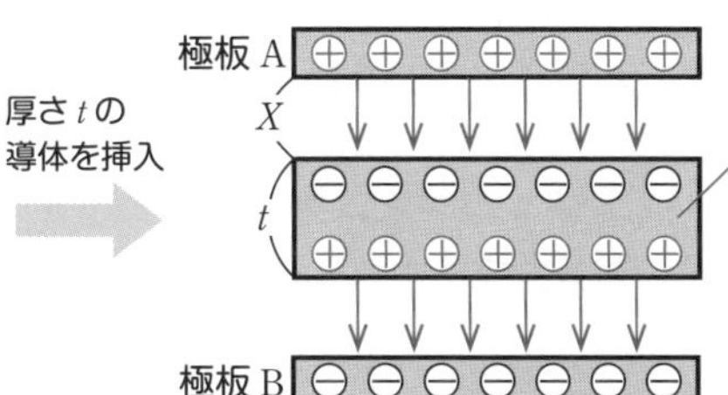

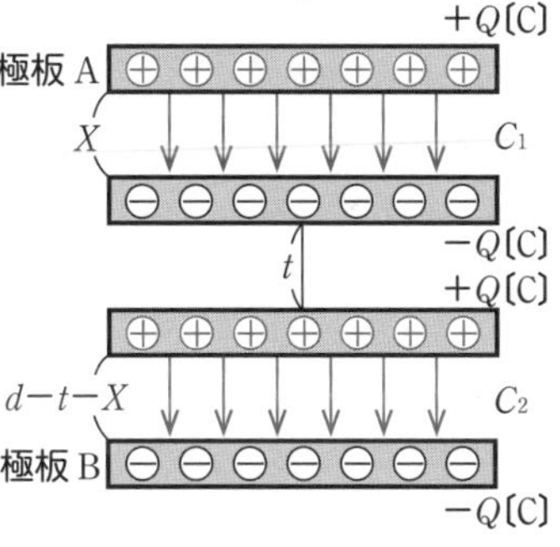

$$C_1 = \varepsilon_0 \frac{S}{X},\quad C_2 = \varepsilon_0 \frac{S}{d-t-X}$$

導体を挿入したあとのコンデンサーの電気容量(つまり合成容量)を C' とすると

$$\frac{1}{C'} = \frac{1}{C_1} + \frac{1}{C_2}$$

$$= \frac{X}{\varepsilon_0 S} + \frac{d-t-X}{\varepsilon_0 S}$$

$$= \frac{d-t}{\varepsilon_0 S} \Longrightarrow \boxed{C' = \varepsilon_0 \frac{S}{d-t}}$$

Q〔C〕が帯電しているコンデンサーへの導体の挿入において，
“挿入前後でQ，E，V，Cのうちの何が変化して，何が変化していないか”を明らかにしましょう。

まず電気量Qですが，電荷Qは変化していません。
どこにも電荷は逃げていませんし，増えてもいませんので。
また電気量Qが変化していないということは，電場の大きさEも変化していません。
（Qが変わらないということは電気力線の本数$4\pi kQ$本(p.156)も変わらないので，$1\ \mathrm{m}^2$あたりの電気力線の本数，つまり電場の大きさも変わらないということです）

導体を挿入したあとに変化したのは，極板間の電位Vと，コンデンサーの電気容量Cです。
挿入前の電位は$V=Ed$でしたが，挿入後は極板間距離が$d-t$になってしまったとみなせるので$V'=E(d-t)$へと小さくなってしまいます。
導体を挿入すると極板間の電位が下がるということですね。
電気量Qは変化しないので，$Q=CV=C'V'$よりC'はCより大きくなるのです。

挿入前の電気容量をC，挿入後の電気容量をC'とすると

$$CV=C'V'$$
$$C'=\frac{V}{V'}\cdot C$$
$$=\frac{Ed}{E(d-t)}\cdot C$$
$$=\frac{d}{d-t}\cdot C$$

$C=\varepsilon_0\dfrac{S}{d}$，$C'=\varepsilon_0\dfrac{S}{d-t}$ ですから(p.184)，この式は正しいですね。

導体の挿入前後で Q, E, V, C のどれが変化したか

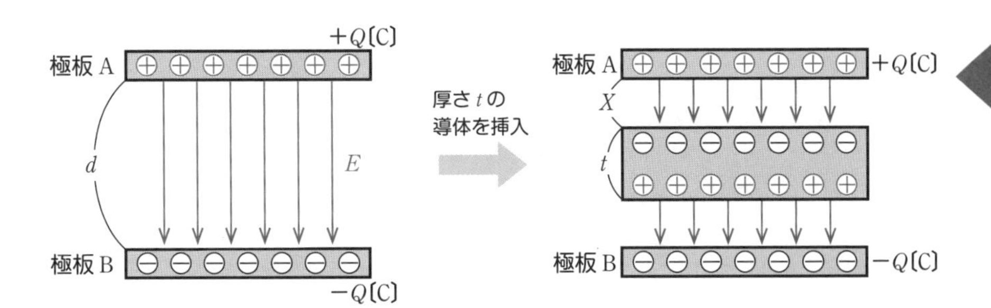

Q → 不変

E → 不変

V → $V=Ed$ で d が $d-t$ になったので
　　$V'=E(d-t)$ となり減少。

C → $Q=CV=C'V'$ より V' が減少したので C' は増大。

$$\left(C=\varepsilon_0\frac{S}{d} \text{から} C'=\varepsilon_0\frac{S}{d-t} \text{になった}\right)$$

問5-7 極板が正方形で，極板の1辺が$2L$，極板間の距離が$2d$のコンデンサーがある。極板間の誘電率をε_0とする。以下の問いに答えよ。

(1) このコンデンサーの電気容量はいくらか。

(2) このコンデンサーに縦$2L$，横L，高さhの直方体の金属板を完全に挿入したところ，電気容量が1.5倍になった。金属板の高さhはいくらか。

(2)は金属板（導体）の面積が，コンデンサーの半分です。
金属板の挿入されていない部分と，されている部分で，容量の違う2つのコンデンサーが並列に並んでいると考えましょう。

解きかた

(1) コンデンサーの電気容量の公式に代入して

$$C=\varepsilon_0\frac{(2L)^2}{2d}=\boldsymbol{\varepsilon_0\frac{2L^2}{d}}$$ …答

(2) 金属板を挿入したことにより，電気容量が1.5倍になりました。
実は，金属板をどこに挿入しても合成した電気容量は変わらないので，計算しやすいように，右下に挿入したとしましょう。

金属板（導体）によって，コンデンサーは2つに分解されますね。
片方のコンデンサーは，極板の面積$2L\times L$，極板間の距離$2d$のコンデンサーなので電気容量は

$$C_1=\varepsilon_0\frac{2L^2}{2d}=\varepsilon_0\frac{L^2}{d}=\frac{C}{2}$$

もう片方のコンデンサーは，極板の面積$2L\times L$，極板間の距離$2d-h$のコンデンサーなので電気容量は

$$C_2=\varepsilon_0\frac{2L^2}{2d-h}=\frac{d}{2d-h}\varepsilon_0\frac{2L^2}{d}=\frac{d}{2d-h}C$$

合成したコンデンサーの電気容量が，元のコンデンサーの電気容量の1.5倍なので

$$1.5C=C_1+C_2=\left(\frac{1}{2}+\frac{d}{2d-h}\right)C$$

$$\frac{d}{2d-h}=1$$

よって　$\boldsymbol{h=d}$ …答

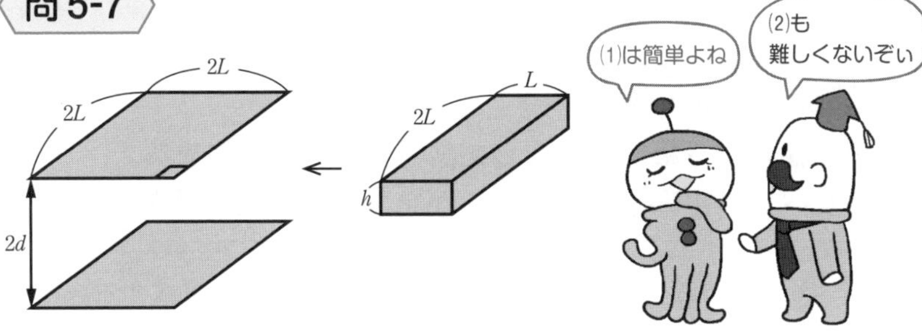

(1) $C=\varepsilon_0\dfrac{2L\times 2L}{2d}=\varepsilon_0\dfrac{\boldsymbol{2L^2}}{\boldsymbol{d}}$ …答

(2) 右のように金属板を挿入したとすると
2 つのコンデンサーに
分けて考えられる。

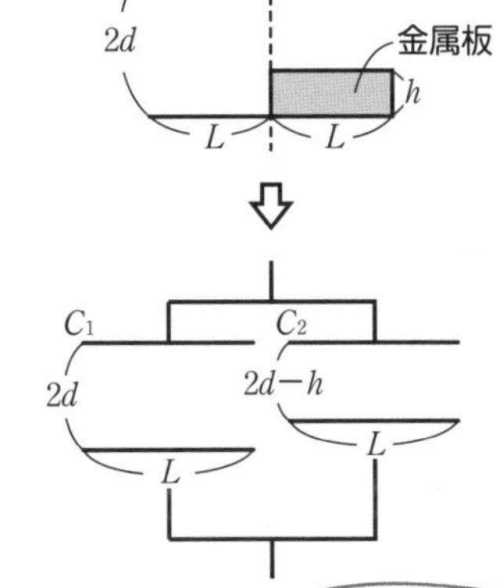

$$C_1=\varepsilon_0\frac{2L\times L}{2d}=\varepsilon_0\frac{L^2}{d}=\frac{C}{2}$$

$$C_2=\varepsilon_0\frac{2L\times L}{2d-h}=\varepsilon_0\frac{2L^2}{2d-h}$$

$$=\frac{d}{2d-h}\varepsilon_0\frac{2L^2}{d}$$

$$=\frac{d}{2d-h}C$$

問題文より $C_1+C_2=1.5C$ なので

2 つのコンデンサーが
並列になっていると
考えられるんだね

$$1.5C=\frac{C}{2}+\frac{d}{2d-h}C$$

$$\frac{3}{2}=\frac{1}{2}+\frac{d}{2d-h}$$

$$1=\frac{d}{2d-h}$$

$2d-h=d$　　$\boldsymbol{h=d}$ …答

5-10　誘電率と誘電体

ココをおさえよう！

誘電率の値は，極板間に挿入した誘電体によって決まる。
真空と比べて誘電率が何倍になるかを表す値を比誘電率と呼ぶ。

5-9では，Q〔C〕が帯電したコンデンサーの極板間に，導体を挿入する話をしました。5-10では，Q〔C〕が帯電したコンデンサーの極板間に誘電率 ε の誘電体を挿入する場合をお話しします。
誘電体は電荷を蓄える性質をパワーアップさせるものなので，結論からいうと
誘電体を挿入すると，コンデンサーの電気容量は大きくなります。

極板間が真空のときコンデンサーの電気容量は $C=\varepsilon_0\dfrac{S}{d}$ で表されますが，

極板間が誘電率 ε の誘電体で満たされている場合は $\boldsymbol{C'=\varepsilon\dfrac{S}{d}}$ ……❶となります。

真空の誘電率 ε_0 は 8.85×10^{-12} F/mと，とても小さく，誘電体の誘電率 ε のほうが普通は大きくなります。

誘電体の誘電率 ε が，真空の誘電率 ε_0 の何倍かを表す数値を**比誘電率** $\boldsymbol{\varepsilon_r}$ といい

$$\boldsymbol{\varepsilon_r=\frac{\varepsilon}{\varepsilon_0}}$$

で表されます。「真空の ε_r 倍だけ誘電率が大きいよ」ということです。
極板間が比誘電率 ε_r の誘電体で満たされている場合のコンデンサーの電気容量 C'

は　$\boldsymbol{C'=\varepsilon_r\varepsilon_0\dfrac{S}{d}=\varepsilon_r C}$ ……❷　と表されます。

“誘電率 ε”を与えられたら❶式，“比誘電率 ε_r”を与えられたら❷式と，使う式が微妙に違うので注意しましょう。

誘電体が挿入されたときに何が起こっているかを簡単に説明します。
極板間には電場 E が存在しているので，誘電体を挿入すると，誘電分極が起こります。誘電分極により誘電体内には逆向きの電場が生じるので，打ち消し合い，合成されてできた電場 E' は E よりも弱いものになります。
それにより極板間の電位 V は $V=Ed$ から $V'=E'd$ へと変化し，弱まりますが
電気量 Q は変化しないので，$Q=CV=C'V'$ より C' は C より大きくなるのです。

極板間への誘電体の挿入

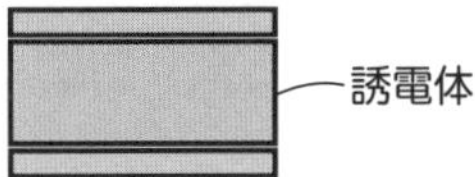

コンデンサーの極板間に誘電体を挿入すると？

➡**電気を蓄える性質がパワーアップする。**
ゆえに電気容量は大きくなる！

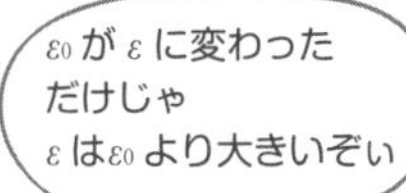

極板間が真空のとき　$C=\varepsilon_0\dfrac{S}{d}$

極板間が誘電率 ε の誘電体のとき　$C'=\varepsilon\dfrac{S}{d}$　……❶

比誘電率　$\varepsilon_r=\dfrac{\varepsilon}{\varepsilon_0}$　←　ε は ε_0 の ε_r 倍ということ

比誘電率を使うと　$C'=\varepsilon_r\underbrace{\varepsilon_0\dfrac{S}{d}}_{C}=\varepsilon_r C$　……❷

❶，❷のどちらかを
間違えずに使うのよ

誘電体の挿入で何が起きているか？

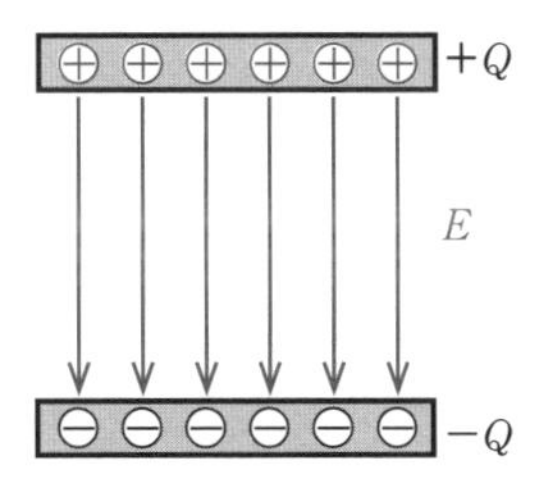

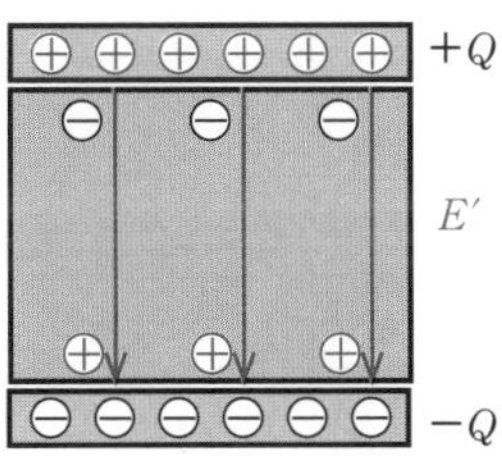

誘電体内部で
誘電分極が起こり
E が弱まる

導体だと内部の
電場はすべて0になるけど
誘電体は電場を
弱めるくらいなんだね

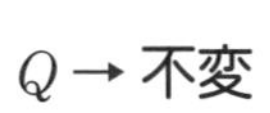

Q → 不変

E → 誘電分極が起こり E' へ減少。

V → $V'=E'd$ なので減少。

C → $Q=CV=C'V'$ より，V' が減少したので C' は増大。

問5-8 極板間が真空のときに電気容量がCである正方形の極板のコンデンサーがある。以下の問いに答えよ。

(1) このコンデンサーの右半分に比誘電率が7の誘電体を挿入した。このときの電気容量C_1はいくらか。

(2) このコンデンサーの下半分に比誘電率が3の誘電体を挿入した。このときの電気容量C_2はいくらか。

コンデンサーの一部だけに誘電体が入っている場合も，導体が入っている場合と同じようにコンデンサーを分解することができます。このとき，誘電体が入っている部分もコンデンサーと考えることに注意しましょう。

解きかた

(1) 誘電体が入っていない左側と入っている右側を別々のコンデンサーと考えましょう。
つまり，誘電体が入っていないコンデンサーと，誘電体が入っているコンデンサーを並列につないだと考えるのです。
誘電体が入っていない部分の電気容量は極板面積が半分なので
$C_{左}=\frac{1}{2}C$になりますね。
誘電体が入っている部分は，極板の面積が半分で，コンデンサーに比誘電率が7の誘電体が入っているものになっています。
よって，この部分の電気容量は$C_{右}=\frac{C}{2}\times 7=\frac{7}{2}C$になります。
求める電気容量は，この2つのコンデンサーを並列接続したものになるので　$C_1=\frac{1}{2}C+\frac{7}{2}C=\mathbf{4C}$ …答

(2) まずは，誘電体を無視して，とても薄い金属板を2枚の極板の真ん中に入れてみましょう。
すると，上と下のコンデンサーの直列接続と考えることができますね。
この2つのコンデンサーは極板間距離が半分になっています。
そのため，誘電体を考えない場合の電気容量はそれぞれ$2C$になります。
誘電体を下のコンデンサーにのみ入れると，下のコンデンサーの電気容量は，$2C\times 3=6C$になります。
2つのコンデンサーは直列接続なので，合成容量の公式より

$$\frac{1}{C_2}=\frac{1}{2C}+\frac{1}{6C}=\frac{2}{3C} \qquad C_2=\mathbf{\frac{3}{2}C}$$ …答

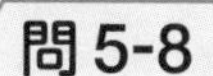

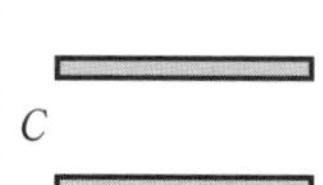

(1) 比誘電率 7

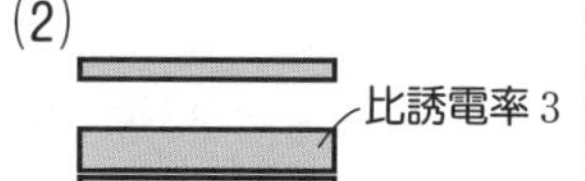

(1) $C_{左}$ $C_{右}$

$C=\varepsilon\dfrac{S}{d}$より，極板面積が半分なので

$$C_{左}=\frac{C}{2}$$

$$C_{右}=\frac{C}{2}\times7=\frac{7}{2}C$$

合成容量 C_1 は　$C_1=C_{左}+C_{右}=\underline{\underline{4C}}$ …答

(2)

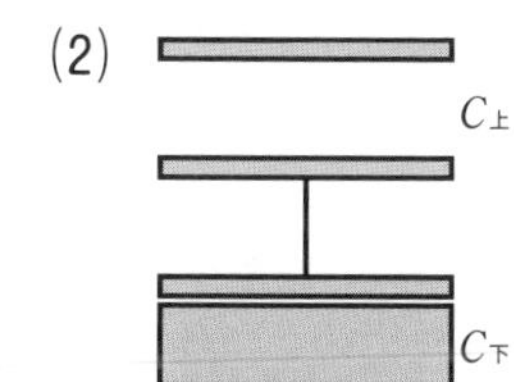

$C=\varepsilon\dfrac{S}{d}$より，極板間距離が半分なので

$$C_{上}=2C$$

$$C_{下}=2C\times3=6C$$

合成容量 C_2 は

$$\frac{1}{C_2}=\frac{1}{C_{上}}+\frac{1}{C_{下}}=\frac{1}{2C}+\frac{1}{6C}=\frac{4}{6C}=\frac{2}{3C}$$

ゆえに　$C_2=\underline{\underline{\dfrac{3}{2}C}}$ …答

5-11 充電されたコンデンサーへの操作

ココをおさえよう！

電源のした仕事＋（操作をした）外力のした仕事
＝静電エネルギーの変化＋発生したジュール熱

ここでは電荷が蓄えられているコンデンサーにいろいろな操作をしたときの，仕事とエネルギーの関係について考えます。
コンデンサーにする操作としては，「極板間を広げる/縮める」や「極板間に誘電体や導体を入れる/抜き出す」などが考えられます。
これらの操作をするときは外力を加える必要があります。
極板どうしが静電気力で引かれ合ったり，挿入する誘電体に静電気力がはたらいたりするためです。

また，これらの操作をするとコンデンサーの電気容量が変わるので，コンデンサーに蓄えられる静電エネルギーも変わります。

問題では，これらの操作をした“外力のした仕事”を問われることがあります。
“外力のした仕事”とは実際に操作をするときに，手で加えた力のした仕事などのことです。
そんなときは5-8でジュール熱を求めたときと同じように，仕事とエネルギーの関係を利用して求めましょう。
つまり，電源がした仕事をW，外力のした仕事をK，回路のもつエネルギーの変化を$\varDelta U$，発生したジュール熱をJとすると

$$\boldsymbol{W+K=\varDelta U+J}$$

となることを利用するのです。
言葉の説明だけではよくわかりませんよね。
次ページからは実際に問題を解いてみましょう。

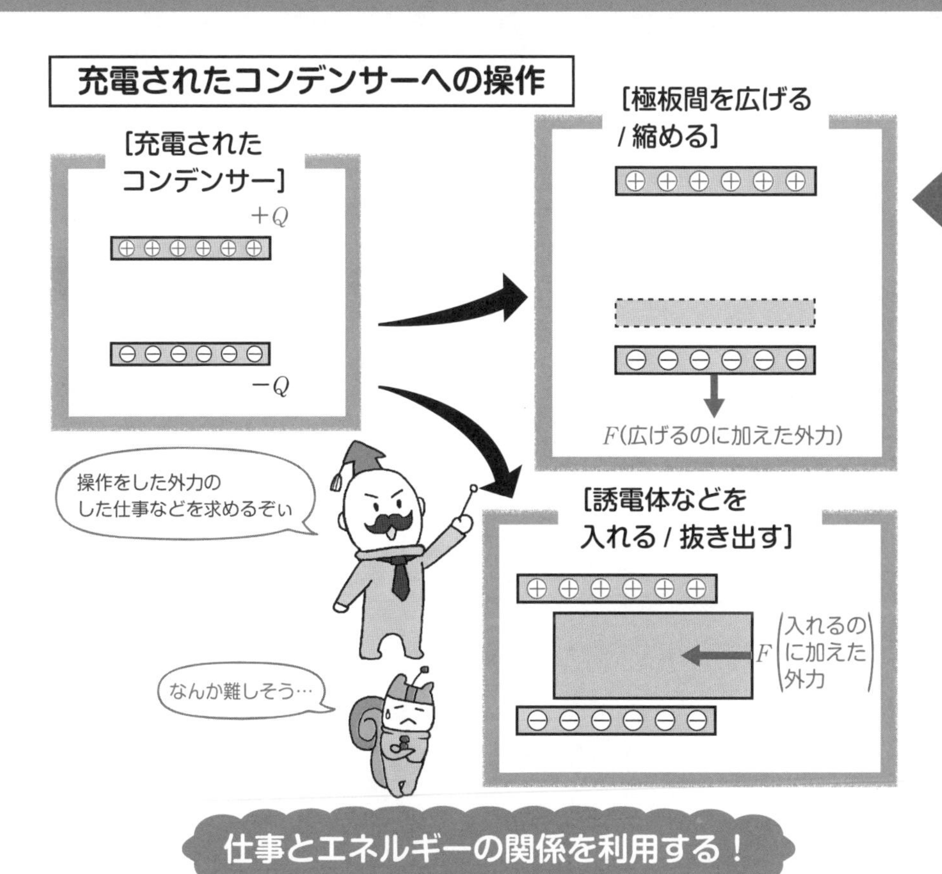

仕事とエネルギーの関係を利用する！

電源のした仕事を W，外力のした仕事を K
静電エネルギーの変化を ΔU，発生したジュール熱を J とすると

$$W+K=\Delta U+J$$

問5-9 極板の面積がS，極板間の距離がdのコンデンサーに電気量がQ蓄えられている。このコンデンサーの極板間距離を$\varDelta d$だけゆっくり広げたときに外力がする仕事を求め，それを用いて，コンデンサーの極板にはたらく静電気力の大きさを求めよ。誘電率をεとする。

まずはコンデンサーの極板間を広げるときの，外力がする仕事についてです。

解きかた 操作の前後でQは不変ですが，Cが変わりますね。Vは変化するかどうかわからないので，静電エネルギーの式は$\dfrac{Q^2}{2C}$を使いましょう。

操作前のコンデンサーの電気容量は$C=\varepsilon\dfrac{S}{d}$，静電エネルギーは$\dfrac{Q^2}{2C}$ですね。

操作後のコンデンサーは電気容量が$C'=\varepsilon\dfrac{S}{d+\varDelta d}$ですね。

なので，静電エネルギーは$\dfrac{Q^2}{2C'}$です。

抵抗や電源はつながっていないので，ジュール熱や電源がした仕事は0です。

操作で外力がした仕事をKとすると，エネルギーと仕事の関係より

$$\underbrace{0+K}_{W+K}=\underbrace{\left(\frac{Q^2}{2C'}-\frac{Q^2}{2C}\right)}_{\varDelta U}\underbrace{+0}_{+J}$$

$$=\frac{Q^2}{2}\left(\frac{1}{C'}-\frac{1}{C}\right)$$

$$=\frac{Q^2}{2}\left(\frac{d+\varDelta d-d}{\varepsilon S}\right)=\boldsymbol{\frac{Q^2}{2\varepsilon S}\varDelta d}\ \cdots 答$$

外力の大きさをFとすると，$F\varDelta d=K$より，$F=\dfrac{Q^2}{2\varepsilon S}$ですね。

外力は静電気力とつり合っているので大きさは同じです。

よって，静電気力の大きさは $\boldsymbol{\dfrac{Q^2}{2\varepsilon S}}$ …答

現象を考えると，コンデンサーの極板には引き合う静電気力がはたらいており，それに逆らって外力が仕事をしたことによって，コンデンサーが蓄える静電エネルギーが増加したということですね。

次では極板間に導体や誘電体を入れたり抜いたりする問題を扱ってみましょう。

問 5-9

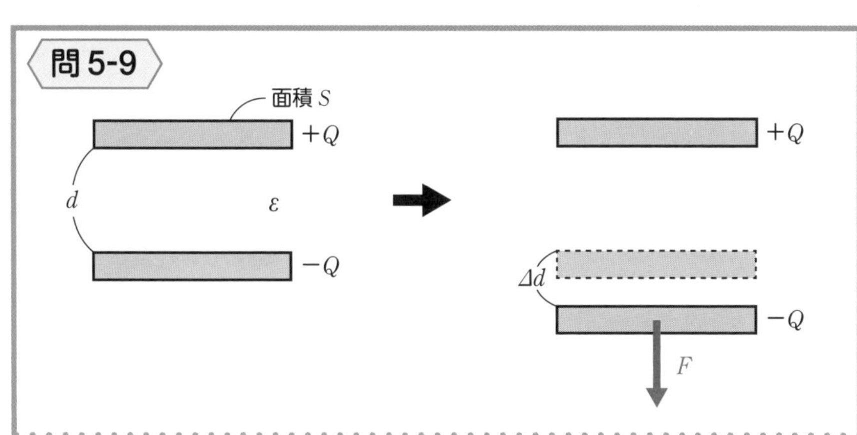

Q は不変で C が変化（V は不明）なので $\dfrac{Q^2}{2C}$ を使う。

・操作前　$C=\varepsilon\dfrac{S}{d}$　　　静電エネルギー　$\dfrac{Q^2}{2C}$

・操作後　$C'=\varepsilon\dfrac{S}{d+\Delta d}$　　　静電エネルギー　$\dfrac{Q^2}{2C'}$

p.195 の $\boxed{\boldsymbol{W+K=\Delta U+J}}$ を利用する。
（ここでは　電源のした仕事 $W=0$，ジュール熱 $J=0$）

$$\underbrace{0+K}_{W+K}=\underbrace{\left(\frac{Q^2}{2C'}-\frac{Q^2}{2C}\right)}_{\Delta U}\underbrace{+0}_{+J}$$

$$K=\frac{Q^2}{2}\left(\frac{1}{C'}-\frac{1}{C}\right)$$

$$=\frac{Q^2}{2}\left(\frac{d+\Delta d-d}{\varepsilon S}\right)$$

$$=\boldsymbol{\frac{Q^2}{2\varepsilon S}\Delta d}\ \cdots \text{答}$$

外力は極板を引き離す方向，
静電気力は極板どうしが
引き合うようにはたらいた
ということじゃ

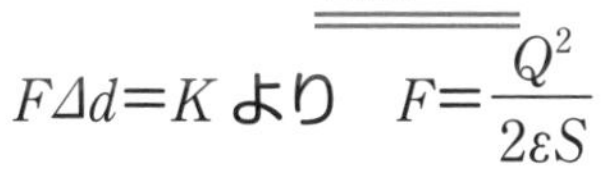

$F\Delta d=K$ より　$F=\dfrac{Q^2}{2\varepsilon S}$

外力と静電気力はつり合うので

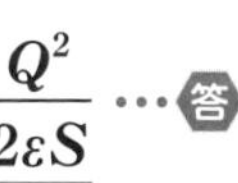

$\boldsymbol{\dfrac{Q^2}{2\varepsilon S}}\ \cdots$ 答

問5-10 電気容量がCのコンデンサーに比誘電率$\varepsilon_r(>1)$の誘電体が完全に入っている。このコンデンサーに起電力Vの電源をつなげた。このとき，以下の問いに答えよ。ただし，電源の内部抵抗や導線の抵抗は無視できるとする。

(1) このコンデンサーに蓄えられている電気量を求めよ。

(2) スイッチを切り，誘電体をゆっくりと取り出した。このとき，外力がした仕事を求めよ。

(3) (2)の操作のあと電源とつないでコンデンサーを充電させた。電源につないだまま誘電体をゆっくりと完全に入れたとき，外力がした仕事を求めよ。

解きかた

(1) 誘電体が入っているコンデンサーの電気容量は$C'=\varepsilon_r C$でしたね。
コンデンサーにかかる電圧はVなので，電気量は$Q=C'V=\boldsymbol{\varepsilon_r CV}$ …答

(2) 取り出す前のコンデンサーの静電エネルギーは$\dfrac{Q^2}{2C'}=\dfrac{\varepsilon_r CV^2}{2}$ですね。
スイッチを切ったので，操作によって電気量Qは変わりません。
取り出したあとの電気容量はCなので，静電エネルギーは

$$\frac{Q^2}{2C}=\frac{\varepsilon_r{}^2CV^2}{2}$$

電源や抵抗がない($W=0$，$J=0$)ので，外力がした仕事K_1は

$$0+K_1=\frac{\varepsilon_r{}^2CV^2}{2}-\frac{\varepsilon_r CV^2}{2}+0=\boldsymbol{\frac{\varepsilon_r(\varepsilon_r-1)CV^2}{2}}$$ …答

(3) 電源につないだので，コンデンサーにかかる電圧がVになります。
誘電体を入れる前の静電エネルギーは$\dfrac{1}{2}CV^2$ですね。
誘電体を入れると，電気容量は$\varepsilon_r C$になり，静電エネルギーは$\dfrac{1}{2}\varepsilon_r CV^2$
今度は電源がつながっているので，電源がした仕事も考えます。
誘電体を入れると，コンデンサーに蓄えられた電荷はCVから$\varepsilon_r CV$に増えたので，電源は$(\varepsilon_r-1)CV$の電気量をVだけ持ち上げたことになります。
抵抗はないですし，電源の内部抵抗も導線の抵抗も無視できるので，ジュール熱は考えません。
外力がした仕事をK_2とすると，仕事とエネルギーの関係より

$$(\varepsilon_r-1)CV^2+K_2=\frac{1}{2}\varepsilon_r CV^2-\frac{1}{2}CV^2+0$$

よって $K_2=\boldsymbol{-\dfrac{1}{2}(\varepsilon_r-1)CV^2}$ …答

(1)
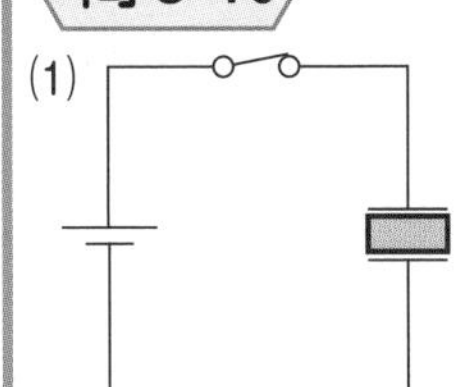

(2)
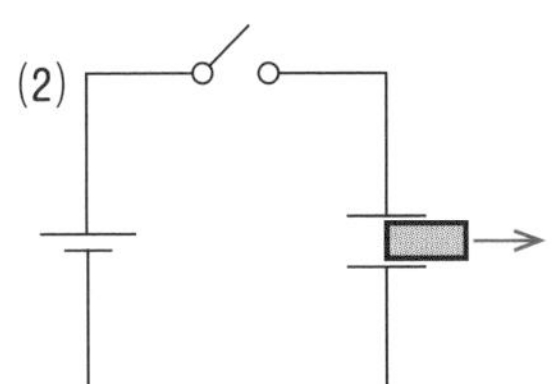

(3)
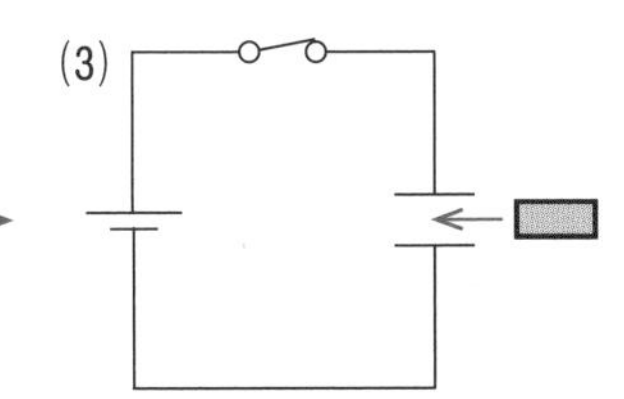

(1) $Q=C'V=\underline{\underline{\boldsymbol{\varepsilon_r CV}}}$ …答

(2) 誘電体を取り出す前後で Q は一定(電源と切り離されたので)

取り出す前の静電エネルギー $\dfrac{Q^2}{2C'}=\dfrac{\varepsilon_r CV^2}{2}$

取り出した後の静電エネルギー $\dfrac{Q^2}{2C}=\dfrac{\varepsilon_r{}^2 CV^2}{2}$

電荷が一定で容量が変化するので $\dfrac{Q^2}{2C}$ を用いる

電源のした仕事 $W=0$，ジュール熱 $J=0$ より

外力のした仕事 $K_1=\dfrac{Q^2}{2C}-\dfrac{Q^2}{2C'}=\underline{\underline{\boldsymbol{\dfrac{\varepsilon_r(\varepsilon_r-1)CV^2}{2}}}}$ …答

(3)
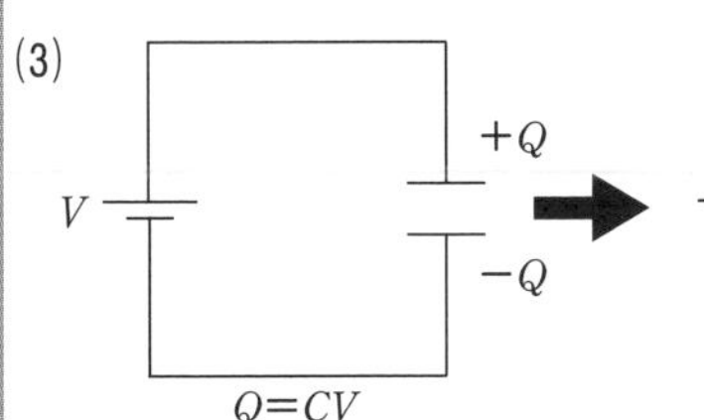

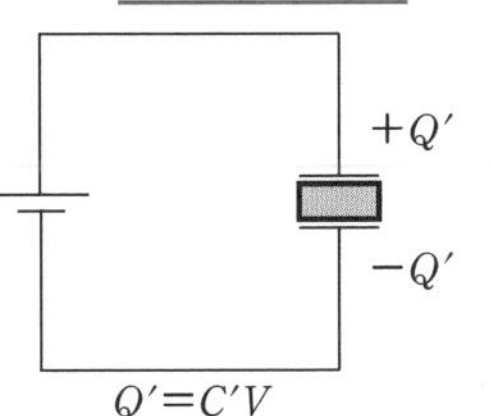

電源のした仕事 W は
$W=(Q'-Q)V$
$=(\varepsilon_r-1)CV^2$

・挿入前の静電エネルギー $\dfrac{1}{2}CV^2$

・挿入後の静電エネルギー $\dfrac{1}{2}C'V^2=\dfrac{1}{2}\varepsilon_r CV^2$

電圧が一定で容量が変化するので $\dfrac{1}{2}CV^2$ を用いる

ジュール熱 $J=0$ より外力のした仕事を K_2 とすると

$$(\varepsilon_r-1)CV^2+K_2=\frac{1}{2}\varepsilon_r CV^2-\frac{1}{2}CV^2+0$$

$$K_2=\underline{\underline{\boldsymbol{-\frac{1}{2}(\varepsilon_r-1)CV^2}}}$$ …答

難しかったかのぅ？
これができれば
OKじゃ！

ここまでやったら
別冊 P. 46 へ

理解できたものに，☑チェックをつけよう。

- [ ] 電荷が移動しコンデンサー間に電圧が生じる様子をイメージできる。
- [ ] $Q=CV$，$V=Ed$，$C=\varepsilon\dfrac{S}{d}$ の3式を使いこなせる。
- [ ] 回路の独立部分では電気量の総和は不変であることを理解した。
- [ ] コンデンサーの並列接続および直列接続の合成容量を，導きかたも含めて理解した。
- [ ] コンデンサーの静電エネルギーを3通りで表せる。
- [ ] 「電源のした仕事＝静電エネルギーの変化＋発生したジュール熱」の関係を理解し，間接的にジュール熱を求めることができる。
- [ ] コンデンサーに金属板を挿入すると極板間距離が金属板の厚み分だけ縮まると考えることができる。
- [ ] 比誘電率と誘電率の関係を覚えた。
- [ ] 極板に外から力を加える場合「電源のした仕事＋外力のした仕事＝静電エネルギーの変化＋発生したジュール熱」の関係から，外力のした仕事も含めたエネルギーのやり取りを考えることができる。

Chapter

6

磁場

磁場

はじめに

ここからは磁気について学んでいきます。

小学生のころに磁石で遊んだことはありませんでしたか？
磁石どうしをくっつけたり，磁石を鉄にくっつけたり，砂場で砂鉄を探してみたり。
また，私たちの生活の中でも，冷蔵庫（の表面）に何かを貼りつけたりして，磁石は役に立っていますね。
この磁石の力を磁気力といいます。

さて，今まで“電荷”や“電流”という“電気”の話をしてきたのに，なぜここで“磁気（磁石）”の話をしたかというと，電気と磁気には切っても切れない関係があるためです。
電流は磁場に対して，また，磁場は電流に対して影響を及ぼすのです。
電流と磁場の関係がどのようなものなのかを含めて，磁気の勉強をしていきましょう。

この章で勉強すること

まず，磁気の基本性質を，電気の性質と関連づけながら紹介します。
そして，電流と磁場の相互作用を，たとえ話を交えながら説明していきます。
後半では，ローレンツ力や，磁場中の荷電粒子のふるまいといったミクロな項目も扱います。

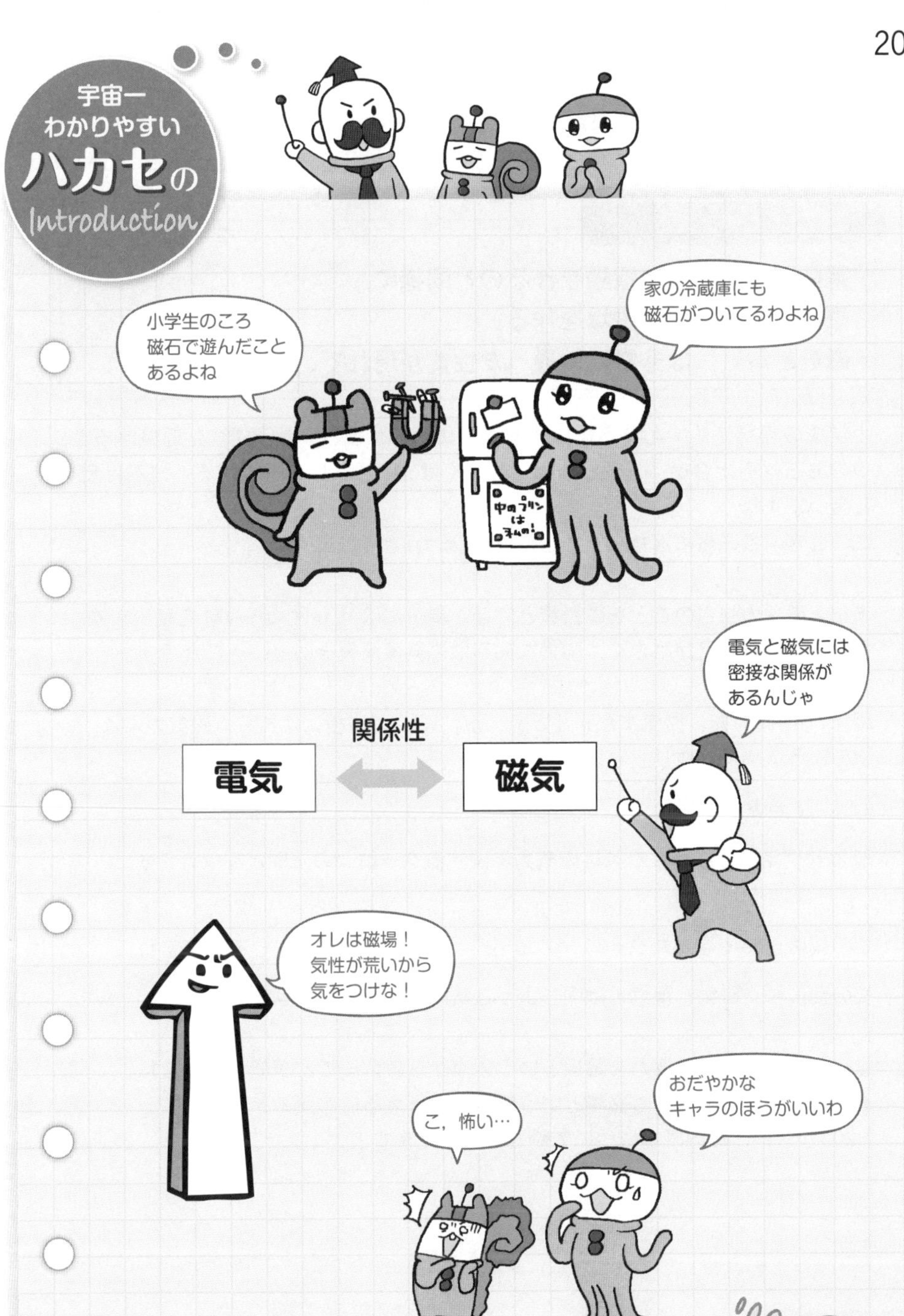
宇宙一
わかりやすい
ハカセの
Introduction
小学生のころ
磁石で遊んだこと
あるよね
家の冷蔵庫にも
磁石がついてるわよね
電気と磁気には
密接な関係が
あるんじゃ
関係性
電気
磁気
オレは磁場！
気性が荒いから
気をつけな！
こ，怖い…
おだやかな
キャラのほうがいいわ
Let's
study!!

6-1 磁気力と磁場

ココをおさえよう！

電荷がその周りに電場を作るのと同様に，
磁極はその周りに磁場を作る。
磁気と電気には非常に似通った性質が現れている。

小学校の理科でも学んだと思いますが，磁石のN極とS極（**磁極**）を近づけると2つの磁石は引き合い，N極どうし，もしくはS極どうしを近づけると磁石は反発し合いますね。
このとき，各磁極にはたらく力を**磁気力**（**磁力**）と呼びます。

また，磁極の強さのことを**磁気量**と呼び，単位にはWb（**ウェーバ**）を使います。
弱い磁石は磁気量が小さく，強力な磁石は磁気量が大きいということです。

距離r〔m〕離れた，磁気量がm_1〔Wb〕，m_2〔Wb〕の磁極にはたらく磁気力には，次のような関係が成り立ちます。

$$\boldsymbol{F = k_m \frac{m_1 m_2}{r^2}}$$

k_mは比例定数であり，これは磁気力に関するクーロンの法則と呼ばれます。

この式はp.38で学んだクーロンの法則$F = k\dfrac{q_1 q_2}{r^2}$と同じ形をしていますね。
この他にも，磁気と電気では同じような法則がたくさんあります。

電気の章では，静電気力を電場という観点から考えることができましたね。
それと同様に，磁気力も**磁場**という観点から考えることができるのです。
p.206からは，この磁場について話をしていきますよ。

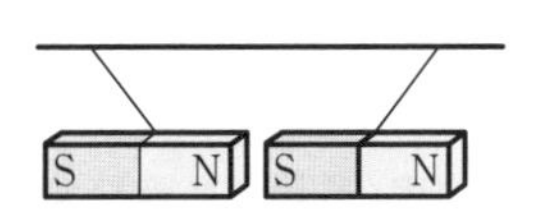

N 極と S 極は
引き合う

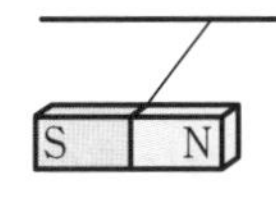

同じ極どうしは
反発し合う

磁気力に関するクーロンの法則

r〔m〕離れた 2 つの磁極 m_1〔Wb〕，m_2〔Wb〕にはたらく磁気力の大きさは，k_m を比例定数として

$$F = k_m \frac{m_1 m_2}{r^2}$$

電荷がその周りに電場を作るのと同じく，**磁極はその周りに磁場（磁界とも呼びます）という磁気的な力を及ぼす空間を作ります。**
N極からS極へ向かって，磁場が発生しているのです。

電場と同じように，磁場にも大きさと向きがあります。
磁石のN極を置いたとき，その**N極が1 Wbあたりに受ける力の大きさが磁場の大きさ，力の向きが磁場の向き**と定められており，磁場の単位はN/Wb（**ニュートン毎ウェーバ**）となります。

磁気量m〔Wb〕の磁極を，大きさH〔N/Wb〕の磁場の中に置いたときの，その磁極が受ける力F〔N〕は，次のように表されます。

$$F = mH$$

また，磁場の向き（流れ）を視覚的に表したものを**磁力線**と呼びます。
方位磁針のN極は磁場と同じ向きに磁気力を受けるので，方位磁針のN極が向いた向きが磁場の向きになります。
すなわち，磁力線は，N極から出てS極に入ると考えればよいのです。電気力線に似ていますね。
右ページでは棒磁石の周りにできる磁場を磁力線で表しています。

6-1では磁気について説明してきましたが，電気の世界に似ているものが多かったですね。
いろいろと説明しましたが，大事なことは**「『磁場』という磁気的な力を及ぼす空間があるぞ」**ということです。

磁場

・N 極から S 極へ向かう。
・向きと大きさがある。
・+1 Wb の磁極(小さな N 極)が受ける力の大きさと向きが磁場の大きさと向き。
・単位は **N/Wb**(ニュートン毎ウェーバ)

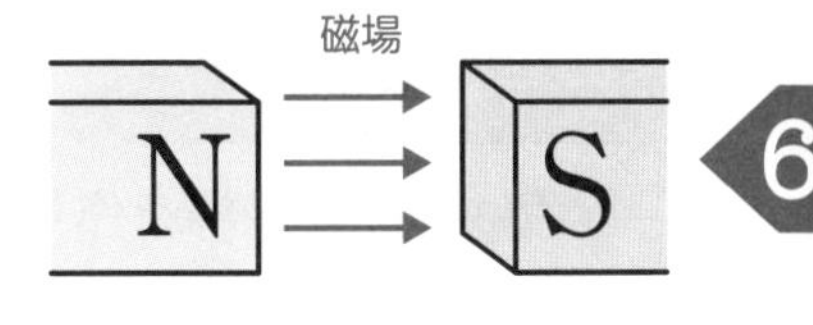

磁気量 m〔Wb〕の磁極が，H〔N/Wb〕の磁場中で受ける力は

$$F=mH$$

[棒磁石の周りにできる磁場]

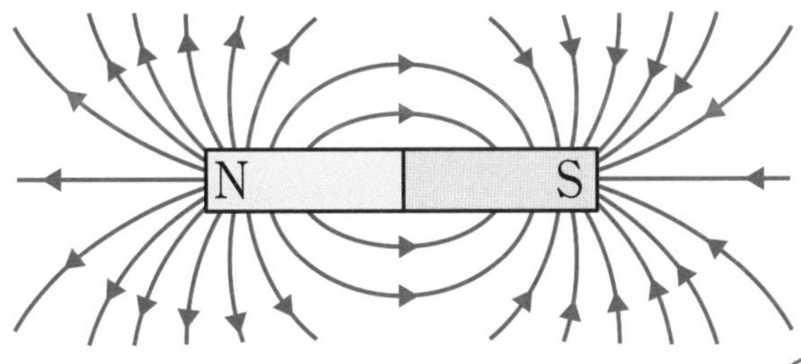

6-2 電流の作る磁場

ココをおさえよう！

電流は周囲に磁場を作り，その大きさは次のようになる。

直線電流：$\dfrac{I}{2\pi r}$

円形電流：$\dfrac{I}{2r}$

ソレノイド：nI

小学校の理科で習った電磁石を覚えていますか？
導線を巻きつけたコイルの中心に鉄クギを入れて，導線に電流を流すと中心にある鉄クギが磁石に変わるというものでした。
電流が流れることによって，磁気力が生じるようになったということですね。
この電磁石の周りには，棒磁石と同様の磁場が形成されます。
電流が流れるとその周りに磁場が生じるのです。

電流の向きと，電流によって発生した磁場の向きの関係は，右手を使うとわかります。
右手の親指を立て，残りの4本指を握りましょう。右手で“Good”とする感じです。
そうしたときの，親指の向きと残りの4本指の向きの関係性が，
電流の向きと磁場の向きの関係性と同じになります。
この法則を**右ねじの法則**といいます。
これを使って，電流が作る磁場3パターンについて，p.210から説明していきますね。

また，ここからは3次元で立体的に考えていく必要があるので，
紙面上で磁場の向きや電流の流れる向きを表現する際，次のような記号を用います。記号の示す向きを覚えておきましょう。

⊙：紙面の裏側から表側へ垂直に向かってくるような向き

⊗：紙面の表側から裏側へ垂直に出て行くような向き

これらは矢を進行方向の前後から見たときの様子をモチーフにしています。
紙面の表側から見ると，矢が裏から表へ出るときは，先端部分が見えますから，⊙になり，矢が表から裏へ出るときは，羽の部分が見えますから，⊗になるのです。

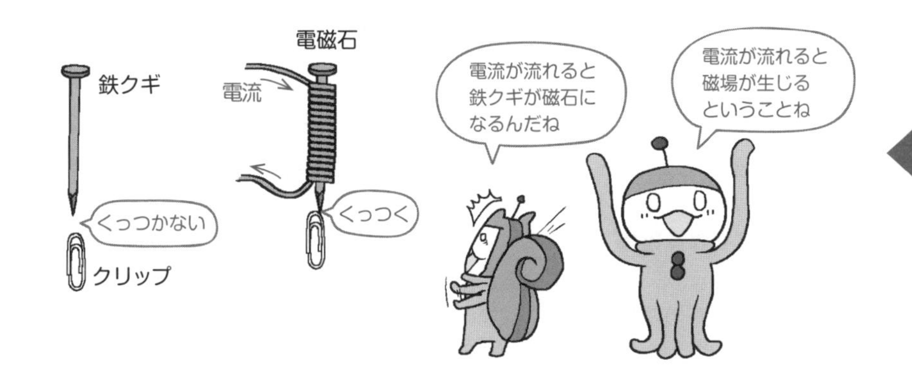

[向きを表す記号]

⊙：紙面の裏から表へ向かってくる向き
⊗：紙面の表から裏へ出ていく向き

さて，ここからは電流が作る磁場3パターンを説明していきます。
右手を“Good”の形にして，電流の向きと磁場の向きを確認していきますよ。

① 直線電流が作る磁場

右ページの図のように，真っすぐ電流が流れるというシチュエーションです。
電流の向きは右手の親指の向き，磁場の向きは残りの4本指を握る向きです。
電流を囲んで円形に磁場が発生することになりますね。
このとき，**電流I〔A〕からr〔m〕だけ離れた位置**にできる磁場の大きさH〔A/m〕は

$$H=\frac{I}{2\pi r}$$

と表されます。
電流Iが大きいほど，電流からの距離rが近いほど，その点での磁場は大きいということですね。

② 円形電流が作る磁場

右ページの図のように，ぐるりと回った円形に電流が流れているというシチュエーションです。
電流の向きを右手の親指の向き，磁場の向きを残りの4本指を握る向きにすると，円の中心を貫くように磁場が発生することになりますね。
円の半径をr〔m〕とするとき，円の中心部分における磁場の大きさH〔A/m〕は

$$H=\frac{I}{2r}$$

と表されます。
電流Iが大きいほど，円形電流の半径rが小さいほど，円の中心部分の磁場は大きいということですね。

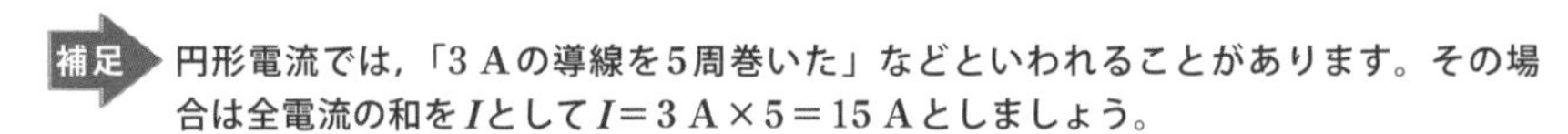
補足 円形電流では，「3 Aの導線を5周巻いた」などといわれることがあります。その場合は全電流の和をIとして$I=3\text{ A}\times 5=15\text{ A}$としましょう。

さて，①，②の式を見ると，磁場Hの単位は〔A/m〕となりますね。
p.206では磁場Hの単位は〔N/Wb〕としましたが，この〔A/m〕もよく使います。
磁場の単位は2つとも頭に入れておきましょう。

では，p.212では電流が作る磁場の最後の1パターンを紹介します。

電流が作る磁場 3 パターン

① 直線電流が作る磁場

電流から r〔m〕離れた点での
磁場は

$$H=\frac{I}{2\pi r}$$

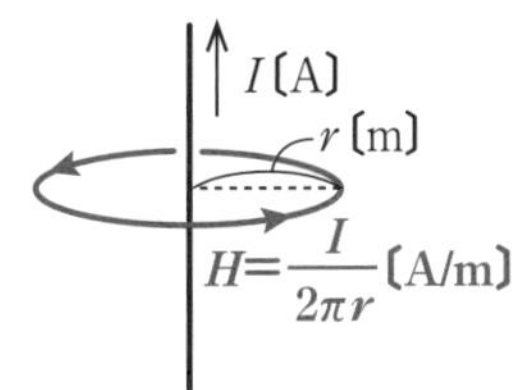

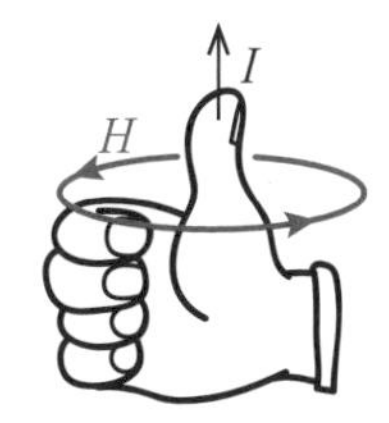

② 円形電流が作る磁場

半径 r〔m〕の円形電流の
中心にできる磁場は

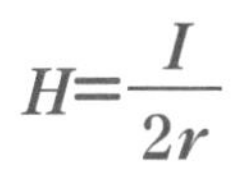

$$H=\frac{I}{2r}$$

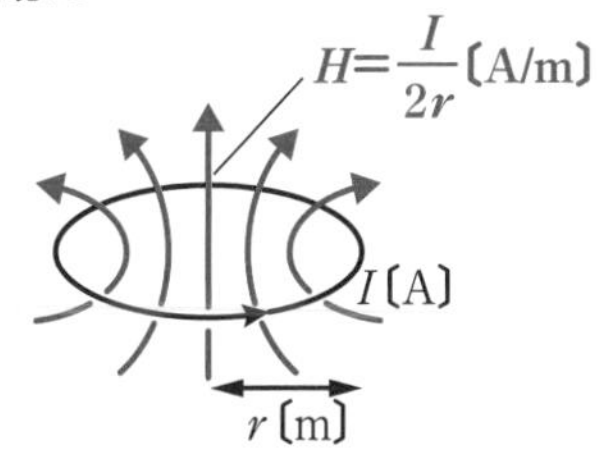

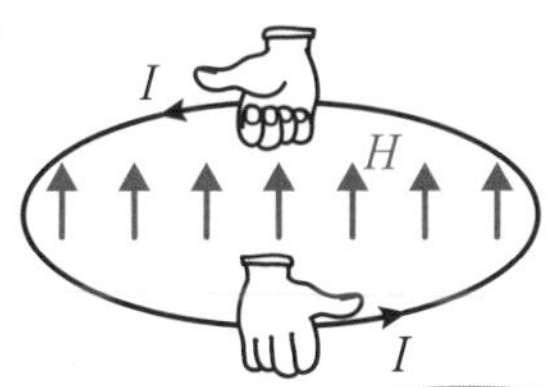

電流の向きに
親指を合わせて
導線を握った
ときの 4 本指が
磁場の向きだね

磁場の単位は〔N/Wb〕と
〔A/m〕の 2 つがあるぞい

次のページでは
残りのもう 1 つを
見ていくわよ

③ ソレノイドが作る磁場

ソレノイドとは，導線をぐるぐると密に巻いたもののことです。
(電磁石の中心の鉄クギを抜いたもののことですね)
このぐるぐる巻いた導線に電流が流れているという状態です。

このとき，ぐるぐる巻かれた電流の流れる向きを右手の4本指を握る向きとすると，親指の向きが，ソレノイドの内部にできる磁場の向きになります。

p.210の①，②は親指の向きを電流の向きとしましたが，今回は4本指の向きを電流の向きに合わせています。

ソレノイドが，**1 mあたり，n回ぐるぐる巻きになっている**とすると
ソレノイドの内部にできる磁場の大きさH〔A/m〕は次の式で表されます。

$$H = nI$$

電流Iが大きいほど，巻き数nが多いほど，内部の磁場は大きいということですね。
nが「1 mあたりの巻き数」であることに注意しましょう。

5 mで100回巻きのソレノイドの場合，$n = \frac{100}{5} = 20$です。

①〜③の3つの公式と，電流・磁場の向きの関係は覚えてしまいましょう。
右手の指の形で覚えてしまうのがいいでしょう。
各公式のrやnが何を指しているのかを間違えないように注意が必要です。

問6-1 次の(1)，(2)について，磁場の大きさを求めよ。
(1) 100回巻きの25 cmのソレノイドに0.75 Aの電流を流したときの，ソレノイド内の磁場。
(2) 半径3.0 cmの円形の導線に，5.4 Aの電流を流したときの，中心の磁場。

解きかた
(1) 25 cm＝0.25 mで100回巻いているので，1 mあたりの巻き数は

$n = \frac{100}{0.25} = 400$ですね。

よって，ソレノイド内の磁場の大きさは

$$H = nI = 400 \times 0.75 = 300 = \mathbf{3.0 \times 10^2\ A/m}$$ …答

(2) 円形電流の磁場の公式ですね。
$3.0\ \mathrm{cm} = 3.0 \times 10^{-2}\ \mathrm{m}$なので，中心の磁場の大きさは

$$H = \frac{I}{2r} = \frac{5.4}{2 \times 3.0 \times 10^{-2}} = \mathbf{90\ A/m}$$ …答

③ ソレノイドが作る磁場

1 m あたりの巻き数が n 回の
ソレノイドの内部にできる磁場

$$H=nI$$

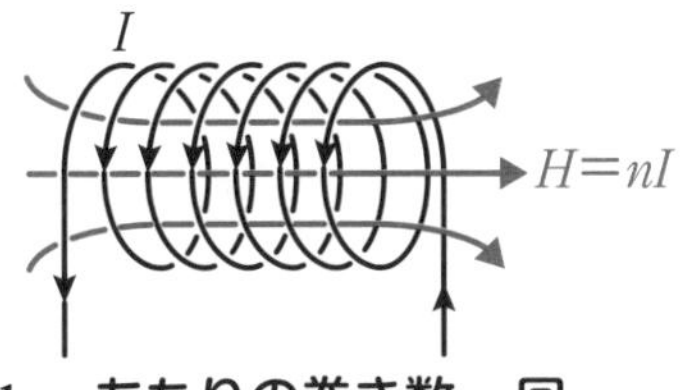

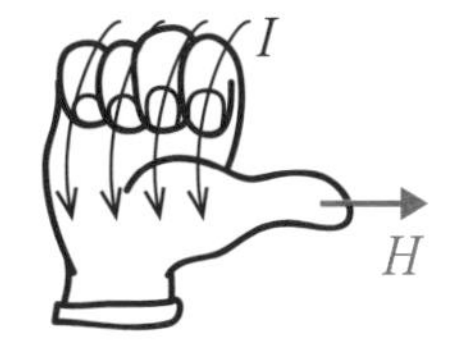

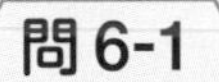

問 6-1

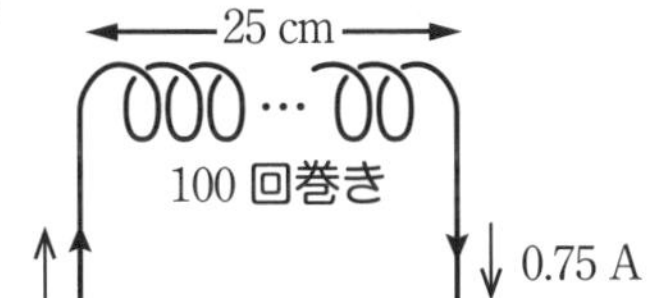

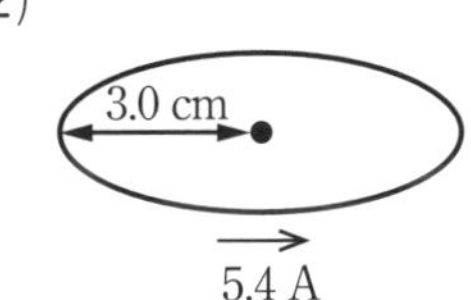

(1) 25 cm＝0.25 m より

$$n=\frac{100}{0.25}=400$$

$$H=nI=400\times0.75=\underline{\underline{3.0\times10^2\ \mathrm{A/m}}}$$ …答

(2) $3.0\ \mathrm{cm}=3.0\times10^{-2}\ \mathrm{m}$

$$H=\frac{I}{2r}=\frac{5.4}{2\times3.0\times10^{-2}}=\underline{\underline{90\ \mathrm{A/m}}}$$ …答

問6-2 右ページの図のように，紙面の奥から手前に流れる電流A$(a,\ 0)$と，紙面の手前から奥に流れる電流B$(-a,\ 0)$がある。どちらの電流も大きさIで流れている。このとき，点C$(0,\ a)$での磁場の大きさと向きを求めよ。ただし，円周率はπとする。

磁場も電場と同じように重ね合わせることができます。
ベクトルの足し算で磁場の向きを求めましょう。

解きかた 三角形OACはOを直角とする直角三角形なので，三平方の定理より
$\mathrm{AC}=\sqrt{a^2+a^2}=\sqrt{2}\,a$となりますね。

よって，電流Aが点Cに作る磁場の大きさは，$H_\mathrm{A}=\dfrac{I}{2\sqrt{2}\,\pi a}$になります。
その向きは右ねじの法則より，左下向きになります。

同様に，$\mathrm{BC}=\sqrt{2}\,a$なので，電流Bが点Cに作る磁場の大きさは，
$H_\mathrm{B}=\dfrac{I}{2\sqrt{2}\,\pi a}$になりますね。
その向きは右ねじの法則より，右下向きになります。

△ABCは$\mathrm{AB}=2a$，$\mathrm{BC}=\mathrm{AC}=\sqrt{2}\,a$なので，Cを直角とする直角二等辺三角形です。
電流が作る磁場は円形になっているので，磁場H_Aと線分ACは垂直になります。
つまり，磁場H_Aの向きはC→Bの向きになることがわかります。
同様に，磁場H_Bの向きはC→Aの向きになりますね。
これらから，電流によって作られた2つの磁場H_A，H_Bは垂直で，大きさは同じということです。
重ね合わせた磁場の大きさは，右ページの図より三平方の定理が使えます。
よって，点Cの磁場の大きさは

$$H=\sqrt{{H_\mathrm{A}}^2+{H_\mathrm{B}}^2}=\sqrt{2}\,H_\mathrm{A}=\boldsymbol{\frac{I}{2\pi a}}\ \cdots 答$$

向きは **y軸負の向き** …答

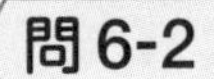

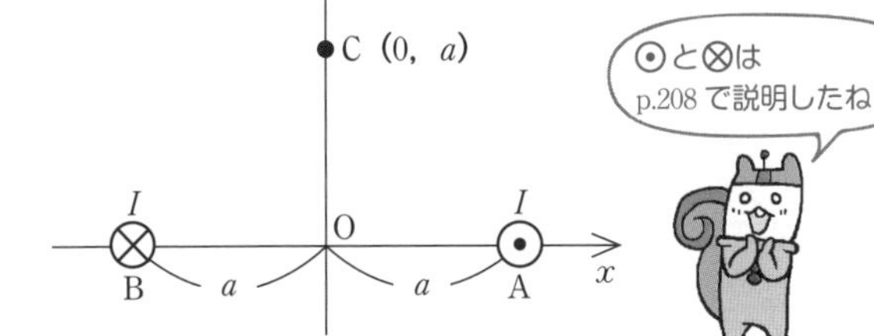

[点 A の電流の作る磁場]

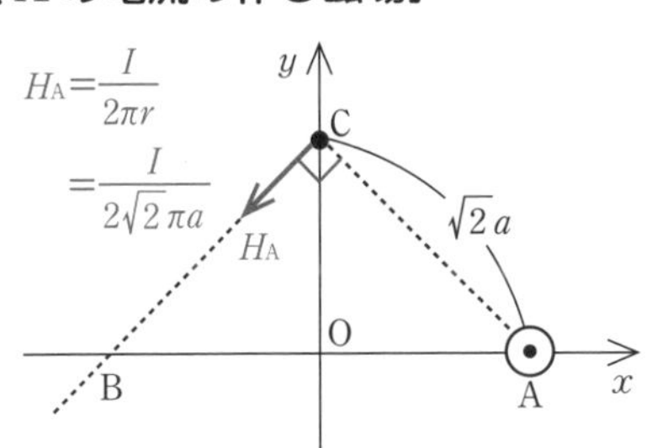

磁場は円形なので H_A の
向きは半径の AC と垂直よ
H_A を延長すると点 B を通るわ

[点 B の電流の作る磁場]

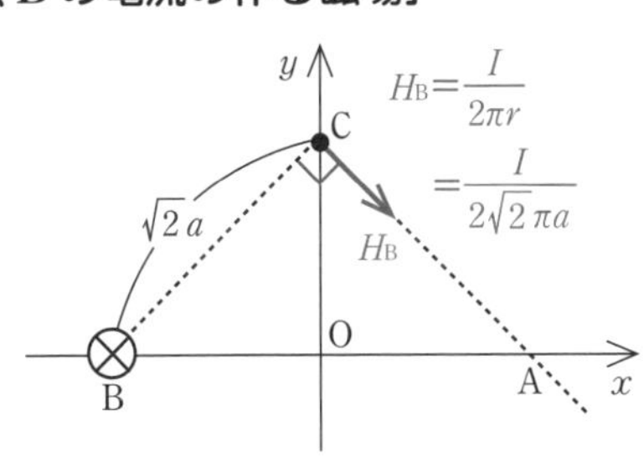

H_B と H_A は同じ大きさで
垂直の関係だね

ベクトルの足し算をすれば
下向きで $\frac{I}{2\pi a}$ と
わかるじゃろ

[合成磁場]

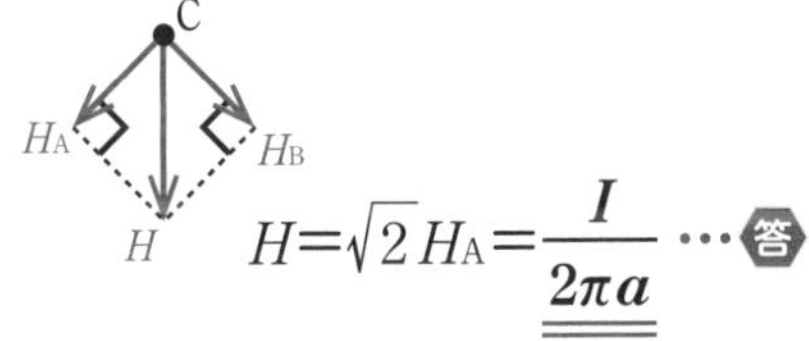

$$H=\sqrt{2}H_A=\frac{I}{2\pi a}\cdots\text{答}$$

ここまでやったら
別冊 P. 48 へ

6-3 電流が磁場から受ける力

ココをおさえよう！

透磁率 μ〔N/A²〕，磁場 H〔A/m〕の中に置かれた長さ ℓ〔m〕，
大きさ I〔A〕の電流が受ける力 F〔N〕は　$F=\mu HI\ell$

磁場にはちょっとやっかいな性質があります。**磁場は非常に気性が荒いので，磁場の中を電流が横切ると「じゃまだ！」といって，電流に力を与えてしまうのです。**
右ページの図のように，磁場の中に導線を通し，電流を流すと，磁場は横切られることに腹を立てて，電流に力を加えます。

このとき，電流の受ける力の向きは，**フレミングの左手の法則**で決まります。
左手の中指，人差し指，親指をそれぞれ直角になるようにして，
中指を電流の向き，人差し指を磁場の向きにあてはめると，親指の向きが電流が受ける力の向きになるのです。

大きさが H〔A/m〕の磁場を垂直に横切る導線 ℓ〔m〕に I〔A〕の電流が流れていたとすると，導線が受ける力の大きさ F〔N〕は H，I，ℓ に比例します。
つまり，比例定数 μ を用いて $F=\mu HI\ell$ と表されます。
この比例定数 μ を**透磁率**と呼び（単位は N/A^2），磁場の生じている空間の物質によって決まります。特に，真空中の透磁率を μ_0 で表します。
また透磁率 μ と磁場 H の積をまとめて $\mu H=B$〔T〕と表します。
B は磁束密度といい，単位はT（テスラ）です。（p.222で説明します）。
これを使うと $F=BI\ell$ と表されます。

磁場は電流に目の前を横切られるのが嫌なわけです。
ですから，**磁場と同じ向きに（平行に）電流が流れていたら，力を加えません。**
磁場に対して，斜めの方向に電流が流れていたら，磁場の目の前を横切った成分（磁場に対して垂直な成分）が大きいほど力が大きくなります。
横切り度合いが強いと，磁場の怒りが強いと思っておきましょう。
右ページの図のように，磁場の中を電流が流れており，電流が作る角度を θ とすると，電流の垂直成分は $I\sin\theta$ となるので次のように表されます。

$$F=\mu HI\ell\sin\theta=BI\ell\sin\theta$$

θ のとりかたによっては $\mu HI\ell\cos\theta$ になることもありますので，注意しましょう。

磁場が電流に与える力

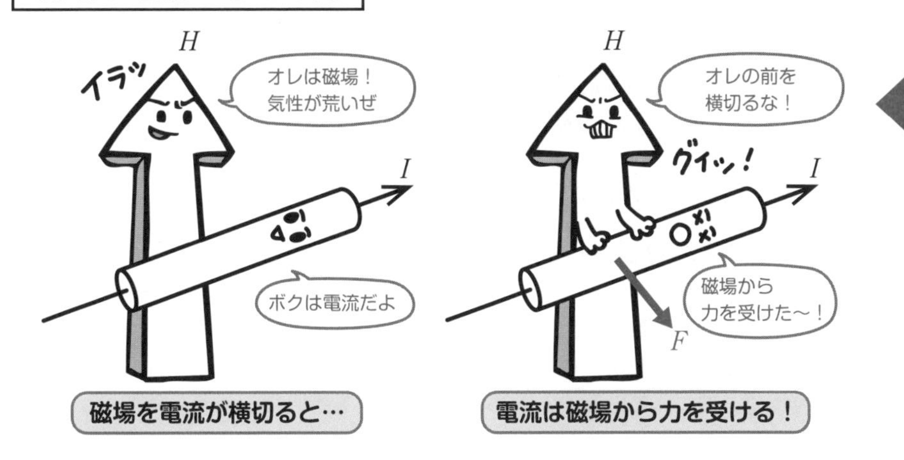

フレミングの左手の法則

…電流 I，磁場 H，電流の受ける力 F の向きを表したもの。

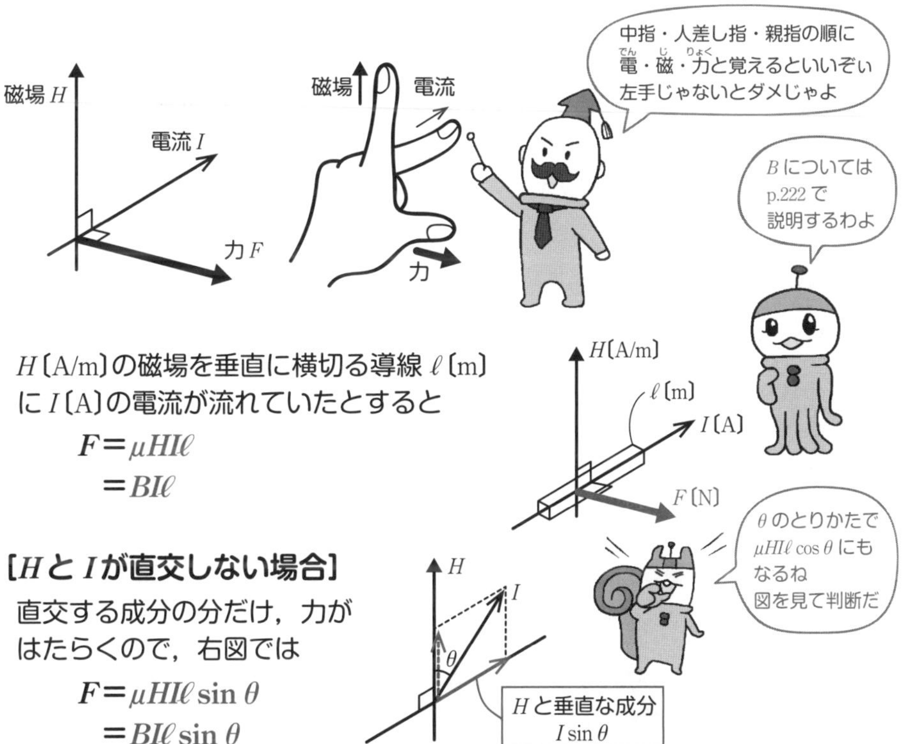

H〔A/m〕の磁場を垂直に横切る導線 ℓ〔m〕に I〔A〕の電流が流れていたとすると

$$F = \mu HI\ell$$
$$= BI\ell$$

［H と I が直交しない場合］

直交する成分の分だけ，力がはたらくので，右図では

$$F = \mu HI\ell \sin\theta$$
$$= BI\ell \sin\theta$$

6-4 平行電流が受ける力

ココをおさえよう！

r〔m〕離れた2本の平行な導線A，Bに流れる電流I_A，I_B〔A〕にはたらく力の大きさは，ℓ〔m〕あたり$F=\dfrac{\mu I_A I_B \ell}{2\pi r}$〔N〕
電流の向きが同じなら引力，逆向きなら斥力がはたらく。

平行に流れる2本の電流について考えてみましょう。
r〔m〕離れた2本の導線A，Bに，それぞれ向きと大きさが同じI_A〔A〕，I_B〔A〕の電流が流れています。この導線ℓ〔m〕にはたらく力を考えましょう。

右ページの図で導線Aを流れる電流I_Aが導線Bの場所に作る磁場は，右ねじの法則より，紙面の奥に向かう向きですね。磁場の大きさは，$H_A=\dfrac{I_A}{2\pi r}$〔A/m〕です。

I_Aの作った磁場を横切るので，I_B（導線B）は力を受けます。
フレミングの左手の法則より，中指が電流I_Bの方向，人差し指が磁場H_Aの方向なので，親指の力を受ける方向は左向き，つまり導線Aに近づく向きです。
導線Bがℓ〔m〕あたりに受ける力の大きさF_Bは，透磁率μ〔N/A^2〕を使って

$$F_B=\mu H_A I_B \ell=\frac{\mu I_A I_B \ell}{2\pi r}〔N〕$$　となります。

同様に，電流I_Bが導線Aの場所に作る磁場は，紙面の手前に向かう向きで，大きさは$H_B=\dfrac{I_B}{2\pi r}$〔A/m〕となりますね。
この磁場により，電流I_Aは力を受けます。その向きは，フレミングの左手の法則より右向き，つまり，導線Bに近づく向きです。
導線Aがℓ〔m〕あたりに受ける力の大きさF_Aは

$$F_A=\mu H_B I_A \ell=\frac{\mu I_A I_B \ell}{2\pi r}〔N〕$$　となります。

これらから，**導線A，Bには引力がはたらき**，その力の大きさはℓ〔m〕あたり

$$f=\frac{\mu I_A I_B \ell}{2\pi r}〔N〕$$

電流I_AとI_Bの向きが互いに逆向きの場合は，フレミングの左手の法則から，導線が受ける力の向きが逆向き，つまり**導線A，Bには斥力がはたらきます**。

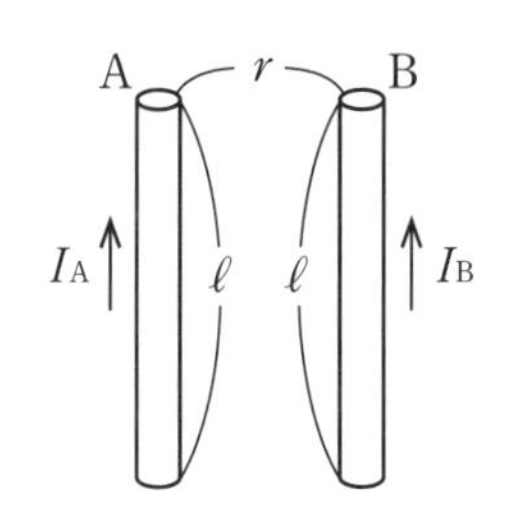

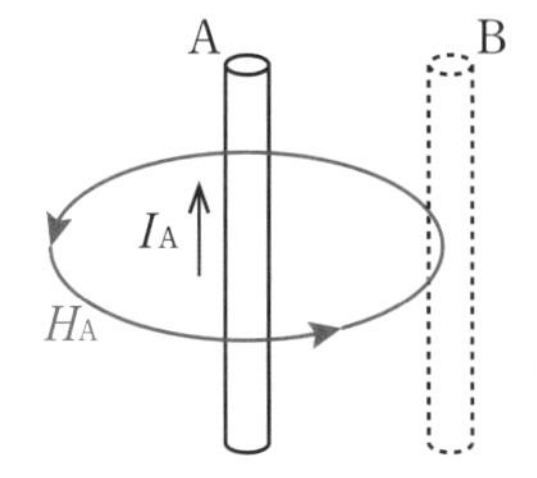

右ねじの法則より
導線 B のところの磁場 H_A の向き ⊗

大きさ $H_A=\dfrac{I_A}{2\pi r}$〔A/m〕

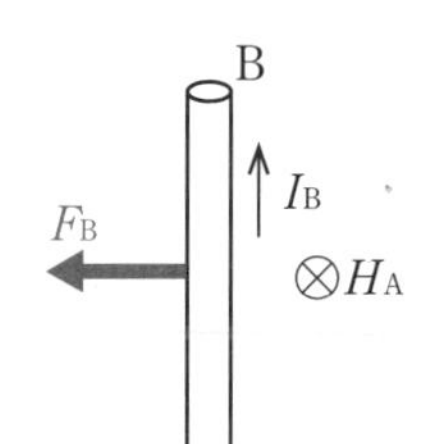

フレミングの左手の法則より
導線 B の受ける力の向き **左向き**
大きさは ℓ〔m〕あたり

$$F_B=\mu H_A I_B \ell=\frac{\mu I_A I_B \ell}{2\pi r}\ \text{〔N〕}$$

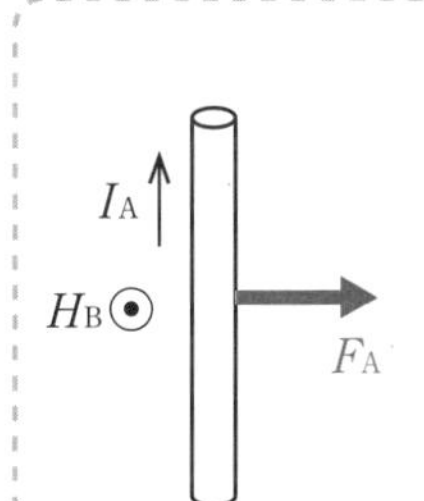

A の受ける力 F_A も同様に求めると
導線 A のところの磁場 H_B の向き ⊙

大きさ $H_B=\dfrac{I_B}{2\pi r}$〔A/m〕

導線 A の受ける力の向き **右向き**

ℓ〔m〕あたりに受ける力の大きさ $F_A=\dfrac{\mu I_A I_B \ell}{2\pi r}$〔N〕

問6-3 右ページの図のように，長い直線の導線の横に，長方形のコイルがある。導線にはI〔A〕，コイルには$\frac{I}{2}$〔A〕の電流が流れている。このとき，導線を流れる電流Iからコイルが受ける力の向きと大きさを答えよ。ただし，透磁率はμ〔N/A^2〕，円周率はπとする。

解きかた 直線電流から$x+r$〔m〕($0<r<b$)離れた場所に作る磁場は大きさ$\frac{I}{2\pi(x+r)}$〔A/m〕で紙面の奥向きですね。

まずは，直線電流と垂直な向きに電流が流れているBCとDAについて考えてみましょう。

BCでは右向きに電流が流れているので，上向きに力を受けます。

一方，DAでは左向きに電流が流れているので，下向きに力を受けますね。

この2つの力は上下方向で相殺されてしまいます。

よって，コイルが受ける力はABが受ける力と，CDが受ける力を合わせたものになります。

ABでは下向き，つまり直線電流とは反対向きに電流が流れていますね。

フレミングの左手の法則より，ABが受ける力は右向きです。

ABの長さはa〔m〕なので，ABの受ける力の大きさF_1は

$$F_1=\mu H\cdot\frac{I}{2}\cdot a=\mu\cdot\frac{I}{2\pi x}\cdot\frac{I}{2}\cdot a=\frac{\mu I^2 a}{4\pi x}\text{〔N〕}$$

CDでは，上向きに電流が流れているのでフレミングの左手の法則より，受ける力は引力，つまり左向きになりますね。

CDの長さはa〔m〕なので，CDの受ける力の大きさF_2は

$$F_2=\mu H\cdot\frac{I}{2}\cdot a=\mu\cdot\frac{I}{2\pi(x+b)}\cdot\frac{I}{2}\cdot a=\frac{\mu I^2 a}{4\pi(x+b)}\text{〔N〕}$$

$F_1>F_2$なので　コイルが受ける力の向き：**右向き** …答

大きさ：$F_1-F_2=\boldsymbol{\frac{\mu I^2 ab}{4\pi x(x+b)}}$〔N〕 …答

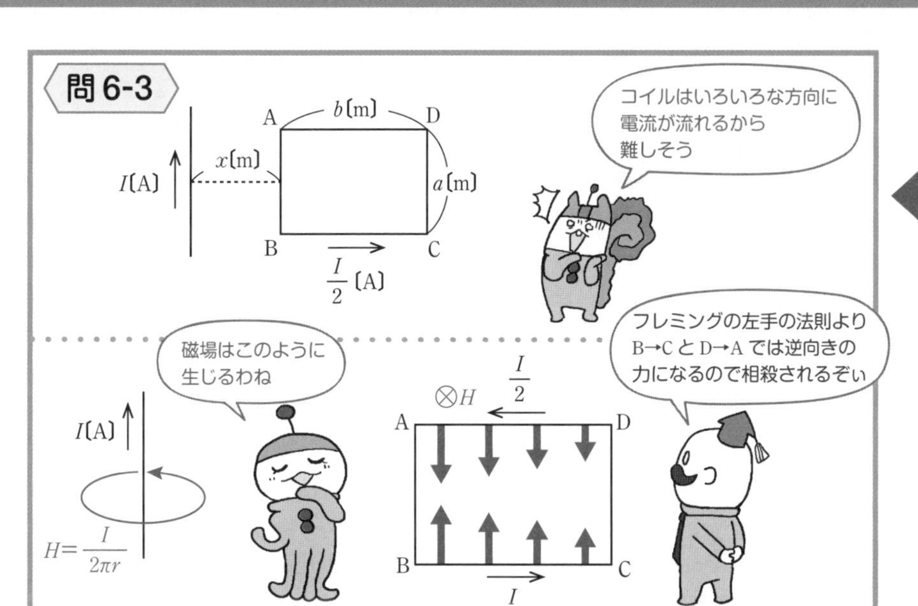

BCを流れる電流にはたらく力と，DAを流れる電流にはたらく力は相殺されるので，AB，CDに流れる電流にはたらく力を考える。

〔ABについて〕

$$H=\frac{I}{2\pi x}\text{〔A/m〕}$$

フレミングの左手の法則より右向きに力F_1がはたらく。

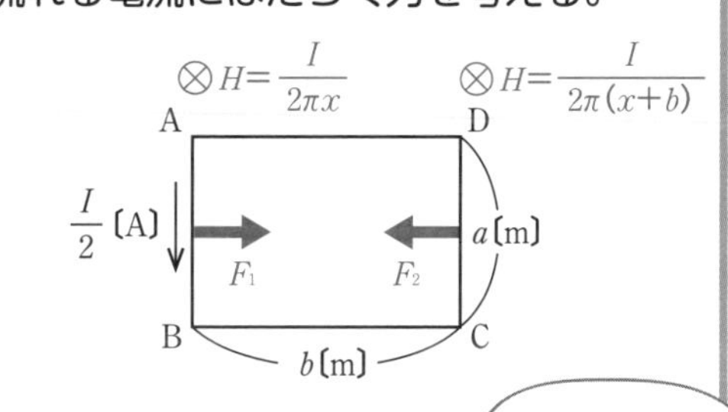

$\frac{I}{2}$〔A〕がa〔m〕なので

$$F_1=\mu H\cdot\frac{I}{2}\cdot a=\frac{\mu I^2 a}{4\pi x}\text{〔N〕}$$

〔CDについて〕

$$H=\frac{I}{2\pi(x+b)}\text{〔A/m〕}$$

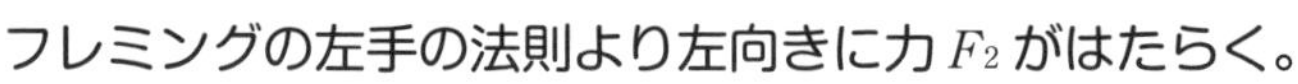

フレミングの左手の法則より左向きに力F_2がはたらく。

$\frac{I}{2}$〔A〕がa〔m〕なので

$$F_2=\mu H\cdot\frac{I}{2}\cdot a=\frac{\mu I^2 a}{4\pi(x+b)}\text{〔N〕}$$

$$F_1-F_2=\frac{\mu I^2 a}{4\pi}\left(\frac{1}{x}-\frac{1}{x+b}\right)=\underline{\underline{\boldsymbol{\frac{\mu I^2 ab}{4\pi x(x+b)}}}}\text{〔N〕}$$ …答

ここまでやったら
別冊 P. 49へ

6-5 磁束密度

ココをおさえよう！

磁束密度と磁場の関係は　$B=\mu H$
磁束密度B〔T〕の中に置かれた長さℓ〔m〕，大きさI〔A〕の電流が受ける力F〔N〕は　$F=BI\ell$

電流が磁場から受ける力は透磁率μを用いて$F=\mu HI\ell$と表されるのでした。
この透磁率は磁場の周りの物質の種類で変化してしまいます。そのため，透磁率がわからないと電流が受ける力の大きさを知ることができませんね。

電流が受ける力の大きさを簡単に調べるために使うのが**磁束密度**Bです。
磁束密度は電場や磁場と同じように大きさと向きがあります。
磁束密度の大きさは，その場所を流れる1 Aの電流1 mが受ける力の大きさで表されていて，単位には〔T〕(**テスラ**) または〔$\mathrm{Wb/m^2}$〕や〔N/A・m〕を使います。

磁束密度Bを用いると，電流が磁場から受ける力は$F=BI\ell$と表されます。その場所を流れる1 Aの電流1 mが受ける力の大きさがBなので，$F=BI\ell$になるのです。
磁場Hと透磁率μを用いた式$F=\mu HI\ell$と比べると，$B=\mu H$の関係があります。
長さの単位にメートルやインチがあるように，磁束密度は磁場を別の単位で表したものと思って大丈夫です。
磁束密度Bの向きは，磁場Hの向きと同じです。
ですので，磁束密度Bを与えられてもフレミングの左手の法則が使えます。

磁束密度の様子を線で表したものが**磁束線**です。
(磁束線と磁力線 (p.206) はほぼ同じものと思ってOKです)
電気の分野の電気力線と同じように，磁束密度の大きさがB〔T〕のところでは，1 $\mathrm{m^2}$あたりB〔本〕の磁束線をかくことになっています。B〔T〕$=B$〔本/$\mathrm{m^2}$〕ということですね。

磁束密度の話は抽象的でわかりにくいかもしれませんが，高校物理の範囲では，
・$B=\mu H$
・磁束密度Bの向きは磁場Hの向きと同じで，BとHは似たようなもの。
・磁束密度Bのところは，磁束線を1 $\mathrm{m^2}$あたりにB〔本〕かく。
ということだけを，頭に入れておきましょう。

磁束密度 B …磁場 H に透磁率 μ を掛けたもの。

$$B=\mu H$$

その場所を流れる 1 A の電流 1 m に B〔N〕の力がはたらいた → その場所の磁束密度は B〔T〕

$$F=BI\ell$$ ← 1 A，1 m なら B〔N〕，I〔A〕，ℓ〔m〕なので $BI\ell$〔N〕

磁束線 …磁束密度の様子を線で表したもの。
［B〔T〕のところは 1 m² あたり B〔本〕の磁束線をかく］

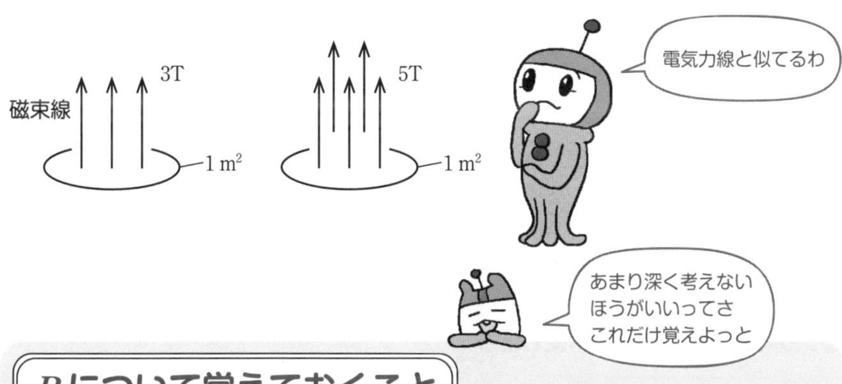

B について覚えておくこと

- $B=\mu H$
- B の向きは H の向きと同じ。B と H は似たようなもの。
- 磁束密度 B のところでは，1 m² あたり B〔本〕の磁束線をかく。

6-6 ローレンツ力

ココをおさえよう！

磁束密度Bの中を，速さvで移動する電気量qの粒子が受けるローレンツ力fは　$f = qvB$

磁場（磁束密度）は電流に力を与えるということでした。
これまでは導線を流れる電流について，磁場が加える力を考えてきましたが，
もっとミクロな目線，粒子のレベルで見ていきたいと思います。

Chapter 4と同様，電流を正電荷，つまり，正の電気を帯びた粒子（荷電粒子）の流れと考えます。
今までは「電流が力を受ける」といっていましたが，厳密にいえば，「導体中の荷電粒子たちが力を受ける」のです。
磁場（磁束密度）は目の前を横切る荷電粒子たちに「じゃまだ！」といって，力を与えるのですね。この，**荷電粒子が磁場から受ける力**を**ローレンツ力**といいます。

磁束密度B〔T〕の中を，磁束密度に対して垂直に速さv〔m/s〕で移動している電気量q〔C〕の荷電粒子が受けるローレンツ力f〔N〕は，次のように表されます。

$$f = qvB$$

ローレンツ力の向きは，荷電粒子の移動方向や磁場（磁束密度）の方向に対して垂直です。

荷電粒子の受ける力の向きでは，フレミングの左手の法則を使います。
正の荷電粒子が移動している場合は，粒子の進む向きが電流の向きと同じです。
フレミングの左手の法則の，中指を粒子の進む向きとして，力の向きを求めましょう。
電子などの負の荷電粒子が移動する場合，粒子の進む向きは電流の向きとは反対と考えます。したがって，**粒子が進む向きとは逆向きを電流の向きとして，フレミングの左手の法則を使いましょう**。

磁束密度Bと速さvがθの角度になっているときは，ローレンツ力は垂直な成分にしかはたらきません（電流のとき（p.216）と同じですね）。
よって，右ページの図のようなとき，荷電粒子が受けるローレンツ力は，
$\boldsymbol{f = qvB\sin\theta}$ になります。

ローレンツ力 …荷電粒子が磁場から受ける力。

$$f = qvB$$

B〔T〕
q〔C〕 v〔m/s〕
$f = qvB$〔N〕

f の向きはフレミングの左手の法則で決まる。
- 正電荷→動く方向を電流の向きとして中指を合わせる。
- 負電荷→動く方向の逆向きを電流の向きとして中指を合わせる。

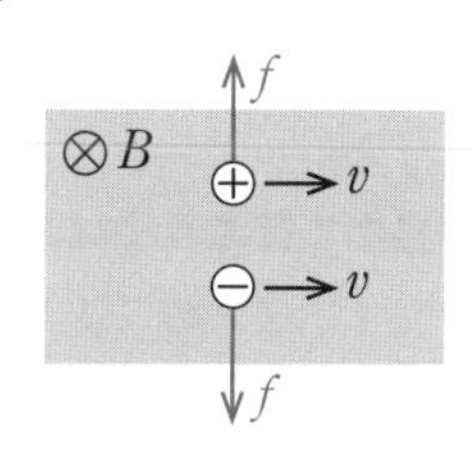

[磁束密度 B と，荷電粒子の v が直交しない場合]

直交する成分の分だけ，力が
はたらくので，右図では

$$f = qvB\sin\theta$$

ここまでやったら
別冊 P. 50 へ

6-7 磁場中の荷電粒子のふるまい

ココをおさえよう！

磁場中の荷電粒子は，ローレンツ力を向心力とした円運動を行う。

磁場中を移動している荷電粒子は，ローレンツ力を受けるのでしたね。
右ページの図①の状態にある粒子を見てください。
荷電粒子はこの瞬間，上向きに動いており，磁場（磁束密度）の向きは紙面の裏から表の方向です。このとき，ローレンツ力はフレミングの左手の法則より，紙面の右向きにはたらきますね。

次は図②の状態にある粒子を見てください。
ローレンツ力を受けた結果，粒子はわずかに右にそれてしまいます。
すると，粒子は右斜め前に向かって進みますから，ローレンツ力の向きも紙面の右下に向かってはたらきます。

このように，磁場中ではローレンツ力は常に粒子の移動方向と垂直にはたらきますね。移動方向が変わっても，常にその移動方向と垂直に力がはたらくので，速さは変化せず一定です。
磁場中で荷電粒子は，ローレンツ力を向心力とする等速円運動を行うのです。

力学の円運動の分野で学んだことを思い出しましょう。※
向心力はローレンツ力 $f=qvB$ ですから，粒子の質量を m，円運動の半径を r とすれば次の式が成り立ちます。

運動方程式： $qvB=m\dfrac{v^2}{r}$

ここから，円運動の半径は $r=\dfrac{mv}{qB}$ となりますね。

また，**周期** $T=\dfrac{2\pi r}{v}=\dfrac{2\pi m}{qB}$，**角速度** $\omega=\dfrac{2\pi}{T}=\dfrac{qB}{m}$ となります。
周期 T や角速度 ω が荷電粒子の速さ v や半径 r に依存しないのは興味深い結果ですね。

（※『宇宙一わかりやすい高校物理（力学・波動）p.190 ～』）

磁場中の荷電粒子の運動

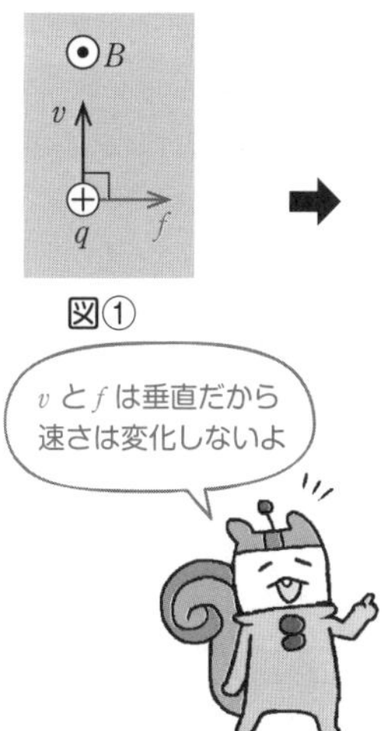

図①　図②

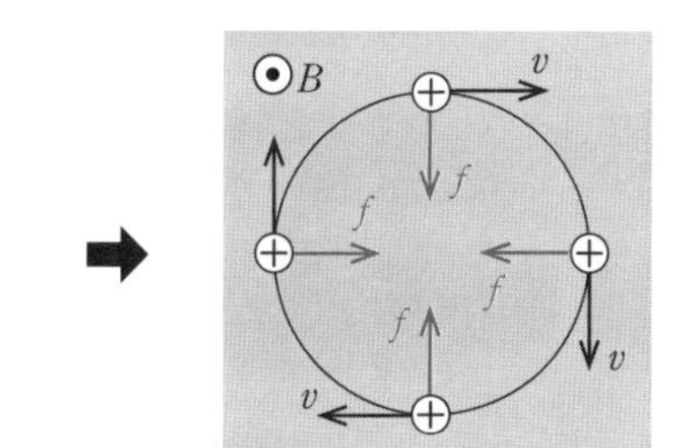

ローレンツ力 f を向心力とする等速円運動をする

粒子の質量を m とすると

円運動の方程式　$F=m\underset{a}{\underline{\underline{\dfrac{v^2}{r}}}}$　より

$$\boldsymbol{\underset{\text{ローレンツ力}}{qvB}=m\frac{v^2}{r}}$$

よって，半径 r は　$\boldsymbol{r=\dfrac{mv}{qB}}$

円運動の周期を T，角速度を ω とすると

$$T=\frac{2\pi r}{v}=\boldsymbol{\frac{2\pi m}{qB}}$$

$$\omega=\frac{2\pi}{T}=\boldsymbol{\frac{qB}{m}}$$

問6-4 右ページの図のような装置を使って，静止している質量mの荷電粒子に電圧Vをかけ，初速度0の荷電粒子を加速させた。加速した荷電粒子は，スリットAに入り，半円を描いたあと，スリットBから出てきた。スリットの内側の磁束密度をB，荷電粒子の電気量をq $(q>0)$とする。次の問いに答えよ。ただし，円周率はπとする。

(1) 加速後の荷電粒子の速さをm，V，qを用いて表せ。

(2) スリットA，Bの距離Lをm，V，q，Bのうち，必要なものを用いて表せ。

(3) スリットAからスリットBまで移動するのにかかった時間をm，V，q，Bのうち，必要なものを用いて表せ。

円運動の知識がアヤシイ人は，復習してから取り組むようにしましょう。

解きかた

(1) まず，荷電粒子にVをかけ，加速させたということは，荷電粒子のもつ静電気力による位置エネルギーが，運動エネルギーに変化するということです。

したがって，荷電粒子に関する力学的エネルギー保存則を考えます。

加速前の静電気力による位置エネルギーはqV，

加速後の荷電粒子の速さをvとすると，運動エネルギーは$\frac{1}{2}mv^2$なので

$$qV+0=0+\frac{1}{2}mv^2 \qquad \text{よって} \quad v=\sqrt{\frac{2qV}{m}} \cdots \text{答}$$

(2) スリット内では，荷電粒子はローレンツ力qvBを向心力とした円運動を行います。その運動方程式は，円運動の半径をrとして

$$qvB=m\frac{v^2}{r}$$

これより，$r=\frac{mv}{qB}$となりますね。

ABは円運動の直径ですので

$$L=2r=\frac{2mv}{qB}=\frac{2m}{qB}\sqrt{\frac{2qV}{m}}=\frac{2}{B}\sqrt{\frac{2mV}{q}} \cdots \text{答}$$

(3) 円運動の周期Tは，$vT=2\pi r$より，$T=\frac{2\pi r}{v}$と表されましたね。

求める時間は，円軌道の半分を移動する時間，すなわち周期の半分の時間ですから $\frac{T}{2}=\frac{\pi r}{v}=\frac{\pi m}{qB} \cdots$ 答

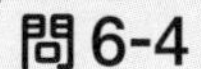

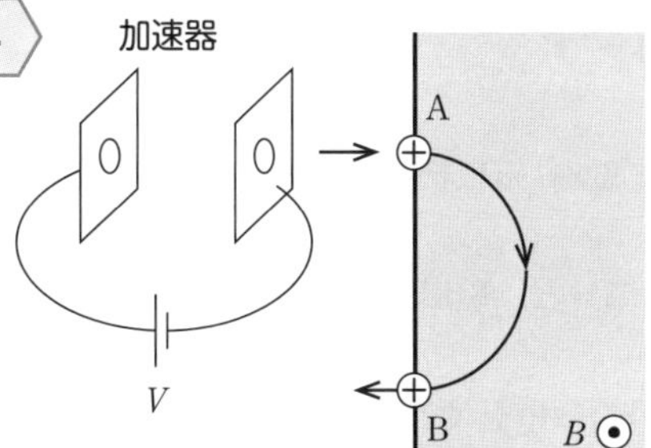

(1)

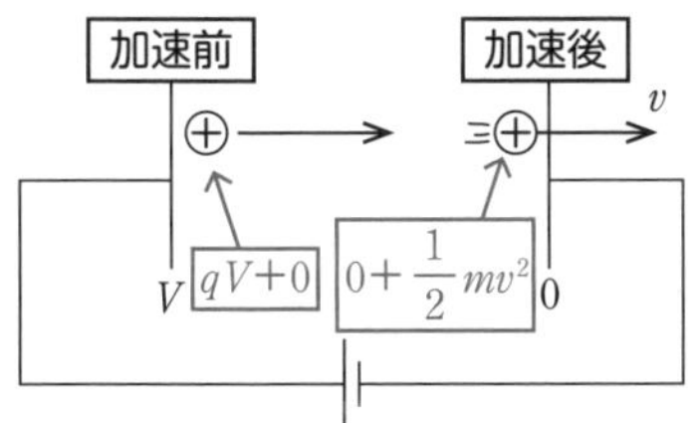

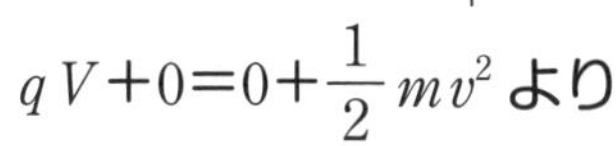

$qV+0=0+\frac{1}{2}mv^2$ より

$v=\sqrt{\frac{2qV}{m}}$ …答

(2) $qvB=m\frac{v^2}{r}$

$r=\frac{mv}{qB}$

$L=2r=\frac{2mv}{qB}=\frac{2m}{qB}\sqrt{\frac{2qV}{m}}$

$=\frac{2}{B}\sqrt{\frac{2mV}{q}}$ …答

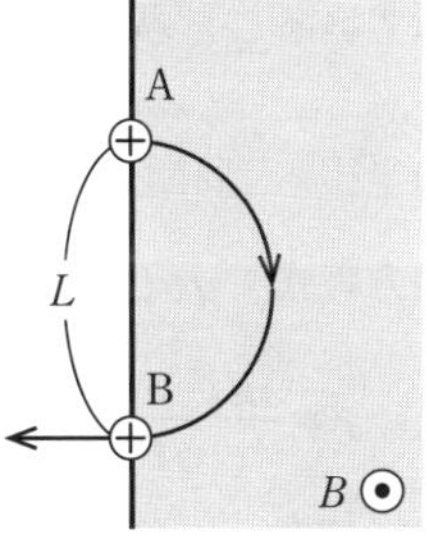

(3) 円運動の周期を T とすると $vT=2\pi r$

よって $T=\frac{2\pi r}{v}$

求める時間は円運動の半周期分なので

$\frac{T}{2}=\frac{\pi r}{v}=\pi\cdot\frac{mv}{qB}\cdot\frac{1}{v}=\frac{\pi m}{qB}$ …答

今度は，右ページの図のように磁場（磁束密度）に対して，θ の角度で速さvの荷電粒子が入ってきたとしましょう。
こういう場合は，磁場に垂直な成分と，磁場に平行な成分に分けて考えます。

磁場に対して垂直な速さの成分は$v \sin\theta$ ですね。
よって，荷電粒子は$f = qvB \sin\theta$ のローレンツ力を受けます。
このローレンツ力の向きは荷電粒子の運動方向と垂直になっていますね。
つまり，荷電粒子の磁場に垂直な方向の運動は，$qvB \sin\theta$ を向心力とする等速円運動になっています。

磁場と平行な向きの成分は$v \cos\theta$ ですが，この成分にはどんな力が加わるのでしょうか？
磁場は横切られるのは嫌ですが，平行な向きなら力を加えないのでしたね(p.216)。
そのため，磁場と同じ向きには力がはたらきません。
よって，荷電粒子は速さ$v \cos\theta$ の等速直線運動（等速度運動）をします。

これらをまとめると，**荷電粒子は円運動をしながら一定の速さで進んでいく，らせん運動をしている**ことがわかります。

らせん運動の半径rと周期Tを円運動の運動方程式より求めましょう。

運動方程式：$$qvB\sin\theta = m\frac{(v\sin\theta)^2}{r}$$

より，半径は $$r = \frac{mv\sin\theta}{qB}$$

周期は $$T = \frac{2\pi r}{v\sin\theta} = \frac{2\pi mv\sin\theta}{qBv\sin\theta} = \frac{2\pi m}{qB}$$ ですね。

周期Tは荷電粒子の角度θに無関係なことがわかりますね。

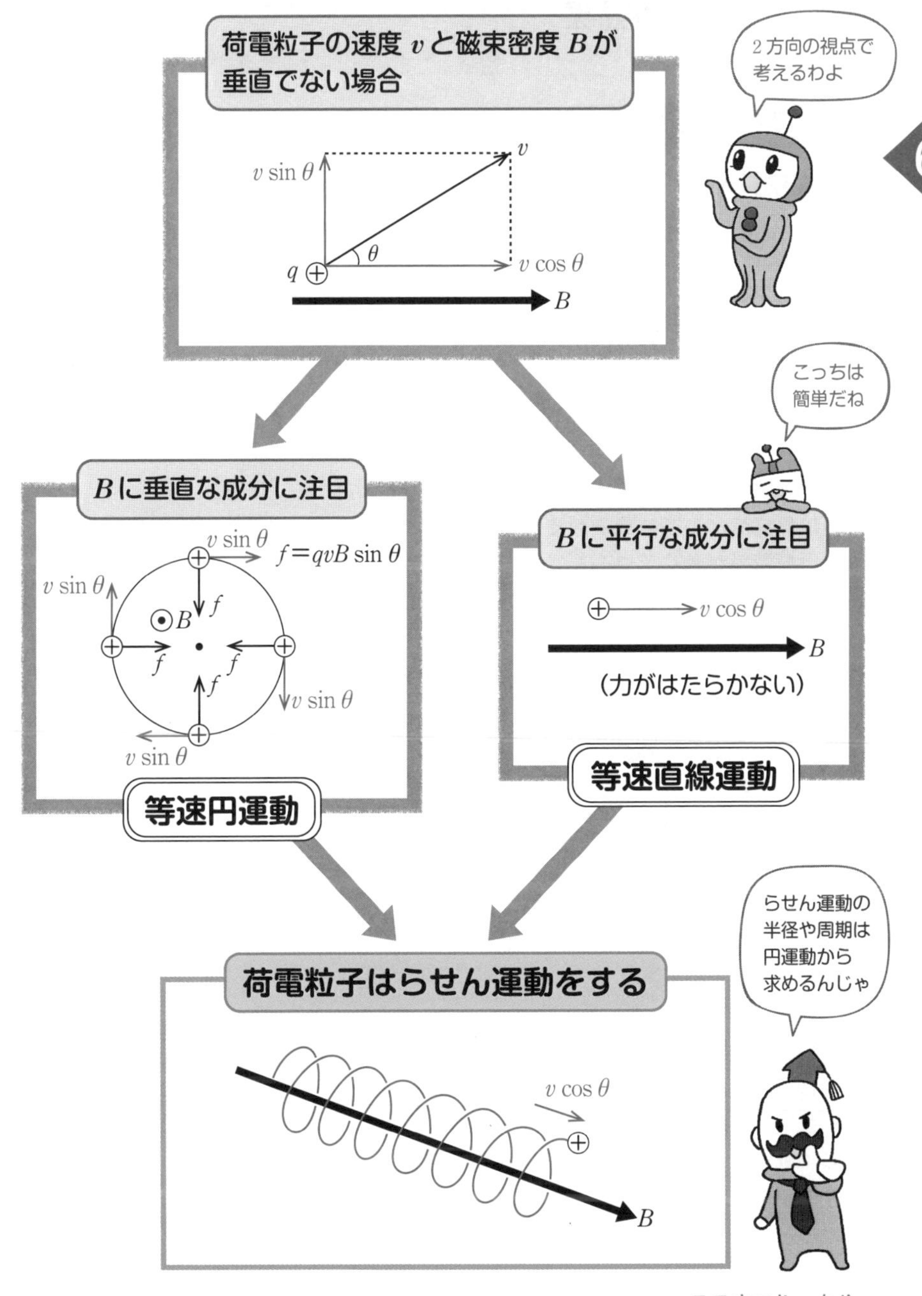

ここまでやったら 別冊 P. 51 へ

6-8 ホール効果

ココをおさえよう！

磁場中にある導体に電流を流すと，電荷が偏りホール電圧が生じる。

右ページの図のように下から上の方向へ磁場（磁束密度）があるところで，直方体を通るように磁場と垂直な向きに電流を流します。
直方体は，導体でできています。
このとき，直方体内で起こることから，導体内で起こることを学んでいきましょう。

導体内では電子が動くことで電流が流れるのでした。
電子は負電荷なので，電流が流れる方向と電子が動く方向は反対になりますね。
磁場中を電子が動くとローレンツ力evBを受けます。
右ページの図では，電子は直方体の側面Aに移動していきます。

電子が移動していくと側面Aには負電荷が集まり，反対側の側面Bは電子がいなくなるので正電荷が集まります。
このため，側面Bの電位が側面Aよりも高くなり，BからAに向かう向きに電場Eが生じます。
この電場により，電子は左向きにeEの力を受けます。

やがて，側面Aと側面Bに電荷がたまると，ローレンツ力evBと電場による力eEがつり合うようになります。
すると，直方体内の電子は真っすぐ進んでいきます。

今，わかりやすくするために直方体で説明しましたが，磁場中にある導体に電流が流れるとき，導体内ではこのようなことが起こっているということです。
このとき，側面Bと側面Aには電圧が生じていますね。
このように，**磁場中にある導体に電流を流すと，導体内では磁場と電流に垂直な向きに起電力が生じます**。
このことを**ホール効果**と呼び，このとき生じた電圧のことを**ホール電圧**と呼びます。

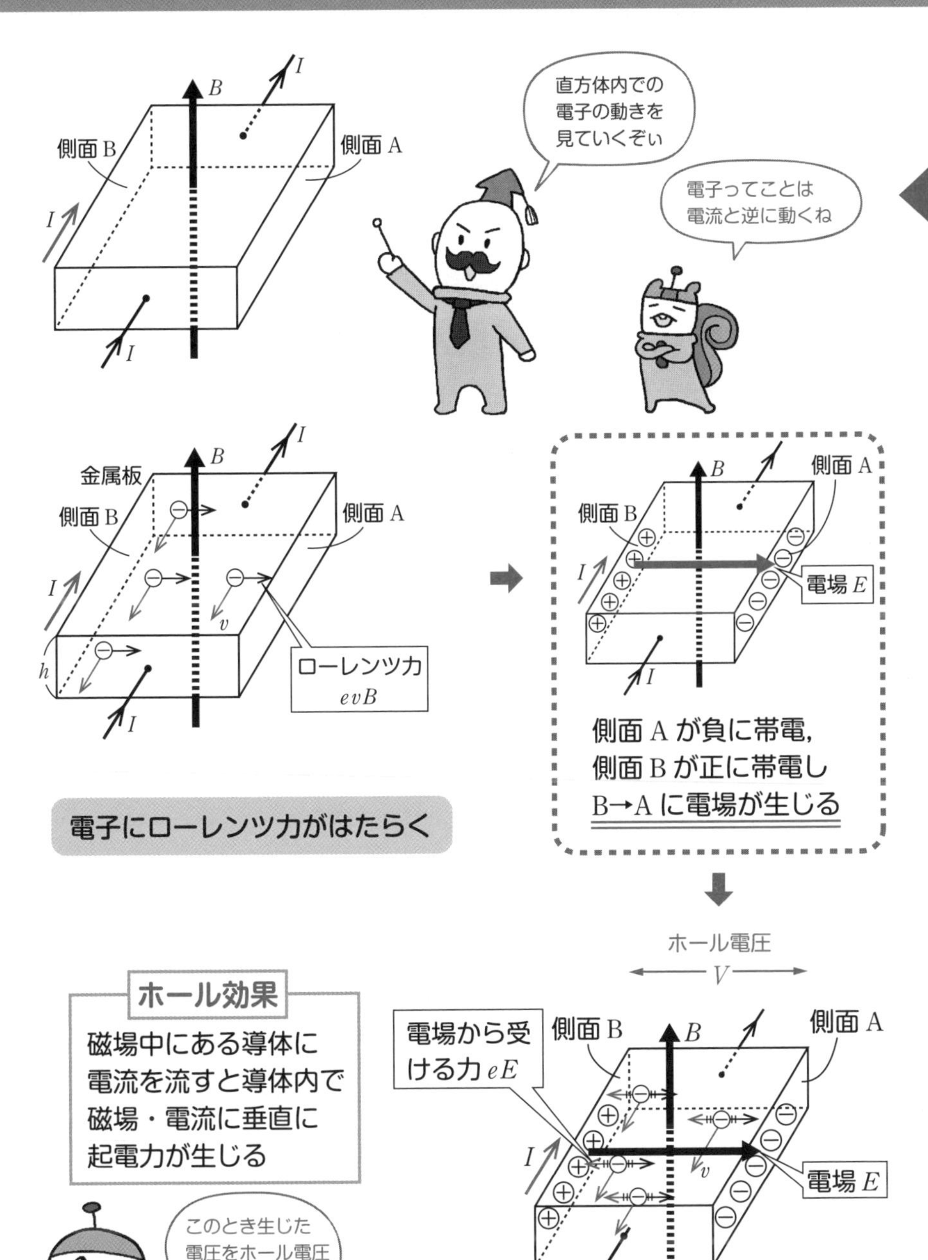

ローレンツ力と電場から受ける力がつり合い
電子は真っすぐ進む

問6-5 右ページの図のように縦がa〔m〕，横がb〔m〕の長方形を断面とする直方体の金属板がある。金属板には上向きの磁束密度B〔T〕が加えられている。この金属板の側面から電流I〔A〕を流した。電子の電気量を$-e$〔C〕，金属板にある電子の数は1 m^3あたりn個として，このとき生じるホール電圧を求めよ。

解きかた 電子の移動速度をvとしましょう。

このとき，電子が受けるローレンツ力はevBになりますね。

また，求めるホール電圧をVとすると，金属板内には$E=\frac{V}{b}$の電場ができています。

この電場から電子が受ける力は$eE=e\frac{V}{b}$ですね。

この2つの力がつり合っているので

$$e\frac{V}{b}=evB$$

$$V=vbB$$

となりますね。

しかし，vは自分で設定した文字なので，答えに使ってはいけません。

ここで，流れる電流の大きさについて考えてみましょう。

p.102でやったように，電流の大きさIは断面積Sを用いて$I=envS$となるのでした。これを使って，vを他の文字で表しましょう。

ここでは，断面積$S=ab$なので，$I=envab$，つまり，$v=\frac{I}{enab}$となりますね。

これをホール電圧Vの式に代入すると

$$V=vbB=\frac{bBI}{enab}=\boldsymbol{\frac{BI}{ena}}\ \cdots 答$$

問6-5

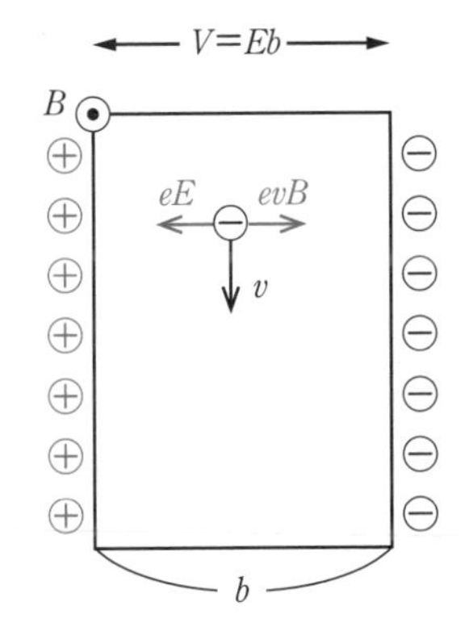

ホール電圧を V, 電子の速さを v とすると

$$V=Eb$$

よって　$E=\dfrac{V}{b}$

ゆえに　$\underbrace{e\dfrac{V}{b}}_{eE}=evB$

$$V=vbB \quad \cdots\cdots ①$$

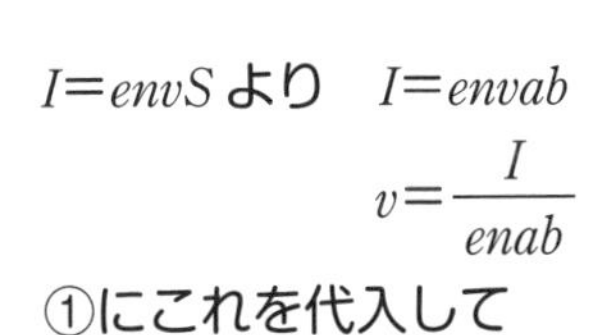

$I=envS$ より　$I=envab$

$$v=\frac{I}{enab}$$

①にこれを代入して

$$V=\frac{\boldsymbol{BI}}{\boldsymbol{ena}} \quad \cdots 答$$

ハカセの宇宙一キビしいチェック!!

理解できたものに，☑チェックをつけよう。

- [ ] 磁力線はN極から出てS極へと向かう。
- [ ] 直線電流，円形電流（中心），ソレノイド（内部）が作る磁場の式をそれぞれ覚えた。
- [ ] 電流が磁場を横切っているときに，フレミングの左手の法則から，力がどの方向にはたらいているかがわかる。
- [ ] 磁場を横切る電流にはたらく力の大きさは$F=\mu HI\ell=BI\ell$である。
- [ ] 2本の平行電流が受ける力を導ける。
- [ ] ローレンツ力の大きさと向きを求めることができ，円運動の運動方程式を立てられる。
- [ ] ローレンツ力と金属板内に発生した電場による力のつり合いからホール電圧を求めることができる。

Chapter

電磁誘導

電磁誘導

はじめに

Chapter 7は電磁誘導です。

電磁誘導は，モーターや，IHコンロなどにも適用されており，
私たちの生活となじみの深い現象です。
電磁誘導は，コイルを貫く磁束の変化によって，電圧が生じる現象です。

電磁誘導は「ビックリしやすいコイル」の立場になって考えてみましょう。
もし，磁束が急にたくさん自分を通り抜け始めたら…。
あるいは，もし，自分を貫く磁束が急に減少し始めたら…。
コイルはあわてて，その変化を打ち消そうとするでしょう。
コイルの性格を考えて，たのしく学んでいきましょう。

この章で勉強すること

はじめに，電磁誘導で大切な磁束と磁束密度について補足します。
それをふまえ，電磁誘導はどんな現象なのかを説明していきます。
さらに，導体棒が移動するパターンの電磁誘導も紹介し，
自己誘導・相互誘導といった，電磁誘導の応用的な現象も紹介します。

電磁誘導に関係するもの

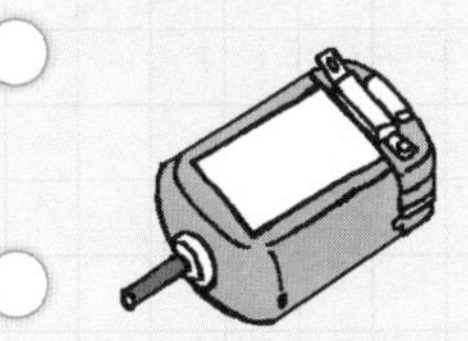

モーター

IH コンロ

コイルはビックリしやすい

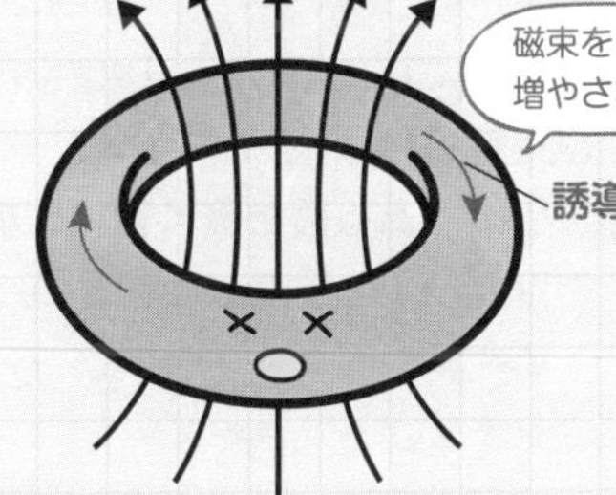

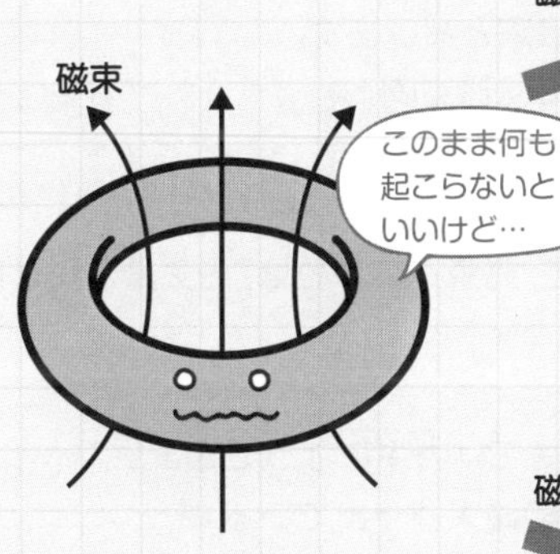

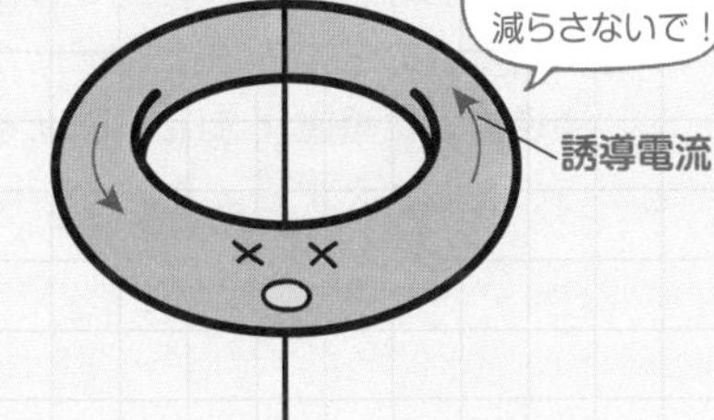

7-1 磁束密度と磁束

ココをおさえよう！

磁束Φ=磁束密度B×面積S

電磁誘導の説明の前に，まずは**磁束**という考えかたについて説明しましょう。

p.222で説明したように，磁束密度Bは$B=\mu H$という磁場Hと透磁率μの積で表される量で，単位には，テスラ〔T〕または〔$\mathrm{Wb/m^2}$〕が用いられるのでした。
磁束密度Bというのは，要は**周りの媒質の影響も含めた磁場のこと**ですね。

また，磁束密度の様子は**磁束線**で表され，磁束密度がB〔T〕のところでは，**1 $\mathrm{m^2}$あたりB本の磁束線をかく**というきまりがありましたね。

このきまりにしたがうと，磁束密度B〔T〕のところで磁束線に垂直なS〔$\mathrm{m^2}$〕の面を貫く磁束線の数はBS本ですね。
このように，**ある面を貫く磁束線の本数**を**磁束**と呼びます。
磁束密度B〔T〕に垂直な面積S〔$\mathrm{m^2}$〕の面を貫く磁束Φは

$$\Phi = BS$$

と表されます。
磁束密度の単位は〔T〕=〔$\mathrm{Wb/m^2}$〕でしたので，磁束Φの単位は，磁気量と同じ〔Wb〕となります。

この磁束（磁束線の本数）の変化量が電磁誘導ではカギになってきます。
・磁束密度Bのところでは1 $\mathrm{m^2}$あたりB本の磁束線が出ている
・磁束密度Bに垂直なS〔$\mathrm{m^2}$〕の面を貫く磁束線の本数はBS本（BS〔Wb〕）
というのをおさえましょう。

7

磁束

磁束密度 B〔T〕

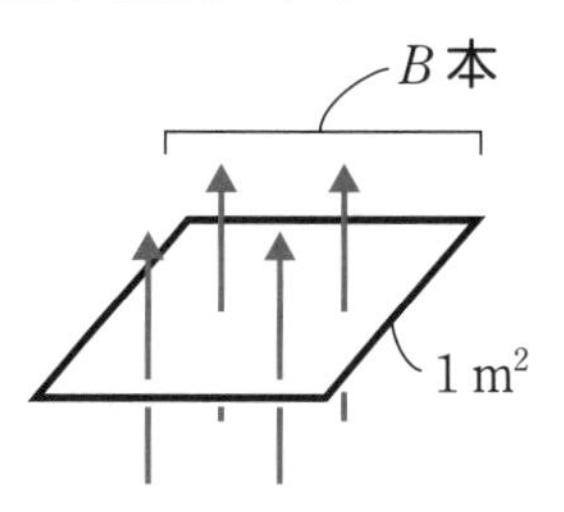

1 m² あたり B 本の磁束線をかく

S〔m²〕では

BS 本 ⇒ 磁束 Φ は BS

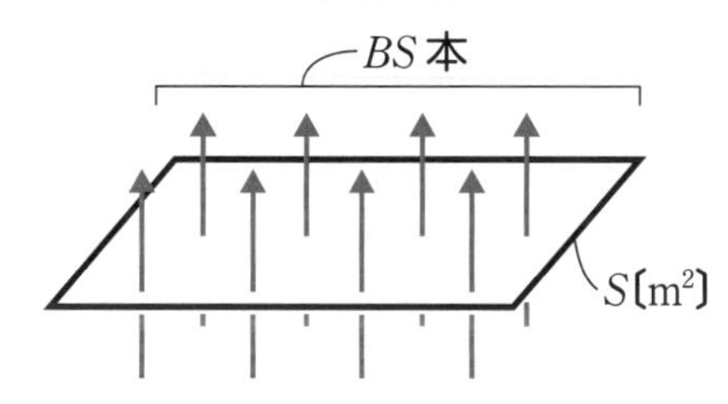

1 m² で B 本だから
S〔m²〕では BS ね
本数が磁束なんだわ

ある面を貫く磁束線の本数を磁束といい Φ で表す

ここまでやったら
別冊 P. 56 へ

7-2 電磁誘導

ココをおさえよう！

電磁誘導：コイルを貫く磁束の変化によってコイルに電流が流れる現象。
レンツの法則：誘導起電力は磁束の変化を打ち消す向きに電流が流れるよう生じる。

コイル（導線を巻いたもの）はちょっと変わった一面をもっています。
それは「とてもビックリしやすい」という一面です。

右ページの図のように，磁石のN極の前にコイルを置くと，磁束はコイルを通り抜けますね。
コイルは，この**「自分を通り抜ける磁束（磁束線の本数）」にとても敏感**なのです。

ここで，N極を急にコイルから遠ざけたとしましょう。
すると，コイルを通り抜ける磁束がいきなり減ってしまいますね。
そのとき，コイルの「ビックリしやすい一面」が出てしまいます。

コイルは「磁束が減った！」と驚き，磁束の変化に大きな戸惑いを示すのです。
すると，反射的に「磁束を増やさなきゃ！」と，思い始めます。
よって，磁束が増える向きに電流が流れるよう，**コイルには電圧が生じる**のです。

このような，**コイルを貫く磁束の変化によってコイルに電流が流れる現象**が**電磁誘導**です。
電磁誘導によって流れる電流を**誘導電流**，生じる電圧を**誘導起電力**といいます。

N極を急に近づけて，コイルを通る磁束がいきなり増えた場合は，
「磁束が増えた！」と驚き，今度は磁束が減る向きに電流が流れるように，コイルには電圧（誘導起電力）が生じるわけですね。

つまり，**誘導電流は，磁束の変化を打ち消す向きに流れる**のです。
これを**レンツの法則**といいます。

電磁誘導 …コイルを貫く磁束が変化することにより，
その磁束変化を妨げようと，
コイルに電圧が生じ，電流が流れる現象。

① 磁束がコイルを貫いている　　② コイルを貫く磁束が変化する

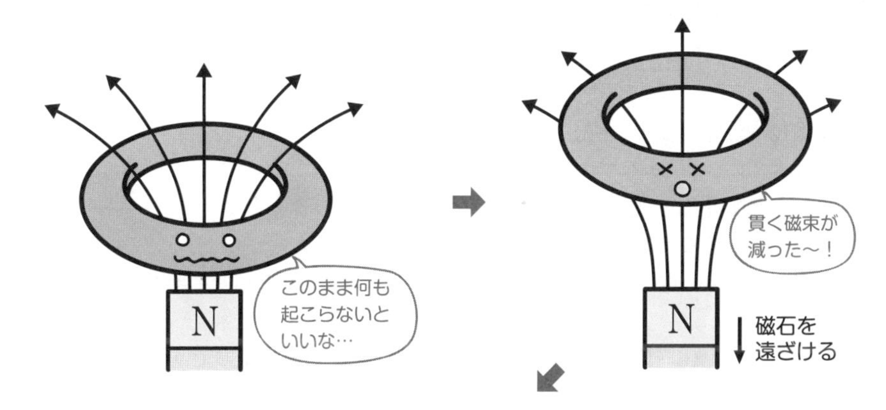

③ 磁束の変化を妨げるように電圧が生じ
電流が流れる

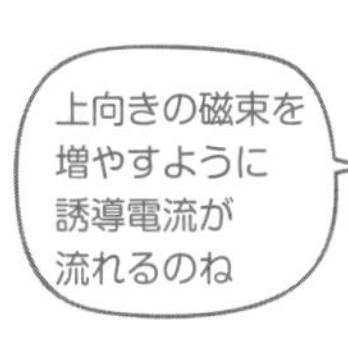

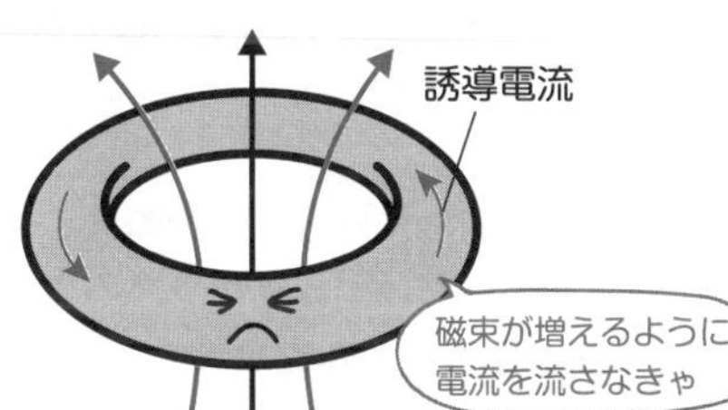

レンツの法則 …誘導電流は
磁束の変化を打ち消す向き
に流れる。

p.208〜213 の電流の
作る磁場を思い出すのじゃ

7-3 ファラデーの電磁誘導の法則

ココをおさえよう！

N回巻きコイルの磁束がΔt秒の間に$\Delta\Phi$〔Wb〕だけ変化したときの誘導起電力の大きさVは

$$V = N\left|\frac{\Delta\Phi}{\Delta t}\right|$$

電流は磁束の変化を打ち消す向きに流れる。

コイルを通り抜ける磁束が変化すると，コイルはビックリして，
磁束の変化を打ち消すように誘導電流が流れるのでした。
今度はそのときの電圧の大きさ，つまり誘導起電力の大きさに注目してみます。

コイルは，**“急激に”磁束が変化するほどビックリしてしまう**のです。
急激にとは，つまり「より短い間に，たくさん磁束が変化する」ということですね。
したがって，**誘導起電力は，磁束の変化が大きいほど大きく，また，変化にかかった時間が短いほど大きい**わけです。
よって，誘導起電力は，**磁束の変化に比例し，変化にかかった時間に反比例する**のです。この関係を**ファラデーの電磁誘導の法則**といいます。

また，コイルの巻き数によっても，誘導起電力の大きさは変化します。
コイルの巻き数が多いと，それだけ「ビックリするコイルの数」も多くなるので，
N回巻きのコイルは，1回巻きのコイルに比べて，N倍の誘導起電力が発生します。

以上より，N回巻きのコイルを貫く磁束Φ〔Wb〕が，Δt秒の間に$\Delta\Phi$〔Wb〕だけ変化したときの誘導起電力の大きさVは，以下のように表されます。

$$V = N\left|\frac{\Delta\Phi}{\Delta t}\right|$$

誘導起電力により電流が流れる向きは，「コイルの驚きを抑える向き」です。
レンツの法則でしたね。なので，誘導起電力を求めるときには

- **公式を使ってVの大きさを求める。**
- **流れる電流の向きがコイルの磁束変化を抑える向きになるように，誘導起電力の向きが決まる。**

の2点に注意しましょう。

ファラデーの電磁誘導の法則

$$V=N\left|\frac{\Delta\Phi}{\Delta t}\right|$$

コイルに生じる誘導起電力の大きさ V は,
磁束の変化 $\Delta\Phi$ が大きいほど,
変化にかかった時間 Δt が短い(小さい)ほど,
コイルの巻き数 N が多い(大きい)ほど大きくなる!

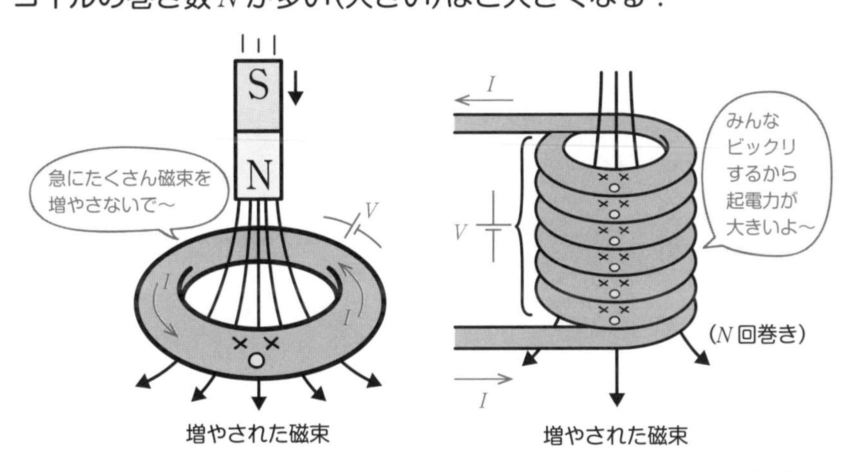

問7-1 右ページの図のように，面積Sの1巻きのコイルを抵抗値Rの抵抗とつないだ。コイルを磁場の中に垂直に置き，磁束密度をグラフのように変化させた。
時刻が(1) $0 \leqq t \leqq T$，(2) $T \leqq t \leqq 2T$，(3) $2T \leqq t \leqq 4T$のときについて，抵抗を流れる電流の向きを図中のaかbで答えよ。また，発生する誘導起電力の大きさと誘導電流の値も求めよ。磁束密度は図の上向きを正とする。

コイルの様子をイメージしながら考えましょう。

解きかた
(1) グラフを見ると，$0 \leqq t \leqq T$のときは，磁束密度が増加していますね。
ですからコイルは「磁束が増えたから減らさなきゃ！」と焦ります。
よって，磁束の増加を打ち消す向き，すなわちコイル内に下向きに磁束が発生するように電流は流れることになりますね。
すなわち，**流れる方向はb** …答
また，グラフから，磁束密度は0からB_0へと増えていることがわかります。
よって，貫く磁束は0からB_0Sへと変化したので，誘導起電力の大きさは

$$V = 1 \cdot \left| \frac{B_0S}{T} \right| = \boldsymbol{\frac{B_0S}{T}}$$ …答

誘導電流の大きさは $I = \frac{V}{R} = \boldsymbol{\frac{B_0S}{RT}}$ …答

(2) $T \leqq t \leqq 2T$のとき，磁束密度に変化はありません。
コイルもビックリすることはないので，コイルに電流は流れません。
したがって，**電流は流れず，誘導起電力も発生しない。** …答

(3) $2T \leqq t \leqq 4T$のときは，磁束密度が減少していますね。
ですからコイルは「磁束が減ったから増やさなきゃ！」と思います。
よって，磁束の減少を打ち消す向き，すなわちコイル内に上向きに磁束が発生するように電流は流れます。
したがって，**流れる方向はa** …答
また，グラフより，磁束密度はB_0から$-2B_0$へと減っていますね。
よって，磁束の変化は$-3B_0S$なので，誘導起電力の大きさは

$$V = 1 \cdot \left| -\frac{3B_0S}{2T} \right| = \boldsymbol{\frac{3B_0S}{2T}}$$ …答

誘導電流の大きさは $I = \frac{V}{R} = \boldsymbol{\frac{3B_0S}{2RT}}$ …答

7

問 7-1

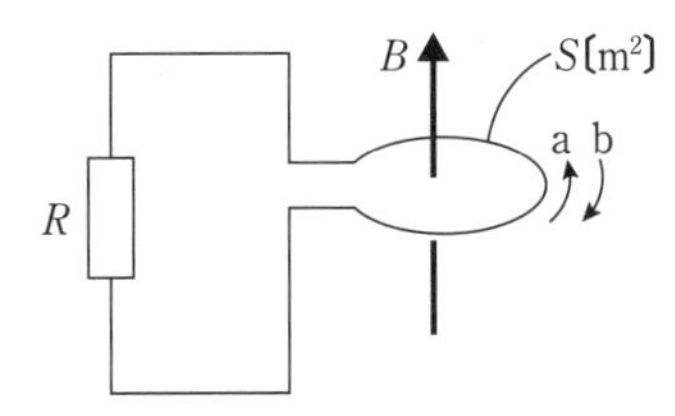

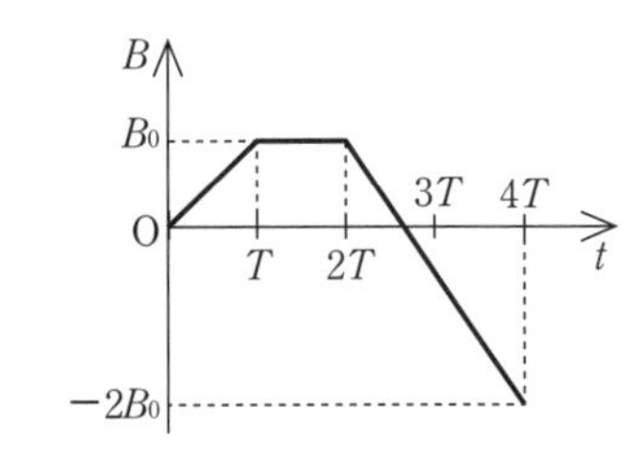

(1) $0 \leqq t \leqq T$

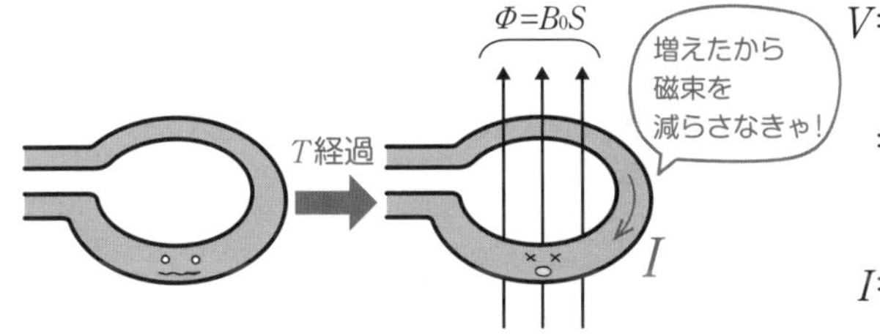

$$V = 1 \cdot \left|\frac{\Delta\Phi}{\Delta t}\right|$$

$$= \frac{B_0S}{T} \cdots \text{答}$$

$$I = \frac{V}{R} = \frac{B_0S}{RT} \cdots \text{答}$$

(2) $T \leqq t \leqq 2T$

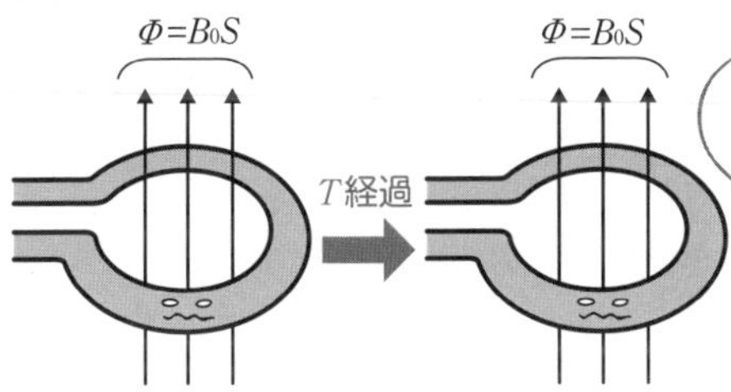

変化してないから
ビックリしなかった…
よかった…

誘導起電力が
生じないから
誘導電流も
流れないね

(3) $2T \leqq t \leqq 4T$

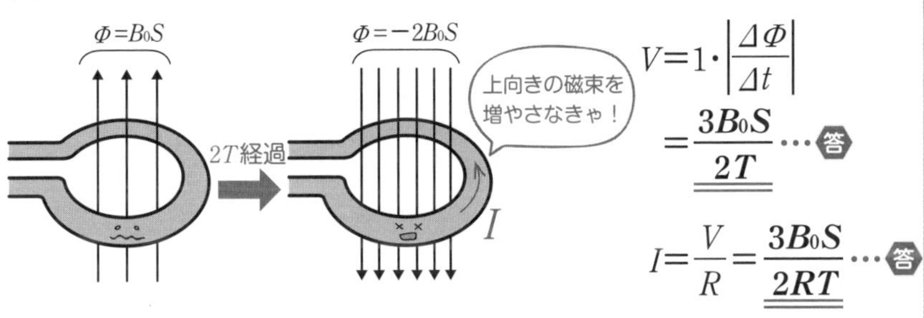

$$V = 1 \cdot \left|\frac{\Delta\Phi}{\Delta t}\right|$$

$$= \frac{3B_0S}{2T} \cdots \text{答}$$

$$I = \frac{V}{R} = \frac{3B_0S}{2RT} \cdots \text{答}$$

ここまでやったら
別冊 P. 57へ

7-4 導体棒の誘導起電力

ココをおさえよう！

磁束密度Bの中を，速さvで磁場と垂直に移動する長さℓの導体棒に発生する誘導起電力は

$$V = vB\ell$$

右ページの図のような，コの字型のレールと，導体棒からなる回路を見てください。この回路を，一様な磁束密度が貫いています。

この回路も，コイルと同じように，ぐるりと1回りになっているので，この1回りを貫く磁束が変化すると起電力が生じます。

この回路は一様な磁場の中にありますから，そのままでは磁束は変化しません。
では，どういうときに誘導起電力が発生するのでしょうか。
それは**導体棒が動くとき**です。

導体棒が右ページの図のように動くと，ぐるりと1回りになっている部分の面積が増えますね。
それにより，貫く磁束が増えるので，導体棒は「磁束が増えた！」と驚き，
その驚きを抑えるように，誘導起電力を発生するのです。
自分で動いて，自分で驚いて，忙しいヤツですね。

そのときの誘導起電力の大きさを求めてみましょう。
長さℓの導体棒が，一様な磁束密度Bの中を速さvで磁場と垂直に動いています。
この導体棒は，時間Δtの間に，$v\Delta t$だけ移動しますね。
よって，時間Δtの間に増える面積ΔSは，$\Delta S = v\Delta t \times \ell$です。
増えた磁束$\Delta\Phi$は，$\Delta\Phi = B \times \Delta S = B \times v\ell\Delta t$ですね。
よって，このとき発生する誘導起電力は，以下のようになります。

$$V = 1 \cdot \left| \frac{\Delta\Phi}{\Delta t} \right| = \frac{vB\ell\Delta t}{\Delta t} = \underline{\underline{\boldsymbol{vB\ell}}}$$

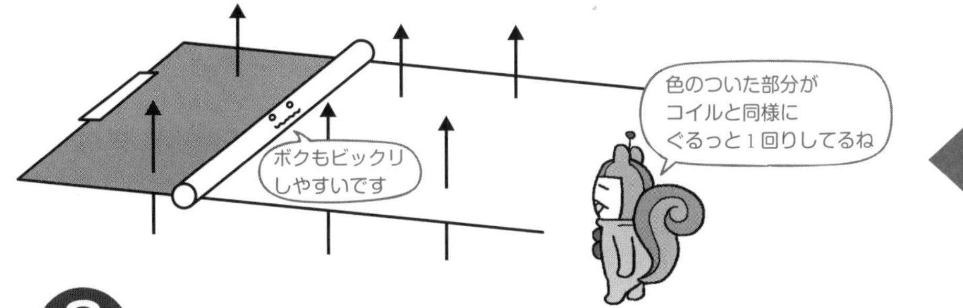

導体棒に誘導電流が流れるのはどんなとき？

導体棒が動くとき！

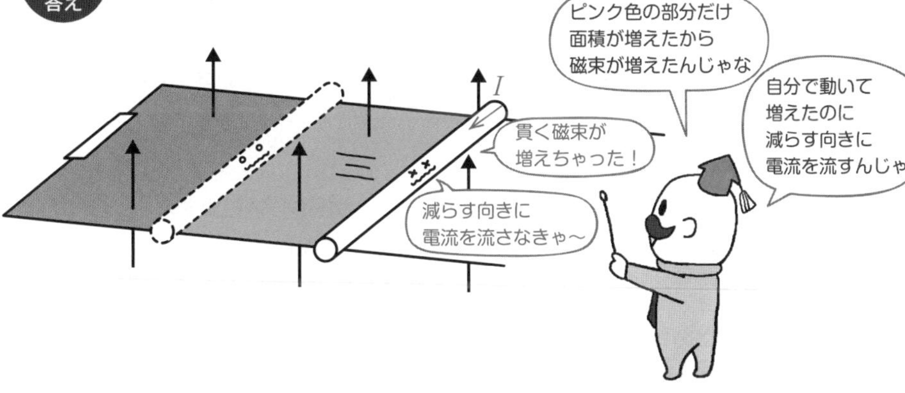

$$\Delta S = v\Delta t \times \ell$$

$$\Delta\Phi = B \times \Delta S = vB\ell\Delta t$$

よって

$$V = 1\cdot\left|\frac{\Delta\Phi}{\Delta t}\right| = \frac{vB\ell\Delta t}{\Delta t} = \boldsymbol{vB\ell}$$

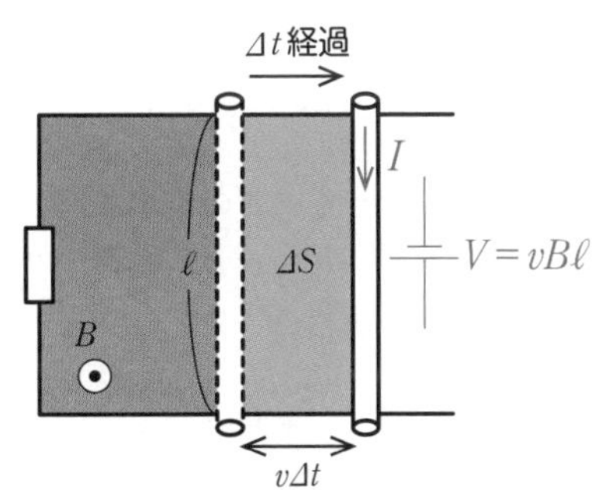

導体棒に発生する誘導起電力は，ローレンツ力から説明することもできます。
順を追って説明していきましょう。

① **導体棒内には無数の電子がいる。**
右ページの図では少ししか電子をかいていませんが，本当は無数に電子がいます。

② **導体棒を動かすと，ローレンツ力によって，電子たちが移動する。**
導体棒を磁束密度Bの中で動かします。
“導体棒の動く方向に電子が動いた”と考えてフレミングの左手の法則を使います。負電荷の電子に注目していますので，中指を導体の移動方向と逆向きに合わせましょう。
すると，導体棒の中の電子たちは，「じゃまだ！」と，ローレンツ力を受けます。
なので，電子たちは導体棒のbからaのほうへと移動していきますね。

③ **電子の移動によって，電場が生じる。**
導体棒には電気のかたよりが生まれ，bは正，aは負に帯電します。
この電気のかたよりにより，導体内には電場ができます。
電子は，この電場によりaからb向きの力を受けることになります。

④ **ローレンツ力と，電場による力がつり合い，電子は等速でb → aへ動く。**
最終的に電場が一定となり，電子にはたらく，電場による力とローレンツ力がつり合いますが，電子は止まっているわけではありません。等速でb → aへと動いています。

力が等しくなったときの電場をEとすれば，
ローレンツ力は$f_B = evB$，電場による力は$f_E = eE$と表されるので

$$evB = eE$$

これより　$E = vB$
また，導体棒にできた電位差は$V = E\ell$なので

$$V = E\ell = vB\ell$$

この電位差が，誘導起電力となるのですね。
磁束密度Bの磁場中を，速さvで磁場と垂直に動く，長さℓの導体に生じる起電力

$$\boldsymbol{V = vB\ell}$$

は，公式として覚えてもかまいませんが，自分でも導けたほうがいいですよ。

導体棒に生じる誘導起電力をローレンツ力から説明

① 導体棒内には電子がいる

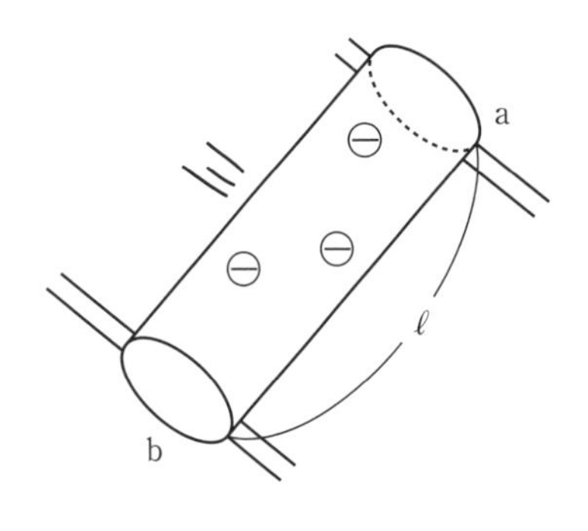

② 導体棒を動かすと，電子にローレンツ力が生じる

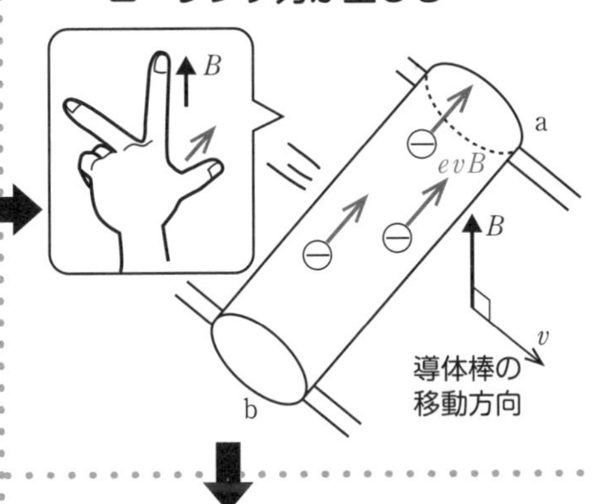

③ 電子の移動により電場が生じる

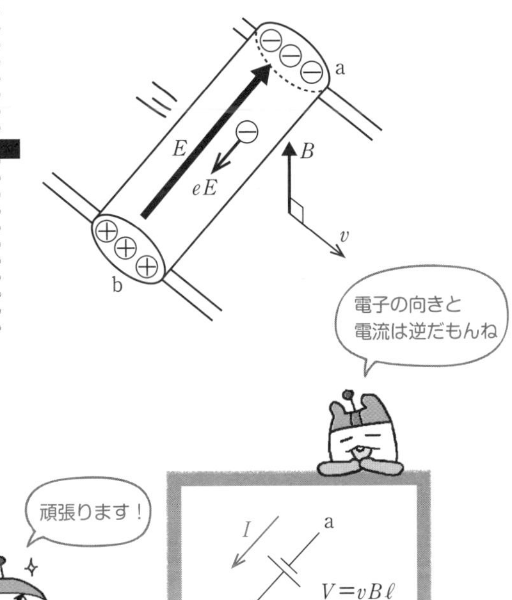

④ ローレンツ力と電場による力がつり合い，電子は等速で **b→a** へ

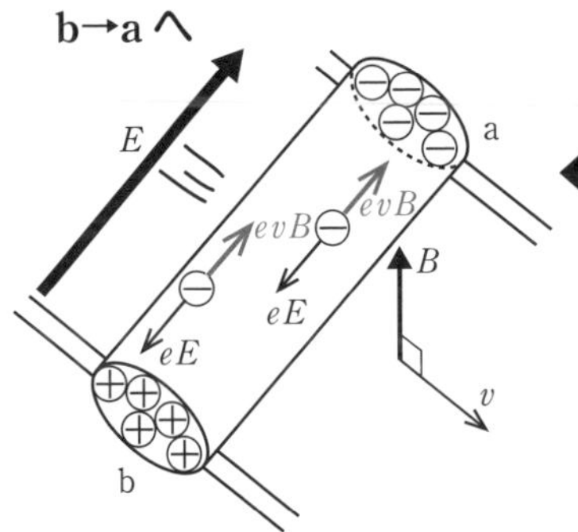

$evB = eE$ より　$E = vB$

$V = E\ell$ より　$\boldsymbol{V = vB\ell}$

7-5 磁場とコイルの面が垂直じゃないときの磁束

ココをおさえよう！

磁場とコイルの面が垂直ではないときは，垂直な成分だけを考える。

右ページの図1のように，磁束密度Bとコイルの面が角度θをなしているとします。
コイルの面積をSとするとき，磁束Φはどのように表されるでしょうか？

このような場合，コイルの面と磁束密度が互いに垂直になる成分だけを考えます。
図1を真横から見ると図2のようになりますね。
$S\cos\theta$が磁束密度Bと垂直なので磁束Φは

$$\Phi = BS\cos\theta$$

となります。

また，右ページの図3のような場合はどうでしょうか？
これは，与えられた図の磁束密度が傾いていて，面は真っすぐですから，面に垂直な磁束密度Bの成分を考えましょう。
$B\sin\theta$が，面に垂直な成分なので，磁束Φは

$$\Phi = B\sin\theta S = BS\sin\theta$$

となります。

図1の例と図3の例を見るとわかるように，θのとりかたが変われば$\cos\theta$か$\sin\theta$かは変わります。
大事なのは，コイルの面と磁束密度が垂直になる成分を考えるということですよ。

磁場とコイルの面が垂直じゃないとき

図 1

B　S　θ

斜めで
ごめんなさい…

図 2

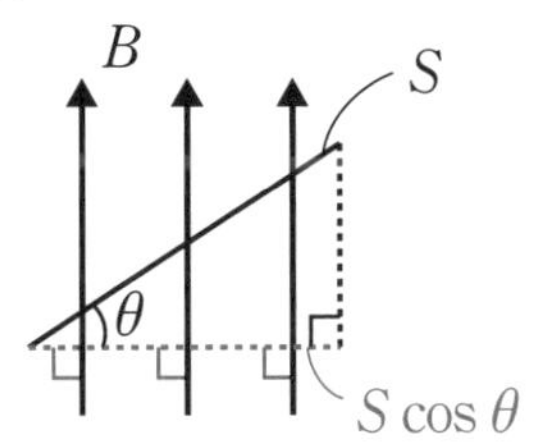

$$\Phi=BS\cos\theta$$

図 3

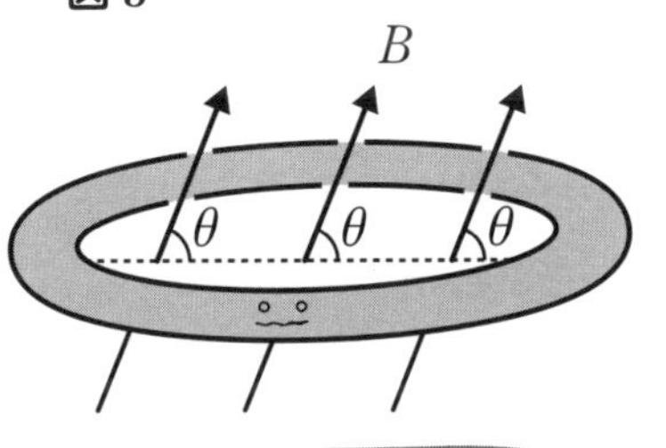

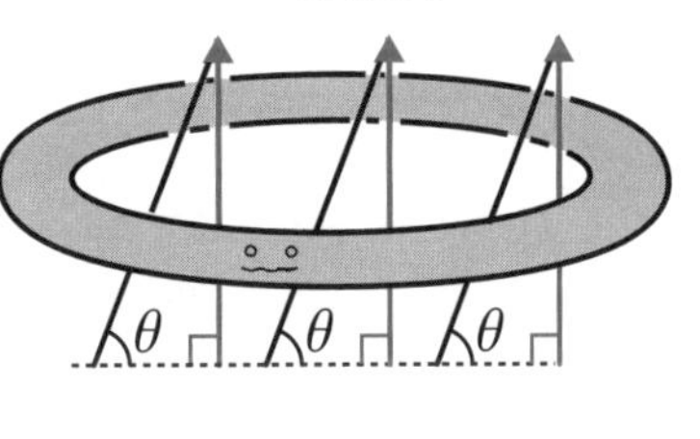

$$\Phi=BS\sin\theta$$

θ のとりかたによって
$\sin\theta$ か $\cos\theta$ かは
違うんだね

ここまでやったら
別冊 P. 58 へ

7-6 電磁誘導のさまざまな問題

ココをおさえよう！

- **Φをtの式で表し，tをΔtに置き換えて$V=N\dfrac{\Delta\Phi}{\Delta t}$を求める。**
- **電流が磁場から受ける力$BI\ell$を忘れずに考える。**

では，さまざまな問題を解いて，電磁誘導に慣れていきましょう。

問7-2 右ページの図のグラフのように磁束密度B〔T〕が変化する磁場があるとする。この磁場に垂直に6回巻きのコイルがあり，その面積をS〔m^2〕とするとき，次の各問いに答えよ。

(1) 時刻t〔s〕のときの，このコイルを貫く磁束Φ〔Wb〕を求めよ。

(2) このコイルに生じる起電力の大きさを求めよ。また，電流はa，bどちら向きに流れるか答えよ。

解きかた

(1) 与えられたグラフより，$B=B_0+\dfrac{4B_0-B_0}{2}\cdot t=B_0+\dfrac{3B_0}{2}t$と表される。

よって，時刻tのときの磁束Φは

$$\Phi=BS=\boldsymbol{B_0S+\frac{3B_0S}{2}t}\text{〔Wb〕}\cdots\text{答}$$

(2) Δt秒間の磁束変化$\Delta\Phi$は

$$\Delta\Phi=\frac{3B_0S}{2}\Delta t$$

よって，生じる起電力の大きさは，6回巻きコイルなので

$$V=N\left|\frac{\Delta\Phi}{\Delta t}\right|=6\left|\frac{3B_0S\Delta t}{2\Delta t}\right|=\boldsymbol{9B_0S}\text{〔V〕}\cdots\text{答}$$

流れる電流の向きは上向きに増える磁束変化を妨げる方向なので，右ねじの法則より**aの向き** …答

磁束の式に時間tが含まれるとき，tをΔtに置き換えてと$\Delta\Phi$を求めていきますが，時間変化tと関係ない部分は，起電力には影響しないので消えてしまいます。

ですので，(2)では$\Delta\Phi=\dfrac{3B_0S}{2}\Delta t$となり，(1)の$\Phi=B_0S+\dfrac{3B_0S}{2}t$の$B_0S$の部分は消えてしまったのです。

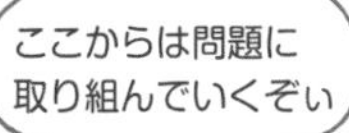

問 7-2

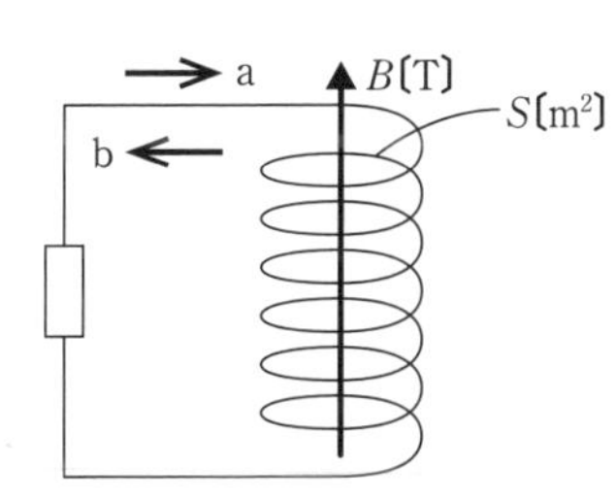

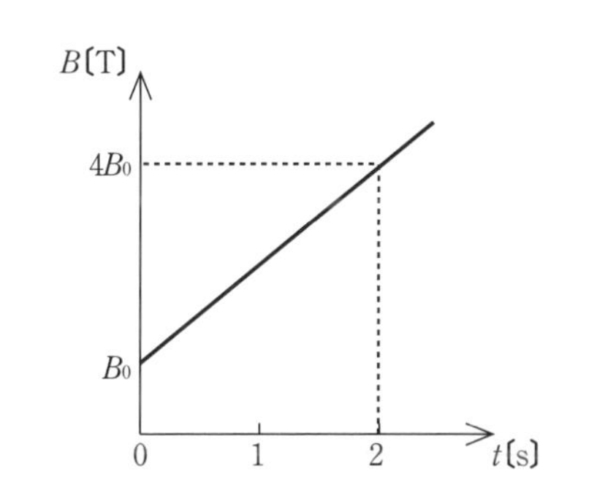

(1) グラフの傾きは $\dfrac{4B_0-B_0}{2}=\dfrac{3B_0}{2}$

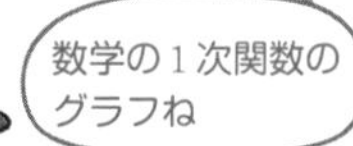

よって $B=B_0+\dfrac{3B_0}{2}t$

$$\Phi=BS=\boldsymbol{B_0S+\frac{3B_0S}{2}t}\ \textbf{〔Wb〕}\cdots \text{答}$$

(2) Δt 秒間の磁束変化 $\Delta\Phi$ は

tに関係のない
B_0S は $\Delta\Phi$ にしたら
消えるんじゃ

$$\Delta\Phi=\frac{3B_0S}{2}\Delta t$$

よって，生じる起電力の大きさ V は

$$V=N\left|\frac{\Delta\Phi}{\Delta t}\right|=6\left|\frac{3B_0S\Delta t}{2\Delta t}\right|=\boldsymbol{9B_0S}\ \textbf{〔V〕}\cdots \text{答}$$

問7-3 右ページの図のように，一部が寸断された半径r〔m〕のレール上で中心Oと点Xを抵抗値R〔Ω〕の抵抗でつないだ。OYは導体で点XとYが重なった状態からスタートし，角速度ω〔rad/s〕でレール上を動くとする。磁場は紙面の裏から表の方向へ生じ，磁束密度をB〔T〕とするとき，以下の各問いに答えよ。

(1) 導線OYが動き始めてからt秒後の，コイルOXYを貫く磁束を求めよ。

(2) 誘導電流の向きをa，bのどちらかで答え，その大きさも求めよ。

コイルが四角ではない場合の問題ですが，考えかたは問7-2と同じです。
$\Delta\Phi$ をΔtを含む式で表しましょう。

解きかた

(1) t秒後のおうぎ形OXYの中心角の大きさは ωt

よって，おうぎ形の面積Sは $S=\pi r^2\times\dfrac{\omega t}{2\pi}=\dfrac{r^2\omega t}{2}$

ゆえに，磁束は $\Phi=BS=\underline{\underline{\boldsymbol{\dfrac{Br^2\omega t}{2}}\textbf{〔Wb〕}}}$ …答

(2) (1)よりΔt秒間での磁束の変化$\Delta\Phi$は

$$\Delta\Phi=\frac{Br^2\omega}{2}\Delta t$$

よって，誘導起電力の大きさは

$$V=1\cdot\left|\frac{\Delta\Phi}{\Delta t}\right|=\frac{Br^2\omega\Delta t}{2\Delta t}=\frac{Br^2\omega}{2}$$

ゆえに，誘導電流Iの大きさは

$$I=\frac{V}{R}=\underline{\underline{\boldsymbol{\frac{Br^2\omega}{2R}}\textbf{〔A〕}}}\ \cdots 答$$

誘導電流の向きは，コイルOXYを紙面の裏から表へ貫く磁束を減らす向きなので $\underline{\underline{\textbf{a}}}$ …答

補足 **弧度法で中心角の大きさが $\boldsymbol{\theta}$〔rad〕のとき**
弧の長さは $\boldsymbol{r\theta}$，おうぎ形の面積は $\boldsymbol{\dfrac{1}{2}r^2\theta}$ となります。
これは理系ならば覚えておきましょう。
(1)の $\boldsymbol{S}$ はこれより，$\boldsymbol{S=\dfrac{1}{2}r^2\omega t}$とすぐに求められます。

問7-3

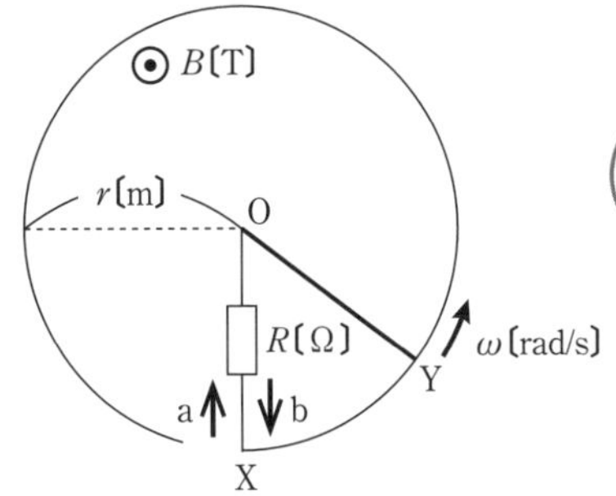

(1)

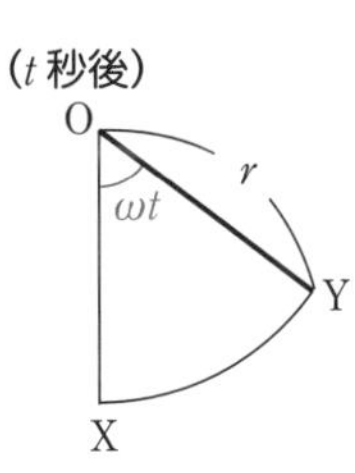

$$S=\pi r^2\times\frac{\omega t}{2\pi}$$

$$=\frac{r^2\omega t}{2}$$

$$\Phi=BS=\underline{\underline{\boldsymbol{\frac{Br^2\omega t}{2}}\textbf{〔Wb〕}}}$$ …答

(2) $\Delta\Phi=\frac{Br^2\omega}{2}\Delta t$ なので

$$V=1\cdot\left|\frac{\Delta\Phi}{\Delta t}\right|=\frac{Br^2\omega}{2}$$

$$I=\frac{V}{R}=\underline{\underline{\boldsymbol{\frac{Br^2\omega}{2R}}\textbf{〔A〕}}}$$ …答

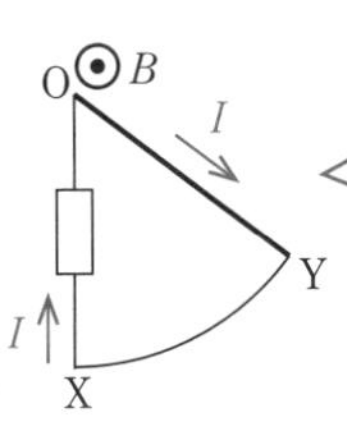

面 OXY を裏から表に貫く磁束を減らすように誘導電流が流れる

Iの向きは **a の方向** …答

問7-4 右ページの図のように縦がℓ〔m〕，横がx〔m〕の長方形の導線があり，抵抗値R〔Ω〕の抵抗がつながっている。この導線に外力を加えることで一定の速さv〔m/s〕で幅$2x$の磁場を横切るようにする。磁場の磁束密度をB〔T〕とし，導線CDが磁場にさしかかった瞬間を$t=0$とするとき，次の(1)～(3)の場合について，誘導電流の大きさと向きを求めよ。電流の向きはa，bのどちらかで答えること。また，このとき導線に加えている外力の大きさと向きを求めよ。向きは右か左かで答えよ。

(1) $0 \leqq t \leqq \dfrac{x}{v}$ のとき

(2) $\dfrac{x}{v} \leqq t \leqq \dfrac{2x}{v}$ のとき

(3) $\dfrac{2x}{v} \leqq t \leqq \dfrac{3x}{v}$ のとき

解きかた (1) まずは導線CDの部分が磁場を横切っていくことになります。
導線でできた長方形ABCDを貫く磁束は増えていくことになりますね。
誘導電流の向きは，長方形の中の裏から表に向かう磁束を減らす方向なので **b** …答
長さℓの導線CDが，一様な磁束密度Bの中を速さvで動いていくので
時間Δtの間に，$v\Delta t$だけ移動しますね。
よって，時間Δtの間に増える面積ΔSは　$\Delta S = v\Delta t \times \ell$
増えた磁束$\Delta \Phi$は　$\Delta \Phi = B \times \Delta S = B \times v\ell\Delta t$
よって，誘導起電力の大きさVは　$V = 1 \cdot \left| \dfrac{\Delta \Phi}{\Delta t} \right| = vB\ell$
誘導電流の大きさは　$I = \dfrac{V}{R} = \dfrac{\boldsymbol{vB\ell}}{\boldsymbol{R}}$ **〔A〕** …答

さて，ここで外力について考えます。導線に電流が流れますが，磁場中に導線CDがありますね。ですので，導線CDは磁場から$BI\ell$の力を受けます。
vの速さで一定に横切らせる（等速運動させる）ために外力を加えるので，
加える外力と磁場からの力$BI\ell$はつり合うのです。

解きかた 導線CDにはD→Cの方向に電流が流れるので，フレミングの左手の法則より，導線CDは磁場から左向きに$BI\ell = \dfrac{vB^2\ell^2}{R}$の力を受けます。
よって，加える外力は，**右向きに $\dfrac{\boldsymbol{vB^2\ell^2}}{\boldsymbol{R}}$ 〔N〕** …答

補足 導線ADと導線BCが磁場から受ける力は互いに逆向きで等しいので無視しました。

問7-4

(1)　$0 \leqq t \leqq \dfrac{x}{v}$ のとき

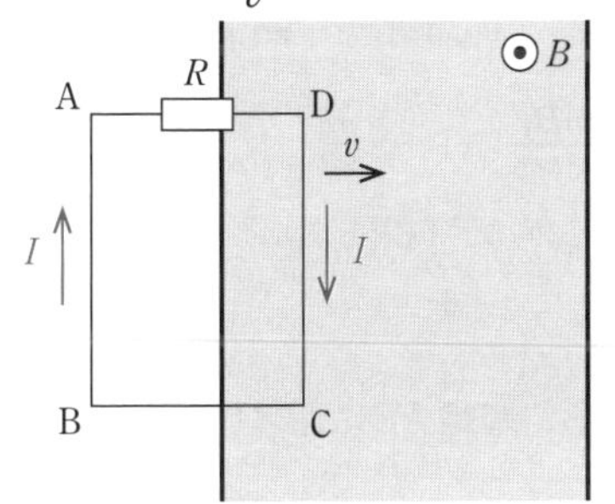

長方形 ABCD を貫く
⊙向きの磁束が増える。
⇓
それを妨げる向きに誘導
電流が流れる。

$\Delta S = v\Delta t \times \ell$

$\Delta \Phi = vB\ell\Delta t$

$V = 1 \cdot \left|\dfrac{\Delta \Phi}{\Delta t}\right| = vB\ell$　　$I = \dfrac{V}{R} = \dfrac{vB\ell}{R}$〔A〕…答

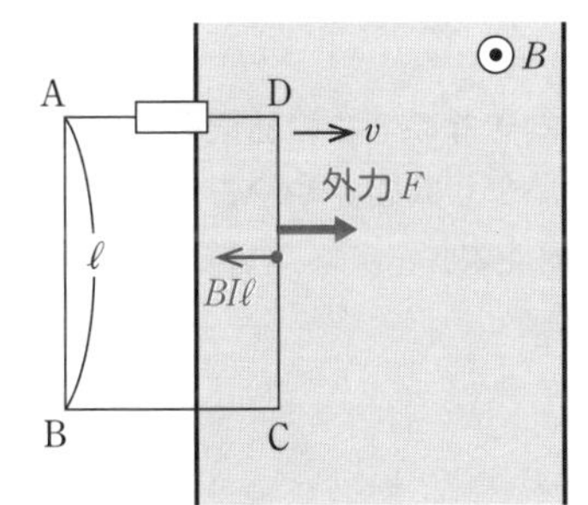

外力 F は導線 CD が
磁場から受ける力 $BI\ell$ と
同じ大きさで逆向き

$F = BI\ell = \dfrac{vB^2\ell^2}{R}$〔N〕…答

右向き…答

解きかた

(2) $\dfrac{x}{v} \leqq t \leqq \dfrac{2x}{v}$ では，磁場中に導線がすっぽり収まった状態です。

この状態では導線が動いたとしても，長方形を貫く磁束の本数は常に変わらないので，誘導起電力は生じません。

ですので，**誘導電流は流れない。** …答

電流が流れないので，導線は磁場から力を受けないため

外力は0 …答

(3) $\dfrac{2x}{v} \leqq t \leqq \dfrac{3x}{v}$ では，導線CDに近いところから磁場から抜け出していきます。

時間Δtの間に変化する面積ΔSは　$\Delta S = -v\Delta t \times \ell$

変化した磁束$\Delta \Phi$は　$\Delta \Phi = B \times \Delta S = B \times (-v\ell\Delta t) = -vB\ell\Delta t$

よって，誘導起電力の大きさVは　$V = 1 \cdot \left| \dfrac{\Delta \Phi}{\Delta t} \right| = vB\ell$

誘導電流の大きさは　$I = \dfrac{V}{R} = \boldsymbol{\dfrac{vB\ell}{R}}$ **〔A〕** …答

向きは，長方形の中の裏から表に向かう磁束を増やす方向なので **a** …

次に外力についてですね。
磁場中に残っているのは導線AB部分ですから，導線ABに注目します。

解きかた

導線ABにはA→Bの方向に電流が流れるので，フレミングの左手の法則より，導線ABは磁場から左向きに$BI\ell = \dfrac{vB^2\ell^2}{R}$ の力を受けます。

よって，加える外力は，**右向きに $\boldsymbol{\dfrac{vB^2\ell^2}{R}}$〔N〕** …答

(1)と(3)を比べると，流れる電流の向きは変わりますが，加える外力の向きは変わらないのがわかります。
レンツの法則を考えると，磁束変化を妨げる向きなのでこの結果も当然ですね。
電流が磁場から受ける力$BI\ell$が絡んでくると，少し問題がややこしくなりますが，1つずつ積み重ねて考えていけば難しくないですよ。
自力で問題を解けるように復習しましょう。

7

つづき

(2) $\dfrac{x}{v} \leqq t \leqq \dfrac{2x}{v}$

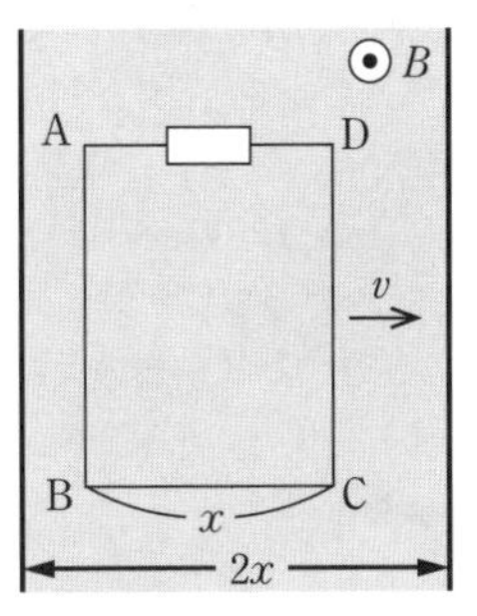

長方形 ABCD を貫く磁束の数は不変なので，**誘導電流は流れない。**…答

電流が流れないので，磁場から力を受けない。
よって　**外力は 0** …答

磁場中を動いていても
磁束の数が変わらなければ
電磁誘導は起こらないんだね

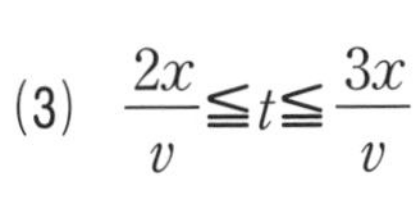

(3) $\dfrac{2x}{v} \leqq t \leqq \dfrac{3x}{v}$

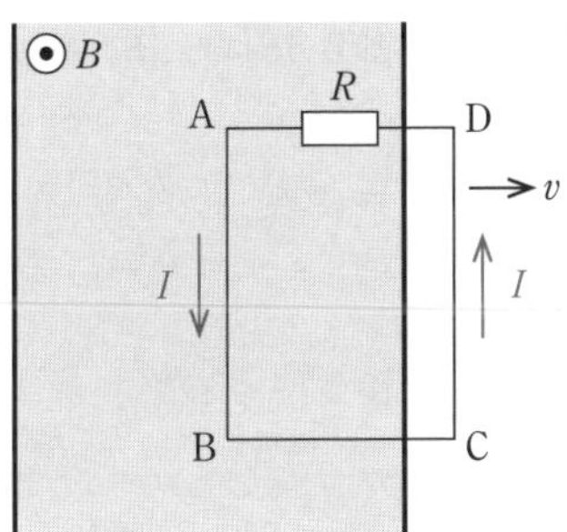

長方形 ABCD を貫く
⊙向きの磁束が減る。
⇓
それを妨げる向きに
誘導電流が流れる。

(1)と比べて I は
逆向きだけど
大きさは同じね

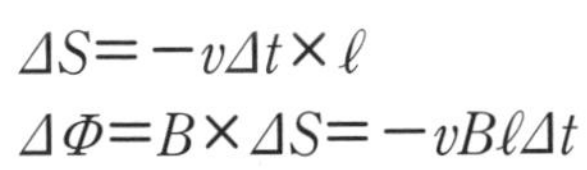

$\Delta S = -v\Delta t \times \ell$
$\Delta \Phi = B \times \Delta S = -vB\ell\Delta t$

$V = 1 \cdot \left|\dfrac{\Delta \Phi}{\Delta t}\right| = vB\ell$　　$I = \dfrac{V}{R} = \dfrac{\boldsymbol{vB\ell}}{\boldsymbol{R}}$〔A〕…答

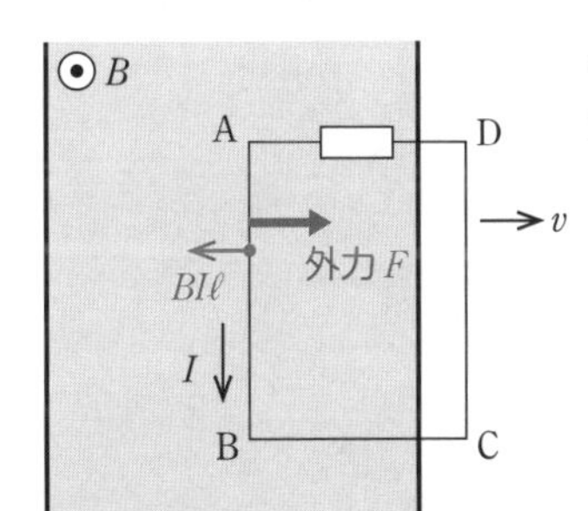

外力 F は導線 AB が
磁場から受ける力 $BI\ell$ と
同じ大きさで逆向き

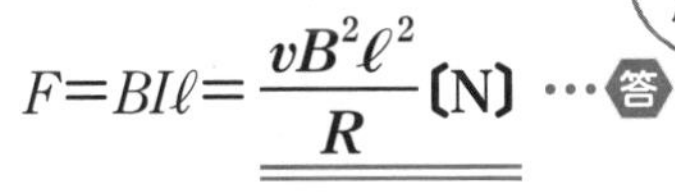

$F = BI\ell = \dfrac{\boldsymbol{vB^2\ell^2}}{\boldsymbol{R}}$〔N〕…答

右向き …答

誘導電流が流れると
磁場中にある導線は
$BI\ell$ の力を受けるぞい
忘れずにな

問7-5 質量の無視できる長さℓ〔m〕の導線ABがあり，回路は抵抗値R〔Ω〕の抵抗につながっており，回路を下から上へ垂直に貫く形で磁束密度B〔T〕の磁場が生じている。この導線ABに糸をつけて，右ページの図のように質量m〔kg〕のおもりにつないだところ，しばらくすると導線ABは等速で図の方向へ動くようになった。以下の問いに答えよ。ただし，重力加速度の大きさをg〔m/s^2〕とする。

(1) 誘導電流の流れる向きは，導線ABでA → B，B → Aのどちらか。

(2) 導線ABが速さv〔m/s〕で図の右向きに動いているときの誘導電流の大きさを求めよ。

(3) 導線ABが等速で動くようになったときの速さを求めよ。

解きかた

(1) コイル中を下から上へ貫く磁束が増えるので，それを妨げる方向に誘導電流が流れます。よって **A → B** …答

(2) 速さvで動いているのでΔt秒間での面積の増加分ΔSは　$\Delta S = v\Delta t\ell$

よって　$\Delta\Phi = B\Delta S = vB\ell\Delta t$

ゆえに，起電力Vの大きさは　$V = 1\cdot\left|\dfrac{\Delta\Phi}{\Delta t}\right| = vB\ell$

誘導電流Iの大きさは　$I = \dfrac{\boldsymbol{vB\ell}}{\boldsymbol{R}}$ **〔A〕** …答

(3) 導線ABの速さがv_0で一定になったとします。

(1)，(2)より，このとき導線ABにはA→Bの方向に電流$I_0 = \dfrac{v_0B\ell}{R}$が流れているとわかります。

導線ABが磁場から受ける力の向きは，フレミングの左手の法則より左向きで大きさは　$BI_0\ell = \dfrac{v_0B^2\ell^2}{R}$

導線は等速で運動しているので，この力と糸から受ける張力Tが等しくなるということです。

糸から受ける張力Tは重力mgと等しいので

$\dfrac{v_0B^2\ell^2}{R} = T = mg$より　$\dfrac{v_0B^2\ell^2}{R} = mg$

ゆえに　$\boldsymbol{v_0 = \dfrac{mgR}{B^2\ell^2}}$ **〔m/s〕** …答

問 7-5

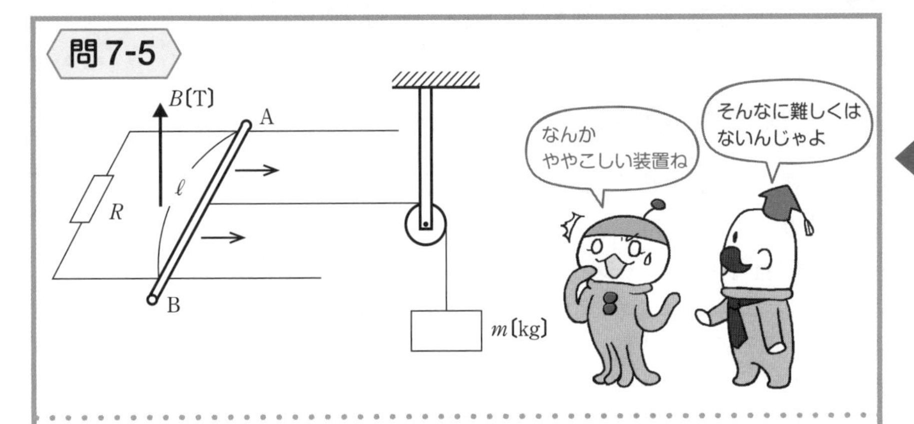

---

(1)　コイル中を下から上へ貫く磁束が増える。
⇒ 妨げる向きに電流が流れるので　**A→B** …答

(2)　$\Delta S = v\Delta t \times \ell$

$\Delta\Phi = B\Delta S = vB\ell\Delta t$

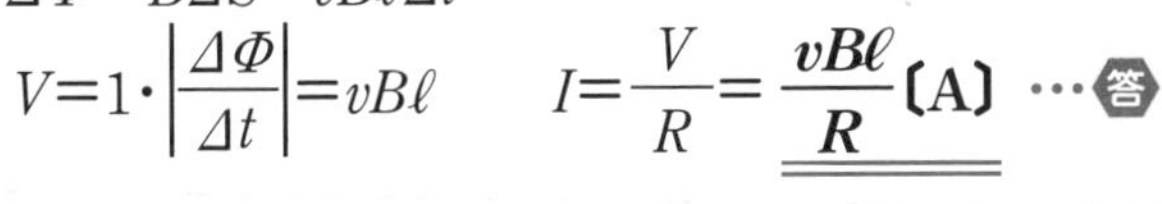

$V = 1 \cdot \left|\dfrac{\Delta\Phi}{\Delta t}\right| = vB\ell \qquad I = \dfrac{V}{R} = \boldsymbol{\dfrac{vB\ell}{R}}$ **〔A〕** …答

(3)

v_0 で速さが一定になったとすると等速運動なので，導体 AB にはたらく力はつり合う。

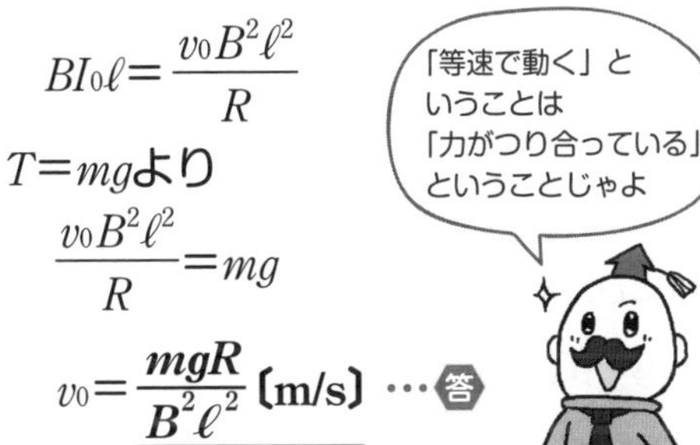

$BI_0\ell = \dfrac{v_0B^2\ell^2}{R}$

$T = mg$より

$\dfrac{v_0B^2\ell^2}{R} = mg$

$v_0 = \boldsymbol{\dfrac{mgR}{B^2\ell^2}}$ **〔m/s〕** …答

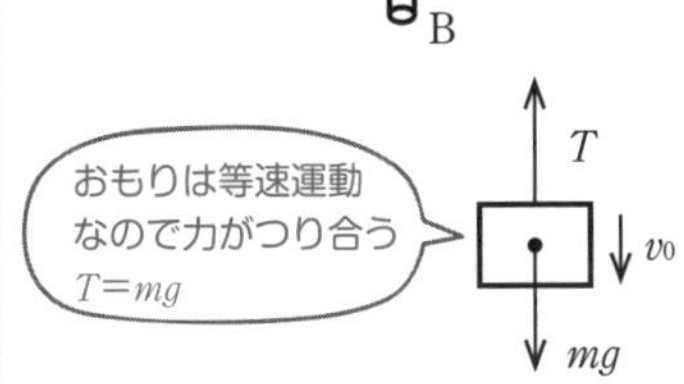

ここまでやったら
別冊 P. 60 へ

7-7 エネルギーから見る導体棒の移動

ココをおさえよう！

導体棒を引っ張るおもりの位置エネルギーの変化分＝ジュール熱
電源がある場合は
電源の仕事＝ジュール熱＋位置エネルギーの変化分

p.262，263で扱った回路を，“エネルギー”の観点から見ていきましょう。
長さℓの軽い導体棒には質量mのおもりがついており，しばらくすると，導体棒はレール上を一定の速さvで動くようになるのでしたね。
導体棒には誘導起電力$V=vB\ell$が発生し，回路には電流Iが流れます。
電流は磁場中で$BI\ell$の力を受けるので，この力$BI\ell$と，おもりが導体棒を引っ張る力mgがつり合い，導体棒は等速で移動するのでした。

“導体棒が等速になってからのあるとき（$t=0$）”と“そのt秒後（$t=t$）”の2つの時点で「エネルギーの移り変わり」を考えてみましょう。
この装置全体で考えるべきエネルギーは「おもりの運動エネルギー」と「おもりの位置エネルギー」と「抵抗で消費されるジュール熱」です。
（導体棒には質量が与えられていないので，導体棒の運動エネルギーは考えません）
おもりは等速vで落下しますから，おもりの運動エネルギーは$\dfrac{1}{2}mv^2$で，$t=0$でも$t=t$でも一定です。

おもりの位置エネルギーは，おもりが落下するにつれて，少なくなりますね。
t秒後にはvtだけ下に落下しているので，$mgvt$だけ少なくなります。

少なくなった位置エネルギーは，抵抗でジュール熱として消費されたのです。
計算で確認してみましょう。
t秒間に失われるジュール熱はIVtですね（p.140）。
抵抗にかかる電圧は，他に電源などがないので，誘導起電力と同じ$V=vB\ell$です。
また導体棒にはたらく力のつり合いより，$BI\ell=mg$なので　$I=\dfrac{mg}{B\ell}$

よって　$IVt=\dfrac{mg}{B\ell}\times vB\ell\times t=mgvt$　となります。
ジュール熱が位置エネルギーの減少分と一致していますね。
このようにエネルギーの変換から問題にアプローチすることもあるので，考えかたに慣れていきましょう。

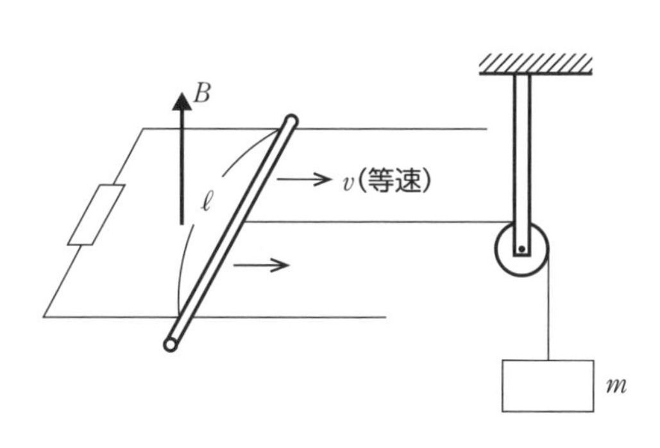

この装置で考えるべきエネルギー

おもりの運動エネルギー	おもりの位置エネルギー	抵抗で消費されるジュール熱

おもりの運動エネルギーの変化 $\frac{1}{2}mv^2$ で一定なので変化は 0

おもりの位置エネルギーの変化 t 秒間で vt だけ下がるので $mgvt$ だけ減少。（IVt）

抵抗で消費されるジュール熱

$BI\ell = mg$ より　$I = \dfrac{mg}{B\ell}$

$V = vB\ell$

よって　$IVt = \dfrac{mg}{B\ell} \times vB\ell \times t = mgvt$

問7-6 電源電圧がV〔V〕で抵抗値R〔Ω〕の抵抗につながれた，一部が長さℓ〔m〕の可動式の導体棒になっている回路があり，回路に対して垂直に下から上の方向へ磁束密度B〔T〕の磁場が存在している。導体棒の質量は無視できるものとし，導線の抵抗や電源の内部抵抗も無視できるとする。
右ページの図のように，導体棒に外力F〔N〕を与えたところ，一定の速さv〔m/s〕で右向きに動くようになった。このとき，次の各問いに答えよ。

(1) 回路に流れる電流の大きさをB，F，ℓを使って表せ。また，導体棒ABを流れる電流の向きは図のA → B，B → Aのどちらか。
(2) 回路に流れる電流の大きさを，V，B，v，ℓ，Rを使って表せ。
(3) 1秒間あたりに，外力のした仕事W_1をV，B，v，ℓ，Rを使って表せ。
(4) 1秒間あたりに，抵抗で消費されたジュール熱J，電源のした仕事W_2をV，B，v，ℓ，Rを使って表せ。
(5) W_1，J，W_2の間にはどんな関係があるか。

p.262 ～ 265とよく似た回路ですが，電源があります。
ひとつひとつしっかり確認して理解を深めましょう。

解きかた
(1) 等速で動くので，導体棒についての力のつり合いが成立しています。
外力Fと，磁場から受ける力$BI\ell$がつり合うということです。
ゆえに，磁場から受ける力$BI\ell$が左向きとわかり，磁場の向きが下から上なので，フレミングの左手の法則より電流の向きは**A → Bの向き** …答

$$BI\ell = F \text{より} \quad I = \frac{F}{B\ell} \text{〔A〕} \cdots \text{答}$$

(2) 導体棒は速さvで動き，コイルを下から上へと貫く磁束は増えていくので，その変化を妨げるように導体棒には誘導起電力が生じます。
その誘導起電力の大きさは$V' = vB\ell$なので，右ページの回路で電圧1周0ルール（1周すると電圧の変化が0）を考えると

$$V - RI + vB\ell = 0$$

$$I = \frac{V + vB\ell}{R} \text{〔A〕} \cdots \text{答}$$

回路に電源が含まれる場合は，電源と誘導起電力の両方を考慮しないといけません。電源が2つあるように考えて，電圧1周0ルールを考えましょう。

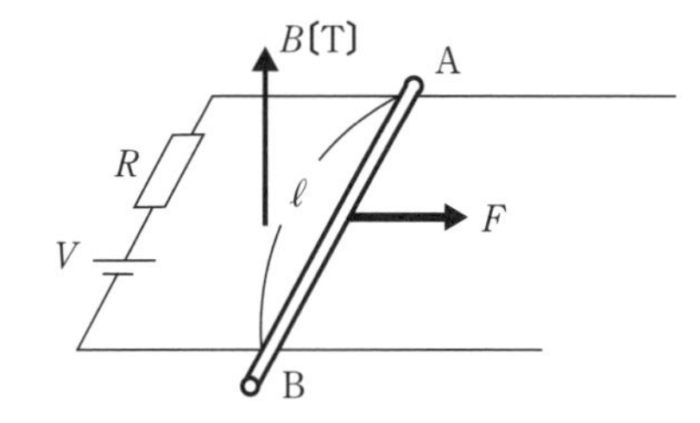

電源があるけど
何が変わるのかな？

(1)

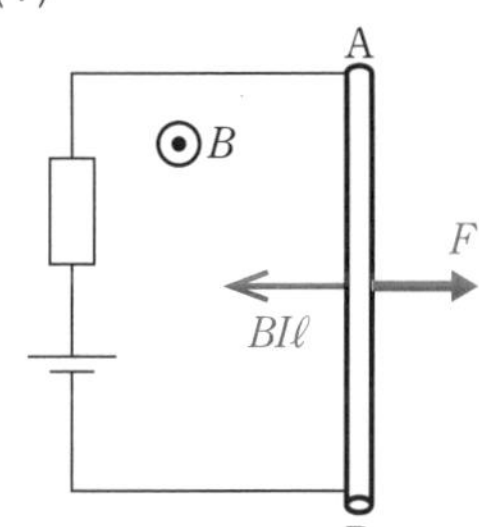

等速で動くので，$BI\ell$ と F は
つり合っている。
左図からフレミングの左手の法則より
流れる電流の向きは **A→B** …答

$BI\ell = F$ より

$$I = \frac{F}{B\ell}〔\mathrm{A}〕$$ …答

つり合っているから
$BI\ell$ の向きは
左向きとわかるのよ

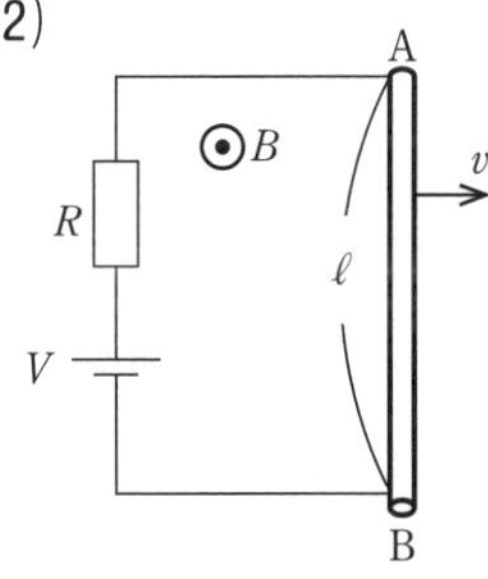

下から上への
磁束が増える

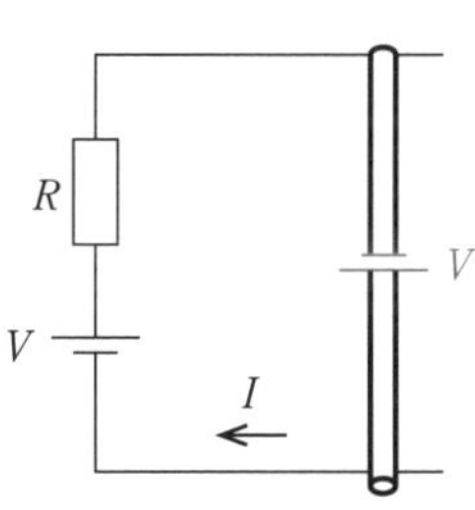

電圧１周０ルールを考えると，右上の図より

$$V - RI + \underbrace{V'}_{vB\ell} = 0$$

$$I = \frac{V + vB\ell}{R}〔\mathrm{A}〕$$ …答

電源 V と
誘導起電力 $vB\ell$ の
両方を考慮するんじゃ

(1), (2)より, $I=\dfrac{F}{B\ell}$, もしくは$I=\dfrac{V+vB\ell}{R}$となります。これを使いますよ。

解きかた

(3) 1秒間でv〔m〕だけ動くので, 外力が1秒あたりにする仕事W_1は

$$W_1=Fv$$

ここで, V, B, v, ℓ, Rを用いて答えるので, (1), (2)よりFを消去して

$$(I=)\ \frac{F}{B\ell}=\frac{V+vB\ell}{R}$$

$$F=\frac{B\ell(V+vB\ell)}{R}$$

ゆえに $W_1=Fv=\boldsymbol{\dfrac{vB\ell(V+vB\ell)}{R}}$〔J〕…答

(4) 抵抗で消費されるジュール熱Jと, 電源のした仕事W_2をV, B, v, ℓ, Rを用いて答えます。Fは用いないので, $I=\dfrac{V+vB\ell}{R}$を利用します。

$J=I^2Rt$において, $t=1$として

$$J=I^2R=\boldsymbol{\frac{(V+vB\ell)^2}{R}}\text{〔J〕…答}$$

「I〔A〕の電流」は「1秒間にI〔C〕が移動する」ということであり,
I〔C〕をV〔V〕の高さまで運んだのが, 電源のした仕事W_2なので

$$W_2=IV=\boldsymbol{\frac{V(V+vB\ell)}{R}}\text{〔J〕…答}$$

(5) (3), (4)より

$$W_1+W_2=\frac{vB\ell(V+vB\ell)}{R}+\frac{V(V+vB\ell)}{R}$$

$$=\frac{(V+vB\ell)^2}{R}=J$$

ゆえに $\boldsymbol{W_1+W_2=J}$〔J〕…答

文字の扱いかたなどが, 少し難しい問題でした。
電磁誘導の問題で, 仕事やエネルギーについて問われる場合は, 設問の順序で求めていけば答えが導けるものがほとんどです。自力で解けるように復習しましょう。

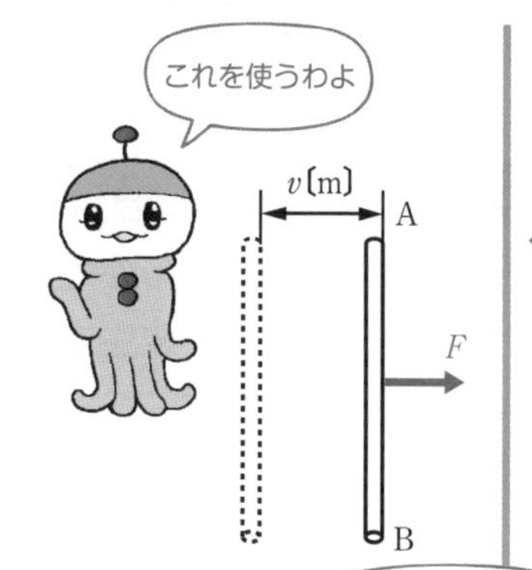

(1)，(2)より　$I=\dfrac{F}{B\ell}$，$I=\dfrac{V+vB\ell}{R}$

(3)　1 秒間に v〔m〕導体棒が動くので
外力のした仕事は

$$W_1=Fv$$

ここで

$(I=)\dfrac{F}{B\ell}=\dfrac{V+vB\ell}{R}$ より　$F=\dfrac{B\ell(V+vB\ell)}{R}$

ゆえに　$W_1=Fv=\underline{\underline{\boldsymbol{\dfrac{vB\ell(V+vB\ell)}{R}}}}$〔J〕…答

(4)　抵抗で消費されるジュール熱は I^2Rt で

$t=1$ として　$J=I^2R=\underline{\underline{\boldsymbol{\dfrac{(V+vB\ell)^2}{R}}}}$〔J〕…答

電源のする仕事は，V〔V〕の高さに電荷を
持ち上げることで，I〔A〕の電流では
1 秒間に I〔C〕の電荷が移動するので

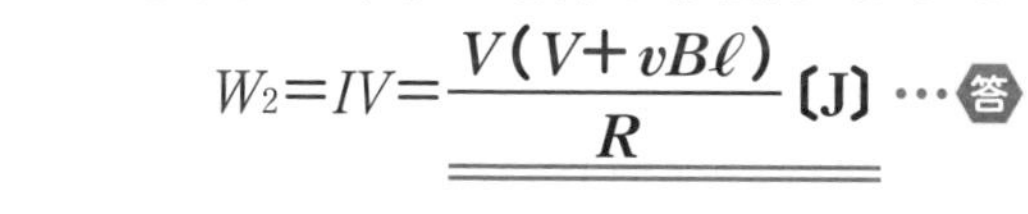

$$W_2=IV=\underline{\underline{\boldsymbol{\dfrac{V(V+vB\ell)}{R}}}}\text{〔J〕…答}$$

(5)　(3)，(4)より

$$W_1+W_2=\frac{vB\ell(V+vB\ell)}{R}+\frac{V(V+vB\ell)}{R}$$

$$=\frac{(V+vB\ell)^2}{R}$$

$$=J$$

よって　$\underline{\underline{\boldsymbol{W_1+W_2=J}}}$〔J〕…答

ここまでやったら
別冊 P. 62 へ

7-8 相互誘導

ココをおさえよう！

相互誘導：コイルの電流の変化で，その近くのコイルに誘導起電力が発生する現象。

右ページの図のように1本の鉄心に，2つのコイルが巻かれています。
電流が流れるほうのコイルを1**次コイル**，隣にあるコイルを2**次コイル**といいます。
1次コイルに電流が流れると，それにより磁場が生じます。
そしてその磁場による磁束が，隣の2次コイルにまで及ぶのです。

1次コイルの電流が変化し大きくなると，2次コイルを貫く磁束が増加します。
すると，2次コイルは「隣のコイルのせいで，磁束が増えた～！」と驚き，
自分を貫く磁束を減らすように，誘導起電力を発生させるのです。

このように，**コイルを流れる電流の変化によって，その近くのコイルに誘導起電力が発生する現象**を**相互誘導**といいます。

1次コイルを流れる電流が，Δt秒の間に，ΔI_1〔A〕だけ変化したとき，
2次コイルに発生する誘導起電力V_2の大きさは，以下のようになります。

$$V_2 = M\left|\frac{\Delta I_1}{\Delta t}\right|$$

Mはそのコイルの相互誘導のしやすさを表す**相互インダクタンス**という値です。
単位は，ヘンリー〔H〕が用いられます。
誘導起電力による電流は，磁束の変化を打ち消す方向に流れます。

これまでは，コイルに生じる誘導起電力を求めるのに，磁束の変化$\Delta\Phi$を求める必要がありました。
相互誘導の場合は，相互インダクタンスMの値がわかれば，1次コイルに流れる電流の変化ΔI_1から，すぐに2次コイルの誘導起電力が求められるのです。

相互誘導

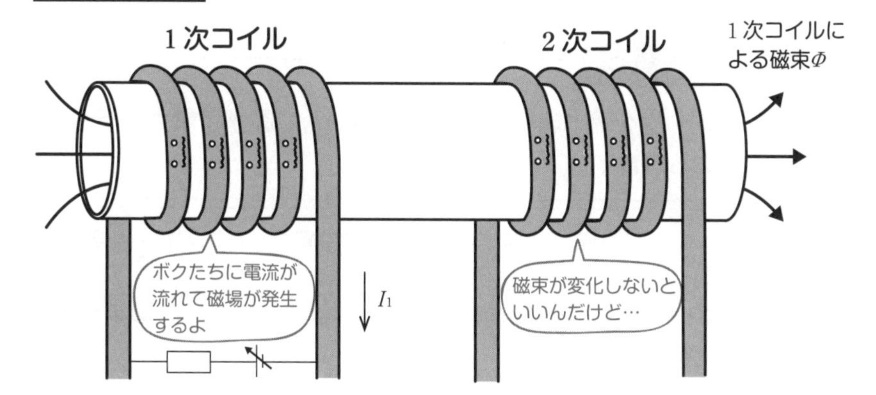

Δt 秒で1次コイルの電流が ΔI_1〔A〕増える

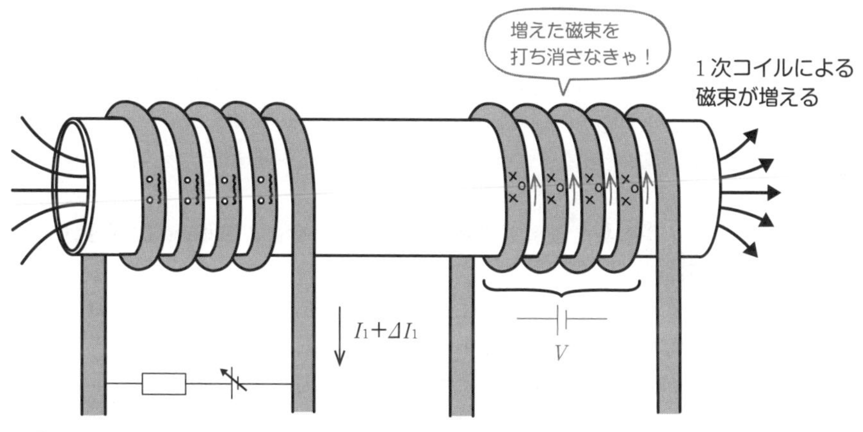

隣にあるコイル（1次コイル）の電流の変化によって誘導起電力が発生 ⇒ 相互誘導

$$V=M\left|\frac{\Delta I_1}{\Delta t}\right|$$

ここまでやったら
別冊 P. 64 へ

7-9 自己誘導

ココをおさえよう！

自己誘導：コイルを流れる電流の変化により，誘導起電力が発生する現象。

さて，隣のコイルの電流の変化（による磁場の変化）に驚き，誘導起電力を発生させるのが相互誘導でした。
あろうことか，**コイルは自分を流れる電流の変化（による磁束の変化）によっても驚かされてしまいます**。

コイルに電流が流れると，電流は磁場を呼び出すので，
コイルの中には，呼び出された磁場が通り抜けますね。

ここで，電流の大きさを大きくすると，呼び出す磁場が大きくなります。
磁場Hが大きくなるということは磁束$\Phi=\mu HS=BS$も大きくなるので，
コイルは「磁束が増えてる〜！」とビックリしてしまいます。
そして，コイルは「磁束を減らさなきゃ！」と言って，誘導起電力を発生させます。

このように，**コイル自身を流れる電流が変化したときに，誘導起電力が発生する現象**を**自己誘導**といいます。
コイルは，自身を流れる電流の変化による磁束の変化も妨げたいのですね。
流れる電流が増えると，電流を減らすように誘導起電力が生じ，
流れる電流が減ると，電流を増やすように誘導起電力を生じるのです。

コイルを流れる電流が，Δt秒の間に，ΔI〔A〕だけ変化したときに発生する
誘導起電力の大きさは，以下のように表されます。

$$V=L\left|\frac{\Delta I}{\Delta t}\right|$$

Lは，そのコイルの自己誘導のしやすさを表す値で，**自己インダクタンス**といい，
単位はヘンリー〔H〕です。
Lはコイルのビックリ度合い，変化の嫌がり度合いを表していると思ってください。Lが大きいほど変化を妨げる誘導起電力が大きいんですよ。

自己誘導

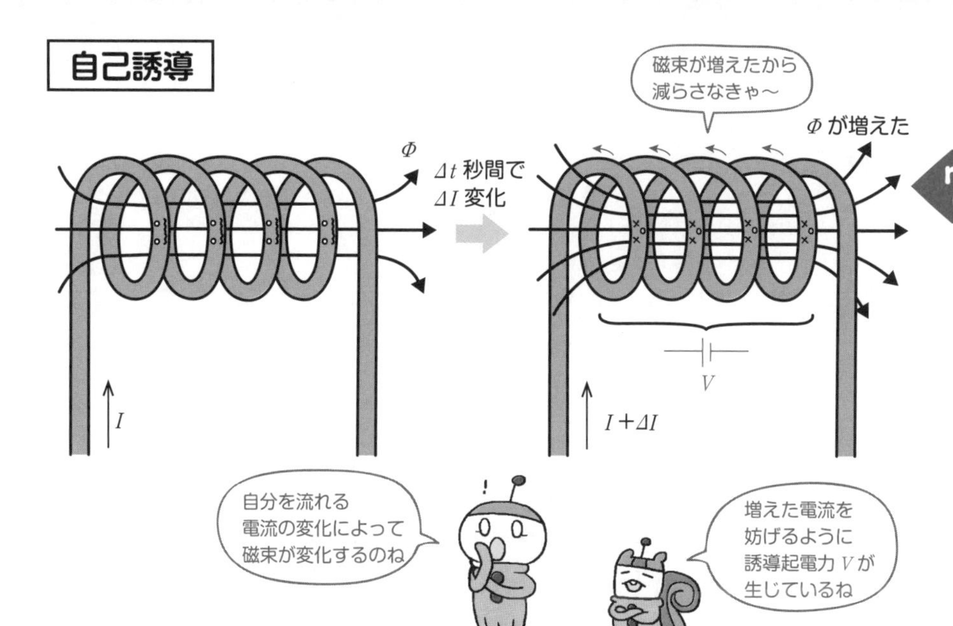

コイル自身を流れる電流の変化によって
誘導起電力が発生 ⇒ 自己誘導

$$V = L\left|\frac{\Delta I}{\Delta t}\right|$$

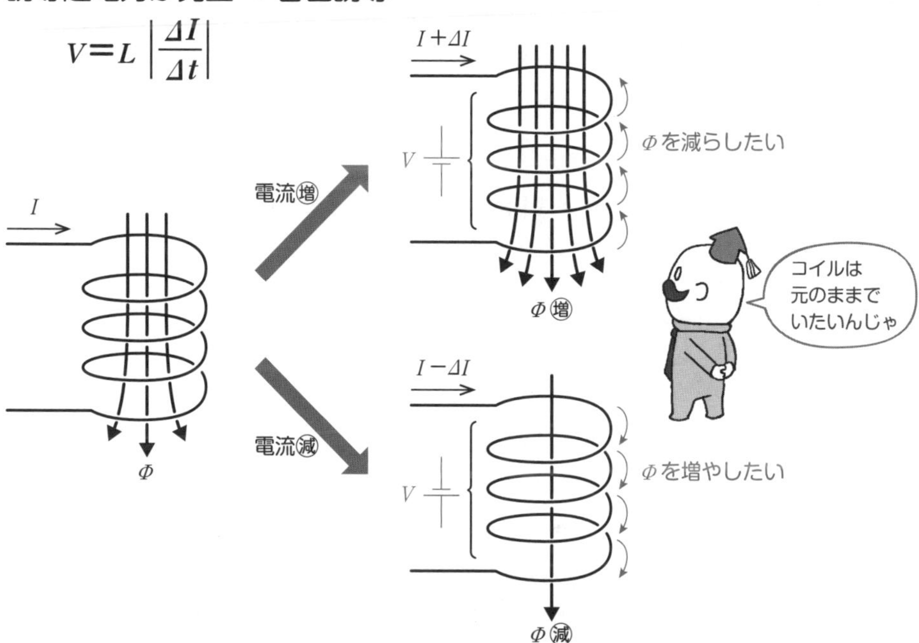

問7-7 巻き数N，長さℓ〔m〕，断面積S〔m^2〕のソレノイドがある。このコイルには電流I〔A〕が流れている。透磁率をμ〔N/A^2〕として，以下の問いに答えよ。

(1) 発生する磁場の大きさはいくらか。

(2) コイルを貫く磁束はいくらか。

(3) コイルを流れる電流が，Δt秒の間に，ΔI〔A〕だけ増加した。このときコイルに発生する誘導起電力の大きさを$V=X\left|\frac{\Delta I}{\Delta t}\right|$の形で表せ。

(4) このコイルの自己インダクタンスを，μ，N，S，ℓで表せ。

解きかた

(1) ソレノイドに発生する磁場は$H=nI$でした(p.212)。
nは「1 mあたりの巻き数」でしたから，そのままNを入れてはいけません。Nは「コイル全体の巻き数」ですからね。
このコイルの1 mあたりの巻き数は$n=\frac{N}{\ell}$ですから，求める磁場は

$$H=nI=\boldsymbol{\frac{NI}{\ell}}\text{〔A/m〕} \cdots \text{答}$$

(2) 磁束は$\Phi=BS=\mu HS$なので

$$\Phi=\mu\times\frac{NI}{\ell}\times S=\boldsymbol{\frac{\mu NIS}{\ell}}\text{〔Wb〕} \cdots \text{答}$$

(3) そのまま，自己誘導の公式$V=L\left|\frac{\Delta I}{\Delta t}\right|$を使いたいところですが，
Lは問題で与えられていないので，使えませんね。
なので，誘導起電力の公式$V=N\left|\frac{\Delta\Phi}{\Delta t}\right|$を使いましょう。
ℓ，μ，N，Sは不変なので，電流がΔI変化したときの磁束の変化$\Delta\Phi$は

$$\Delta\Phi=\frac{\mu NS}{\ell}\Delta I$$

よって

$$V=N\left|\frac{\Delta\Phi}{\Delta t}\right|=\boldsymbol{\frac{\mu N^2S}{\ell}\left|\frac{\Delta I}{\Delta t}\right|}\text{〔V〕} \cdots \text{答}$$

(4) (3)の解答と，自己誘導の公式$V=L\left|\frac{\Delta I}{\Delta t}\right|$を比べて

$$L=\boldsymbol{\frac{\mu N^2S}{\ell}}\text{〔H〕} \cdots \text{答}$$

自己誘導の公式は，コイル自身を流れる電流の変化からすぐに誘導起電力を求められる，便利な公式ですが，自己インダクタンスLが与えられないと使えません。Lが与えられていない場合は，$\Delta\Phi$を求めて誘導起電力の式を使いましょう。

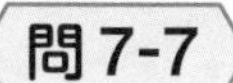

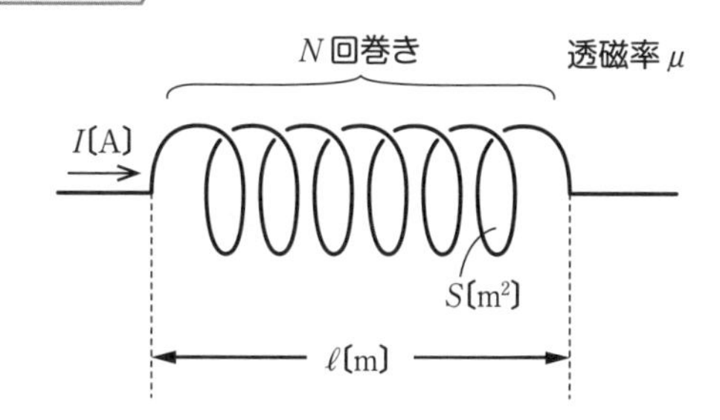

(1) 1 m あたりの巻き数は $\frac{N}{\ell}$

よって $H=nI=\boldsymbol{\frac{NI}{\ell}}$ **〔A/m〕** …答

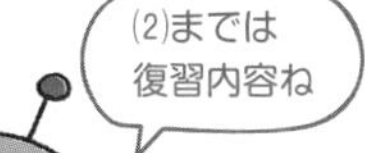

(2) $\Phi=BS=\mu HS$

$=\boldsymbol{\frac{\mu NIS}{\ell}}$ **〔Wb〕** …答

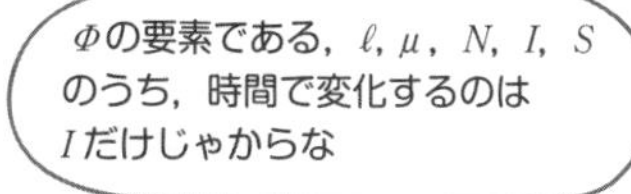

(3) $\Delta\Phi=\frac{\mu NS}{\ell}\Delta I$

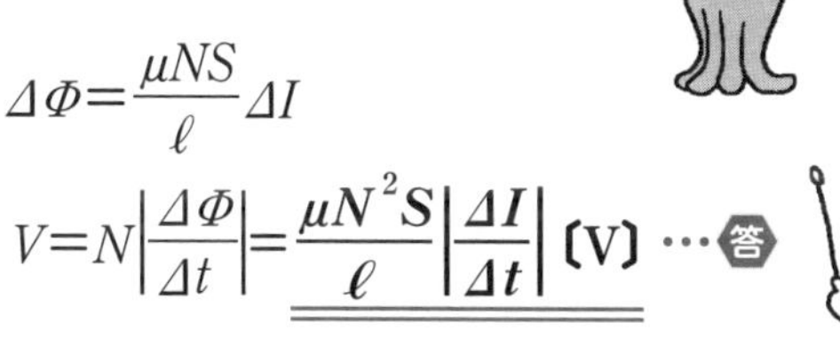

$V=N\left|\frac{\Delta\Phi}{\Delta t}\right|=\boldsymbol{\frac{\mu N^2 S}{\ell}\left|\frac{\Delta I}{\Delta t}\right|}$ **〔V〕** …答

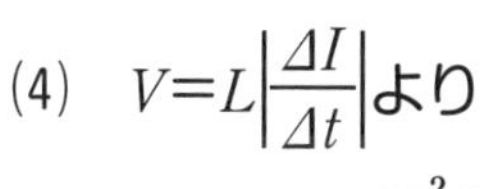

(4) $V=L\left|\frac{\Delta I}{\Delta t}\right|$より

$L=\boldsymbol{\frac{\mu N^2 S}{\ell}}$ **〔H〕** …答

ここまでやったら
別冊 P. 65へ

7-10 コイルを含む回路

ココをおさえよう！

コイル回路の特徴
- **スイッチを入れた直後は，コイルにはまったく電流は流れない。**
- **時間が経つにつれて，コイルには少しずつ電流が流れる。**
- **十分に時間が経つと，コイルは導線と同じ状態になる。**
- **コイルに蓄えられるエネルギーは** $\frac{1}{2}LI^2$

コイルを含んだ回路でも，コイルのビックリしやすい一面が発揮されます。
右ページの図のような回路を作り，スイッチを入れます。
電流が流れ始めると，コイルを磁束が通り抜け始めますね。

コイルからしてみれば，さっきまで何も通っていなかったのに，
スイッチを入れた途端，いきなり磁束が通ろうとするわけです。
ビックリしがちのコイルからしたら，たまったものじゃありません。
コイルは大きな驚きを示し，自己誘導を起こして，誘導起電力を発生させ，
流れ始めた電流を打ち消そうとします。
ですから，**スイッチを入れた直後は，電流はまったく流れない**のです。

しかし，時間が経つにつれて，徐々に驚きも収まっていくので，
少しずつコイルに流れる電流は増えていくことになります。
そして最終的には驚かなくなり，**導線のように電流が流れるようになる**のです。

要点をまとめれば，次のようになります。
- **スイッチを入れた直後は，まったく電流は流れない。**
- **時間が経つにつれて，コイルには少しずつ電流が流れる。**
- **十分に時間が経つと，コイルは導線と同じ状態になる。**

コンデンサー回路とは真逆であることに注意しましょう。
コンデンサーは大人気の広場だったので，スイッチを入れた直後に電流が流れますが，時間が経つにつれて電流が流れなくなっていき，十分に時間が経つと，まったく電流が流れなくなるのでしたね（p.172）。

コイルを含む回路

①　スイッチを入れた直後

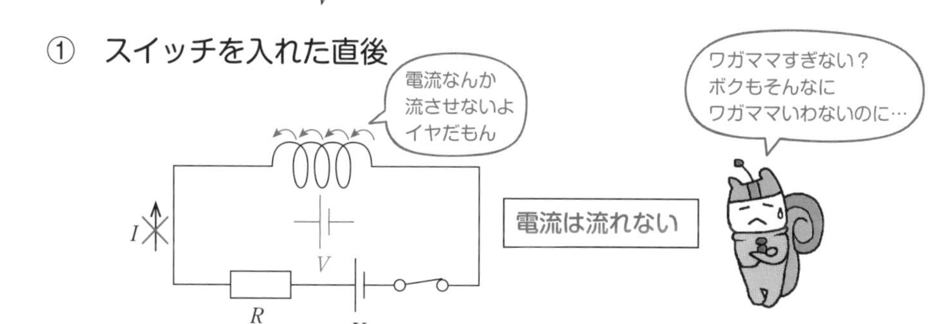

②　時間が経つと…

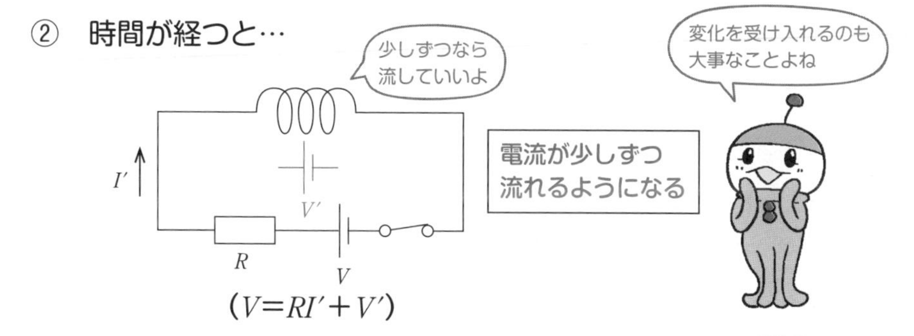

③　十分に時間が経つと

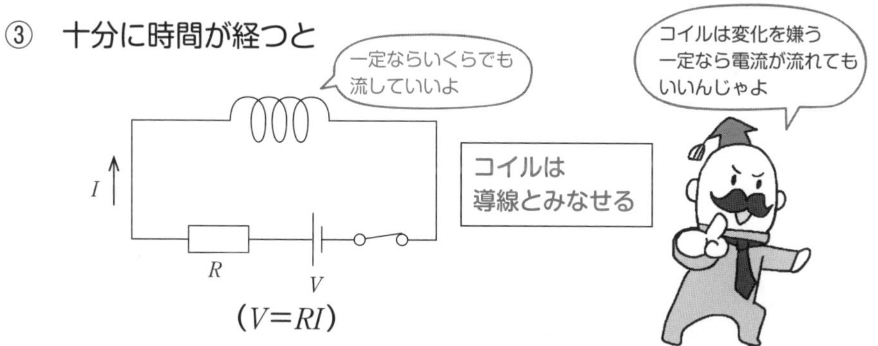

右ページの図のように，電源にコイルと豆電球がつながれている回路があります。
スイッチを閉じてからしばらくすると，コイルに一定の電流が流れるようになります。
このとき，コイルは導線のようになり，電流が流れやすくなっているので，豆電球のほうには電流が流れず，豆電球は光りません。

この状態から，スイッチを切ると，その瞬間に豆電球が光ります。
これは，コイルに蓄えられていたエネルギーが，豆電球の光エネルギーに変わったということですね。
導線のように電流が流れていたコイルには，実はエネルギーが蓄えられていたのです。

このエネルギーは，コイルに一定の電流が流れるようになるまでの間に，蓄えられていったものです。
嫌がるコイルの誘導起電力に逆らいながら，少しずつ電荷を運ぶという仕事を回路はしたのです。
その分の仕事が，コイルにエネルギーとして蓄えられていたということですね。

自己インダクタンスL〔H〕のコイルに電流I〔A〕が流れているとき，そのコイルに蓄えられているエネルギーU〔J〕は

$$U=\frac{1}{2}LI^2$$

と表されます。

別冊ではこの式を導く誘導問題を入れておきましたが，公式として覚えておけば大丈夫です。

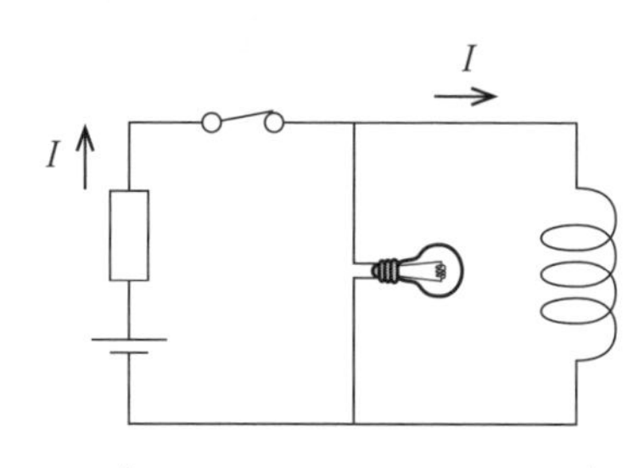

スイッチを
切る

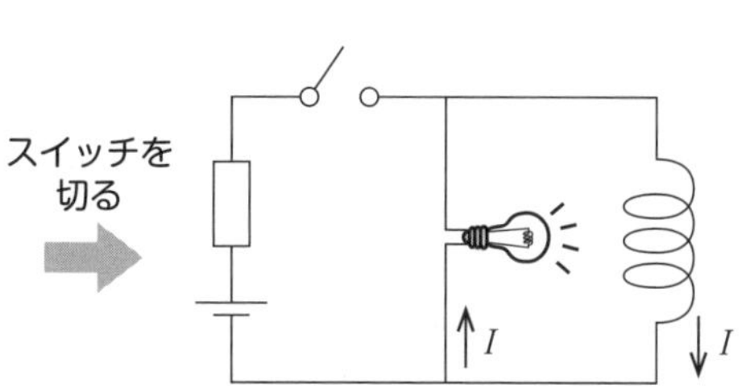

（コイルは導線のように
なっているので，豆電球
に電流は流れない
（光らない））

（スイッチを切った瞬間に
豆電球が光る
⇒ コイルにエネルギーが
蓄えられていた）

コイルに蓄えられるエネルギー

$$U=\frac{1}{2}LI^2$$

ここまでやったら
別冊 P. 66 へ

ハカセの宇宙一キビしいチェック!!

理解できたものに，☑チェックをつけよう。

- [ ] 磁束の式$\Phi = BS$を覚えた。
- [ ] 誘導電流が流れる向きを，コイルを貫く磁束が増えたか減ったかによって判断することができる。
- [ ] ファラデーの電磁誘導の法則の式$V = N\left|\dfrac{\Delta\Phi}{\Delta t}\right|$を覚えた。
- [ ] 導体棒が動くときに発生する誘導起電力の公式$V = vB\ell$を，$V = N\left|\dfrac{\Delta\Phi}{\Delta t}\right|$の式，およびローレンツ力と電場による力のつり合いの両方から導ける。
- [ ] 導体棒におもりがついた回路では，「電源の仕事＝ジュール熱＋おもりの位置エネルギーの変化分」が成り立つ。
- [ ] 相互誘導および自己誘導の原理を理解し，発生する誘導起電力の公式を覚えた。
- [ ] コイルを含む回路では，コイルにはいきなり電流は流れず，少しずつ流れていき，最終的に導線と同じように扱える。
- [ ] コイルに蓄えられるエネルギーの公式を覚えた。

Chapter

8

交流

Chapter 8

交流

はじめに

電磁気で最後となるこのChapterで扱うのは交流です。
私たちの家庭に届けられている電気は直流ではなく交流です。
交流の電気が家庭に送られてきて，一部の電気機器では内部で直流に変換して，
私たちの生活に役立っているのですよ。

交流は，sinやcosを含む式が出てきたり，リアクタンスやインピーダンスなどといった難しい言葉も出てきます。ですから，多くの受験生が「難しいと思い込んでしまっている」単元であると思います。
しかし，分量は比較的少なく，問題のパターンも多くないので，
理解してしまえば，必ず得点源にできます。

交流のイメージが湧くように，特徴をとらえて教えていきますので
式のややこしさに惑わされずについてきてくださいね。

この章を乗り切って，電磁気をマスターしましょう！

この章で勉強すること

最初に，交流にまつわる基本事項をおさえます。
そして，交流電源に抵抗，コンデンサー，コイルをつないだとき，
それぞれどのように扱っていくのかを学びます。
また，電気振動についてもこの章で説明していきます。

宇宙一
わかりやすい
ハカセの
Introduction

[電圧と電流の時間変化]

コンデンサーを流れる交流

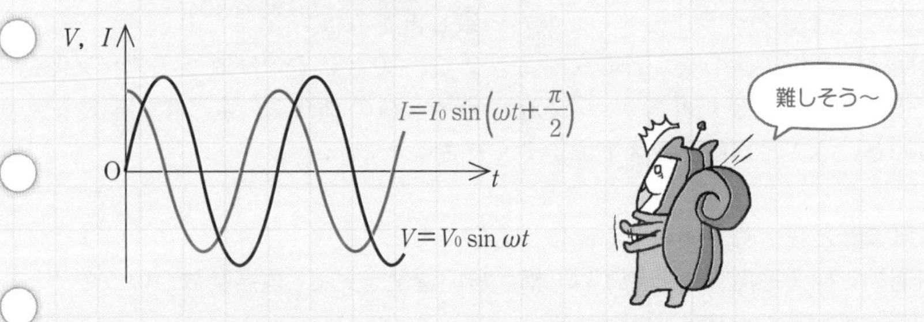

[R, L, Cの回路]

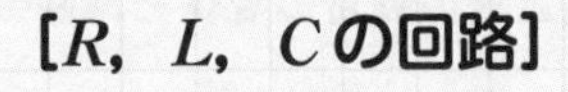

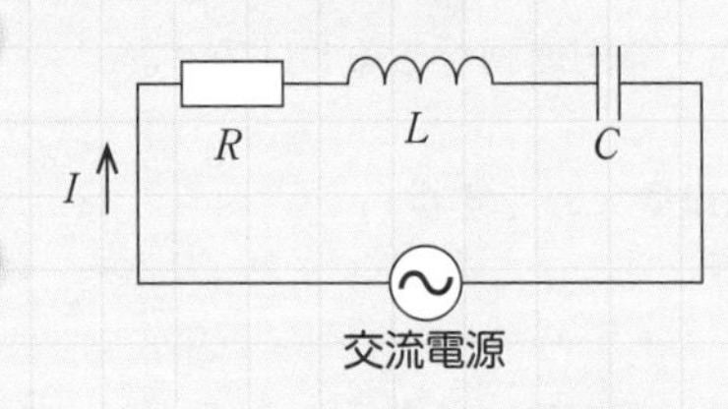

$$V=\sqrt{R^2+\left(\omega L-\frac{1}{\omega C}\right)^2}\cdot I$$

8-1 交流の基本知識

ココをおさえよう！

周期的に電圧と電流が変化する電気を，交流という。
実効値×$\sqrt{2}$＝最大値

今まで扱った回路では，電源が一定方向に一定の値の電圧を生み出していました。ところが，ここで扱う回路では，**電源電圧の大きさも向きもコロコロ変化する**のです。電圧が変化するので，**流れる電流もコロコロと変わってしまいます**。
このように，周期的に電圧と電流が変化する電気が**交流**なのです。
交流電源が作る電圧の基本の式は，以下のように表されます。

$$V = V_0 \sin \omega t$$

sinが出てきて，なんだかイヤな式ですね。しかし，意味することは単純です。
$\sin \omega t$は，時間tによって-1から1の間を行ったり来たりしますから，
電圧 $V = V_0 \sin \omega t$は，時間とともに$-V_0$からV_0の間を行ったり来たりするのです。
$\sin \omega t$ではなく，$\cos \omega t$などで与えられることもありますが，難しくありません。
sinのグラフもcosのグラフもずらしたら一致しますよね。
Vが周期的に変化するのを，どのタイミングで$t=0$として切り取ってグラフ化したか，というのが違うだけです。「交流はsinやcosのグラフのように周期的に変化する」ということだけおさえておいてください。

ωは**角周波数**と呼ばれる値です。ωは，力学でも出てきましたね。
等速円運動では角速度，単振動では（横から円運動を見て）角振動数というのでした（『力学・波動編』p.196，248参照）。
sin型やcos型のグラフは，等速円運動を横から見たときの高さの変化と時間の関係をグラフにしたものと等しいです。
ですから，電圧$V_0 \sin \omega t$のグラフにも，対応する円運動があるわけです。
それは**角速度ω，半径V_0の円運動**です。
つまり，**角周波数は，対応する円運動での角速度**なのですね。

また，$V_0 \sin \omega t$のωtは**位相**と呼ばれます。
「位相」と聞くだけでイヤになるかもしれませんが，難しく考える必要はないですよ。「**位相＝sin○○やcos○○の○○のこと**」と覚えておきましょう。

今まで…

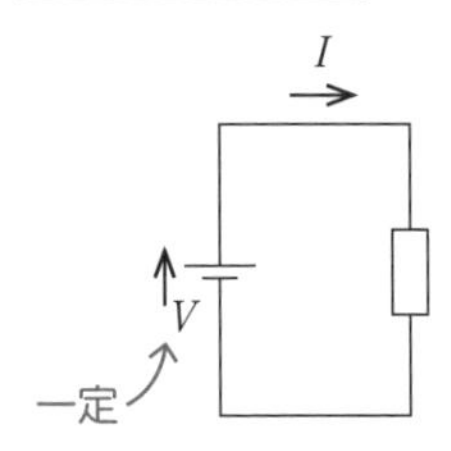

交流

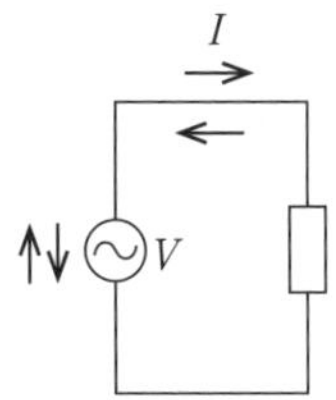

VもIも
コロコロ変化する

交流電源の電圧　$V = V_0 \sin \omega t$のグラフ

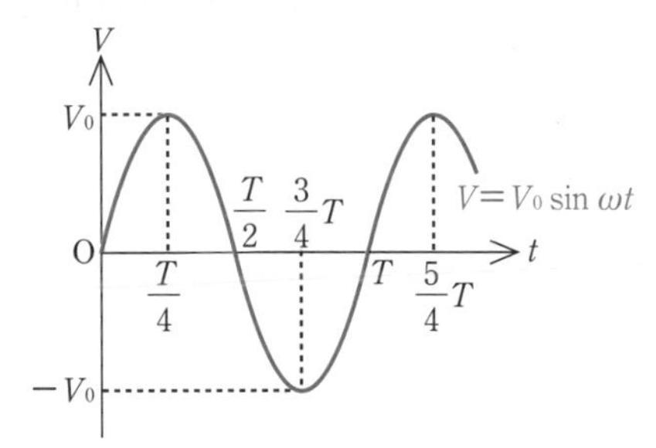

角周波数ω

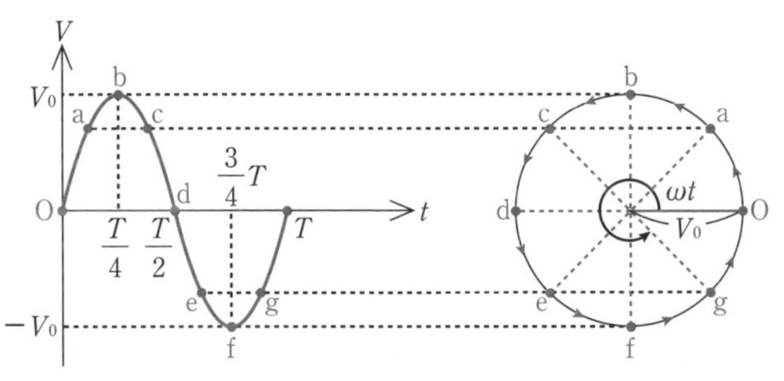

ここで，交流に関して覚えておきたい知識をいくつか紹介します。
力学や波動で出てきた用語も復習をかねて説明しておきますね。

① 周期Tと周波数fの関係
交流が1**回振動するのに要する時間**T**〔s〕を周期**と呼びます。
1秒間に交流が振動する回数f**〔Hz〕を周波数**と呼びます。
1秒間にf回振動するのですから，1回振動するのにかかる秒数は$\frac{1}{f}$〔s〕です。
1回振動するのにかかる秒数は，周期Tそのものです。
よって　$T=\frac{1}{f}$　もしくは　$f=\frac{1}{T}$　となります（『力学・波動編』p.276）。
家庭に届けられる交流の周波数fは50 Hzです（西日本では60 Hz）。
周期$T=\frac{1}{f}=0.020$ sとなるので，家庭のコンセントに届いた電圧は0.020 s間に1回のペースで行ったり来たりしていることになります。

② 角周波数ωと周期Tの関係
円運動の角速度と周期の関係を考えると$\omega T=2\pi$でしたね（『力学・波動編』p.198）。角周波数は角速度を呼び直したものなので，
$\omega T=2\pi$，また$\omega=\frac{2\pi}{T}$（$=2\pi f$）となります。これも復習ですね。

③ 実効値と最大値
私たちの家庭に届く電気は交流なので，絶えず電圧は変化しているのですが，「電圧は100 sin（500 t）〔V〕です」なんて表現されていたら，よくわからないですよね。
ですので，**実効値**という値で表現をしています。
実効値は「交流の電圧や電流の最大値を$\sqrt{2}$で割った値」です。
すなわち，交流電圧と交流電流の最大値がV_0，I_0のとき，実効値V_e，I_eは

$$V_e=\frac{V_0}{\sqrt{2}} \qquad I_e=\frac{I_0}{\sqrt{2}}$$

と表されます（$\sqrt{2}$で割る理由は8-6で説明します）。
家庭用の交流電圧は「100 V」とされていますが，これは実効値です。
最大値は$\sqrt{2}\times 100 \fallingdotseq 141$ Vということですね。
「“最大値”のほうが大きいから実効値$\times\sqrt{2}=$最大値」と覚えておきましょう。

① 周期 T と周波数 f

1 回振動するのにかかる時間 T：周期
1 秒間に（交流が）振動する回数 f：周波数

$$f=\frac{1}{T} \quad \text{または} \quad T=\frac{1}{f}$$

② 角周波数 ω と周期 T

1 周期 T でグルッと 1 周
なので 2π rad

$$\omega T=2\pi$$
$$\omega=\frac{2\pi}{T}$$

③ 実効値と最大値

実効値　V_e，I_e
最大値　V_0，I_0 とすると

$$V_e=\frac{V_0}{\sqrt{2}}, \quad I_e=\frac{I_0}{\sqrt{2}}$$
$$V_0=\sqrt{2}\,V_e, \quad I_0=\sqrt{2}\,I_e$$

次に**変圧器**についてお話ししましょう。
変圧器とは相互誘導を利用し，交流の電圧を変化させる装置です。

鉄心に2つのコイルを巻き，片方のコイル（1次コイル）に交流電流を流すと，鉄心の中の磁束が変化し，電磁誘導によってもう一方のコイル（2次コイル）に交流電圧が生じます。このとき，1次コイル，2次コイルの巻き数をN_1，N_2とし，1次コイル，2次コイルに生じる電圧をV_1，V_2とすると，次の式が成り立ちます。

$$\frac{V_1}{V_2}=\frac{N_1}{N_2}$$

変形すると$V_2=\frac{N_2}{N_1}V_1$となりますので，巻き数N_2を増やせばV_2は大きくなりますし，巻き数N_2を減らすとV_2は小さくなります。つまり，**交流は変圧器によって，簡単に電圧を変えられるという利点がある**のです。
家庭に届けられる電気が交流なのは，この利点のおかげで，送電の際の電力のロス（損失）が少なくできるからです。
電気（電力）は発電所で作られ，電線を通り，変圧器の役割の変電所を複数経てから家庭へと送られます。とても長い距離の電線を通るので，電線の抵抗Rに電流Iが流れることによるジュール熱RI^2の発生が問題になります。
それに対応するために，**発電所は高電圧で電気（電力）を送り出すのです。**

ある発電所から変電所までの送電の様子を簡単に図にすると右ページのようになります。送電線の抵抗は1つにまとめて2.00 Ωが2つとしています。
例えば発電所から100000 W＝100 kWの電力を変電所へ送るのに，
【1】　1000 V × 100 A＝100 kWとして送る場合
【2】　10000 V × 10 A＝100 kWとして送る場合
を考えると，右ページの図より，【1】では抵抗で1秒間に40000 Jもジュール熱が消費されており，変電所の電圧が600 Vまで下がるのに対し，【2】では1秒間に400 Jだけのジュール熱の消費ですみ，変電所の電圧は9960 Vでロスが少なくなっていますね。

交流は変圧器を用いれば，電圧を調節することができますから，発電所から送られた電力は複数の変電所を経てから，最終的には100 Vの交流電源として各家庭に届けられるのです。家庭に届く電気が交流なのは，発電した電気をムダにしないための知恵なのですね。

変圧器

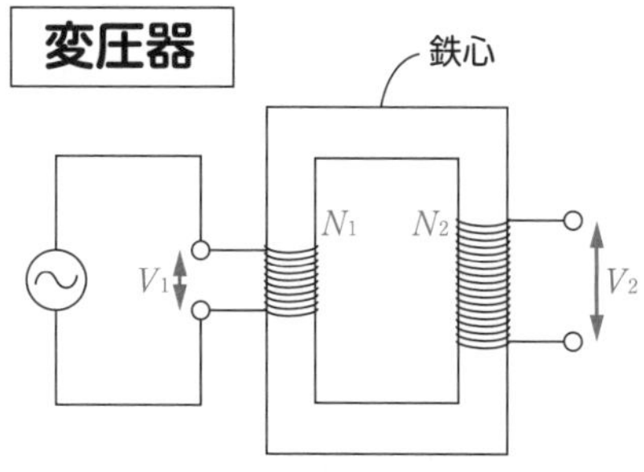

$$\frac{V_1}{V_2}=\frac{N_1}{N_2}$$

$V_2=\dfrac{N_2}{N_1}V_1$ より巻き数 N_2 しだいで電圧が調節できる！

発電所から変電所への送電について

【1】 1000 V×100 A＝100 kW を送る場合

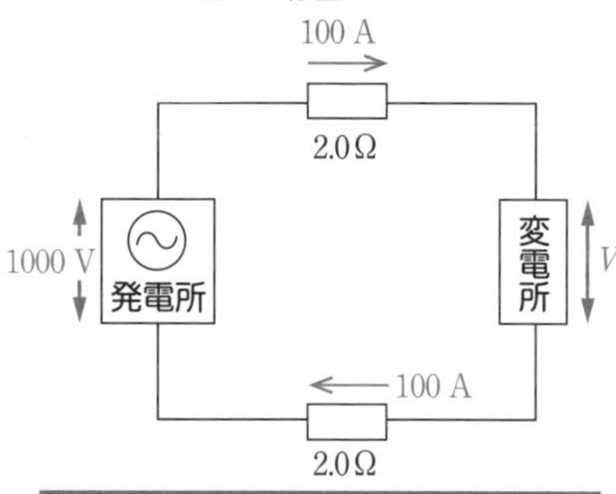

$$1000-\underbrace{2.0\times100}_{RI}-V-\underbrace{2.0\times100}_{RI}=0$$

$V=$**600 V**

抵抗での 1 秒間のジュール熱

$RI^2\times1.0\times2=$**40000 J**

【2】 10000 V×10 A＝100 kW を送る場合

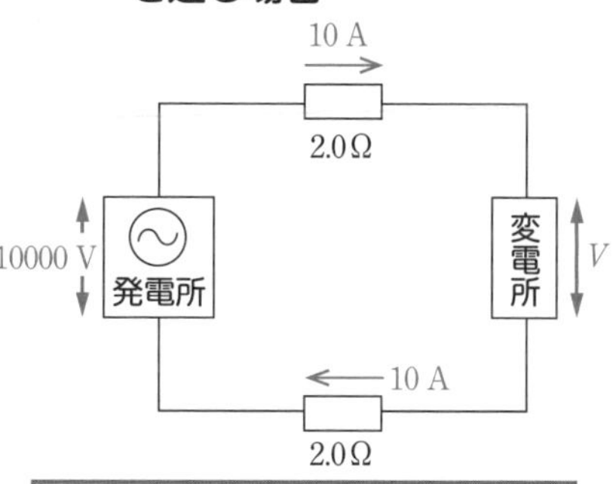

$$10000-2.0\times10-V-2.0\times10=0$$

$V=$**9960 V**

抵抗での 1 秒間のジュール熱

$RI^2\times1.0\times2=$**400 J**

高電圧で送ったほうが電力をムダにしない

交流は電圧の調節がしやすいから受け取る側で電圧を下げることができるってことね

ここまでやったら 別冊 P. 69へ

8-2 抵抗を流れる交流

ココをおさえよう！

抵抗をつないだ場合，電流と電圧は足並みをそろえて変化する（同位相）。

ここからは交流電源を回路につないだときの様子をお話ししていきます。
まずは，交流電源に抵抗をつないだ場合で，これは簡単です。

電源の電圧は次のように変化していたとしましょう。

$$V = V_0 \sin \omega t \text{〔V〕}$$

$-1 \leqq \sin \omega t \leqq 1$ですから，**電源の電圧の最大値は V_0** で，$-V_0 \leqq V \leqq V_0$ということです。「電圧の向きは周期的に行ったり来たりするけど，最大でV_0まで」と考えてもよいです。

回路を流れる電流I〔A〕を求めます。
オームの法則から，抵抗R〔Ω〕を流れる電流I〔A〕は，以下のようになりますね。

$$I = \frac{V}{R} = \frac{V_0 \sin \omega t}{R} = I_0 \sin \omega t \quad \left(\frac{V_0}{R} = I_0 \text{とおいた} \right)$$

電圧の最大値がV_0なので，電流の最大値I_0は$\frac{V_0}{R}$となります。

$V = V_0 \sin \underline{\omega t}$のときに，$I = I_0 \sin \underline{\omega t}$となることより，電流と電圧は同じタイミングで，最大値をとったり，0になったりします。

$\omega = \frac{2\pi}{T}$ですから，$\omega t = \frac{2\pi}{T} t$なので，

$t = \frac{T}{4}$のときは　$V = V_0 \sin \underline{\underline{\omega t}} = V_0 \sin \underline{\underline{\frac{\pi}{2}}} = V_0$　，　$I = I_0 \sin \underline{\underline{\omega t}} = I_0 \sin \underline{\underline{\frac{\pi}{2}}} = I_0$

$t = \frac{T}{2}$のときは　$V = V_0 \sin \underline{\underline{\omega t}} = V_0 \sin \underline{\underline{\pi}} = 0$　，　$I = I_0 \sin \underline{\underline{\omega t}} = I_0 \sin \underline{\underline{\pi}} = 0$

sin○○やcos○○の○○を位相といいましたね。抵抗をつないだ場合は，電流と電圧は位相が同じになるということです。これを**同位相**の関係にあるといいます。

VとIの変化のグラフを表すと，右ページの図のようになります。抵抗を流れる電流は，電源の電圧と足並みをそろえて変化しているとわかりますね。

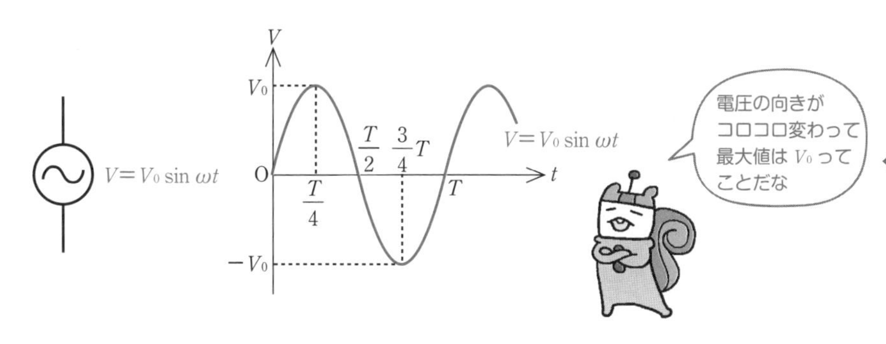

抵抗を流れる交流

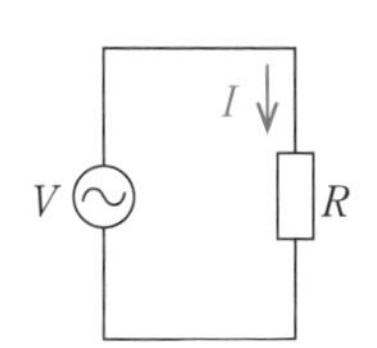

オームの法則より

$$I=\frac{V}{R}=\frac{V_0\sin\omega t}{R}$$
$$=\boldsymbol{I_0\sin\omega t}$$

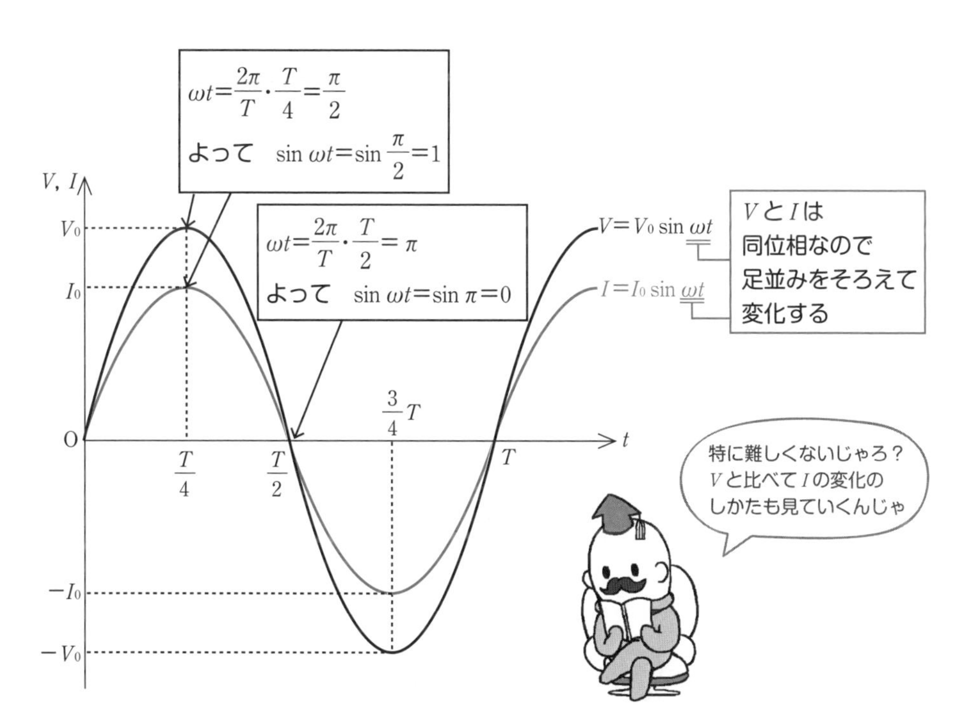

8-3 コンデンサーを流れる交流

ココをおさえよう！

コンデンサーをつないだ場合，電流は電圧よりも $\frac{\pi}{2}$ だけ位相が早く進む。すなわち $I=I_0\sin\left(\omega t+\frac{\pi}{2}\right)$ $(I_0=\omega CV_0)$

交流にコンデンサーやコイルを接続すると，抵抗の場合とは異なり，足並みがそろわずに，**電源の電圧と回路に流れる電流にズレが生じてしまいます。**
まずはコンデンサーの場合を，電荷の動きをイメージしつつ考えていきましょう。コンデンサーは人気の広場で，スイッチを入れた瞬間に電流がMaxで流れ込む（電荷が集まる），しばらくすると電流が流れなくなる（電荷の移動がなくなる）のでしたね（p.172～175）。

交流電源の場合は「交流電源の電圧の向きが変わる瞬間（$V=0$）」＝「コンデンサーに電流がMaxで流れ込む瞬間」となります。
向きが変わる瞬間は，直流でスイッチを入れる瞬間と同じですからね。

①交流電源の向きが変わる瞬間（$V=0$），多くの電荷たちは「よし，人気の広場（極板）へ向かおう」と極板へかけ込むので，電流値IがMaxになります。

②電圧がMaxに向かって増え始めるころには，コンデンサー広場は混み始め，「混んできたし，行くのやめよう」と思う電荷が増え，電流は減っていきます。

③電圧がMaxになるときには，電流は0になり，流れなくなってしまうのです。コンデンサーには電荷がいっぱいに蓄えられているということですね。

④電圧がMaxから下がり始めると，「今なら逆の極板は空いているから穴場だな，逆向きに移動してみよう」と思う電荷が現れ，逆向きの電流が流れ始めます。

補足 電圧1周0ルールから，電源の電圧とコンデンサーにかかる電圧はいつでも等しくなります。$Q=CV$なので，Vが最大から減っていくとQが減っていく，つまり逆向きの電流が流れる（逆向きに電荷が移動していく）のです。

⑤電圧の向きが変わるころには，逆向きの電流値がMaxになります。

以降，同様に右ページの①～⑧が繰り返されるのです。

コンデンサーを流れる交流

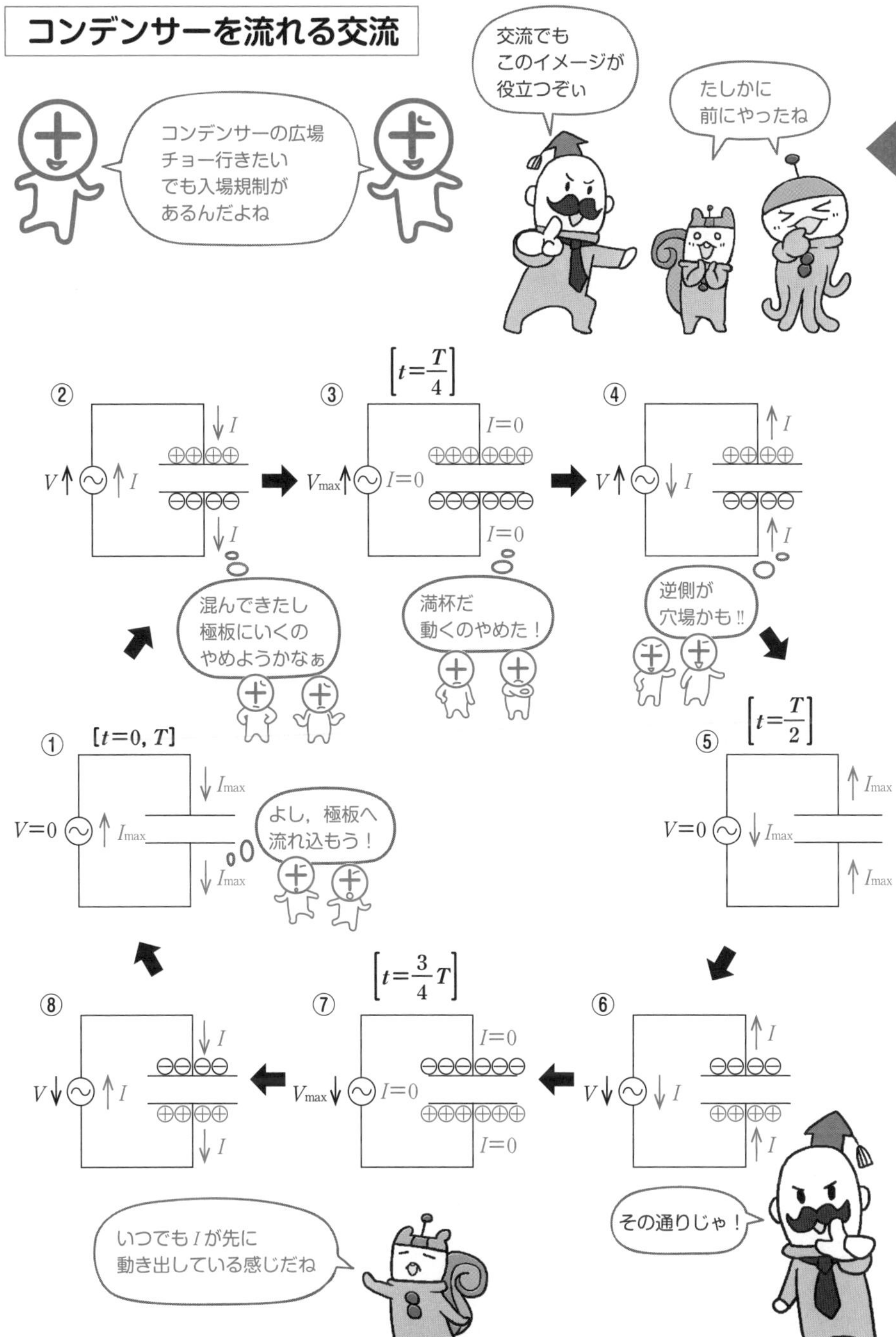

前ページの，時間，電圧，コンデンサーを流れる電流の3つの関係をまとめたのが右ページの表です。電源の電圧を$V = V_0 \sin \omega t$〔V〕としています。

表を見ると，**電流が電圧の変化を先取りしている**のがわかりますね。
これこそが，交流におけるコンデンサーの特徴です。

グラフにすると，右ページの図のようになります。
回路に流れる電流は，電源電圧よりも$\frac{T}{4}$だけ変化を先取りしていますね。
（右側にずれている電圧のほうが先に進んでいるようにも見えますが，横軸は時間tですから，右側にあるほど遅く変化しているってことですよ！）
位相でいうと，ωtに$t = \frac{T}{4}$を代入して，$\frac{\pi}{2}$だけ先取りしているのです。
したがって，コンデンサーを流れる電流は次のように表されます。

$$I = I_0 \sin\left(\omega t + \frac{\pi}{2}\right)$$

ここで，I_0は　$I_0 = \omega C V_0$　（ω：角周波数，C：コンデンサーの電気容量）
となることがわかっています。

抵抗回路における$I_0 = \frac{V_0}{R}$と比べてみると，コンデンサーにおいては$\frac{1}{\omega C}$**が抵抗Rに相当する**と考えられます。
この抵抗Rに相当する$\frac{1}{\omega C}$という値は**容量リアクタンス**と呼ばれます。
コンデンサーの抵抗値のようなものと認識しておいてください。

この容量リアクタンスを，抵抗Rと考えて，オームの法則を使うことができます。
すなわち，以下の式が成り立ちます。

$$V_0 = \frac{1}{\omega C} \cdot I_0 \quad \left(V_e = \frac{1}{\omega C} \cdot I_e\right)$$

これは，刻々と変化する交流の電圧と電流の間でいつでも成り立つ式ではありません。電圧の最大値V_0と電流の最大値I_0（もしくは電圧の実効値V_eと電流の実効値I_e）の間に成り立つ，数値としての関係性だと認識しておいてください。

コンデンサーを流れる交流（つづき）

時間 t	0	$\dfrac{T}{4}$	$\dfrac{T}{2}$	$\dfrac{3}{4}T$	T
電圧 V	0	V_{max}	0	$-V_{max}$	0
電流 I	I_{max}	0	$-I_{max}$	0	I_{max}

表にすると
わかりやすいわ

⇒ 電流は電圧よりも $\dfrac{T}{4}$ 早く変化している！

コンデンサーをつないだときの V と I の変化のグラフ

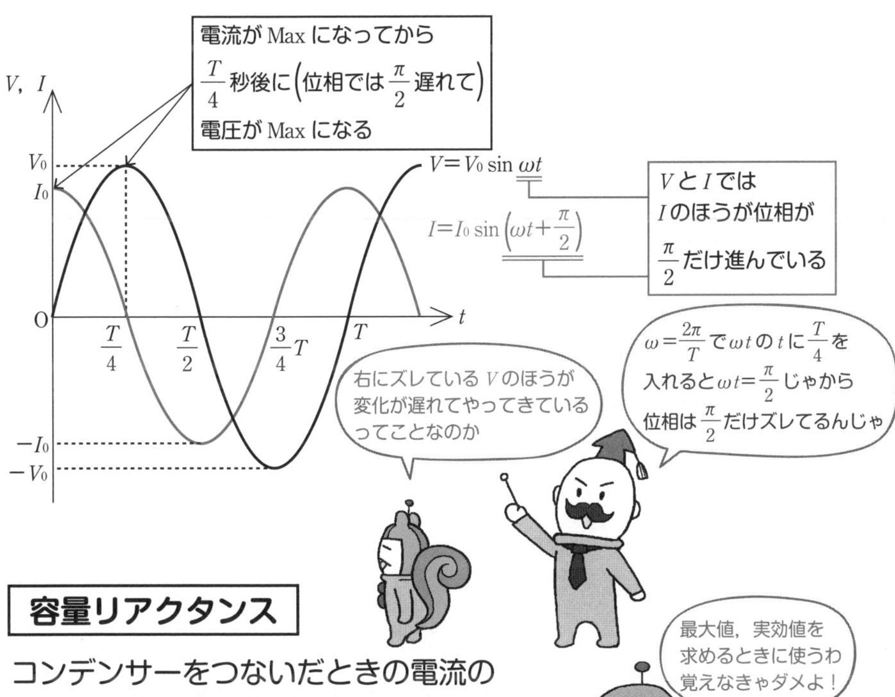

容量リアクタンス

コンデンサーをつないだときの電流の流れにくさを表したもの。
（抵抗 R に相当するもの）

$$V_0=\frac{1}{\omega C}\cdot I_0 \qquad \left(V_e=\frac{1}{\omega C}\cdot I_e\right)$$

最大値，実効値を
求めるときに使うわ
覚えなきゃダメよ！

8-4 コイルを流れる交流

ココをおさえよう！

コイルをつないだ場合，電流は電圧よりも位相が $\frac{\pi}{2}$ だけ遅れる。

すなわち $I = I_0 \sin\left(\omega t - \frac{\pi}{2}\right) \quad \left(I_0 = \frac{V_0}{\omega L}\right)$

今度はコイルをつないだ場合を考えます。
p.276，277でやったコイル回路を思い出しましょう。
コイルは，ビックリして電流を流したがらないので，大きな電流が流れるまでには少し時間がかかりました。

交流回路でもその性質は変わりません。

例えば，最大の電圧 V_0 (V_{max}) がかかった瞬間です。
抵抗ならば，同時に，電流も最大の I_0 (I_{max}) となりますね。
ところが，コイルの場合は，きちんと電流が流れるのに時間がかかります。
具体的には $\frac{T}{4}$ **秒後**に，電流が I_0 (I_{max}) となるのです。

しかし，$\frac{T}{4}$ 秒後は電圧は0になっています。
でもコイルには最大電流 I_0 (I_{max}) が流れていますから，コイルはすぐに電流を0にしようとせず，時間をかけて0にします。
流れる電流が0になるのは，そこから $\frac{T}{4}$ 秒後です。

つまり，電源の電圧が $V = V_0 \sin \omega t$〔V〕とすると，時間と電源電圧，コイルを流れる電流の関係は，右ページの表のようになります。

このように，**電流が電圧の変化に遅れてやってくる**のがコイルの特徴です。
コイルは変化を嫌い，マイペースにやろうとするので，電圧に少し遅れてついていくのですね。

コイルを流れる交流

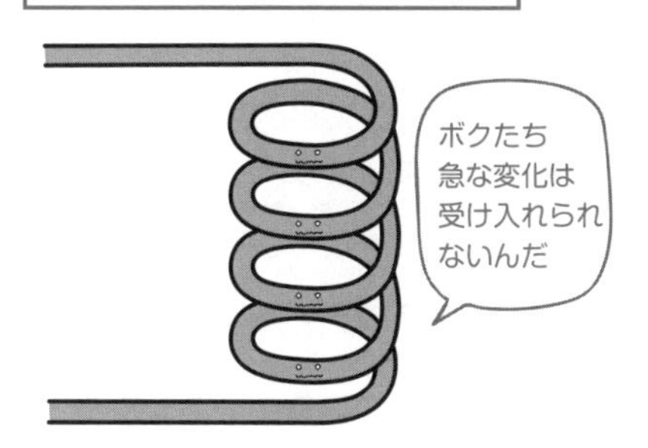

電圧と電流の変化の様子

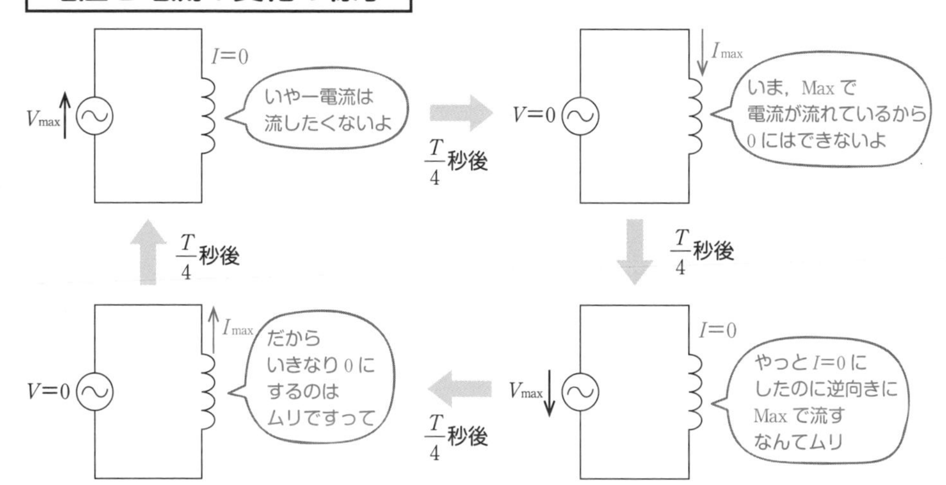

時間 t	0	$\frac{T}{4}$	$\frac{T}{2}$	$\frac{3}{4}T$	T
電圧 V	0	V_{max}	0	$-V_{max}$	0
電流 I	$-I_{max}$	0	I_{max}	0	$-I_{max}$

⇒ 電流は電圧よりも$\frac{T}{4}$遅れて変化している！

電源電圧が $V = V_0 \sin \omega t$〔V〕で表されるとして，電源電圧の変化と，コイルをつないだ回路に流れる電流の変化をグラフにして見ていきましょう。

回路に流れる電流は電源の電圧よりも $\frac{T}{4}$ だけ遅れていますが，ωt に $t = \frac{T}{4}$ を代入すると $\frac{\pi}{2}$ なので，**電流は電圧よりも $\frac{\pi}{2}$ だけ位相が遅れている**といえます。

したがって，コイルを流れる電流は次のように表されます。

$$I = I_0 \sin\left(\omega t - \frac{\pi}{2}\right)$$

ここで，I_0 は

$$I_0 = \frac{V_0}{\omega L}$$ （ω：角周波数，L：コイルの自己インダクタンス）

となることがわかっています。

抵抗における $I_0 = \frac{V_0}{R}$ と比べてみると，コイルにおいては **ωL が抵抗 R に相当する**と考えられます。

この抵抗に相当する ωL という値は**誘導リアクタンス**と呼ばれます。
コイルの抵抗値のようなものと認識しておいてください。

この誘導リアクタンスを，抵抗 R と考えて，オームの法則を使うことができます。
すなわち，以下の式が成り立ちます。

$$V_0 = \omega L \cdot I_0 \quad (V_e = \omega L \cdot I_e)$$

これもコンデンサーの容量リアクタンス（p.294）の場合と同じく，刻々と変化する交流の電圧と電流の間でいつでも成り立つ式ではありません。
電圧の最大値 V_0 と電流の最大値 I_0（もしくは電圧の実効値 V_e と電流の実効値 I_e）の間に成り立つ，数値としての関係性だと認識しておいてください。

コイルをつないだときの V と I の変化のグラフ

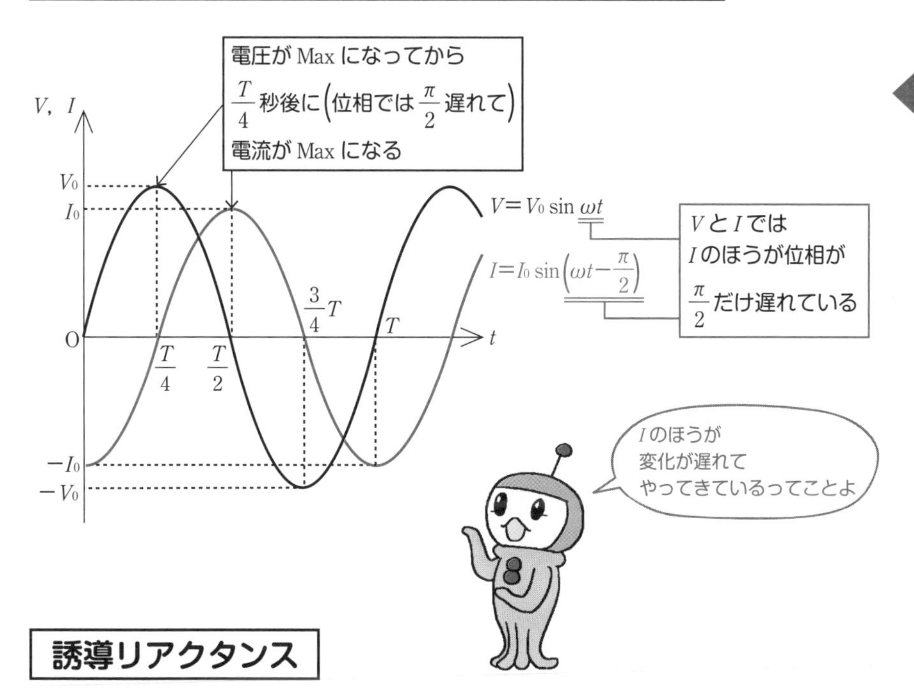

誘導リアクタンス

コイルをつないだときの電流の流れにくさを表したもの。
（抵抗 R に相当するもの）

$$V_0=\omega L\cdot I_0 \qquad (V_e=\omega L\cdot I_e)$$

容量リアクタンスと
誘導リアクタンスの
式は覚えるんだって

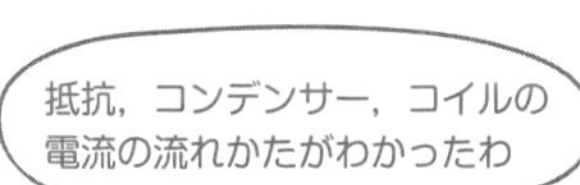

次ページからは
それらを直列につないで
交流を流したときを
考えていくぞい

ここまでやったら
別冊 P. 70 へ

8

8-5 RLC直列回路

ココをおさえよう！

回路に流れる電流Iは1つの同じ式なので，R，L，Cの特性に合わせてそれぞれにかかる電圧V_R，V_L，V_Cの式を決める。

インピーダンスZは　$Z=\sqrt{R^2+\left(\omega L-\dfrac{1}{\omega C}\right)^2}$〔Ω〕

抵抗R，コイルL，コンデンサーCを直列につないだ回路のことを**RLC直列回路**といいます。p.290～299で得た，交流の電圧と電流の知識が身についていればわかります。ひとつひとつ落ち着いて理解していきましょう。
直列ですから，回路に流れる電流はR，L，Cすべて同じなので，
この交流電流の式を$I=I_0\sin\omega t$とおきましょう。
このときR，L，Cにかかる電圧であるV_R，V_L，V_Cはどういう式で表されるでしょうか？　（電源電圧Vの式もわかりません。）

抵抗にかかる電圧V_Rは，電流と位相が同じになりますので，抵抗にかかる電圧の最大値をV_{R0}とすると$V_R=V_{R0}\sin\omega t$となります。
また最大値では，$V_{R0}=RI_0$も成立します。

コイルはマイペースなので電流が流れにくく，電圧に対して遅れているのでしたね。ということは，電流よりも電圧のほうが早く変化することになります。
電圧V_Lは，電流より位相が$\dfrac{\pi}{2}$進んでいるので，コイルにかかる電圧の最大値をV_{L0}とすると$V_L=V_{L0}\sin\left(\omega t+\dfrac{\pi}{2}\right)$となります。
また最大値では，$V_{L0}=\omega L\cdot I_0$も成立します。

コンデンサーは電流が先に流れ込み，電圧はそれに対して遅れているのでしたね。コンデンサーにかかる電圧V_Cは，電流より位相が$\dfrac{\pi}{2}$遅れるので，コンデンサーにかかる電圧の最大値をV_{C0}とすると$V_C=V_{C0}\sin\left(\omega t-\dfrac{\pi}{2}\right)$となります。
また最大値では，$V_{C0}=\dfrac{1}{\omega C}\cdot I_0$も成立します。
同じ電流が流れていても，R，L，Cにかかる電圧は，違うタイミングで変化をしているということです。

8

【抵抗 R にかかる電圧 V_R】

抵抗では電流と電圧は同位相。
(sin○○の○○が同じ)

$$V_R = V_{R0} \sin \omega t$$

最大値　$V_{R0} = RI_0$

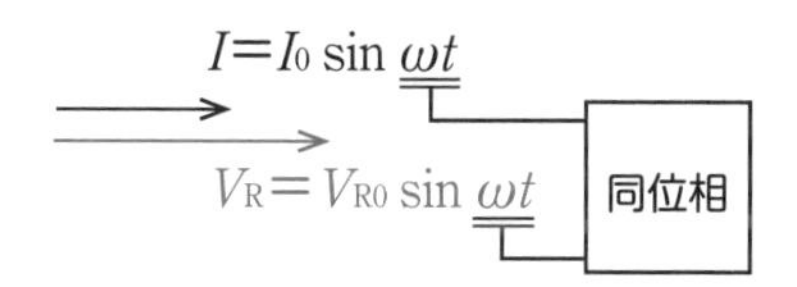

【コイル L にかかる電圧 V_L】

コイルでは電流は電圧より遅れて変化。

電圧は電流より$\frac{\pi}{2}$進んでいる。

$$V_L = V_{L0} \sin\left(\omega t + \frac{\pi}{2}\right)$$

最大値　$V_{L0} = \omega L I_0$

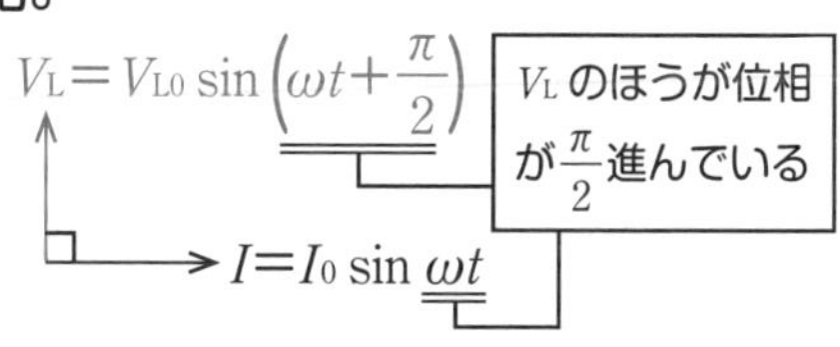

【コンデンサー C にかかる電圧 V_C】

コンデンサーでは電流は電圧より早く変化。

電圧は電流より$\frac{\pi}{2}$遅れている。

$$V_C = V_{C0} \sin\left(\omega t - \frac{\pi}{2}\right)$$

最大値　$V_{C0} = \frac{1}{\omega C} I_0$

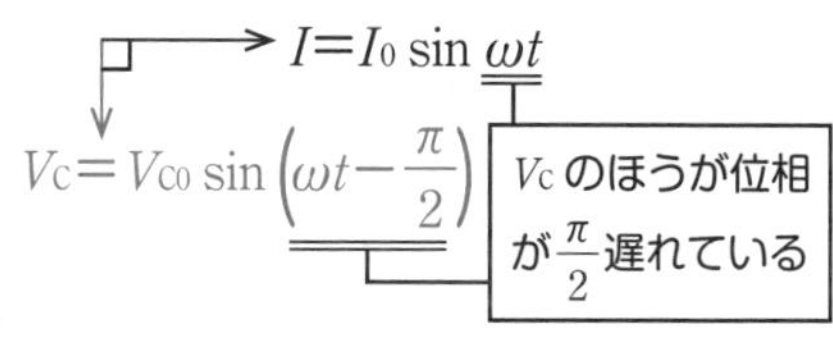

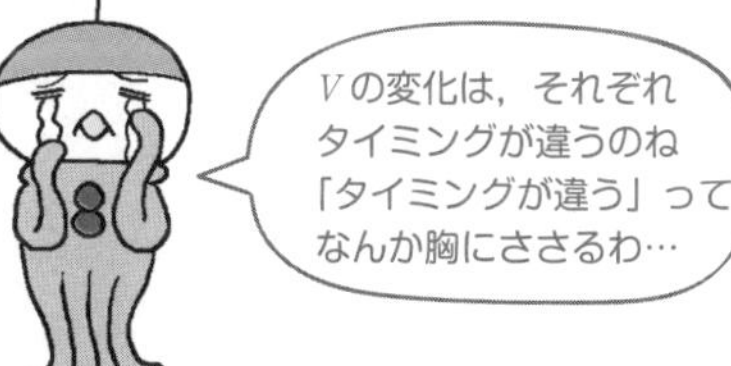

前ページの回路を続いて見ていきましょう。p.300の話から
V_Rは電流と位相が変わらず　$V_R = RI_0 \sin \omega t$
V_Lは電流より位相が $\frac{\pi}{2}$ だけ進み　$V_L = \omega L I_0 \sin\left(\omega t + \frac{\pi}{2}\right)$
V_Cは電流より位相が $\frac{\pi}{2}$ だけ遅れ　$V_C = \frac{1}{\omega C} I_0 \sin\left(\omega t - \frac{\pi}{2}\right)$
ということですね。

$\frac{\pi}{2}$ は90°なので，電流Iの向きを基準に考えると右ページの図のように表せます。
V_Lは上へ90°，V_Cは下へ90°の角度をつけます。
このように自分で図に表せるようになることがここの大事なポイントです。

回路に注目すると，電圧1周0ルールから，電源電圧VはV_RとV_LとV_Cを足し合わせたものですが，角度が違っているのでベクトルの足し算になります。V_{L0}とV_{C0}は向きが反対で，V_{R0}はV_{L0}，V_{C0}とは90°をなしているので電源電圧の最大値をV_0とすると，次の式のようになります。

$$V_0 = \sqrt{R^2 + \left(\omega L - \frac{1}{\omega C}\right)^2} \cdot I_0 \text{〔V〕} \quad \cdots\cdots (*)$$

（＊）の式と図から読み取らねばならないことは2つです。
1つ目は，オームの法則$V = RI$に照らし合わせて考えると，この回路全体の抵抗に相当する量Zは，$\boldsymbol{Z = \sqrt{R^2 + \left(\omega L - \frac{1}{\omega C}\right)^2}}$ であるということです。

このように回路全体の抵抗のはたらきを示す値を**インピーダンス**といいます。
インピーダンスZを使うと，電流の最大値I_0と電圧の最大値V_0の関係式は
$\boldsymbol{V_0 = ZI_0}$と表すことができます。

2つ目は図から読み取ります。
$I = I_0 \sin \omega t$とおいたこの回路の電源電圧Vの式は，図より$V = V_0 \sin(\omega t + \alpha)$となります。ただし，$\alpha$は$\tan \alpha = \dfrac{\omega L - \frac{1}{\omega C}}{R}$を満たします。
つまり，全体で見ると，電源電圧Vは回路に流れる電流Iよりαだけ位相が進んでいるということです。このαはR，ω，L，Cの値により変わります。

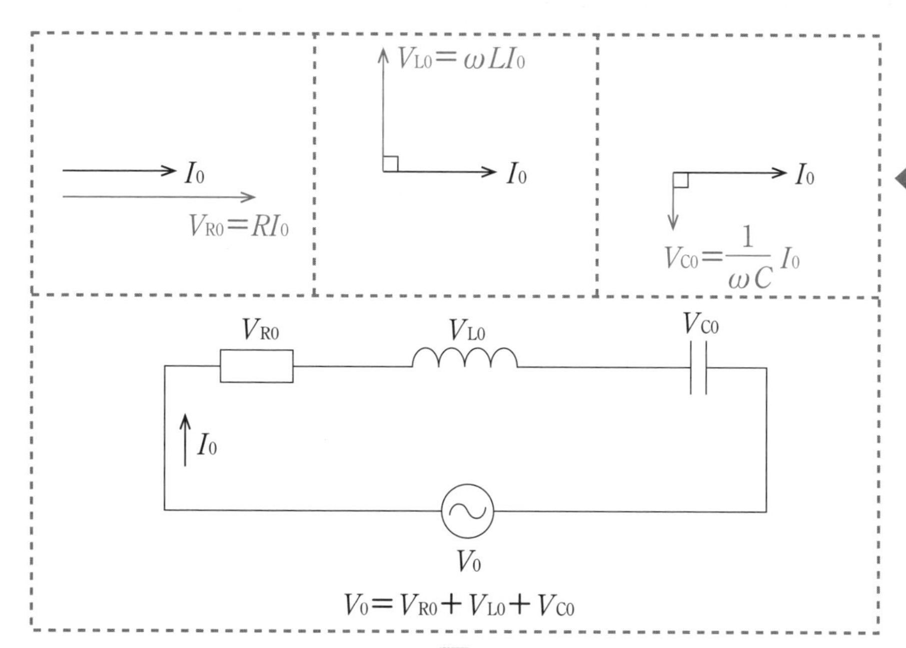

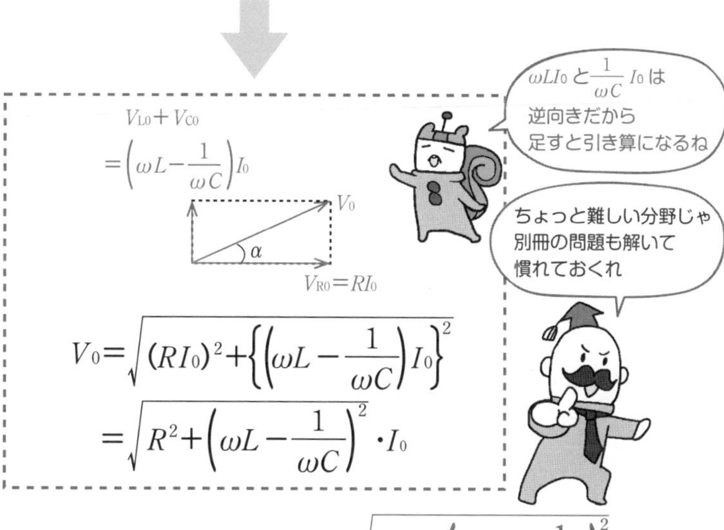

・$V_0=ZI_0$とすると，インピーダンス$Z=\sqrt{R^2+\left(\omega L-\frac{1}{\omega C}\right)^2}$

・$V=V_0\sin(\omega t+\alpha)$とおける。

$$\left(\text{ただし}\tan\alpha=\frac{\omega L-\frac{1}{\omega C}}{R}\text{となる}\right)$$

ここまでやったら
別冊 P. 72へ

8-6 交流の消費電力

ココをおさえよう！

コンデンサーとコイルは，時間平均するとエネルギーを放出しない。

電力PはVIで表されました。しかし，交流では，電圧Vも電流Iもコロコロと変化していますから，それらの積で表される電力$P=VI$も，コロコロと変化してしまいます。

ここでは，交流での消費電力を①抵抗をつないだ場合，②コンデンサー，もしくはコイルをつないだ場合，という2つの場合に分けて考えていきたいと思います。数学の三角関数の式変形の知識を必要としますので，注意してくださいね。

① 抵抗をつないだ場合
$V=V_0\sin\omega t$，$I=I_0\sin\omega t$とすると，消費電力Pは次のようになりますね。

$$P=VI=V_0I_0\sin^2\omega t$$

ところが，このまま家庭の電力を表そうとすると，「$100\sin^2 40t$〔W〕」などとなり，とてもわかりにくいです。そこで，電力の時間平均というものを考えてみましょう。右ページに，抵抗の消費電力$P=V_0I_0\sin^2\omega t$を表したグラフがあります。
Pはグニャグニャと変化していますが，グラフは$\dfrac{V_0I_0}{2}$を中心に対称ですから，

その時間平均$\overline{P}$をとると $\boldsymbol{\overline{P}=\dfrac{V_0I_0}{2}}$ となります。

補足 $\boldsymbol{P=V_0I_0\sin^2\omega t=\dfrac{V_0I_0(1-\cos 2\omega t)}{2}}$ ←$\cos 2\theta=1-2\sin^2\theta$より$\sin^2\theta=\dfrac{1-\cos 2\theta}{2}$

$\cos 2\omega t$は0が平均なので$\overline{P}=\dfrac{V_0I_0}{2}$となります。

$\overline{P}$を表す式は，「$P=VI$」の式とはちょっと違っていますね。なんとか$\overline{P}$の式を「$P=VI$」の形に直したいと考えて，誕生したのが実効値です。

$V_e=\dfrac{V_0}{\sqrt{2}}$，$I_e=\dfrac{I_0}{\sqrt{2}}$とすると　$V_eI_e=\dfrac{V_0}{\sqrt{2}}\cdot\dfrac{I_0}{\sqrt{2}}=\dfrac{V_0I_0}{2}=\overline{P}$
というふうに，最大値を$\sqrt{2}$で割ることで，$\overline{P}$を$P=VI$の形にできるのです。実効値は，電力の時間平均$\overline{P}=\dfrac{V_0I_0}{2}$を簡単に表すために設けた値だったのですね。

交流の消費電力

$$P=VI$$

① 抵抗をつないだ場合

$$V=V_0\sin\omega t$$

$$I=I_0\sin\omega t$$

よって　$P=VI=V_0I_0\sin^2\omega t$

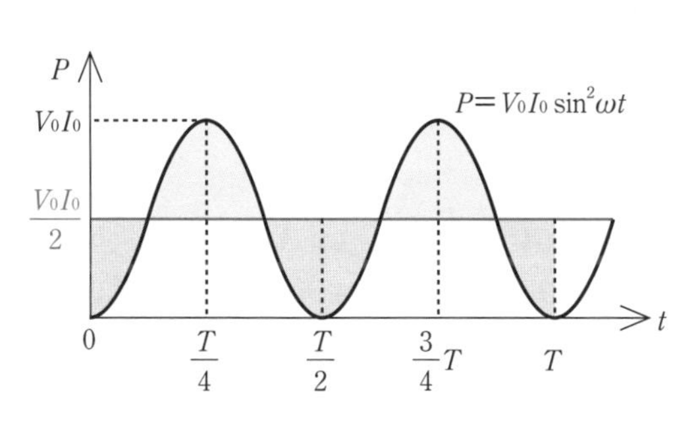

平均値にならすと…

$\bar{P}=VI$の形にしたいので…

$V_e=\dfrac{V_0}{\sqrt{2}}$　，$I_e=\dfrac{I_0}{\sqrt{2}}$とすると

$$V_eI_e=\frac{V_0I_0}{2}=\bar{P}$$

② コンデンサー，もしくはコイルをつないだ場合
コンデンサーで消費される電力を考えてみましょう。

$V = V_0 \sin \omega t$とすると，コンデンサーでは，電流は電圧よりも位相が$\frac{\pi}{2}$進むので

$$I = I_0 \sin\left(\omega t + \frac{\pi}{2}\right) = I_0 \cos \omega t$$

←加法定理より
$\sin\left(\omega t + \frac{\pi}{2}\right) = \sin \omega t \cos \frac{\pi}{2} + \cos \omega t \sin \frac{\pi}{2}$

と表されます。
したがって，電力は以下のようになりますね。

$$P = VI = V_0 I_0 \sin \omega t \cdot \cos \omega t$$
$$= \frac{1}{2} V_0 I_0 \sin 2\omega t$$

←$\sin 2\theta = 2\sin\theta\cos\theta$ より
$\sin\theta\cos\theta = \frac{1}{2}\sin 2\theta$

これをグラフにすると，平均$\overline{P}$は$\overline{P} = 0$になります。
電力の単位はJ/sですから，0ということは，エネルギーの消費が全体としてみると0ということです。この理由について説明しましょう。

コンデンサーをつなぐと，コンデンサーに電荷がたまります。
したがって，コンデンサーにはエネルギーも蓄えられます。
電源の力で電荷を運んだので，**このエネルギーの送り主は電源です**。そして，電荷が逆向きに戻り始めると，もらったエネルギーを**電源にお返しする**のです。

コイルの場合も同じように計算します。

$V = V_0 \sin \omega t$とすると，コイルでは，電流は電圧よりも位相が$\frac{\pi}{2}$遅れるので

$$I = I_0 \sin\left(\omega t - \frac{\pi}{2}\right) = -I_0 \cos \omega t$$

←加法定理より
$\sin\left(\omega t - \frac{\pi}{2}\right) = \sin \omega t \cos \frac{\pi}{2} - \cos \omega t \sin \frac{\pi}{2}$

したがって，電力は

$$P = VI = -V_0 I_0 \sin \omega t \cdot \cos \omega t$$
$$= -\frac{1}{2} V_0 I_0 \sin 2\omega t$$

←$\sin 2\theta = 2\sin\theta\cos\theta$ より
$\sin\theta\cos\theta = \frac{1}{2}\sin 2\theta$

$\overline{P} = 0$となります。

まとめると，**コンデンサーやコイルでは，電源とエネルギーを貸し借りするだけなので，消費電力は0になるのです。**

② コンデンサー，もしくはコイルをつないだ場合

$V=V_0\sin\omega t$ のとき

コンデンサーでは

$$I=I_0\sin\left(\omega t+\frac{\pi}{2}\right)\quad\longleftarrow\ \sin\left(\omega t+\frac{\pi}{2}\right)=\sin\omega t\cos\frac{\pi}{2}+\cos\omega t\sin\frac{\pi}{2}=\cos\omega t$$

$$=I_0\cos\omega t$$

$$P=VI=V_0I_0\sin\omega t\cdot\cos\omega t\quad\longleftarrow\ \sin 2\theta=2\sin\theta\cos\theta\ \text{より}\ \sin\theta\cos\theta=\frac{1}{2}\sin 2\theta$$

$$=\frac{1}{2}V_0I_0\sin 2\omega t$$

右のグラフより

$\bar{P}=0$

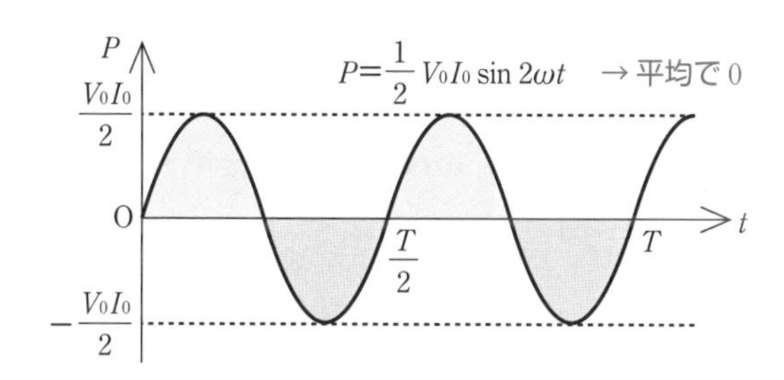

コイルでも同様に $\bar{P}=0$ となる。

計算は左ページにあるから省略じゃ

P
$P=-\frac{1}{2}V_0I_0\sin 2\omega t$ → 平均で 0
$\frac{V_0I_0}{2}$
0
t
$\frac{T}{2}$
T
$-\frac{V_0I_0}{2}$

コンデンサーやコイルのグラフは $P=0$ について対称になっているから平均で 0 なのね

抵抗では $\bar{P}=V_eI_e=\frac{V_0I_0}{2}$
コンデンサー，コイルでは $\bar{P}=0$
っていうのは覚えちゃえばいいってさ

8-7 交流のポイント

ココをおさえよう！

交流では，次の①～④に注意して，問題を解こう。

交流の問題で気をつけるべき点を，復習もかねてまとめておきたいと思います。

①「$V(I)=$○○$\sin\omega t$」などの交流の式を立てる際には

・抵抗では，電流と電圧は足並みがそろっている。

・コンデンサーでは，電流が電圧よりも位相が $\frac{\pi}{2}$ だけ進んでいる。

・コイルでは，電流が電圧よりも位相が $\frac{\pi}{2}$ だけ遅れている。

の関係に注意して，**ωtの部分に$+\frac{\pi}{2}$や$-\frac{\pi}{2}$を，必要に応じて付け加えます**。

例）コンデンサーで，電流が○○$\sin\omega t$なら，電圧は○○$\sin\left(\omega t-\frac{\pi}{2}\right)$

コンデンサーで，電圧が△△$\sin\omega t$なら，電流は△△$\sin\left(\omega t+\frac{\pi}{2}\right)$

②容量リアクタンス $\frac{1}{\omega C}$ と誘導リアクタンス ωL は覚えてください。そのうえで

$$V=\frac{1}{\omega C}\cdot I \quad , \quad V=\omega L\cdot I \quad \text{または} \quad V_e=\frac{1}{\omega C}\cdot I_e \quad , \quad V_e=\omega L\cdot I_e$$

の関係を使って，最大値や実効値を求めましょう。最大値は「$V(I)=$○○$\sin\omega t$」の「○○」の部分になっていることにも注意が必要です。

③R，L，Cの直列回路が出てきたら

回路に流れる電流Iを$I=I_0\sin\omega t$などとおき，右向きの矢印をかく。

・Rにかかる電圧V_{R0}は同じ向き（右向き）で長さRI_0の矢印をかく。

・Lにかかる電圧V_{L0}のほうが位相が$\frac{\pi}{2}$進むので，上向きで長さωLI_0の矢印をかく。

・Cにかかる電圧V_{C0}のほうが位相が$\frac{\pi}{2}$遅いので，下向きで長さ$\frac{1}{\omega C}\cdot I_0$の矢印をかく。

電源電圧Vは，V_{R0}，V_{L0}，V_{C0}で三平方の定理から計算する。

④消費電力の時間平均を聞かれたら

・抵抗→$\overline{P}=V_eI_e=\frac{V_0I_0}{2}$

・コンデンサーとコイルは$\overline{P}=0$

交流のポイント

① 位相のズレに注意!!

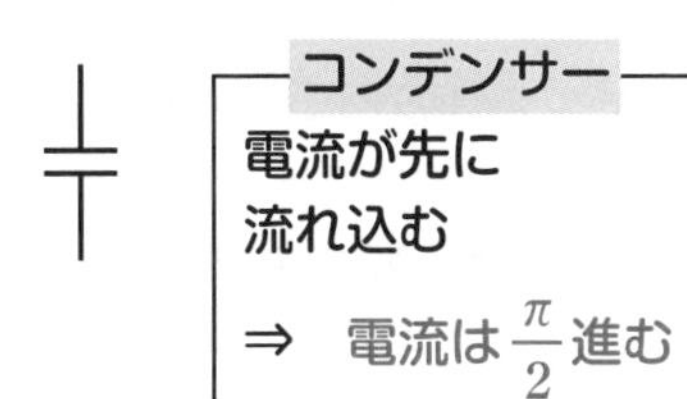

コイル

変化がイヤなので
電流が流れにくい

⇒　電流は $\frac{\pi}{2}$ 遅い

② リアクタンスは覚える!!

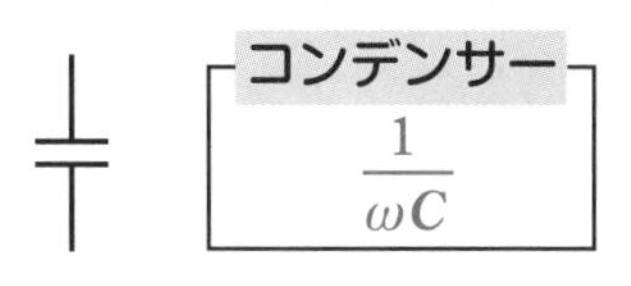

コイル

ωL

③ R，L，C 直列回路

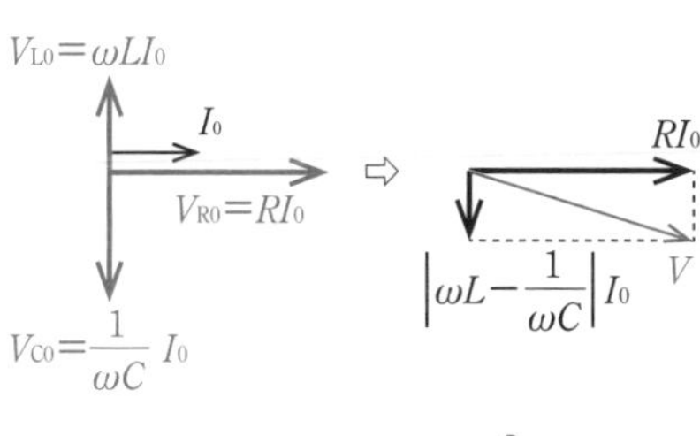

$\frac{1}{\omega C}$ のほうが
ωL より大きいと，
こういう図になるね

④ 消費電力の時間平均

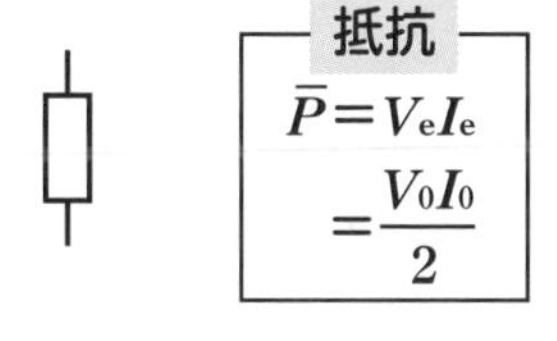

or

コンデンサー，コイル

$\bar{P}=0$

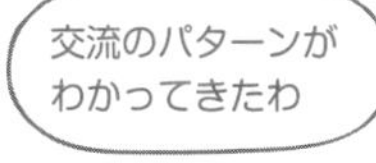

電磁気の
残りもあと少しじゃ
ファイトじゃぞ！

8-8 電気振動

ココをおさえよう！

帯電したコンデンサーとコイルをつなぎ，電荷が往復する現象を電気振動という。
コンデンサーとコイルのエネルギーの総和は不変である。

電荷が蓄えられたコンデンサーとコイルをつなぐと，おもしろい現象が起こります。**電荷が「逆側の極板へ向かって，そしてまた戻ってくる」というのを何度も行う電気振動現象が起こる**のです（“シャトルラン”や“ダッシュ”というと運動部の人はイメージしやすいかもしれません）。

電気振動がなぜ起きるのかを見ていきましょう。
Q_0〔C〕の電荷が蓄えられたコンデンサーをコイルと一緒につなぎます。コンデンサーは上の極板に$+Q_0$〔C〕，下の極板に$-Q_0$〔C〕が蓄えられていますね。

①スイッチを入れた瞬間，コンデンサーから電荷たちが飛び出します。
しかし，コイルはゆっくり電流を流したいので，電荷は少しずつ移動しますね。

②だんだんと電荷たちが移動していき，ついにコンデンサーの電荷がなくなりました。このとき，コイルには電流がMaxで流れ込んでいます。

これで放電終了…と思いきや，コイルには電流が流れ続けます。
いきなり電流を止めるとビックリするので，「もっと流れないとイヤだ」とコイルは電流を流し続けるのです。そうすると，まだまだ電荷の移動は終わらず，上の極板に負電荷，下の極板に正電荷がたまっていきます。

③電流が0になったときには，上の極板が$-Q_0$〔C〕，下の極板が$+Q_0$〔C〕と，最初と正反対の状態になってしまっているのです。

④そして，今度は逆向きに電流が流れるのです。

同様にして，電荷は“極板 → コイル通過 → 逆の極板”という順路を何度も繰り返します。これが電気振動です。

右ページの一連の流れが1周期です。各場面は，$\frac{T}{4}$秒で移り変わります。

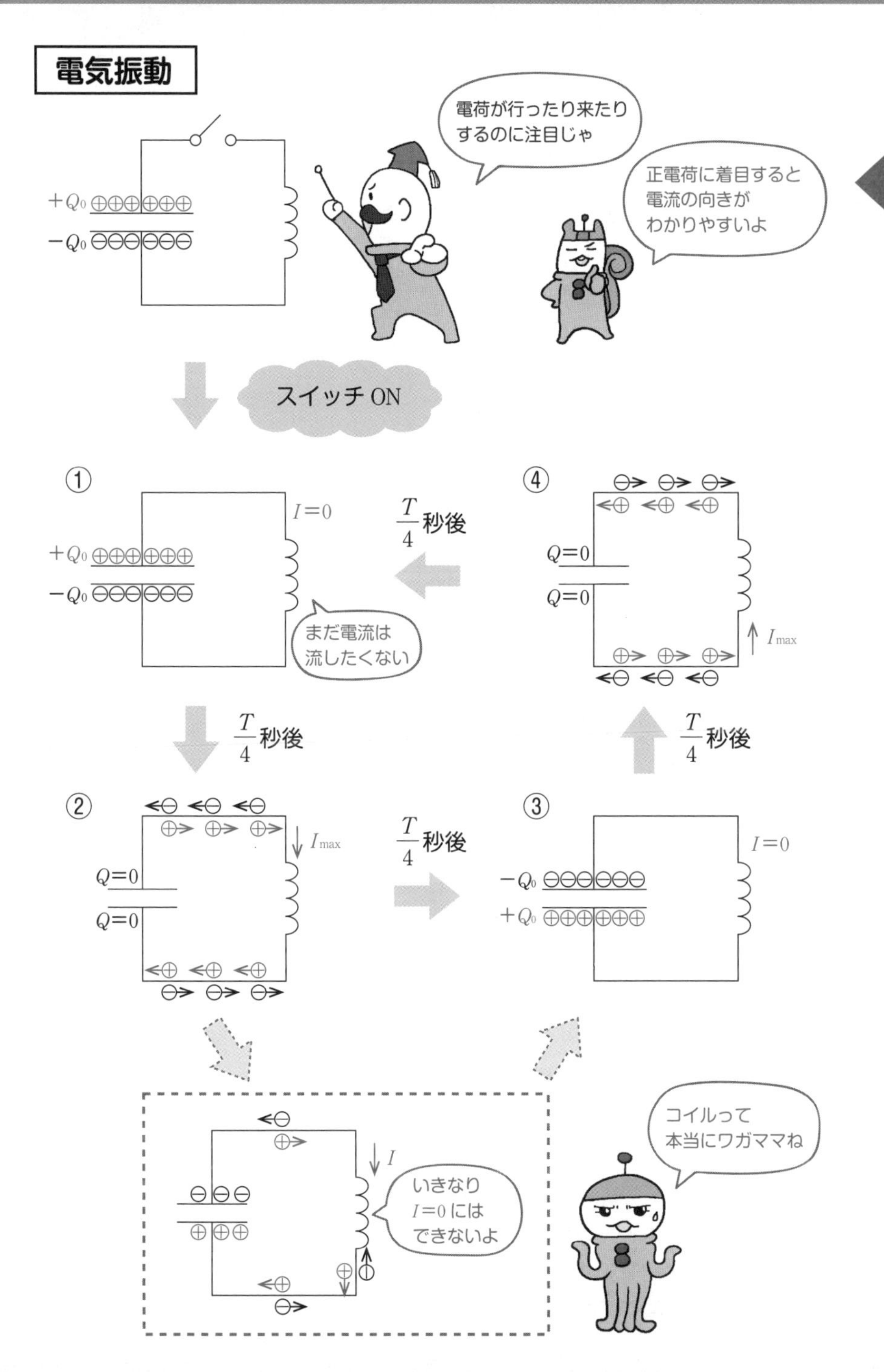
電気振動
電荷が行ったり来たりするのに注目じゃ
正電荷に着目すると電流の向きがわかりやすいよ
8
$+Q_0$
$-Q_0$
スイッチ ON
①
$I=0$
まだ電流は流したくない
$\frac{T}{4}$秒後
②
I_{max}
$Q=0$
$Q=0$
③
$I=0$
$-Q_0$
$+Q_0$
④
$Q=0$
$Q=0$
I_{max}
I
いきなり $I=0$ にはできないよ
コイルって本当にワガママね

前ページの電気振動をグラフで表すと右ページのようになります。
$\frac{T}{4}$ ずつ，0になったり最大になったりしていますね。

電気振動の周期は，次のように表されます。

$$T=2\pi\sqrt{LC}$$

（C：コンデンサーの電気容量，L：コイルの自己インダクタンス）
また，1秒間に電荷が往復する回数，すなわち電気振動の振動数f_0はこうなります。

$$f_0=\frac{1}{T}=\frac{1}{2\pi\sqrt{LC}}$$

これらの式は覚えてしまいましょう。

ここからは，ちょっとエネルギーに注目してみましょう。
電流Iが流れる，自己インダクタンスLのコイルには，$U=\frac{1}{2}LI^2$のエネルギーが蓄えられているのでした(p.278)。
また，電気容量Cで，電気量Qが蓄えられているコンデンサーのもつ静電エネルギーは $U=\frac{Q^2}{2C}$ でしたね。

p.306で，コンデンサーとコイルはエネルギーを消費しないとお話ししましたね。
したがって，電気振動の際もエネルギーは失われません。
物理っぽくいえば，**電気振動が発生しているとき，コンデンサーとコイルのエネルギーの和は保存される**のです。

つまり，以下の関係が成り立ちます。

$$U=\frac{{Q_0}^2}{2C}=\frac{Q^2}{2C}+\frac{1}{2}LI^2=\frac{1}{2}L{I_{\max}}^2$$

さて，これで長かった電磁気も終了です。
電磁気は苦手とする人が多い分野ですが，なるべくかみくだいて説明し，別冊には力のつく問題を配置したつもりですので，復習して得意分野にし，ライバルに差をつけてしまいましょう。

8

[コンデンサーの電荷 Q と，回路に流れる電流 I の時間変化]

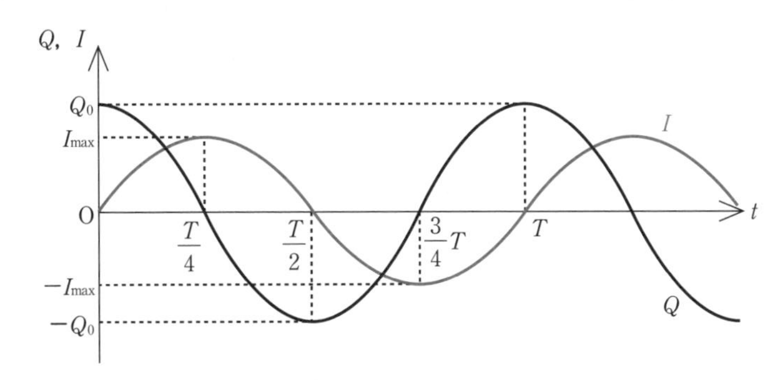

電気振動の周期 T，振動数 f_0

$$T=2\pi\sqrt{LC}$$

$$f_0=\frac{1}{T}=\frac{1}{2\pi\sqrt{LC}}$$

電気振動のエネルギー保存

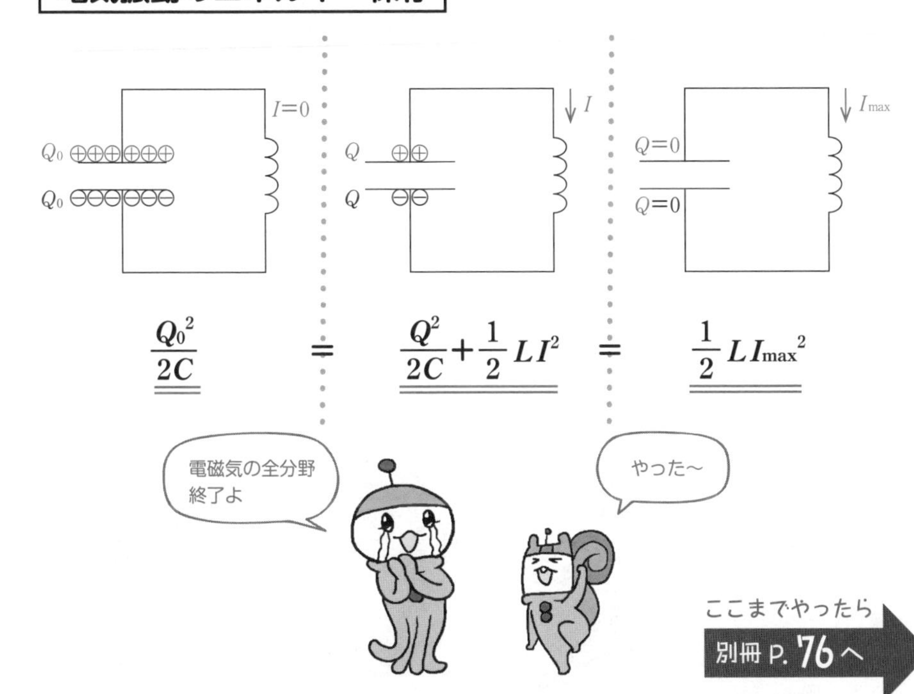

ここまでやったら
別冊 P.76へ

ハカセの 宇宙一キビしい チェック!!

理解できたものに，☑チェックをつけよう。

- [ ] 交流の最大値と実効値の関係を覚えた。
- [ ] 抵抗を流れる交流では，電流と電圧は足並みをそろえて変化する。
- [ ] コンデンサーを流れる交流では，電流は電圧よりも $\frac{\pi}{2}$ だけ位相が進む。
- [ ] コイルを流れる交流では，電流は電圧よりも $\frac{\pi}{2}$ だけ位相が遅れる。
- [ ] 容量リアクタンスと誘導リアクタンスの式を覚えた。
- [ ] 最大値と実効値に関しては，オームの法則が使える。コンデンサーとコイルの場合は，抵抗の部分にリアクタンスが入る。
- [ ] RLC直列回路における電流（電圧）の進み具合を矢印で表せる。
- [ ] 抵抗の消費電力の時間平均は $\overline{P} = V_e I_e$ と表せるが，コイルとコンデンサーは時間平均すると，電力を消費しない。
- [ ] 電気振動の周期は $T = 2\pi\sqrt{LC}$ と表される。
- [ ] 抵抗を含まない電気振動回路ではコンデンサーとコイルのエネルギーの和は保存される。

Chapter

9

熱と気体の法則

Chapter 9

熱と気体の法則

はじめに

ここからは，3つのChapterにわたり，熱の項目について勉強していきます。
熱の分野は，電磁気ほどやることが多くありません。
また，覚えることもそんなに多くありません。

これから学ぶ3つのChapterの知識をちゃんと結びつけていきましょう。

まずは「熱と気体の法則」です。

気体には，状態方程式$pV=nRT$と呼ばれる関係が成り立っています。
（化学を学んでいる人にはおなじみの法則ですよね。）
この状態方程式を使えば，一見すると，無関係に見える気体の圧力p，体積V，温度T，モル数（物質量）nという4つの要素を結びつけることができるのです。

この方程式を使いこなせるようになることが，熱の項目をマスターする第一歩です。しっかり学んでいきましょう。

この章で勉強すること

熱の基本となる「ボイルの法則」,「シャルルの法則」,「状態方程式」を説明します。
最初に，圧力のイメージを明確にしていきます。

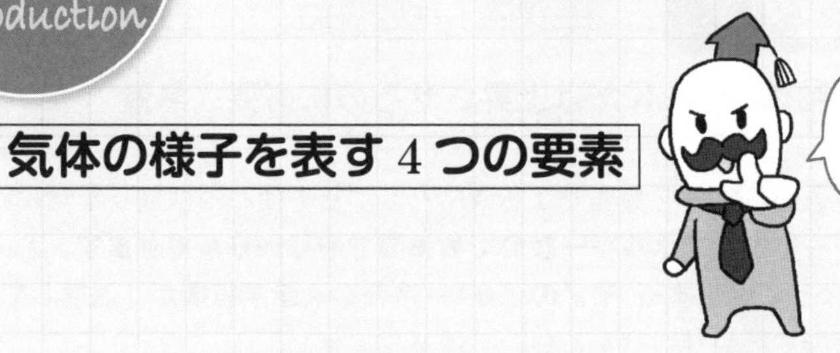

気体の様子を表す 4 つの要素

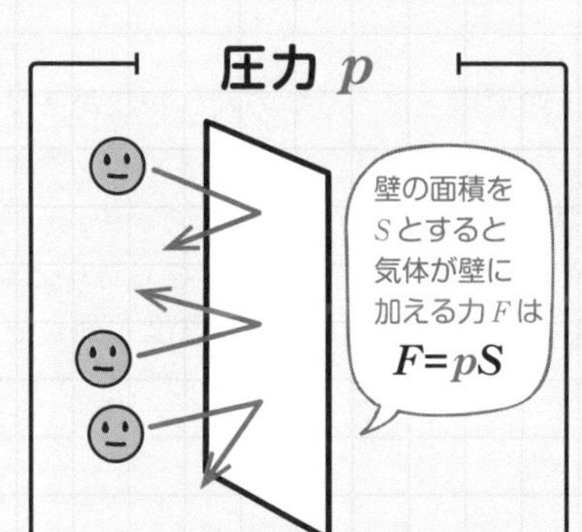

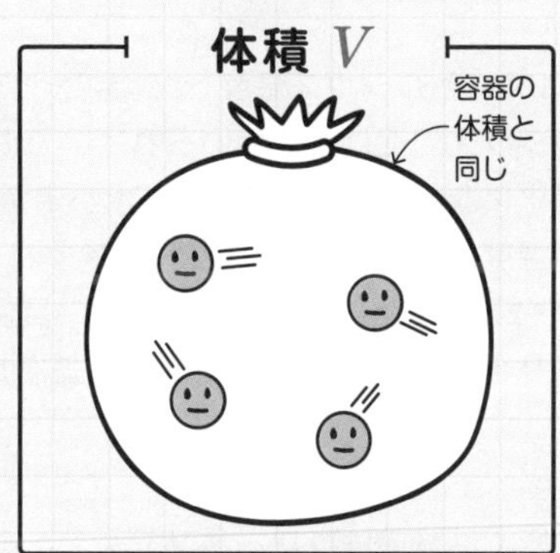

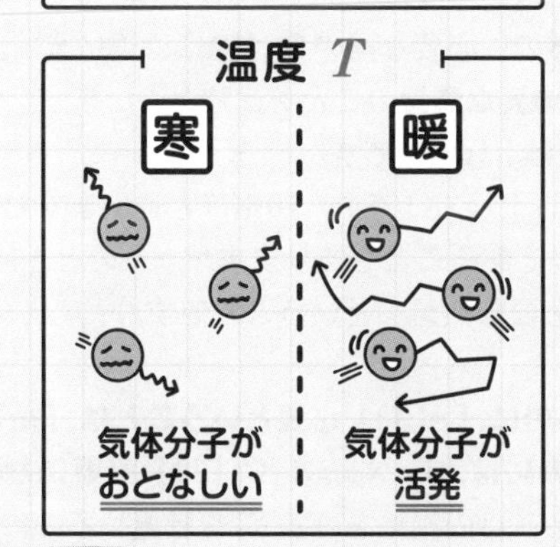

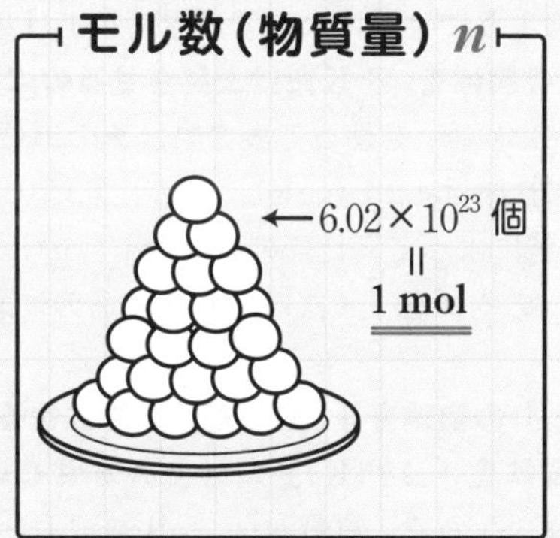

$$pV=nRT$$

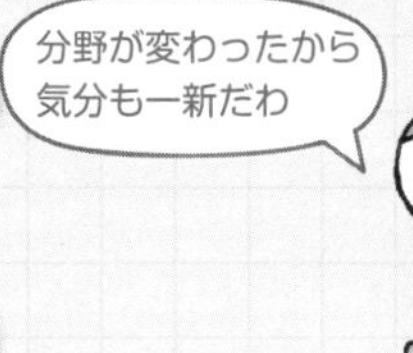

9-1 熱と温度

ココをおさえよう！

比熱：1 gの物体を，1 Kだけ上昇させるのに必要な熱量

「熱」と「温度」という言葉を物理ではちゃんと区別して使わねばなりません。
「熱」はエネルギーです。エネルギーなので物体間でやり取りができます。
熱のやり取りによって変化する，**モノの温かい・冷たいを示す指標が「温度」です。**
「温度」は指標なので，やり取りするものではありません。

温度には，セルシウス温度（セ氏温度）と絶対温度という2つの表しかたがあります。
セルシウス温度は広く用いられているもので，単位は℃で表されます。1気圧下で，水が氷になる温度を0℃とし，水が沸騰する温度を100℃としています。
絶対温度の単位はK（ケルビン）です。それよりも低い温度が存在しないという温度（−273℃）が0 K（絶対零度）で，目盛りの間隔はセルシウス温度と同じです。
目盛りの間隔は同じなので，温度差を比べる場合はどちらでも同じということです。

水と鉄では鉄のほうが温まりやすく，水は温まりにくいです。
このように物質によって，温度を上げるのに必要な熱の量（熱量）は違います。
1 gの物体を，1 Kだけ上昇させるのに必要な熱量のことを**比熱**といいます。
比熱は記号cを使って表され，その単位はJ/(g・K)です。
水の比熱は4.2 J/(g・K)，鉄の比熱は0.44 J/(g・K)です。10倍ほど違いますね。
（問題によって，比熱の単位がJ/(kg・K)であることもありますが，そのときは，1 kgの物体を1 Kだけ上昇させるのに必要な熱量，ということです。）

「1 g」の物体を「1 K」だけ上昇させるのに，「c〔J〕」必要ということは，「m〔g〕」の物体を「ΔT〔K〕」だけ上昇させるのには，「$c \times m \times \Delta T$〔J〕」必要になりますね。なので，質量$m$〔g〕，比熱$c$〔J/(g・K)〕の物体を$\Delta T$〔K〕だけ温めるのに必要な熱量$Q$は

$$Q = mc\Delta T \text{〔J〕}$$

という式で表されます。

「熱」と「温度」

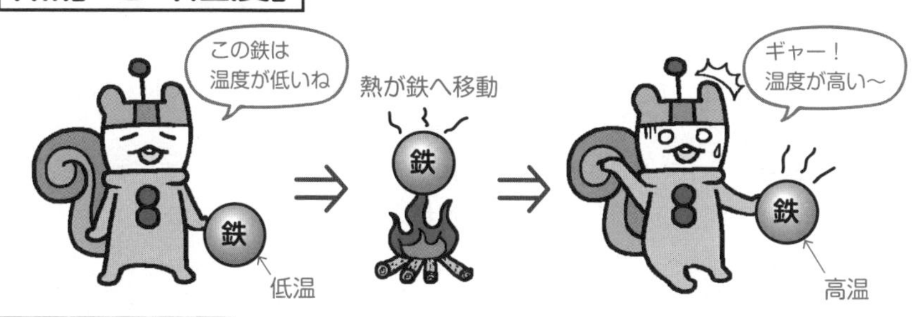

2 種類の温度

私たちが普段使っている温度　＝　**セルシウス温度〔℃〕**
（水の融点を 0℃，沸点を 100℃ としている）

化学や物理でよく使う温度　＝　**絶対温度〔K（ケルビン）〕**
（それより低い温度のない温度を 0 K＝－273℃とする
目盛りの間隔は℃と同じ）

〔℃〕を〔K〕に直すには
273 を足せばいいのよ

比熱 c〔J/(g・k)〕

…1 g の物体を 1 K だけ上昇させるのに必要な熱量。
物質の温まりやすさを示すもので，
比熱が小さいと温まりやすい！

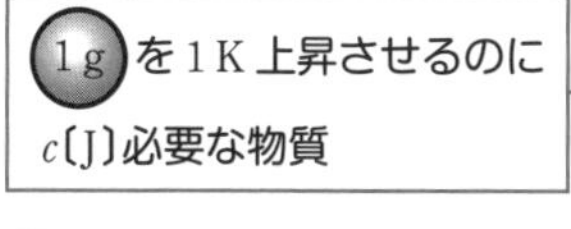

→ m〔g〕

ΔT〔K〕温めたい

⇓

$mc\Delta T$〔J〕必要!!

熱の単位は J（ジュール）なんだね
仕事やエネルギーと
同じか

水と鉄を同じだけ
加熱すると，水のほうが
温まりにくい
水はとても比熱の大きい
物質なんじゃ

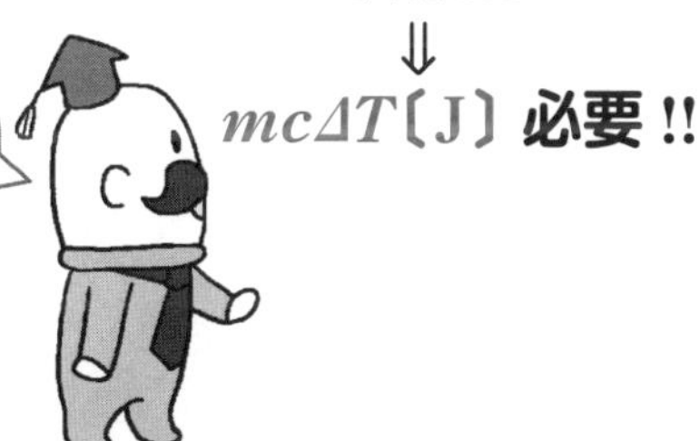

比熱は「1 gの物体を1 K上昇させるのに必要な熱量」でしたが，「1 gの物体」だとチマチマしていて，めんどくさい場合もあります。
そこで,「物体全体を1 Kだけ上昇させるのに必要な熱量」を,**熱容量**と決めました。
質量m〔g〕，比熱c〔J/(g･K)〕の物体の熱容量C〔J/K〕はこうなります。

$$\boldsymbol{C = mc}$$

よって，$Q = C\Delta T$と表せますが，これはp.318の式$Q = mc\Delta T$と同じ式ですね。
つまり，言葉の定義が違うというだけで，やる計算は同じなのです。

高温の物体と低温の物体が接すると，等しい温度になる現象を**熱平衡**といいます。
お風呂のお湯がぬるいとき，熱湯を入れるとお風呂の温度が上がりますね。
「ぬるいお湯」と「熱湯」が混ざって，等しい温度になっているのです。

熱平衡が起こるとき，**“高温の物体が失う熱量＝低温の物体が得た熱量”**という式が成り立ちます。
これを**熱量保存の法則**といいます。
熱平衡が起こる問題では，「高温の物体の温度変化」と「低温の物体の温度変化」をそれぞれ分けて注目しましょう。

では，p.322で，比熱，熱容量，熱量保存の法則について確認する問題を解いてみましょう。

熱容量 C〔J/K〕…物体全体を 1 K だけ上昇させるのに必要な熱量。

この物体の温度を ΔT〔K〕上昇させるのに必要な熱量 Q〔J〕は？

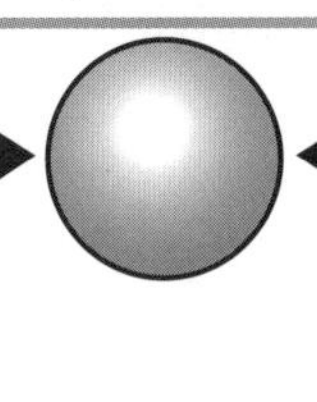

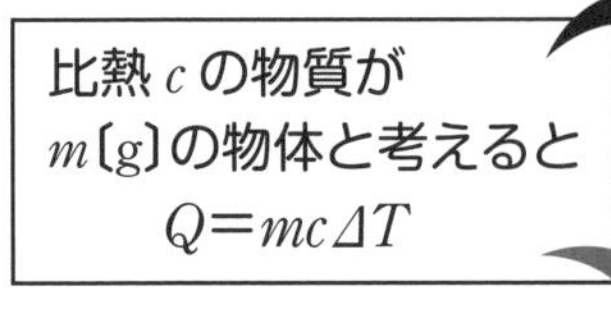

比熱 c の物質が m〔g〕の物体と考えると
$Q=mc\Delta T$

熱容量が C の物体と考えると
$Q=C\Delta T$

$$mc=C$$

熱量保存の法則

B
低温の物体 T_2

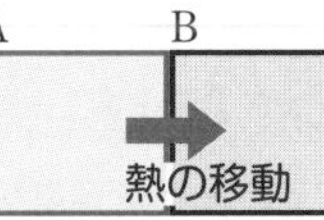

A が失う熱量 Q_A　B が得る熱量 Q_B

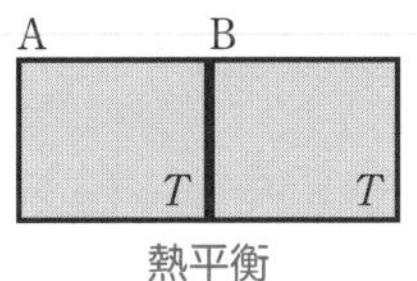

熱平衡

$$Q_A=Q_B$$

熱量保存の法則

問9-1 質量80 gの鉄製の熱量計に水50 gを入れて温度を測ると20℃であった。ここに40℃の水25 gを加えたところ，全体の温度が26℃になった。水の比熱を4.2 J/(g·K)とし，外部との熱の出入りはないものとする。次の問いに答えよ。

(1) 高温の水の失った熱量は何Jか。

(2) 熱量計の熱容量は何J/Kか。

(3) 鉄の比熱は何J/(g·K)か。有効数字2桁で答えよ。

(4) 全体の温度を26℃から30℃にしたいとき，40℃の水をさらに何g加えればよいか。有効数字2桁で答えよ。

解きかた

(1) 高温の水に注目すると，25 gで40℃の水が26℃になったので，
失った熱量は　$25 \times 4.2 \times (40 - 26) = \mathbf{1470\ J}$ …答

(2) 低温の物体に注目していきます。
まずは水に注目すると，50 gで20℃の水が26℃になったので，
得た熱量は　$50 \times 4.2 \times (26 - 20) = 1260$ J
次は熱量計です。熱量計の熱容量をCとすると，
得た熱量は　$C \times (26 - 20) = 6C$〔J〕
熱量保存の法則より　$1470 = 1260 + 6C$　　$C = \mathbf{35\ J/K}$ …答

(3) 熱容量が35 J/Kで，質量が80 gなので，比熱cは

$$c = \frac{C}{m} = \frac{35}{80} \fallingdotseq \mathbf{0.44\ J/(g \cdot K)}$$ …答

(4) この時点で，75 gの水と熱容量が35 J/Kの容器が26℃になっています。
これを低温物体とみなし，高温物体である40℃の水がX〔g〕加えられると考えましょう。
30℃になったときに，高温物体の失う熱量は

$$X \times 4.2 \times (40 - 30) = 42X \text{〔J〕}$$

30℃になったときに，低温物体の得る熱量は

$$75 \times 4.2 \times (30 - 26) + 35 \times (30 - 26) = 1400 \text{ J}$$

熱量保存の法則より　$42X = 1400$　　$\boldsymbol{X \fallingdotseq 33\ g}$ …答

「高温物体の温度変化」,「低温物体の温度変化」に着目して,“失う熱量＝得る熱量”の熱量保存則の式を立てましょう。

問 9-1

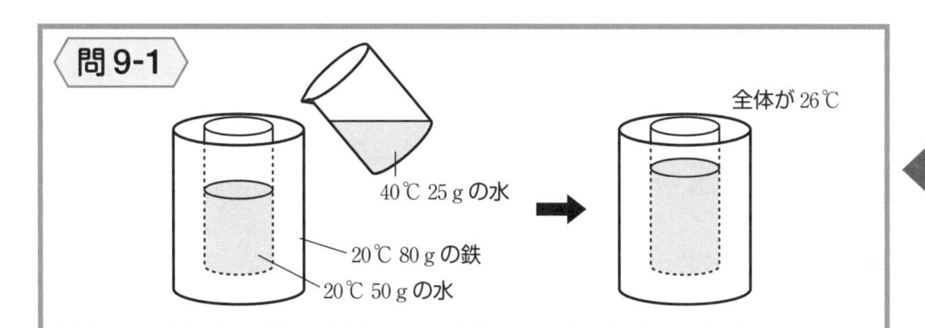

(1) 高温の水の失った熱量は

$$\underset{m}{\underline{25}}\times\underset{c}{\underline{4.2}}\times\underset{\Delta T}{\underline{(40-26)}}=\underline{\underline{\mathbf{1470\ J}}}$$ …答

(2) 低温の水の得た熱量は

$$\underset{m}{\underline{50}}\times\underset{c}{\underline{4.2}}\times\underset{\Delta T}{\underline{(26-20)}}=1260\ \mathrm{J}$$

(低温だった)熱量計の得た熱量は

$$\underset{C\Delta T}{\underline{C\times(26-20)}}=6C〔\mathrm{J}〕$$

$$\underset{\text{高温物体が失った熱量}}{\underline{1470}}=\underset{\text{低温物体が得た熱量}}{\underline{1260+6C}}\qquad C=\underline{\underline{\mathbf{35\ J/K}}}$$ …答

(3) $mc=C$ より $\quad c=\dfrac{C}{m}=\dfrac{35}{80}\fallingdotseq\underline{\underline{\mathbf{0.44\ J/(g\cdot K)}}}$ …答

(4)

高温物体(40℃, X〔g〕の水)の失う熱量	=	低温物体(26℃, 75 g の水と熱量計)の得る熱量
$X\times4.2\times(40-30)=42X$〔J〕		$75\times4.2\times(30-26)$ $+35\times(30-26)$ $=1400\ \mathrm{J}$

$\underline{\underline{\mathbf{X\fallingdotseq 33\ g}}}$ …答

氷の状態から水を加熱していくと，加熱時間と温度変化の関係は右ページのようになります。0℃のところと100℃のところが平らになっていますね。

0℃のとき，氷（固体）→ 水（液体）の状態変化が起こり，
100℃のとき，水（液体）→ 水蒸気（気体）の状態変化が起こっています。
これらの状態変化が起こるときは，分子の結合を弱めたり切ったりするために熱が必要になるため，加熱をしてもすぐに温度は上がらないのです。
物質の融解に必要な熱を融解熱，蒸発に必要な熱を蒸発熱といいます。

問9-2 −20℃の氷100 gを15℃の水にするのに必要な熱量は何Jか。ただし，水の比熱を4.2 J/(g·K)，氷の比熱を2.1 J/(g·K)とし，氷の融解熱を340 J/gとする。

解きかた 氷のとき → 状態変化が起きているとき → 水のとき　の3段階となっています。
氷と水で比熱が違うことに注意しましょう。

$$100 \times 2.1 \times \{0-(-20)\} + 100 \times 340 + 100 \times 4.2 \times (15-0)$$
$$= 4200 + 34000 + 6300$$
$$= \underline{\underline{\mathbf{44500\ J}}} \cdots 答$$

比熱を理解していれば難しくありませんね。
別冊の問題にも取り組んでみましょう。

〔水の温度変化と加熱時間〕

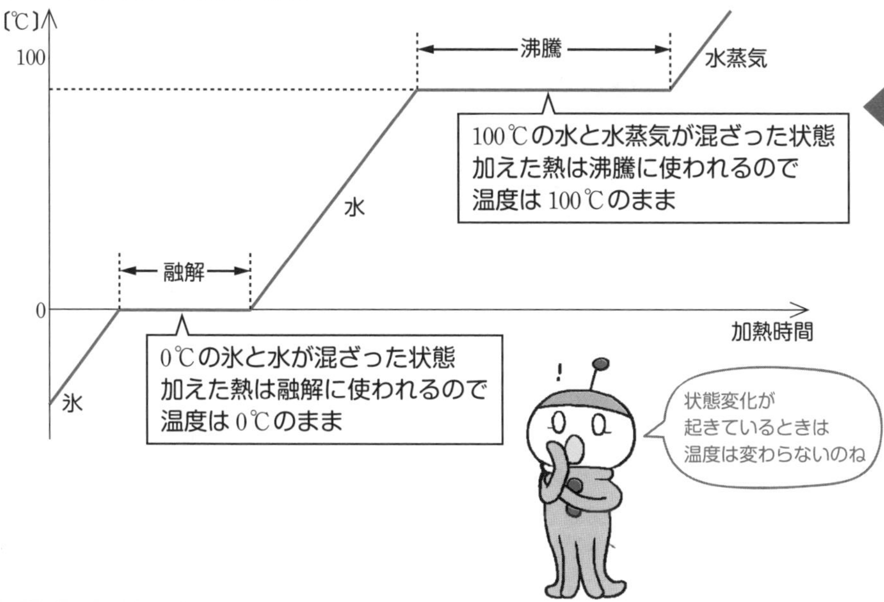

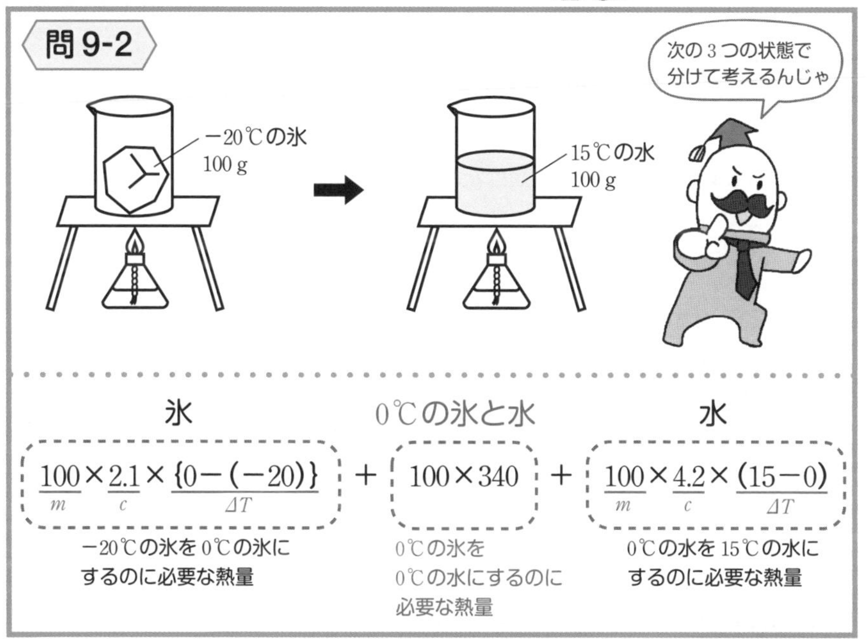

ここまでやったら
別冊 P.78へ

9-2 気体の圧力 p

ココをおさえよう！

分子の衝突による，面 1 m² あたりにはたらく力を圧力という。
大気中の分子による圧力を大気圧という（約 1.013×10^5〔Pa〕）。

水や鉄などを扱う熱の話は9-1だけで終了です。
ここから先はChapter 11の最後まで“気体”についての話をしますよ。

私たちの身の回りでは，膨大な数の気体の分子たちが飛び交っています。
分子たちが壁などにぶつかると，力を与えます。
分子1つが与える力はとっても小さいですが，膨大な数の分子が存在するため，
衝突面には大きな力が加わるのです。
衝突面の**1 m² あたりが受ける力**を**圧力**といいます。
圧力の単位は**パスカル〔Pa〕**で，1 Pa＝1 N/m² です。
1 m² あたり，1 Nの力を受けたら1 Pa，2 Nの力を受けたら2 Paということですね。

300 Nの力を3人で支えたら，1人あたりは100 Nの力を支えるように，
300 Nの力が 3 m² の面にはたらいたら，1 m² あたりは100 Nの力を受けますね。
ですから，この 3 m² の面の圧力は100 Paとなるわけです。
つまり，S〔m²〕の面に力 F〔N〕がはたらくときの圧力 p〔Pa〕は

$$p=\frac{F}{S}$$ となります。

圧力の仲間として，天気予報でよく耳にする**大気圧**があります。
大気圧は，**大気中の分子たちによる圧力**で，その大きさは約 1.013×10^5 Pa
＝1013 hPa＝1気圧です。とても大きいですね。
（**100 Paを1ヘクトパスカル〔hPa〕，大気圧の大きさを1気圧といいます**。）
大気圧は上からだけでなく下からや横からなど全方位から受ける圧力です。
空気に触れているところでは，すべて大気圧が生じていると考えましょう。

圧力を考える際には，分子たちの衝突をイメージし，次のことに注意しましょう。
- **大気（外気）に触れている面には大気圧がかかる。**
- **大気以外（容器の中など）の気体に触れている面は，その気体の圧力がかかる。**

気体の圧力 p

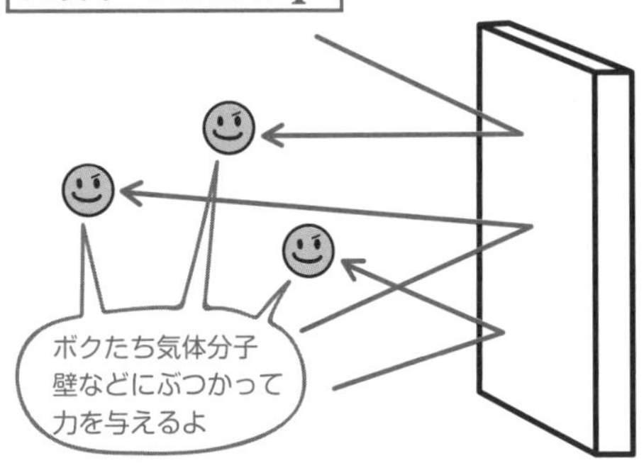

圧力の定義

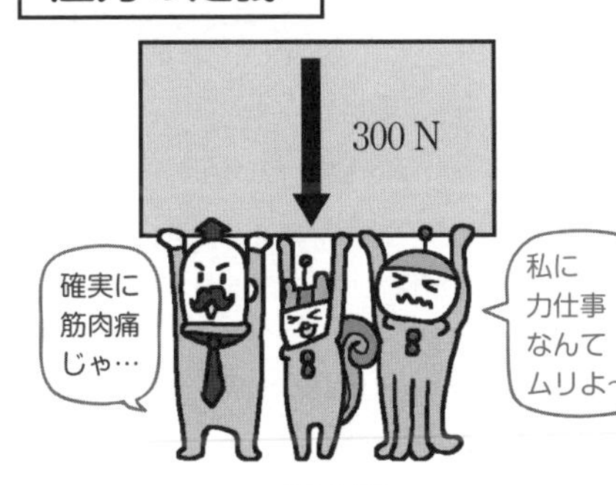

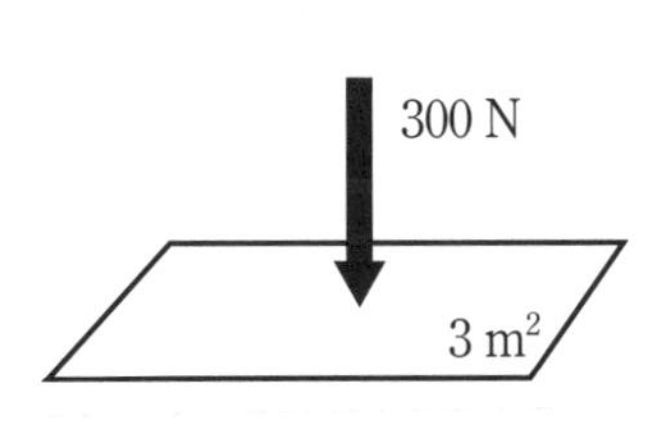

1 人あたり　$\dfrac{300\ \text{N}}{3\ \text{人}} = 100\ \text{N/人}$

$1\ \text{m}^2$ あたり　$\dfrac{300\ \text{N}}{3\ \text{m}^2} = 100\ \text{N/m}^2$

$$p\,[\text{Pa}] = \frac{F\,[\text{N}]}{S\,[\text{m}^2]}$$

大気圧

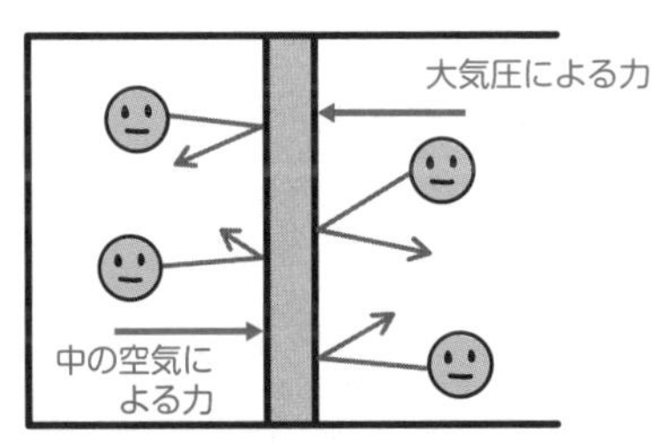

問9-3 右ページの図Ⅰ，Ⅱのように，断面積Sの容器の中に質量mのピストンが入って静止している。大気圧をp_0，重力加速度をgとし，容器内の空気の圧力を図Ⅰ，図Ⅱのそれぞれで求めよ。ただし，容器とピストンの摩擦は無視できるものとする。

熱分野の問題では，このような容器が出てくることがとても多いです。
空間が違えば圧力が異なります。
容器内と容器の外側の圧力を分けて考えるようにしましょう。

図Ⅰ，Ⅱともにピストンは静止していますので，ピストンにはたらく力はつり合います。

解きかた まず図Ⅰについてです。
容器は横になっているので，ピストンにはたらく重力は考えません。
容器の外側は大気に触れているので大気圧p_0がはたらきます。
大気圧はピストンを内側（左側）へと押し込みます。
容器内の空気はピストンを外側へと押し返すので，容器内の空気の圧力をp_{I}とすると，ピストンにはたらく力のつり合いは

$$p_{\mathrm{I}}S = p_0S$$

よって　$p_{\mathrm{I}} = \boldsymbol{p_0}$ …答
力のつり合いを求めるときは，Sを書き忘れないようにしましょう。

続いて図Ⅱです。
容器の外側は大気圧p_0がはたらきます。大気圧による力は$p_0 \times S$ですね。
大気圧はピストンを下へと押し込みます。
また，ピストンには重力mgが下方向へとはたらきますね。
容器内の空気はピストンを上へと押し返すので，容器内の空気の圧力をp_{II}とすると，ピストンにはたらく力のつり合いは

$$p_{\mathrm{II}}S = p_0S + mg$$

よって　$p_{\mathrm{II}} = \boldsymbol{p_0 + \frac{mg}{S}}$ …答

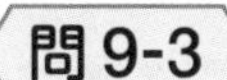

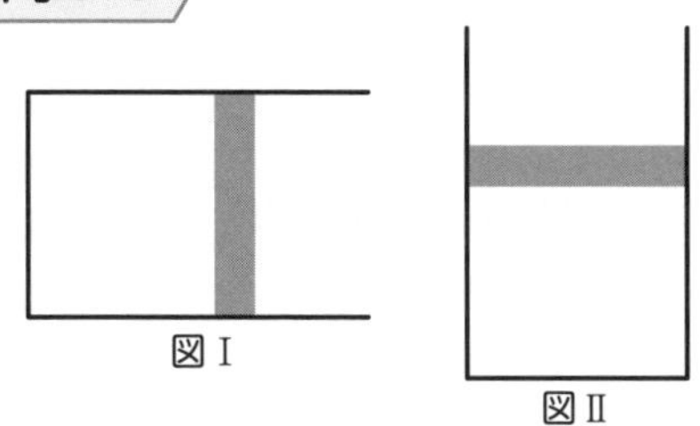

大気圧 p_0，断面積 S，
重力加速度 g，ピストンの質量 m

9

[図 I について]

$$p_{\mathrm{I}}S = p_0 S$$

$$p_{\mathrm{I}} = \underline{\underline{\boldsymbol{p_0}}} \cdots \text{答}$$

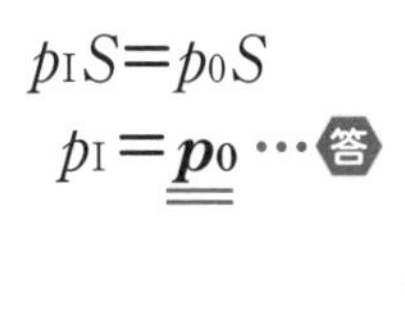

[図 II について]

$$p_{\mathrm{II}}S = p_0 S + mg$$

$$p_{\mathrm{II}} = \underline{\underline{\boldsymbol{p_0 + \frac{mg}{S}}}} \cdots \text{答}$$

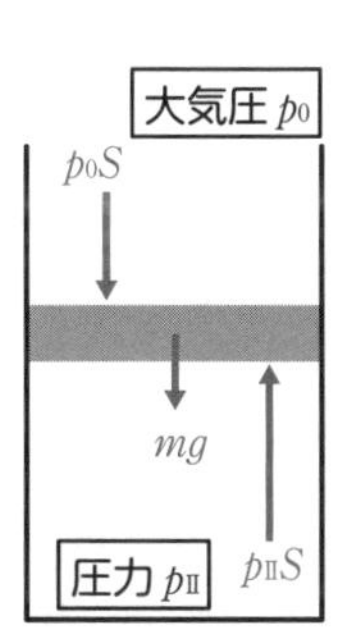

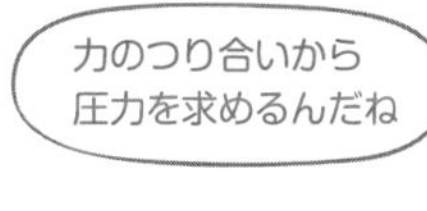

ここまでやったら
別冊 P. 79 へ

9-3 気体の状態を表す要素

ココをおさえよう！

気体の設定が変わるときは，圧力 p，体積 V，温度 T，モル数 n の4つのどれが変わったか注目する。

気体を扱ううえで，いつでも気にしなければいけない4つの要素があります。
圧力 p，体積 V，温度 T，モル数 n の4つです。

圧力 p については9-2で説明しましたね。容器の内側と外側で圧力が違うのでした。
体積 V というのは，容器の大きさのことです。簡単ですね。
温度 T はその容器内の温度を表します。セルシウス温度〔℃〕ではなく，絶対温度〔K〕を使いますので注意しましょう。

モル数 n とは，分子に特有な数えかたです。
分子たちは部屋の中にたくさんいるので，1個，2個，……と数えたらキリがありません。
なので，**鉛筆12本をまとめて1ダースというように，分子 6.0×10^{23} 個をまとめて1 molと数えよう**というきまりがあるのです。
この 6.0×10^{23} という数は，**アボガドロ定数**と呼ばれます。
化学ではモル数 n について，くわしくいろいろと学びますが，物理では「モル数は分子の個数の表しかたで，$1\ \mathrm{mol} = 6.0 \times 10^{23}$ 個」という認識をしておけば大丈夫です。

気体を扱う問題では，設定が少しずつ変わっていくことが多いです。
設定が変わったときに，「p，V，T，n のどれが変化して，どれが変化していないか」というのに注意するようにしましょう。

では，9-4からは p，V，T，n を利用した，気体の法則を見ていきますよ。

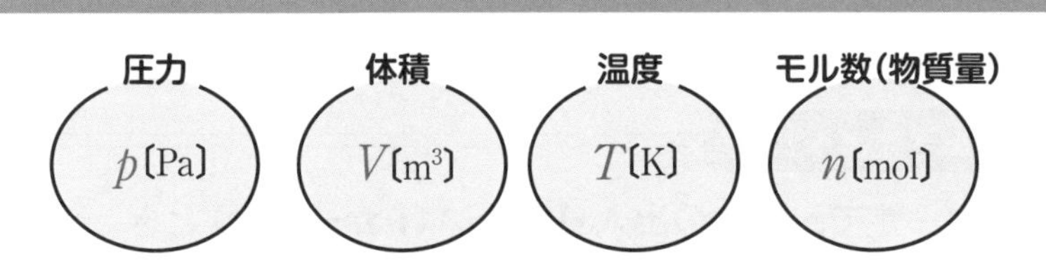

気体の状態を表す 4 要素

mol（モル）とは？

分子 6.0×10^{23} 個を 1 セットにして
1 mol と数える。
（6.0×10^{23} をアボガドロ定数という）

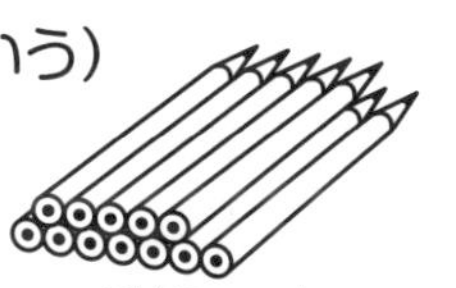
鉛筆 12 本
→ 1 ダース

分子 6.0×10^{23} 個
→ 1 mol

9-4　ボイルの法則

ココをおさえよう！

温度 T が一定で，気体の出入りがない（n が一定の）とき
$pV =$（一定）

スイッチひとつで，壁を押し引きできる部屋をイメージしてみましょう。
この部屋はスイッチにより**体積を自由に変えられ**，また，次のような特徴があります。
- **温度 T は常に一定。**
- **空気が漏れたり入ったりすることはないので，モル数 n も一定。**

最初，この部屋は，豪邸のリビングのように，とっても広い状態にあります。
なので，分子たちは飛び交っていても，そんなに壁にぶつかることはありません。
この設定の部屋の体積を V，部屋にある気体の圧力を p としましょう。

そこから，部屋の壁を中に寄せてみます。
すると，部屋はアパートの一室のようにせまくなってしまいました。
分子は非常にきゅうくつになり，壁にガンガン衝突するようになります。
なので，このとき，**部屋の圧力は，広いときよりも大きくなります**。
つまり，**体積が小さくなると，気体の圧力は大きくなる**のです。
この設定の部屋の体積を V'，部屋にある気体の圧力を p' としましょう。

この2つの部屋では次の関係式が成り立ちます。

$$pV = p'V'$$

温度 T が一定で，気体の出入りがない（n が一定の）とき，“$pV =$（一定）”ということです。この関係を**ボイルの法則**といいます。
例えば，部屋の体積を $\frac{1}{3}$ 倍にしたら，圧力は3倍になるよ，ということですね。

ただし，**温度 T が一定で，気体の出入りがない（n が一定）という条件のもとでしか成立しない**ことに注意しましょう。
温度は，**分子たちの元気さ**を表すので，温度が高いほど，分子たちは勢いよく動き回ります。そうすると気体の圧力にも関係してきますので，ボイルの法則は成立しません。

ボイルの法則

スイッチひとつで広さが変わる，温度が一定の快適な部屋をイメージする。

〈広い状態〉

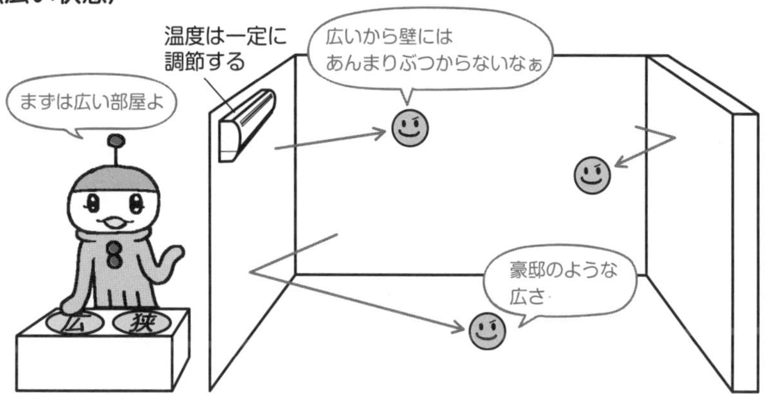

〈せまい状態〉

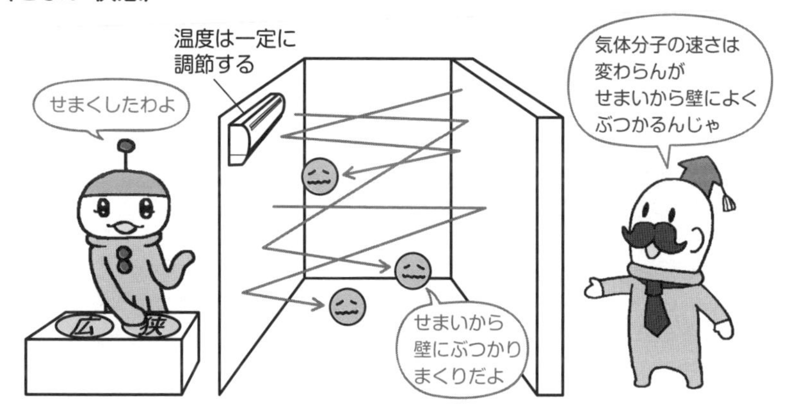

⇒　体積が小さいほど，圧力が大きくなる。

⇒　pV＝(一定)（ただし，温度 T が一定で，気体の出入りがない）
ボイルの法則

9-5 シャルルの法則

ココをおさえよう！

圧力pが一定で，気体の出入りがない（nが一定の）とき

$$\frac{V}{T}=(一定)$$

壁が固定されておらず，自由に動けるという，変わった部屋を考えてみましょう。また，**部屋の温度は自由に変えられ，気体は部屋から漏れません（モル数nは一定）**。

まず，この「自由に動く壁」の意味を説明しましょう。
壁は大気圧を受けますが，壁と床の摩擦は無視できるとすると
力のつり合いから，部屋の空気の圧力は大気圧と同じになりますよね。
つまり，**常に部屋の圧力pは一定になる**のです。
「自由に動く壁」を見たら，「圧力pは一定なんだ」と思いましょう。

さて，最初，部屋は寒くてせまい状態にあったとします。
この状態の温度をT，体積をVとしましょう。

温度を上げると，分子たちは元気いっぱいになります。すると，壁はゆっくりとですが，移動していき，部屋が暖まったころには，部屋の広さも大きくなっています。つまり，**温度が高いほど，気体の体積も大きくなる**のです。
この状態の温度をT'，体積をV'としましょう。

「気体の圧力が一定なのになぜ壁が動くの？　静止するんじゃないの？」と思う人もいるでしょう。壁はゆっくりと移動するので，常に大気圧と圧力が等しくなっていると考えてよいのです。

この2つの部屋では次の関係式が成り立ちます。

$$\frac{V}{T}=\frac{V'}{T'}$$

この法則を**シャルルの法則**といいます。
例えば，温度が2倍になったら，体積も2倍になるということですね。
これは，**圧力pが一定で，気体の出入りがない（nが一定の）ときに成立します。**

シャルルの法則

壁が自由に動く部屋をイメージする。

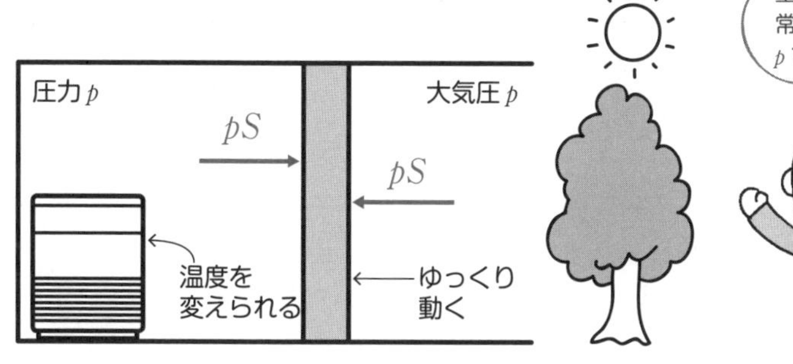

〈寒いとき〉

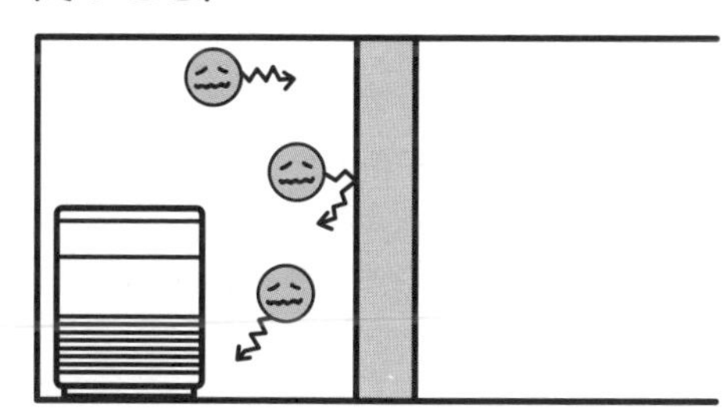

気体分子の元気がなく，
せまい部屋で十分

〈暖かくなったとき〉

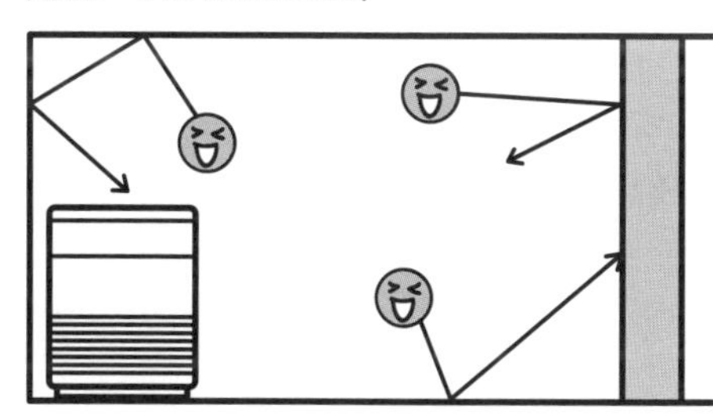

気体分子が元気なので
壁がゆっくり広がり
広い部屋になる

圧力は変わって
ないのね

温度が高いと
分子は元気なのか

⇒　温度が高いほど，体積が大きくなる。

⇒　$\dfrac{V}{T}$＝(一定)（ただし，圧力 p が一定で，
シャルルの法則　気体の出入りがない）

ここまでやったら
別冊 P.80へ

9-6 気体の状態方程式

ココをおさえよう！

気体の状態は $pV = nRT$ にしたがって変化する。（R は気体定数）
気体の出入りがない（n が一定の）とき

$$\frac{pV}{T} = (\text{一定})$$

気体を扱う問題では，設定が少しずつ変わっていくことが多いです。
しかし，どんな設定でも p，V，n，T の間でいつでも成立する式があります。
それがこの式です。

$pV = nRT$　（p：圧力〔Pa〕　V：体積〔V〕　n：モル数〔mol〕　T：温度〔K〕）

この関係式を**理想気体の状態方程式**といいます。
R は**気体定数**と呼ばれる定数で，大きさは約8.31 J/(mol･K) です。

理想気体とは，計算や考えかたを簡単にするために，「分子の大きさは無視！」，「分子どうしの相互作用も無視！」というふうに設定された気体のことです。
高校物理では，気体といったら，理想気体だと思ってもらってかまいませんよ。

$pV = nRT$ は，そのときそのときでいつでも成立します。
【設定1】でそれぞれ圧力 p_1，体積 V_1，モル数 n_1，温度 T_1 のときは $p_1V_1 = n_1RT_1$ となりますし，
【設定2】で圧力と温度が変化し，圧力 p_2，体積 V_1，モル数 n_1，温度 T_2 となったらそのときは $p_2V_1 = n_1RT_2$ となります。
設定が変わったら $pV = nRT$ を，いつも確認するようにしましょう。

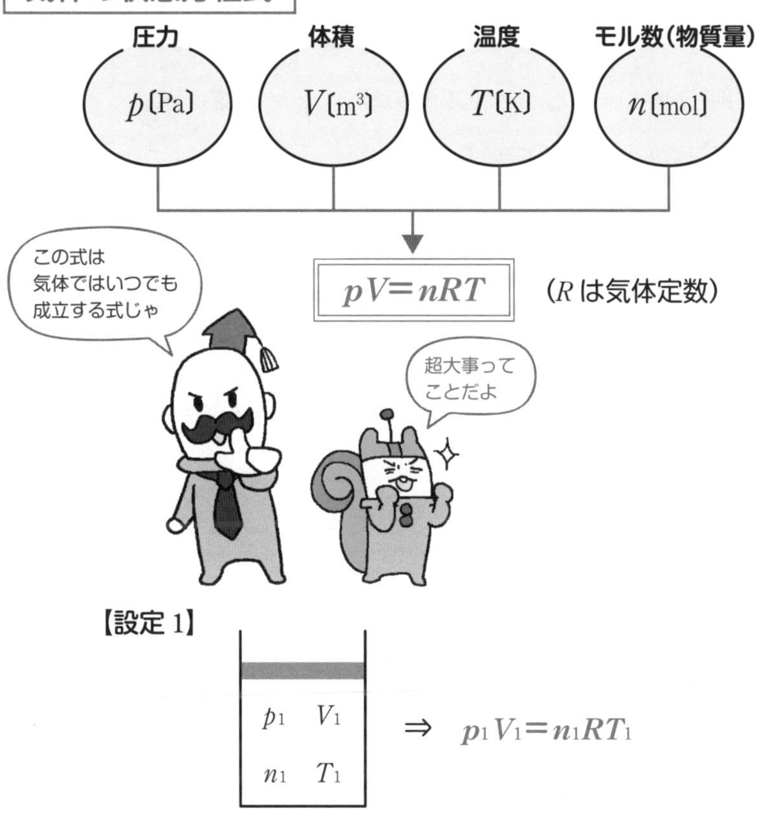
気体の状態方程式
圧力
体積
温度
モル数(物質量)
p〔Pa〕
V〔m³〕
T〔K〕
n〔mol〕
この式は
気体ではいつでも
成立する式じゃ
$pV=nRT$
(R は気体定数)
超大事って
ことだよ
【設定 1】
p_1 V_1
n_1 T_1
⇒ $p_1V_1=n_1RT_1$

【設定 2】

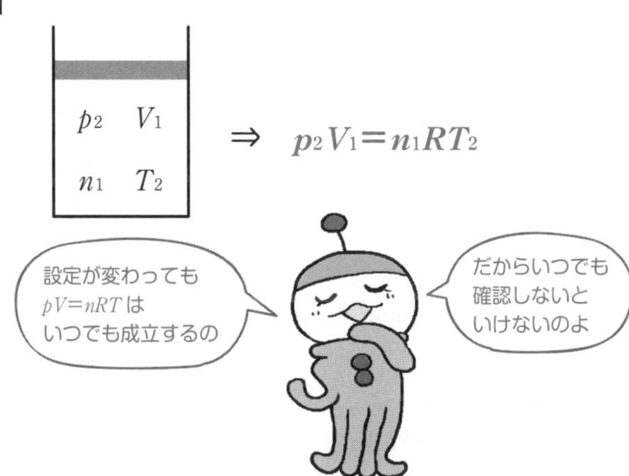
p_2 V_1
n_1 T_2
⇒ $p_2V_1=n_1RT_2$
設定が変わっても
$pV=nRT$ は
いつでも成立するの
だからいつでも
確認しないと
いけないのよ

ボイルの法則「$pV=$（一定）」とシャルルの法則「$\frac{V}{T}=$（一定）」も，
気体の状態方程式$pV=nRT$の仲間です。

圧力p_1，体積V_1，モル数n_1，温度T_1の気体では

$$p_1V_1=n_1RT_1 \quad \cdots\cdots①$$

その状態から，気体の出入りがなく（n_1が一定），温度が一定（T_1）で変化し，
圧力p_2，体積V_2，モル数n_1，温度T_1となったとすると

$$p_2V_2=n_1RT_1 \quad \cdots\cdots②$$

①，②では右辺のn_1RT_1が変化せずに同じなので，$p_1V_1=p_2V_2=$（一定）となるのです。これがボイルの法則ですね。

また，圧力p_3，体積V_3，モル数n_3，温度T_3の気体では　$p_3V_3=n_3RT_3$

よって　$\frac{V_3}{T_3}=\frac{n_3R}{p_3}$　……③

気体の出入りがなく（n_3が一定），圧力が一定（p_3）で変化し，
圧力p_3，体積V_4，モル数n_3，温度T_4となったとすると　$p_3V_4=n_3RT_4$

よって　$\frac{V_4}{T_4}=\frac{n_3R}{p_3}$　……④

③，④では右辺の$\frac{n_3R}{p_3}$が変化せずに同じなので，$\frac{V_3}{T_3}=\frac{V_4}{T_4}=$（一定）となるのです。
これがシャルルの法則ですね。

また，状態方程式を次のように変形してみましょう。

$$\frac{pV}{T}=nR$$

この式は，気体の出入りがない，すなわち**nが一定であれば，右辺は一定であるので**

$$\frac{pV}{T}=(\text{一定})$$

が成り立つよ，といっています。これを，**ボイル・シャルルの法則**といいます。

$pV=nRT$の式を覚えておけば，これらの法則も導けます。
それぞれの状況で，状態方程式$pV=nRT$は必ず書くようにしましょう。

9

状態方程式とボイルの法則・シャルルの法則

〈状態方程式とボイルの法則〉

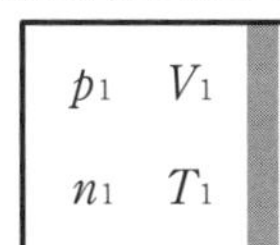

T_1一定で変化
(n_1も一定)

p_2 V_2
n_1 T_1

$p_1V_1=n_1RT_1$ ……①

$p_2V_2=n_1RT_1$ ……②

①，②より $\boldsymbol{p_1V_1=p_2V_2=}$**(一定)**

ボイルの法則

n_1RT_1が同じだから
pV=一定なんだね

〈状態方程式とシャルルの法則〉

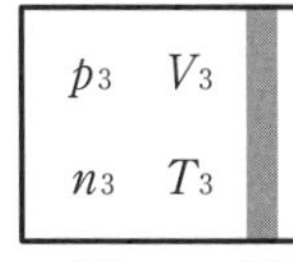

p_3一定で変化
(n_3も一定)

p_3 V_4
n_3 T_4

$p_3V_3=n_3RT_3$

$$\frac{V_3}{T_3}=\frac{n_3R}{p_3} \quad \cdots\cdots③$$

$p_3V_4=n_3RT_4$

$$\frac{V_4}{T_4}=\frac{n_3R}{p_3} \quad \cdots\cdots④$$

③，④より $\boldsymbol{\dfrac{V_3}{T_3}=\dfrac{V_4}{T_4}=}$**(一定)**

シャルルの法則

ボイル・シャルルの法則

p V
n T

nのみ一定

p' V'
n T'

$pV=nRT$

$$\frac{pV}{T}=nR \quad \cdots\cdots⑤$$

$p'V'=nRT'$

$$\frac{p'V'}{T'}=nR \quad \cdots\cdots⑥$$

⑤，⑥より $\boldsymbol{\dfrac{pV}{T}=\dfrac{p'V'}{T'}=}$**(一定)**

ボイル・シャルルの法則

気体の出入りがない
(n=一定)ならば
成立するぞい

問9-4 ある理想気体が10 mol封入された容器がある。この気体の体積V〔m^3〕と圧力p〔Pa〕を，右ページのグラフのようにA → B → Cの順に変化させた。変化の過程で，気体が漏れたりすることはなかった。次の問いに答えよ。ただし気体定数を8.3 J/(mol·K)とする。

(1) 状態Aでの温度T_A〔K〕はいくらか。

(2) 状態Bでの温度T_B〔K〕はいくらか。

(3) 状態Bから状態Cまでは，等温で変化させた。状態Cにおける体積V〔m^3〕を求めよ。

グラフが出てくる問題ですね。気体の状態を読み取りながら答えましょう。

解きかた

(1) 状態Aでは，圧力$p_A = 0.50 \times 10^5$ Pa，体積$V_A = 0.50$ m^3，モル数$n = 10$ molなので，状態方程式を使えば，温度もわかりますね。

$p_A V_A = nRT_A$より

$$T_A = \frac{p_A V_A}{nR} = \frac{0.50 \times 10^5 \times 0.50}{10 \times 8.3} = 3.01 \times 10^2 \fallingdotseq \mathbf{3.0 \times 10^2\ K} \cdots 答$$

(2) 状態Bでは圧力$p_B = 0.50 \times 10^5$ Pa，体積$V_B = 1.0$ m^3，モル数$n = 10$ molなので，$p_B V_B = nRT_B$より

$$T_B = \frac{p_B V_B}{nR} = \frac{0.50 \times 10^5 \times 1.0}{10 \times 8.3} = 6.02 \times 10^2 \fallingdotseq \mathbf{6.0 \times 10^2\ K} \cdots 答$$

(3) 状態Cでは圧力$p_C = 0.70 \times 10^5$ Pa，温度$T_C = T_B = 6.02 \times 10^2$ K，モル数$n = 10$ molなので，$p_C V_C = nRT_C$より

$$V_C = \frac{nRT_C}{p_C} = \frac{10 \times 8.3 \times 6.02 \times 10^2}{0.70 \times 10^5} = 0.714 \fallingdotseq \mathbf{0.71\ m^3} \cdots 答$$

いつでも状態方程式$pV = nRT$は成立するので，すべて状態方程式で導いてみました。

しかし，(2)や(3)では変化の前後に注目して，ボイルの法則やシャルルの法則を使うと，計算がラクになります。

右ページの【別解】の解きかたも確認しておいてください。

このように，気体の状態が変わる問題では，状態ごとにp，V，n，Tを整理し，$pV = nRT$をまとめると解きやすくなることが多いですよ。

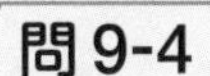

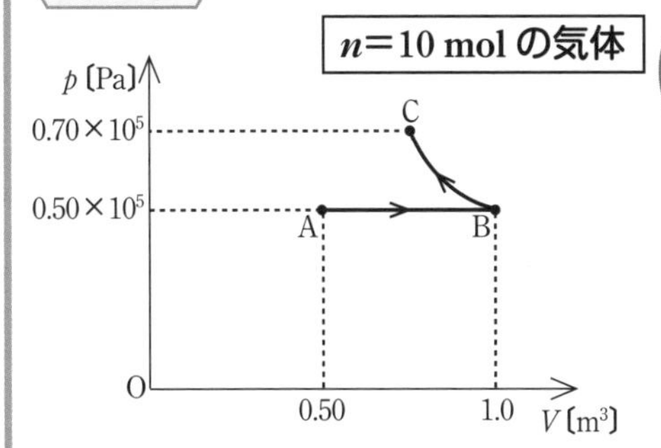

9

(1)　$p_{\mathrm{A}}V_{\mathrm{A}}=nRT_{\mathrm{A}}$ より

$$T_{\mathrm{A}}=\frac{p_{\mathrm{A}}V_{\mathrm{A}}}{nR}=\frac{0.50\times10^5\times0.50}{10\times8.3}\fallingdotseq\mathbf{3.0\times10^2\ K}$$ …答

(2)　$$T_{\mathrm{B}}=\frac{p_{\mathrm{B}}V_{\mathrm{B}}}{nR}=\frac{0.50\times10^5\times1.0}{10\times8.3}\fallingdotseq\mathbf{6.0\times10^2\ K}$$ …答

(3)　$p_{\mathrm{C}}V_{\mathrm{C}}=nRT_{\mathrm{C}}$ より

$$V_{\mathrm{C}}=\frac{nRT_{\mathrm{C}}}{p_{\mathrm{C}}}=\frac{10\times8.3\times6.02\times10^2}{0.70\times10^5}\fallingdotseq\mathbf{0.71\ m^3}$$ …答

【別解】

(2)　A→B は圧力が一定なので，シャルルの法則より

$$\frac{V_{\mathrm{A}}}{T_{\mathrm{A}}}=\frac{V_{\mathrm{B}}}{T_{\mathrm{B}}}$$

$$T_{\mathrm{B}}=\frac{V_{\mathrm{B}}}{V_{\mathrm{A}}}T_{\mathrm{A}}=\frac{1.0}{0.50}\times3.01\times10^2\fallingdotseq\mathbf{6.0\times10^2\ K}$$ …答

ボイル・シャルルの
法則 $\frac{pV}{T}$=(一定)を
使ってもいいわよ

(3)　B→C は等温で変化しているので，ボイルの法則より

$$p_{\mathrm{B}}V_{\mathrm{B}}=p_{\mathrm{C}}V_{\mathrm{C}}$$

$$V_{\mathrm{C}}=\frac{p_{\mathrm{B}}V_{\mathrm{B}}}{p_{\mathrm{C}}}=\frac{0.50\times10^5\times1.0}{0.70\times10^5}\fallingdotseq\mathbf{0.71\ m^3}$$ …答

ここまでやったら
別冊 P. 81 へ

9-7 気体がする仕事

ココをおさえよう！

体積が増えるとき，気体は仕事をする。
体積が減るとき，気体は仕事をされる。

力学で学んだように，力を加えた方向に物体が動いたとき，その力は「仕事をした」といいますね。

シリンダーを温めると，気体が膨張してピストンが動きます。
これを，「仕事」の目線で見ると，中の気体の分子たちがピストンを押しているのですから，「気体が仕事をしている」と考えることができますね。
このように，**気体の体積が増えてピストンが動いたとき，気体が仕事をしたといいます**。

圧力がpで一定のシリンダーを加熱し，面積SのピストンがLの長さだけ動きました。仕事は「力×物体の移動距離」ですから，気体の仕事Wは，こうなります。

$$W = pS \times L$$

ところで，式中の「$S \times L$」は，膨張して大きくなった分の体積ΔVのことですね。
これを使うと，気体の仕事は，次のようにも表せます。

$$W = p\Delta V \quad (\Delta V = SL = V_2 - V_1)$$

（最初の体積をV_1，膨張したあとの体積をV_2とします）
この気体の圧力と体積の関係を，グラフ（**p-Vグラフ**）にしてみましょう。
すると，**気体がした仕事は，グラフが囲む面積と等しい**ことがわかりますね。
つまり，「**グラフとV軸が囲んだ面積＝気体がした仕事**」となるのです。
このことは，たとえグラフが曲線でも，成立します。

気体の体積が増えた場合，ピストンを押したので，気体がした仕事は正ですが，
気体の体積が減った場合，ピストンに押されたので，気体がした仕事は負です。
この正負は間違えてしまいがちなので，

- **まず，気体の「体積増」or「体積減」を判断し，気体がした仕事の正負を決める！**
- **仕事の大きさを計算orグラフの面積から求める！**

と，2段階に分けて考えるとよいでしょう。

気体がする仕事

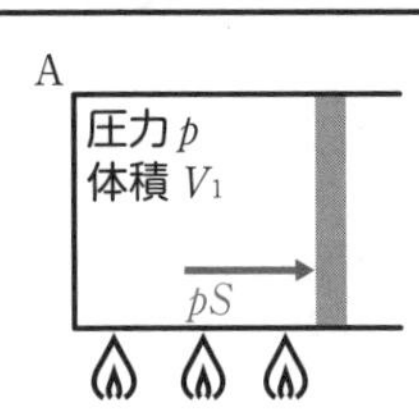

気体がふくらむ

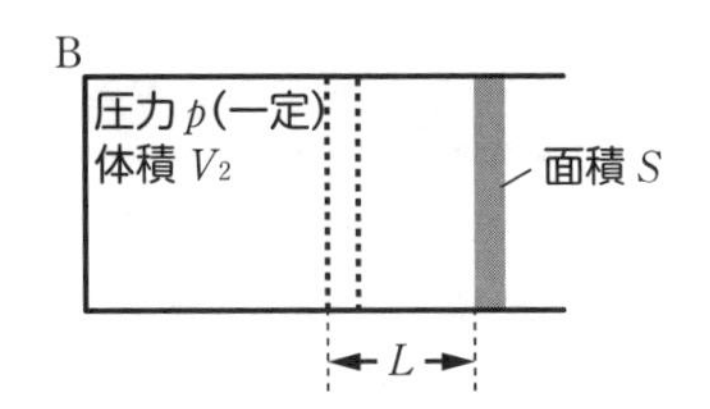

気体がした仕事 W は

$$W = \underbrace{pS}_{\text{力}} \times \underbrace{L}_{\text{移動距離}} = p\Delta V \qquad (\Delta V = S \times L)$$

気体の体積が
増えたら
気体は仕事を
したということじゃ

気体がピストンを押したから
体積が増えたんですもんね

p-V グラフと気体のする仕事

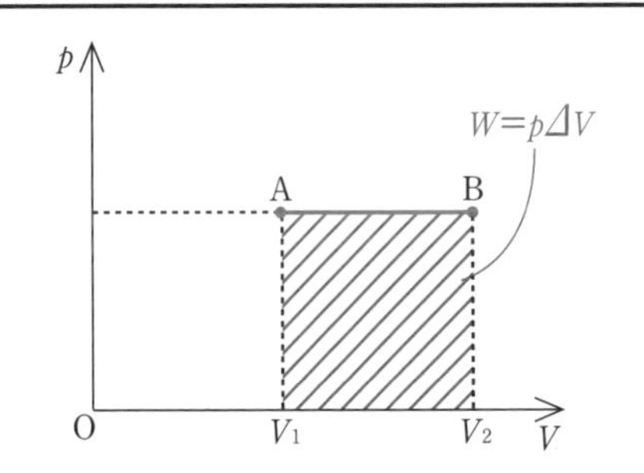

グラフと V 軸の囲む面積

＝

気体がした(された)仕事の大きさ

A → B と変化していれば
V が増えたので気体のした
仕事は正じゃ

B → A と変化した場合は
V が減ったので気体のした
仕事は負になるぞぃ

グラフが曲線だったとしても
V 軸との囲む面積で
仕事が求められるんだってさ

ここまでやったら
別冊 P. 82 へ

9-8 p-Vグラフの読み取り

ココをおさえよう！

- **点から作った長方形の面積から温度が推測できる。**
- **Vの変化に着目すれば，気体が仕事をしたかどうかわかる。**
- **等温で変化したときは，反比例のグラフになる。**

p.340 ～ 343で出てきたp-Vグラフは，今後もよく出てきますので，大事な注目ポイントを3つまとめておきますね。右ページのp-VグラフのようにA → B → C (→ A) のように気体の状態が変化したとしましょう。

① まず，点A, B, Cの状態の気体の温度T_A, T_B, T_Cの大小関係を考えてみましょう。気体の状態方程式$pV = nRT$を使えば，p-Vグラフから温度が読み取れます。モル数nは一定で，Rは定数なので，点A，B，Cの状態においてそれぞれ$p_AV_A = nRT_A$，$p_BV_B = nRT_B$，$p_CV_C = nRT_C$が成り立ちますね。nRは不変なので，T_A，T_B，T_Cの大小関係はp_AV_A，p_BV_B，p_CV_Cの大小関係と同じです。
p_AV_A，p_BV_B，p_CV_Cは，それぞれ右ページの図のような長方形で表されます。
長方形の面積を比べると$p_AV_A > p_BV_B$，$p_CV_C > p_BV_B$なので$T_A > T_B$，$T_C > T_B$とわかるのです（T_AとT_Cの大小関係は，ここではまだわかりません）。

② 続いて，A → B，B → C，C → Aのどの段階で気体は仕事をしたのかを調べましょう。これはVの変化に注目します。
A → BではVは減少しているので，気体は仕事をされています（気体のした仕事は負）。B → CではVは一定なので，気体は仕事をしていません。C → AではVが増加しているので気体は仕事をしています。
横軸V方向の動きに着目すれば，気体が仕事をしたかどうか簡単にわかるのです。

③ 最後にC → Aの変化に注目しましょう。

中学校のときに習った反比例のグラフ$y = \frac{a}{x}$に似た曲線になっていますね。

C → Aが等温での変化だった場合，$pV = nRT$の右辺n，R，Tがすべて定数になるので，$nRT = a$（定数）とすると$p = \frac{a}{V}$となり，pとVは反比例の関係になるのです。

曲線なら絶対に等温変化というわけではありませんが，「等温で変化をしているのはどの過程か」と問われたら，今回で該当するのはC → Aだけになりますね。

p-Vグラフの読み取り

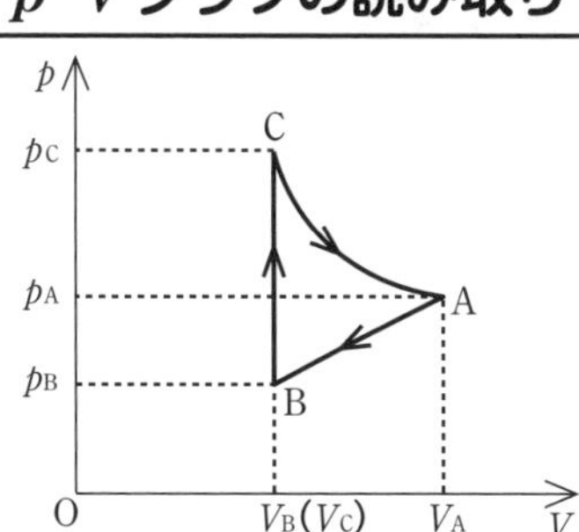

9

① **A，B，C の温度 T_A，T_B，T_C の大小関係は？**

n は一定なので　$pV = \underbrace{nR}_{\text{定数}}T$ から

pV の大小は T の大小そのもの!!

⇒ **$p \times V$ の長方形の面積が大きい点が高温である**

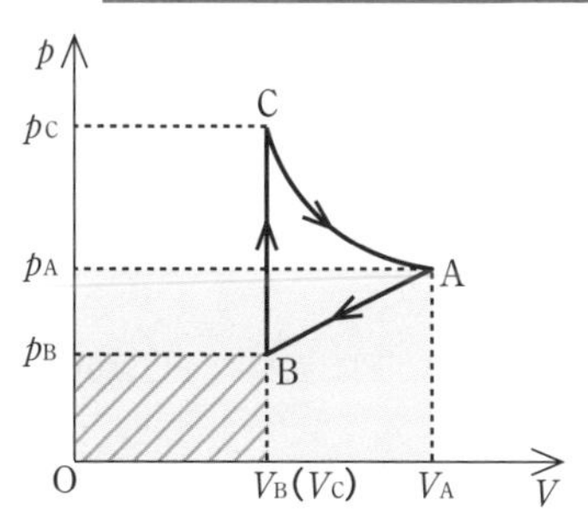

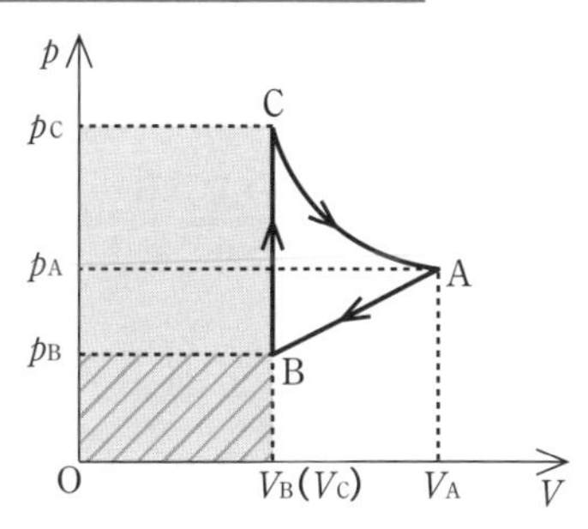

$p_BV_B < p_AV_A \iff T_B < T_A$　　$p_BV_B < p_CV_C \iff T_B < T_C$

② **A→B，B→C，C→A で仕事をしたのはどの過程か？**

V が㊧増 $\iff$ 気体の仕事が正！　　C→A

③ **等温の変化は反比例のグラフ**

$pV = a$（定数）なので

$$p = \frac{a}{V}$$

$$\left(y = \frac{a}{x}\right)$$

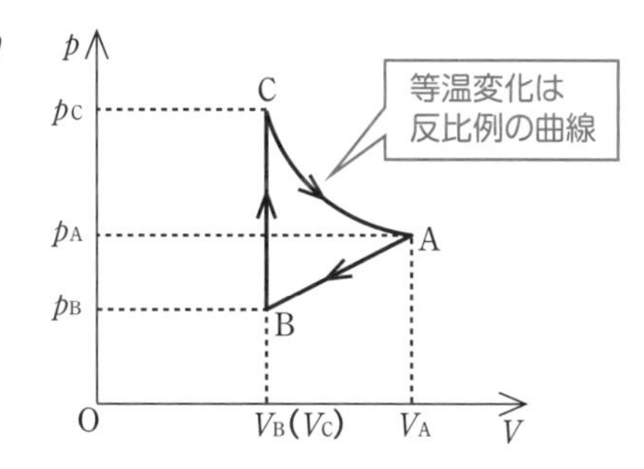

問9-5　一定量の気体を状態AからA → B → C → D（→ A）とゆっくりと変化させた。B → Cの変化では等温で変化したものとする。次の問いに答えよ。

(1)　A，B，C，Dのそれぞれの状態の温度をT_A，T_B，T_C，T_Dとしたとき，それぞれの大小関係を示せ。

(2)　気体がした仕事が正なのはどの過程か答えよ。

(3)　A → B，C → D，D → Aの過程で気体がした仕事を求めよ。

ではp-Vグラフの読み取りにチャレンジしましょう。

解きかた

(1)　長方形の面積pVの大小関係がTの大小関係になります。
またB → Cは等温変化なので$T_B = T_C$となります。
AとBではBのほうが長方形の面積が大きいので$T_A < T_B$
CとDではCのほうが長方形の面積が大きいので$T_D < T_C$
DとAではAのほうが長方形の面積が大きいので$T_D < T_A$
よって　$\boldsymbol{T_D < T_A < T_B = T_C}$ …答

(2)　Vが増えている過程を答えましょう。
A → B，B → C …答

(3)　A → Bで気体がした仕事は正，C → Dで気体がした仕事は負になりますね。
気体がした仕事の大きさは，p-Vグラフが囲む面積に等しいのでした。
面積を求めましょう。
A → B：$3p_0 \times (2V_0 - V_0) = \boldsymbol{3p_0V_0}$ …答
C → D：$2p_0 \times (3V_0 - V_0) = 4p_0V_0$
気体がした仕事は負なので　$\boldsymbol{-4p_0V_0}$ …答
D → AはVが不変なので**仕事をしない。** …答

B → Cは曲線になっているので，面積を求めるのに積分が必要になってしまいます。こういう場合は，p-Vグラフから気体の仕事を求める問題は出ませんので安心してください。

p-Vグラフの読み取りは慣れましたか？
別冊の問題にも取り組んでみましょう。

問 9-5

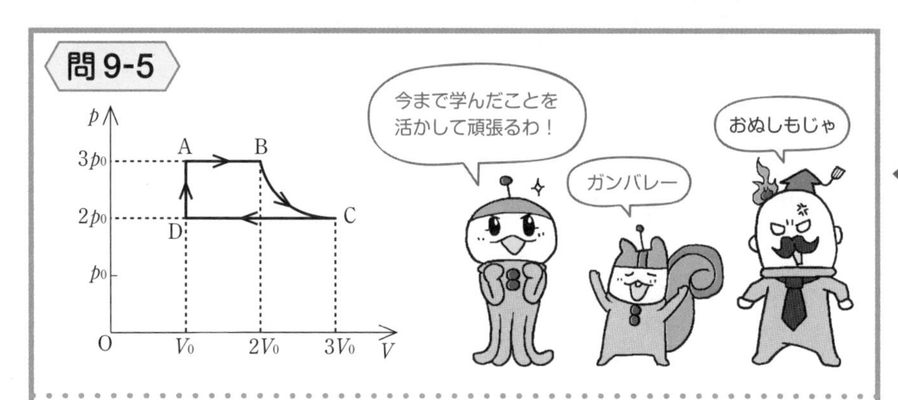

(1)

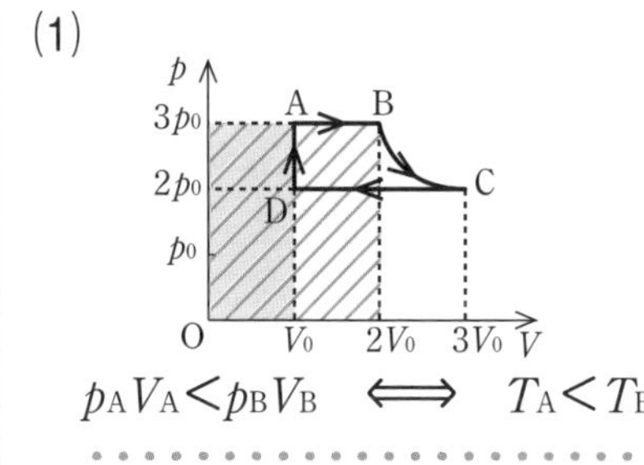

$p_A V_A < p_B V_B \iff T_A < T_B$

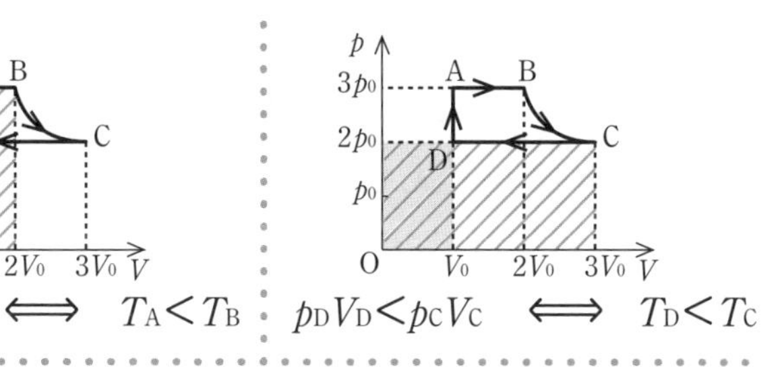

$p_D V_D < p_C V_C \iff T_D < T_C$

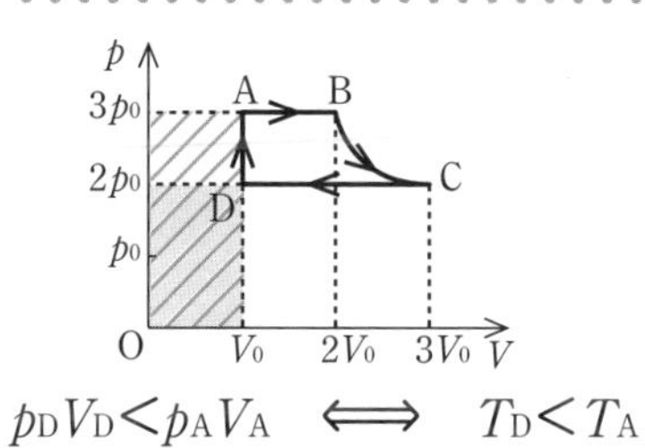

$p_D V_D < p_A V_A \iff T_D < T_A$

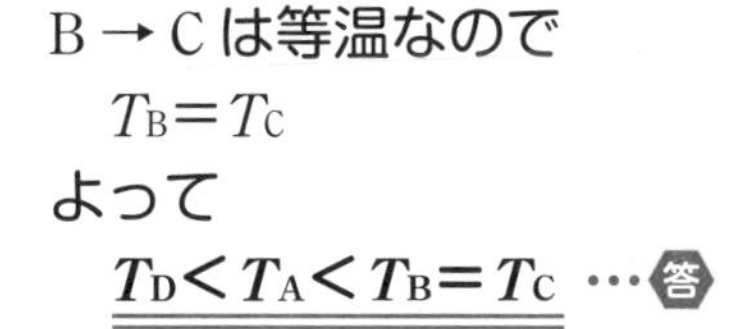

B → C は等温なので

$T_B = T_C$

よって

$\boldsymbol{T_D < T_A < T_B = T_C}$ …答

(3)

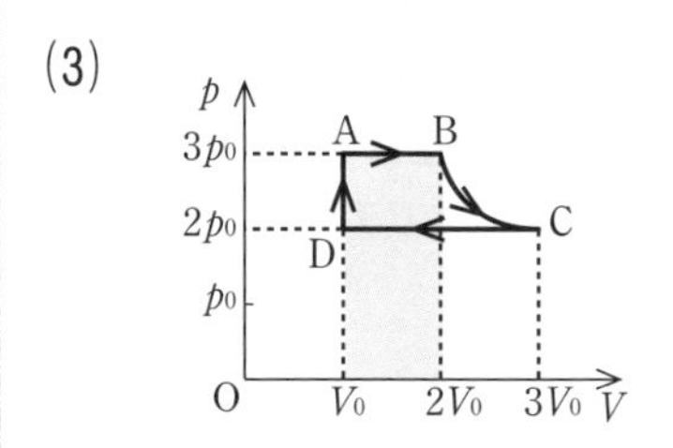

気体がした仕事 W_{AB} は

$W_{AB} = \boldsymbol{3p_0 V_0}$ …答

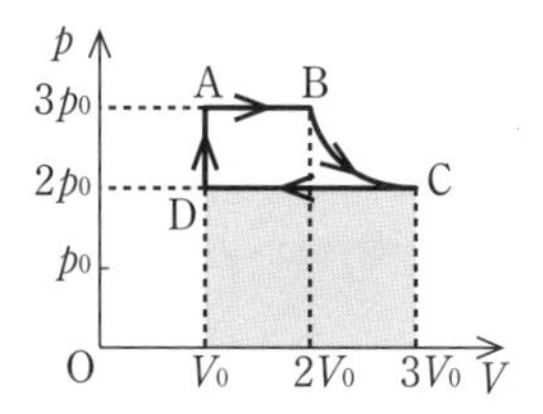

気体がした仕事 W_{CD} は

$W_{CD} = \boldsymbol{-4p_0 V_0}$ …答

ここまでやったら
別冊 P. 84 へ

9-9 浮力と密度 ρ と気体の法則

ココをおさえよう！

$\rho=\dfrac{m}{V}$ なので　$V=\dfrac{m}{\rho}$

$pV=nRT$は $\dfrac{pm}{\rho}=nRT$となるので，気体の組成に変化がなければ　$\dfrac{p}{\rho T}=\dfrac{R}{M}=$（一定）

このChapterの最後に，浮力や気体の密度についてお話しします。
少しややこしい話ですし，熱分野でもちょっと特殊なジャンルの話でもあります。
よくわからない人は読み飛ばして，あとで理解してください。

単位体積あたりの物質の質量を密度といい，$\rho=\dfrac{m}{V}$ で表されるのでしたね。

1 m^3の重さの無視できる容器に，水を注ぐと約1000 kg，水銀を注ぐと約13600 kgになります。水の密度は1000 kg/m^3，水銀の密度は13600 kg/m^3ということです。
$\rho V=m$ですから，密度 ρ の物体が体積Vだけあると，ρVgの重力を受けます。

ここで『力学・波動編』のp.70 ～ 73で説明した浮力の話をしておきましょう。
密度 ρ の液体中に，体積Vの物体を入れると，物体は **ρVg**の浮力を受けるのでした。
ρVgは，そのVというスペースに液体があった場合にはたらく重力と同じです。
つまり，**周りを満たす液体を押しのけた分だけ，物体は浮力を受けた**といえますね。
物体の密度が ρ'だったとすると，物体にかかる重力は $\rho' Vg$です。
よって，液体中で物体は **$\rho Vg-\rho' Vg$** の力を上向きに受けるのです。

上の話は，液体に限ったことではありません。気体でも同じです。
ヘリウムガスを入れた風船は空気中を浮かびますよね。
ヘリウムは，周りの空気よりも密度が小さいので，浮力を受けるのです。
周りの空気の密度を ρ，ヘリウムの密度を ρ'，風船の体積をVとすると
風船にはたらく上向きの力は　$\rho Vg-\rho' Vg$　となるので，浮かぶのです。

密度

1 m³ の水＝約 1000 kg　　1 m³ の水銀＝約 13600 kg

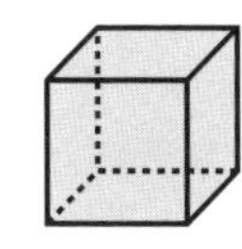

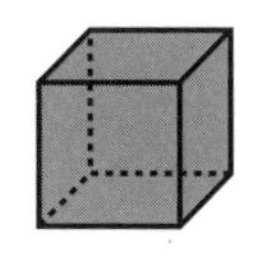

同じ体積でも物質によって質量が異なる

$$\overset{ロー}{\rho}=\frac{m}{V}$$

$\rho V=m$ より密度ρの物体が体積 V だけあると
ρVg の重力を受ける。

浮力

密度ρの液体中にある体積 V の物体はρVgの浮力を受ける。
その物体の密度をρ'とすると
物体にはたらく重力は$\rho' Vg$
ゆえに，物体にはたらく上向きの力は

$$\underbrace{\rho Vg}_{浮力}-\underbrace{\rho' Vg}_{重力}$$

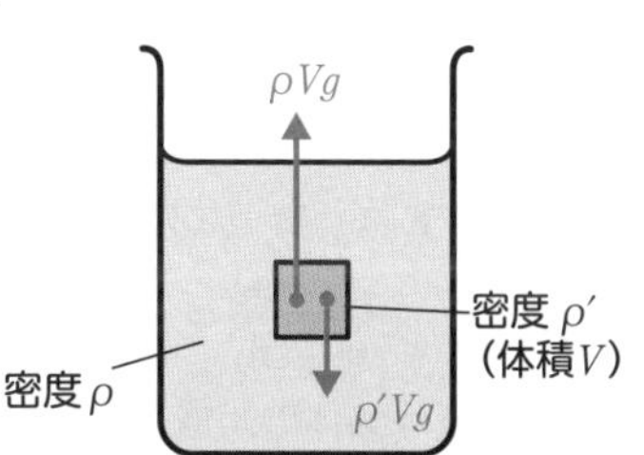

これは気体でも同じで，
ヘリウムは周りの空気より
密度が小さいため，風船は浮く。

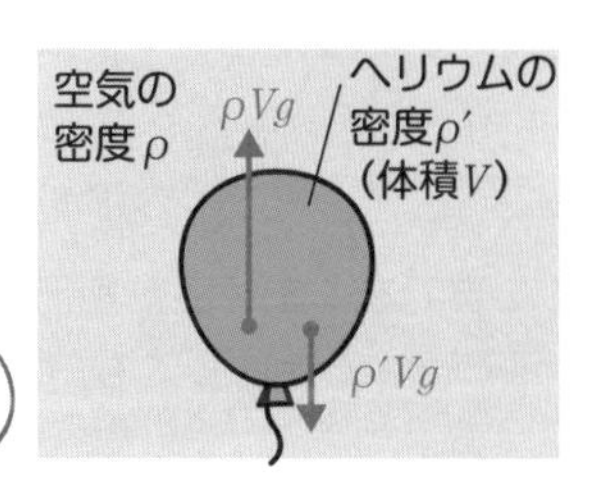

同じ気体でも温度によって密度は変わります。
一般に，温度が高いと気体は軽い，つまり密度が小さくなります。
熱気球が浮かび上がるのは，気球のバルーン内の空気が暖まり，周りの空気よりも密度が小さくなるためなのです。

では，気体の密度 ρ と，気体の法則を関係づけていきましょう。

体積 V〔$\mathrm{m^3}$〕，圧力 p〔Pa〕，温度 T〔K〕で n〔mol〕の気体があるとします。
この気体の質量を m〔g〕とすると，気体の密度 ρ はいくらでしょうか？

$\boldsymbol{\rho = \frac{m}{V}}$〔$\mathrm{g/m^3}$〕ですね。

密度の定義通りです。忘れないようにしましょう。

気体の分子量を M とすると，n〔mol〕で m〔g〕になったのですから $m = nM$ ですね。

$\rho = \frac{m}{V}$ より $V = \frac{m}{\rho} = \frac{nM}{\rho}$ ですから，気体の状態方程式 $pV = nRT$ にあてはめると

$$p \cdot \frac{nM}{\rho} = nRT$$

$$\frac{pM}{\rho} = RT$$

となりますね。右辺に定数を集めると

$$\frac{p}{\rho T} = \frac{R}{M} = \text{(一定)}$$

分子量 M は気体の組成が変わらない限りは一定ですから，気体の温度が変わって，密度が変わっても，$\frac{p}{\rho T}$ は一定ということです。

ここまでをふまえて，別冊の熱気球の問題に挑戦してみましょう。
1回で理解できなくても，解説を読んで，時間をおいてトライしてみてくださいね。

9

気体の状態方程式と密度

$$\rho=\frac{m}{V}$$

$m=nM$（気体の分子量を M とすると，n〔mol〕で m〔g〕だから）
よって

$$V=\frac{m}{\rho}=\frac{nM}{\rho}$$

気体の状態方程式より

$$pV=nRT$$

$$p\cdot\frac{\cancel{n}M}{\rho}=\cancel{n}RT$$

$$\boxed{\frac{p}{\rho T}=\frac{R}{M}=(\text{一定})}$$

ここまでやったら
別冊 P. 86 へ

理解できたものに，☑チェックをつけよう。

- □ 比熱と熱容量の定義を覚えた。
- □ 熱量保存の法則を使って，“高温物体が失う熱量＝低温物体が得た熱量”の式を立てられる。
- □ ボイルの法則の式　$pV=$(一定)　と，使える条件（気体の出入りがなく，温度が一定）を覚えた。
- □ シャルルの法則の式　$\frac{V}{T}=$(一定)　と，使える条件（気体の出入りがなく，圧力が一定）を覚えた。
- □ 理想気体の状態方程式$pV=nRT$を覚えた。
- □ 状態方程式からボイルの法則，シャルルの法則，ボイル・シャルルの法則を導ける。
- □ $W=p\varDelta V$から気体がした仕事の大きさを求められ，体積が増減したかを見て，その正負も判断できる。
- □ p-Vグラフの面積から仕事の大きさを求められる。
- □ p-Vグラフから各状態の気体の温度を推測できる。
- □ 密度を用いた状態方程式を立てられる。

電気のコントロールができるようになったから，次は…美容も磨かなくっちゃね！

美容？

なにごとも向上心があるのはいいことじゃ…

美クラゲ

Chapter

10

気体の分子運動

Chapter 10 気体の分子運動

はじめに

このChapterではとても小さな世界を考えていきます。
小さな世界とは，「分子レベル」の世界のことです。
ここでは「気体の分子1粒」に注目するのです。
なので，この章の主役は「分子くん」となります。

そして，最終的に，圧力を分子たちの運動から求めることが目的です。
また，「温度が高いと，気体分子たちは運動エネルギーが大きい」ということも理解できるようになりますよ。

このChapterで学ぶことは，最初は少し難しく感じるかもしれません。
しかし，しっかりと話の流れや計算を覚えるように何度も繰り返してください。
というのも，このChapterの話はそのまま入試問題に出ることも多いのです。

しっかり覚えて，入試で出たらガッツポーズができるように準備しましょう。

この章で勉強すること

いくつかのステップを踏んで，分子運動の目線から，圧力を求めていきます。
温度と分子運動の関係についても触れていきます。

宇宙一
わかりやすい
ハカセの
Introduction
拡大してみよう！
分子が
運動してるわ
私のことも
忘れないでね…
ここでの
主役は
ボクだよ
このChapterは短いが
入試にそのまま出ることが
多いので覚えるつもりで
やるんじゃぞ
分子くん
カベさん
Let's
study!!

10-1　分子の運動と気体の圧力

ココをおさえよう！

そのまま出題されるので，説明の流れを理解しよう。

それでは，気体分子の運動を考えていきたいのですが，
お話を簡単にするために，ちょっとだけきまりごとを作っておきます。

きまりごと①：分子は一定の速さで一直線に進む！（クネクネ進んだりしない）
きまりごと②：壁とぶつかっても，速さは変わらない！
きまりごと③：重力は無視！

この3つのきまりごとにしたがって，考えていきましょう。

気体分子の運動から，最終的には気体の圧力pを求めるのですが，どういった順序で圧力を求めていくかを，おおざっぱにまとめると，こうなります。

【1】　**気体分子1個が壁に1回ぶつかったときに，壁に与える力積を求める**
【2】　**気体分子1個が壁に与える力を求める**
【3】　**気体分子全体が，壁に与える力を求める**
【4】　**気体の圧力を求める**

この流れを頭の片隅に置いておいてくださいね。
「分子くん」と「カベさん」との衝突を考えながら，ステップを踏んで学んでいきます。

気体分子運動のルール

きまりごと①

分子は一定の速さで一直線に進む！

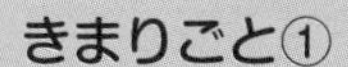

きまりごと②

壁とぶつかっても速さは変わらない！

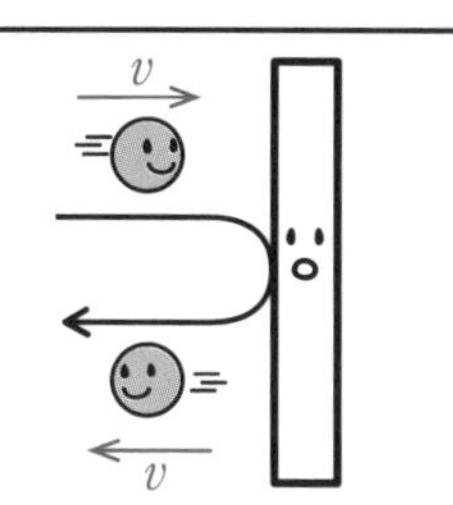

きまりごと③

分子の重力は無視できる！

圧力 p を求める流れ

【1】 気体分子 1 個が壁に 1 回ぶつかったときに壁に与える力積を求める

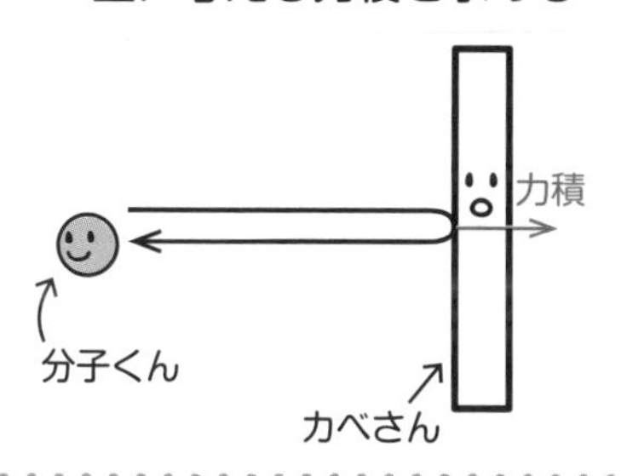

【2】 気体分子 1 個が壁に与える力を求める

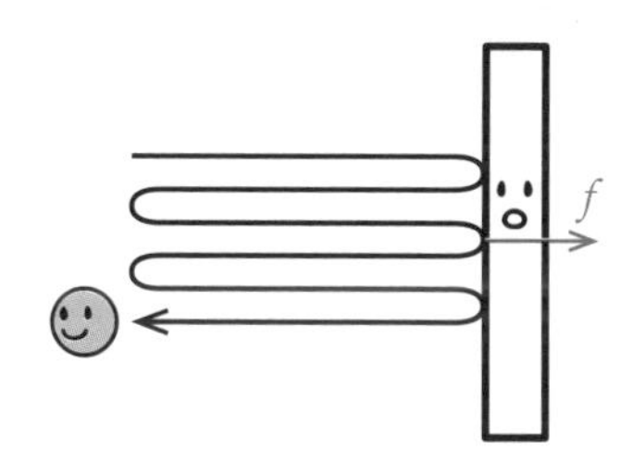

【3】 気体分子全体が壁に与える力を求める

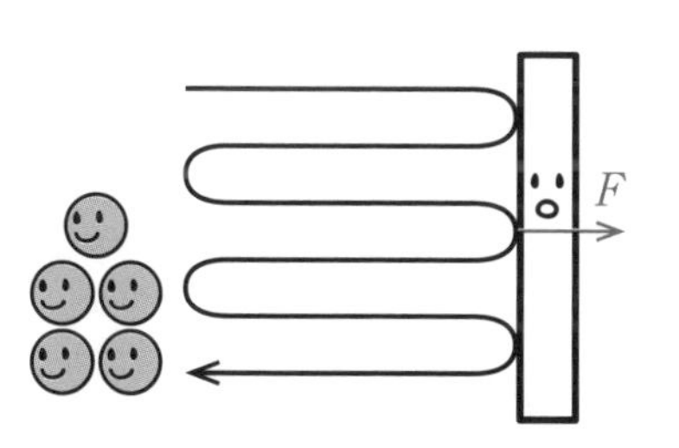

【4】 気体の圧力を求める

【1】 気体分子1個が，壁に1回ぶつかったときに，壁に与える力積を求める

分子くんは1辺の長さLの部屋を動いており，質量はmであるとします。
分子くんはx，y，z方向に，それぞれv_x，v_y，v_zの速さで動きますが，まずは水平方向（x方向）の運動で考えていきましょう。

分子くんが，カベさんにぶつかると，今度は逆向きに速さv_xで動き始めます。
（きまりごと②より，衝突しても速さは変わりませんよ。）
図の右方向を正とすると，
カベさんにぶつかる前の，分子くんの運動量：mv_x〔kg･m/s〕
カベさんにぶつかったあとの，分子くんの運動量：$-mv_x$〔kg･m/s〕

これを見ると，分子くんの運動量は，衝突で$-2mv_x$だけ変化していますね。
つまり，分子くんは，カベさんから$-2mv_x$の力積を受けたのです。
（運動量変化＝力積）

ここで，作用・反作用の法則を思い出してください。
「分子くんは，カベさんから左向きの力積$2mv_x$を受けた」のならば，
「カベさんは，分子くんから右向きの力積$2mv_x$を受けた」はずですよね。
したがって，**分子くんが1回の衝突で，カベさんに与える力積は$2mv_x$**となります。

【1】 気体分子 1 個が，壁に 1 回ぶつかったときに，壁に与える力積を求める

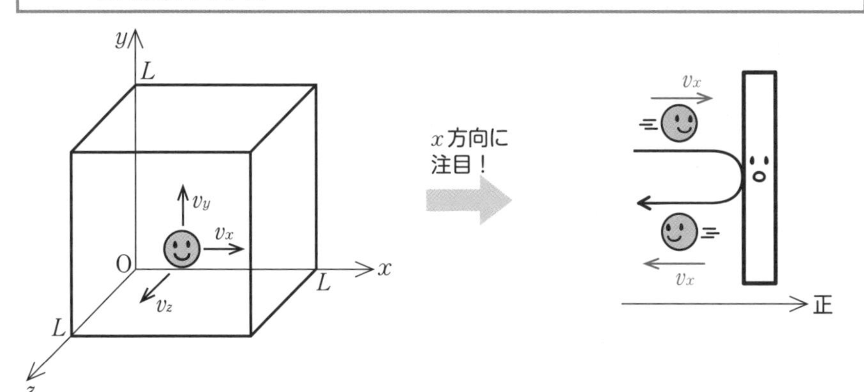

分子くんの運動量の変化を調べると…

マイナスがついてるから
左向きの力積を
受けたということさ！

衝突後 **衝突前**

力積

$$-mv_x \quad - \quad (+mv_x) \quad = \quad -2mv_x$$

⇒ 作用・反作用の法則より
壁の受けた力積は

$$+2mv_x$$

力積
$+2mv_x$
正

【2】 気体分子1個が壁に与える力を求める

【2-1】：気体分子が，再び同じ壁に衝突するまでの時間を求める

カベさんに衝突した分子くんは，反対側のカベさんに衝突し，ターンします。

カベさんから，反対側のカベさんまで移動するのには，$\frac{L}{v_x}$ 秒かかるので，

往復すると，$\frac{L}{v_x}\times 2=\frac{2L}{v_x}$ 秒かかりますね。

つまり，**分子くんは，$\frac{2L}{v_x}$ 秒に1回，同じカベさんにゴツンとぶつかる**のです。

【2-2】：気体分子1個が，1秒間に壁にぶつかる回数を求める

1秒間にx回ぶつかるとすると　$1:x=\frac{2L}{v_x}:1$　なので

1秒間に$\frac{v_x}{2L}$ 回，カベさんにぶつかります。

【2-3】：気体分子1個が，壁に与える力を求める

1秒間に，分子くんはカベさんに，$\frac{v_x}{2L}$ 回ぶつかることから，

1秒間で，分子くんがカベさんに与える力積は

$$2mv_x\times\frac{v_x}{2L}=\frac{mv_x{}^2}{L}\text{〔kg・m/s〕}$$

分子くん1個が壁に与える力をfとしましょう。

力積の定義は$f\times t$で，$t=1$ sとしたので

$$f\text{〔N〕}\times 1\ \text{s}=\frac{mv_x{}^2}{L}\text{〔kg・m/s〕}$$

ということですから

$$f=\frac{mv_x{}^2}{L}\text{〔N〕}$$

となります。1秒間の力積と，力 f の値は同じですが，単位だけ変わっていますね。

【2】 気体分子 1 個が壁に与える力を求める

【2-1】：気体分子が，再び同じ壁に衝突するまでの時間を求める

【2-2】：気体分子 1 個が，1 秒間に壁にぶつかる回数を求める

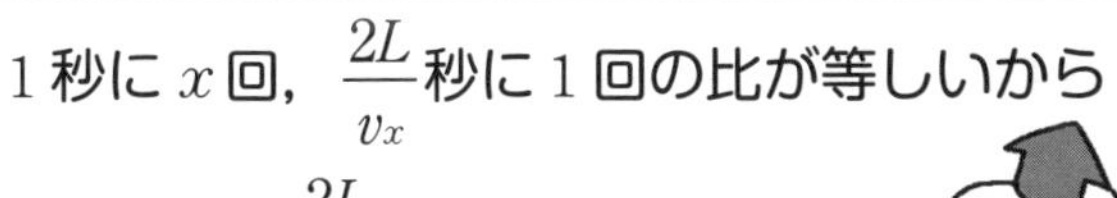

1 秒に x 回，$\dfrac{2L}{v_x}$ 秒に 1 回の比が等しいから

$$1 : x = \frac{2L}{v_x} : 1$$

$$x = \frac{v_x}{2L} \text{ 回}$$

【2-3】：気体分子 1 個が，壁に与える力を求める

1 秒間に与える力積は

$$\underset{\text{1 回で与える力積}}{2mv_x} \times \underset{\text{1 秒間にぶつかる回数}}{\frac{v_x}{2L}} = \frac{mv_x^2}{L} \text{〔kg・m/s〕}$$

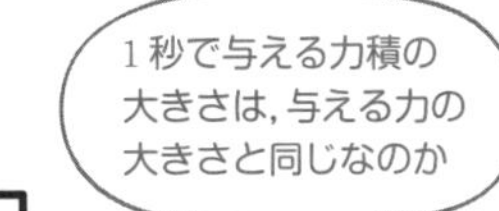

分子くん 1 個が与える力を f〔N〕とすると

$$f\text{〔N〕} \times 1\text{ s} = \frac{mv_x^2}{L} \text{〔kg・m/s〕}$$

$$f\text{〔N〕} = \frac{mv_x^2}{L} \text{〔kg・m/s}^2\text{〕}$$ ← この単位は〔N〕と等しい

【3】 気体分子全体が，壁に与える力を求める

【3-1】：N個の気体分子の力の総和を，$v_x{}^2$の平均を使って表す

部屋にはN個の分子くんがいます。
50 m走のタイムが人それぞれなように，分子くんが移動する速度もそれぞれです。
なので各分子くんを，「分子くん1」，「分子くん2」のように区別し，
分子くんの速度をそれぞれv_{1x}，v_{2x}，…，v_{Nx}と表してあげましょう。

そうすると，分子くん全員がカベさんに与える力Fは，次のようになります。

$$F=\frac{mv_{1x}{}^2}{L}+\frac{mv_{2x}{}^2}{L}+\cdots\cdots+\frac{mv_{Nx}{}^2}{L}=\frac{m}{L}(v_{1x}{}^2+v_{2x}{}^2+\cdots\cdots+v_{Nx}{}^2)$$

しかし，これだとものすごく式が長くなってしまいますね。
そこでN個の分子くんの$v_x{}^2$の平均 $\overline{v_x{}^2}=\dfrac{v_{1x}{}^2+v_{2x}{}^2+\cdots+v_{Nx}{}^2}{N}$
を利用すると，Fは次のように表すことができます。

$$F=\frac{m}{L}\times N\overline{v_x{}^2}=\frac{Nm\overline{v_x{}^2}}{L} \quad \cdots\cdots①$$

したがって，**N個の分子くんがカベさんに与える力は，$F=\dfrac{Nm\overline{v_x{}^2}}{L}$**です。

【3-2】：$\overline{v_x{}^2}$を$\overline{v^2}$へ変換する

分子くんの速さvとv_x，v_y，v_zの関係は，三平方の定理より

$$v_x{}^2+v_y{}^2+v_z{}^2=v^2$$

これはすべての分子で成り立つので，平均を使っても成り立ちます。

$$\boldsymbol{\overline{v_x{}^2}+\overline{v_y{}^2}+\overline{v_z{}^2}=\overline{v^2}} \quad \cdots\cdots②$$

また，分子くんはランダムに動いていますが，全部の分子くんを見るとx方向，y方向，z方向のどの動きも平均的に同じになるので

$$\boldsymbol{\overline{v_x{}^2}=\overline{v_y{}^2}=\overline{v_z{}^2}} \quad \cdots\cdots③$$

②，③より $\boldsymbol{\overline{v_x{}^2}=\dfrac{1}{3}\overline{v^2}}$

これを①に代入して

$$F=\frac{Nm\overline{v_x{}^2}}{L}=\boldsymbol{\frac{Nm\overline{v^2}}{3L}}$$

【3】 気体分子全体が，壁に与える力を求める

【3-1】：N個の気体分子の力の総和を，v_x^2 の平均を使って表す

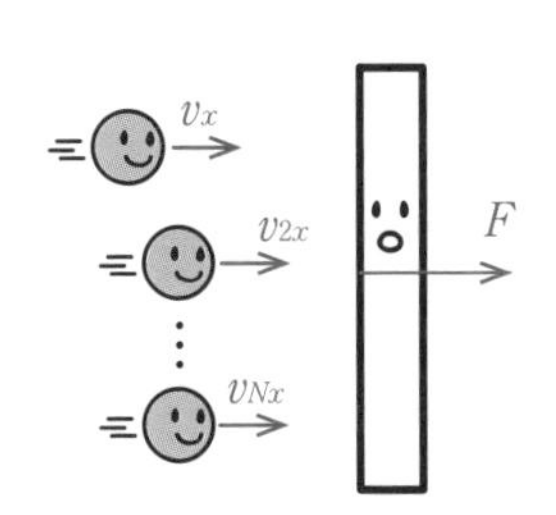

$$F=\frac{mv_{1x}^2}{L}+\frac{mv_{2x}^2}{L}+\cdots\cdots+\frac{mv_{Nx}^2}{L}$$

$$=\frac{m}{L}(v_{1x}^2+v_{2x}^2+\cdots\cdots+v_{Nx}^2)$$

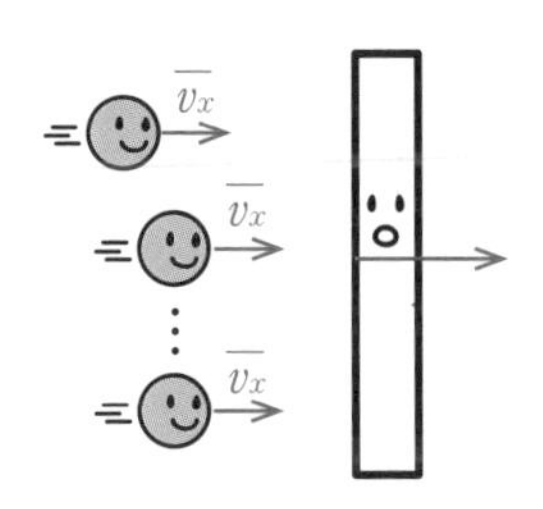

N個の分子の v_x^2 の平均をとると

$$\overline{v_x^2}=\frac{v_{1x}^2+v_{2x}^2+\cdots\cdots+v_{Nx}^2}{N}$$

よって　$N\overline{v_x^2}=v_{1x}^2+v_{2x}^2+\cdots\cdots+v_{Nx}^2$

ゆえに　$F=\dfrac{Nm\overline{v_x^2}}{L}$　……①

【3-2】：$\overline{v_x^2}$ を $\overline{v^2}$ へ変換する

三平方の定理を用いて

$\overline{v_x^2}+\overline{v_y^2}+\overline{v_z^2}=\overline{v^2}$　……②

$\overline{v_x^2}=\overline{v_y^2}=\overline{v_z^2}$　……③

②, ③より　$\overline{v_x^2}=\dfrac{1}{3}\overline{v^2}$

①より　$F=\dfrac{Nm\overline{v^2}}{3L}$

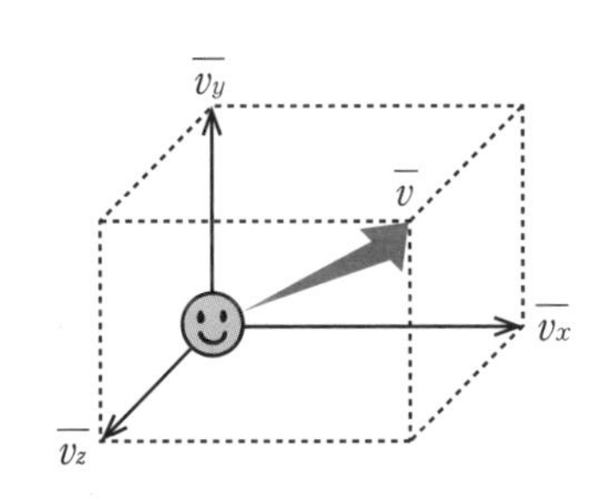

【4】 気体の圧力を求める

最後の仕上げです。部屋にいる気体分子くん全員がカベさんに与える力Fは

$$F=\frac{Nm\overline{v^2}}{3L}$$

ですので，これを壁の面積L^2で割れば圧力pが求められます。

$$p=\frac{Nm\overline{v^2}}{3L}\div L^2=\frac{Nm\overline{v^2}}{3L^3}=\boldsymbol{\frac{Nm\overline{v^2}}{3V}}$$ 〔完〕

出てきた式を覚えることよりも，自分で流れを導けることのほうが大切です。

でも，最後の結果の値 $\boldsymbol{\frac{Nm\overline{v^2}}{3V}}$ は，導いた答えが合っているかの確認に使えますので覚えてしまうといいですよ。簡単に流れをまとめると以下のようになります。

【1】運動量の変化から壁に与える力積を求める。

1回の衝突で気体分子の運動量の変化が　$-2mv_x$　→　壁に与える力積$2mv_x$

【2】1秒間に与える力積から，力を求める。

気体分子は1往復するのに $\frac{2L}{v_x}$ 秒かかるので，1秒間に $\frac{v_x}{2L}$ 回，壁にぶつかる。

1秒間に与える力積は　$2mv_x\times\frac{v_x}{2L}=\frac{m{v_x}^2}{L}$〔kg・m/s〕

その力積を1 sで割ると力が求められる　$\frac{m{v_x}^2}{L}$〔N〕

【3】N個の分子が与える力　→　${v_x}^2$の平均を利用　→　$\overline{{v_x}^2}$を$\overline{v^2}$へ

分子に番号をつけて壁に与える力の総和を求めると

$$F=\frac{m}{L}({v_{1x}}^2+{v_{2x}}^2+\cdots\cdots+{v_{Nx}}^2)$$

${v_x}^2$の平均　$\frac{{v_{1x}}^2+{v_{2x}}^2+\cdots+{v_{Nx}}^2}{N}=\overline{{v_x}^2}$を利用すると　$F=\frac{Nm\overline{{v_x}^2}}{L}$

さらに，$\overline{{v_x}^2}=\frac{1}{3}\overline{v^2}$から　$F=\frac{Nm\overline{v^2}}{3L}$

【4】面積で割って圧力pを求める。

$$p=F\div L^2=\frac{Nm\overline{v^2}}{3L^3}=\frac{Nm\overline{v^2}}{3V}$$

【4】 気体の圧力を求める

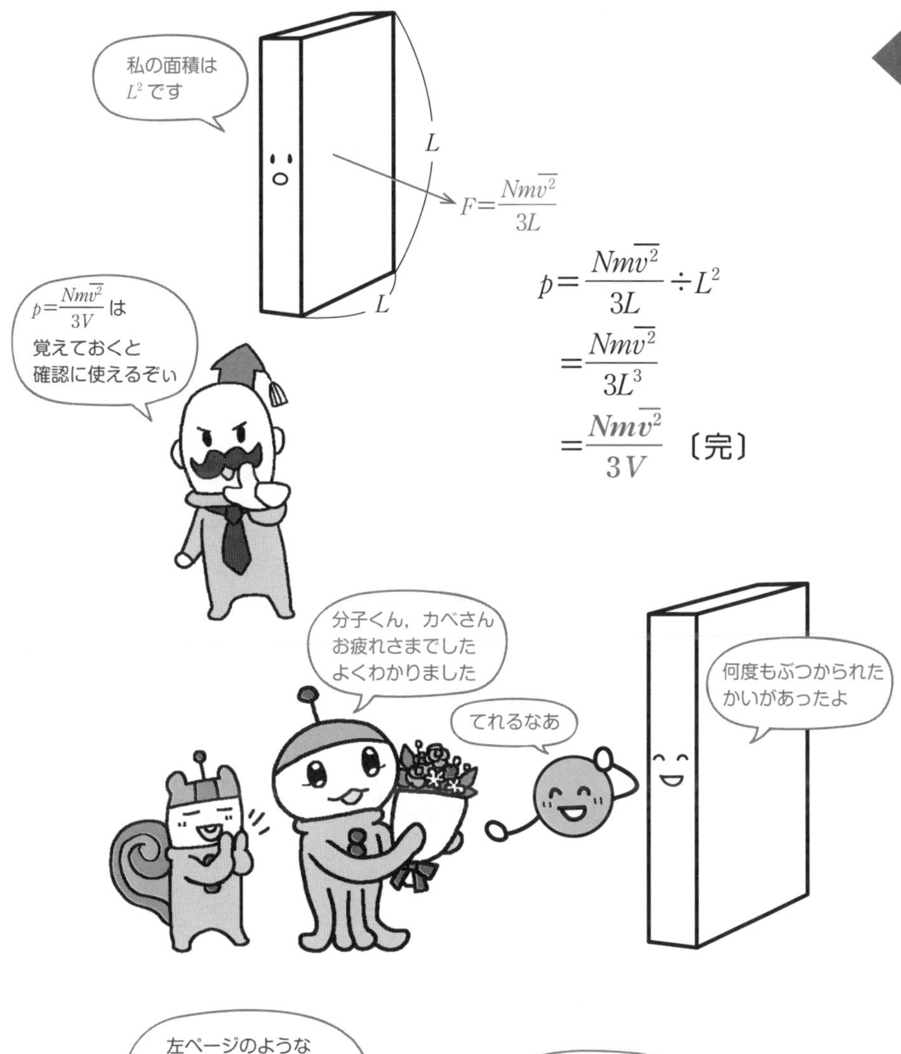

$$p=\frac{Nm\overline{v^2}}{3L}\div L^2$$
$$=\frac{Nm\overline{v^2}}{3L^3}$$
$$=\frac{Nm\overline{v^2}}{3V}$$ 〔完〕

ここまでやったら
別冊 P. 88 へ

10-2 分子の運動と気体の温度

ココをおさえよう！

分子の平均の運動エネルギーは，温度で決まる。

容器に入っている気体の分子の総数をN，アボガドロ数をN_Aとすると，気体のモル数nは，$n=\frac{N}{N_A}$となりますね。

気体の状態方程式$pV=nRT$にこれを代入すると

$$pV=\frac{N}{N_A}RT \quad \cdots\cdots ①$$

また10-1で導いた$p=\frac{Nm\overline{v^2}}{3V}$の両辺に$V$を掛けると

$$pV=\frac{Nm\overline{v^2}}{3} \quad \cdots\cdots ②$$

①，②より　$\frac{N}{N_A}RT=\frac{Nm\overline{v^2}}{3}$

すなわち　$\frac{m\overline{v^2}}{3}=\frac{RT}{N_A}$

$$m\overline{v^2}=\frac{3R}{N_A}T \quad \cdots\cdots ③$$

ここで，**分子くん1個がもつ運動エネルギー$\frac{1}{2}m\overline{v^2}$**は③式から

$$\frac{1}{2}m\overline{v^2}=\frac{3R}{2N_A}T$$

$\frac{R}{N_A}=k$とおけば，以下の式が現れます。

$$\frac{1}{2}m\overline{v^2}=\frac{3}{2}kT$$ （$k=\frac{R}{N_A}$を**ボルツマン定数**と呼びます。）

赤字にした2つの式は覚えておきましょう。

この式から，**「分子1個の運動エネルギーは，温度Tに比例し，圧力pや体積Vには影響されない！」**ということがわかります。

9-4や9-5で触れましたが，「温度は分子たちの元気さを表す」ということですね。

容器内の気体の分子の総数を N，アボガドロ数を N_A とすると

$$n=\frac{N}{N_A}$$

よって　$pV=nRT=\frac{N}{N_A}RT$　……①

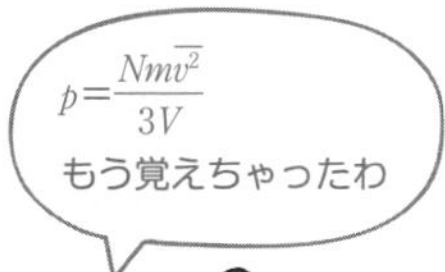

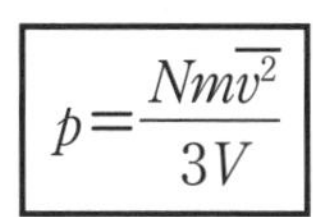

$$p=\frac{Nm\overline{v^2}}{3V}$$

両辺に V を掛ける

$$pV=\frac{Nm\overline{v^2}}{3}\quad\cdots\cdots②$$

①，②より

$$\frac{Nm\overline{v^2}}{3}=\frac{N}{N_A}RT \Rightarrow m\overline{v^2}=\underbrace{\frac{3R}{N_A}}_{定数}\underbrace{T}_{変数}$$

気体分子の運動エネルギーは
温度によってのみ変化するぞい
温度は分子の元気さを表すんじゃ

分子の運動エネルギー

$$\frac{1}{2}m\overline{v^2}=\underbrace{\frac{3R}{2N_A}}_{定数}\underbrace{T}_{変数}=\frac{3}{2}kT \quad \left(k=\frac{R}{N_A}\right)$$

高温

低温

ここまでやったら
別冊 P. 89へ

理解できたものに，☑チェックをつけよう。

- ☐ 運動量の変化と力積の関係を用いて，気体分子1個が1回壁にぶつかったときに壁に与える力積を求められる。
- ☐ 気体分子が壁面間を1往復する時間を求められる。
- ☐ 気体分子が1秒間に壁にぶつかる回数を求められる。
- ☐ 「力積＝力×時間」の関係から，気体分子1個が壁に与える力を求められる。
- ☐ ${v_x}^2$の平均を用いて，気体分子全体が壁に与える力を求められる。
- ☐ 気体の圧力を，分子の運動から導ける。
- ☐ 分子の運動エネルギーと温度の関係式 $\frac{1}{2}m\overline{v^2}=\frac{3}{2}kT$ を覚えた。

Chapter

11

熱力学の法則と気体の変化

Chapter 11

熱力学の法則と気体の変化

はじめに

このChapterでは気体のエネルギーや仕事について見ていきます。

気体を人間と同じように考えるとわかりやすいですよ。
人は食料を食べてエネルギーを得ますが，そのエネルギーを体内に蓄えたり，
エネルギーを使って活動したりしますね。
それと同じことが気体でも起こります。

気体の食料にあたるものは“熱”です。
気体は外部から熱をもらって，それを内部に蓄えたり，仕事をしたりするのです。

わかりやすく，かつ物理としてのイメージを崩さないように教えていきますよ！

この章で勉強すること

まず，気体の内部エネルギーとは何か，気体の仕事とは何かを紹介します。
そして，熱力学第1法則を中心に据えて，定積変化等の状態変化を考えていきます。
最後に混合気体についても扱います。

宇宙一
わかりやすい
ハカセの
Introduction

[人間(リス)の場合]
食料を得る
体内のエネルギー 増
+
活動をする
やったー
力が湧いてきたー
ズズズ

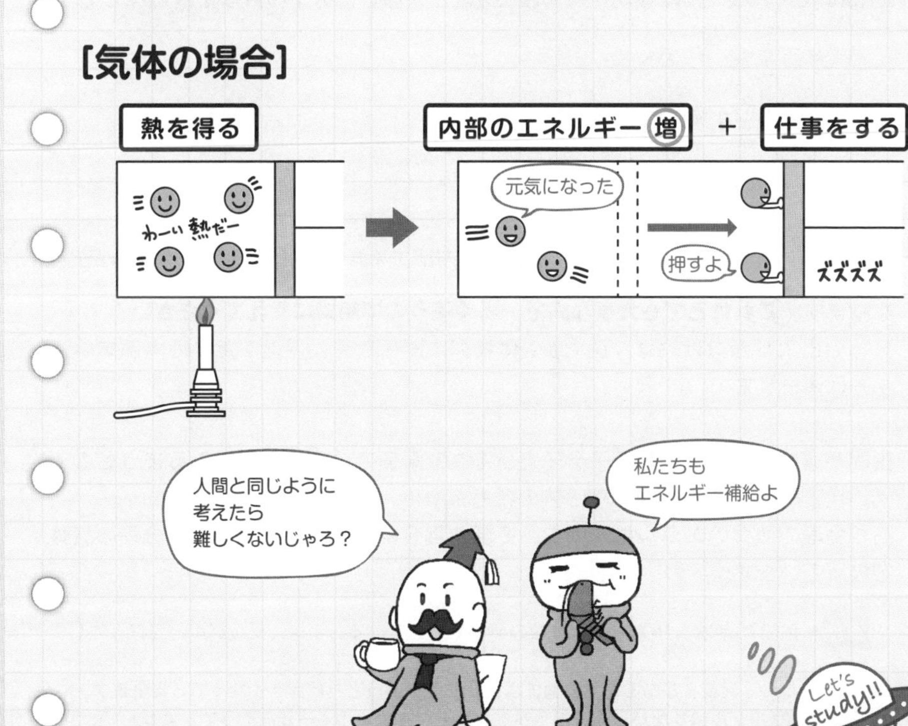
[気体の場合]
熱を得る
内部のエネルギー 増
+
仕事をする
わーい 熱だー
元気になった
押すよ
ズズズズ
人間と同じように
考えたら
難しくないじゃろ？
私たちも
エネルギー補給よ
Let's study!!

11-1　気体の内部エネルギー

ココをおさえよう！

単原子分子がもつ内部エネルギー Uは　$U=\frac{3}{2}nRT$〔J〕

理想気体の分子たちの運動エネルギーの総和を**内部エネルギー**といいます。

p.366で出てきた$\frac{1}{2}m\overline{v^2}=\frac{3R}{2N_A}T$は，1つの分子のもつ運動エネルギーでした。

これを容器に入った分子たちの数の分だけ，掛け算すればよいのです。

そうすると容器に入った気体のエネルギーになりますね。

容器にn〔mol〕，T〔K〕の単原子分子の気体が入っています。

この気体のもつ内部エネルギーUを求めてみましょう。

n〔mol〕ということは，アボガドロ数をN_Aとすると，分子の数はnN_A個なので

$$U=\frac{1}{2}m\overline{v^2}\times nN_A$$
$$=\frac{3R}{2N_A}T\times nN_A$$
$$=\frac{3}{2}nRT\text{〔J〕}$$

つまり，n〔mol〕，T〔K〕の単原子分子の内部エネルギーU〔J〕は$U=\frac{3}{2}nRT$となります。**これはとても大事な式で，よく使うので絶対に覚えてください！**

気体の出入りがなければ，圧力pや体積Vに関係なく，温度Tだけで内部エネルギーは決まります。

説明が遅れましたが，単原子分子とは1つの原子で分子のようにふるまうものです。代表的なものは周期表の18族の希ガス（He，Ne，Ar，Krなど）です。

高校物理で気体のエネルギーについて話す場合は，すべてこの単原子分子の気体を扱っています。

酸素O_2や水素H_2などの，複数の原子でできている分子は，グルグルと回転してしまいます。

この「回転」があると，運動エネルギーがちょっとだけ大きくなってしまいます。

（グルグル回りながら進むほうが，なんとなくエネルギーが高そうですよね）

そうすると少し話が複雑になってしまうので，高校物理では単原子分子を扱うのです。

内部エネルギー …気体分子たちの運動エネルギーの総和。

1つの気体分子の運動エネルギー

$$\frac{1}{2}m\overline{v^2}=\frac{3R}{2N_A}T\,〔\mathrm{J}〕$$

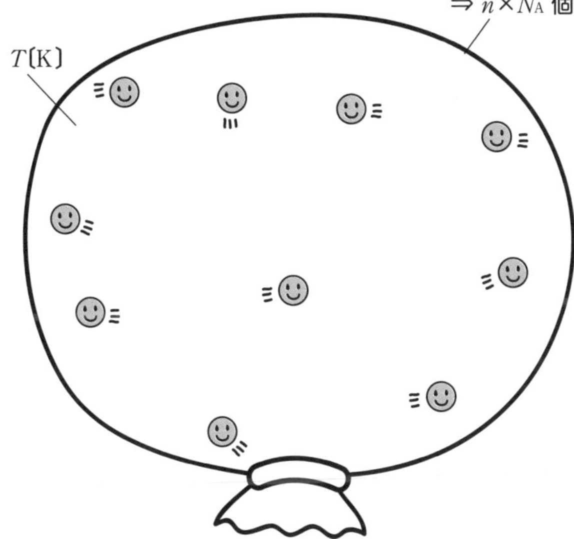

n〔mol〕の気体分子の運動エネルギー（内部エネルギー）

$$\frac{3R}{2N_A}T\times nN_A=\frac{3}{2}nRT\,〔\mathrm{J}〕$$

1つ分　N_A 個が n セット

11-2 熱力学第1法則

ココをおさえよう！

外から熱量 Q_{in} を加えられると，内部エネルギーが変化し，仕事をする。

$$Q_{in} = \Delta U + W_{out}$$

と表される。Q_{in} は加えられたときが正，W_{out} は外に仕事をしたときが正！

ここからは外部との熱のやり取りを考えます。
気体は外部から熱を得たり，外部に熱を放出したりします。
外部とやり取りする熱を Q で表しますが，この参考書では外部から得る熱を Q_{in} と表し，外に放出する熱を Q_{out} と表します。

気体は外部から熱を得ると，その一部を内部エネルギーとして蓄え，残りを外に対して仕事をします。それを式で表すとこうなります。

$$Q_{in} = \Delta U + W_{out}$$

これを**熱力学第1法則**といいます。
加熱をされると，温度が上がるので内部エネルギー U は増え（ΔU が正），体積が増えるので外に対して仕事をする（W_{out} は正）ということです。
このやり取りを，基本の形として理解しておきましょう。
（体積が増えたときに気体は仕事をするというのはp.342でお話ししましたね。）

「ドングリをもらったリスのはたらき度合い」でイメージするとよいでしょう。
リスは外からドングリを5個もらい，食べました（$Q_{in} = 5$ ドングリ）。
元気がいっぱいになり，ドングリ3個分の仕事をしました（$W_{out} = 3$ ドングリ）。
リスの体内には，ドングリ2個分のエネルギーが残ります（$\Delta U = +2$ ドングリ）。
簡単ですよね。

仕事 W は外にするときの仕事を W_{out} とし，これを基本の形としますが，気体は外部から仕事をされることもあります。そんな場合は“W_{out} が負”ということです。
外部からされた仕事を W_{in} とすると $W_{in} = -W_{out}$ ということですね。

熱力学第1法則

$$Q_{\mathrm{in}} = \Delta U + W_{\mathrm{out}}$$

気体は熱を得ると
内部エネルギーが増えたり
外に対して仕事をしたり
するんじゃ

Q_{in} = ΔU + W_{out}

熱を得ると…

内部エネルギーが
増えたり

外に対して
仕事をしたりする

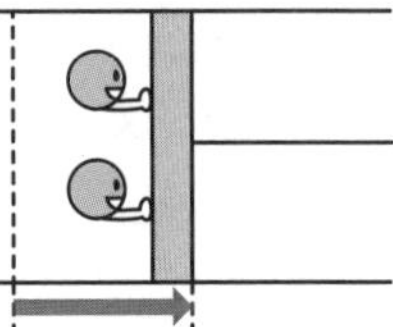

気体が仕事をして
ピストンを移動させた

内部エネルギーは
温度 T によって決まるのよね
温めたら内部エネルギーが
増えるのは当たり前だわ！

[リスの場合]

3 ドングリ分の仕事をして
2 ドングリ分はエネルギーとして
体に残っているよ

Q_{in} = ΔU + W_{out}

5 ドングリ分の
エネルギーを得た

2 ドングリ分の
体内に残った
エネルギー

3 ドングリ分の
仕事を外にした

$Q_{\rm in} = \varDelta U + W_{\rm out}$をちょっと練習してみましょう。

① シリンダーを加熱したところ，気体は100 Jのエネルギーを得たとします。
また，加熱によって気体はふくらみ，ピストンを押し出しました。
この気体のした仕事を30 Jとします。
このとき，気体に蓄えられた内部エネルギーはいくらでしょうか？

$\varDelta U = 100 - 30 = 70$ Jですね。

② 次に加熱はせずに，外力がピストンを内側へ押し込み，100 Jの仕事をしました。
このとき，気体の内部エネルギーが70 J増加したとすると，外部との熱のやり取りはどうなるでしょうか？
$Q_{\rm in} = \varDelta U + W_{\rm out}$にあてはめてみましょう。
求めたいのは$Q_{\rm in}$で，$\varDelta U$は$+70$ Jですね。
気体が仕事をすると $W_{\rm out}$ は正になるのでした。
今回の例では，外力が仕事をし，気体は仕事をされたことになります。
つまり$W_{\rm out} = -100$ Jとなります。

$$Q_{\rm in} = \varDelta U + W_{\rm out} = +70\ {\rm J} - 100\ {\rm J} = -30\ {\rm J}$$

$Q_{\rm in}$が負ということは気体は熱を外部へと放出したということですね。

③ 最後に，シリンダー内の温度を一定になるように調節しながら，
シリンダーを加熱し，気体が100 Jの熱量を得たとします。
このとき，内部エネルギーの変化$\varDelta U$と，気体が外部へした仕事$W_{\rm out}$はどうなるでしょうか？
内部エネルギーは気体の出入りがない（nが一定）ときは，温度Tだけで決まるのでした。
単原子分子では$U = \frac{3}{2}nRT$なので，$\boldsymbol{\varDelta U = \frac{3}{2}nR\varDelta T}$となります。
今回は温度が一定なので，$\varDelta T = 0$ですから$\varDelta U = 0$となります。
$Q_{\rm in} = \varDelta U + W_{\rm out}$にあてはめると，$Q_{\rm in} = 100$ J，$\varDelta U = 0$なので，$W_{\rm out} = 100$ Jとなります。

いろいろな例が出てきましたが，どれも$Q_{\rm in} = \varDelta U + W_{\rm out}$にあてはめれば解けましたね。そのときどきで$Q_{\rm in}$，$\varDelta U$，$W_{\rm out}$の正負が変わることに注意しましょう。

$Q_{in}=\Delta U+W_{out}$ の練習

①

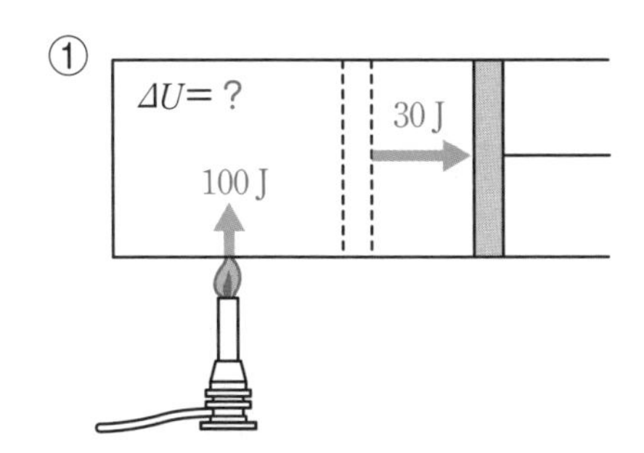

$Q_{in}=100$ J，$W_{out}=30$ J より

$100\text{ J}=\Delta U+30\text{ J}$

$\Delta U=70\text{ J}$

②

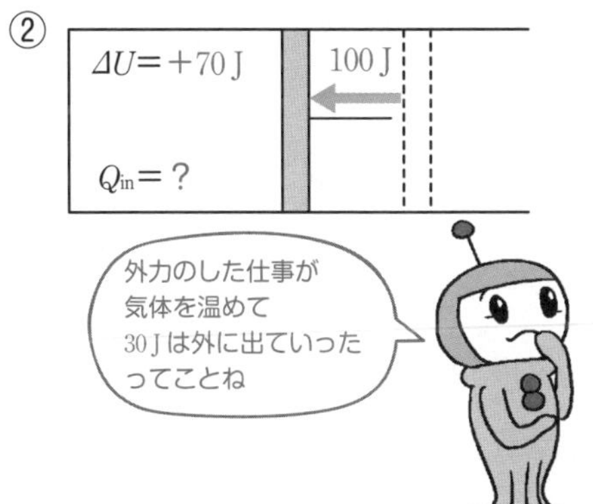

気体は外力に仕事をされたので

$W_{out}=-100\text{ J}$

また，$\Delta U=+70$ J なので

$Q_{in}=+70\text{ J}+(-100\text{ J})$

$=-30\text{ J}$

よって，外へ熱を 30 J 放出した。

③

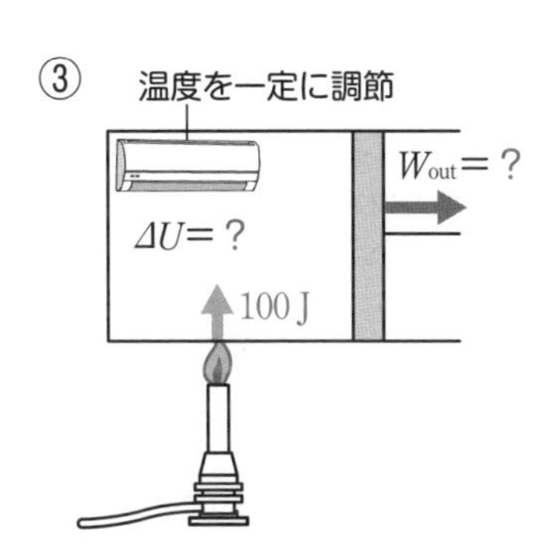

内部エネルギー U は温度によるものなので，温度変化 $\Delta T=0$ なら $\Delta U=0$

$Q_{in}=\Delta U+W_{out}$

$100\text{ J}=0+W_{out}$

$W_{out}=100\text{ J}$

ここまでやったら
別冊 P. 90 へ

11-3　定積変化

ココをおさえよう！

定積変化では仕事をしないため $W_{out}=0$ より，$Q_{in}=\Delta U$ が成立。

ここからは，気体にさまざまな条件の下で操作をすることを考えていきます。
まずは，**定積変化**という，**気体の体積を一定に保ちながら熱を加える操作**です。

ピストンが固定されて体積一定のシリンダーに，単原子分子の n〔mol〕の気体が封入されています。
このシリンダーに Q_{in}〔J〕の熱量を加えたところ，温度が ΔT〔K〕上昇しました。
気体の体積は一定ですから，気体は，ピストンに仕事はしません（$W_{out}=0$）。
したがって，$Q_{in}=\Delta U+W_{out}$ より，次の関係が成り立ちます。

$$Q_{in}=\Delta U \quad \cdots\cdots ①$$

つまり，**受け取った熱量をすべて内部エネルギーにしてしまう**，ということです。
ドングリとリスの例でいうと，食べさせてもらったドングリでパワーがみなぎったけど，仕事をしていないということですね。

p.376で説明した通り，単原子分子で n〔mol〕の気体が ΔT〔K〕上昇したときの内部エネルギーの変化は $\Delta U=\frac{3}{2}nR\Delta T$ で表されますね。

よって，①式より　$Q_{in}=\frac{3}{2}nR\Delta T$

定積変化では温度変化がわかれば加えられた熱量がわかるのですね。見かたを変えると，**ΔT〔K〕上昇するのに，Q_{in}〔J〕必要だった**ということになります。
この変化を p-V グラフで表すと右ページの図のようになったとします。
加熱前がA，加熱後がBなので $\Delta T=T_B-T_A$ ですね。気体の状態方程式より，状態Aについては $p_AV=nRT_A$，状態Bについては $p_BV=nRT_B$ なので

$$\underline{\underline{p_BV-p_AV}}=nRT_B-nRT_A=\underline{\underline{nR\Delta T}}$$

よって，$Q_{in}=\Delta U=\frac{3}{2}\underline{\underline{nR\Delta T}}=\frac{3}{2}(\underline{\underline{p_BV-p_AV}})$　となります。

p-V グラフが与えられたら $nR\Delta T$ を（変化後の pV －変化前の pV）で置き換えられるのです。

定積変化 …気体の体積を一定に保ってする変化。

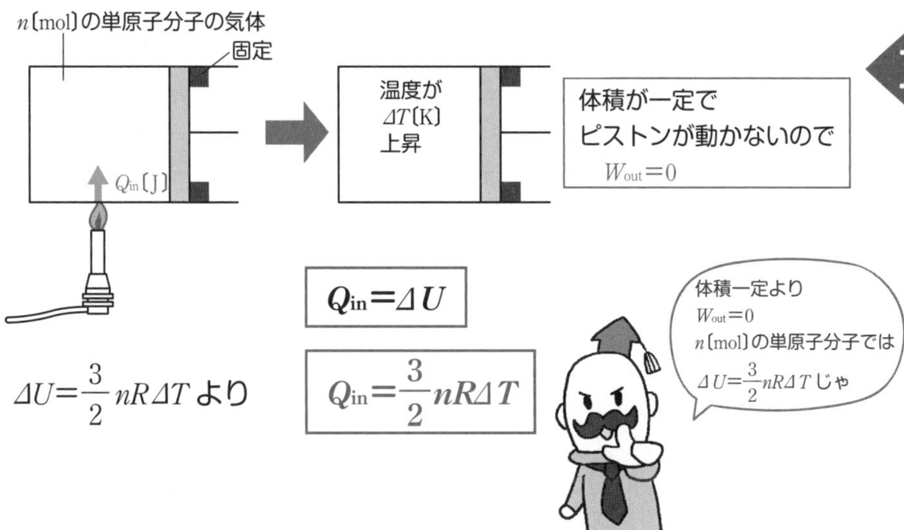

$$Q_{in}=\Delta U$$

$\Delta U=\dfrac{3}{2}nR\Delta T$ より

$$Q_{in}=\frac{3}{2}nR\Delta T$$

［p-V グラフと定積変化］

気体の状態方程式より

$$p_A V=nRT_A$$

$$p_B V=nRT_B$$

よって

$$\underline{\underline{p_B V-p_A V}}=nR(T_B-T_A)$$

$$=\underline{\underline{nR\Delta T}}$$

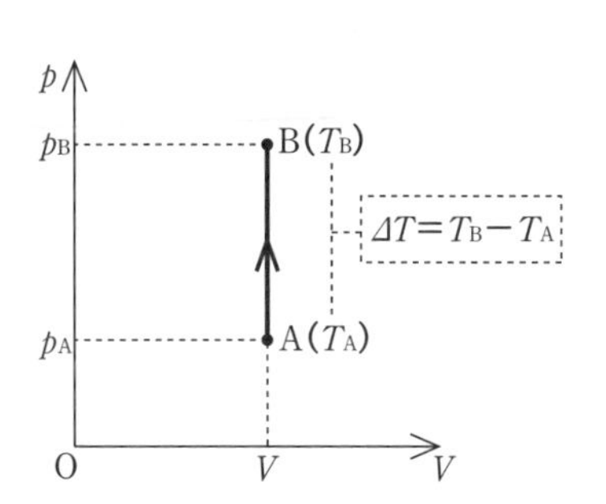

$nR\Delta T$ は(変化後のpV−変化前のpV)で置き換えられる！

ゆえに，定積変化では

$$Q_{in}=\Delta U$$

$$=\frac{3}{2}nR\Delta T=\frac{3}{2}(p_B V-p_A V)$$

11-4 定圧変化

ココをおさえよう！

定圧変化では，気体のした仕事は　$W_{out} = p\Delta V = nR\Delta T$
定圧変化では　$p\Delta V = nR\Delta T$　の変換を行える。

次は，**気体の圧力を一定にして操作をする定圧変化**についてです。
p.334でも少し説明しましたが，ピストンが大気に触れているときなどは，容器の中にある気体の圧力は，外部の大気圧と等しいため，一定となります。
このような状態で，ゆっくりと行われる変化を定圧変化といいます。

ピストンが自由に動くシリンダーを加熱し，Q_{in}の熱を与えたとします。
このとき，容器内の気体はn〔mol〕の単原子分子で，圧力はpで一定とします。
温度も体積も増加しますが，温度の変化をΔT，体積の変化をΔVとすると，
内部エネルギーの変化ΔU，気体がする仕事W_{out}はどのように表せるでしょうか？

ΔUは温度の変化ΔTを使い，$\Delta U = \frac{3}{2}nR\Delta T$と表されますね。

そしてW_{out}は圧力がpで一定なので，$W_{out} = p\Delta V$となります(p.342)。
ゆえに，$Q_{in} = \Delta U + W_{out}$にあてはめると

$$Q_{in} = \frac{3}{2}nR\Delta T + p\Delta V \quad \cdots\cdots ①$$

この変化をp-Vグラフで表すと右ページの図のようになったとします。
加熱前がA，加熱後がBなので，$\Delta T = T_B - T_A$，$\Delta V = V_B - V_A$ですね。
加熱前と加熱後で気体の状態方程式$pV = nRT$を考えると

加熱前：$pV_A = nRT_A$　　　加熱後：$pV_B = nRT_B$

となりますね。加熱後の式から加熱前の式を引くと

$$p(V_B - V_A) = nR(T_B - T_A)$$

となります。つまり定圧変化においては$p\Delta V = nR\Delta T$が成立するのです。
これより①式は，次の2つの式のどちらかの形で表すことができます。

$$Q_{in} = \frac{3}{2}nR\Delta T + \underline{\underline{p\Delta V}} = \frac{3}{2}nR\Delta T + \underline{\underline{nR\Delta T}} = \frac{5}{2}nR\Delta T$$

または　$$Q_{in} = \frac{3}{2}\underline{\underline{nR\Delta T}} + p\Delta V = \frac{3}{2}\underline{\underline{p\Delta V}} + p\Delta V = \frac{5}{2}p\Delta V$$

定圧変化における$p\Delta V = nR\Delta T$の変換は覚えましょう。ΔV，ΔTのどちらかしか与えられない場合は，与えられたほうの文字で表します。

定圧変化 …気体の圧力を一定に保ってする変化。

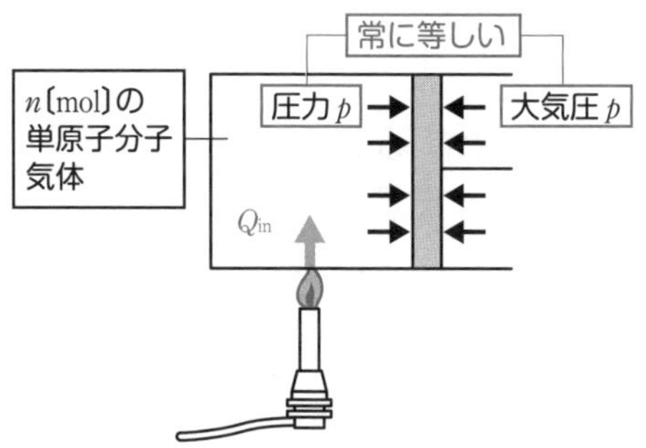

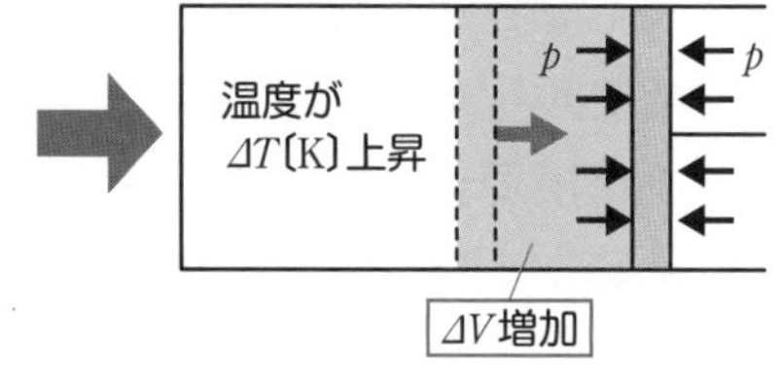

$\Delta U = \dfrac{3}{2} nR\Delta T$,　$W_{\text{out}} = p\Delta V$ より

$$Q_{\text{in}} = \underbrace{\frac{3}{2} nR\Delta T}_{\Delta U} + \underbrace{p\Delta V}_{W_{\text{out}}}$$

［p-V グラフと定圧変化］

気体の状態方程式より

$$pV_{\text{A}} = nRT_{\text{A}}$$

$$pV_{\text{B}} = nRT_{\text{B}}$$

よって

$$p(V_{\text{B}} - V_{\text{A}}) = nR(T_{\text{B}} - T_{\text{A}})$$

$$p\Delta V = nR\Delta T$$

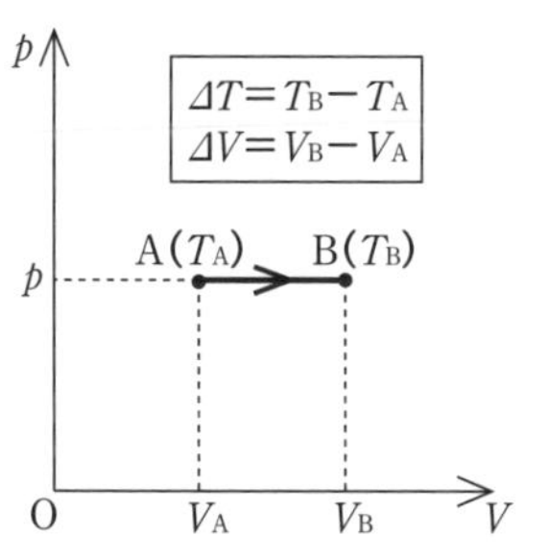

定圧変化のときは
$p\Delta V = nR\Delta T$ なの！
覚えてね！

ゆえに，定圧変化では

$$Q_{\text{in}} = \Delta U + W_{\text{out}}$$

$$= \frac{3}{2} n\underbrace{R\Delta T}_{p\Delta V} + \underbrace{p\Delta V}_{nR\Delta T} = \frac{5}{2} nR\Delta T = \frac{5}{2} p\Delta V$$

ここまでやったら
別冊 P. 91 へ

11-5　定積モル比熱，定圧モル比熱

ココをおさえよう！

定積モル比熱を C_V，定圧モル比熱を C_p とすると，n〔mol〕の気体が定積変化，定圧変化をするのに必要な熱量 Q_{in} は
定積変化：$Q_{in}=nC_V\Delta T$，定圧変化：$Q_{in}=nC_p\Delta T$　となる。

9-1で，物体1 gの温度を1 Kだけ上げるのに必要な熱を比熱cといい，$Q=mc\,\Delta T$で表されるとお話ししました。これは温度変化ΔTから熱量Qがわかる式ですね。

気体でも温度変化ΔTだけで，加えられた熱量Q_{in}がわかると便利ですね。
気体のした仕事を，測ったり計算したりしなくてよくなりますから。
そこで1 molの気体の温度を1 Kだけ上げるのに必要な熱量を**モル比熱**（**モル熱容量**）としました。定積変化をする気体におけるモル比熱を**定積モル比熱**（**定積モル熱容量**）といいC_Vで表し，定圧変化をする気体におけるモル比熱を**定圧モル比熱**（**定圧モル熱容量**）といいC_pで表します。

こうするとn〔mol〕の気体が定積で温度がΔT〔K〕変化したときは$Q_{in}=nC_V\Delta T$，n〔mol〕の気体が定圧で温度がΔT〔K〕変化したときは$Q_{in}=nC_p\Delta T$と表せます。この定義をしっかり覚えておいてくださいね。

さて，p.378では定積変化において$Q_{in}=\frac{3}{2}nR\Delta T$となり，p.380では定圧変化において$Q_{in}=\frac{5}{2}nR\Delta T$となると説明しましたね。見比べると

定積変化：$Q_{in}=nC_V\Delta T=\frac{3}{2}nR\Delta T$　　よって　$C_V=\frac{3}{2}R$

定圧変化：$Q_{in}=nC_p\Delta T=\frac{5}{2}nR\Delta T$　　よって　$C_p=\frac{5}{2}R$

したがって，**単原子分子の気体においては$C_V=\frac{3}{2}R$，$C_p=\frac{5}{2}R$になるのです。**

せっかく$Q_{in}=\Delta U+W_{out}$に慣れてきたのに，「定積変化では$Q_{in}=nC_V\Delta T$，定圧変化では$Q_{in}=nC_p\Delta T$」なんていうのが増えてしまい，少し面倒ですよね。
でもこれも覚えないとダメですよ。理由をp.384から説明していきます。

モル比熱

1 mol の気体の温度を 1 K だけ上げるのに必要な熱量。
定積変化のときのモル比熱 ⇒ C_V(定積モル比熱)
定圧変化のときのモル比熱 ⇒ C_p(定圧モル比熱)

n〔mol〕の気体の温度をΔT〔K〕だけ上げるのに必要な熱量 Q_{in} は？
定積変化では …… $Q_{in}=C_V\times n\times\Delta T=nC_V\Delta T$〔J〕
定圧変化では …… $Q_{in}=C_p\times n\times\Delta T=nC_p\Delta T$〔J〕

単原子分子の場合
定積変化では …… $Q_{in}=\frac{3}{2}nR\Delta T$ (→ p.378)

定圧変化では …… $Q_{in}=\frac{5}{2}nR\Delta T$ (→ p.380)

単原子分子の場合は

$nC_V\Delta T=\frac{3}{2}nR\Delta T$ より　$C_V=\frac{3}{2}R$

$nC_p\Delta T=\frac{5}{2}nR\Delta T$ より　$C_p=\frac{5}{2}R$

なぜわざわざC_VやC_pという新たなものを設けるのかというと，
高校物理においては気体は単原子分子であることが多いですが，まれに単原子分子ではない場合や「単原子分子」という記述がない場合があるためです。

単原子分子でない場合は$U \neq \frac{3}{2}nRT$なので，定積変化（$W_{\text{out}}=0$）において

$$Q_{\text{in}}=\Delta U \neq \frac{3}{2}nR\Delta T$$

となりますが，C_Vが与えられれば定積変化では$Q_{\text{in}}=\Delta U = nC_V\Delta T$となるのです。

この$\Delta U=nC_V\Delta T$は，単原子分子の場合の$\Delta U=\frac{3}{2}nR\Delta T$と同じように扱えます。

定積変化のとき以外でも$\Delta U = nC_V\Delta T$となりますし，$\Delta U=nC_V\Delta T$ということは，$U = nC_VT$となるということです。
C_Vは内部エネルギーを表すのにも使う，大事なものだとわかりましたね。

定圧変化においては$W_{\text{out}}=p\Delta V=nR\Delta T$となるのでした（p.380）。
ΔUはC_Vを用いると，$\Delta U=nC_V\Delta T$と表せるので，定圧変化において

$$Q_{\text{in}}=\Delta U+W_{\text{out}}=nC_V\Delta T+nR\Delta T=n(C_V+R)\Delta T$$

定圧モル比熱の定義より

$$Q_{\text{in}}=nC_p\Delta T$$

よって，$C_p = C_V + R$となります。これを**マイヤーの関係式**といいます。

単原子分子では$C_V=\frac{3}{2}R$，$C_p=\frac{5}{2}R$なのでマイヤーの関係式が成立するのが確認できますね。

C_V や C_p を理解しなければならない理由

気体が「単原子分子」ではない場合があるから。

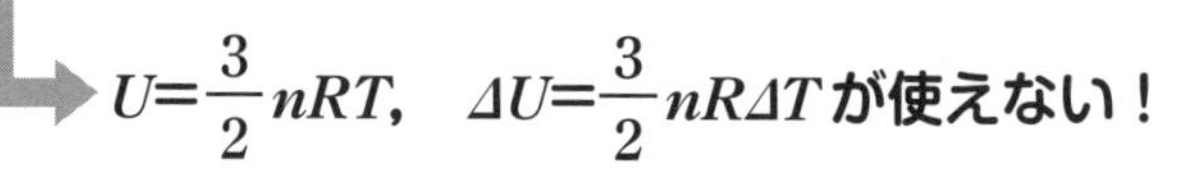

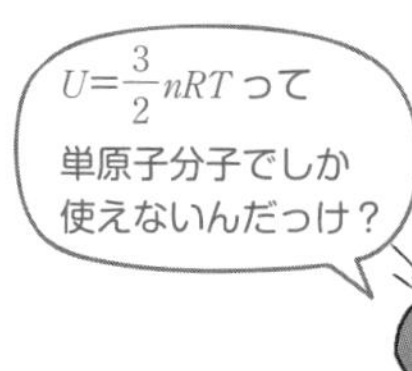

C_V を与えられると，定積変化において

$$Q_{in}=nC_V\Delta T$$

また定積変化では，$Q_{in}=\Delta U$ より

$$\Delta U=nC_V\Delta T$$

（これは定積変化以外でも成立する）

よって　$U=nC_VT$

（定圧変化では…）

$W_{out}=p\Delta V=nR\Delta T$ より

$$Q_{in}=\Delta U+W_{out}=nC_V\Delta T+nR\Delta T=n(C_V+R)\Delta T$$

定圧モル比熱を C_p とすると

$$Q_{in}=nC_p\Delta T$$

ゆえに　$\boxed{C_p=C_V+R}$

↑
マイヤーの関係式

ここまでやったら
別冊 P. 92 へ

11-6 等温変化・断熱変化

ココをおさえよう！

等温変化のポイント

・$\Delta U=0$なので，外から加えられた熱量と気体がした仕事は等しくなる。

断熱変化のポイント

・$Q=0$なので，外にした仕事の分だけ，内部エネルギーは減る。

次は等温変化と断熱変化の2つを扱います。
この2つの変化を混同してしまう人もいますので，ちゃんと違いを理解しましょう。

まずは，**容器内の気体の温度を一定に保って状態を変化させる等温変化**です。
熱量Qを外部から与えられたり，外部に放出したりして，温度を一定に保つので，**Qは0ではありません。**
温度が一定なので，$\Delta T=0$となります。

シリンダー内にn〔mol〕の単原子分子の理想気体を入れて，シリンダー内の温度が一定になるように調節しながら，熱量Q_{in}を加えました。
気体の温度変化$\Delta T=0$なのでつまり，内部エネルギーの変化は　$\Delta U=\frac{3}{2}nR\Delta T=0$
よって，熱力学第1法則$Q_{in}=\Delta U+W_{out}$より，次の関係が成り立ちます。

$$Q_{in}=W_{out}\quad\cdots\cdots①$$

つまり，**等温変化では，もらった熱量をそのまま仕事として使う**，ということです。

等温変化をp-Vグラフで表すと，右ページのように反比例のグラフになります。
これはp.344でも説明しましたが，等温変化ではTが一定なので気体の状態方程式$pV=nRT$において，右辺のnRTが定数になります。$nRT=a$とすると
$p=\frac{nRT}{V}=\frac{a}{V}$となるので，$p$と$V$は反比例になるのですね。

等温変化　**断熱変化**

等温変化 …温度を一定に保ちながらの変化（$\Delta T=0$）。

［等温変化の p-V グラフ］

次に，**外との熱のやり取りがない断熱変化**を紹介します。
外との熱のやり取りがないので$Q=0$ですが，**容器内の気体の温度Tは変化します。**

断熱材で囲まれたシリンダー内に，n〔mol〕の単原子分子の理想気体が入っています。
外力が仕事Wをし，気体を圧縮した場合，Q，ΔU，Wの関係はどうなるでしょうか？
気体は仕事をされたので$W_{\mathrm{in}}=W$，$W_{\mathrm{out}}=-W$です。
断熱材で囲まれているため，熱量Q_{in}は0となります。
したがって，熱力学第1法則$Q_{\mathrm{in}}=\Delta U+W_{\mathrm{out}}$より，次の式が成り立ちます。

$$0=\Delta U-W \qquad \Delta U=W$$

外からされた仕事の分だけ，内部エネルギーが増えたということです。
逆に，気体が仕事をした場合，つまりW_{out}が正の場合は

$$0=\Delta U+W_{\mathrm{out}} \qquad \Delta U=-W_{\mathrm{out}}$$

となり，内部エネルギーは減ってしまうのです。

断熱変化をp-Vグラフで表すと，右ページのようになります。
等温変化の反比例のグラフとよく似ていますが，等温変化よりも少しだけ急になっていますね。p-Vグラフについては，p.390でもう少しくわしく見ていきますよ。

実は断熱変化のときにのみ成立する関係があります。
気体の定積モル比熱C_Vと定圧モル比熱C_pの比を比熱比といい，$\gamma=\dfrac{C_p}{C_V}$で表しますが，断熱変化では$\boldsymbol{pV^{\gamma}=}$**（一定）**という関係が常に成り立つのです。これをポアソンの法則といいます。

単原子分子の気体の場合，$C_V=\dfrac{3}{2}R$，$C_p=\dfrac{5}{2}R$なので，

比熱比は$\gamma=\left(\dfrac{5}{2}R\right)\div\left(\dfrac{3}{2}R\right)=\dfrac{5}{3}$となるため，「$pV^{\frac{5}{3}}=$（一定）」が成り立ちます。
この内容は難易度が高いので，問題で使うときは問題文で与えられます。「こういう関係もあるんだな」と頭の片隅に入れておく程度の理解でかまいませんよ。

断熱変化 …外との熱のやり取りがない変化($Q=0$)。

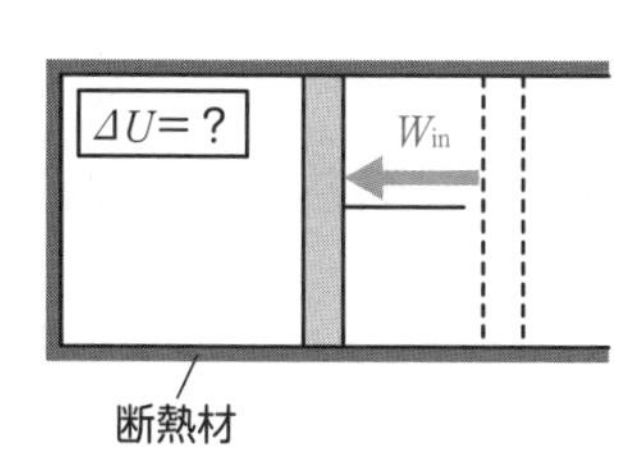

$Q=0$, $W_{out}=-W_{in}$ より
$Q_{in}=\Delta U+W_{out}$ にあてはめると

$$0=\Delta U-W_{in}$$

$$\boxed{\Delta U=W_{in}(=-W_{out})}$$

[断熱変化の p-V グラフ]

$\gamma=\dfrac{C_p}{C_V}$ とすると
“$pV^{\gamma}=$(一定)”という式が成立する。

11-7　p-Vグラフと４つの変化

ココをおさえよう！

p-Vグラフから定積変化，定圧変化，等温変化，断熱変化を見極められるようになろう。

右ページの図の(ア)〜(エ)の変化は定積変化，定圧変化，等温変化，断熱変化のどれでしょうか？
そして，それぞれ点Aと点Bではどちらが高温でしょうか？

定積変化と定圧変化は見極めるのは簡単ですね。
定積変化はVの変化がないので(ア)，定圧変化はpの変化がないので(イ)です。
p-Vグラフにおいて，$p \times V$の長方形の面積が大きい点のほうが温度が高いのでしたね(p.344)。
(ア)ではA点のほうがB点より温度が高く，(イ)ではB点のほうがA点より温度が高くなります。

(ウ)と(エ)では，どちらも曲線になっていますが，曲線が少しだけ急になっている(エ)が断熱変化で，(ウ)は等温変化です。
(ウ)は等温変化なので，A点からB点までどこでも同じ温度です。

(エ)の断熱変化では，A点とB点のどちらが温度が高いでしょうか？
p-Vグラフの面積では，少し見分けがつきにくいですね。
そんな場合は，熱力学第1法則$Q_{in} = \Delta U + W_{out}$から考えましょう。
断熱変化では$Q = 0$なので$\Delta U = -W_{out}$となるのでしたね。
A点とB点ではB点のほうがVが大きくなるので，A → Bの変化ではW_{out}は正です。
よってA → BではΔUは負になるので，B点のほうが温度が低くなるのです。

(ア)〜(エ)は何変化？　点A，点Bで高温はどっち？

(ア)

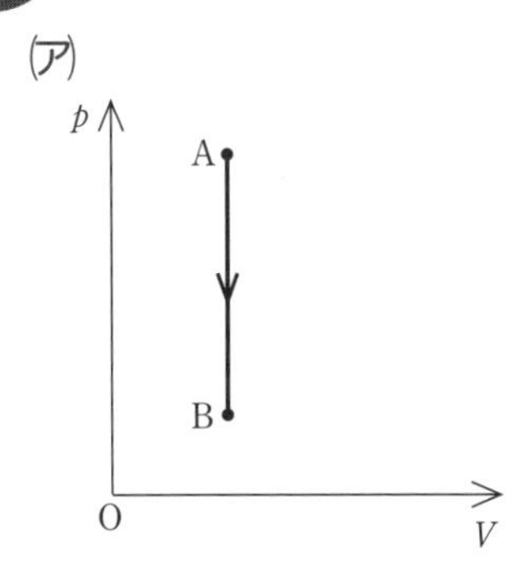

(イ)

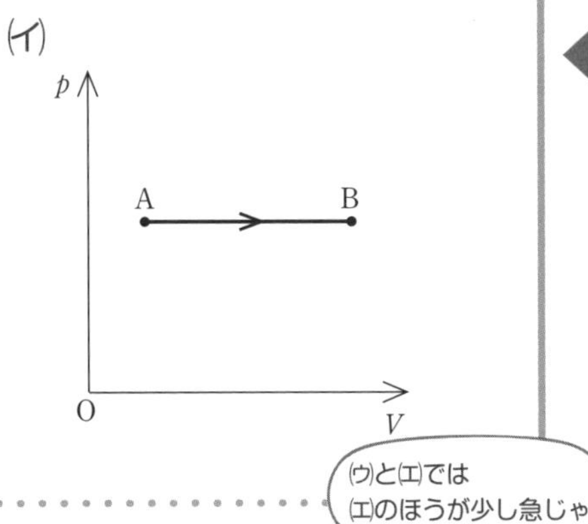

(ウ)

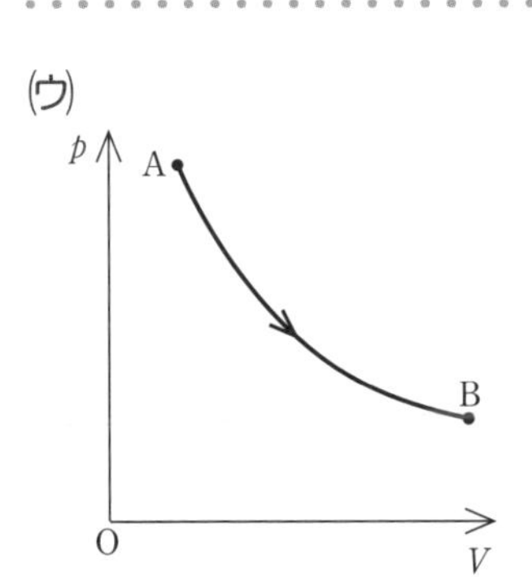

(エ)

(ア)　定積変化，高温はA

(イ)　定圧変化，高温はB

(ウ)　等温変化，AとBは等温

(エ)　断熱変化

$Q_{in}=\Delta U+W_{out}$ において

$Q_{in}=0$ なので

$$\Delta U=-W_{out}$$

気体が仕事をする（V が増える）と ΔU が減る，つまり温度が下がるので，高温はA

知識が少しずつ
つながってきたね

では，ここまでに学んだ気体の変化と特徴について以下にまとめておきますね。

【熱の基本式】

- $pV = nRT$ （いつでも成立する状態方程式。この式からΔUやW_{out}を求めることも）
- $U = \frac{3}{2}nRT$，$\Delta U = \frac{3}{2}nR\Delta T$ （単原子分子の気体の内部エネルギー，またはその変化）
- $Q_{in} = \Delta U + W_{out}$

【定積変化】

- Vが一定なので$W_{out} = 0$，よって　$Q_{in} = \Delta U\left(= \frac{3}{2}nR\Delta T\right)$
- 定積モル比熱C_Vを用いると$Q_{in} = nC_V\Delta T$として，ΔTから与えた熱量Q_{in}がわかる。$\left(単原子分子の場合は C_V = \frac{3}{2}R\right)$
- **p-VグラフはV軸に垂直な線になる。**

【定圧変化】

- pが一定なので$W_{out} = p\Delta V$，よって　$Q_{in} = \Delta U + W_{out} = \frac{3}{2}nR\Delta T + p\Delta V$
- $p\Delta V = nR\Delta T$より　$Q_{in} = \frac{5}{2}nR\Delta T$ $\left(または Q_{in} = \frac{5}{2}p\Delta V\right)$
- 定圧モル比熱C_pを用いると$Q_{in} = nC_p\Delta T$として，ΔTから与えた熱量Q_{in}がわかる。$\left(単原子分子の場合は C_p = \frac{5}{2}R\right)$
- **p-Vグラフはp軸に垂直な線になる。**

【等温変化】

- $\Delta T = 0$なので$\Delta U = 0$，よって　$Q_{in} = W_{out}$
- **p-Vグラフは反比例のグラフになる。**

【断熱変化】

- 断熱なので$Q = 0$，よって　$0 = \Delta U + W_{out}$ （W_{out}が正ならΔUは負，W_{out}が負ならΔUは正）
- **p-Vグラフは等温変化より少し変化が急になる。**

ここまでのまとめ

【熱の基本式】

- $pV = nRT$ （いつでも成立。ここから ΔU や W_{out} を求めることも）
- $U = \frac{3}{2}nRT$, $\Delta U = \frac{3}{2}nR\Delta T$ （ただし単原子分子のときのみ）
- $Q_{in} = \Delta U + W_{out}$

【定積変化】

- $W_{out} = 0$ よって $Q_{in} = \Delta U$
- $Q_{in} = nC_V\Delta T$
  $\left(単原子分子では\ C_V = \frac{3}{2}R\right)$
- p-V グラフは V 軸に垂直

【定圧変化】

- $W_{out} = p\Delta V$
- $p\Delta V = nR\Delta T$ より

$$Q_{in} = \underbrace{\frac{3}{2}nR\Delta T}_{\Delta U} + \underbrace{p\Delta V}_{W_{out}}$$

$$= \frac{5}{2}nR\Delta T \left(= \frac{5}{2}p\Delta V\right)$$

- $Q_{in} = nC_p\Delta T$
  $\left(単原子分子では\ C_p = \frac{5}{2}R\right)$
- p-V グラフは p 軸に垂直

【等温変化】

- $\Delta T = 0$ より $\Delta U = 0$
  よって $Q_{in} = W_{out}$
- p-V グラフは反比例のグラフ

【断熱変化】

- $Q = 0$ より
  $0 = \Delta U + W_{out}$
- p-V グラフは急な曲線

ここまでやったら
別冊 P. 93 へ

11-8 熱効率

ココをおさえよう！

Q_{in}〔J〕を受け取り，Q_{out}〔J〕を捨て，W_{out}〔J〕の仕事をする熱機関の熱効率eは　$e=\frac{W}{Q_{in}}=\frac{Q_{in}-Q_{out}}{Q_{in}}$

蒸気機関車や自動車のエンジンなどは，高温の熱源から熱エネルギーをもらい，仕事をし，元の状態に戻るために，あまったエネルギーを低温の熱源へ排出します。このように熱を使って仕事をする装置を**熱機関**といいます。

高温の熱源からもらった熱をすべて仕事に使えればよいのですが，どうしても外に放出してしまう分が出てしまいます。その「熱のムダ遣い」が少ないほうが，効率よく仕事ができるわけです。この**熱機関の効率を表す指標**を**熱効率**といいます。

ハカセはクラゲとリスに，お遣いを頼みました。
「この5000円で街へ出て，電気スタンドを買ってきておくれ」
街へ出たクラゲとリスですが，街には誘惑が多く，4000円をムダ遣いしてしまいました。そして買ってきたのは残りの1000円で買える電気スタンドです。
クラゲとリスは，もらったお金の$\frac{1}{5}$の仕事しかしてくれなかったわけですね。

熱効率は，これと同じことです。
ある熱機関が，Q_{in}〔J〕の熱量を受け取って，W〔J〕の仕事をしています。
その際，Q_{out}〔J〕の熱量を，外に捨ててしまいました。熱のムダ遣いです。
すると，熱効率eはクラゲとリスの例と同じように考えて，次のようになります。

$$e=\frac{W}{Q_{in}}$$

また，先ほどの例で，クラゲとリスが何円分の仕事をしたかが直接わからなくとも，(もらったお金)－(ムダ遣い代)を計算すれば，仕事量がわかりますね。
　　5000円　　　　　4000円

つまり，$W=Q_{in}-Q_{out}$ですので，熱効率eは次のようにも表せます。

$$e=\frac{W}{Q_{in}}=\frac{Q_{in}-Q_{out}}{Q_{in}}$$

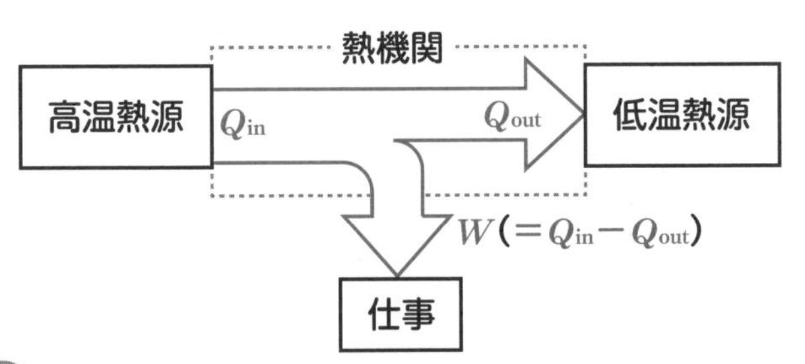

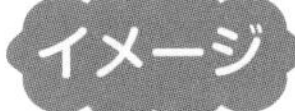

（リスとクラゲの仕事の効率）

$$\frac{1000\text{円}}{5000\text{円}}=\frac{1}{5}$$

熱効率

$$\frac{W}{Q_{in}}\left(=\frac{Q_{in}-Q_{out}}{Q_{in}}\right)$$

右ページのような熱機関の熱効率を求めます。気体は単原子分子の理想気体です。
まずはA → Bです。定積変化ですので $W_{out} = 0$ ですね。

$Q_{in} = \Delta U + W_{out}$ より　$Q_{in} = \Delta U = \dfrac{3}{2} nR\Delta T$

ここで点Aと点Bの気体の状態方程式より

点A：$p_0 V_0 = nRT_A$　　　点B：$5p_0 \times V_0 = nRT_B$

よって　$nR(T_B - T_A) = 5p_0 V_0 - p_0 V_0$

$nR\Delta T = 4p_0 V_0$　となりますね(p.378)。

ゆえに　$Q_{in} = \Delta U = \dfrac{3}{2} nR\Delta T = \dfrac{3}{2} \times 4p_0 V_0 = 6p_0 V_0$

続いてB→Cです。定圧変化ですので $W_{out} = p\Delta V = 5p_0 \times (3V_0 - V_0) = 10p_0 V_0$
また $p\Delta V = nR\Delta T$ でもあります(p.380)。

よって　$Q_{in} = \Delta U + W_{out} = \dfrac{3}{2} nR\Delta T + p\Delta V = \dfrac{5}{2} p\Delta V = \dfrac{5}{2} \times 5p_0 \times (3V_0 - V_0)$
$= 25p_0 V_0$

C → Aの変化は，定積変化でも定圧変化でも等温変化でも断熱変化でもありません。こんなとき W_{out} は p-V グラフの面積から求めましょう。
まず，C → Aでは体積が減少しているので，気体がした仕事 W_{out} は負です。
その大きさは右ページの図の台形の面積より　$(p_0 + 5p_0) \times 2V_0 \div 2 = 6p_0 V_0$
ゆえに　$W_{out} = -6p_0 V_0$
点Cと点Aの気体の状態方程式より

点C：$5p_0 \times 3V_0 = nRT_C$　　　点A：$p_0 \times V_0 = nRT_A$

よって　$nR(T_A - T_C) = p_0 V_0 - 15p_0 V_0$

$nR\Delta T = -14p_0 V_0$

ゆえに　$\Delta U = \dfrac{3}{2} nR\Delta T = \dfrac{3}{2} \times (-14p_0 V_0) = -21p_0 V_0$

よって　$Q_{in} = \Delta U + W_{out} = -27p_0 V_0$
Q_{in} が負になるのでこれは吸収した熱量ではなく，放出した熱量となります。

よって，熱効率　$e = \dfrac{W}{Q_{in}} = \dfrac{0 + 10p_0 V_0 + (-6p_0 V_0)}{6p_0 V_0 + 25p_0 V_0} = \dfrac{4}{31}$

分母の Q_{in} は吸収した熱量だけ，分子の W はした仕事もされた仕事も含めます。
また，失った熱量を使って求めると

$$e = \frac{W}{Q_{in}} = \frac{Q_{in} - Q_{out}}{Q_{in}} = \frac{(6p_0 V_0 + 25p_0 V_0) - 27p_0 V_0}{6p_0 V_0 + 25p_0 V_0} = \frac{4}{31}$$

この熱機関の熱効率は？

[C → A の説明]

V が減っているので W_{out} は負。

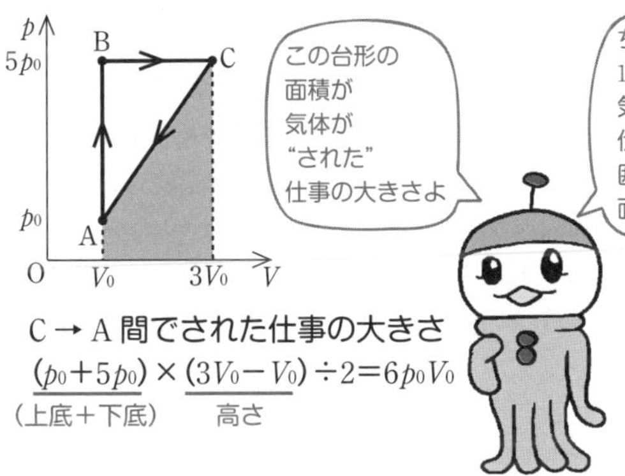

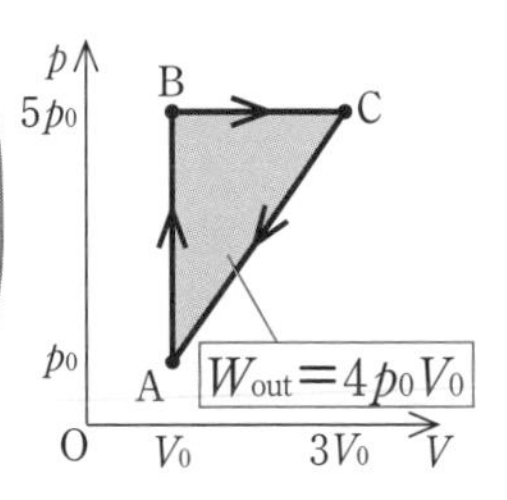

C → A 間でされた仕事の大きさ

$(p_0+5p_0) \times (3V_0-V_0) \div 2 = 6p_0V_0$

（上底＋下底）　高さ

1 サイクルでした仕事の大きさ

$(5p_0-p_0) \times (3V_0-V_0) \div 2 = 4p_0V_0$

底辺　高さ

[熱効率]

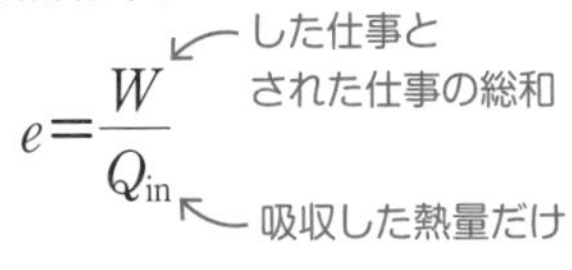

$$e=\frac{W}{Q_{in}}$$

ここまでやったら
別冊 P. 96 へ

11-9 気体の混合

ココをおさえよう！

- **コックが開いているとき，左右の圧力は等しい！　温度は等しいとは限らない！**
- **気体のモル数の総和が左右で不変**
- **断熱容器の場合は $Q=0$，全体積が不変ならば $W=0$ なので，$U=\frac{3}{2}nRT$ の総和が不変**

ここでは，気体を混ぜる問題の考えかたをまとめていきますね。

①　コックが開いているとき，左右の圧力は等しいが，温度は等しいとは限らない！
コックが開いているとき，左右の気体の圧力は等しくなります。もし左右で圧力の差があると，圧力の弱いほうへと気体が流れ込み，結局つり合うのです。
感覚として温度も等しくなりそうですが，**温度は左右で異なる場合もあります**。
「しばらく放置した」などとある場合は，温度は左右で等しいことが多いですが，「容器Aの気体の温度は T であった。容器Bの気体の温度はいくらか」などと問われたり，「容器Aの気体の温度を T，容器Bの気体の温度を $2T$ に保った」などとある場合もあります。**問題文から見抜かないといけない**ので注意が必要です。

②　気体のモル数の総和が左右で不変
気体は消えてなくならないので，コックを開ける前後で気体のモル数は不変です。もともと n〔mol〕あった気体が左右に散らばったら，左右の容器の気体のモル数を n_A，n_B などとおき，$n_A+n_B=n$ としましょう。

③　断熱容器の場合は $Q=0$，全体積が不変ならば $W=0$ なので，$U=\frac{3}{2}nRT$ の総和が不変
コックを開放する前後での熱力学第1法則 $Q_{in}=\Delta U+W_{out}$ を容器全体で考えると，断熱なので　$Q=0$
また，容器全体で体積は不変なので　$W_{out}=0$
よって，$\Delta U=0$ となりますから，断熱容器の場合はコックの開閉前後で
$U=\frac{3}{2}nRT$ の総和が不変となります。
右ページの例を確認しておいてくださいね。

気体の混合

① コックが開いているとき，左右の圧力は等しい！温度は等しいとは限らない！

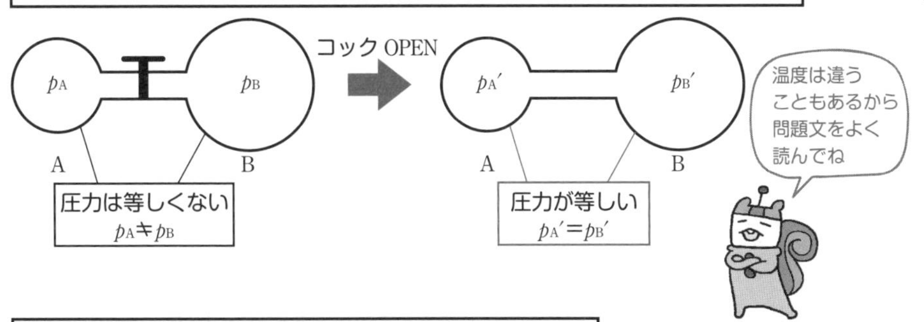

② 気体のモル数の総和が左右で不変

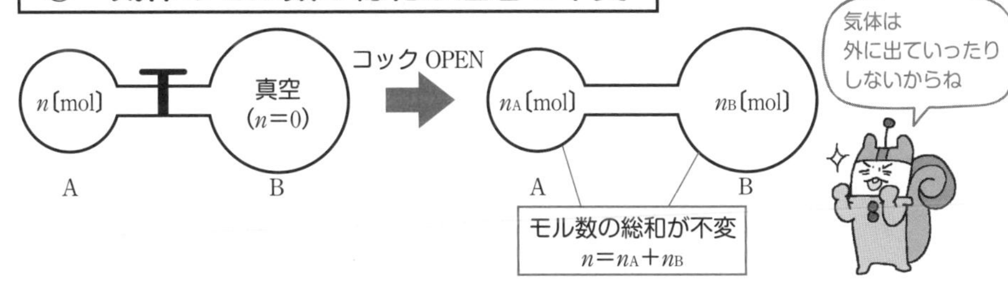

③ 断熱容器では $Q=0$，全体積が不変ならば $W=0$ なので，$U=\frac{3}{2}nRT$ が不変

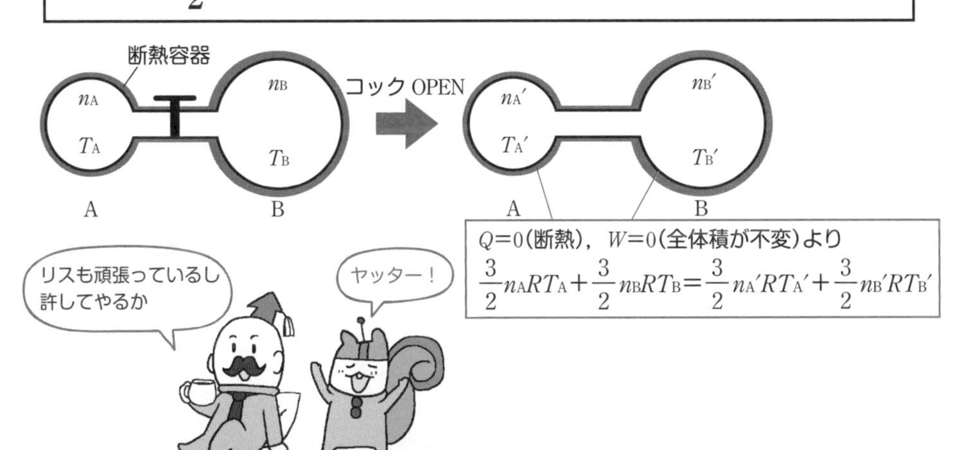

では，実際に問題を解いていきますが，気体の混合の問題についての大きな方針は**「$pV=nRT$をそれぞれの容器で常に確認していく」**ということです。

問11-1 容積V, $2V$の容器A, Bがあり，これらは細い管でつながっている。Aにはn〔mol〕の気体があり，Bには$6n$〔mol〕の気体がある。気体は単原子分子であるとする。

(1) A内の温度をT_0とするとき，B内の温度はいくらになるか。

A内の温度をT_0，B内の温度を$2T_0$に保つと気体が混ざり合った。

(2) A内にある気体の物質量，B内にある気体の物質量をそれぞれ答えよ。

(3) このときのAの気体の圧力は，最初の状態のAの気体の圧力の何倍か。

解きかた

(1) $pV=nRT$をそれぞれの容器で確認します。左右の容器で圧力は等しいのでp_0とします。温度を問われているので容器Bの温度はT_Bとしましょう。

容器A：$p_0V=nRT_0$ ……①　　容器B：$p_0\times 2V=6nRT_B$ ……②

②÷①より　$2=\dfrac{6T_B}{T_0}$　　$T_B=\mathbf{\dfrac{1}{3}T_0}$ …答

このように$pV=nRT$の式を立てて，割り算をしていくのが基本的な解きかたですよ。

(2) 気体の混合があったので，物質量（モル数）も最初の状態から変わります。A，Bにそれぞれn_A〔mol〕，n_B〔mol〕があったとし，左右の容器の圧力をp'としましょう。

容器A：$p'V=n_ART_0$ ……③　　容器B：$p'\times 2V=n_BR\times 2T_0$ ……④

④÷③より　$2=\dfrac{2n_B}{n_A}$　　よって　$n_A=n_B$ ……⑤

また，気体の混合前後で物質量は不変なので　$n+6n=n_A+n_B$ ……⑥

⑤，⑥より　$n_A=n_B=\mathbf{\dfrac{7}{2}n}$ …答

(3) ③より，$p'V=\dfrac{7}{2}nRT_0$ ……③′

③′÷①より$\dfrac{p'}{p_0}=\dfrac{7}{2}$　　よって　$\mathbf{\dfrac{7}{2}}$**倍** …答

$pV=nRT$を左右の容器で確認していくのが基本です。このとき，左右の容器がつながっているときは圧力pは同じになりますよ。
気体が混合されても物質量（モル数）の総和が不変であることも注意しましょう。

気体の混合の大方針	$pV=nRT$ をそれぞれの容器で常に確認！

(1)

容器 A：$p_0V=nRT_0$  ……①

容器 B：$2p_0V=6nRT_B$ 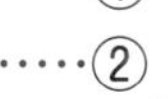 ……②

p_0, V, n, T_0 (A)　p_0, $2V$, $6n$, T_B (B)

②÷①より　$2=\dfrac{6T_B}{T_0}$

ゆえに　$T_B=\dfrac{1}{3}T_0$ …答

(2)，(3)

容器 A：$p'V=n_ART_0$ ……③

容器 B：$2p'V=2n_BRT_0$ ……④

p', V, n_A, T_0 (A)　p', $2V$, n_B, $2T_0$ (B)

④÷③より　$2=\dfrac{2n_B}{n_A}$　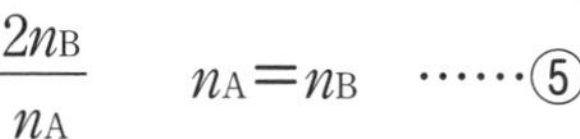 $n_A=n_B$ ……⑤

混合前後でモル数の総和は不変なので

$n+6n=n_A+n_B$ ……⑥

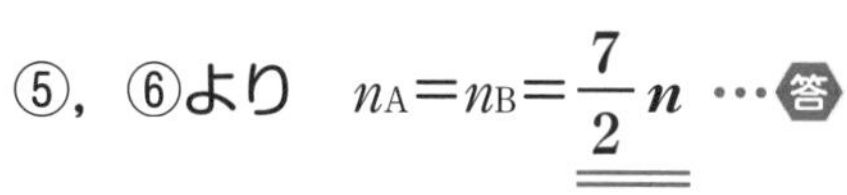

⑤，⑥より　$n_A=n_B=\dfrac{7}{2}n$ …答

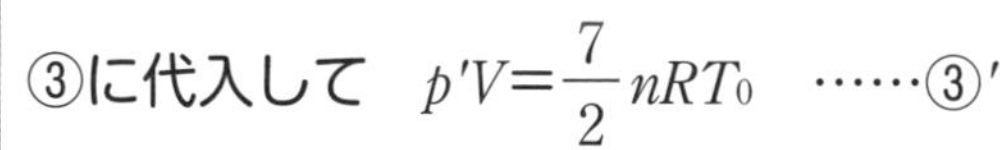

③に代入して　$p'V=\dfrac{7}{2}nRT_0$ ……③′

③′÷①より　$\dfrac{p'}{p_0}=\dfrac{7}{2}$　$\dfrac{7}{2}$倍 …答

問11-2 断熱材でできた2つの容器が，細い管でつながれてコックが閉められている。容器Aは体積Vで，温度T_0，n〔mol〕の気体が入っている。容器Bは体積$2V$で，真空である。気体定数をRとする。
閉められていたコックを開いて，しばらく放置した。
(1) このときの，気体の温度，圧力を求めよ。
(2) 容器A，Bに入っている気体はそれぞれ何molか。

コックを閉め，容器Bを$3T_0$まで加熱した。その後コックを開け，しばらく放置した。
(3) このときの，気体の温度を求めよ。

真空ということは“無”というイメージです。
コックが開くと容器Aの気体と容器Bの“無”が混ざるのですが，“無”は気体の運動をジャマしたりはしないので，気体の運動は容器Aにあったときのままになります。気体の運動がそのままなので，温度は変わらずにT_0と同じになるのです。
これは，断熱容器を使った特殊パターンなので，頭に入れておきましょう。

解きかた
(1) 気体の温度は $\boldsymbol{T_0}$ …答
容器全体で見ると体積$3V$，n〔mol〕，温度がT_0なので，気体の状態方程式より　$p\times 3V=nRT_0$　ゆえに　$p=\boldsymbol{\dfrac{nRT_0}{3V}}$ …答

(2) 圧力はp，容器Aにある気体をn_A〔mol〕，容器Bにある気体をn_B〔mol〕として，各容器で気体の状態方程式を立てると
容器A：$pV=n_ART_0$ ……①　容器B：$p\cdot 2V=n_BRT_0$ ……②
また，気体の物質量は変わらないので　$n_A+n_B=n$ ……③
①～③式より　$n_A=\boldsymbol{\dfrac{n}{3}}$**〔mol〕**，$n_B=\boldsymbol{\dfrac{2}{3}n}$**〔mol〕** …答

(3) この問題は，「しばらく放置した」とあり，各容器の温度についての記述がないので，容器A，容器Bの温度も等しくT'になっていると考えます。
断熱容器なので，コックを開く前の容器A，Bの内部エネルギーとコックを開いたあとの容器A，Bの内部エネルギーは等しくなります。

$$\frac{n}{3}C_VT_0+\frac{2}{3}nC_V\cdot 3T_0=nC_VT' \qquad T'=\boldsymbol{\frac{7}{3}T_0}$$ …答

今回は「単原子分子」とはいわれていないので$U=\dfrac{3}{2}nRT$ではなく，$U=nC_VT$とおきました(p.384)。結局は消えますが，この表しかたも覚えておきましょう。

問 11-2

真空とは

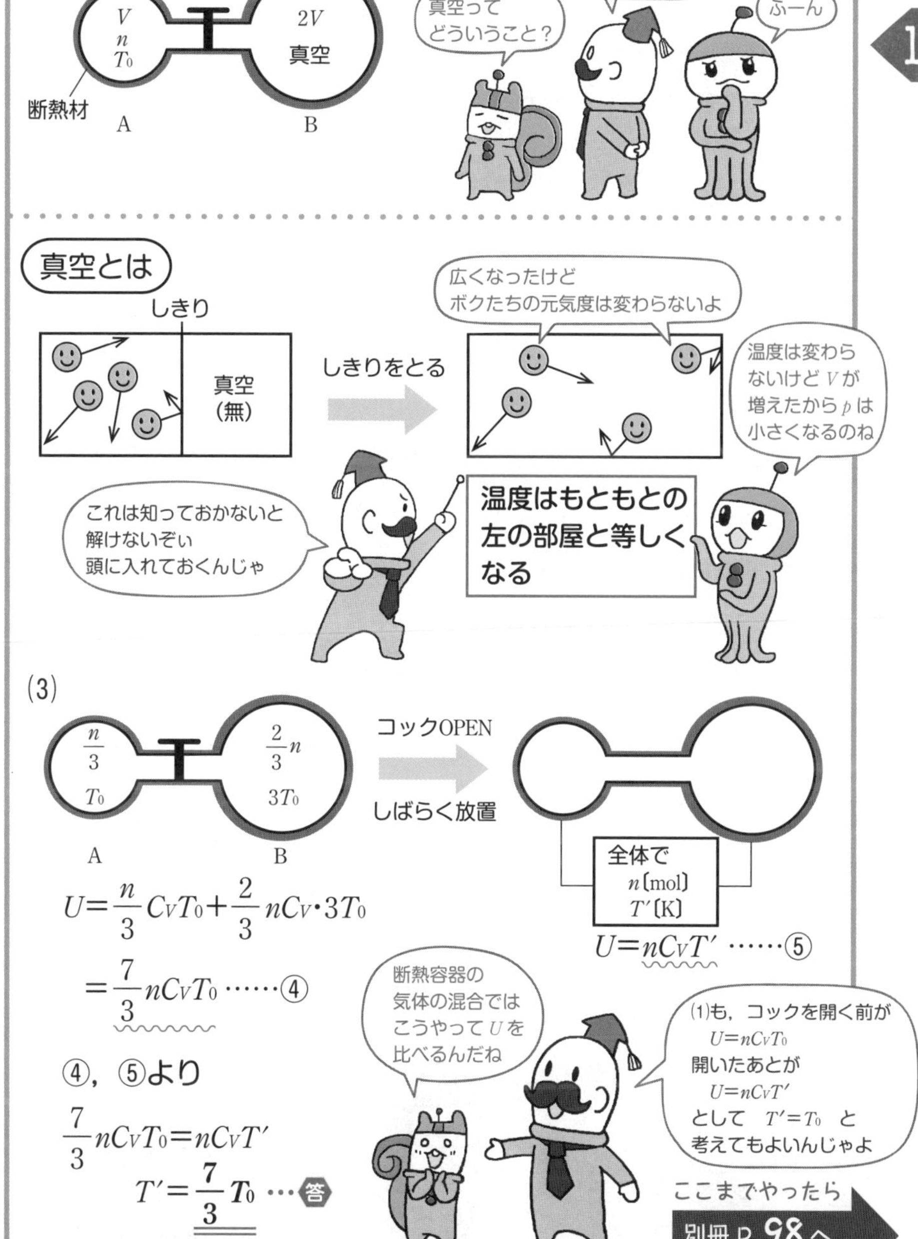

$$U=\frac{n}{3}C_VT_0+\frac{2}{3}nC_V\cdot 3T_0$$

$$=\frac{7}{3}nC_VT_0 \cdots\cdots ④$$

$$U=nC_VT' \cdots\cdots ⑤$$

④，⑤より

$$\frac{7}{3}nC_VT_0=nC_VT'$$

$$T'=\frac{7}{3}T_0 \cdots 答$$

ここまでやったら 別冊 P. 98 へ

ハカセの宇宙一キビしいチェック!!

理解できたものに，☑チェックをつけよう。

- [ ] 単原子分子は $U=\dfrac{3}{2}nRT$〔J〕の内部エネルギーをもつ。
- [ ] 熱力学第1法則 $Q_{\mathrm{in}}=\varDelta U+W_{\mathrm{out}}$ を覚えた。
- [ ] 熱力学第1法則において，熱量を放出したか吸収したか，仕事をしたかされたかによって，Q_{in} と W_{out} の正負を判断することができる。
- [ ] 定積変化では，$W_{\mathrm{out}}=0$ なので，$Q_{\mathrm{in}}=\varDelta U$ が成り立つ。
- [ ] 定圧変化では，$p\varDelta V=nR\varDelta T$ が成り立つ。
- [ ] モル比熱の定義を理解し，Q_{in} をモル比熱を用いて表せる。
- [ ] 等温変化では $\varDelta U=0$ なので，$Q_{\mathrm{in}}=W_{\mathrm{out}}$ となる。
- [ ] 断熱変化では $Q=0$ なので，$0=\varDelta U+W_{\mathrm{out}}$ となる。
- [ ] p-V グラフから，定積変化・定圧変化・等温変化・断熱変化を判断できる。
- [ ] 熱効率は $e=\dfrac{W}{Q_{\mathrm{in}}}$ と表され，W はした仕事もされた仕事も含め，Q_{in} は吸収した熱量のみを含む。
- [ ] 気体の混合において，コックが開いていれば左右の圧力が等しく，モル数の総和は左右で不変という条件を理解した。

Chapter

12

光の粒子性，電子の波動性

Chapter 12

光の粒子性，電子の波動性

はじめに

Chapter 12 ～ 14では原子物理の話をしていきます。
ここまで説明してきた力学・波動・電磁気・熱の4分野は1900年頃までには法則の確立された，古典的な物理学です。そしてChapter 12 ～ 14で学ぶ原子物理は，20世紀以降の新しい物理学といえます。
原子物理では“光”，“電子”，“原子”の3つを中心的に扱っていきます。
それぞれの特徴を理解しましょうね。

Chapter 12では「光の粒子性，電子の波動性」という話をしていきます。
光は干渉や回折をするので“波”として考えられてきました。
(『宇宙一わかりやすい高校物理（力学・波動）』でも光を波として扱いましたね)
しかし，光を“波”だと考えると，説明できない事態が発見されました。
そして，光を“粒（粒子）”として考える仮説が登場したのです。

今までの常識をひっくり返す，新発見ですね。
この仮説を唱えたのが，有名なアインシュタインです。
アインシュタイン以降，物理の常識は劇的に変化することになりました。
今，あなたが常識だと思っていることも，100年後には常識ではなくなってしまうかもしれませんね。

この章で勉強すること

光電効果，コンプトン効果といった，光に関する重要な現象を，粒子性，波動性という見かたに立ちながら説明していきます。

1900年までの古典的な物理学

力学，波動，電磁気，熱

1900年以降の新しい物理学

原子物理

光の粒子性

実は光には粒子（粒々）
としての性質も
あったんじゃ

常識をひっくり返す
発見をしたのが
アインシュタインよ

アルバート・アインシュタイン
（1879～1955）

これは
ハカセじゃないか！

12-1 光電効果

ココをおさえよう！

金属板に光を当てると電子が飛び出す現象を光電効果という。

金属板に光を当てると，その表面から電子が飛び出すことがあります。
金属板の外へ電子が飛び出すにはエネルギーが必要ですから，**光が電子にエネルギーを与えた**のですね。
この現象を**光電効果**といい，飛び出した電子のことを**光電子**といいます。

波は振幅が大きいほうがエネルギーが大きくなります（感覚的にわかりますね）。
明るい光は暗い光よりも振幅が大きいため，エネルギーが大きいのです。

しかし，光電効果の実験では次のようなことが判明しました。
「赤い光はどんなに明るくしても光電効果が起こらないが，紫の光は暗くても光電効果が起こる」
光を“波”と考えると，赤だろうが紫だろうが，明るいほどエネルギーを多くもつはずなので，この結果はおかしいことになります。
紫の光は，暗くても光電効果が起こるなんて……なぜなのでしょう？

もっと調べると次のようなことがわかりました。
① **当てる光の振動数が，ある振動数より小さいと，電子はまったく飛び出さない。しかし，それよりも少しでも大きいと，電子は瞬時に飛び出していく！**
（電子が飛び出す境となる振動数は**限界振動数**という）
② **飛び出した電子の，運動エネルギーの最大値は，当てた光の振動数によって決まる！**
③ **光電効果を起こす振動数の光の場合は，光を強くする（より明るくする）と，飛び出す電子の数が増える！**

電子が飛び出すかどうかは，光の振動数が大きな要因となり，
振動数が小さいと，明るくても，長い時間照射しても，電子は飛び出さないのです。

どうやら「光が“波”としての性質しかもっていない」と考えていると，光電効果の理由は解明できそうにありません。

光電効果 …金属板に光を当てると，金属板から電子が飛び出す現象。

光電効果についてわかったこと

① 当てる光の振動数が，ある値（限界振動数）より小さいと，電子は飛び出さない。

② 金属板から飛び出した電子の運動エネルギーの最大値は，当てた光の振動数によって決まる。

③ 光電効果を起こす振動数の光の場合は，光を強くする（明るくする）と，飛び出す電子の数が増える。

12-2 光量子仮説

ココをおさえよう！

光量子仮説

- **光を粒子として考える。この粒子を光子(または光量子)という。**
- **振動数 ν の光子は，1個あたり $E = h\nu$ のエネルギーをもつ。**

“光＝波”と考えたのでは説明できないことが出てきてしまいました。
そこで「光には“粒(粒子)”としての性質もある！」という仮説が提唱されました。
1905年にアインシュタインが提唱した**光量子仮説**は以下のようなものです。

- **光は，波だけでなく，粒子としての性質もある(光の粒々を光子という)！**
- **振動数 ν，波長 λ の1個の光子は，$E = h\nu = h\dfrac{c}{\lambda}$ のエネルギーをもつ！**
  (cは光の速さ，$h = 6.6 \times 10^{-34}$ J･sはプランク定数と呼ばれる比例定数)
- **照射する光の光子と，金属板中の電子は，1対1で対応する！**

ν(ニュー)は光の振動数〔1/s〕を表す文字です。
すでにみなさんが振動数の文字として使い慣れたf〔1/s〕と同じと思ってください。

光量子仮説を使えば，光電効果をとってもエレガントに説明することができます。
光子1個が電子1個に出会い，もっているエネルギーを受け渡すと考えますよ。
12-1で紹介した光電効果の3つの特徴を，光量子仮説で説明してみましょう。

① 当てる光の振動数がある振動数より小さいと電子は飛び出さない。

エネルギー $h\nu$ をもった1つの光子が，金属板表面にいる1つの電子と出会いました。光子はエネルギー $h\nu$ を，まるまる電子に受け渡すのですが，電子は「ボクが外に飛び出すには，最低でも Wのエネルギーが必要さ」と言うのです。W以上のエネルギーをもたない光子は，電子を飛び出させることができません。つまり

- $h\nu < W$のとき：電子は飛び出さない！
- $h\nu \geqq W$のとき：ただちに電子は飛び出す！

電子が飛び出すために必要な，最低限のエネルギー Wは**仕事関数**と呼ばれます。
また，ギリギリで電子が飛び出すことができたとき，すなわち**$h\nu_0 = W$のときの光子の振動数 $\nu_0 = \dfrac{W}{h}$ が，限界振動数になるのです。**

限界振動数より振動数が小さい光を照射しても，光子のエネルギーが足りないので，電子は飛び出せないのですね。

光量子仮説

- 光は波だけでなく，粒子としての性質もある（光子）。
- 振動数ν，波長λの光の光子のもつエネルギーは

$$E = h\nu = h\frac{c}{\lambda} \quad \left(\begin{array}{l} h\text{:プランク定数 } 6.6\times10^{-34}\ \mathrm{J\cdot s,} \\ c\text{:光速 } 3.0\times10^{8}\ \mathrm{m/s} \end{array}\right)$$

- 照射する光の光子と，金属板中の電子は，1対1で対応する。

12

① 「当てる光の振動数が，ある値（限界振動数）より小さいと電子は飛び出さない」について

[光の振動数が小さいとき]

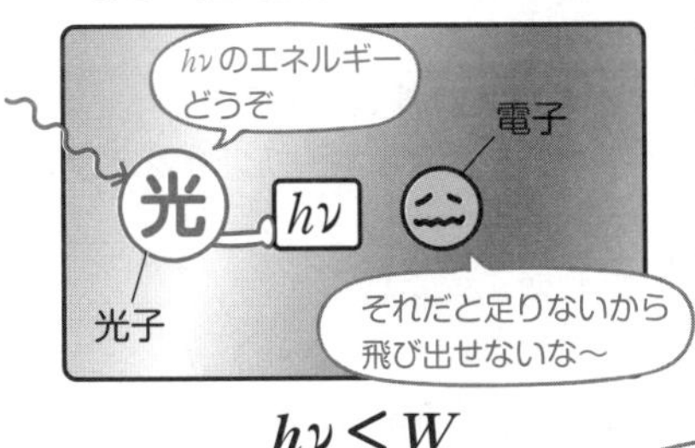

$h\nu < W$

[光の振動数が大きいとき]

$h\nu \geqq W$

② 飛び出した電子の運動エネルギーの最大値は，光の振動数によって決まる。

1つの光子が1つの電子に出会い，エネルギー $h\nu$ を渡します。
電子はもらった $h\nu$ のエネルギーのうち，金属板から飛び出すために W を消費します。
残った分のエネルギー（$h\nu - W$）は，飛び出た電子（光電子）の運動エネルギーとなります。
したがって，電子の最大の運動エネルギーとの間には，次の関係が成り立ちます。

$$\frac{1}{2}mv_{\mathrm{max}}{}^2 = h\nu - W$$

なぜ「最大の運動エネルギー」というただし書きなのでしょうか？
実は，Wは「金属表面にいる電子が飛び出すのに必要なエネルギー」なのです。
金属の奥深くにいる電子となると，金属から飛び出すのに Wより大きなエネルギーが必要になってしまいます。
表面にいる電子は最も少ないエネルギー Wで飛び出せるので，飛び出した電子の中で最大の運動エネルギーをもつのです。

③ 光電効果を起こす振動数の光の場合は，光を強くする（より明るくする）と，飛び出す電子の数が増える！

振動数が小さく，$h\nu$ が小さい光の場合，いくら明るくしても電子は飛び出しませんが，振動数が大きく，$h\nu$ が大きい光の場合，明るくすれば飛び出す電子の数が増えます。
これは「光の強さ（明るさ）＝光子の数の多さ」と考えればよいのです。
照射する光の光子と，金属板にいる電子は，1対1でエネルギー $h\nu$ の受け渡しをします。
光子の数が増えれば，それに対応する電子の数も増えますね。

$h\nu$ が小さい光子がどんなにたくさん訪れても，対応する電子は1個も飛び出しませんが，$h\nu$ が大きい光子がたくさん訪れれば，それだけ対応する電子の数も増えるので，飛び出す電子の数も増えるということですね。

② 「飛び出した電子の運動エネルギーの最大値は当てた光の振動数によって決まる」について

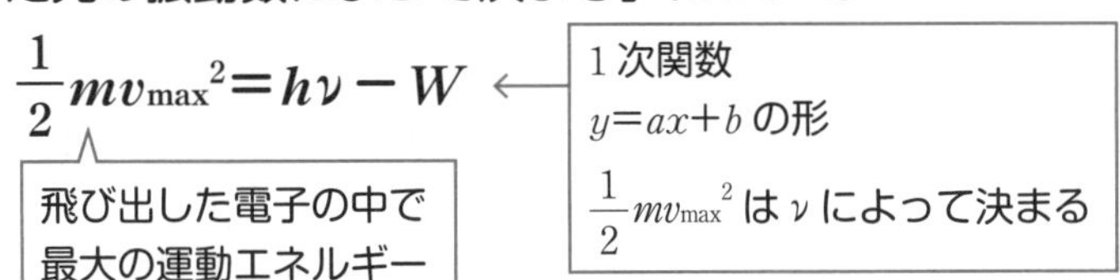

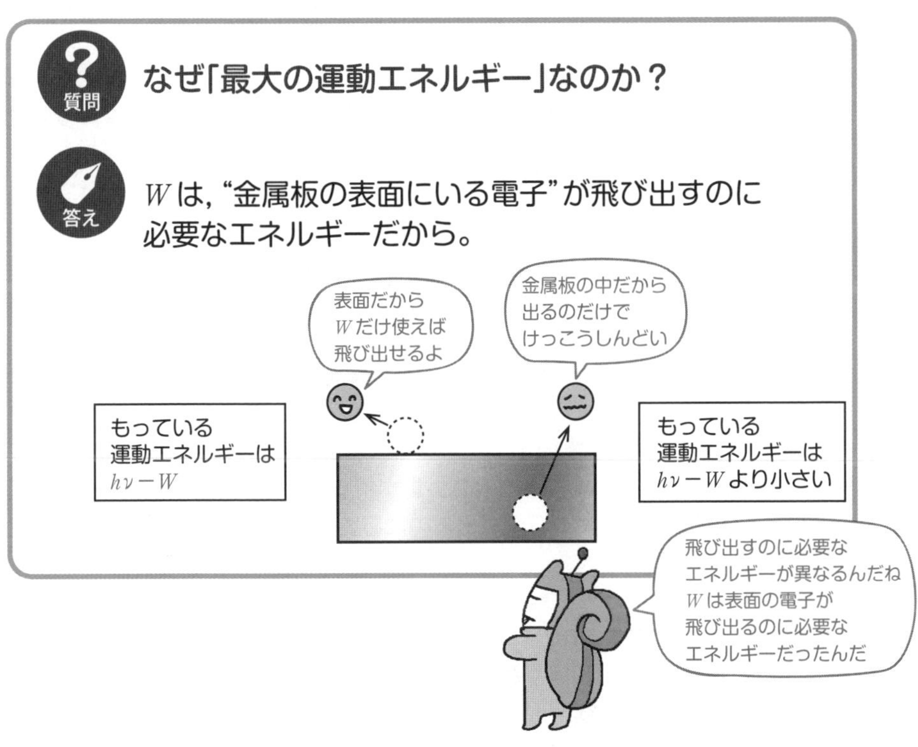

③ 「光電効果を起こす振動数の光の場合，光を強くすると，飛び出す電子の数が増える」について

光の強さ(明るさ)＝光子の数と考える！

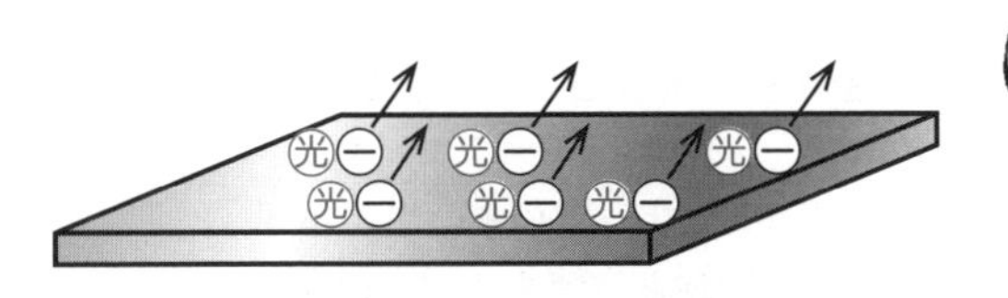

ここで，光電効果に関する実験を紹介しましょう。
右ページの図のように，金属板Kと細い金属棒Pを，Kに対するPの電位を調節する装置と電流計でできた回路につなぎます。
金属板Kに光を当てると，光電効果が起こり，電子はPめがけて飛び出します。
装置を使ってK-P間の電位差を変えながら，電子の様子の変化を観察しましょう。

①　PのほうがKよりも，高電位のとき

電子は負の電荷ですので，電位が低いところから高いところへは，簡単に移動できます。
光子からエネルギーをもらってKを飛び出した電子は，「余裕でPまで着けちゃうぜ〜」と，みんなPへたどり着くことができます。
回路全体で見ると，電流は時計回りに流れ，電子は反時計回りに流れます。
光電効果によって流れる電流を**光電流**といいます。

②　Pの電位を小さくしていき，Kのほうが高電位になると…

Pの電位が低くなっていき，Kのほうが電位が高くなってしまったときを考えましょう。
電子は光子から$h\nu$のエネルギーをもらいますが，金属板の表面にいる電子と内部深くにいる電子では，金属から飛び出るのに必要なエネルギーが異なるのでしたね(p.412)。
Kを飛び出した電子のうち，もともと金属板の内部深くにいたものは，運動エネルギーが小さいのでPまでたどり着けなくなっていきます。
「Kを飛び出したけど，Pにはたどり着けなかった…」というかわいそうな電子が出てくるということですね。
このような理由で，流れる電子が減るので，回路に流れる光電流も小さくなっていきます。

③　さらにKに対するPの電位を小さくしていくと…

さらにPの電位を小さくしていくと，「Pに到達するのは絶対ムリだ〜！」と，
最も運動エネルギーを多くもって金属板を飛び出した電子もPにたどり着けなくなってしまいます。
そうすると回路に流れる電流，光電流は0になってしまいますね。
この光電流が流れなくなる電圧を，**阻止電圧**といいます。

① Kよりも P のほうが高電位

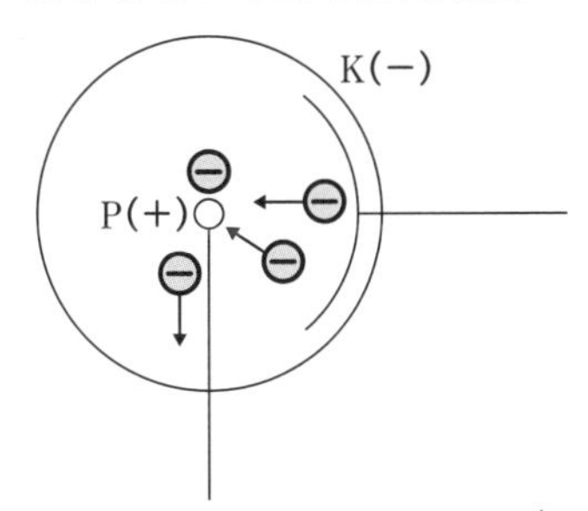

負電荷の電子は
K → P に力を受けるので
簡単に到達できる

② P よりも K のほうが高電位になると…

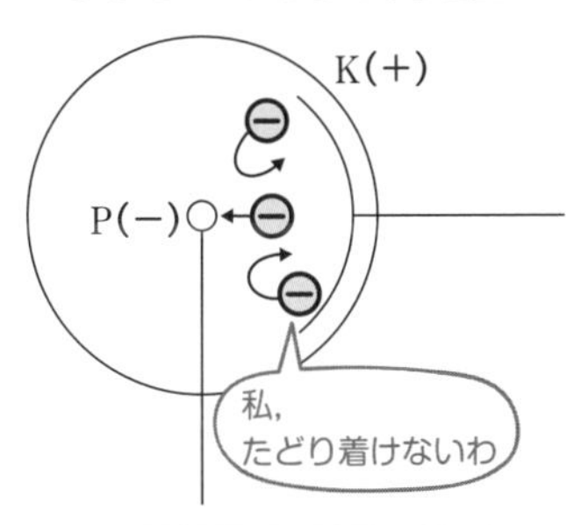

P へたどり着けない
電子が出てくる

③ さらに K に対する P の電位を小さくすると…

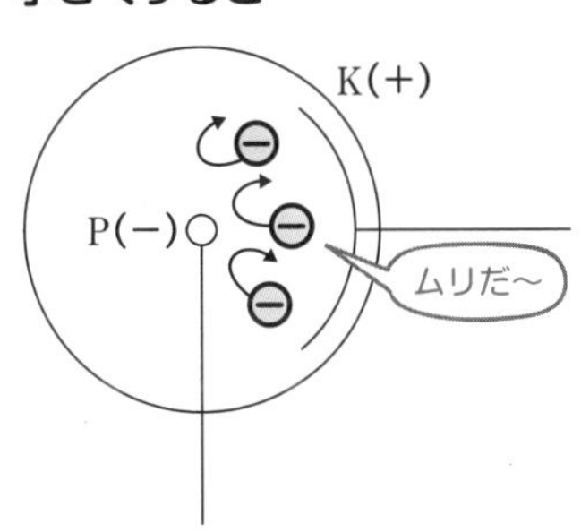

電子がたどり着けなくなる

p.414，415の実験結果をグラフに表すと右ページの図の赤い実線のようになります。横軸はKを基準としたPの電位，縦軸は回路に流れる光電流の大きさです。
赤い点線は，照射する光の量（明るさ）を少なくした場合の実験結果のグラフです。
このグラフで注目すべき点は2つです。

1つ目は，「Pの電位がKに比べて十分に高電位のときは，飛び出したすべての電子がPに届くので，それ以上電位が高くなっても電流の量は増えない」ということです。そのため，グラフの右のほうは平らになっていますね。

2つ目は，「光の量（明るさ）が変わった場合，流れる光電流の量は変わるが，阻止電圧 V_0 は変わらない」ということです。
右ページのグラフでは，光の量（明るさ）が小さくなった場合，回路に流れる電流の量も小さくなっています。そして電流が0になる電圧，阻止電圧の値 V_0 は同じになっているのがわかりますね。
光（光子）と電子は1対1対応で，光子が $h\nu$ のエネルギーを与えるのですから，
最も運動エネルギーの大きい電子がPに届かなくなる電位，つまり阻止電圧は，光の量とは関係ないのですよ。

「電流が流れない＝金属表面にあった最も運動エネルギーが高い電子が，Pに届いたとたんに止まってしまった」と考えましょう。
そうすると，以下の式が成り立ちます。

$$\frac{1}{2}mv_{\max}{}^2 = eV_0 \quad (e：電子の電気量の大きさ \quad m：電子の質量)$$

飛び出した瞬間の運動エネルギーが，すべて位置エネルギーに変わったということです。
照射した光の振動数を ν，金属板Kの仕事関数を W とすると次の式が成り立ちます。

$$h\nu - W = \frac{1}{2}mv_{\max}{}^2 = eV_0$$

また，電流は「1秒間に通過する電気量」でしたから，「1秒間に飛び出した電子の数」を n とすれば，次の関係も成り立ちます。

$$I = en \qquad つまり \qquad n = \frac{I}{e}$$

[実験結果]

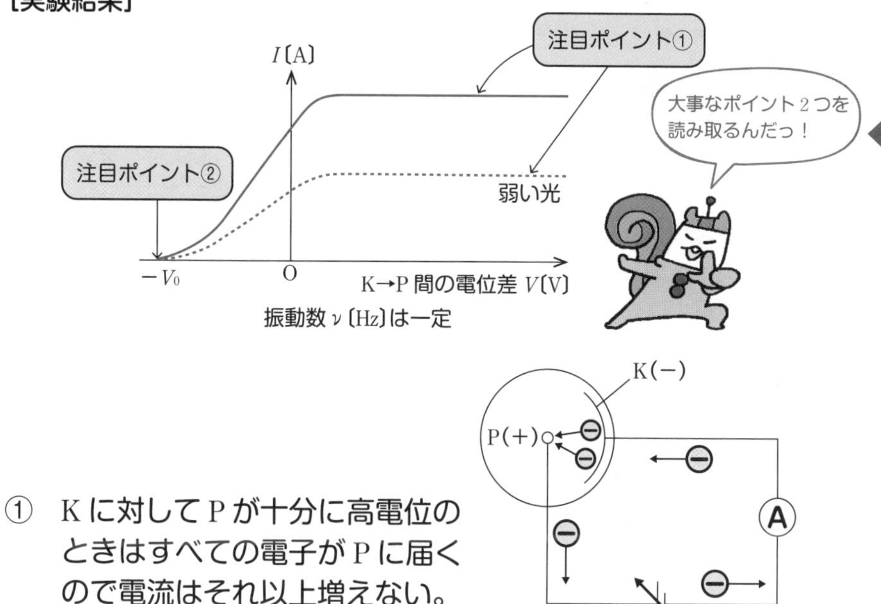

① Kに対してPが十分に高電位のときはすべての電子がPに届くので電流はそれ以上増えない。

② 光の量（明るさ）が変わると，流れる光電流の値は変わるが，阻止電圧 V_0 は変わらない。

⇒ 光子と電子は1対1。光の量が変わると光子の数が変わるので電流の量は変わるが，1個の光子が1個の電子に与えるエネルギー $h\nu$ は同じなので，阻止電圧 V_0 も同じ。

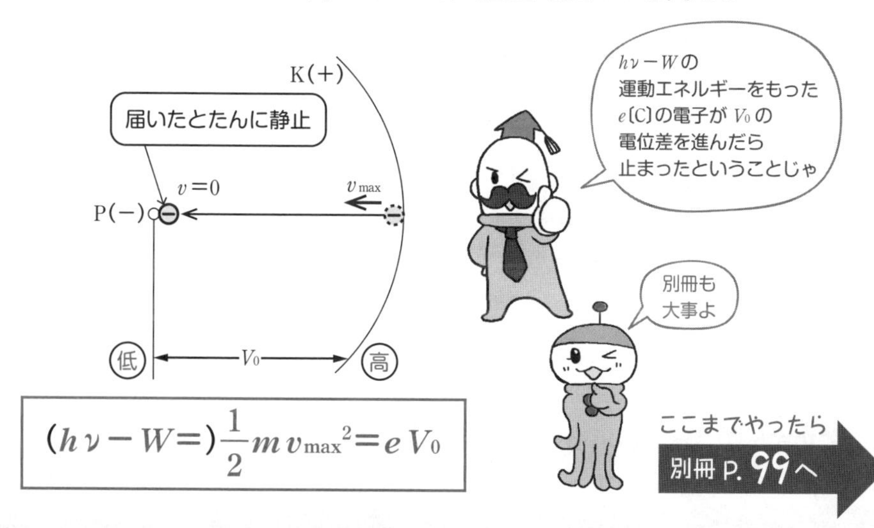

12-3 コンプトン効果

ココをおさえよう！

光子と電子の衝突において，運動量とエネルギーは保存する。

アインシュタインは，光量子仮説の11年後に「光が粒子（粒々）であれば，運動量ももつはずだ」と考え，次のことを主張しました。
振動数 ν，波長 λ の光子のもつ運動量 p は

$$p=\frac{h\nu}{c}=\frac{h}{\lambda}$$ （c は光速）

エネルギー $h\nu$ を，光の速さ c で割ると運動量になるということです。
（質量 m，速さ v の物体のもつ運動エネルギーは $\frac{1}{2}mv^2$，運動量は mv ですから，単位の次元は同じになりますね）

その考えが正しいと実験で証明したのがコンプトンです。
コンプトンは物質にX線（波）を当てると，**散乱したX線の波長が，元のX線の波長よりも長くなる現象**を発見し，この現象は**コンプトン効果**と名づけられました。

X線の光子が，物体中の電子にぶつかり，光子と電子が別々の方向に飛び散ったと考えます。力学と同じように，運動量の保存を考えると

入射方向の運動量保存：$\frac{h}{\lambda}=\frac{h}{\lambda'}\cos\theta+mv\cos\phi$ ……①

入射方向と垂直な方向の運動量保存：$0=\frac{h}{\lambda'}\sin\theta-mv\sin\phi$ ……②

また，エネルギー保存より $\frac{h}{\lambda}c=\frac{h}{\lambda'}c+\frac{1}{2}mv^2$ ……③

力学でやる，物体どうしの衝突では，熱や音として消費されるエネルギーがあるので，エネルギー保存は成り立ちません。光子と電子の衝突では，そういったエネルギーの損失がないとみなしてエネルギー保存を成り立たせていることに注意しましょう。

①～③から，次の波長に関する式が導かれます（くわしくは別冊の問題で）。

$$\lambda'=\lambda+\frac{h}{mc}(1-\cos\theta)$$

この式から，衝突後のほうが波長が長くなっていることがわかりますね。

光子のもつ運動量 p は

$$p=\frac{h\nu}{c}=\frac{h}{\lambda}$$

コンプトン効果 …物質に X 線(光)を当てると，散乱した X 線の波長が元の X 線の波長より長くなる現象。

↓

物質中の電子との衝突で
X 線光子の運動量が変わったのが原因。

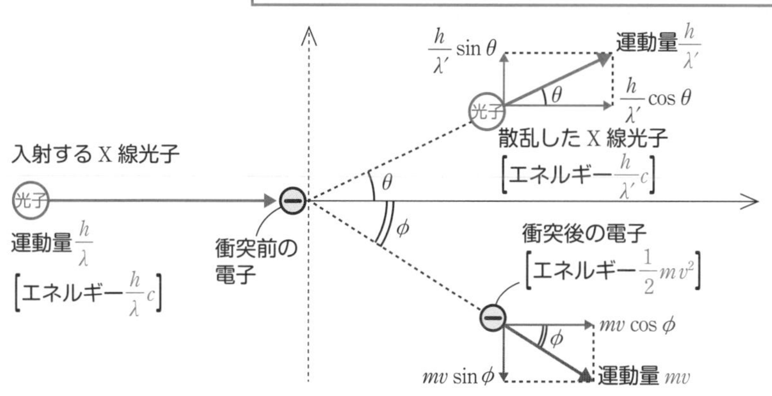

[結果]　$\lambda'=\lambda+\frac{h}{mc}(1-\cos\theta)$

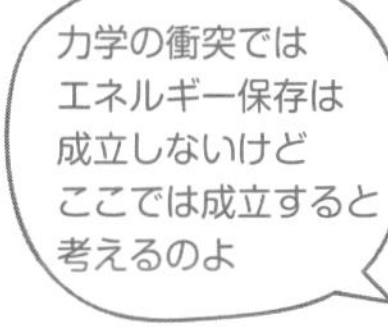

別冊で結果の
導きかたを
説明するぞい
大事じゃから
流れを覚えるんじゃ

ここまでやったら
別冊 P. 103 へ

12-4 物質波

ココをおさえよう！

原子などの粒子も波としての性質をもっており，その波長は以下のように表される。

$$\boldsymbol{\lambda = \frac{h}{p} = \frac{h}{mv}}$$

波として考えられていた光は，粒子(粒々)としての性質ももつとわかりました。
この事実を知ったド・ブロイという学者は，次のようなアイデアをひらめきました。
「もしかしたら，**電子や原子などの粒子(粒々)として考えられているものも，波としての性質をもつ**のでは？」
このアイデアをもとに，ド・ブロイは次の仮説を立てました。
「電子などの粒子も，波としての性質をもち，その粒子の質量をm，速さをv，運動量をpとすると，その粒子の波長λは，次のように表される。」

$$\boldsymbol{\lambda = \frac{h}{mv}\left(= \frac{h}{p}\right)}$$

これは，p.418の光子の運動量の式$p = \frac{h}{\lambda}$を変形し“$\lambda =$”の形にしたものですね。

この，粒子の波としての性質を**物質波**，または**ド・ブロイ波**といいます。質量mの動いている物体(速度vがある物体)は，波としての性質もあるということです。
「そんなの信じられない。だって走っている人だって車だって波には見えないじゃないか！」と思いますよね？
たしかに1924年に提唱されたこの仮説は，あまりに常識はずれで多くの人は信じませんでした。でも，そのわずか3年後には，実験により，この仮説は正しいことが判明したのです。(p.422でその実験については説明します)

例えば$h = 6.6 \times 10^{-34}$ J･sなので，体重が66 kgの人が秒速1.0 m/sで歩いているとすると，その人の波長は

$$\lambda = \frac{6.6 \times 10^{-34}}{66 \times 1.0} = 1.0 \times 10^{-35}\ \mathrm{m}$$

となります。こんな短い波長なので，私たちは確認できないのですね。
粒子が波としての性質をもつことが確認できるのは，極めてミクロな電子などの世界だけで，私たちの生活レベルでは絶対に確認できないのです。

物質波

質量 m，速さが v の粒子は，波としての性質をもち
波長を λ とすると

$$\lambda=\frac{h}{mv}\left(=\frac{h}{p}\right)$$

m v → ＝ $\lambda=\frac{h}{mv}$

ここまでやったら 別冊 P. 105へ

12-5　ブラッグ反射

ココをおさえよう！

結晶に入射する光線は，$2d\sin\theta = n\lambda$ を満たすときに強め合う。

ここでは「粒子（粒々）が波の性質ももつ」と証明した実験についてお話しします。
結晶など構造に規則性のある物質にX線（波）を当て，その後ろにスクリーンを設置すると，スクリーン上に規則的な模様が浮かび上がります。
この模様は，結晶内に規則的に並ぶ原子にぶつかって，散乱したX線（波）が干渉して生じたものです。“干渉”は波の性質ですね。

この実験を電子線で行うと，X線（波）と同様に規則的な模様が浮かび上がりました。
電子という“粒子（粒々）”の集まりである電子線が，“波”特有の性質である干渉を起こしたことで，「電子などの粒子が波の性質ももつ」と証明されたのです。

実験についてくわしく見ていきましょう。
右ページの図に，結晶中の原子にぶつかり，反射する電子線の様子が描かれています。
電子線が波として干渉を起こし，強め合う条件を考えてみましょう。

電子線が角度 θ で入射したとします。結晶面の間隔を d とすると，**隣り合う電子線との経路の差は，$2d\sin\theta$** ですね。
電子線は，同じ種類の原子にぶつかって反射するので，波の反転は考えなくてOKです。
「経路の差＝波長の整数倍」であれば，波は強め合いますね。

したがって，結晶に入射した電子線が強め合うのは次の条件のときです。

$$2d\sin\theta = n\lambda \quad (n = 1,\ 2,\ 3,\ \cdots\cdots)$$

この条件を，**ブラッグの条件**といいます。

12-1～12-3では光の“粒子（粒々）”としての性質，12-4，12-5では電子の“波”としての性質を説明してきました。
常識がひっくり返されていくおもしろさを感じてもらえたでしょうか？
ひとつひとつの公式は，しっかり覚えて使えるようにしてくださいね。

電子(粒子)の波動性の証明

【X 線(波)の場合】

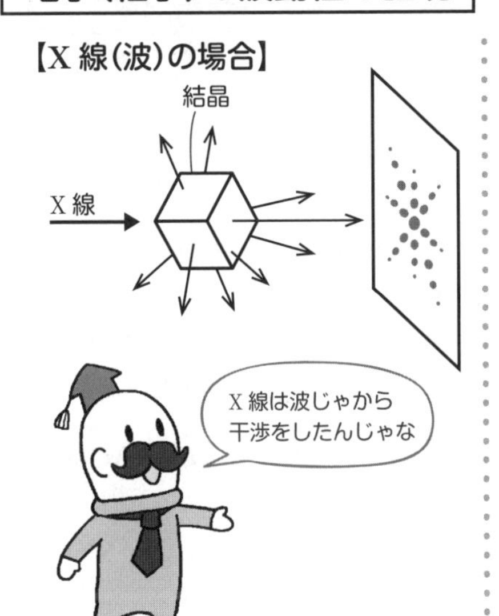

【電子線の場合】

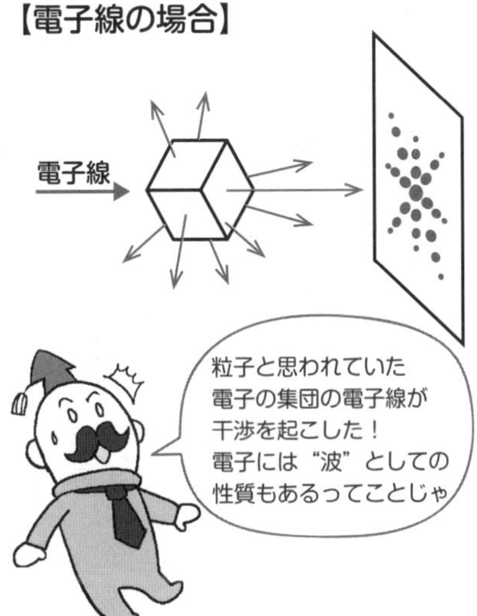

ブラッグ反射

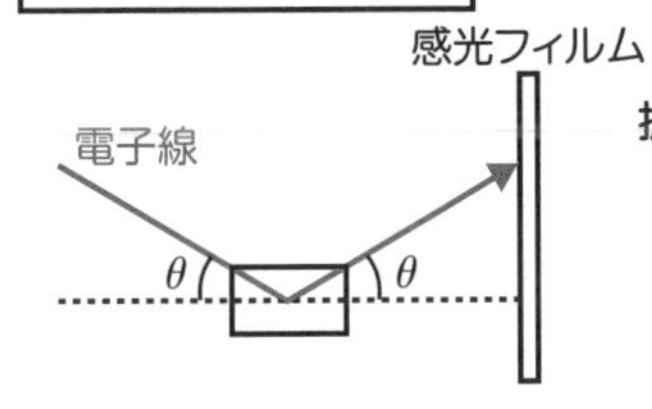

拡大すると…

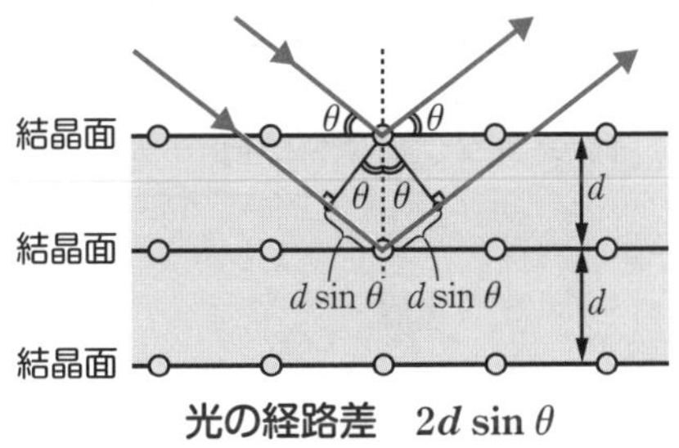

光の経路差　$2d \sin\theta$

反射した電子線が強め合う条件は

$$2d \sin\theta = n\lambda \quad (n=1,\ 2,\ \cdots\cdots)$$

粒子だと思われていた
電子には
波としての性質もあった

常識がどんどん
ひっくり返されて
いったんじゃ

ここまでやったら
別冊 P. 106 へ

12

理解できたものに，☑チェックをつけよう。

- [ ] 光電効果がどんな現象かを理解し，「光の振動数がある値より小さいと電子は飛び出さない」，「飛び出した電子の運動エネルギーの最大値は，光の振動数によって決まる」，「光を強くすると飛び出す電子の数が増える」という3つの性質の理由を，光量子仮説から説明できる。
- [ ] 光電効果の実験におけるグラフの2つのポイント（電圧が高いと電流はそれ以上増えない，阻止電圧は不変）を理解した。
- [ ] 光子の運動量の式 $p=\frac{h\nu}{c}=\frac{h}{\lambda}$ を覚えた。
- [ ] 物質波の波長の式 $\lambda=\frac{h}{p}=\frac{h}{mv}$ を覚えた。
- [ ] ブラッグの条件 $2d\sin\theta=n\lambda$ を，2つの光の経路差を考えて導ける。

Chapter

13

原子の構造

原子の構造

はじめに

Chapter 12では，光や電子についての話をしましたが，Chapter 13では原子に目を向けていきたいと思います。
しかし，光や電子も登場しますので，Chapter 12で学んだ内容も活用しますよ。

「原子の中心には原子核があり，その周りを電子が回っている」という，原子の構造に関する認識は，今では高校の化学や物理で当然のように教わります。

しかし，その構造に確証が得られるまでには，「いろいろな仮説が立てられては，仮説の問題点が明らかになる」ということが繰り返されてきました。
そこで思い切った理論を提唱し，原子に関する研究を大きく前進させたのがボーアです。
1913年にボーアが提唱したボーアの量子条件，振動数条件は，それまでの原子に関する疑問をうまく解消するものであり，その後の原子の構造の解明に大きく役立ったのです。

では，原子の構造について歴史を学びながら見ていきましょう。

この章で勉強すること

原子核の構造と，原子から出る光と電子の関係について勉強します。
それらを踏まえて，ボーアが提唱した理論を解説していきます。
最後にX線についても扱います。

いろいろな原子モデルが考えられてきた…

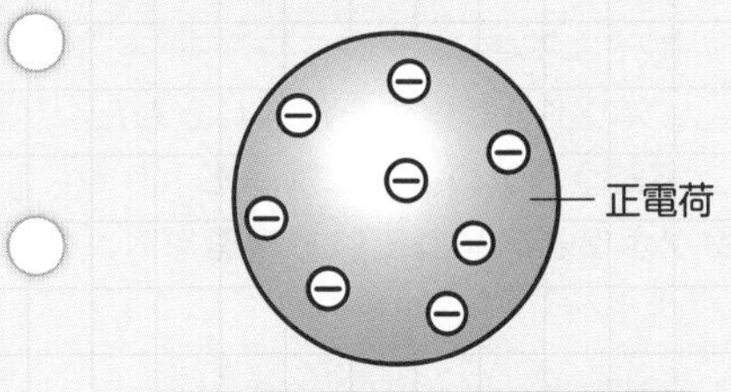

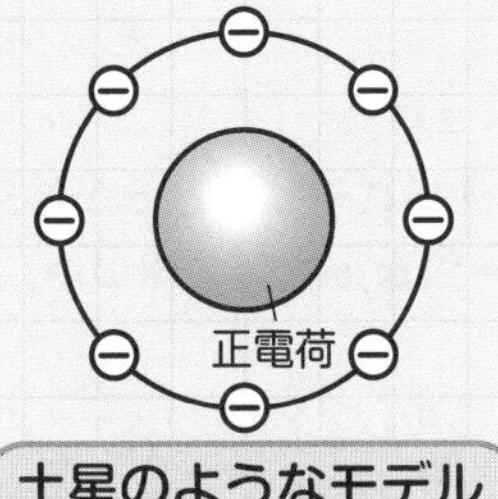

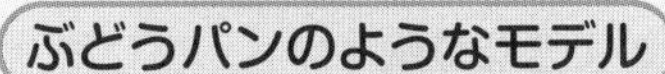

土星のようなモデル

しかし，どのモデルも不完全であった…

そこにボーアという学者が現れ，画期的な理論を発表！

物理学の
歴史も学べるわよ

13-1 原子核

ココをおさえよう！

ラザフォードは，金箔に α 粒子をぶつける実験により，原子核を発見した。

今から100年程前，J.J.トムソンという学者は，次のような仮説を提唱しました。
「原子は，生地に干しぶどうが詰まっている，ぶどうパンのような構造だ！」
つまり，**一様な正電荷の球の中に，電子がポツポツと分布している構造**を考えたのです。

それに対して，長岡半太郎という学者は，次のような仮説を提唱しました。
「電子は，土星の輪のように，正の電荷をもつ球の周りを回っている！」
こちらは，今の原子のモデルに近い構造になっていますね。

ラザフォードという学者は，α 粒子(正の電荷をもちます)という粒子を使った実験を指揮し，これらのモデルのどちらが正しいのかを確かめようとしました。
α 粒子を金箔に当て，その散乱の度合いを調べたところ，
金原子の中心部付近を通過する α 粒子だけが，大きく散乱したとわかったのです。

これにより，ラザフォードは，次のような結論を出しました。
「原子の直径の10000分の1以下の中心部分に，正電荷が集中しておる！」
これが，**原子核**と名づけられたのです。

このような経緯で，**原子の真ん中に原子核があり，その周りを電子が回る**，というラ**ザフォードの原子模型**というモデルが提唱されました。
これで原子の構造は判明した，といってしまうのはちょっと早いです。
実はこのラザフォードのモデルには欠点があったのですが，そのお話はp.432でしますね。

原子の構造

13

ラザフォードは金箔に α 粒子を当てる実験をした。

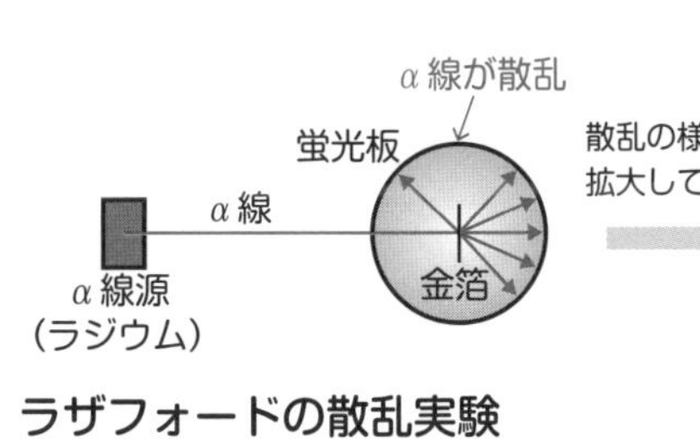

ラザフォードの散乱実験
(上から見た図)

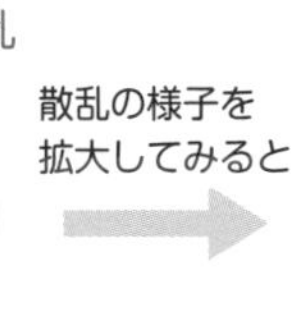

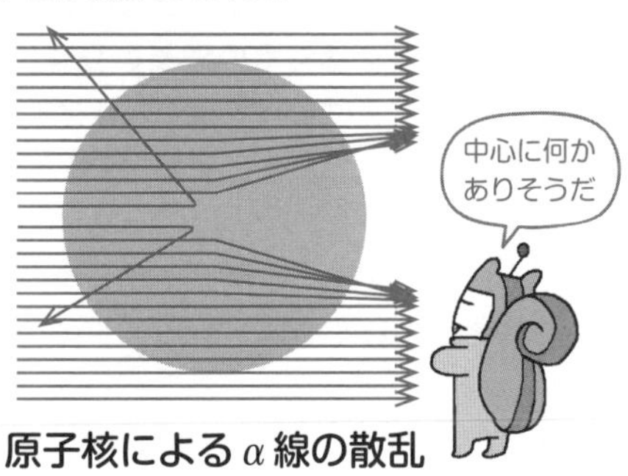

原子核による α 線の散乱

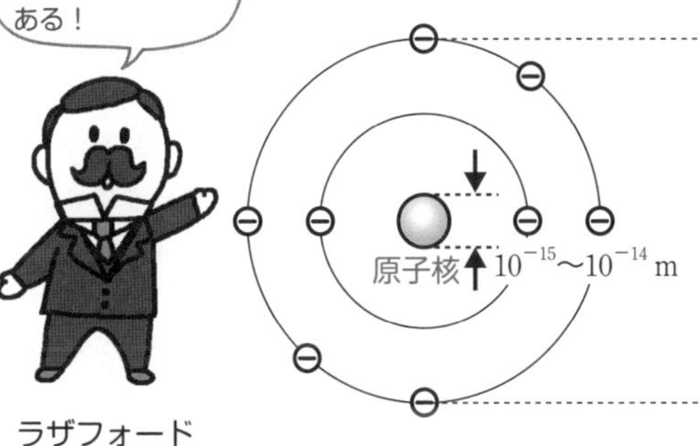

しかし,このモデルにも欠点があった(その話は p.432 で)

13-2 原子のスペクトル

ココをおさえよう！

水素原子が出す光の波長はとびとびの波長で，次の式で表される。

$$\frac{1}{\lambda}=R\left(\frac{1}{n'^2}-\frac{1}{n^2}\right)$$ （R：リュードベリ定数）

原子を高温にすると光を発します。
その光を分光器によって分けると，連続的な波長の光が出ているのではなく，とびとびの波長の光が出ていることがわかりました（分光された光を波長別などに順序をつけて表したものをスペクトルといいます）。
つまり，**原子は特定の波長の光を出している**，ということです（どの波長の光を出すかは原子によって異なります）。
この明るい線のことは**輝線**（**輝線スペクトル**）といいます。

右ページの図に，水素原子から出る光のスペクトルがあります。
このとびとびで観測される波長に何か法則性はあるのでしょうか。

実は，水素のとびとびの波長は，次のような式で表されるのです。

$$\frac{1}{\lambda}=R\left(\frac{1}{n'^2}-\frac{1}{n^2}\right)$$

$$(n'=1,\ 2,\ 3,\ \cdots\cdots\quad n=n'+1,\ n'+2,\ n'+3,\ \cdots\cdots)$$

式中のRは**リュードベリ定数**と呼ばれ，1.097×10^7〔1/m〕です。

この式を発見するにあたり，**ライマン**，**バルマー**，**パッシェン**という人たちが活躍しました。
水素原子が発する光の輝線のうち，
ライマンは，紫外線の輝線（式で$n'=1$に相当し，**ライマン系列**という）を発見，
バルマーは，可視光の輝線（式で$n'=2$に相当し，**バルマー系列**という）を発見，
パッシェンは，赤外線の輝線（式で$n'=3$に相当し，**パッシェン系列**という）を発見したのです。

nやn'が何なのかは，p.434以降でわかりますので，もう少し待ってくださいね。
ここでは「原子が（高温になると）光を出す」，「出された光は特定の波長である」ということをおさえておけば大丈夫ですよ。

原子のスペクトル …原子を高温にすると，とびとびの波長の光が観測される。

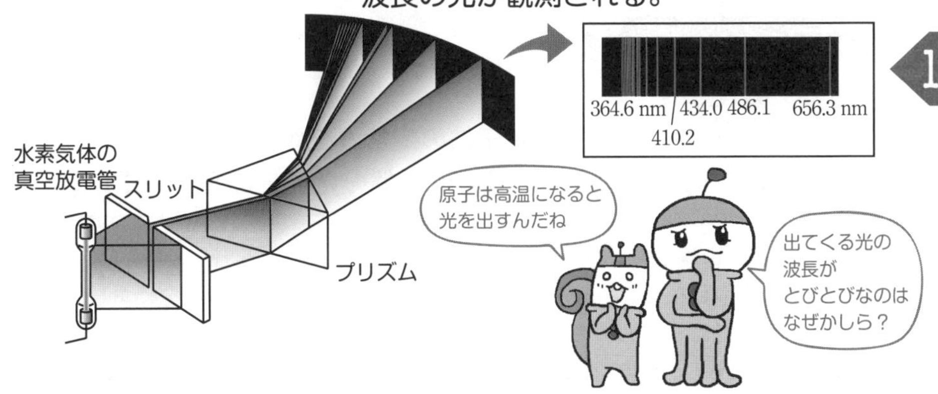

水素原子のスペクトルと，波長の満たす法則

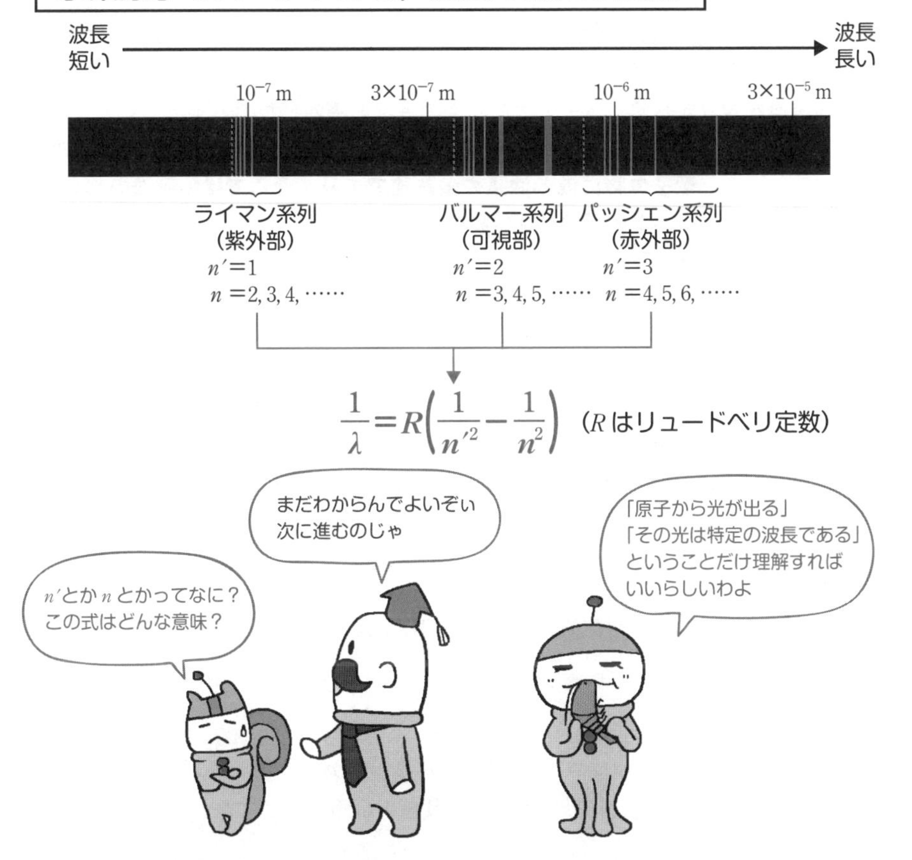

13-3 ボーアの理論

ココをおさえよう！

ボーアの理論
その1：電子は，円軌道に電子波の定常波を作る。
その2：レーンを移るとき，電子は1個の光子を吸収・放出する。

「ラザフォードの原子模型の欠点」についてお話ししましょう。
電子が加速度運動をしていると，電磁波が放出されることがわかっていました。
電磁波はエネルギーをもつので，電子はエネルギーを少しずつ放出しているということになります。なので，ラザフォードの原子模型では「電子は原子核の周りを回るうちにエネルギーが少なくなって，原子核に引き寄せられてしまう」と考えられていました。
つまり，「電子が安定して原子の周りを回るなんてことはない」ということです。

この問題点を解決すべく，ボーアさんは次の理論を提唱したのです。
ボーアの理論①：**電子の波としての性質を考える。電子が回る円軌道の円周は，電子の物質波の波長の整数倍であり，そこでは電磁波を出さない。この状態を定常状態という。**
つまり，こんなイメージです。
少し変わった，陸上競技場のトラックがあります。レーンに直線部分がなく，きれいな円になっており，真ん中に原子核が座っています。このトラックのレーンを，電子はクルクルと回るのですが，電子はこう言うのです。
「ボクは特別なレーンが大好き。だから，そのレーンの上でしか回らないよ。」
「そのレーンは，1周の距離が，ボクの物質波の波長の整数倍なのさ！」
「そのレーンの上だと，ボクは電磁波は出さないから，エネルギーが減らないんだ！」
物質波は$\lambda=\dfrac{h}{mv}$でしたね(p.420)。
よって「物質波の波長の整数倍のレーンを回る」は，次のように表せます。

$$2\pi r = n\frac{h}{mv}$$　（r：レーンの半径　m：電子の質量　v：電子の速さ）

この条件を，**量子条件**といい，nを**量子数**といいます。
nが小さいほど内側のレーンです（円周$2\pi r$が小さいので）。
特別なレーン上を回っている状態が，定常状態ということですね。

ラザフォードの原子模型の欠点

ここでボーアの理論が登場

① 電子を $\lambda=\dfrac{h}{mv}$（ド・ブロイ波長）の波と考える。

軌道の円周の長さが，
波長 λ の整数倍ならば，
電子は電磁波を出さない！

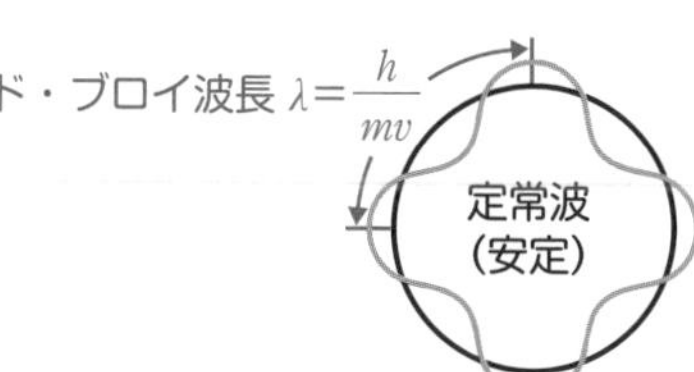

$2\pi r=n\lambda$（上図では$n=4$）

各レーンにおける電子のエネルギーの値を**エネルギー準位**といいます。
エネルギー準位は，外側のレーンのほうが高くなっています。

さらに，電子はこんなことも言っています。
「別のレーンに移りたいときもあるよね。」
「でも，レーンを移ると，ボクがもつエネルギーも変わっちゃう……」
「内側のレーンに移るには，エネルギーを放出しなきゃいけない。」
「外側のレーンに移るには，エネルギーをもらわなきゃいけない。」
「どうしたらいいんだろう……」
たしかに，レーンを移動するとなると，エネルギーのやり取りが必要ですね。

そこに，光子が現れて言いました。
「ボクは $h\nu$ のエネルギーをもっているから，ボクを利用しなよ」
「ボクを吸収すれば外側のレーンに行けるよ」
「逆に，内側のレーンに行きたいなら，ボクを放出すればいい」
ボーアはこれをこのように表しました。
ボーアの理論②：**電子が，あるエネルギー準位から別のエネルギー準位に移るとき，その差のエネルギーをもつ光子を1個だけ吸収，または放出する。**

つまり，第 n' レーンから，第 n レーンに移動するとき $(n'<n)$，電子は

$$h\nu = E_n - E_{n'} \quad (E_n：\text{第}\,n\,\text{レーンにいる電子のエネルギー準位}) \quad \cdots\cdots ①$$

のエネルギーをもつ光子を吸収するのですね。逆に第 n レーンから第 n' レーンに移動するときは，①式のエネルギーをもつ光子を放出するというわけです。

この条件を，**振動数条件**といいます。**どれだけ遠いレーンの移動でも，エネルギーの受け渡しに使われる光子は1個です。**

原子の内部でこのレーンの移動が行われているときに放出された光を観測していたのが，p.430でお話しした原子のスペクトルだったのです。
電子が軌道の移り変わりをするときに，余分なエネルギーを光として放出します。
軌道がとびとびなので観測される光の波長はとびとびになるのですね。

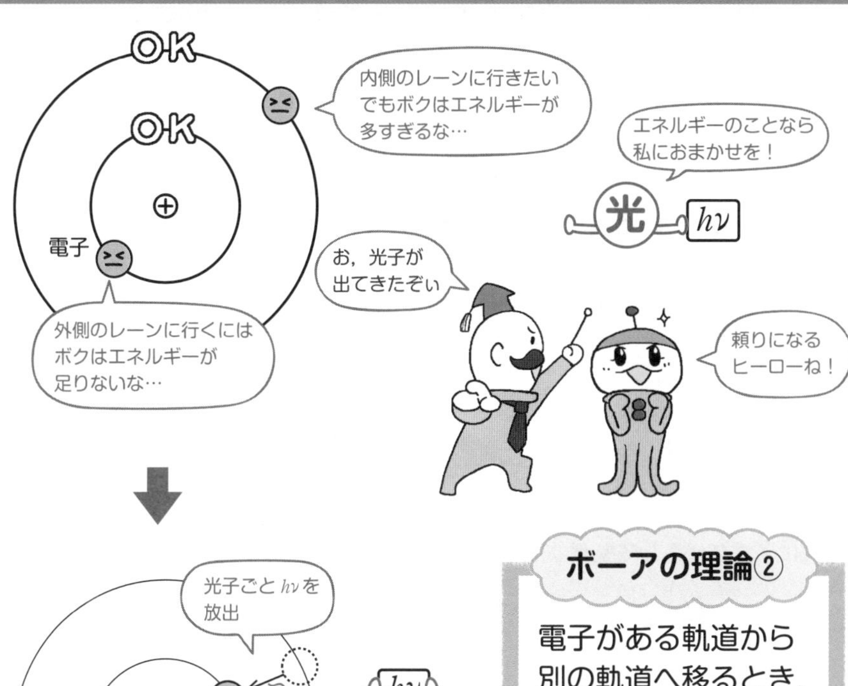

ボーアの理論②

電子がある軌道から別の軌道へ移るとき，そのエネルギー準位の差のエネルギーをもつ光子を1個だけ吸収または放出する。

$$h\nu = E_n - E_{n'}$$

（この式を振動数条件という）

実は…

原子のスペクトル（p.430）は
この放出された光子によるもの!!

ここからは少しややこしい計算が続きます。頑張ってついてきてくださいね。

【第nレーンの半径（軌道半径）を求めてみよう！】

$+e$〔C〕の原子核の周りを，質量mで$-e$〔C〕の電子が速さv_n〔m/s〕で回っています。電子は円運動をしますが，向心力は静電気力によります。

第nレーンの半径をr_nとすれば，円運動の運動方程式より

$$m\frac{{v_n}^2}{r_n}=k_0\frac{e^2}{{r_n}^2} \quad \cdots\cdots ①$$ （k_0：クーロンの法則の比例定数）

量子条件の式より

$$2\pi r_n=n\frac{h}{mv_n} \iff v_n=n\frac{h}{2\pi m r_n} \quad \cdots\cdots ②$$

①式に②式を代入して整理すれば

$$\boldsymbol{r_n=\left(\frac{h}{2\pi}\right)^2\frac{n^2}{k_0 m e^2}} \quad \cdots\cdots ③$$

これが，第nレーンの半径となります。$n=1$を代入した，第1レーンの半径は**ボーア半径**と呼ばれることも覚えておきましょう。

【第nレーンのエネルギー準位を求めてみよう！】

第nレーンにある電子のもつ位置エネルギーU_nは，中心にある$+e$〔C〕の原子核の作る電位をV_nとすると次のようになりますね。

$$U_n=(-e)\times V_n=(-e)\times k_0\frac{e}{r_n}=-k_0\frac{e^2}{r_n} \quad \cdots\cdots ④$$

電子のエネルギーは，「運動エネルギー＋位置エネルギー」ですので，

第nレーンの電子のエネルギーをE_nとすれば

$$E_n=\frac{1}{2}m{v_n}^2+\left(-k_0\frac{e^2}{r_n}\right)=\frac{k_0e^2}{2r_n}+\left(-k_0\frac{e^2}{r_n}\right)=-\frac{k_0e^2}{2r_n} \quad \cdots\cdots ⑤$$

（①式の両辺に$\frac{r_n}{2}$を掛けた式$\frac{1}{2}m{v_n}^2=\frac{k_0e^2}{2r_n}$を用いました。）

⑤式に③式を代入して整理すると

$$\boldsymbol{E_n=-\frac{2\pi^2{k_0}^2me^4}{h^2}\cdot\frac{1}{n^2}} \quad \cdots\cdots ⑥$$

これが，第nレーンのエネルギー準位となります。

・第 n レーンの半径を求めよう！

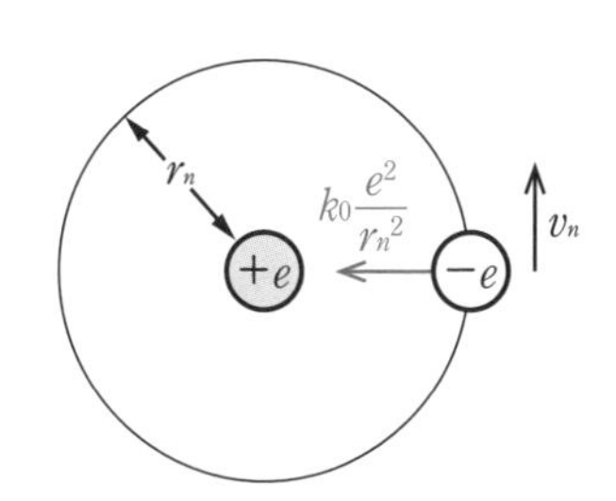

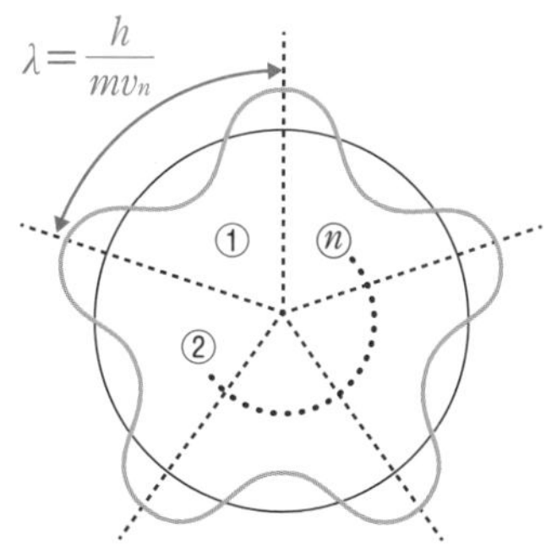

円運動の運動方程式より

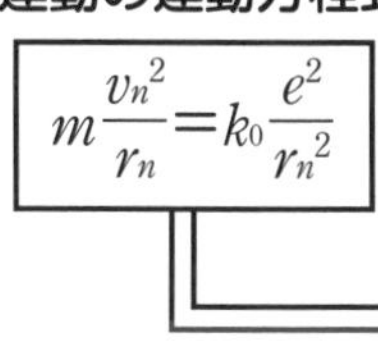

$$\underbrace{2\pi r_n}_{\text{円周}}=\underbrace{n\frac{h}{mv_n}}_{n\lambda}$$

$$r_n=\left(\frac{h}{2\pi}\right)^2\frac{n^2}{k_0me^2}$$ （$n=1$ のときをボーア半径という）

・第 n レーンの電子のもつエネルギー（エネルギー準位）E_n を求めよう！

位置エネルギー U_n

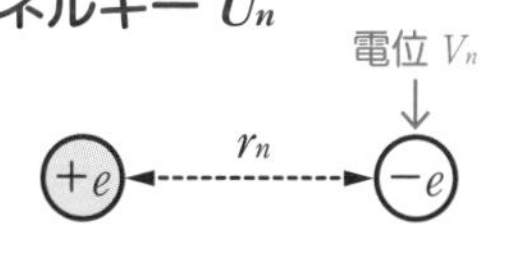

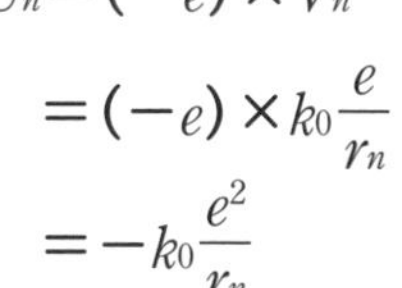

$$E_n=\frac{1}{2}mv_n^2+U_n$$

$$=\frac{k_0e^2}{2r_n}+\left(-k_0\frac{e^2}{r_n}\right)$$

$$=-\frac{k_0e^2}{2r_n}$$

$$=\boxed{-\frac{2\pi^2k_0^2me^4}{h^2}\cdot\frac{1}{n^2}}$$

求めたエネルギーの式 $E_n = -\frac{2\pi^2 k_0{}^2 me^4}{h^2} \cdot \frac{1}{n^2}$ はマイナスの値なので外側のレーンほど（nが大きいほど），エネルギーは0に近づき，大きくなることがわかります。いいかたを変えれば，内側のレーンほどエネルギーが小さく，安定しています。

電子が第1レーンにいる状態（$n=1$）は最も安定で，**基底状態**と呼ばれます。
電子が，**外側のレーンに移動する（よりエネルギーが高い状態に移る）こと**を，**励起**といい，第2レーン以降（$n \geqq 2$）の状態を，**励起状態**といいます。

電子は，なるべく安定した状態になりたいので，「内側のレーンに移動したい！」と思っています。なので，励起状態にある電子は，光子を放出しようとするわけです。そこで放出された光子が，スペクトルとなって現れるのです。

さて，p.430で紹介した水素原子から出る波長の式を実際に導出してみましょう。

振動数条件より

$$h\nu = h\frac{c}{\lambda} = E_n - E_{n'} \quad \cdots\cdots ⑦$$

⑦式に，⑥式のエネルギー準位を代入すると

$$h\frac{c}{\lambda} = -\frac{2\pi^2 k_0{}^2 me^4}{h^2}\left(\frac{1}{n^2} - \frac{1}{n'^2}\right)$$

$$\boldsymbol{\frac{1}{\lambda} = \frac{2\pi^2 k_0{}^2 me^4}{h^3 c}\left(\frac{1}{n'^2} - \frac{1}{n^2}\right)} \quad \cdots\cdots ⑧$$

⑧式のうち，定数部分をリュードベリ定数Rとおく，すなわち

$$R = \frac{2\pi^2 k_0{}^2 me^4}{h^3 c} \quad \cdots\cdots ⑨$$

とすれば，⑧式はp.430の式と同じ形になりますね。
このように，ボーアの理論を使えば，水素原子に関する現象が説明できます。

さて，ここまでで原子の構造や，原子核の周りを回る電子の軌道の満たす条件などをお話ししてきました。
p.430～439の話の流れを理解して，面倒でも自分で式変形などをやってみましょう。別冊の問題も自力で解けるようにしておいてくださいね。

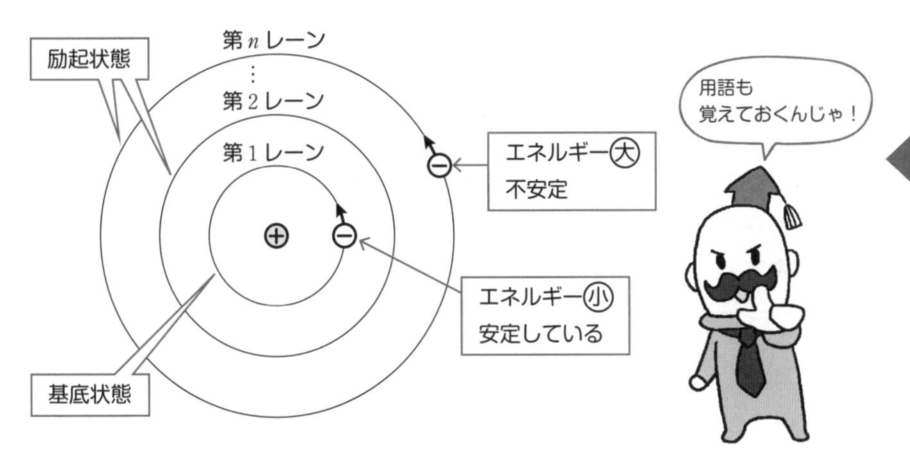

・p.430 の原子のスペクトルの式を導出しよう！

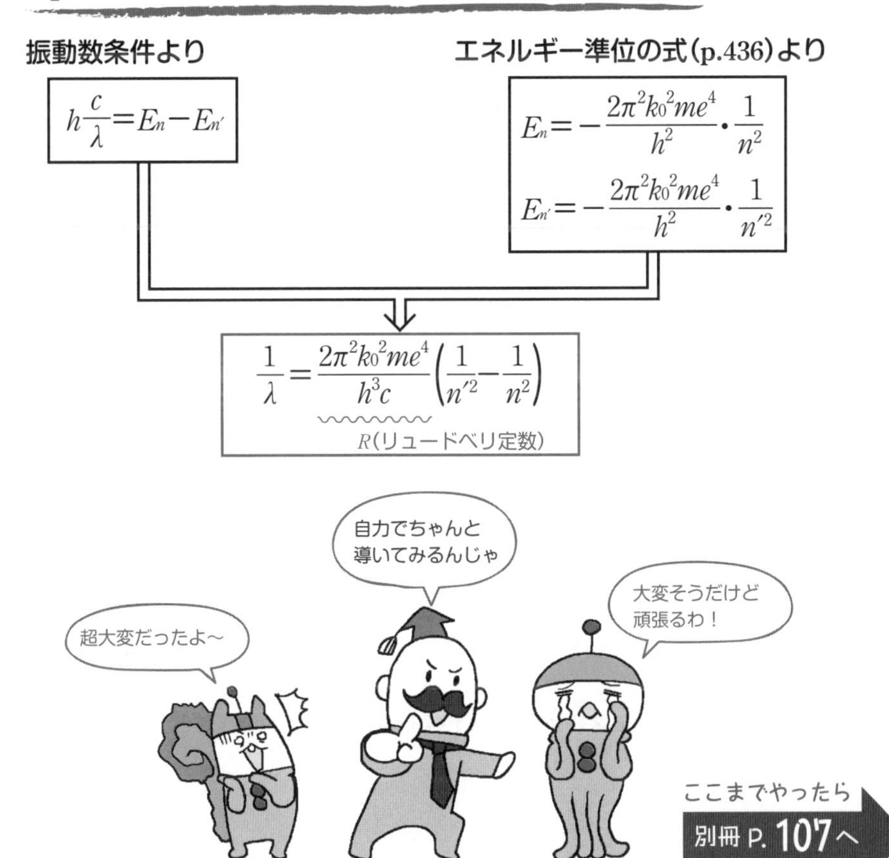

ここまでやったら
別冊 P. 107へ

13-4 X線

ココをおさえよう！

X線には連続X線と特性X線があり，特性X線は，はじき飛ばされた電子の軌道に，それよりも外側にある電子が入り込むことで発生する。

1895年，ドイツ人のレントゲンさんは，陰極線（電子の集まり）を加速させて金属にぶつけると，正体不明の光のようなものが出ることに気づき，X線と名づけました。調べていくと，X線は透過性が高く，波長の短い電磁波で，**電子から飛び出している**とわかりました。
ここではX線を粒子と考えて，**電子からX線光子という粒が飛び出る**と考えましょう。

発生したX線の強さと，波長の関係のグラフが，右ページにあります。「X線の強さ」は「X線の明るさ」であり「X線光子の数」と思っておいてください。
どの波長のX線光子が，どれくらい発生したかを表すグラフということですね。

グラフの中で，滑らかな部分を**連続X線**といいます。
加速された電子が金属内に入ると，電子の速度が変化し，運動エネルギーが減少します。
その運動エネルギーの減少分が，X線という電磁波として放出されるのです。
電子の運動エネルギーの一部，またはすべてをX線光子が受け取ると考えてもいいでしょう（X線光子が受け取らなかった分のエネルギーは，金属原子の熱運動に使われます）。

グラフ中のいちばん短い波長 λ_0 は，**最短波長**と呼ばれます。
光子のエネルギーは $h\dfrac{c}{\lambda}$ で表されますから，波長 λ が小さいとエネルギーは大きくなりますね。よって，**最短波長の光子は，エネルギーがいちばん高い**ということです。
このとき，**電子の運動エネルギーを，すべて受け取った**ということです。
したがって，次の関係が成り立ちます。

$$eV = h\frac{c}{\lambda_0} \iff \lambda_0 = \frac{hc}{eV}$$

X線とは

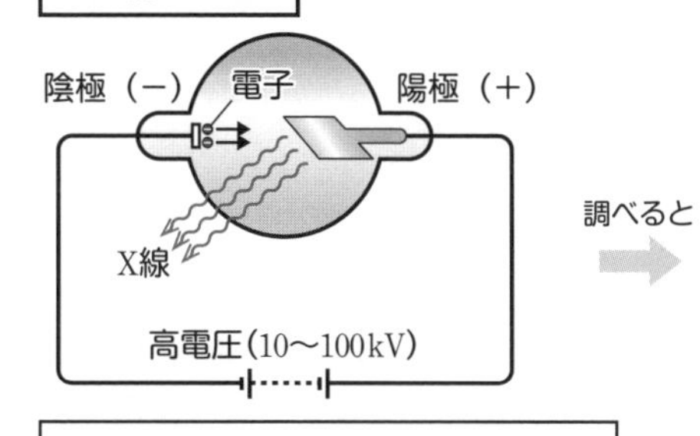

電子を金属にぶつけると出てくる
正体不明の光のようなものを
X線と名づけた

X線は透過力の強い
電磁波で，電子から
出ているとわかった

連続X線と最短波長

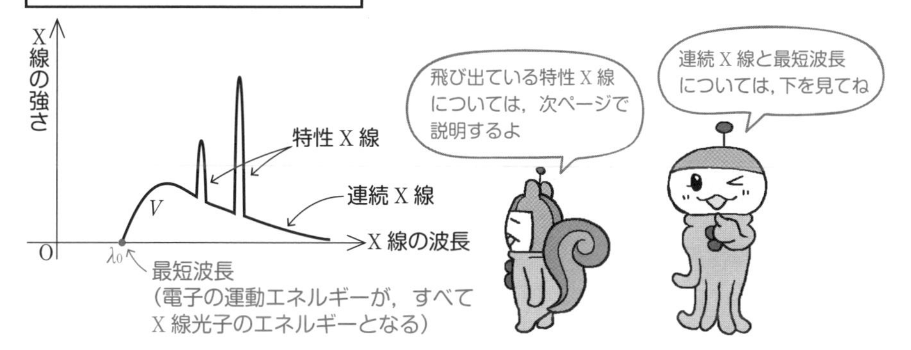

【連続X線のしくみ】

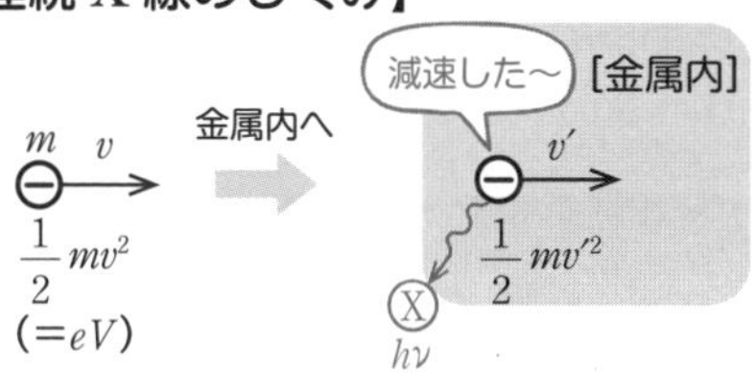

$$\frac{1}{2}mv^2-\frac{1}{2}mv'^2=h\nu$$

$\frac{1}{2}mv^2$：金属に入る前の電子の運動エネルギー

$\frac{1}{2}mv'^2$：金属内での電子の運動エネルギー

$h\nu$：X線光子のもつエネルギー

（最短波長では，電子の運動エネルギーが
すべてX線光子のエネルギーになるので

$$eV=h\nu=h\frac{c}{\lambda_0}\qquad \lambda_0=\frac{hc}{eV}$$

）

もう少しX線のグラフについて見ていきましょう。

グラフの中で飛び抜けて強い部分のX線を，**特性X線**（**固有X線**）といいます。
特性X線が発生するしくみは，次のようなものです。

① **加速されて入ってきた電子が，もともと金属内にいた電子をはじき飛ばす。**
② **はじき飛ばされた電子の軌道に，それよりも外側の軌道にいる電子が割り込む。**
③ **エネルギー準位の差分をもったX線光子が飛び出す。**

このとき“エネルギー準位の差＝放出されたX線光子のエネルギー”が成立します。p.434で学んだボーアの理論②と同じですね。

連続X線の発生は，加速された電子の運動エネルギーの減少によるものでしたが，特性X線は，外側の軌道から内側の軌道に電子が移るときに，余分なエネルギーを放出することによるのです。発生のしくみが異なるということを理解しておきましょう。

金属に入射する電子の加速電圧を大きくしたものが，右ページの図の赤い点線のグラフです。
電子のもつ最大の運動エネルギーはeV_1からeV_2へと増加しますので，放出されるX線光子の最大エネルギー$h\dfrac{c}{\lambda}$も大きくなります。
そのため最短波長λ_2は短くなっていますね（$\lambda_2 < \lambda_1$）。

それに対して，特性X線の波長は変化していません。
電子の軌道が変わることで特性X線は放出されるので，
特性X線では$h\dfrac{c}{\lambda}$**＝（エネルギー準位の差）**となります。
金属によりエネルギー準位は決まっているため，特性X線の波長も金属により決まっており，変化しないのです。

Chapter 13では原子の構造や，電子の軌道変化とその際に放出される光子について学びました。X線も原理は同じようなものなので，合わせて理解してください。

【特性X線の発生のしくみ】

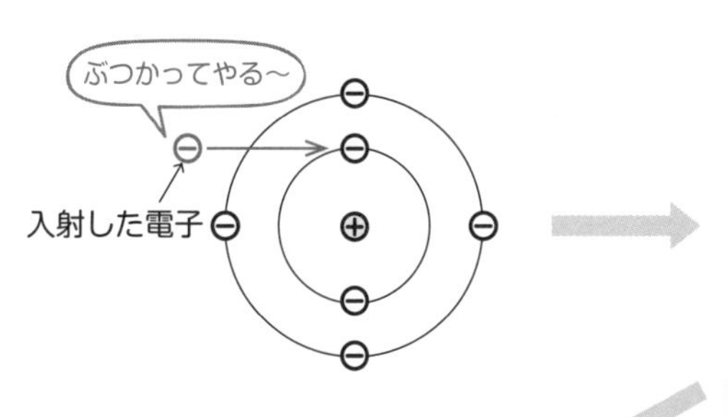

特性X線

外側のレーンと内側のレーンのエネルギー準位の差が特性X線光子のエネルギー

金属内でこのようなことが起こっているときに強いX線(特性X線)が生じているのじゃ

【電子の加速電圧とX線のグラフ】

(電子の加速電圧 $V_1 < V_2$)

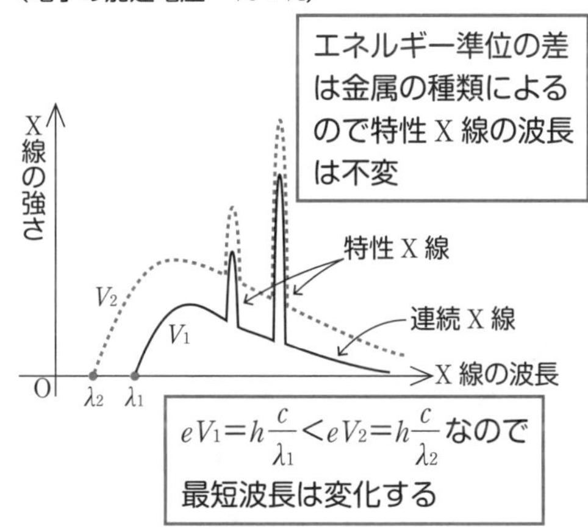

連続X線と特性X線は発生のしくみが違うから左のような結果になるんだね

エネルギーの仲介役の光子が大活躍した章だったわね

ここまでやったら 別冊 p.111へ

理解できたものに，☑チェックをつけよう。

- [ ] 原子は高温になると，とびとびの波長の光（輝線スペクトル）を出す。
- [ ] 電子は1周の距離が波長の整数倍のレーンが好きで，そこでは電磁波を出さない。この状態を定常状態という。
- [ ] 量子条件 $2\pi r = n\dfrac{h}{mv}$ の意味を理解した。
- [ ] 電子が違うレーンに移るときには，光子1個がレーンのエネルギー準位の差に相当するエネルギーを受け渡す。
- [ ] 振動数条件 $h\nu = E_n - E_{n'}$ の意味を理解した。
- [ ] 第 n レーンの半径を導ける。
- [ ] 第 n レーンのエネルギー準位を導ける。
- [ ] 水素原子から放出される光のスペクトルの式を導ける。
- [ ] 連続X線と特性X線の発生する仕組みの違いを理解した。

Chapter

14

原子核反応

14–1 原子核の構造
14–2 放射線
14–3 放射性崩壊
14–4 半減期
14–5 質量欠損と結合エネルギー
14–6 核反応
14–7 核分裂と核融合

原子核反応

はじめに

さあ，ついに最後の章までやってきました。
ラストは原子核反応です。

化学反応では，原子や分子どうしの結びつきが変わりますが，
原子核反応は，ある原子核が，別の原子核に変身してしまう反応です。
さらに，1つの原子核が分裂したり，いくつかの原子核が合体したりする，
魔法のような反応が出てきます。

「どれくらいの時間で反応するか」とか「反応の際にどれほどのエネルギーが生じるか」などという話もしていきます。
ここまで読み進めてきた人なら，簡単に理解できるでしょう。
もうひと踏ん張り，頑張りましょう！

この章で勉強すること

まず，原子核の構造や，それにまつわる用語などを説明します。
そして，原子核に関する現象（崩壊，原子核反応，etc…）を紹介していきます。

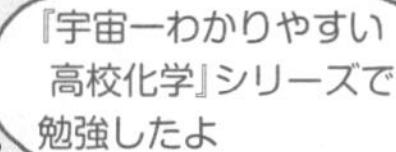

［化学反応］

$2H_2 + O_2 \longrightarrow 2H_2O$

（原子や分子の結びつきかたが変わる）

［原子核反応］

$^{14}_{7}N + {}^{4}_{2}He \longrightarrow {}^{17}_{8}O + {}^{1}_{1}H$

（原子核が別の原子核に変化してしまう）

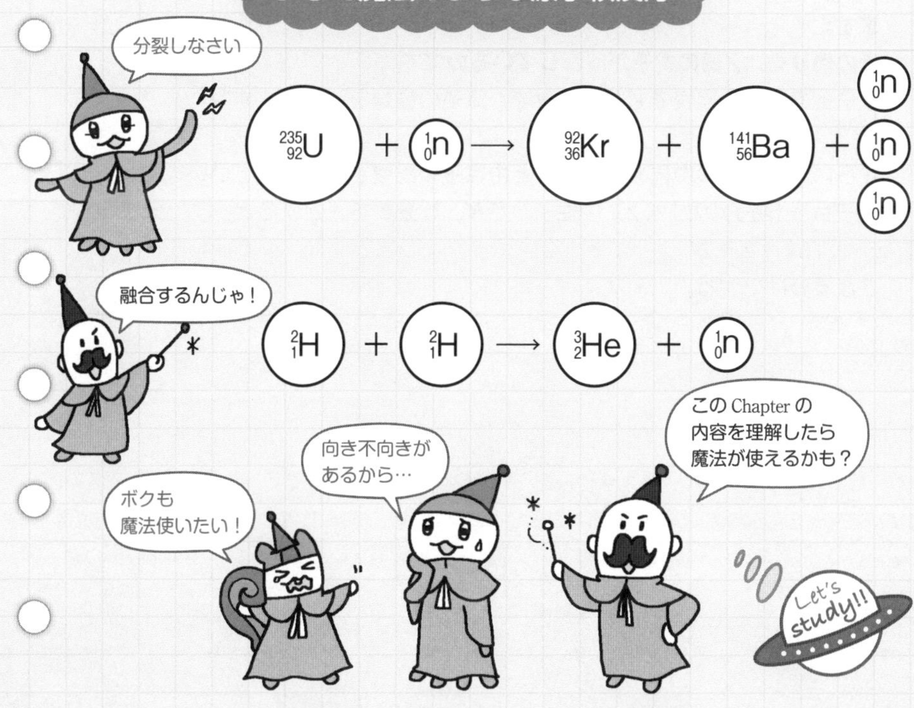

14-1 原子核の構造

ココをおさえよう！

原子核は陽子と中性子から成る。
陽子の数を原子番号といい，陽子と中性子の総数を質量数という。

原子核は，次の2つの粒子が集まって構成されています。

陽子：**正電荷＋e〔C〕をもつ。**
中性子：**電荷をもたない，中性の粒子。**

これらの粒子を総称して，**核子**といいます。
陽子どうしは同種の電荷をもつので反発するはずなのに，なぜ陽子と中性子はくっついていられるかというと，核子間には，強い引力がはたらいているからです。
この，**核子間にはたらく引力**を，**核力**といいます。

原子核内の陽子の数を，**原子番号**といいます。
原子番号Zの原子には，Z個の陽子があるので，原子核は＋Ze〔C〕に帯電しています。
その周りを，Z個の電子が回転しているのです。
原子番号は，周期表でもおなじみで，原子の種類を決定しますね。

さらに，原子核の中にある，陽子と中性子の総数を，**質量数**といいます。
原子番号（陽子の数）をZ，中性子数をN，質量数をAとすると

$$A=Z+N$$

となるわけですね。

原子の構造

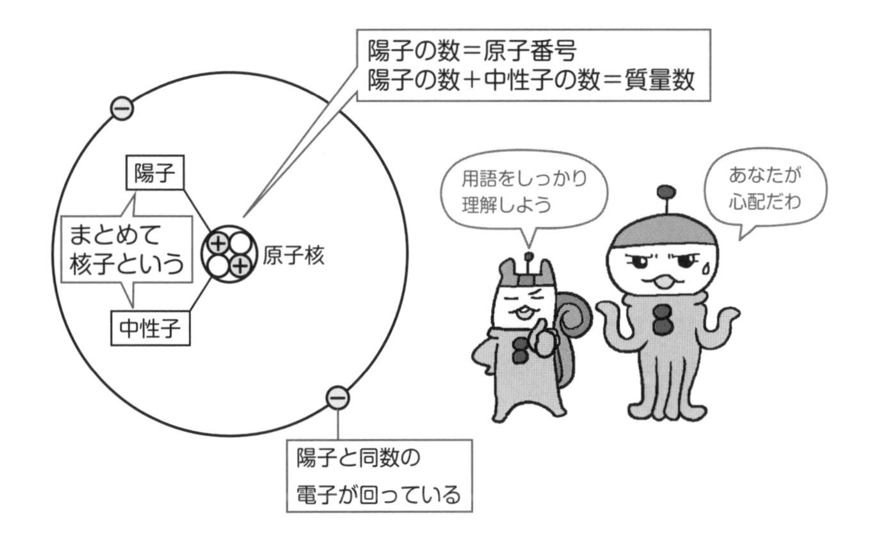

原子の表しかた

原子についての基本的な話をもう少しだけ説明しておきましょう

原子番号（陽子の数）は同じなのに，質量数が違う！　という原子も存在します。
中性子の数が違うのですね。そのような原子は，互いに**同位体**といいます。
例えば，$^{12}_{6}C$と$^{13}_{6}C$はどちらも原子番号6の炭素Cですが，中性子の数が異なるため質量数が異なり，同位体の関係にあります。

同位体の中には，放っておくと放射線を出すものも存在します。
（放射線についてはp.452で説明します）
そのような同位体を，**放射性同位体**といいます。
実は炭素には$^{14}_{6}C$という同位体もありますが，この$^{14}_{6}C$は不安定な構造のため，放射線を出して，別の安定した物質になろうとします。
$^{14}_{6}C$は炭素の放射性同位体ということですね。

最後に原子核の質量についてお話ししておきましょう。
原子の質量は10^{-27} kgとか，10^{-26} kgなどと，とても小さいので不便なことがあります。
そこで，$^{12}_{6}C$の原子1個（電子も含む）の質量の$\frac{1}{12}$を基準として1 uとしました。
$1\ \text{u} = 1.66 \times 10^{-27}$ kgで，これを**統一原子質量単位**といいます。
質量数がAの原子の質量は，$A \times 1.66 \times 10^{-27}\ \text{kg} = A$〔u〕にほぼ等しくなります。
uという単位が出てきたら，「これは質量のことだ」と考えて問題を解きましょう。

同位体 …原子番号は同じだけど，中性子の数が違うもの。

陽子の数が 6 だから
C なのじゃが
中性子の数が違うんじゃ

原子番号：6
(陽子の数)
中性子の数：6

原子番号：6
(陽子の数)
中性子の数：7

放射性同位体 …同位体の中で，構造が不安定で放射線を出すもの。

どうせオレなんて…
いや，いいところも
あるんだけどね
でも……

放射線

不安定で，放射線を出して
別の物質になろうとする。

統一原子質量単位

$1\,\mathrm{u} = 1.66 \times 10^{-27}\,\mathrm{kg}$

オレの質量の $\frac{1}{12}$ を
1 u と定めたぜ

別冊の p.99 で
J の代わりに eV を用いたじゃろ？
あれと同じで
kg の代わりに u を用いる
というだけじゃ

ここまでやったら
別冊 P. 112 へ

14-2 放射線

ココをおさえよう！

放射線には，主に α 線，β 線，γ 線の3種類がある。

1896年，ベクレルという学者が**「ウランから，物質を通り抜ける性質をもった『何か』が出ておる！」**ということを発見し，その『何か』は**放射線**と名づけられました。

放射線には，電離作用と，透過という2つの特徴があります。
電離作用とは，**原子がもつ電子をはじき飛ばしてしまうというはたらき**です。
透過とは，文字通り物質を通り抜ける性質のことです。
「放射線が怖い」といわれるのは，多量の放射線を浴びると，電離作用などによって人間の体内細胞が壊されてしまう恐れがあるからです。
放射線には，主に次の3種類があります。

① α 線

α 線の正体は，ヘリウム $^4_2$He の原子核です。
ヘリウムの原子番号は2ですから，2個の陽子をもっていますね。
したがって，**α 線は，$+2e$〔C〕の電荷をもっています。**
α 線は，強い電離作用をもつ一方，透過力は弱いです。

② β 線

β 線の正体は，電子です。なので，**β 線は $-e$〔C〕の電荷をもっています**。
β 線は，α 線と，次に紹介する γ 線の中間くらいの電離作用と透過力をもちます。

③ γ 線

γ 線の正体は，電磁波です。
γ 線は中性であり，弱い電離作用をもち，強い透過力をもちます。

ウランやラジウムは，放っておいても勝手に放射線を出してしまいます。
そのような，**自然に放射線を出す性質**を**放射能**といいます。
また，**放射能の性質をもった物質のこと**を，**放射性物質**といいます。

これを放射線と名づけた！

放射線の特徴

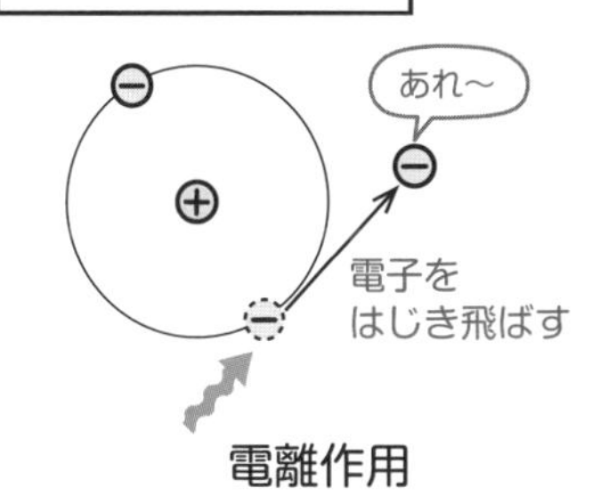

放射線の種類

	正体	電荷	電離作用	透過力
α 線	ヘリウム原子核	$+2e$	強	弱
β 線	電子	$-e$	中	中
γ 線	電磁波	0	弱	強
				紙　薄い金属板　鉛の厚い板

ここまでやったら
別冊 P. 112 へ

14-3 放射性崩壊

ココをおさえよう！

α 崩壊：陽子2個と中性子2個を放出する。質量数は4減る。
β 崩壊：中性子1個が電子をはき出し，陽子1個に変化する。質量数は不変。

ここでは，原子が変身してしまうという，魔法のような現象を紹介します。

p.450でも少し話しましたが，放射性物質の原子核は非常に不安定です。
そこで放射性物質は，こう考えるわけです。
「放射線を出して，もっと安定した，別の物質に変身しよう！」
このような，**放射線を出して別の物質に変身する現象**を，原子核の（**放射性**）**崩壊**といいます。
変身のしかたには，主に次の2種類があります。

① **α 崩壊**
α 崩壊は，α 線（${}^{4}_{2}He$）を放出して変身する現象です。
つまり，**陽子2個，中性子2個を放出して，それに対応した原子に変身する**のです。
質量数が4，原子番号が2減った物質に変身するわけですね。
（例） ウラン238の α 崩壊 ${}^{238}_{92}U \longrightarrow {}^{234}_{90}Th + {}^{4}_{2}He$

② **β 崩壊**
β 崩壊はもっと不思議で，**1個の中性子が電子と陽子に変化します。**
そして電子が放出されるのです。
そのため，**原子番号が1増えた物質に変身してしまう**のです。
放出された電子が，β 線として観測されます。
（例） 鉛210の β 崩壊 ${}^{210}_{82}Pb \longrightarrow {}^{210}_{83}Bi + {}^{0}_{-1}e$

α 崩壊や，β 崩壊は1度しかしないわけではなく，何度か行われたりします。
「α 崩壊は，${}^{4}_{2}He$ が放出され，質量数が4減少，原子番号が2減少する」
「β 崩壊は，電子が放出され，質量数は不変だが，原子番号が1増加する」
ということです。別冊で問題の解きかたに慣れてくださいね。

放射性崩壊

不安定な原子核が放射線を出して，安定した別の原子核になること。

① α 崩壊：α 線（$^{4}_{2}He$）を放出する崩壊

（例）ウラン 238（$^{238}_{92}U$）の α 崩壊

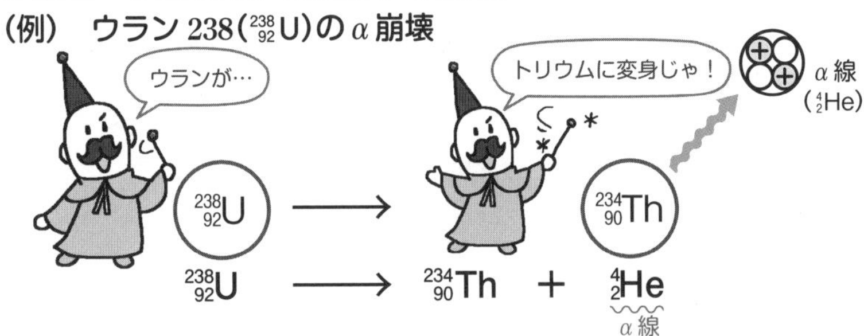

$$^{238}_{92}U \longrightarrow {}^{234}_{90}Th + {}^{4}_{2}He$$

（$^{4}_{2}He$：α 線）

② β 崩壊：中性子 1 個が，陽子と電子に変わり，電子が放出される崩壊

（例）鉛 210（$^{210}_{82}Pb$）の β 崩壊

$$^{210}_{82}Pb \longrightarrow {}^{210}_{83}Bi + {}^{0}_{-1}e$$

（$^{0}_{-1}e$：β 線）

	質量数	原子番号
α 崩壊	4 減少	2 減少
β 崩壊	変わらない	1 増加

ここまでやったら 別冊 P. 114 へ

14-4 半減期

ココをおさえよう！

半減期ごとに，残る原子核の半分が崩壊していく。

放射性物質の原子核は，ただやみくもに崩壊していくわけではありません。
ある法則性をもって，崩壊していくのです。

ある放射性物質が64 gあるとします。
時間Tが経つと，この物質のうち32 gが原子核の崩壊を起こし，別の原子核に変身してしまいました。

さらに時間Tが経過すると，残る32 gの放射性物質のうち，何gが原子核の崩壊を起こすでしょうか。
「最初に32 gが原子核の崩壊をしたから，今度も32 gじゃない？」
いえ，それが違うのです。
今度は残る32 gの半分，つまり16 gの放射性物質が原子核の崩壊を起こすのです。

そしてさらに時間Tが経過すると，残る16 gの半分の8 gが崩壊します。
このように，**原子核は残りの個数の半分が，一定時間ごとに崩壊していきます**。

原子核が半分になる時間Tを，半減期といいます。
半減期は原子の種類によって，何千年の場合もあれば，何日間の場合もあります。

最初の原子核の数をN_0，半減期をT，経過した時間をtとすると
t経過後に崩壊しないで残っている原子核の個数Nは，次のように表されます。

$$N = N_0\left(\frac{1}{2}\right)^{\frac{t}{T}}$$

半減期 …原子核が崩壊して，元の半分の量になる時間。

（例） 64 g の放射性物質

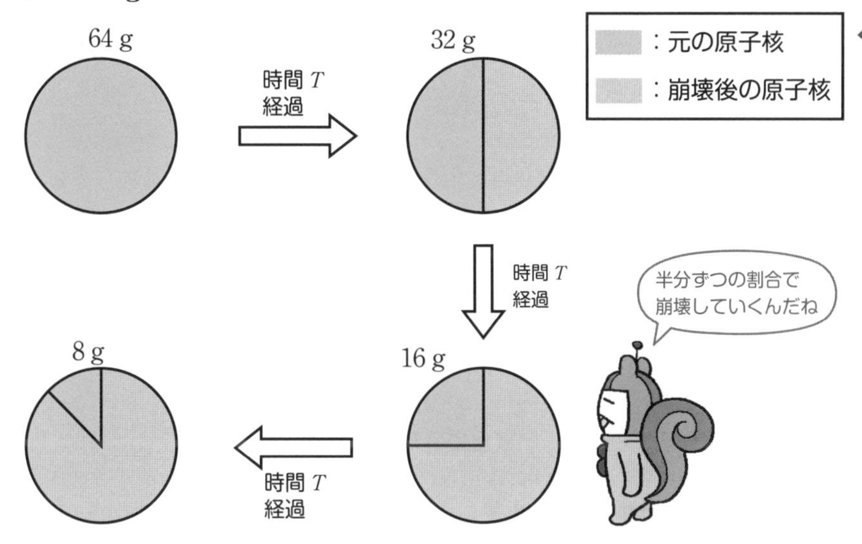

最初の原子核の数を N_0，半減期を T，
経過時間を t とすると

$$N = N_0\left(\frac{1}{2}\right)^{\frac{t}{T}}$$

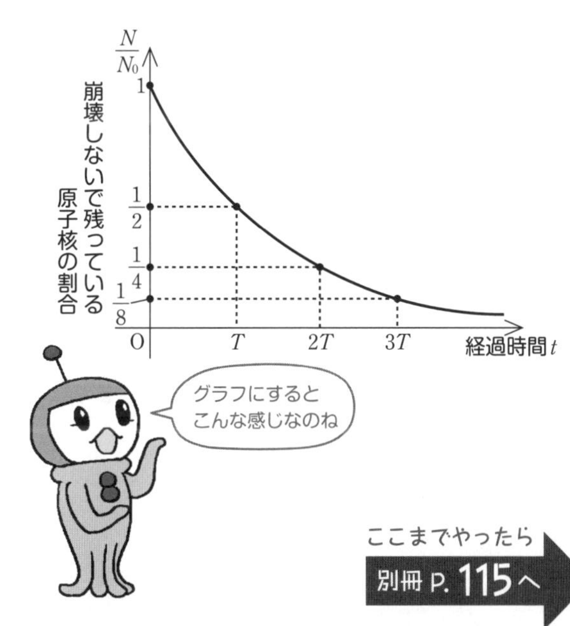

ここまでやったら 別冊 P. 115へ

14-5　質量欠損と結合エネルギー

ココをおさえよう！

陽子と中性子がバラバラである状態よりも，原子核として結合している状態のほうが，その質量は小さくなる。

1905年，アインシュタインは特殊相対性理論という有名な理論を発表しました。
くわしい内容は大学などで勉強していただくとして，特殊相対性理論によると
質量とエネルギーは同等のものであり，静止している物体のもつエネルギーE〔J〕と質量m〔kg〕の間には次の関係があるということでした。

$$E = mc^2$$

（E：エネルギー〔J〕　m：物体の質量〔kg〕　c：真空中の光の速さ〔m/s〕）

この式で表されるエネルギーは**静止エネルギー**といいます。

どういうことかを説明すると，質量m〔kg〕の物体はそこにあるだけで，$E = mc^2$〔J〕の静止エネルギーをもっているということです。
mが大きい物体は，それだけで静止エネルギーが大きいということなので，「質量とエネルギーは同等のものだよ」とアインシュタインは発表したのです。

化学では，質量保存の法則というのがあり，「化学反応の前後で物質の総質量は変化しない」と教わってきました。
たしかに，質量がいきなり増えたり減ったりするような不思議なことは，私たちの日常ではありません。
（「なんで体重増えちゃったんだろ？」と嘆く人は，必ず何かを食べています）

しかし，原子核レベルでの反応を考えると，解明できないような不思議な質量の変化が起きていました。
アインシュタインの提唱した$E = mc^2$によって，その不思議な質量の変化は解明されるのです。p.460でくわしく見ていきましょう。

静止エネルギー

$$E=mc^2$$

この理論によって
原子核反応の謎であった
不思議な質量変化が解明される

⇒p.460 へ

質量Mの原子核があります。
この原子核は，陽子Z個，中性子N個が集まって構成されたものです。
陽子の質量をm_p，中性子の質量をm_nとしたとき，
1粒ずつの重さの合計$Zm_p + Nm_n$と原子核の質量Mは同じになるはずですよね？

しかし，不思議なことに$M < Zm_p + Nm_n$となります。
陽子と中性子が集まった原子核の状態より，バラバラの状態のほうが重いのです。

どれくらいの差があるかは，次の式で表されます。

$$\Delta m = (\text{バラバラの状態}) - (\text{集まった状態}) = Zm_p + Nm_n - M$$

このΔmのことを，**質量欠損**といいます。

また，$E = mc^2$の関係を考えると，mの大きいほうがエネルギーも大きいのですから，原子核の状態よりも，バラバラの状態のほうがエネルギーは大きいということです。

$$\Delta E = \Delta mc^2$$

だけ，原子核の状態のほうがエネルギーは小さいのですね。

いいかたを変えれば，**原子核をバラバラにするには，ΔEのエネルギーをあげなければならない**のです。
この，原子核をバラバラにするのに必要なエネルギーのことを，
原子核の**結合エネルギー**といいます。

日常生活では60 kg，10 kg，20 kgの合わせて90 kgの3人がまとめて体重計にのると，80 kgになるなんてことはありませんね。
しかし原子レベルでは，バラバラの状態と集まった原子核の状態ではエネルギーに差があるために，質量が変わってしまうのですよ。

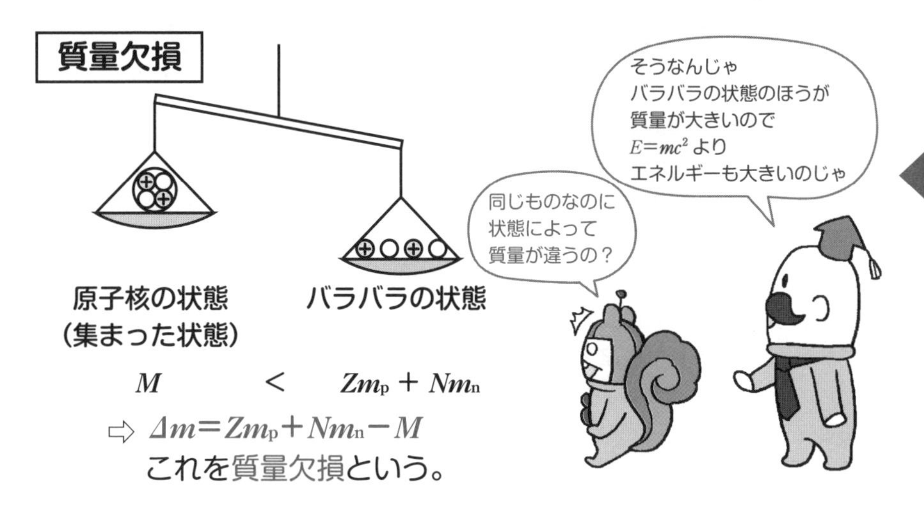

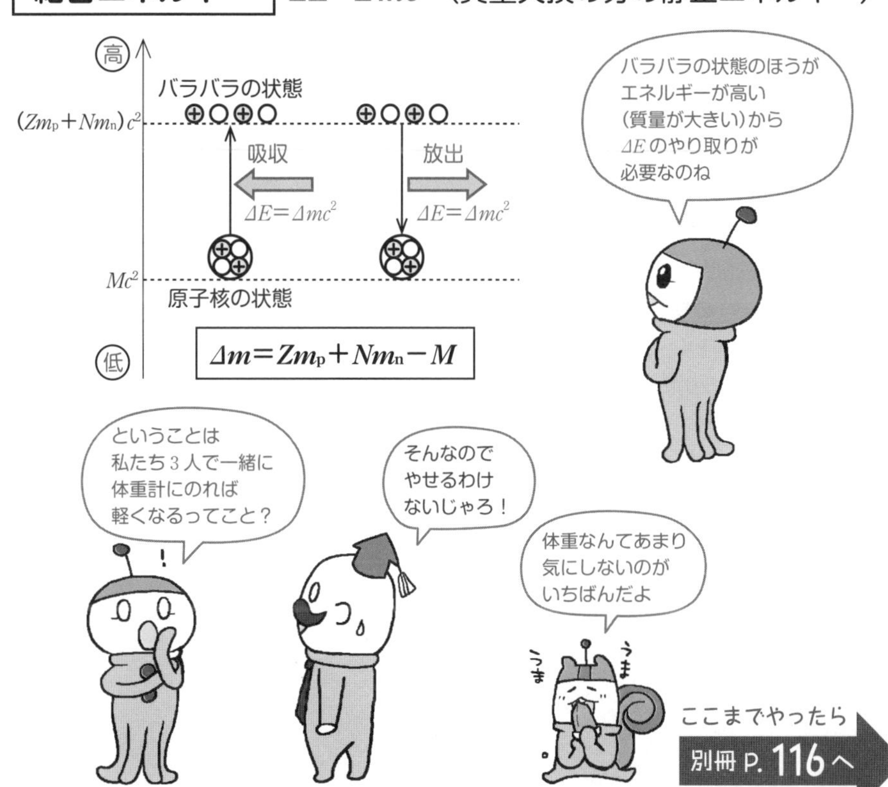

ここまでやったら 別冊 p.116へ

14-6　核反応

ココをおさえよう！

原子核が粒子と衝突し，別の原子核に変身する現象を核反応という。

原子核が α 崩壊や β 崩壊を起こすと，別の物質に変わるのでしたね（p.454）。
これらは α 線（$^{4}_{2}He$）や β 線（電子）を物質が放出して，原子核が変化する反応でしたが，α 線や β 線，または中性子線などを物質にぶつけることで原子核を変化させることもできます。
このように原子核の間で陽子と中性子の組み換えが起こる反応を，概して**核反応**（**原子核反応**）といいます。

1919年，物理学者のラザフォードは，窒素の原子核（$^{14}_{7}N$）に，α 線（$^{4}_{2}He$）をぶつけてみました。するとどうでしょう，窒素が酸素（$^{17}_{8}O$）に変身してしまったのです。
このとき，酸素の他に，陽子（$^{1}_{1}H$）も放出されました。

$$^{14}_{7}N + ^{4}_{2}He \longrightarrow ^{17}_{8}O + ^{1}_{1}H$$

（核反応式では，陽子を $^{1}_{1}p$，中性子を $^{1}_{0}n$ などと表すことがあります）

この反応では，α 線 $^{4}_{2}He$ は窒素にぶつかった拍子に，中性子2個と陽子1個を奪われてしまったために陽子 $^{1}_{1}H$ になっています。
しかし，反応式を全体的に見ると**核反応の前後では，①質量数の総和，②原子番号（陽子の数）の総和は不変**です。
質量数は　$14+4=17+1=18$　で不変，
原子番号（陽子の数）は　$7+2=8+1=9$　で不変ですね。

核反応では，α 線 $^{4}_{2}He$ をぶつける以外にも，陽子 $^{1}_{1}H$（または $^{1}_{1}p$）や β 線（電子 $^{0}_{-1}e$），中性子線（$^{1}_{0}n$）などをぶつけることもありますが，「核反応の前後で質量数の総和と原子番号（陽子の数）の総和が同じ」という原則にしたがえば問題は解けます。
別冊で確認してみてくださいね。

核反応 …原子核の間で，陽子と中性子の組み換えが起こる反応の総称。

【窒素 $^{14}_{7}N$ と α 線($^{4}_{2}He$)の核反応】

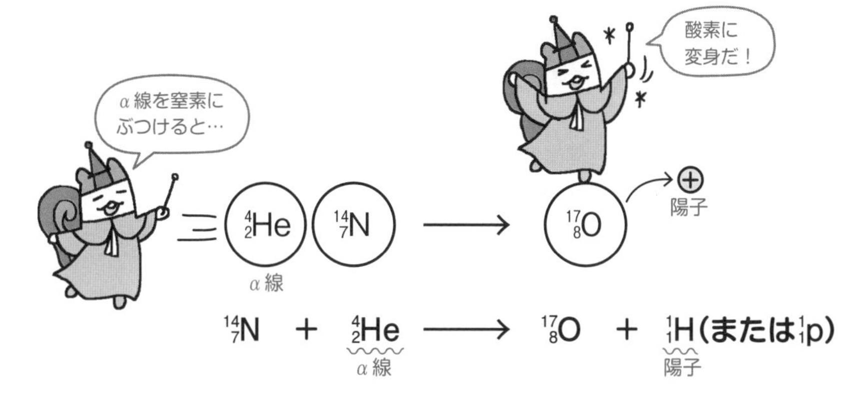

〈反応のメカニズム〉

これを使って
別冊にチャレンジよ

Point

核反応では，反応の前後で
①質量数の総和
②原子番号(陽子の数)の総和
が不変！

ここまでやったら 別冊 P. 117へ

14-7 核分裂と核融合

ココをおさえよう！

核分裂：原子核が分裂する現象。
核融合：いくつかの原子核が1つにまとまる現象。
どちらの反応も，反応すると，エネルギーは放出される。

核反応の一種に，**核分裂**と**核融合**という現象があります。
どちらも，原子核が安定するためにエネルギーを放出する反応です。
エネルギーを放出するということは，反応後は全体で質量が小さくなっているということを念頭においておきましょう。

原子核が分裂してしまう反応を，**核分裂**といいます。
例えば，ウランUの原子核に，遅い中性子を飛ばして衝突させると，
ウランU原子核は分裂し，クリプトン(Kr)とバリウム(Ba)が発生します。
それと同時に3つの中性子が放出されるので，この変化は，次のように書けます。

$$^{235}_{92}\mathrm{U} + {}^{1}_{0}\mathrm{n} \longrightarrow {}^{92}_{36}\mathrm{Kr} + {}^{141}_{56}\mathrm{Ba} + 3{}^{1}_{0}\mathrm{n}$$

このとき，質量は$^{235}_{92}\mathrm{U} + {}^{1}_{0}\mathrm{n}$より$^{92}_{36}\mathrm{Kr} + {}^{141}_{56}\mathrm{Ba} + 3{}^{1}_{0}\mathrm{n}$のほうが小さくなります。
軽くなった質量Δmの分が，エネルギー$E = \Delta mc^2$として放出されるのですよ。

ウランの核分裂では3つの中性子が放出されますが，それを他のウラン原子にぶつけて，連続的に核分裂を起こすことができます。これを**連鎖反応**といいます。
原子爆弾では連鎖反応により核分裂を急激に起こして，爆発的なエネルギーを発生させており，原子力発電ではこの反応を制御しながらエネルギーを得ているのです。

いくつかの原子核が1つに合体してしまう反応を**核融合**といいます。
超高温，高密度の条件のもとで，重水素（中性子をもつ水素$^{2}_{1}\mathrm{H}$のこと。普通の水素$^{1}_{1}\mathrm{H}$は中性子をもちません）が，2つ集まると，それらが合体しヘリウム原子核に変身してしまいます。
このとき，中性子1個が放出されます。

$$^{2}_{1}\mathrm{H} + {}^{2}_{1}\mathrm{H} \longrightarrow {}^{3}_{2}\mathrm{He} + {}^{1}_{0}\mathrm{n}$$

ここでも，反応後のほうが質量は小さくなるので，エネルギーが放出されます。

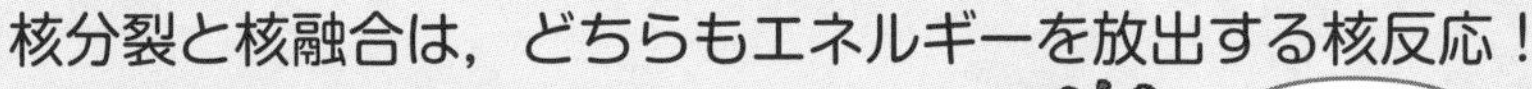
核分裂と核融合は，どちらもエネルギーを放出する核反応！
反応後は全体で質量が小さくなる！

これを基本に
考えていくよ

14

核分裂 …原子核が分裂する反応。

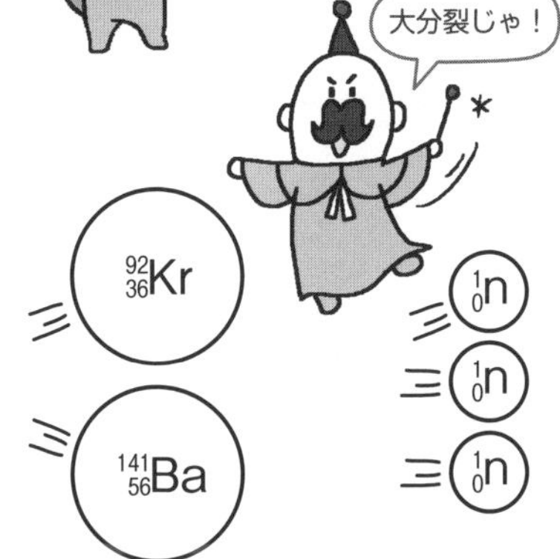

$$^{235}_{92}\mathrm{U} + {}^{1}_{0}\mathrm{n} \longrightarrow {}^{92}_{36}\mathrm{Kr} + {}^{141}_{56}\mathrm{Ba} + 3\,{}^{1}_{0}\mathrm{n}$$

分裂のときに出た
中性子を他のウランに
ぶつけて，次々と
核分裂が起こることを
連鎖反応というのよ

取り扱いに
注意しないとね

核融合 …いくつかの原子核が１つに合体する反応。

コスプレも
最後じゃと
さみしいのぅ

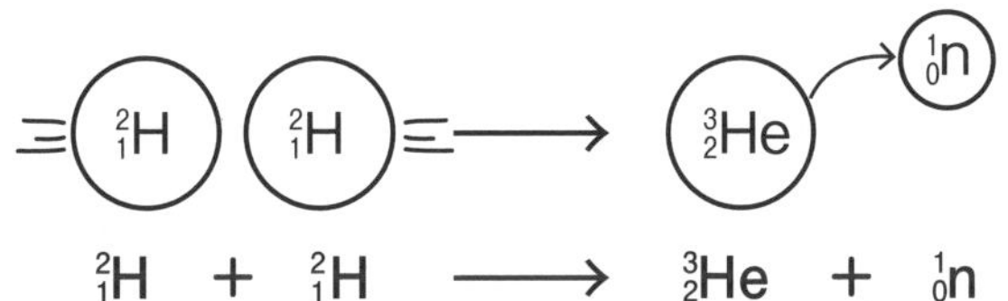

$$^{2}_{1}\mathrm{H} + {}^{2}_{1}\mathrm{H} \longrightarrow {}^{3}_{2}\mathrm{He} + {}^{1}_{0}\mathrm{n}$$

やったー

やりきったわ！
自分をほめて
あげたい

ここまでやったら
別冊 P. 118 へ

理解できたものに，☑チェックをつけよう。

- ☐ 質量数と原子番号の関係$A=Z+N$を覚えた。
- ☐ $1\mathrm{u}=1.66\times10^{-27}\,\mathrm{kg}$を統一原子質量単位と呼ぶ。
- ☐ 放射線にはα線・β線・γ線の3種類があり，それぞれの性質を覚えた。
- ☐ α崩壊では，α線を放出するので，質量数が4，原子番号が2減った原子核に変化する。
- ☐ β崩壊では，1個の中性子が電子と陽子に変化するので，原子番号が1増えた原子核に変化する。
- ☐ 半減期の意味を理解し，$N=N_0\left(\dfrac{1}{2}\right)^{\frac{t}{T}}$の式を覚えた。
- ☐ 原子核は，原子核そのものの質量よりも陽子と中性子（核子）がバラバラの状態の質量のほうが大きく，その質量差を質量欠損という。
- ☐ 質量欠損の式$\Delta m=Zm_{\mathrm{p}}+Nm_{\mathrm{n}}-M$の意味を理解した。
- ☐ 原子核をバラバラにするのに必要なエネルギーを結合エネルギーといい，$\Delta E=\Delta mc^2$である。
- ☐ 核反応の前後では，「質量数の総和と原子番号の総和は不変」という関係があることを理解した。

2人とも
ここまでよく
頑張ったのぅ

長かったわ…

たのしかったよ！

電磁気・熱・原子も
完成じゃ！
やったー！

また新たにニガテを
まとめあげたぞ！
はるばる
地球まで
来たかいが
ありました！
これで
物理は完ペキだ！
地球に来てから
ハカセとリスと…
いろんなことが
あったわ…
これでボクは
ブツリスとして
また新たな階段を
のぼったぞ！
ブ…ブツリス!?
ブツリス！

それなら私は
フィジックラゲね！
Physicurage!
えーっ！
まさか…この
ダジャレのためだけに…
タントウはアシスタントを
選んでいるのでは…？
疑…
おお…そうじゃ
タントウくんに
原稿を送らねば
はい
送ります～
ピッ
ピッ
ハカセ校長！
いや～ご無事でなによりです！
そして新しい本の原稿まで
用意して頂けるなんて！
しらじらしいの～
ワシらの心配なんぞ
しておったのだろうか…
そうだよ…
ジェリーに
ひとりで来させて…
もちろん心配
してましたよ！
そしてこの本も
前作にひき続き
大ヒット間違い
なしです！

ジェリーさん！
ハカセ校長を救出し
新しい原稿まで…
ありがとう！
ジェリーよかったね
本にアシスタントとして
載りたかったんでしょ
そうね～
そうなのよね
うれしく
ないの？
ボクと
一緒だから？
そうじゃなくて…
やあジェリー！
久しぶりだね
タトル先輩!?
だれ？
こちらうちの
インターンの
タトルくん
知り合い？
ジェリー！
ハカセ校長の
アシスタントに
なったんだって？
やるじゃ
ないか～
ずいっ

や〜ジェリーは
怒るとすぐ電気流すし…
ボクが宇宙出版の
インターンになったら
ジェラシーがすごくてね〜
あ！
もしかして
ジェリーの…彼氏!?
元よ！
元彼
聞いてくださいよ！
ジェリーは電気のコントロールが
できるようになったんですよ〜
それは彼女の
努力の結果で！
彼氏のために
頑張ったんだよね？
リ…リス！
お〜そうなのか〜
ジェリー
今度一緒に
食事でもどうだ〜い？
今のキミとなら
うまくやれるかも
しれないな〜
う〜ん
すみません…
お断り
します
えーっ!?
どうして？
ジェリー

たしかに最初は
私をフッた先輩を
見返したい…
本を出して有名に
なりたいと思って
ました
でもハカセとリスと
学んでいるうちに
勉強自体がすごく
たのしくなってきて…
有名になることとか先輩のこととか
どうでもよくなっちゃいました！
ガーン
先輩みたいな上昇志向もいいけど
リスを見ていたら…私…
えっっ
ボクを!?
見てたら!?
ドキーッ
もっと甘え上手になりたいって
思うようになったわ！
ガクッ
なんだ…ジェリーが
ボクの魅力にまいって
しまったのかと…
いや
それはない！
しかし
見習いたい！
人に甘えられる
のも大事な
才能なのよ！
ハカセは
リスに
甘々
じゃない!!
そんなに
甘い
かの？

タトルくん
さっさと仕事に
戻ってくれる？
ジェ…
ジェリー!!
それでは早速
出版の準備に
取りかかります！
みなさん
無事に帰ってきて
くださいね！
うむうむ
よろしく
頼んだぞ
それでは
みんなでハカセ学園に
帰るかの！
はーい！
うう…地球も名残惜しいなぁ…
美味しい木の実がいっぱい
あったよ…
あら…じゃあ
残ってもいいのよ
ハカセのお世話は
私がするから！
学園に帰っても
ハカセ校長の
アシスタントは
ボクがする！
私が
するわ！
コラコラ
落ち着き
たまえ
2人とも勉強のたのしさを味わって
学園に帰ってもハカセのアシスタントをするようです。
宇宙にニガテがある限り，3人は宇宙を飛び回って
「宇宙一わかりやすい」参考書を作り続けます。
もしかしたら，また地球にやってくるかもしれませんね。

さくいん

ま行

や行

ら行

わ行

著者	鯉沼　拓
監修者	為近和彦
装丁	名和田耕平デザイン事務所
中面デザイン	オカニワトモコ デザイン
イラスト	水谷さるころ
データ作成	株式会社 四国写研
印刷会社	株式会社 リーブルテック
編集協力	秋下幸恵・内山とも子 江川信恵・佐藤玲子 高木直子・林千珠子 持田洋美・HA-YASU 株式会社 U-Tee 株式会社 オルタナプロ
シリーズ企画	宮崎　純
企画・編集	藤村優也

「宇宙一わかりやすい
高校物理」シリーズ
使ってくれてどうもありがとう！

別冊

問題集

Chapter 1 静電気

確認問題 1 1-1，1-2，1-3に対応

以下の文章を読み，空欄を埋めよ。

原子は，陽子と中性子からなる正の電荷をもつ［(1)］と，負の電荷をもつ［(2)］で構成されている。［(1)］の電気量を$+e$とすると，［(2)］の電気量は［(3)］と表される。電気量eのことを［(4)］という。

異なる2種類の物体をこすり合わせると，［(2)］が移動し，各物体は別々の種類の電気を帯びる。この現象を［(5)］といい，このようにして帯びた電気のことを［(6)］という。また，電気を通しやすい物体を［(7)］，通しにくい物体を［(8)］という。

電気の基本知識を確認しましょう。

(1) **原子核**　(2) **電子**　(3) $-e$
(4) **電気素量**　(5) **帯電**　(6) **静電気**
(7) **導体**　(8) **不導体（絶縁体）**　答

確認問題 2 1-4，1-5に対応

帯電して箔が開いている箔検電器がある。この箔検電器の金属円板に，正に帯電したアクリル棒を近づけたところ，箔が閉じた。以下の問いに答えよ。

(1) アクリル棒を近づけたとき，金属円板は正と負のどちらに帯電しているか。

(2) はじめ，箔検電器は正と負のどちらに帯電していたか。

さらにアクリル棒を近づけたところ，箔は開いた。

(3) このとき，箔は正と負のどちらに帯電しているか。

次に，アクリル棒を近づけたまま金属円板に指で触れた。その後，指を離してからアクリル棒を遠ざけた。

(4) 指で触れたとき，箔は開いたままか，それとも閉じるか。

(5) アクリル棒を遠ざけると，箔は開くか，それとも閉じるか。開くとすると，箔は正，負のどちらに帯電しているか。

(1) 正に帯電したアクリル棒を近づけると，静電誘導が起こり，箔にあった電子は金属円板に集まります。したがって，金属円板は負に帯電します。

金属円板は負に帯電している。

(2) 正の帯電体が近づけられたことで，箔にあった電子が金属円板に吸い寄せられたというのがポイントです。箔にあった電子が少なくなった結果，中性になって箔が閉じたのですから，箔にはもともと電子がたくさんあったのです。すなわち負に帯電していたわけですね（右上図）。

箔検電器は負に帯電していた。

(3) 帯電体をさらに近づけると，箔の中の電子を金属円板に引きつける力が，もっと強くなります。すると，さらに多くの電子が金属円板に移動してしまうため，右図のように箔が正に帯電します。

箔は正に帯電している。

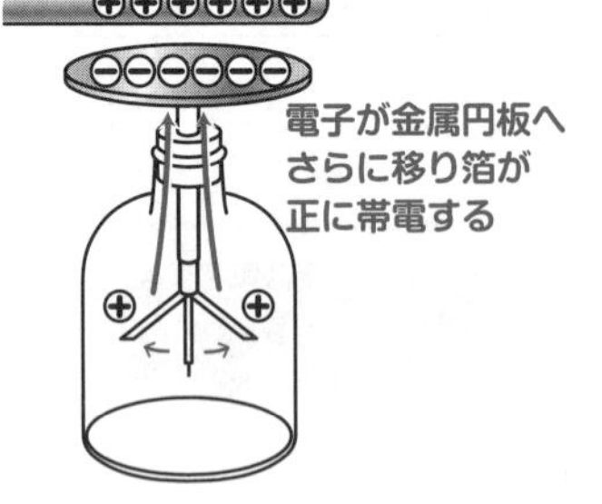

(4) 指で触れると接地が起こり，箔は帯電しなくなります。指から箔へと電子が供給されるのですね。したがって，箔は閉じます。

箔は閉じる。 答

(5) 静電誘導による力は比較的強いので，金属円板は接地の影響を受けないのでした。正に帯電したアクリル棒が近くにあるので，接地している最中でも金属円板には電子が集まったままになります。手を離したあと，アクリル棒を遠ざけると，金属円板に集まっていた電子が，箔にも広がっていきます。

箔は負に帯電して開く。 答

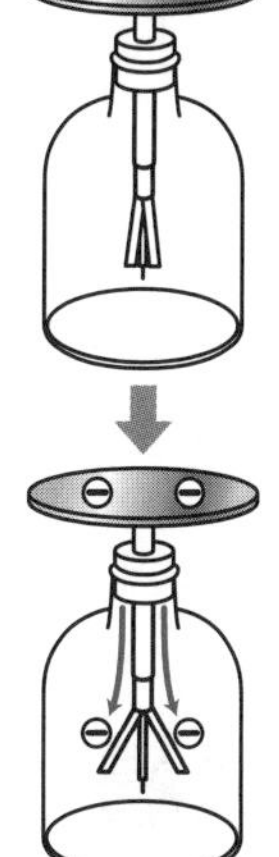

確認問題 3　1-6 に対応

天井に吊るされた長さℓの2本の糸に，それぞれ質量m〔kg〕の球を取りつける。2本の糸は，$2\sqrt{2}\,\ell$〔m〕だけ離れた位置に吊るされている。この球に，同じ大きさで異種の電気量を与えたところ，右図のように，糸は天井と45°をなして静止した。このとき，与えた電気量の大きさを求めよ。重力加速度をg，クーロンの法則の比例定数をkとする。

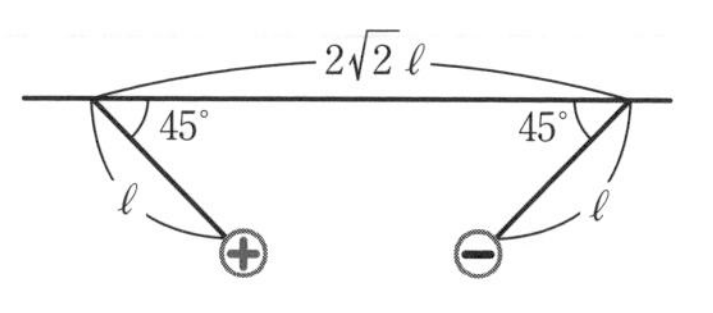

解説

球についての力のつり合いを考えましょう。球には重力と張力の他に，静電気力がはたらきます。張力をT，球に与えた電気量の大きさをqとして力のつり合いの式を立てれば

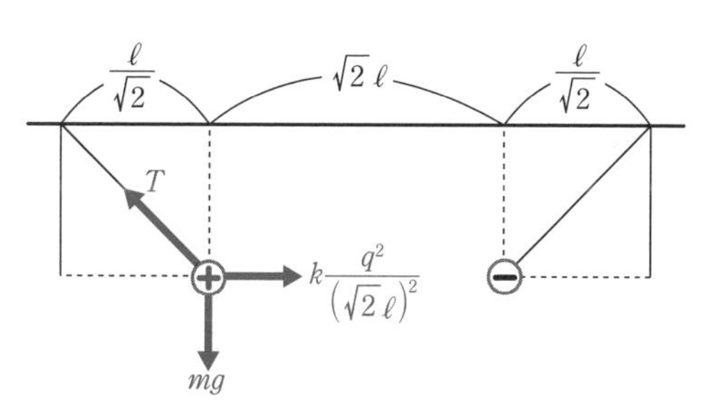

水平方向：$T\cos 45^\circ = k\dfrac{q^2}{(\sqrt{2}\,\ell)^2}$　……①

垂直方向：$T\sin 45^\circ = mg$　……②

②より，$T=\sqrt{2}\,mg$なので，これを①に代入して

$$\sqrt{2}\,mg\cos 45^\circ = k\frac{q^2}{(\sqrt{2}\,\ell)^2}$$

$$mg = \frac{kq^2}{2\ell^2}$$

$$q = \underline{\sqrt{\frac{2mg}{k}}\,\ell}$$ 答

電場

確認問題 4　2-1，2-2 に対応

(1) 3.0×10^{-10} Cの点電荷を一様な電場中に置いたところ，点電荷は9.0×10^{-9} Nの大きさの力を受けた。この電場の大きさを求めよ。

(2) 大きさ20 N/Cの一様な電場中に，正の電気量をもつ電荷を置いたところ，この電荷は4.0×10^{-8} Nの力を受けた。この電荷の電気量を求めよ。

電場の式を使いこなせるようになりましょう。

(1) $F=qE$より，$E=\dfrac{F}{q}$なので

$$E=\frac{9.0\times10^{-9}}{3.0\times10^{-10}}=\underline{30\ \mathrm{N/C}}$$ 答

(2) $F=qE$より，$q=\dfrac{F}{E}$なので

$$q=\frac{4.0\times10^{-8}}{20}=\underline{2.0\times10^{-9}\ \mathrm{C}}$$ 答

確認問題 5　2-3，2-4 に対応

電気量8.0×10^{-8} Cの点電荷がある。この電荷が，10 cm離れたところに作る電場の大きさを求めよ。さらに，その位置に5.0×10^{-8} Cの正電荷を置いたときに，その正電荷が受ける力の大きさを求めよ。クーロンの法則の比例定数は$9.0\times10^{9}\ \mathrm{N\cdot m^2/C^2}$とする。

点電荷が作る電場の式$E=k\dfrac{Q}{r^2}$を使いますが，rの単位はmなので，10 cmを0.10 mに直しましょう。

$$E=k\frac{Q}{r^2}=\frac{9.0\times10^{9}\times8.0\times10^{-8}}{(0.10)^2}=\underline{7.2\times10^{4}\ \mathrm{N/C}}$$ 答

この位置に置かれた5.0×10^{-8} Cの正電荷が受ける力は，$F=qE$より

$$F=5.0\times10^{-8}\times7.2\times10^{4}=\underline{3.6\times10^{-3}\ \mathrm{N}}$$ 答

確認問題 6　2-5 に対応

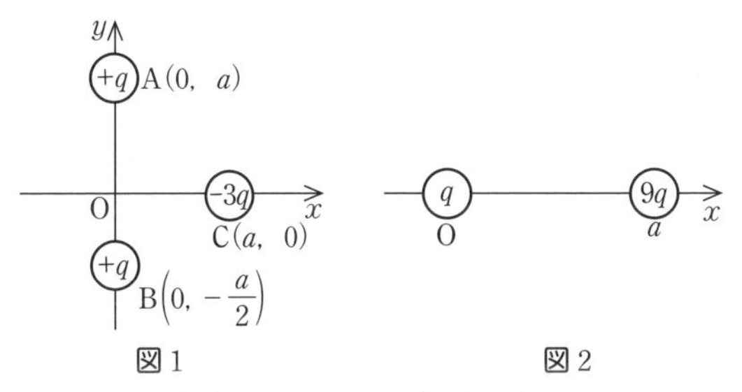

図 1　　図 2

(1) 図1のA～Cの各点に，それぞれ電荷が置かれている。このとき，原点における電場の大きさと向きを求めよ。ただし，クーロンの法則の比例定数はkとし，$q>0$とする。

(2) 図2のように，x軸上に2つの正電荷が置かれており，原点にはq (>0)，

$x=a\ (>0)$ の位置には $9q\ (>0)$ の電荷がある。電場が0になる x 軸上の点はどこか。

(1)　各電荷が原点に作る電場の大きさと向きを求め，それらを重ね合わせましょう。

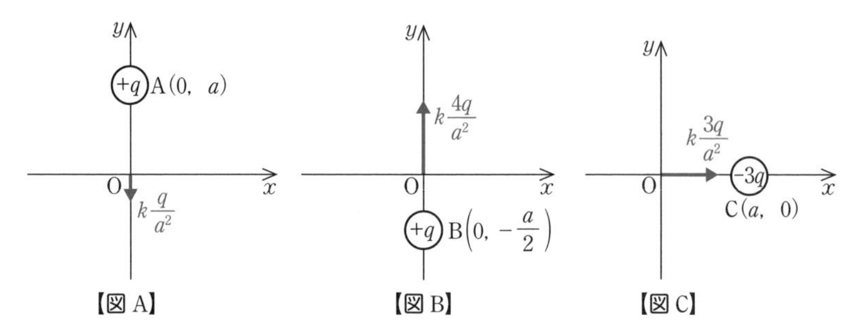

点Aの電荷による電場：$k\dfrac{q}{a^2}$（y 軸負の向き【図A】）

点Bの電荷による電場：$k\dfrac{q}{\left(\dfrac{a}{2}\right)^2}=k\dfrac{4q}{a^2}$（$y$ 軸正の向き【図B】）

点Cの電荷による電場：$k\dfrac{3q}{a^2}$（x 軸正の向き【図C】）

点A，点Bの電荷による電場は y 軸の向きなので，単純に足し合わせて

$$k\frac{4q}{a^2}+\left(-k\frac{q}{a^2}\right)=k\frac{3q}{a^2}$$

よって，点Cの電荷による電場を重ね合わせると，原点の電場の大きさと向きは右図のようになります。

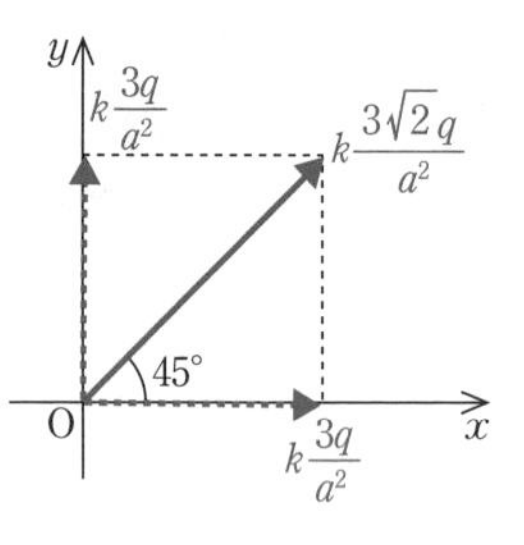

電場の大きさは　$k\dfrac{3\sqrt{2}q}{a^2}$

（向きは右図の通り） 答

(2)　x 軸上の点は，①原点の電荷の左側，②2つの電荷の間，③$x=a$ の電荷の右側という3つの区間に分類されますね。

2つの電荷はどちらも正電荷ですので，各電荷が①と③に作る電場は，どちらも同じ方向を向いています。したがって，①と③で電場が0になることはありません。

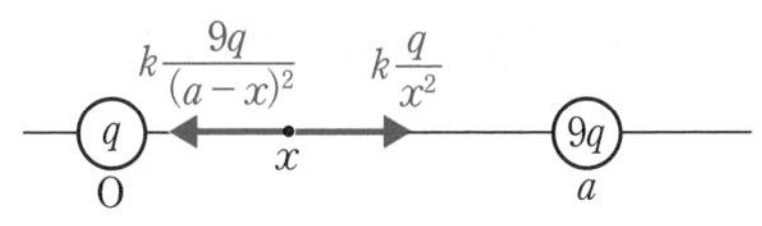

②の場合，2つの電荷が作る電場は反対方向を向くので，2つの電場が打ち消し合う場所が存在します。その点を求めればよいわけですね。その座標をxとすれば

$$k\frac{q}{x^2}=k\frac{9q}{(a-x)^2}$$

$$\frac{(a-x)^2}{x^2}=9$$

$$\frac{a-x}{x}=\pm 3$$

$$a-x=\pm 3x$$

$$4x=a,\quad -2x=a$$

これより，$x=\frac{a}{4}$ **の点** $\left(x=-\frac{a}{2}\right.$ **は条件②の区間にないので不適**$\left.\right)$

確認問題 7　2-6，2-7に対応

平面に$1\ \mathrm{m}^2$あたりσ〔C〕の正電荷が一様に分布している。この平面からは平面に垂直に上下に電場が生じている。クーロンの法則の比例定数をkとするとき，この電場の大きさを求めてみよう。

(1) 仮想的に，右図のようにこの平面を貫く底面積A〔m^2〕，高さh〔m〕の円筒を考えてみる。この円筒から出る電気力線の本数は何本か。

(2) (1)で考えた円筒を用いて，ガウスの法則より，この平面から生じる電場の大きさE〔N/C〕を求めよ。

(1) 円筒の中にはσA〔C〕の電荷が含まれていると考えられ，この電荷が円筒を貫く電気力線を発生させています。
Q〔C〕の電荷からは$4\pi kQ$本の電気力線が生じるので，円筒から出る電気力線の本数は$4\pi k\sigma A$ **本** 答

(2) (電気力線の総本数)＝(電場の大きさ)×(電気力線が貫く面積)の関係を使います。

電場は右図のように平面に垂直に上下方向に生じています。よって，平面の上下ともに，電場の大きさは

$$E=\frac{2\pi k\sigma A}{A}=\underline{2\pi k\sigma\ \text{〔N/C〕}}$$ 答

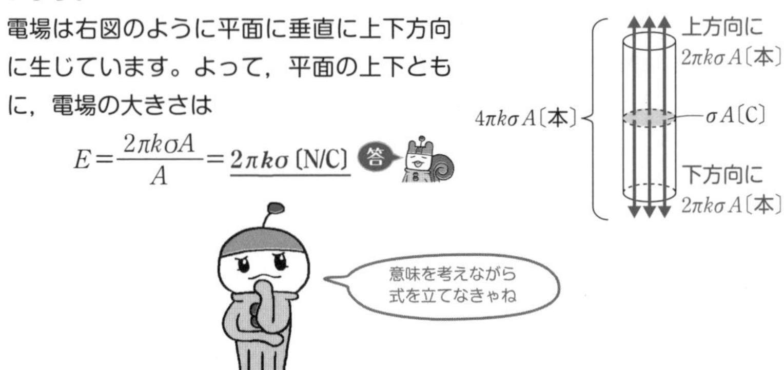

電位

確認問題 8 3-1，3-2 に対応

電位が＋3.0 Vの点A，−6.0 Vの点Bがある。次の問いに答えよ。

(1) 点Aに＋5.0 Cの点電荷があるとき，その点電荷のもつ静電気力による位置エネルギーはいくらになるか。

(2) 点Bに＋5.0 Cの点電荷があるとき，その点電荷のもつ静電気力による位置エネルギーはいくらになるか。

(3) 点Aから点Bへと＋5.0 Cの点電荷をゆっくりと移動させた。外力のした仕事はいくらか。また，そのとき静電気力のした仕事はいくらか。

(4) 点Aから点Bへと−7.0 Cの点電荷をゆっくりと移動させた。外力のした仕事はいくらか。また，そのとき静電気力のした仕事はいくらか。

(1) $U=qV$より　$U_A=(+5.0)\times(+3.0)=$ **15 J** 答

(2) $U=qV$より　$U_B=(+5.0)\times(-6.0)=$ **−30 J** 答

(3) 正電荷には電位の高いほうから低いほうへ静電気力がはたらきます。
よって＋5.0 Cの点電荷を，高電位の点Aから低電位の点Bへとゆっくりと移動させるとき，移動方向と同じ向きにはたらく力は静電気力，外力は逆向きになります。
つまり外力のした仕事は負になり，静電気力のした仕事は正になります。
点Aと点Bの電位差は−9.0 Vなので$W=qV$より
外力のした仕事は　$(+5.0)\times(-9.0)=$ **−45 J** 答
静電気力のした仕事は　**45 J** 答

移動方向と逆向きに
外力を加えた場合は
外力のした仕事は負じゃ

[別解]
+5.0 Cの点電荷を点Aから点Bへゆっくりと移動させたときの，外力がした仕事をWとすると，仕事とエネルギーの関係より

$$U_A+W=U_B$$

$$W=U_B-U_A=-30-15=-45\ \mathrm{J}$$

静電気力のした仕事は外力のした仕事の正負を反対にしたものなので
外力のした仕事は **−45 J**，静電気力のした仕事は **45 J** 答

(4) 負電荷には電位の低いほうから高いほうへ静電気力がはたらきます。
よって−7.0Cの点電荷を，高電位の点Aから低電位の点Bへとゆっくりと移動させるとき，移動方向と同じ向きにはたらく力は外力，静電気力は逆向きになります。
つまり外力のした仕事は正になり，静電気力のした仕事は負になります。
点Aと点Bの電位差は−9.0 Vなので$W=qV$より
外力のした仕事は　$(-7.0)\times(-9.0)=$ **63 J** 答
静電気力のした仕事は　**−63 J** 答

確認問題 9　3-4に対応

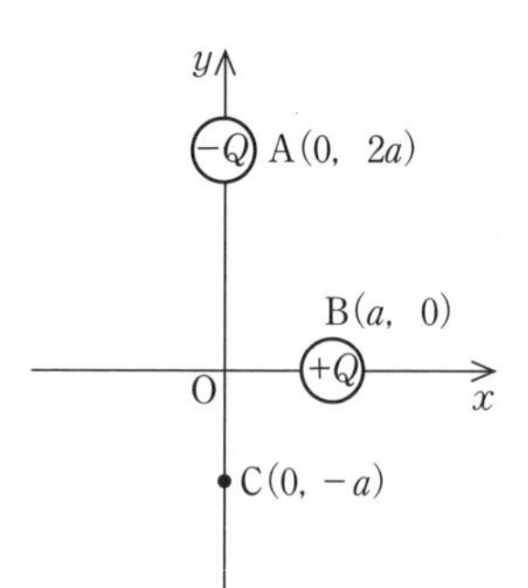

右図のように，点A，Bに電気量$-Q$，$+Q$〔C〕の電荷が置かれている。ただし，$Q>0$とする。また，クーロン力による位置エネルギーの基準は無限遠とし，クーロンの法則の比例定数をkとする。

(1) 原点における電位を求めよ。

(2) 点Cにおける電位を求めよ。

(3) 電気量$+q$〔C〕の電荷を原点から点Cへとゆっくり移動させるとき，外力のする仕事Wはいくらか。ただし，$q>0$とする。

(1) 点Aの電荷による電位は$-k\frac{Q}{2a}$，点Bの電荷による電位は$k\frac{Q}{a}$です。電位の重ね合わせより

$$V=-k\frac{Q}{2a}+k\frac{Q}{a}=\boldsymbol{\frac{kQ}{2a}}$$ 答

(2) 点Aの電荷による電位は$-k\frac{Q}{3a}$，点Bの電荷による電位は$k\frac{Q}{\sqrt{2}\,a}$です。電位の重ね合わせより

$$V=-k\frac{Q}{3a}+k\frac{Q}{\sqrt{2}\,a}=\frac{(3-\sqrt{2})\,kQ}{3\sqrt{2}\,a}=\boldsymbol{\frac{(3\sqrt{2}-2)\,kQ}{6a}}$$ 答

(3) 移動前後の静電気力による位置エネルギーの変化は，外力のした仕事になるのでした。

原点における位置エネルギーは　$U_{\mathrm{O}}=\frac{kQq}{2a}$

点Cにおける位置エネルギーは　$U_{\mathrm{C}}=\frac{(3\sqrt{2}-2)\,kQq}{6a}$

仕事とエネルギーの関係より　$U_{\mathrm{O}}+W=U_{\mathrm{C}}$　なので

$$W=U_{\mathrm{C}}-U_{\mathrm{O}}=\frac{(3\sqrt{2}-2)\,kQq}{6a}-\frac{kQq}{2a}=\boldsymbol{\frac{(3\sqrt{2}-5)\,kQq}{6a}}$$ 答

確認問題 10　3-6に対応

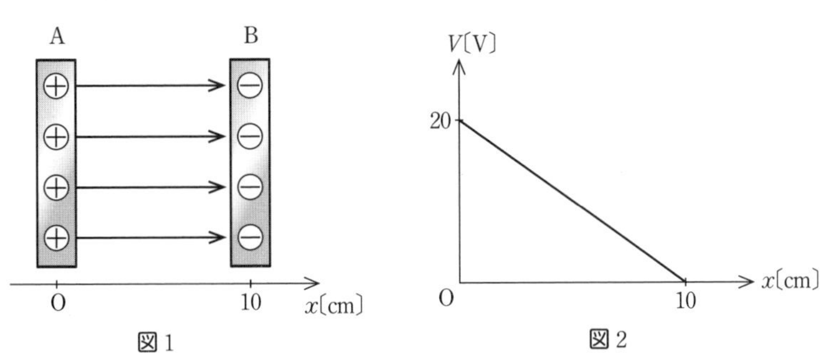

図1　　　図2

図1に示すように，2枚の金属板A，Bが平行に置かれており，その間には一様な電場が生じている。金属板Aを原点としてx軸をとると，x座標と，電位の関係は図2のグラフで表される。以下の問いに答えよ。

(1) 金属板間に生じた電場の大きさはいくらか。

(2) $x = 4$ cmの位置に，8.0×10^{-7} Cの電荷を置いた。この電荷がもつ静電気力による位置エネルギーはいくらか。

(3) (2)で置いた電荷は，静電気力を受け移動する。この電荷が$x = 6$ cmに到達したときの速さを求めよ。ただし，電荷の質量を4.0×10^{-27} kgとする。

グラフを見て答えます。$V = Ed$のdの単位はmであることに注意しましょう。

(1) $V = Ed$より$E = \dfrac{V}{d}$となります。極板間の電位差は20 Vで，距離は10 cmであるので

$$E = \frac{20}{0.10} = \underline{2.0 \times 10^2 \text{ N/C}}$$ 答

(2) グラフから，極板間を1 cm移動すると2 Vだけ電位が減少していくことがわかります。
したがって，$x = 4$ cmの位置では，金属板Aに比べて電位が8 V減少しているので，電位は$20 - 8 = 12$ Vです。よって，$U = qV$より

$$U = 8.0 \times 10^{-7} \times 12 = \underline{9.6 \times 10^{-6} \text{ J}}$$ 答

(3)　$x=6$ cmでは，$V=20-12=8$ Vとなります。求める速さをvとおくと，エネルギー保存則より

$$\underbrace{8.0\times10^{-7}\times12}_{12\,\text{V}でのU=qV}=\underbrace{8.0\times10^{-7}\times8}_{8\,\text{V}でのU=qV}+\underbrace{\frac{1}{2}\times4.0\times10^{-27}\times v^2}_{\frac{1}{2}mv^2}$$

これより　$v^2=\dfrac{8.0\times10^{-7}\times4}{\frac{1}{2}\times4.0\times10^{-27}}$

$v^2=16\times10^{20}$

$\underline{v=4.0\times10^{10}\ \mathrm{m/s}}$ 答

電磁気でもエネルギー保存則は使うんだってさ

確認問題 11　3-7 に対応

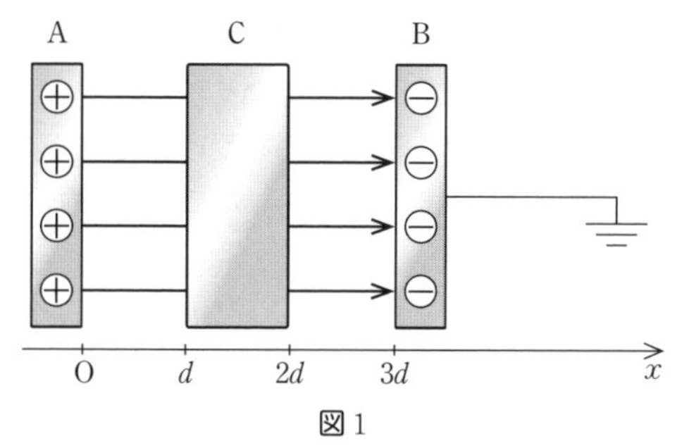

図1

$3d$だけ離れて置かれた金属板A，Bがあり，その中央には厚さd〔m〕の金属板Cが挿入されている。$0\leqq x\leqq d$，$2d\leqq x\leqq 3d$ではxの正方向に大きさE〔N/C〕の一様な電場が発生している。図1のようにx軸をとり，各位置での電場の強さ，および電位の関係を表すグラフを$0\leqq x\leqq 3d$の範囲で下の図にかけ。ただし，Bは接地されているので，Bの電位は0である。

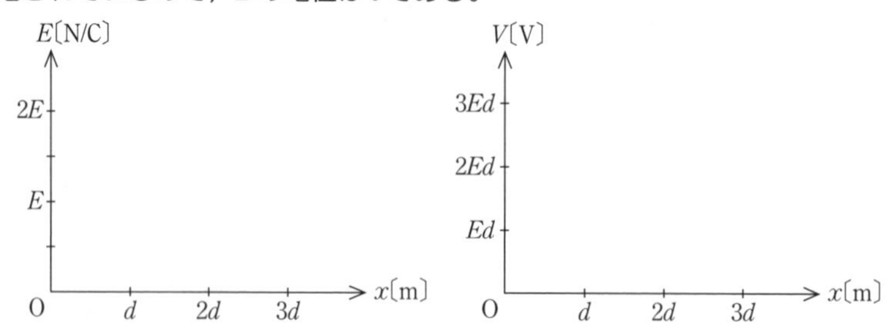

「導体内部の電場は0」,「導体内部は等電位」という性質がポイントです。金属板C内部では電場は0であり,電位差もないので,$d \leqq x \leqq 2d$の範囲では,$E=0$,$V=Ed$となります。したがって,答えは下図のようになります。

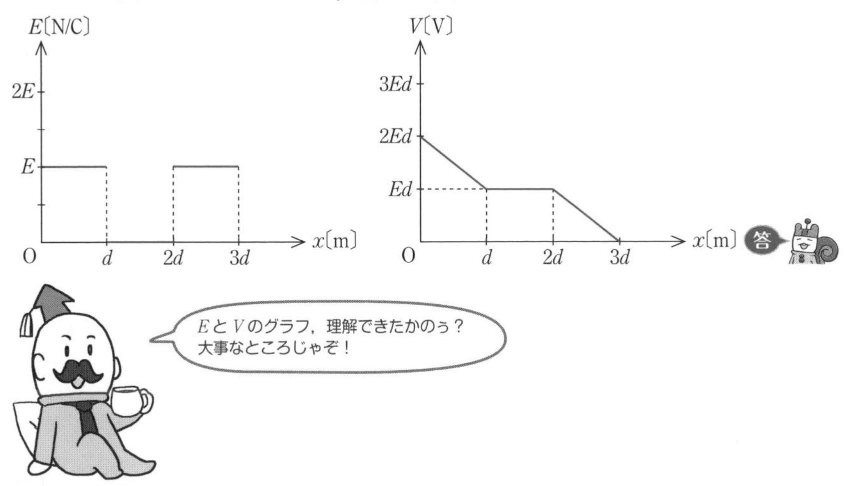

Chapter 4 電流

確認問題 12 4-1に対応

(1) 15分間に450 Cの電荷が導線内を移動した。このときの電流の値はいくらか。

(2) 3.0 mAの電流が1分間流れた。通過した電気量はいくらか。

(1) 15分間は$60 \times 15 = 900$秒,その間に450 Cが移動したので,$I = \dfrac{Q}{t}$より

$$I = \frac{450}{900} = \underline{0.50\ \mathrm{A}}$$ 答

(2) I〔A〕がt秒間流れたときに通過する電気量は$Q = It$と表されます。単位に注意して計算すれば

$$Q = 3.0 \times 10^{-3} \times 60 = \underline{0.18\ \mathrm{C}}$$ 答

確認問題 13 4-2 に対応

4.0 Aの電流を，断面積2.0 mm^{2}の導線に流した。電気素量を1.6×10^{-19} C，導線1 mm^{3}内に含まれる電子の数を5.0×10^{19}個とすると，導線を流れる電子の速さは何mm/sか。

求める速さをv〔mm/s〕とすると，t秒間に導線を移動する電子の総数は$nvtS$〔個〕なので，1秒間に導線を移動する電子の総数はnvS〔個〕となります。
よって，1秒間に導線を移動する電気量，すなわち電流は

$$I = envS$$

ゆえに

$$v = \frac{I}{enS} = \frac{4.0}{1.6 \times 10^{-19} \times 5.0 \times 10^{19} \times 2.0}$$

$$= \underline{0.25\ \mathrm{mm/s}}$$ 答

確認問題 14 4-3 に対応

(1) 100 Ωの抵抗に，2.0 Aの電流が流れた。このときの電圧降下は何Vか。

(2) 断面積1.0 cm^2，長さ0.10 m，抵抗率6.0×10^{-8} Ω·mの物体がある。この物体の抵抗の大きさを求めよ。

(3) ある抵抗の0℃における抵抗の大きさは2.0 Ωであった。この抵抗の温度が100℃まで上昇したとき，抵抗の大きさは10 Ωとなった。この抵抗の抵抗率の温度係数を求めよ。

(1) オームの法則より　$V=RI=100\times 2.0=\underline{200\ \mathrm{V}}$ 答

(2) $1.0\ \mathrm{cm}=1.0\times 10^{-2}\ \mathrm{m}$より断面積が$1.0\ \mathrm{cm}^2=1.0\times 10^{-4}\ \mathrm{m}^2$であることに注意しましょう。

$$R=\rho\frac{\ell}{S}=6.0\times 10^{-8}\times\frac{0.10}{1.0\times 10^{-4}}=\underline{6.0\times 10^{-5}\ \Omega}$$ 答

(3) $R=\rho\dfrac{\ell}{S}$に，$\rho=\rho_0(1+\alpha t)$の各値を代入すると

$$2.0=\rho_0\frac{\ell}{S}\quad\cdots\cdots①$$

$$10=\rho_0(1+100\alpha)\frac{\ell}{S}\quad\cdots\cdots②$$

②÷①より

$$5.0=1+100\alpha$$

$$\alpha=\underline{4.0\times 10^{-2}\ [1/\mathrm{K}]}$$ 答

確認問題 15　4-3に対応

太さが一様で断面積がS〔m^2〕，長さがℓ〔m〕，抵抗値がR〔Ω〕の抵抗線ABがある。以下の問いに答えよ。

(1) 抵抗線ABの抵抗率を求めよ。

(2) 抵抗線ABと同じ物質で，断面積の等しい，長さがℓ'の抵抗線CDを，起電力E〔V〕の電源につないだ。回路に流れる電流の値を求めよ。

(1)　抵抗値がR，断面積がS，長さがℓなので，$R=\rho\dfrac{\ell}{S}$より

$$\rho=\frac{RS}{\ell}\,〔\Omega\cdot\mathrm{m}〕$$ 答

(2)　抵抗値は長さに比例するので，抵抗線CDの抵抗値R'は

$$R'=R\times\frac{\ell'}{\ell}$$

求める電流の値は

$$I=\frac{E}{R'}=\frac{E\ell}{R\ell'}\,〔\mathrm{A}〕$$ 答

確認問題 16　4-3に対応

起電力が変えられる電源と，4.0 Ωの抵抗を右図のようにつないだ。以下の各問いに答えよ。

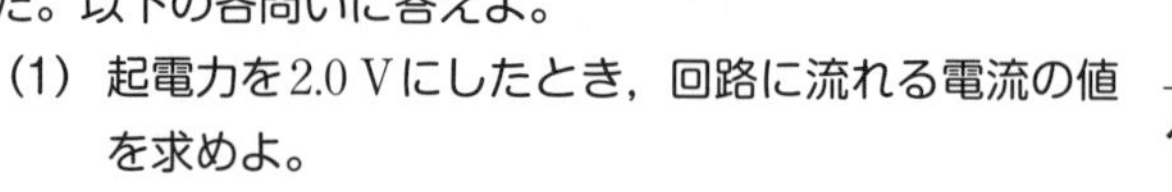

(1)　起電力を2.0 Vにしたとき，回路に流れる電流の値を求めよ。

(2)　回路に流れた電流が1.5 Aだったとき，起電力の値を求めよ。

(3)　この回路の起電力Vと流れる電流Iの関係を右図にかき入れよ。

(4)　抵抗を2.0 Ωに変更したときの起電力Vと流れる電流Iの関係を(3)のグラフに追加して右図にかき入れよ。

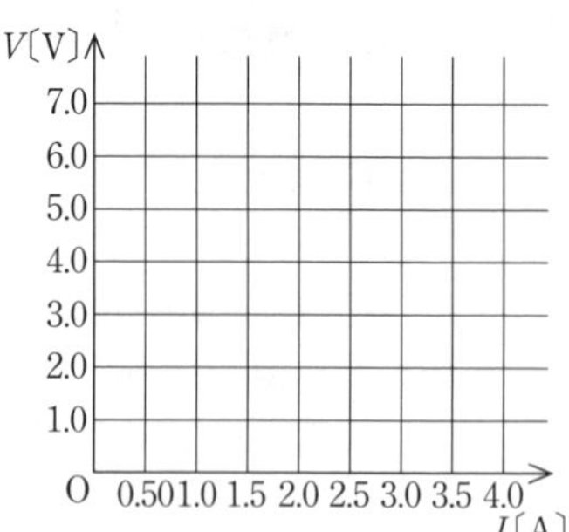

(1) $V=RI$より　$I=\dfrac{V}{R}=\dfrac{2.0}{4.0}=\underline{\mathbf{0.50\ A}}$ 答

(2) $V=RI$より　$V=4.0\times1.5=\underline{\mathbf{6.0\ V}}$ 答

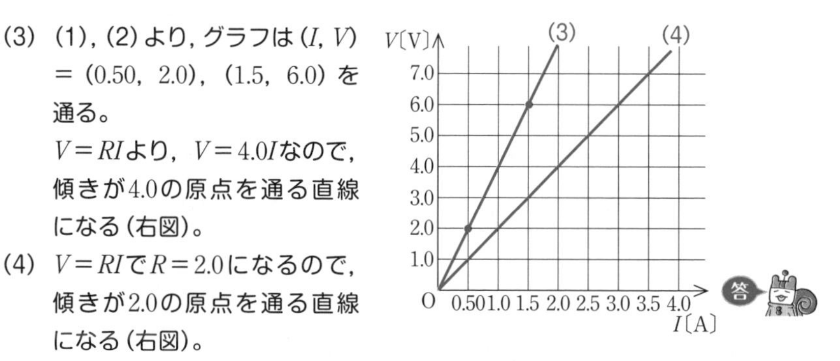

(3) (1), (2) より, グラフは $(I, V)=(0.50,\ 2.0)$, $(1.5,\ 6.0)$ を通る。
$V=RI$より, $V=4.0I$なので, 傾きが4.0の原点を通る直線になる (右図)。

(4) $V=RI$で$R=2.0$になるので, 傾きが2.0の原点を通る直線になる (右図)。

確認問題 17　4-5, 4-6, 4-7 に対応

(1)～(3) に示される抵抗の合成抵抗を求めよ。

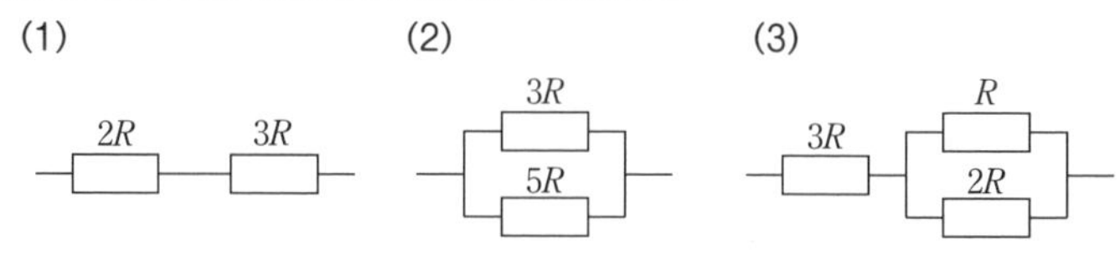

(1) 直列の合成抵抗は, 各抵抗値の和で表されましたね。
よって

$$R'=2R+3R=\underline{\mathbf{5R}}$$ 答

(2) 並列の合成抵抗の逆数は, 各抵抗値の逆数の和で表されましたね。
よって

$$\frac{1}{R'}=\frac{1}{3R}+\frac{1}{5R}=\frac{5+3}{15R}=\frac{8}{15R}$$

ゆえに　$R'=\underline{\frac{15}{8}R}$

(3) 直列と並列が混合している回路です。まず，並列部分の合成抵抗R_1を求めると，$\frac{1}{R_1}=\frac{1}{R}+\frac{1}{2R}=\frac{3}{2R}$より　$R_1=\frac{2}{3}R$

よって，全体の合成抵抗R'は　$R'=3R+\frac{2}{3}R=\underline{\frac{11}{3}R}$

確認問題 18　4-5，4-6，4-7に対応

右の図のように，起電力Eの電源に抵抗をつないだ直流回路がある。以下の問いに答えよ。ただし，導線の抵抗および電源の内部抵抗は無視できるとする。

(1) 点Aを流れる電流I_Aの大きさを求めよ。

(2) 抵抗にかかる電圧V_1，V_2，V_3を求めよ。

(3) 点B，Cを流れる電流の大きさI_B，I_Cをそれぞれ求めよ。

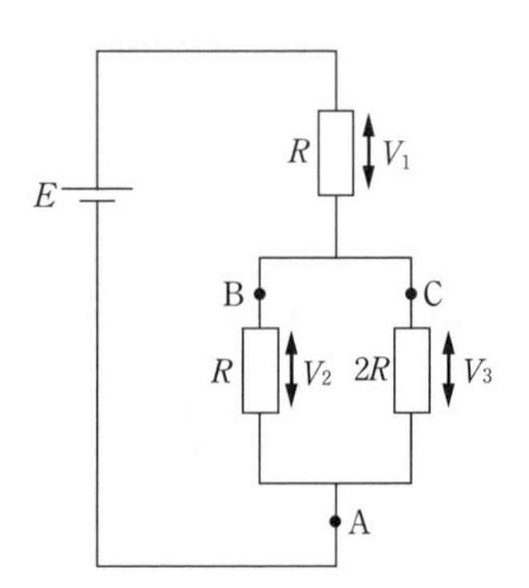

(1) 3つの抵抗の合成抵抗を求めます。まず，並列になっている部分の2つの抵抗の合成抵抗をR'とすると

$$\frac{1}{R'}=\frac{1}{R}+\frac{1}{2R}=\frac{3}{2R}$$

$$R'=\frac{2}{3}R$$

あとは抵抗値がRの抵抗と直列になっているので，3つの抵抗の合成抵抗は

$$R+R'=R+\frac{2}{3}R=\frac{5}{3}R$$

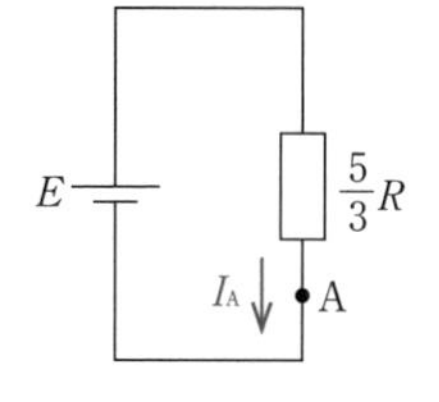

抵抗値が$\frac{5}{3}R$の1つの大きな抵抗に流れる電流を求めます。電圧1周0ルールにより1つの大きな抵抗にかかる電圧はEなので，オームの法則より

$$E=\frac{5}{3}RI_A$$

$$I_A=\underline{\frac{3E}{5R}}$$ 答

(2) ポンプ（電源）でEだけ持ち上げられて，ウォータースライダー（抵抗）で下りていきます。

まず1つのウォータースライダー（抵抗）でV_1だけ下りたあと，残りの高さを2つに分かれたどちらかのウォータースライダー（抵抗）で下りるのですが，1周で高さは0になります。

ということは，2つに分かれたウォータースライダーの高さ（電圧降下）は同じということです。

よって　$V_2=V_3$　……①

また，1周で0になりますから

$V_1+V_2=E$　……②

- $V_2=V_3$
- $E=V_1+V_2$

V_1にはI_Aと同じ電流が流れますので，オームの法則より

$$V_1=RI_A=\underline{\frac{3}{5}E}$$ 答

①，②より　$V_2=V_3=E-V_1=\underline{\frac{2}{5}E}$ 答

(3) (2)より各抵抗にかかる電圧の大きさがわかったので，オームの法則

$V=RI$より$I=\frac{V}{R}$として

$$I_B=\frac{V_2}{R}=\underline{\frac{2E}{5R}}$$ 答

$$I_C=\frac{V_3}{2R}=\underline{\frac{E}{5R}}$$ 答

確認問題 19　4-8に対応

下の(1)，(2)の回路を見やすくかき直しなさい。

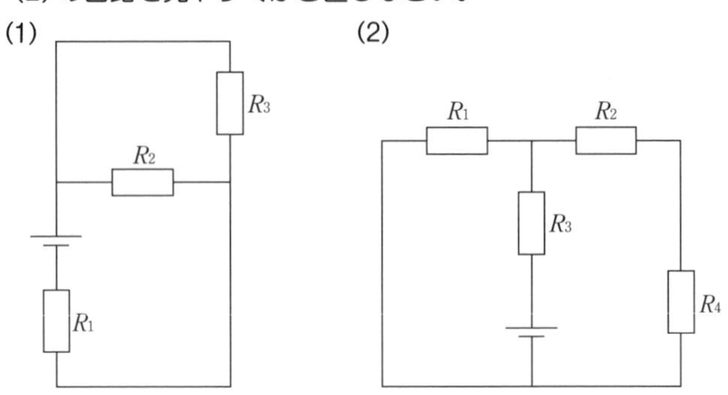

本冊の説明にしたがって，電源や抵抗の回路記号の前後に点を打って考えます。
点と点の間に電源や抵抗などがなければ同電位です。
3点以上が同電位の場合は，並列につなぎます。
それぞれ，どうかき直されたかを確認しておきましょう。
(解答には理解しやすくするために点を打ってあります)

(1)

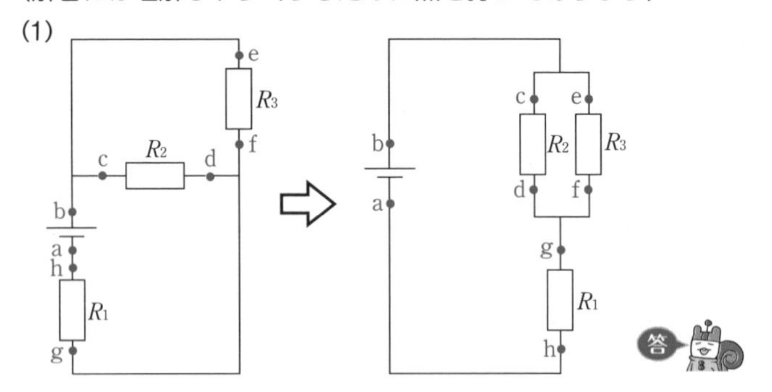

(2)

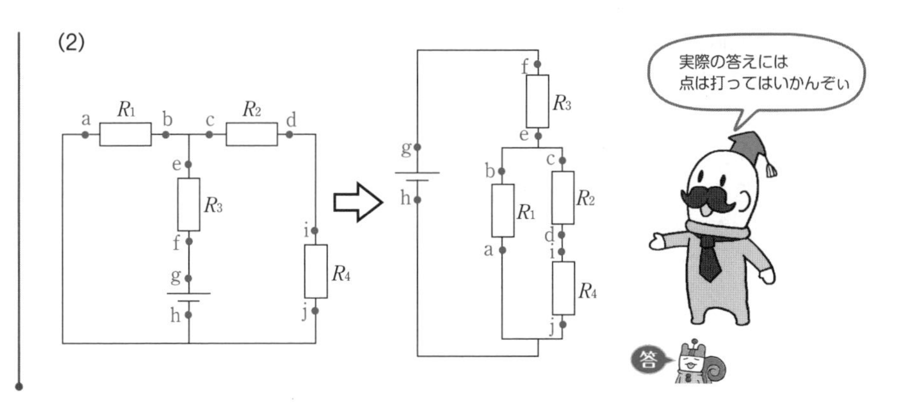

確認問題 20 4-9 に対応

右図の回路について，以下の問いに答えよ。

(1) 10 Ωの抵抗を流れる電流の大きさ，および30 Ωの抵抗を流れる電流の大きさを求めよ。

(2) 点Cの電位を求めよ。

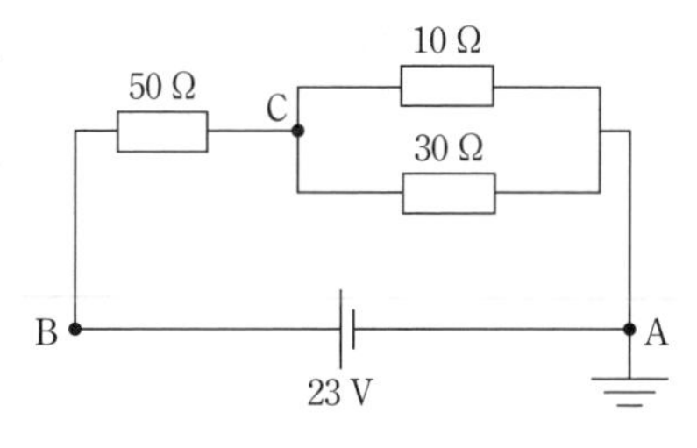

(1) 直流回路でやるべき手順を確認しながら解いていきましょう。

①回路を流れる電流の向きと大きさを定める。

10 Ωの抵抗，および30 Ωの抵抗を流れる電流をそれぞれ右向きにI_1，I_2とおいてみましょう。すると，50 Ωの抵抗を流れる電流は，キルヒホッフの第1法則より，I_1+I_2となりますね。このように，

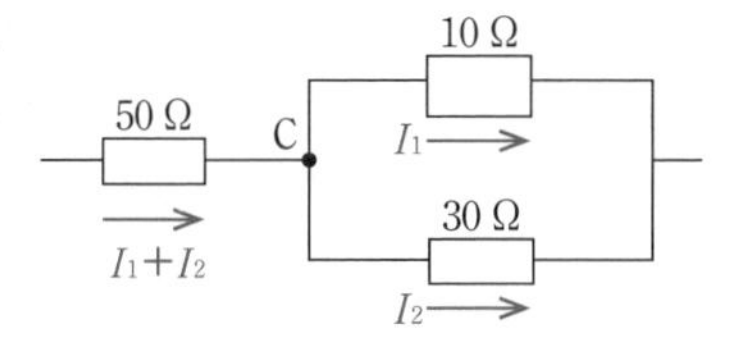

枝分かれしたあとの電流を記号でおいてあげると，枝分かれ前の電流は，それらの記号の和で表すことができるので，とても便利です。

②各閉回路について，電圧1周0ルールを立てる。

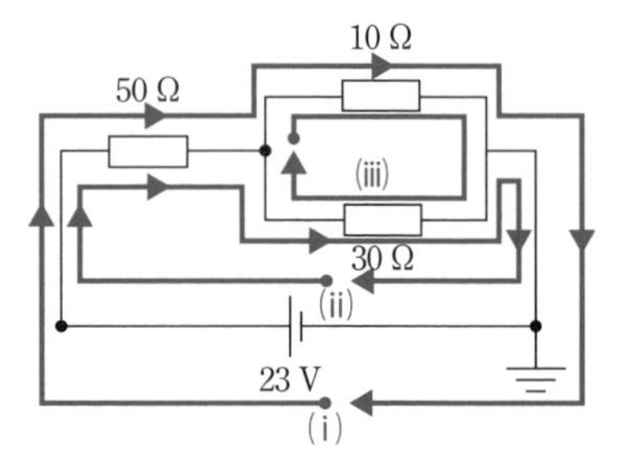

この回路には，(ⅰ)，(ⅱ)，(ⅲ)という3つのグルっと1周できるコースがありますね。これら3つの部分について，電圧1周0ルールを立てれば

(ⅰ)：$23 - 50(I_1 + I_2) - 10I_1 = 0$

(ⅱ)：$23 - 50(I_1 + I_2) - 30I_2 = 0$

(ⅲ)：$-10I_1 + 30I_2 = 0$

実は，(ⅲ)は(ⅰ)から(ⅱ)を引いたものと等しいのです。必ずしもすべてのコースについて，電圧1周0ルールを立てる必要はありません。

③立てた方程式を解く。

(ⅲ)の式より　$I_1 = 3I_2$

これを(ⅱ)の式に代入して整理すれば

$I_2 = \underline{\mathbf{0.10\ A}}$ 答

よって　$I_1 = 3 \times 0.10 = \underline{\mathbf{0.30\ A}}$ 答

(2) 点Aで接地されているので，ここを基準として考えます。A→B→Cの順にたどると，途中で電源によって23 V上がり，さらに50 Ωの抵抗によって，$50(\underbrace{I_1 + I_2}_{0.40\ \mathrm{A}}) = 20$ V下がるので，点Cの電位は

$V_C = 23 - 20 = \underline{\mathbf{3.0\ V}}$ 答

確認問題 21　4-11，4-12に対応

(1) 0.54 Ωの抵抗をもち，1.0 mAまで計測可能な電流計がある。この電流計で10 mAまで測定できるようにしたい。何Ωの抵抗を，電流計に対してどのように接続すればよいか。

(2) 50 Ωの抵抗をもち，10 Vまで計測可能な電圧計がある。この電圧計で100 Vまで測定できるようにしたい。何Ωの抵抗を，電圧計に対してどのように接続すればよいか。

(1) 電流計の場合，分流器を並列につなぎ，測定できない電流を逃がしてあげるのでしたね。この場合は，測れない9.0 mA分を逃がしてあげるということです。電流計と分流器の電圧降下は等しいので

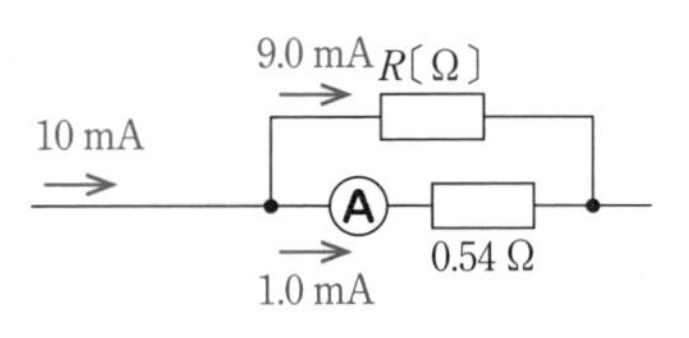

$$0.54 \times 1.0 = R \times 9.0 \qquad R = 6.0 \times 10^{-2}\ \Omega$$

すなわち，**$6.0 \times 10^{-2}\ \Omega$の抵抗を並列に接続すればよい。** 答

(2) 電圧計の場合，倍率器を直列につなぎ，測定できない電圧を負担してもらうのでしたね。測れない90 Vを，倍率器に負担してもらうということです。電圧計に流れる電流と，倍率器に流れる電流は等しいので

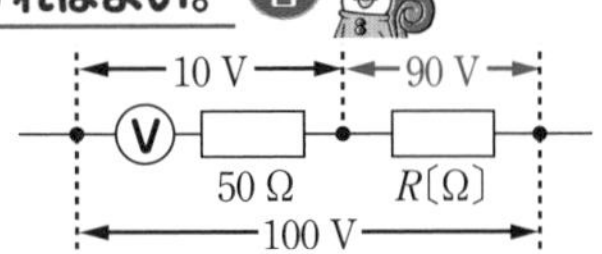

$$\frac{10}{50} = \frac{90}{R}$$

$$R = 4.5 \times 10^{2}\ \Omega$$

すなわち，**$4.5 \times 10^{2}\ \Omega$の抵抗を直列に接続すればよい。** 答

公式を丸暗記するよりも，測れない分の電流or電圧を，別の抵抗に負担してもらうという視点で，回路を組み立てたほうがわかりやすいでしょう。

確認問題 22 4-14に対応

(1) 5.0 Ωの抵抗に3.0 Aの電流を10分間流した。このとき発生するジュール熱はいくらか。

(2) 35 Ωの電熱線に20 Aの電流を流したとき，消費される電力はいくらか。

(3) 900 Wという表示のあるドライヤーを毎日5分間使うとする。20日間で消費するエネルギー量は何Jか。また，それは何ワット時か。

(1) $Q = IVt = I^2Rt$ より　$Q = 3.0^2 \times 5.0 \times 10 \times 60 = \underline{2.7 \times 10^4\ \mathrm{J}}$ 答

(2) $P = IV = I^2R$ より　$P = 20^2 \times 35 = \underline{1.4 \times 10^4\ \mathrm{W}}$ 答

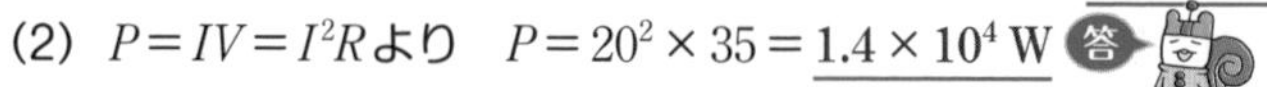

(3) 5分間は300秒で，それを20回分なので

$W = Pt \times 20 = 900 \times 300 \times 20 = \underline{5.4 \times 10^6\ \mathrm{J}}$ 答

また，$3.6 \times 10^3\ \mathrm{J} = 1\ \mathrm{Wh}$ より

$5.4 \times 10^6 \div (3.6 \times 10^3) = \underline{1.5 \times 10^3\ \mathrm{Wh}}$ 答

確認問題 23　4-15 に対応

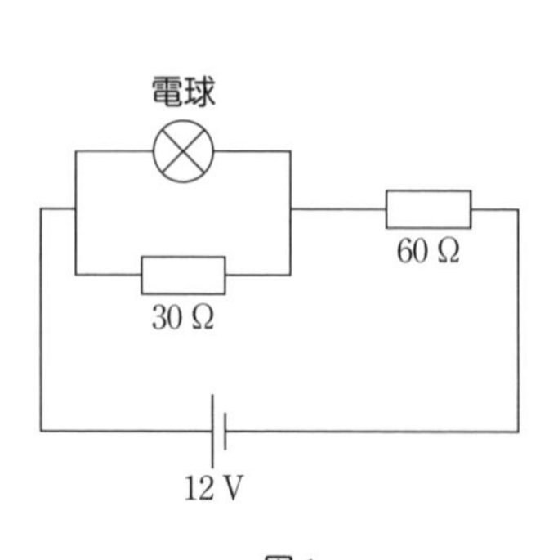

図1

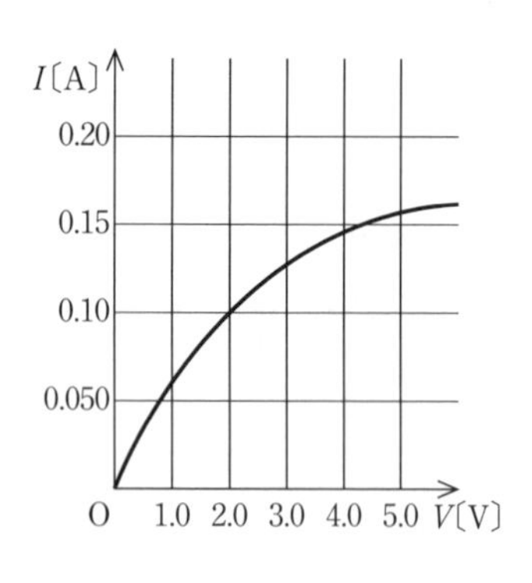

図2

図1の回路において，電球を流れる電流および，電球にかかる電圧を求めよ。ただし，電球は図2のような電流-電圧特性をもつ。

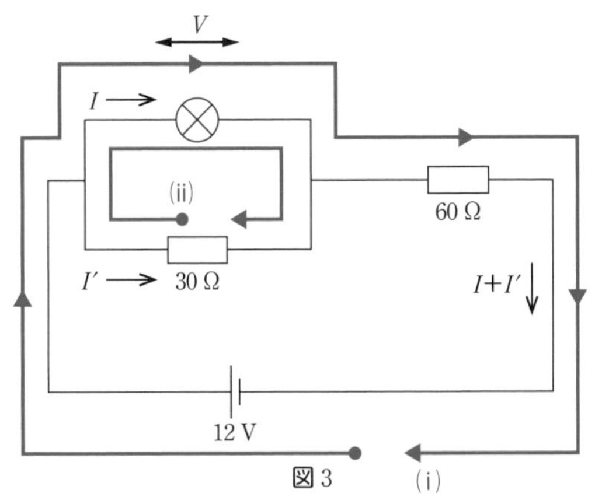

図3

電球部分の電流，電圧をI，Vとおき，30 Ωの抵抗に流れる電流をI'とおきます。図3の（ⅰ），（ⅱ）で電圧1周0ルールを立てると

$$（ⅰ）：12-V-60(I+I')=0$$

$$（ⅱ）：-V+30I'=0$$

ここから，この回路においてIとVの間に成立する式を求めます。

（ⅱ）より，$I'=\dfrac{V}{30}$なので，これを（ⅰ）に代入すれば

$$12-V-60\left(I+\frac{V}{30}\right)=0$$

$$12-V-60I-2V=0$$

$$3V=-60I+12$$

$$V=-20I+4$$

このグラフは，$(V,\ I)=(0,\ 0.20)$，$(4.0,\ 0)$を通るので，これを電流－電圧特性のグラフにかき込みましょう。すると，次ページの図のようになるので交点は$(V,\ I)=(2.0,\ 0.10)$となり，この値が，電圧1周0ルール，さらには電流－電圧特性を満たす値であることがわかります。

よって　$V = \underline{2.0\ \mathrm{V}}$，$I = \underline{0.10\ \mathrm{A}}$ 答

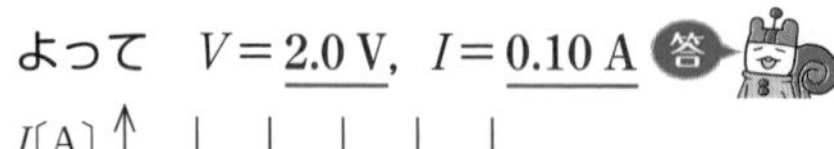

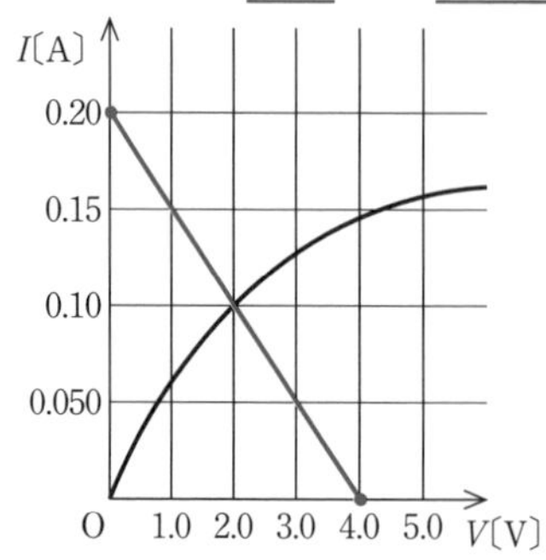

Chapter 5 コンデンサー

確認問題 24　5-2 に対応

(1) 電気容量 $20\ \mu\mathrm{F}$ のコンデンサーがあり，極板間には電圧 $10\ \mathrm{V}$ がかかっている。このとき，極板にたまった電気量は何Cか。$1\ \mu\mathrm{F} = 1 \times 10^{-6}\ \mathrm{F}$ であることに注意せよ。

(2) 電気容量 C のコンデンサーに電気量 Q がたまっている。このコンデンサーの極板間距離は d である。このとき極板に発生している電場の強さ E を Q，C，d を用いて表せ。

(3) 電圧 V がかかっており，電気量 Q がたまっている面積 S のコンデンサーがある。このコンデンサーの極板間距離 d を Q，V，S，ε を用いて表せ。ただし，ε は誘電率である。

コンデンサーの基本公式に関する問題です。

(1) $Q = CV$ より

$$Q = 20 \times 10^{-6} \times 10 = \underline{2.0 \times 10^{-4}\ \mathrm{C}}$$ 答

$1\ \mu\mathrm{F} = 10^{-6}\ \mathrm{F}$ という関係はよく使うので，覚えておきましょう。

(2) 極板にかかっている電圧を V とすると，

電荷と電圧の公式より　$Q=CV$　……①

電場の公式より　$V=Ed$　……②

①，②式より　$E=\frac{V}{d}=\frac{\frac{Q}{C}}{d}=\frac{Q}{Cd}$ 答

(3) 電気容量は$C=\varepsilon\frac{S}{d}$と表されるので，電荷と電圧の公式は，$Q=\varepsilon\frac{S}{d}\cdot V$と表すことができます。これを整理すれば

$d=\frac{\varepsilon SV}{Q}$ 答

確認問題 25　5-2 に対応

以下の文章を読み，空欄を埋めよ。ただし，クーロンの法則の比例定数をkとする。

電気容量の公式$C=\varepsilon\frac{S}{d}$を導出してみよう。右図のように，極板間距離d，面積Sの極板1，2からなるコンデンサーがある。各極板にはそれぞれ$+Q$，$-Q$の電荷がたまっており，極板間電圧はVである。極板1からは，上下に[(1)]本ずつ電気力線が出ており，極板2は，上下から[(1)]本ずつ電気力線を吸い込む。これらを足し合わせると，極板の外側には[(2)]本，極板の内側には[(3)]本の電気力線が存在していることになる。よって，極板の内側に発生している電場の強さは[(4)]である。

極板 1 ⊕⊕⊕⊕⊕⊕ $+Q$　S〔m²〕

d〔m〕

極板 2 ⊖⊖⊖⊖⊖⊖ $-Q$

また，Vとdを用いれば，電場の強さは[(5)]とも表され，(4)，(5) 式を合わせれば，$Q=$[(6)]という関係が得られる。(6) 式から，QはVに比例することがわかり，その比例定数をCとし，さらに$\varepsilon=\frac{1}{4\pi k}$とおけば，$C=\varepsilon\frac{S}{d}$の関係が得られる。

これまで勉強した法則などを使いながら，電気容量の式を求める問題です。

(1) 電荷Qがたまった物体からは，$4\pi kQ$ 本の電気力線が出るということでしたね。電荷が平面に分布している場合は，上下に$2\pi kQ$ 本ずつ，合わせて$4\pi kQ$ 本の電気力線が発生しています。

したがって **$2\pi kQ$ 本** 答

(2)

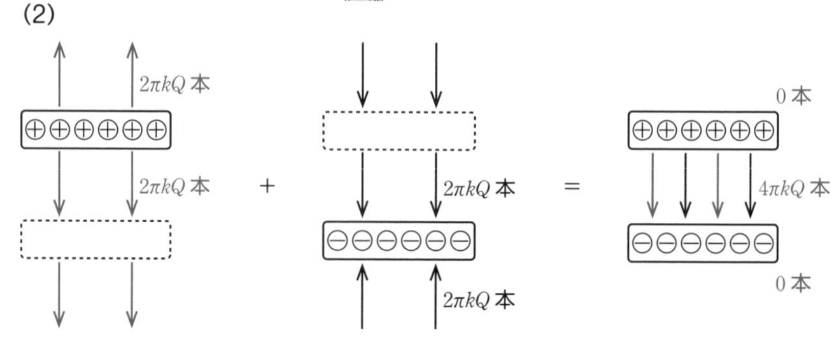

上図のように，2枚の極板から出る電気力線を足し合わせます。極板の外側では打ち消し合うため，電気力線は存在しなくなります。

したがって **0 本** 答

つまり，コンデンサーは，外側には電場は作らないのです。

(3) 内側には，上下の極板から$2\pi kQ$ 本ずつ電気力線が発生しています。

よって　$2\pi kQ\times 2=$ **$4\pi kQ$ 本** 答

(4) ガウスの法則より　$E\times S=4\pi kQ$

したがって　$E=\dfrac{4\pi kQ}{S}$ 答

(5) $V=Ed$より　$E=\dfrac{V}{d}$ 答

(6) (4)，(5) より　$\dfrac{4\pi kQ}{S}=\dfrac{V}{d}$

これを整理して　$Q=\dfrac{SV}{4\pi kd}$ 

この式と$Q=CV$を比べると，$C=\dfrac{S}{4\pi kd}=\varepsilon\dfrac{S}{d}$と，

電気容量の式が求まります。

確認問題 26 5-3に対応

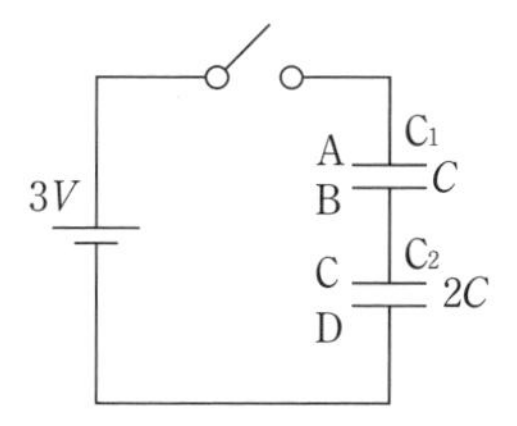

極板A, Bからなる電気容量C〔F〕のコンデンサーC_1と，極板C，Dからなる電気容量$2C$〔F〕のコンデンサーC_2を起電力$3V$〔V〕の電源につないだ，右図のような回路がある。次の各問いに答えよ。

(1) C_1，C_2に電荷が蓄えられていない状態でスイッチを入れた。しばらく経ったときにC_1，C_2に蓄えられる電気量Q_1，Q_2をそれぞれ求めよ。

(2) C_2のみ$1.5V$〔V〕の電源につないで充電した（極板Cに正電荷，Dに負電荷が蓄えられた）。その後，上図の回路のようにつなぎ，スイッチを入れた。しばらく経ったときにC_1，C_2に蓄えられる電気量Q_1，Q_2をそれぞれ求めよ。

(3) C_2のみ$4.5V$〔V〕の電源につないで充電した（極板Cに正電荷，Dに負電荷が蓄えられた）。その後，上図の回路のようにつなぎ，スイッチを入れた。しばらく経ったときにC_1，C_2に蓄えられる電気量Q_1，Q_2をそれぞれ求めよ。

同じ回路で，コンデンサーが充電されているときと，されていないときを比べる問題です。

$Q = CV$，電圧1周0ルール，“独立部分の電気量の総和が不変”の3つを使っていきましょう。

(1) C_1，C_2にかかる電圧をそれぞれV_1，V_2とすると

$$Q_1 = CV_1 \quad \cdots\cdots ①$$

$$Q_2 = 2CV_2 \quad \cdots\cdots ②$$

回路1周の電位の変化は0なので（電圧1周0ルール）

$$3V = V_1 + V_2 \quad \cdots\cdots ③$$

ここで極板B，Cのところは，回路から独立しています。
もともとコンデンサーは充電されていなかったので
“独立部分の電気量の総和が不変”であることより

$$0+0=-Q_1+Q_2$$
$$0=-CV_1+2CV_2$$
$$0=-V_1+2V_2 \quad \cdots\cdots ④$$

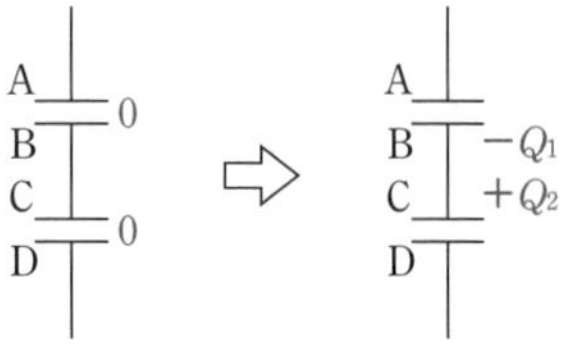

③＋④より

$$3V=3V_2$$

よって　$V_2=V$，$V_1=2V$

①，②より

$$Q_1=CV_1=C\cdot 2V=\underline{2CV\text{〔C〕}}$$ 答
$$Q_2=2CV_2=\underline{2CV\text{〔C〕}}$$ 答

(2)　C_2が$1.5V$〔V〕の電源につながれていたので，もともとC_2には

$$Q=2C\times 1.5V=3CV$$

が充電されています。

回路につないでからは，(1) と途中までは同じです。

$$Q_1=CV_1 \quad \cdots\cdots ①$$
$$Q_2=2CV_2 \quad \cdots\cdots ②$$
$$3V=V_1+V_2 \quad \cdots\cdots ③$$

ここからが違います。

"独立部分の電気量の総和が不変" であることより

$$0+3CV=-Q_1+Q_2$$
$$3CV=-CV_1+2CV_2$$
$$3V=-V_1+2V_2 \quad \cdots\cdots ⑤$$

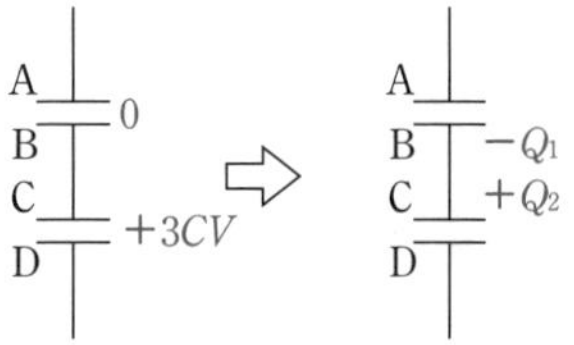

③＋⑤より

$$6V=3V_2$$

よって　$V_2=2V$，$V_1=V$

①，②より

$$Q_1=CV_1=\underline{CV\text{〔C〕}}$$ 答
$$Q_2=2CV_2=2C\cdot 2V=\underline{4CV\text{〔C〕}}$$ 答

(3)　C_2が$4.5V$〔V〕の電源につながれていたので，もともとC_2には

$$Q=2C\times 4.5V=9CV$$

が充電されています。

(2) と同様に解いていきます。

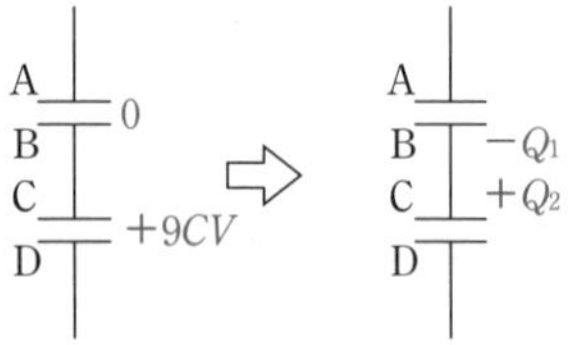

$$Q_1=CV_1 \quad \cdots\cdots ①$$
$$Q_2=2CV_2 \quad \cdots\cdots ②$$
$$3V=V_1+V_2 \quad \cdots\cdots ③$$

"独立部分の電気量の総和が不変" であることより

$$0+9CV=-Q_1+Q_2$$

$$9CV=-CV_1+2CV_2$$

$$9V=-V_1+2V_2 \quad \cdots\cdots⑥$$

③＋⑥より

$$12V=3V_2$$

よって　$V_2=4V$，$V_1=-V$

①，②より

$Q_1=CV_1=\underline{-CV〔C〕}$ 答

$Q_2=2CV_2=2C\cdot 4V=\underline{8CV〔C〕}$ 答

さて，(3) で $V_1=-V$，$Q_1=-CV$ となったのはどういうことでしょう？
これは C_2 がはじめに $4.5V$〔V〕という大きい起電力の電源で充電されていたため，極板C，D間の電位差がとても大きかったのです。
電位差がわかりやすいように回路をかき直すと右のようになります。

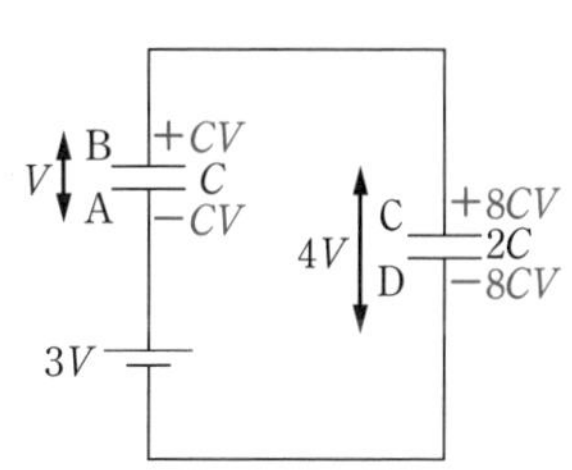

極板Aには $-CV$〔C〕，極板Bには $+CV$〔C〕が蓄えられていたのですね。
解答方法については，極板の向きが逆なだけなので，C_1 に蓄えられた電気量 Q_1 は $Q_1=CV$〔C〕と答えてもよさそうなものですが，$Q_1=-CV$〔C〕と答えるほうが一般的です。

確認問題 27　5-4，5-5 に対応

(1)～(3) に示したコンデンサーの合成容量を求めよ。

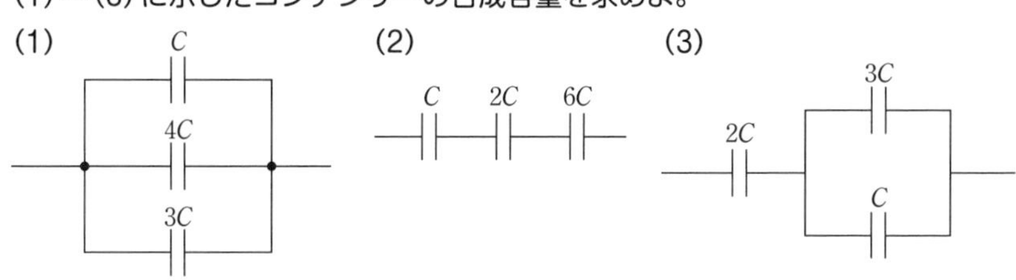

(1)　並列接続の合成容量は，各コンデンサーの電気容量の和で表されましたね。

よって　$C'=C+4C+3C=\underline{8C}$ 答

(2) 直列接続の合成容量の逆数は，各コンデンサーの電気容量の逆数の和で表されましたね。

よって　$\dfrac{1}{C'}=\dfrac{1}{C}+\dfrac{1}{2C}+\dfrac{1}{6C}=\dfrac{6+3+1}{6C}=\dfrac{10}{6C}=\dfrac{5}{3C}$

$\underline{C'=\dfrac{3}{5}C}$ 答

(3) 直列と並列が混合している場合です。まず，並列部分の合成容量C_3は

$C_3=3C+C=4C$

よって，全体の合成容量をC'とすると

$\dfrac{1}{C'}=\dfrac{1}{2C}+\dfrac{1}{4C}=\dfrac{3}{4C}$

ゆえに　$\underline{C'=\dfrac{4}{3}C}$ 答

確認問題 28　5-4，5-5 に対応

右図のような回路がある。はじめ，2つのスイッチは開いている。以下の問いに答えよ。
まず，スイッチS_1を閉じた。

(1) 極板Bに蓄えられた電荷はいくらか。

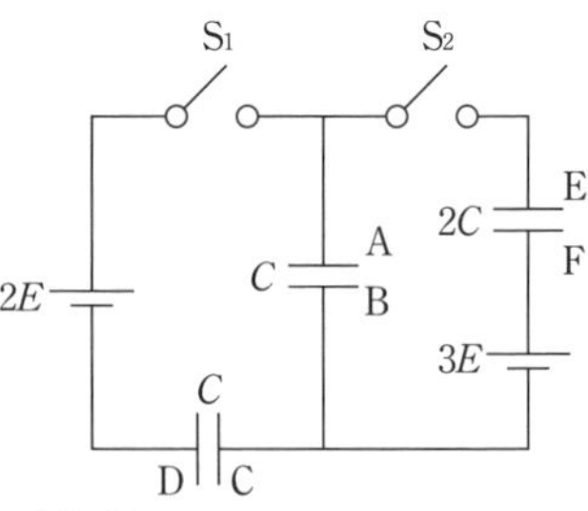

スイッチS_1を閉じて十分時間が経過したあと，スイッチS_1を開け，スイッチS_2を閉じた。

(2) 極板Aおよび極板Fにたまった電荷はいくらか。

こういう問題では合成容量を求めるよりも本冊p.168〜171でやったような解きかたのほうがよいですよ。

(1) まずはS_1を閉じます。

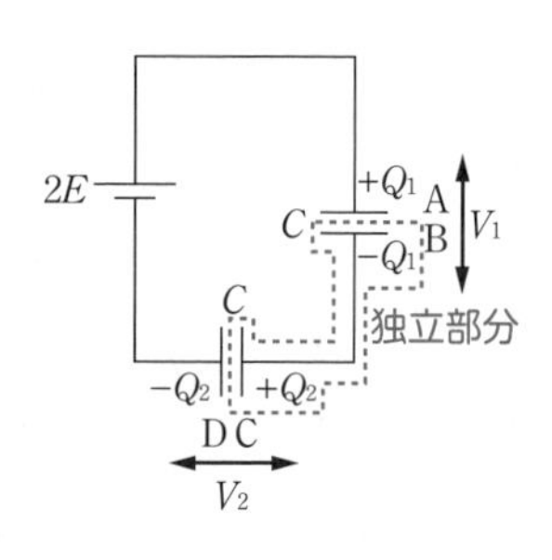

図のように電位と電荷をおくと

1周で電圧の変化は0なので（電圧1周0ルール）

$$2E = V_1 + V_2 \quad \cdots\cdots①$$

$Q = CV$より

$$Q_1 = CV_1 \quad \cdots\cdots②$$

$$Q_2 = CV_2 \quad \cdots\cdots③$$

独立部分の電気量の総和は不変なので

$$0 = -Q_1 + Q_2 \quad \cdots\cdots④$$

②，③，④より

$$0 = -CV_1 + CV_2$$

$$0 = -V_1 + V_2 \quad \cdots\cdots⑤$$

①，⑤より　$V_1 = E$，$V_2 = E$

②，③より　$Q_1 = CE$，$Q_2 = CE$

よって，極板Bに蓄えられている電荷は　$-Q_1 =$ **$-CE$** 答

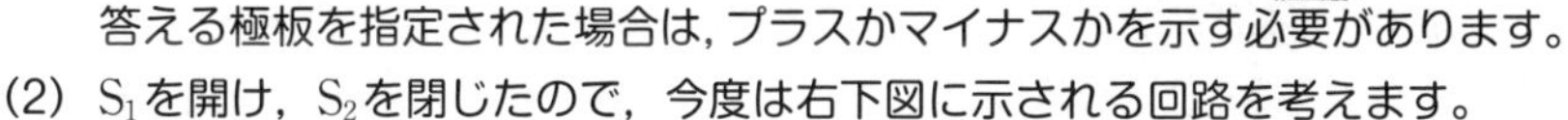

答える極板を指定された場合は，プラスかマイナスかを示す必要があります。

(2) S_1を開け，S_2を閉じたので，今度は右下図に示される回路を考えます。

極板Aと極板Eのところが独立しているので電気量の総和が不変になります。

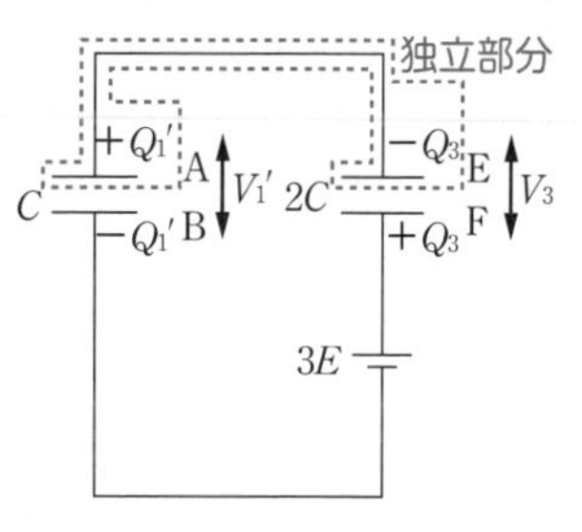

図のように電位と電荷をおくと

1周で電圧の変化は0なので(電圧1周0ルール)

$$3E = V_3 + V_1' \quad \cdots\cdots①$$

$Q = CV$より

$$Q_3 = 2CV_3 \quad \cdots\cdots②$$

$$Q_1' = CV_1' \quad \cdots\cdots③$$

独立部分の電気量の総和は不変なので

$$CE = -Q_3 + Q_1' \quad \cdots\cdots④$$

②，③，④より

$$CE = -2CV_3 + CV_1'$$

$$E = -2V_3 + V_1' \quad \cdots\cdots⑤$$

①，⑤より　$V_3 = \frac{2}{3}E$，$V_1' = \frac{7}{3}E$

②，③より　$Q_3 = \frac{4}{3}CE$，$Q_1' = \frac{7}{3}CE$

よって，極板Aに蓄えられている電荷は

$$+Q_1' = \frac{7}{3}CE$$ 答

極板Fに蓄えられている電荷は

$$+Q_3 = \frac{4}{3}CE$$ 答

確認問題 29 5-6 に対応

右図の回路についての以下の問いに答えよ。はじめ，スイッチSは開いていた。

(1) スイッチSを入れた直後，Rの抵抗，およびコンデンサーを流れる電流の大きさをそれぞれ求めよ。

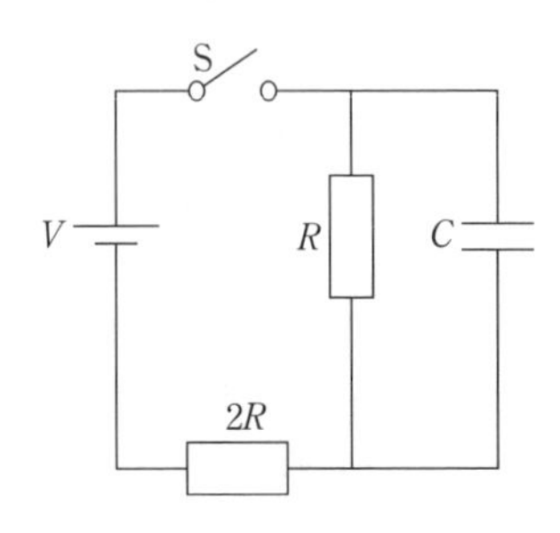

スイッチSを入れて十分に時間が経過した。

(2) Rの抵抗，およびコンデンサーを流れる電流の大きさをそれぞれ求めよ。

(3) コンデンサーにたまった電荷はいくらか。

(1) コンデンサーを含む回路の場合，コンデンサーは大人気なのでしたね。スイッチを入れた直後では，コンデンサーには電荷は蓄えられていないため，電流はすべてコンデンサーのほうへと流れていきます。
したがって，電圧1周0ルールを立てると

$$V - 2RI = 0 \quad \text{よって} \quad I = \frac{V}{2R}$$

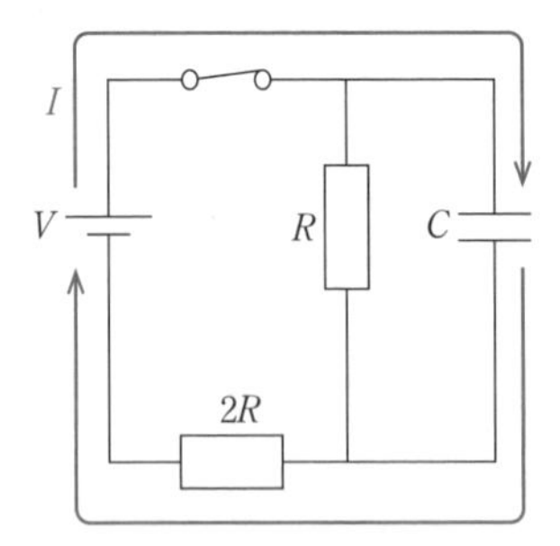

これより解答は，**Rの抵抗に流れる電流は0，コンデンサーに流れる電流は$\frac{V}{2R}$** 答

スイッチを入れた直後のため，コンデンサーには電荷はたまっておらず，コンデンサーの電圧降下はないこともポイントです。

(2) このとき，コンデンサーはいっぱいになったため，電流はすべて抵抗のほうへと流れていきます。そこで，電圧1周0ルールを立てると

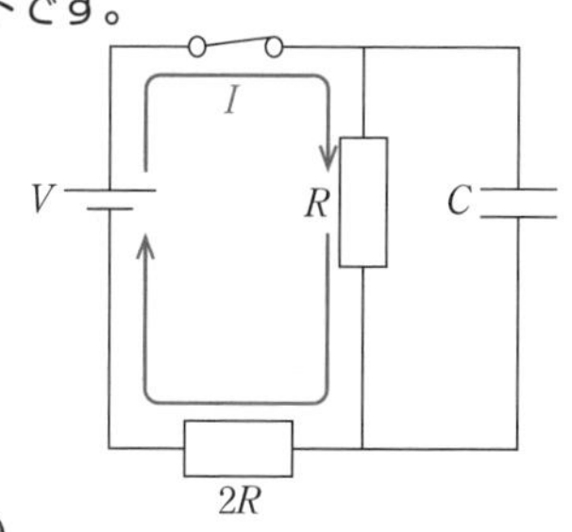

$$V-RI-2RI=0 \quad \text{よって} \quad I=\frac{V}{3R}$$

これより解答は，**Rの抵抗に流れる電流は$\frac{V}{3R}$，コンデンサーに流れる電流は0** 答

(3) たまった電荷をQとして，Rの抵抗とコンデンサーで囲まれた閉回路で電圧1周0ルールを適用すれば

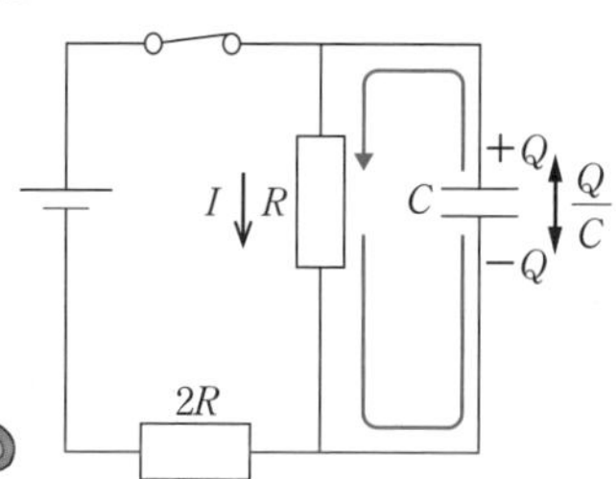

$$-RI+\frac{Q}{C}=0$$

$$Q=CRI=CR\times\frac{V}{3R}=\frac{CV}{3}$$ 答

確認問題 30 5-7 に対応

コンデンサーに蓄えられるエネルギーについて，次の空欄にあてはまる式を答えよ。

極板A，Bからなる電気容量がC〔F〕のコンデンサーをV〔V〕の電源につなぎ，電荷が蓄えられていく様子を順に見ていく。

コンデンサーの充電では，片方の極板からもう一方の極板へ電荷が移動することで，極板どうしに大きさが同じで異種の電荷が蓄えられていく。

いま，極板Aに$+Q_1$〔C〕の電荷，極板Bに$-Q_1$〔C〕の電荷が蓄えられているとき，極板間の電圧がV_1だったとする。このとき，外力を加えて，微小の電荷ΔQを極板Bから極板Aへと移動させるとき，外力のする仕事ΔWは$\Delta W=$［ ア ］〔J〕となる。

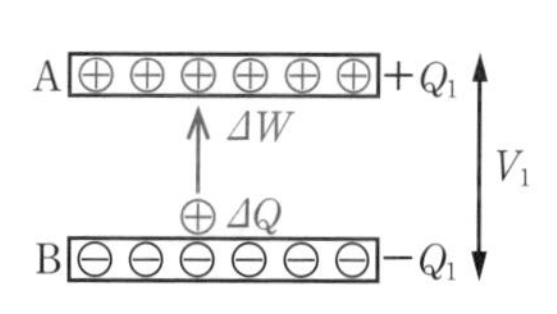

ΔWは次ページのグラフの色のついた長方形の部分の面積であり，Q〔C〕がコンデンサーに蓄えられるまでに要する仕事は，この長方形を足し合わせたものになる。

ゆえに，電荷がQ〔C〕蓄えられているコンデンサーには，右のグラフの赤い直線と赤い点線で作られた三角形の面積で表される$U=$［イ］〔J〕のエネルギーが蓄えられていることになる。

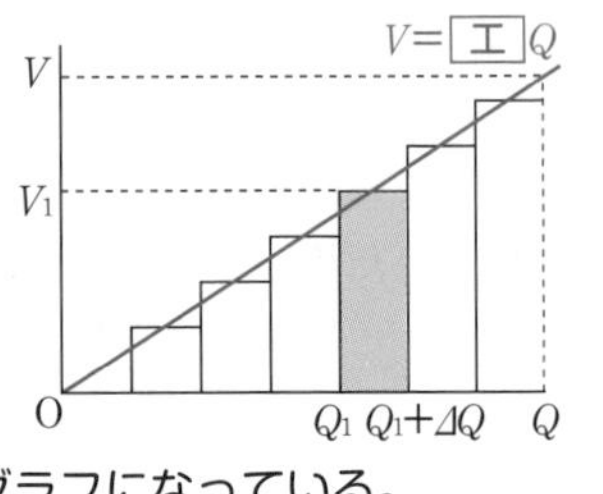

Q，C，Vの間には$Q=$［ウ］の関係があることより，グラフの赤い直線の式は$V=$［エ］Qと表されるため，傾きが［エ］で原点を通る1次関数のグラフになっている。

$U=\frac{1}{2}QV=\frac{1}{2}CV^2=\frac{Q^2}{2C}$は覚えてしまってかまいませんが，成り立ちを理解しておくために入れた問題です。余力のある人はしっかり理解しましょう。

［ア］…ΔQV_1，［イ］…$\frac{1}{2}QV$，［ウ］…CV，［エ］…$\frac{1}{C}$ 答

確認問題 31　5-8 に対応

右図の回路において電気容量CのコンデンサーC_1はあらかじめ，起電力Vの電源で充電されている。次の各問いに答えよ。

(1) C_1に蓄えられている静電エネルギーの値はいくらか。

(2) スイッチを閉じて，しばらく経った。抵抗で発生したジュール熱はいくらか。

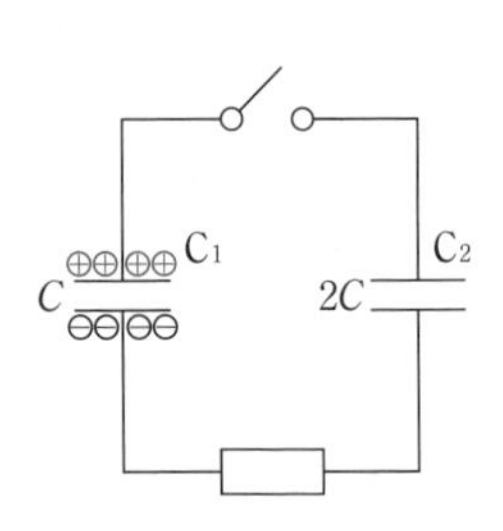

(1) 静電エネルギーは $\frac{1}{2}CV^2$ 答

(2) C_1にかかる電圧をV_1，C_2にかかる電圧をV_2とすると，しばらく経ってからは電流は流れていないので，抵抗において電圧降下は起こりません。電圧1周0ルールより

$$V_1 = V_2 \quad \cdots\cdots①$$

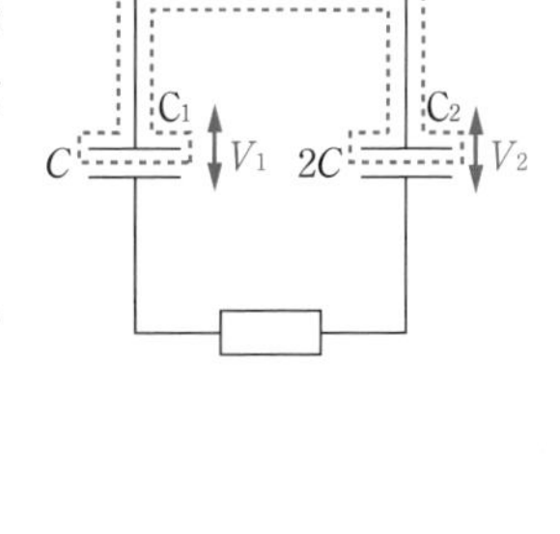

もともとC_1には電荷CVが蓄えられていました。独立部分の電気量の総和が不変なので

$$CV = CV_1 + 2CV_2 \quad \cdots\cdots②$$

①，②より　$V_1 = V_2 = \dfrac{V}{3}$

C_1に蓄えられている静電エネルギーは

$$\frac{1}{2}C_1{V_1}^2 = \frac{1}{2}C\left(\frac{V}{3}\right)^2 = \frac{CV^2}{18}$$

C_2に蓄えられている静電エネルギーは

$$\frac{1}{2}C_2{V_2}^2 = \frac{1}{2}\cdot 2C\left(\frac{V}{3}\right)^2 = \frac{CV^2}{9}$$

この回路には電源はついていないので，電源のした仕事は0

(1)より，もともとC_1には$\dfrac{1}{2}CV^2$が蓄えられていたので，抵抗で発生したジュール熱をJとすると

$$\frac{1}{2}CV^2 = \frac{CV^2}{18} + \frac{CV^2}{9} + J$$

$$J = \underline{\frac{1}{3}CV^2}$$ 答

確認問題 32　5-8 に対応

右のような回路がある。はじめ，どのコンデンサーにも電荷が蓄えられていない。このとき，次の問いに答えよ。

(1) スイッチをaにつないでからしばらく経った。この間に回路で発生したジュール熱はいくらか。

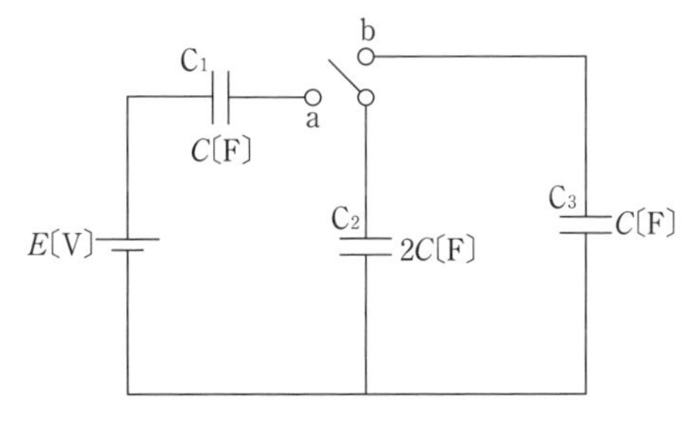

(2) その後，スイッチをbにつなぎ替えてしばらく経った。この間に回路で発生したジュール熱はいくらか。

(3) スイッチを再びaにつなぎ替えてしばらく経った。この間に回路で発生したジュール熱はいくらか。

(4) スイッチをつなぎ替える操作を何回も行った。すると，スイッチをつなぎ替えても電流が流れなくなった。この状態になるまでに回路で発生した全ジュール熱はいくらか。

(1)と(2)は本冊p.180の問題と同じですね。(3)は計算が大変になります。(4)は考えかたを変えないといけません。

(1) はじめ，どのコンデンサーにも電荷が蓄えられていないので静電エネルギーは0ですね。コンデンサーC_1とコンデンサーC_2の電圧をV_1，V_2とすると

電圧1周0ルールより　$E = V_1 + V_2$　……①

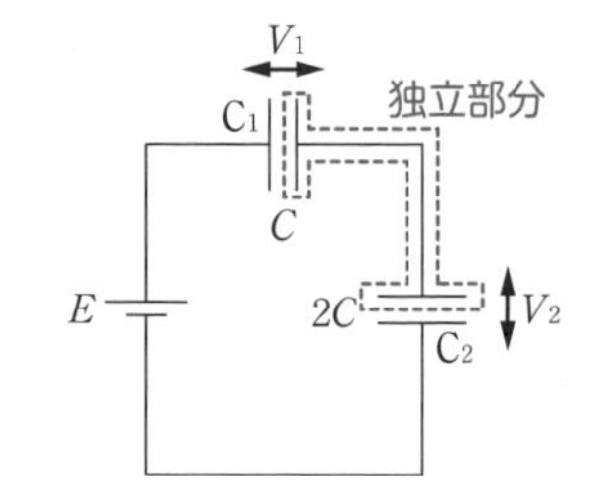

蓄えられる電気量は

$$Q_1 = CV_1 \quad \cdots\cdots②$$

$$Q_2 = 2CV_2 \quad \cdots\cdots③$$

独立部分の電気量の総和は不変なので，

②，③より

$$0+0 = -CV_1 + 2CV_2$$

$$0 = -V_1 + 2V_2 \quad \cdots\cdots④$$

①＋④より　$E = 3V_2$

ゆえに　$V_1 = \frac{2}{3}E$，$V_2 = \frac{1}{3}E$

静電エネルギーはそれぞれ

$$U_1 = \frac{1}{2}CV_1{}^2 = \frac{1}{2}C\left(\frac{2}{3}E\right)^2 = \frac{2}{9}CE^2$$

$$U_2 = \frac{1}{2}\cdot 2CV_2{}^2 = \frac{1}{2}\cdot 2C\left(\frac{1}{3}E\right)^2 = \frac{1}{9}CE^2$$

電源は$Q_1 = CV_1$の電気量をE〔V〕持ち上げたので，電源のした仕事は

$$Q_1E = \underbrace{C\cdot\frac{2}{3}E}_{Q_1 = CV_1}\cdot E = \frac{2}{3}CE^2$$

よって，回路で発生したジュール熱をJ_1とすると

$$\frac{2}{3}CE^2 = \frac{2}{9}CE^2 + \frac{1}{9}CE^2 + J_1$$

よって　$J_1 = \dfrac{1}{3}CE^2$ 答

(2) スイッチをbにつなぎ替える前，C_2には$Q_2 = 2CV_2 = \dfrac{2}{3}CE$〔C〕が蓄えられています。スイッチをbにつなぎ替えると電源とC_1は関係なくなります。C_2，C_3だけの回路になり，C_2は(1)の状態から電圧や電気量が変化します。C_2，C_3にかかる電圧をそれぞれV_2'，V_3としましょう。

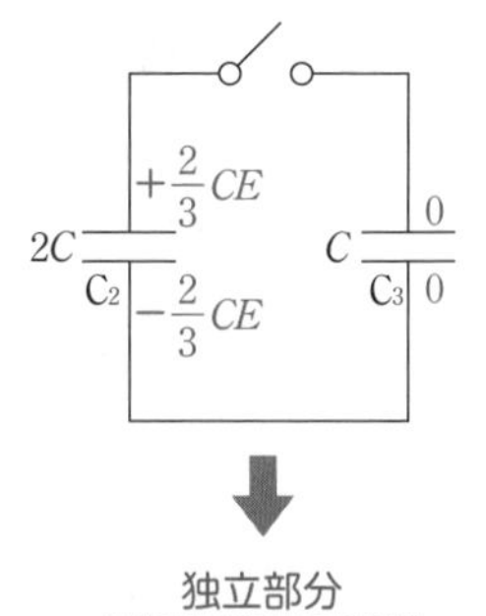

電圧1周0ルールより　$V_2' = V_3$　……①

$Q = CV$より　$Q_2' = 2CV_2'$　……②

$Q_3 = CV_3$　……③

独立部分の電気量の総和は不変なので，

②，③より

$$\frac{2}{3}CE + 0 = 2CV_2' + CV_3$$

$$\frac{2}{3}E = 2V_2' + V_3 \quad \cdots\cdots④$$

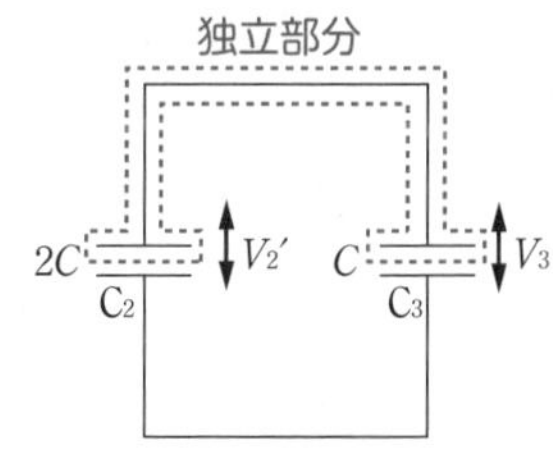

①，④より　$V_2' = V_3 = \dfrac{2}{9}E$

静電エネルギーはそれぞれ

$$U_2' = \frac{1}{2}\cdot 2CV_2'^2 = \frac{4}{81}CE^2$$

$$U_3 = \frac{1}{2}CV_3^2 = \frac{2}{81}CE^2$$

電源にはつながってないので，電源は仕事をしていません。

よって，“電源のした仕事＝静電エネルギーの変化＋発生したジュール熱”より，回路で発生したジュール熱をJ_2とすると

$$0 = \underbrace{\left(\frac{4}{81}CE^2 + \frac{2}{81}CE^2\right) - \left(\frac{1}{9}CE^2 + 0\right)}_{\text{静電エネルギーの変化}} + J_2$$

よって　$J_2 = \dfrac{1}{27}CE^2$ 答

(3) スイッチをaにつなぐと，C_1とC_2の電圧が変化しますね。
その電圧をV_1'，V_2''としましょう。
独立部分の電気量の総和が不変のルールより

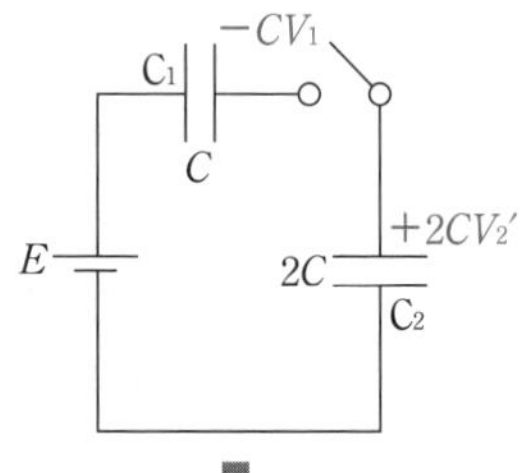

$$-CV_1'+2CV_2''=\underbrace{-CV_1}_{-\frac{2}{3}CE}+\underbrace{2CV_2'}_{\frac{4}{9}CE}$$

$$=-\frac{2}{9}CE \quad \cdots\cdots⑤$$

また，電圧1周0ルールより

$$E=V_1'+V_2'' \quad \cdots\cdots⑥$$

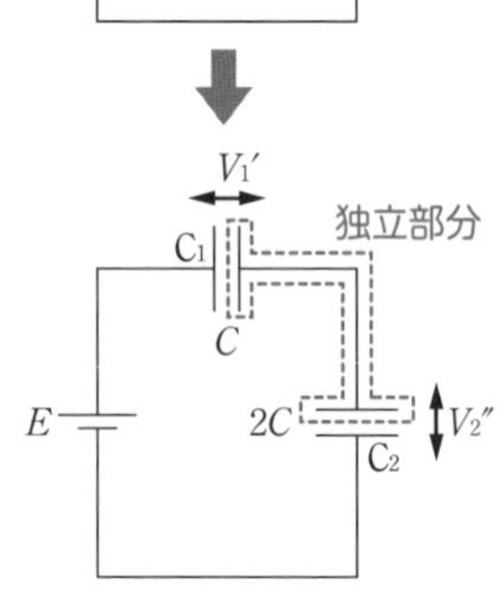

⑤，⑥より　$V_1'=\frac{20}{27}E$，$V_2''=\frac{7}{27}E$

よって，静電エネルギーはそれぞれ

$$U_1'=\frac{1}{2}CV_1'^2=\frac{200}{729}CE^2$$

$$U_2''=\frac{1}{2}\cdot 2C\cdot V_2''^2=\frac{49}{729}CE^2$$

コンデンサーC_1の電気量がCV_1からCV_1'に変化したので，電源はこの分の電気量をE〔V〕持ち上げたということになります。

したがって，電源のした仕事は　$QE=C(V_1'-V_1)E=\frac{2}{27}CE^2$

発生したジュール熱をJ_3とすると

$$\frac{2}{27}CE^2=\underbrace{\left(\frac{200}{729}CE^2+\frac{49}{729}CE^2\right)}_{C_1とC_2の操作後の静電エネルギー}-\underbrace{\left(\frac{2}{9}CE^2+\frac{4}{81}CE^2\right)}_{C_1とC_2の操作前の静電エネルギー}+J_3$$

よって　$\boldsymbol{J_3=\frac{1}{243}CE^2}$ 答

(4) 問題に「スイッチをつなぎ替えても電流が流れなくなった」とありますね。
これは，**スイッチをつなぎ替えてもコンデンサーは放電も充電もしない**ことを表しています。このことを使って問題を解いていきましょう。
この状態のコンデンサーの電圧をそれぞれ，E_1，E_2，E_3とします。
スイッチをつなぎ替えてもコンデンサーは放電も充電もしない，つまり電流が流れないので，電圧1周0ルールがずっと成り立っています。

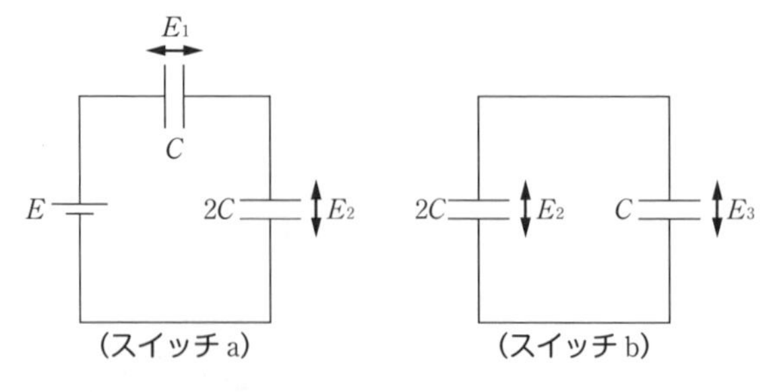

スイッチをaにつないだときの電圧1周0ルールの式は

$$E=E_1+E_2 \quad \cdots\cdots⑦$$

bにつないだときの電圧1周0ルールの式は

$$E_2=E_3 \quad \cdots\cdots⑧$$

この式は，aとbを導線でつないだときの電圧1周0ルールになっていますね。
つまり，aとbをつないでもコンデンサーの電圧が変わらないのです。
つないでも電圧が変わらないならすべてつないでしまいましょう。
回路は右のようになりますね。

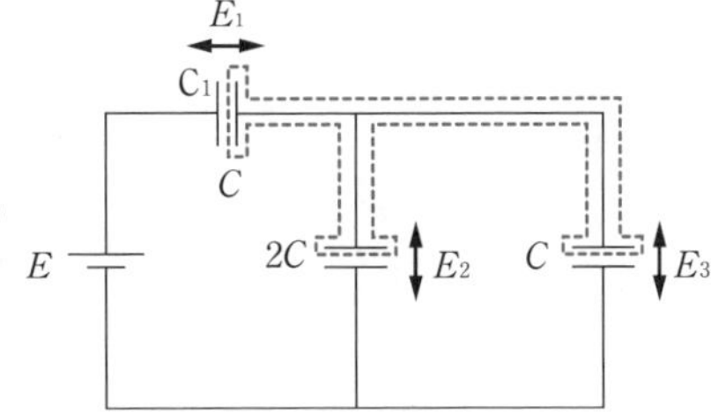

右図の点線で囲った部分は，スイッチの切り替えをする前は電気量は0でした。独立部分の電気量の総和は不変なので，式を立てると

$$-CE_1+2CE_2+CE_3=0 \quad \cdots\cdots⑨$$

⑦，⑧，⑨を解くと　$E_1=\frac{3}{4}E$，$E_2=E_3=\frac{1}{4}E$となります。

各コンデンサーの静電エネルギーは

$$\frac{1}{2}CE_1{}^2=\frac{9}{32}CE^2$$

$$\frac{1}{2}\cdot 2CE_2{}^2=\frac{1}{16}CE^2$$

$$\frac{1}{2}CE_3{}^2=\frac{1}{32}CE^2$$

電源はC_1の電気量の分をEだけ持ち上げたので，仕事は

$$QE=CE_1E=\frac{3}{4}CE^2$$

よって，全ジュール熱をJとすると，いちばんはじめの，コンデンサーにまったく電荷が蓄えられていない状態から，最後の状態で
“電源のした仕事＝静電エネルギーの変化＋発生したジュール熱”を利用して

$$\frac{3}{4}CE^2=\left(\frac{9}{32}CE^2-0\right)+\left(\frac{1}{16}CE^2-0\right)+\left(\frac{1}{32}CE^2-0\right)+J$$

よって $J=\underline{\dfrac{3}{8}CE^2}$ 答

この問題は難問じゃ
2回目，3回目に
自力で解けるように
頑張るんじゃぞ

確認問題 33 5-9，5-10 に対応

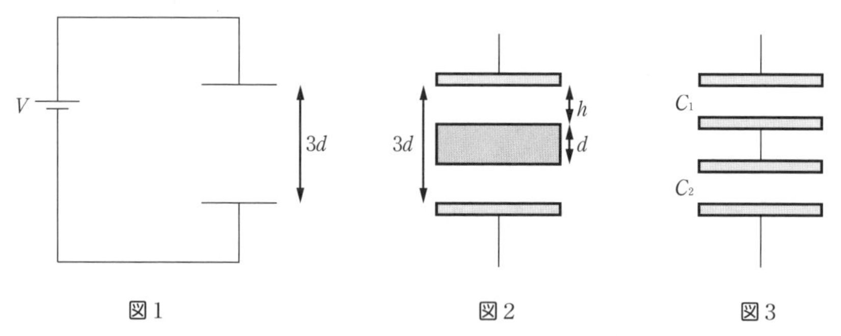

図1　　図2　　図3

図1のように，極板間距離$3d$，面積Sのコンデンサーが，電圧Vの電源につながれている。誘電率をεとして，以下の問いに答えよ。
まず，コンデンサーに厚さdの金属板を挿入した場合を考える（図2）。

(1) 図3のように，金属板の表面を極板として考えると，2対のコンデンサーが現れる。各コンデンサーの電気容量C_1，C_2を求めよ。

(2) コンデンサーに蓄えられた電荷を求めよ。

金属板を抜き，今度は厚さ$3d$，比誘電率ε_rの誘電体板を挿入した。

(3) このとき，コンデンサーにたまる電荷はいくらか。

(1) 各コンデンサーの極板間距離はh，$3d-(h+d)=2d-h$で，面積はどちらもSなので

$C_1 = \varepsilon\dfrac{\boldsymbol{S}}{\boldsymbol{h}}$ 答

$C_2 = \varepsilon\dfrac{\boldsymbol{S}}{\boldsymbol{2d-h}}$ 答

(2) 直列接続のコンデンサーとみなせるので，各コンデンサーにたまった電荷は，同じです。その電荷をQ，各コンデンサーの電圧をV_1，V_2とすれば

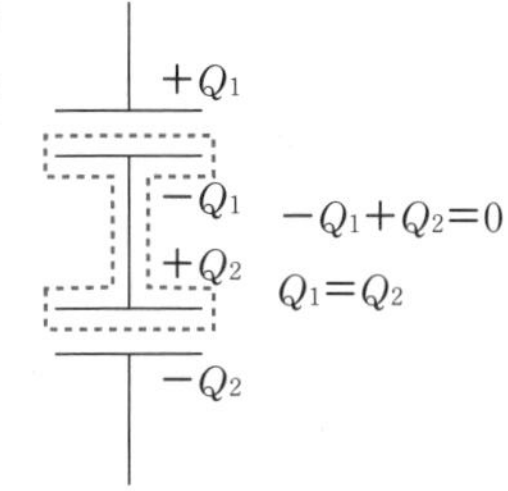

$$Q = \varepsilon\frac{S}{h}V_1 \quad \cdots\cdots①$$

$$Q = \varepsilon\frac{S}{2d-h}V_2 \quad \cdots\cdots②$$

また，電圧1周0ルールより

$$V - V_1 - V_2 = 0 \quad \Leftrightarrow \quad V_2 = V - V_1 \quad \cdots\cdots③$$

①，②式を合わせ，そこに③式を代入して

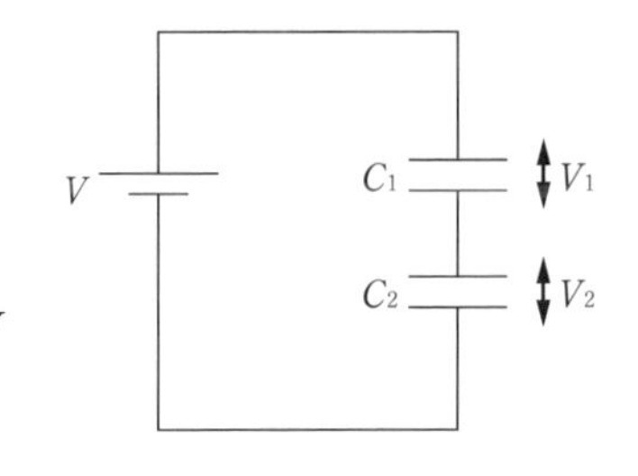

$$\varepsilon\frac{S}{h}V_1 = \varepsilon\frac{S}{2d-h}(V - V_1)$$

$$V_1 = \frac{h}{2d-h}(V - V_1)$$

$$\frac{2d-h}{2d-h}V_1 + \frac{h}{2d-h}V_1 = \frac{h}{2d-h}V$$

$$\frac{2d}{2d-h}V_1 = \frac{h}{2d-h}V$$

$$V_1 = \frac{h}{2d}V \quad \cdots\cdots④$$

④式を①式に代入すれば

$Q = \varepsilon\dfrac{S}{h}\cdot\dfrac{h}{2d}V = \varepsilon\dfrac{\boldsymbol{S}}{\boldsymbol{2d}}V$ 答

答えには，hが現れていません。つまり，金属板を挿入する位置は関係ないということです。なので，ただ電荷を求めるだけなら，金属板を端に寄せて考えてしまってもよいわけですね。

(3) 極板内が誘電体で満たされていますので，この金属板の電気容量は，

$C = \varepsilon_r\varepsilon\dfrac{S}{3d}$となります。よって，蓄えられる電荷は

$Q = CV = \varepsilon_r\varepsilon\dfrac{\boldsymbol{S}}{\boldsymbol{3d}}V$ 答

確認問題 34 5-9，5-10 に対応

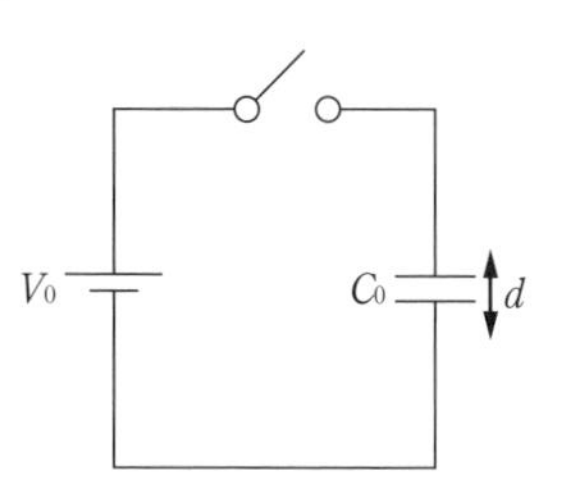

右図のように電気容量C_0のコンデンサーと起電力V_0の電源をつなぎスイッチを入れた。しばらくすると，コンデンサーにC_0V_0の電気量が蓄えられ，極板間の電場の大きさはE_0となった。次の(1)～(4) の操作をしたときの電気容量C, 極板間の電圧V, コンデンサーに蓄えられる電荷Q，極板間の電場の大きさE，コンデンサーの静電エネルギーUの変化について，空欄を埋めなさい。ただし，コンデンサーの極板間の距離はdで$d>t$とする。

(1) スイッチを切ってから，極板間を比誘電率ε_rの誘電体ですき間なく満たした。

(2) スイッチを入れたまま，極板間を比誘電率ε_rの誘電体ですき間なく満たした。

(3) スイッチを切ってから，面積が極板と等しく，厚さがtの導体を挿入した。

(4) スイッチを入れたまま，面積が極板と等しく，厚さがtの導体を挿入した。

	C	V	Q	E	U
最初の状態	C_0	V_0	C_0V_0	E_0	$\frac{1}{2}C_0V_0^2$
(1) の操作後			C_0V_0		
(2) の操作後		V_0			
(3) の操作後			C_0V_0		
(4) の操作後		V_0			

解説

もともとの状態のE_0を求めておくと，$V_0=E_0d$より

$$E_0=\frac{V_0}{d}$$

(1) 比誘電率ε_rの誘電体で満たしたので　$C=\varepsilon_r C_0$

スイッチが切れて，電荷は$Q=C_0V_0$のまま不変なので　$C_0V_0=\varepsilon_r C_0 V$

ゆえに　$V=\dfrac{V_0}{\varepsilon_r}$

$V=Ed$より　$E=\dfrac{V}{d}=\dfrac{V_0}{\varepsilon_r d}=\dfrac{E_0}{\varepsilon_r}$

$U=\dfrac{1}{2}QV$より　$U=\dfrac{1}{2}\cdot C_0V_0\cdot\dfrac{V_0}{\varepsilon_r}=\dfrac{1}{2}\cdot\dfrac{1}{\varepsilon_r}\cdot C_0{V_0}^2$

(2) 比誘電率ε_rの誘電体で満たしたので　$C=\varepsilon_r C_0$

スイッチがつながっているので，極板間の電圧はV_0で一定となります。

$$Q=\varepsilon_r C_0 V_0$$

$$E=\frac{V_0}{d}=E_0$$

$U=\dfrac{1}{2}QV$より　$U=\dfrac{1}{2}\cdot\varepsilon_r C_0V_0\cdot V_0=\dfrac{1}{2}\varepsilon_r C_0{V_0}^2$

(3) 厚さがtの導体を挿入すると，極板間がtだけ縮んだとみなせます。

$$C_0=\varepsilon\frac{S}{d},\ C=\varepsilon\frac{S}{d-t}\text{より}\quad C=\frac{d}{d-t}C_0$$

スイッチが切れて，電荷は$Q=C_0V_0$のまま不変なので　$C_0V_0=\dfrac{d}{d-t}C_0V$

ゆえに　$V=\dfrac{d-t}{d}V_0$

$V=E(d-t)$より　$E=\dfrac{V}{d-t}=\dfrac{V_0}{d}=E_0$

$U=\dfrac{1}{2}QV$より　$U=\dfrac{1}{2}\cdot C_0V_0\cdot\dfrac{d-t}{d}V_0=\dfrac{1}{2}\cdot\dfrac{d-t}{d}\cdot C_0{V_0}^2$

(4) 厚さがtの導体を挿入すると，極板間がtだけ縮んだとみなせます。

$$C_0=\varepsilon\frac{S}{d},\ C=\varepsilon\frac{S}{d-t}\text{より}\quad C=\frac{d}{d-t}C_0$$

スイッチがつながっているので，極板間の電圧はV_0で一定となります。

$$Q=\frac{d}{d-t}C_0V_0$$

$$E=\frac{V_0}{d-t}=\frac{d}{d-t}E_0$$

$U=\dfrac{1}{2}QV$より　$U=\dfrac{1}{2}\cdot\dfrac{d}{d-t}C_0V_0\cdot V_0=\dfrac{1}{2}\cdot\dfrac{d}{d-t}\cdot C_0{V_0}^2$

(1)～(4)より，以下のようになります。

	C	V	Q	E	U
最初の状態	C_0	V_0	C_0V_0	E_0	$\frac{1}{2}C_0{V_0}^2$
(1)の操作後	ε_rC_0	$\frac{V_0}{\varepsilon_r}$	C_0V_0	$\frac{E_0}{\varepsilon_r}$	$\frac{1}{2}\cdot\frac{1}{\varepsilon_r}\cdot C_0{V_0}^2$
(2)の操作後	ε_rC_0	V_0	$\varepsilon_rC_0V_0$	E_0	$\frac{1}{2}\varepsilon_rC_0{V_0}^2$
(3)の操作後	$\frac{d}{d-t}C_0$	$\frac{d-t}{d}V_0$	C_0V_0	E_0	$\frac{1}{2}\cdot\frac{d-t}{d}\cdot C_0{V_0}^2$
(4)の操作後	$\frac{d}{d-t}C_0$	V_0	$\frac{d}{d-t}C_0V_0$	$\frac{d}{d-t}E_0$	$\frac{1}{2}\cdot\frac{d}{d-t}\cdot C_0{V_0}^2$

答

確認問題 35 5-11に対応

右図のような回路があり，スイッチを閉じてコンデンサーを充電させた。次の各問いに答えよ。ただし，電源の内部抵抗や導線の抵抗は無視できるものとする。

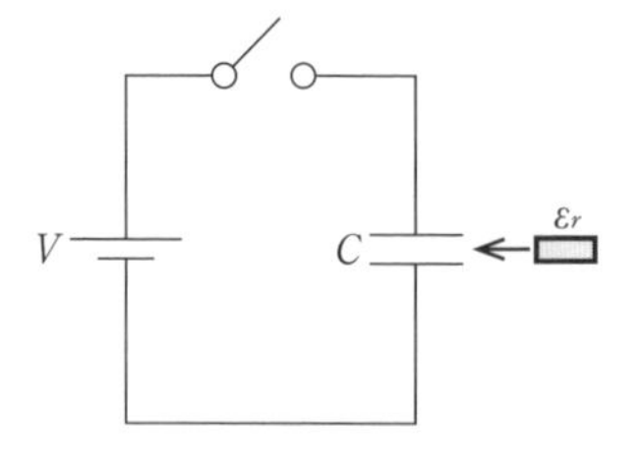

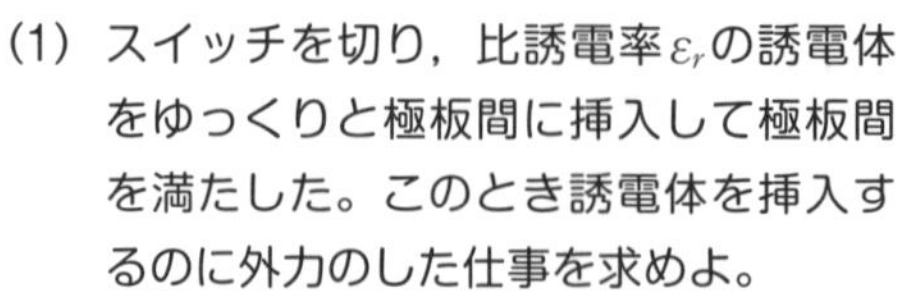

(1) スイッチを切り，比誘電率ε_rの誘電体をゆっくりと極板間に挿入して極板間を満たした。このとき誘電体を挿入するのに外力のした仕事を求めよ。

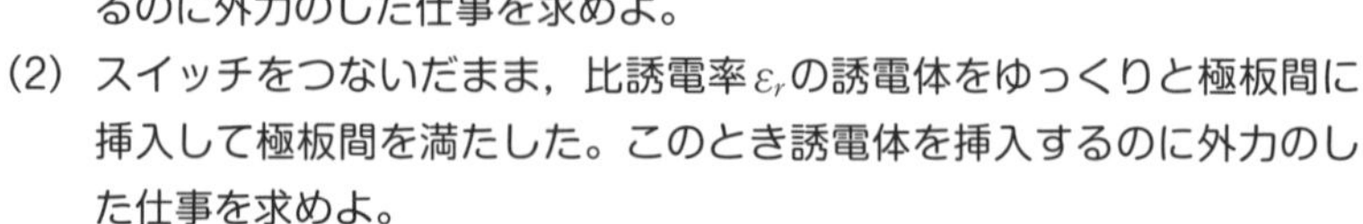

(2) スイッチをつないだまま，比誘電率ε_rの誘電体をゆっくりと極板間に挿入して極板間を満たした。このとき誘電体を挿入するのに外力のした仕事を求めよ。

(1) スイッチが切られているので，誘電体の挿入前後で$Q=CV$が不変です。

もともとコンデンサーには静電エネルギー $\dfrac{Q^2}{2C}=\dfrac{CV^2}{2}$ が蓄えられています。

比誘電率ε_rの誘電体を挿入したときの電気容量は$\varepsilon_r C$なので，挿入後の静電エネルギーは $\dfrac{Q^2}{2\varepsilon_r C}=\dfrac{CV^2}{2\varepsilon_r}$

この回路は電源につながっていないので，電源のした仕事は0

導線の抵抗は無視できるので，ジュール熱は発生しません。

よって，外力のした仕事をK_1とすると

$$0+K_1=\frac{CV^2}{2\varepsilon_r}-\frac{CV^2}{2}+0$$

よって $K_1=-\dfrac{(\varepsilon_r-1)CV^2}{2\varepsilon_r}$ 答

(2) スイッチがつながっているので，誘電体の挿入前後でVが一定です。

もともとコンデンサーには静電エネルギー $\dfrac{1}{2}CV^2$が蓄えられています。

比誘電率ε_rの誘電体を挿入したときの電気容量は$\varepsilon_r C$なので，挿入後の静電エネルギーは $\dfrac{1}{2}\varepsilon_r CV^2$

コンデンサーに蓄えられている電荷の変化は $\varepsilon_r CV-CV=(\varepsilon_r-1)CV$ なので，電源のした仕事は $V\times(\varepsilon_r-1)CV=(\varepsilon_r-1)CV^2$

導線の抵抗は無視できるので，ジュール熱は発生しません。

よって，外力のした仕事をK_2とすると

$$(\varepsilon_r-1)CV^2+K_2=\frac{\varepsilon_r CV^2}{2}-\frac{CV^2}{2}+0$$

よって $K_2=-\dfrac{(\varepsilon_r-1)CV^2}{2}$ 答

K_1もK_2も負の値なので
外力のした仕事は負じゃ
誘電体は極板に
引き込まれる方向に
静電気力を受けるという
ことじゃ

磁場

確認問題 36 6-2に対応

次の問いに答えよ。ただし，$\pi = 3.14$とする。

(1) 0.20 Aの直線電流から，5.0 cm離れた位置にできる磁場の強さはいくらか。

(2) 半径2.5 cmで3回巻きの円形導線に，0.50 Aの電流を流した。コイルの中心にできる磁場の強さはいくらか。

(3) 全長10 cm，全巻き数90回のソレノイドに3.0 Aの電流を流した。このときソレノイド内部にできる磁場の強さを求めよ。

(1) 直線電流の場合　$H = \dfrac{I}{2\pi r}$

$r = 5.0\ \mathrm{cm} = 5.0 \times 10^{-2}\ \mathrm{m}$なので

$$H = \frac{0.20}{2 \times 3.14 \times 5.0 \times 10^{-2}} = 0.636 \fallingdotseq \underline{0.64\ \mathrm{A/m}}$$ 答

(2) 円形電流の場合　$H = \dfrac{I}{2r}$

3回巻きなので，全電流の値は　$0.50 \times 3 = 1.5\ \mathrm{A}$

$r = 2.5\,\mathrm{cm} = 2.5 \times 10^{-2}\ \mathrm{m}$

$$H = \frac{1.5}{2 \times 2.5 \times 10^{-2}} = \underline{30\ \mathrm{A/m}}$$ 答

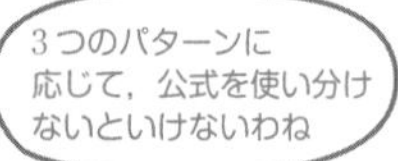

(3) ソレノイドの場合，$H = nI$であり，nは「1 mあたりの巻き数」です。問題のソレノイドは，10 cmで90回巻きであるので，これは1 mあたり900回巻きですね。

$$H = 900 \times 3.0 = \underline{2.7 \times 10^{3}\ \mathrm{A/m}}$$ 答

確認問題 37 6-4に対応

以下の文章を読み，空欄を埋めよ。

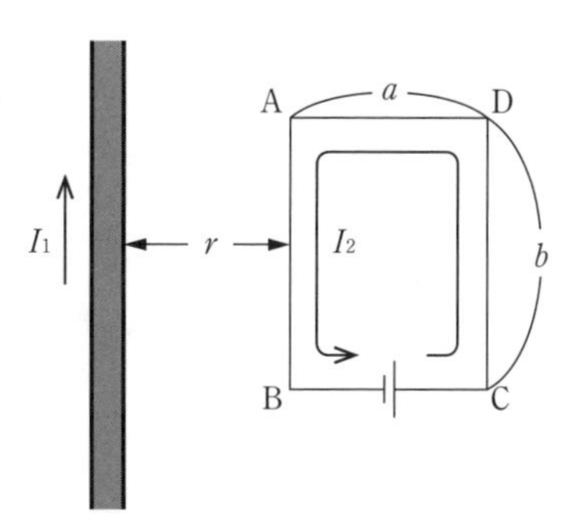

右図のように，真空中に，直線電流I_1からrだけ離れた位置に，長方形コイルABCDが置かれており，コイルには図のようにI_2の電流が流れている。真空の透磁率をμ_0として，このコイルが直線電流I_1から受ける力の大きさと向きを求めてみよう。直線電流が，辺ABの位置に作る磁場の大きさは［(1)］なので，辺ABには大きさ［(2)］の力がはたらき，その方向は，図の［(3)］向きである。さらに，直線電流が辺CDの位置に作る磁場の大きさは［(4)］なので，辺CDには大きさ［(5)］の力がはたらき，その方向は，図の［(6)］向きである。また，辺ADと辺BCにはたらく力は，逆向きで同じ大きさなので，互いに打ち消し合う。したがって，コイル全体にはたらく力の大きさは［(7)］で，その方向は，図の［(8)］向きである。

(1) 辺ABとは距離rだけ離れているので，直線電流の公式を用いれば

$$H_{AB} = \frac{I_1}{2\pi r}$$ 答

(2) 辺ABが受ける力の大きさは，$F = BI\ell$より

$$F_{AB} = \frac{\mu_0 I_1}{2\pi r} \times I_2 \times b = \frac{\mu_0 I_1 I_2 b}{2\pi r}$$ 答

(3) 辺ABには図の上から下へ電流が流れ，直線電流による磁場は紙面の表から裏へ発生しているので，フレミングの左手の法則より，受ける力は図の右向きです。

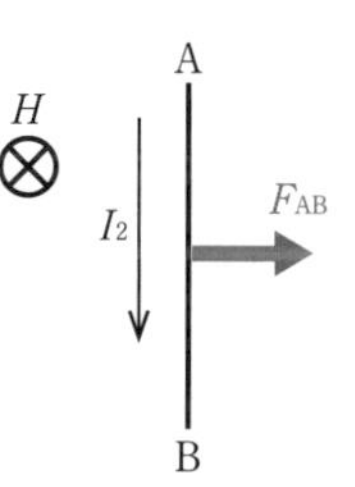

(4) 辺CDとは距離$r + a$だけ離れているので

$$H_{CD} = \frac{I_1}{2\pi(r + a)}$$ 答

(5)　$F=BI\ell$より　$F_{CD}=\dfrac{\mu_0 I_1}{2\pi(r+a)}\times I_2\times b=\dfrac{\mu_0 I_1 I_2 b}{2\pi(r+a)}$ 答

(6)　辺CDには図の下から上へ電流が流れ，紙面の表から裏へ磁場が発生しているので，フレミングの左手の法則より，力は図の左向きです。

よって，**左(向き)** 答

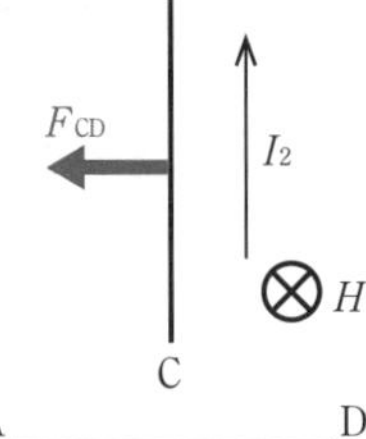

(7)，(8)

$F_{AB}>F_{CD}$より

$$F=F_{AB}-F_{CD}=\frac{\mu_0 I_1 I_2 ab}{2\pi r(r+a)}$$ 答

また，その向きは，**右(向き)** 答

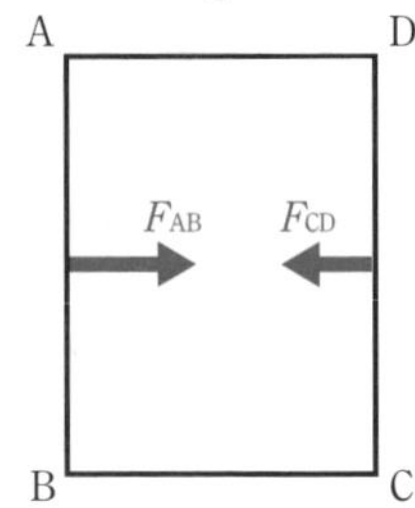

確認問題 38　6-6に対応

断面積S〔m^2〕で長さがℓ〔m〕の導線中を速さv〔m/s〕で自由電子が動いている。その導線に垂直に磁束密度B〔T〕の磁場が生じている。このとき導線中の電子にはたらくローレンツ力f〔N〕の総和が，電流が磁場から受ける力F〔N〕になることを示しなさい。ただし，電子の電気量を$-e$〔C〕，個数密度をn〔個/m^3〕とする。

1つの電子にはたらくローレンツ力fの大きさはevB，導線の全体積は$S\ell$なので，導線中には全部で$nS\ell$個の電子があります。

よって，導線中の全電子が受けるローレンツ力の総和は

$$evB\times nS\ell=BenvS\ell$$

本冊のp.102より$I=envS$なので

$$BenvS\ell=BI\ell=F$$

よって，導線中の全電子にはたらくローレンツ力fの総和が，電流が磁場から受ける力Fになる。

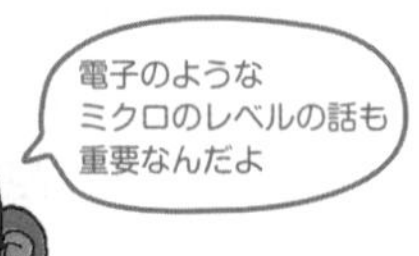

確認問題 39　6-6，6-7 に対応

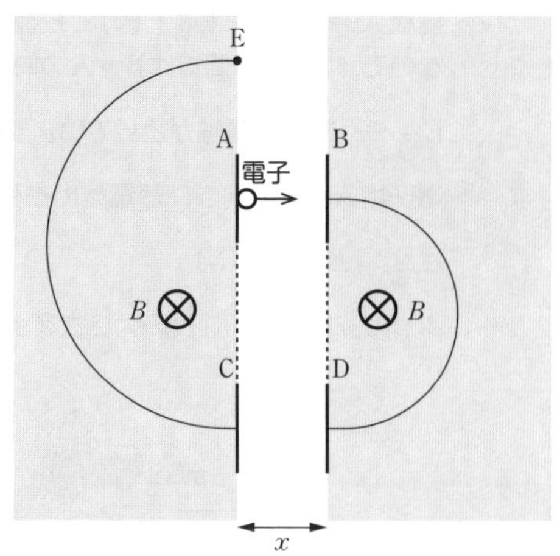

右図のような装置がある。電子が極板Aから初速度0で出発し，極板AB間で加速されたあと，極板Bのスリットを抜けて，磁場へ入る。その後，電子は磁場からの力を受け，極板Dのスリットを抜ける。電子は極板CD間で再度加速されたあと，磁場へ入り点Eへと到達する。電子の電気量を$-e$〔C〕，質量をm〔kg〕とし，極板AB間，極板CD間の電圧はV〔V〕で極板間距離はどちらもx〔m〕とする。また，磁場の大きさはB〔T〕とするとき，次の問いに答えよ。ただし，電子にはたらく重力は無視できるものとする。

(1) 極板Aと極板Bはどちらが高電位か答えよ。また極板Cと極板Dはどちらが高電位か答えよ。

(2) 極板AB間に電子があるとき，電子の加速度の大きさを求めよ。また，極板Aを出発してから極板Bに到達するまでの時間を求めよ。

(3) 極板Bのスリットを抜ける直前の電子の速さを求めよ。

(4) 極板Bのスリットを抜けてから極板Dに到達するまでの時間を求めよ。また極板Bのスリットと極板Dのスリットの距離を求めよ。

(5) 極板Cのスリットを抜ける直前の電子の速さを求めよ。

(6) 極板Cのスリットを抜けてから点Eに到達するまでの時間を求めよ。また，極板Cのスリットと点Eの距離を求めよ。

電磁気の知識と力学の知識の両方を必要とする問題です。基本を確認しながら解いていきましょう。

(1) 正電荷は電位の高いところから低いところへ移動すると加速します。電子は負電荷なので，電位の低いところから高いところへ移動すると加速しますから，**極板Aと極板Bでは極板Bのほうが高電位。極板Cと極板Dでは極板Cのほうが高電位。**

(2) 極板AB間の電位差はV〔V〕で極板間距離はx〔m〕なので，極板AB間ではB→Aの向きに

$E=\dfrac{V}{x}$〔N/C〕の電場が生じています。

電子はA→Bの向きに静電気力を受け，その大きさは　$eE=e\dfrac{V}{x}$〔N〕

よって，電子の加速度の大きさをaとすると，運動方程式より

$$e\frac{V}{x}=ma$$

$$a=\frac{eV}{mx}\text{〔m/s}^2\text{〕}$$

極板Aを出発してから極板Bに到達するまでの時間をt〔s〕とすると

$\dfrac{1}{2}at^2=x$より

$$t^2=\frac{2x}{a}=\frac{2mx^2}{eV}$$

$t>0$より　$t=\sqrt{\dfrac{2m}{eV}}x$〔s〕

(3) エネルギー保存則を考えます。

極板Aの電位を0〔V〕，極板Bの電位をV〔V〕とし，極板Bについた瞬間の電子の速さをv〔m/s〕とすると

$$0+0=-eV+\frac{1}{2}mv^2$$

$$v=\sqrt{\frac{2eV}{m}}\text{〔m/s〕}$$

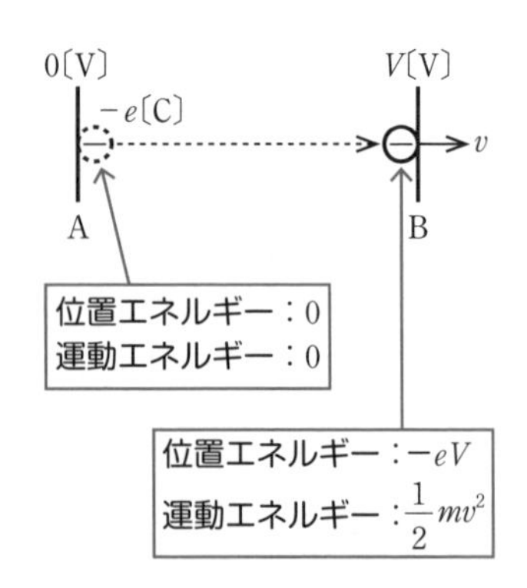

(4)　磁場中で電子はevB〔N〕の大きさのローレンツ力を受けて，等速円運動をするので，円運動の半径をr〔m〕とすると

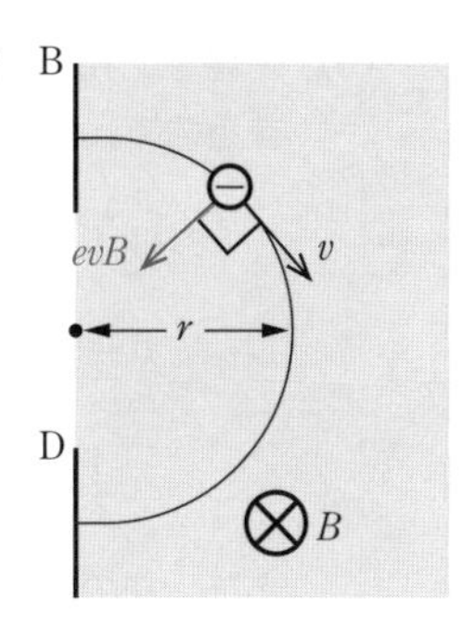

$$evB = m\frac{v^2}{r}$$

$$r = \frac{mv}{eB} = \frac{m}{eB}\sqrt{\frac{2eV}{m}}$$

$$= \frac{1}{B}\sqrt{\frac{2mV}{e}}$$

また，この円運動の周期をT〔s〕とすると

$$vT = 2\pi r$$

$$T = \frac{2\pi r}{v} = \frac{2\pi}{v}\cdot\frac{mv}{eB} = \frac{2\pi m}{eB}$$

極板Bのスリットを抜けてから，極板Dに到達するまでの時間は$\frac{T}{2}$〔s〕なので

$$\frac{T}{2} = \boldsymbol{\frac{\pi m}{eB}}\text{〔s〕}$$ 答

極板Bのスリットと極板Dのスリットの距離は$2r$〔m〕なので

$$2r = \boldsymbol{\frac{2}{B}\sqrt{\frac{2mV}{e}}}\text{〔m〕}$$ 答

(5)　エネルギー保存則を考えます。極板Dの電位を0 V，極板Cの電位をV〔V〕とし，極板Cに到達した瞬間の電子の速さをv'〔m/s〕とすると，極板Dに到達した瞬間の速さは$v = \sqrt{\frac{2eV}{m}}$なので

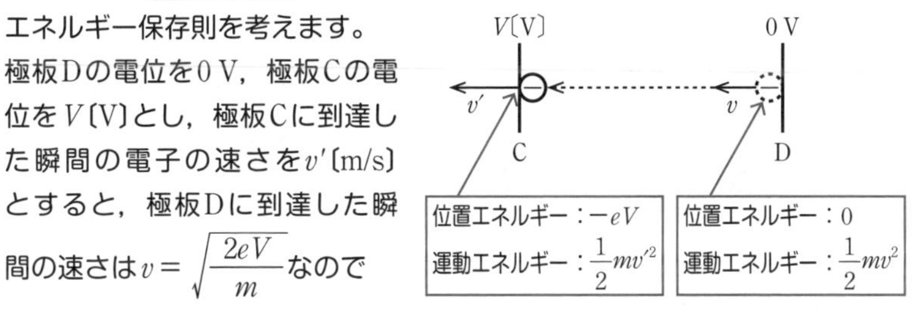

$$0 + \frac{1}{2}mv^2 = -eV + \frac{1}{2}mv'^2$$

(3)より　$\frac{1}{2}mv^2 = eV$なので

$$eV = -eV + \frac{1}{2}mv'^2$$

$$v' = \sqrt{\frac{4eV}{m}} = \boldsymbol{2\sqrt{\frac{eV}{m}}}\text{〔m/s〕}$$ 答

(6) 磁場中で電子は$ev'B$〔N〕の大きさのローレンツ力を受けて，等速円運動をするので，円運動の半径をR〔m〕とすると

$$ev'B = m\frac{v'^2}{R}$$

$$R = \frac{mv'}{eB} = \frac{m}{eB}\cdot 2\sqrt{\frac{eV}{m}}$$

$$= \frac{2}{B}\sqrt{\frac{mV}{e}}$$

また，この円運動の周期をT'〔s〕とすると

$$v'T' = 2\pi R$$

$$T' = \frac{2\pi R}{v'} = \frac{2\pi}{v'}\cdot\frac{mv'}{eB} = \frac{2\pi m}{eB}$$

極板Cのスリットを抜けてから，点Eに到達するまでの時間は$\frac{T'}{2}$〔s〕なので

$$\frac{T'}{2} = \frac{\pi m}{eB}\text{〔s〕}$$ 答

極板Cのスリットと点Eの距離は$2R$〔m〕なので

$$2R = \frac{4}{B}\sqrt{\frac{mV}{e}}\text{〔m〕}$$ 答

確認問題 40 6-6，6-7 に対応

右図のように，z軸正方向に磁束密度Bの一様な磁場が発生している。原点から$y-z$平面上でz軸との角度がθになるように，質量m，電気量$+q$の電荷を初速度v_0で発射した。以下の問いに答えよ。ただし，$q>0$とする。

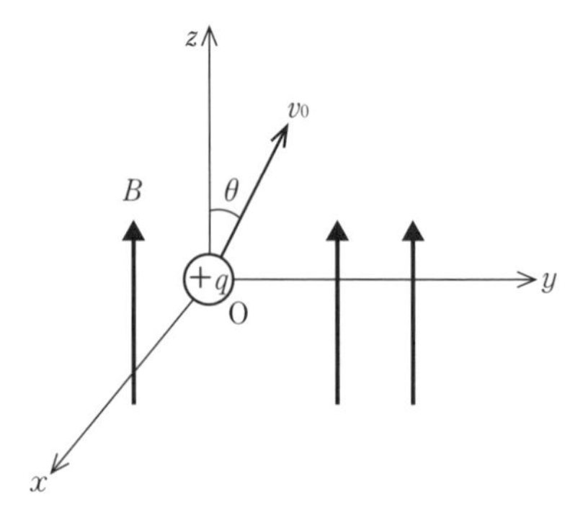

(1) $x-y$平面では，電荷は等速円運動をしている。この円運動を引き起こす向心力の大きさを求めよ。

(2) この円運動の半径，および周期を求めよ。

(3) $x-y$平面で電荷が1回転する間に，電荷はz軸方向へどれだけ進むか。

(1) 電荷は，初速度$v_0 \sin\theta$でy軸方向に，初速度$v_0 \cos\theta$でz軸方向に発射されています。電荷の運動を，$x-y$平面と，z軸方向とで分けて考えてみましょう。磁場はz軸正方向に発生しているので，z軸方向の速度は，ローレンツ力にはまったく関係ありません。そこで，y軸方向に初速$v_0 \sin\theta$で発射された瞬間を考えると，電荷はx軸正方向に$q(v_0 \sin\theta)B$のローレンツ力を受けることになりますね。

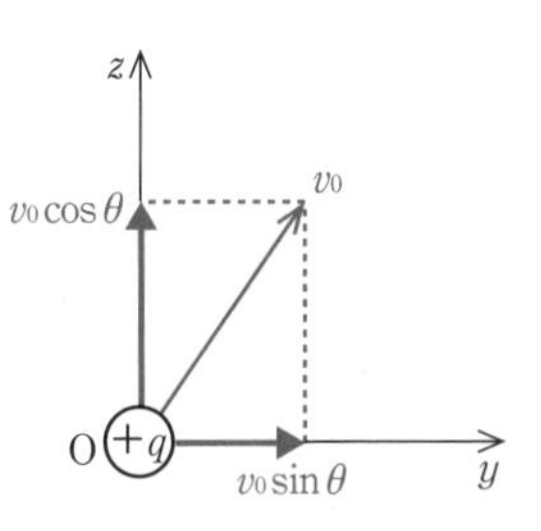

したがって，$x-y$平面では，右図のような，向心力$q(v_0 \sin\theta)B$による円運動を行うことになります。

よって　$\underline{q(v_0 \sin\theta)B}$ 答

(2) 円運動の半径をrとすると，運動方程式は

$$m\frac{(v_0 \sin\theta)^2}{r} = q(v_0 \sin\theta)B$$

これより　$r = \underline{\dfrac{mv_0 \sin\theta}{qB}}$ 答

さらに，周期Tは，$v_0 \sin\theta \cdot T = 2\pi r$より

$$T = \frac{2\pi}{v_0 \sin\theta} \cdot \frac{mv_0 \sin\theta}{qB} = \underline{\frac{2\pi m}{qB}}$$ 答

(3) 電荷はz軸方向の力はまったく受けないので，z軸方向へは，初速度$v_0 \cos\theta$のまま移動していきます。したがって，電荷が$x-y$平面で1回転する間，すなわち時間Tの間に移動する距離は

$$v_0 \cos\theta \cdot T = \underline{\frac{2\pi m v_0 \cos\theta}{qB}}$$ 答

$x-y$平面では円運動，z軸方向へは等速度運動をするので，電荷は右図のようならせん運動をするのです。

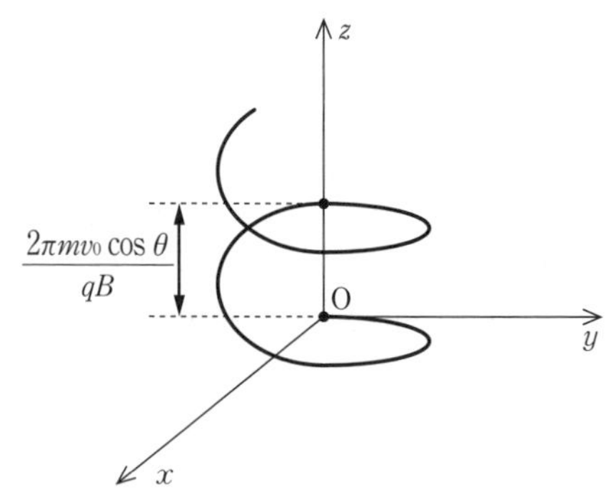

電磁誘導

確認問題 41 7-1 に対応

(1) 真空中に，3.0×10^3 A/mの磁場が発生している。磁束密度を求めよ。ただし，真空の透磁率を1.3×10^{-6} N/A^{2}とする。

(2) 0.10 m^{2}の面に，磁束密度6.0×10^2 Tの磁場が発生している。この面の磁束を求めよ。

(3) 50回巻きで長さが25 cm，断面積が100 cm^{2}のソレノイドコイルがある。このコイルに3.0 Aの電流が流れるときの，コイルを貫く磁束Φ〔Wb〕を求めよ。ただし，透磁率を1.3×10^{-6} N/A^{2}とする。

(1) $B=\mu_0 H=1.3 \times 10^{-6} \times 3.0 \times 10^3=\underline{\mathbf{3.9 \times 10^{-3}\ T}}$ 答 

(2) $\Phi=BS$より

$\Phi=6.0 \times 10^2 \times 0.10=\underline{\mathbf{60\ Wb}}$ 答

(3) 1 mあたりのコイルの巻き数は

$50 \div 0.25=200$

よって　$H=nI=200 \times 3.0=6.0 \times 10^2$ A/m

$B=\mu H=1.3 \times 10^{-6} \times 6.0 \times 10^2=7.8 \times 10^{-4}$ T

$100\ \mathrm{cm}^2 = 1.0 \times 10^{-2}\ \mathrm{m}^2$より

$$\Phi = BS = 7.8 \times 10^{-4} \times 1.0 \times 10^{-2} = \underline{7.8 \times 10^{-6}\ \mathrm{Wb}}$$ 答

確認問題 42　7-2，7-3 に対応

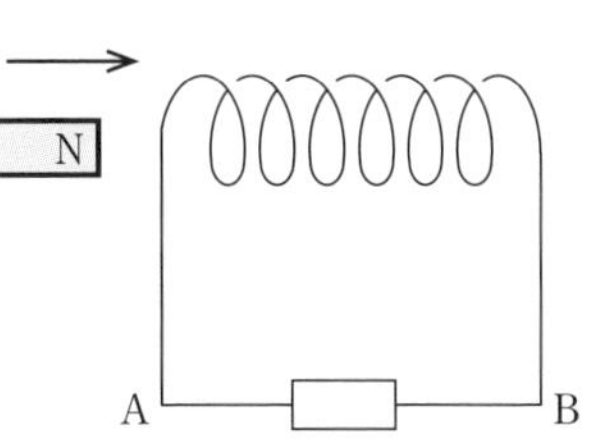

右図のように，抵抗が取りつけられたソレノイドに，磁石のN極を近づける。

(1) 抵抗を流れる電流の向きはA→BまたはB→Aのどちらか。

(2) 磁石とソレノイドの間にはたらく力は，引力か，それとも反発力か。

(3) このソレノイドが50回巻きであったとする。N極を近づけたことにより，0.30秒間に磁束が6.0 Wb増えた。このとき発生する誘導起電力の大きさは何Vか。

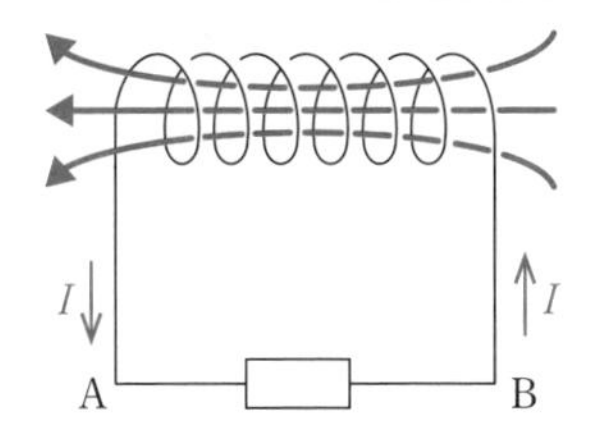

(1) N極を近づけると，ソレノイドを右向きに貫く磁束は増加しますね。よって，ソレノイドは左向きの磁束を増やそうとするので，右図のような電流が流れることになります。したがって，

<u>A→B</u> 答

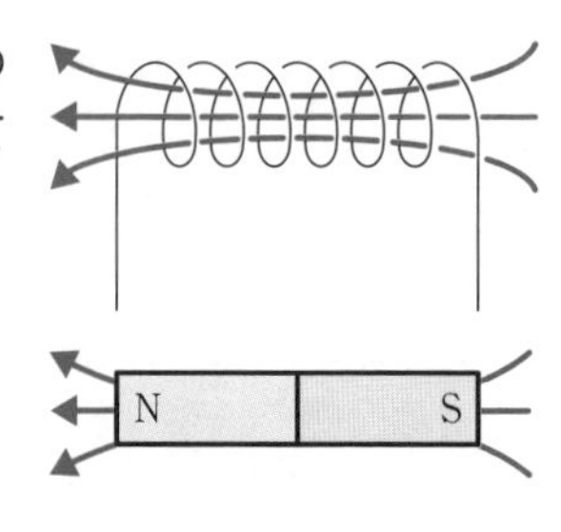

(2) ソレノイドは右図のような磁石と考えられるわけです。これを見ると，N極どうしを近づけているのと同じです。
したがって，はたらく力は，**反発力** 答

(3) ファラデーの電磁誘導の法則より

$$V = N\left|\frac{\Delta\Phi}{\Delta t}\right| = 50 \times \frac{6.0}{0.30}$$
$$= \underline{1.0 \times 10^3\ \mathrm{V}}$$ 答

確認問題 43 7-4，7-5 に対応

抵抗値R〔Ω〕の抵抗を含む右図のような回路がある。2本の導線の間隔はℓ〔m〕で水平方向から角度θだけ傾いて伸びており，その導線の上で導体棒を一定の速さv〔m/s〕で上方へと動かしていく。磁束密度B〔T〕の磁場が鉛直上向きに生じているとき，次の問いに答えよ。

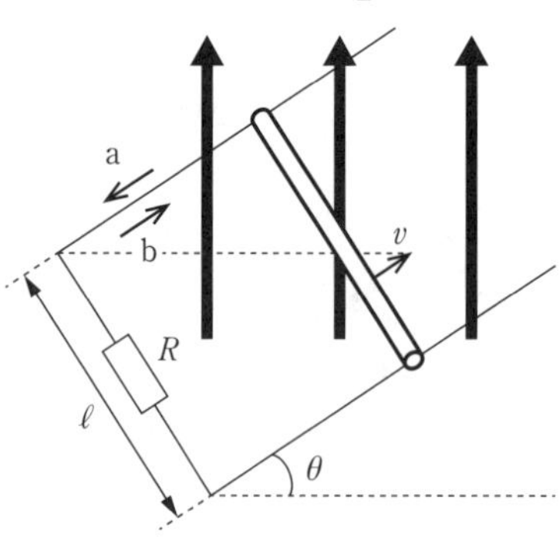

(1) Δt〔s〕の間に増える磁束$\Delta\Phi$〔Wb〕を求めよ。

(2) 流れる誘導電流の大きさを求めよ。また，流れる向きはa，bのどちらか答えよ。

(1)

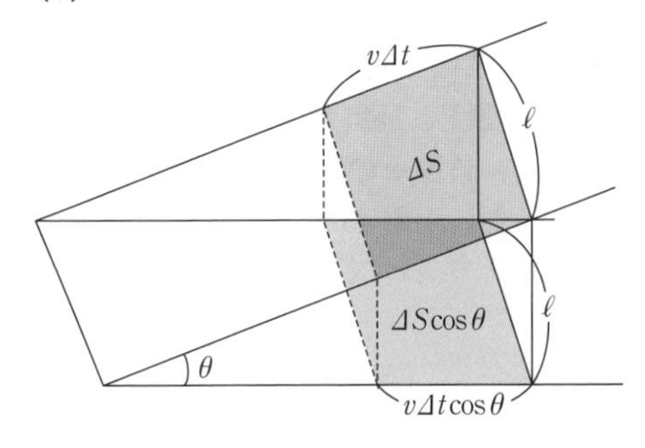

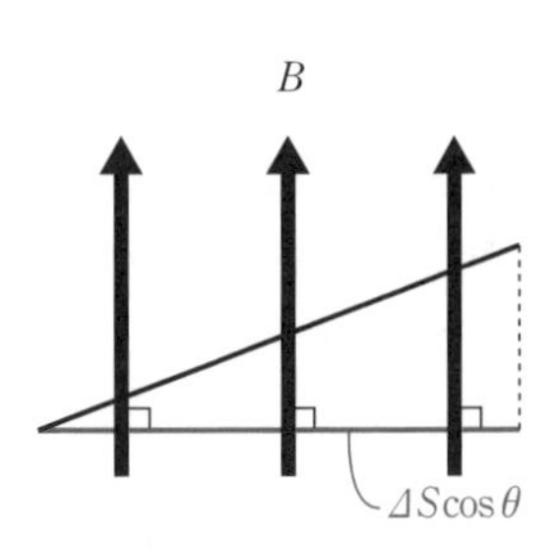

$\varDelta t$の間に斜めの方向に$v\varDelta t$だけ進みますので，増えたコイルの面積は

$$\varDelta S = v\varDelta t \times \ell \text{〔m}^2\text{〕}$$

ここで，今回は磁場の向きとコイルの断面が垂直ではないので，磁場に垂直な成分を考えます。

$\varDelta S\cos\theta$が，Bと垂直になるので

$$\varDelta\Phi = B \times \varDelta S\cos\theta = \underline{\boldsymbol{vB\ell\varDelta t\cos\theta}\text{〔Wb〕}}$$ 

(2) (1)より生じる誘導起電力V〔V〕は

$$V = 1\cdot\left|\frac{\varDelta\Phi}{\varDelta t}\right| = vB\ell\cos\theta$$

よって，流れる電流の大きさは

$$I = \frac{V}{R} = \underline{\frac{\boldsymbol{vB\ell\cos\theta}}{\boldsymbol{R}}\text{〔A〕}}$$ 

磁束の変化$\varDelta\Phi$を打ち消す向きに誘導電流は流れるので，流れる向きは<u>b</u>

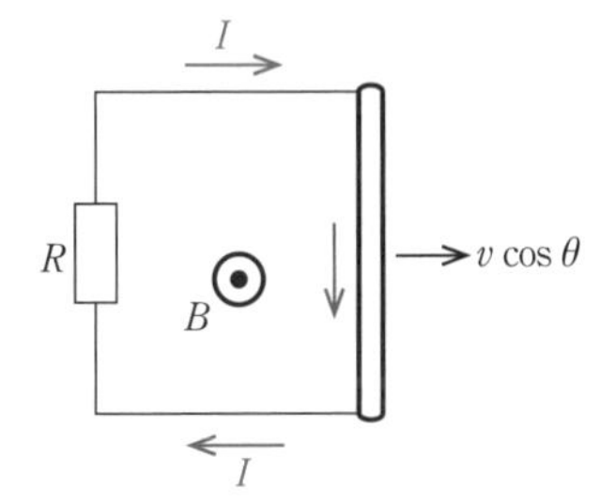

確認問題 44　7-6に対応

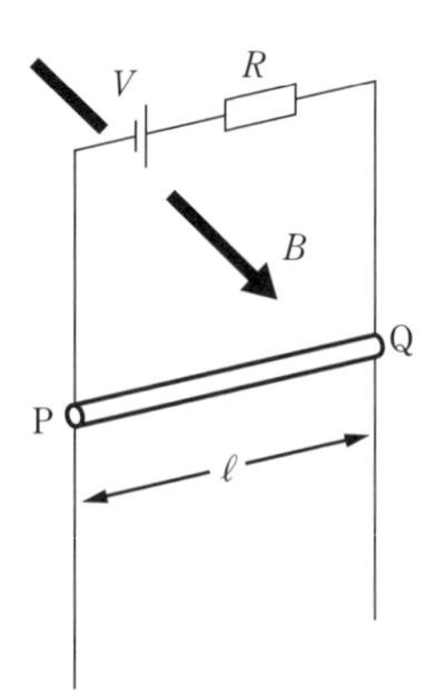

磁束密度Bの磁場が水平に生じているところに，間隔ℓの長いレールを鉛直に立てて，その端を電源Vと抵抗Rで接続する。レールに沿って滑らかに動く，質量mの導体棒PQを固定しておく。重力加速度をgとし，電源の内部抵抗やレールの抵抗は無視できるものとする。以下の問いに答えよ。

(1) 導体棒PQの固定を取り去った瞬間に，導体棒PQがレールに沿って下降するには電源電圧VがV_0より小さくないといけない。V_0の値をR, B, m, ℓ, gを用いて表せ。

しばらくすると，導体棒PQは一定の速さv_1で下降するようになった。このとき，次の問いに答えよ。

(2) 回路に流れる電流I_1の向きはP→Q，Q→Pのどちらか。また，I_1の大きさをm, B, ℓ, gを用いて表せ。

(3) 回路に流れる電流I_1の大きさをV, R, B, ℓ, v_1を用いて表せ。

(4) 導体棒にはたらく重力mgをV, R, B, ℓ, v_1を用いて表せ。

(1) もともと，回路には$I=\dfrac{V}{R}$の電流が流れています。

ですので，導体棒PQにはQ→Pの方向に$I=\dfrac{V}{R}$が流れるため，導体棒は磁場から$BI\ell=B\dfrac{V}{R}\ell$の力を受けることになります。

フレミングの左手の法則より，受ける力の向きは鉛直上向きです。

固定を取り去った瞬間に，導体棒が下降するには，この力が導体棒にはたらく重力mgより小さい必要があります。下降せずに停止してつり合うときの電圧がV_0なので

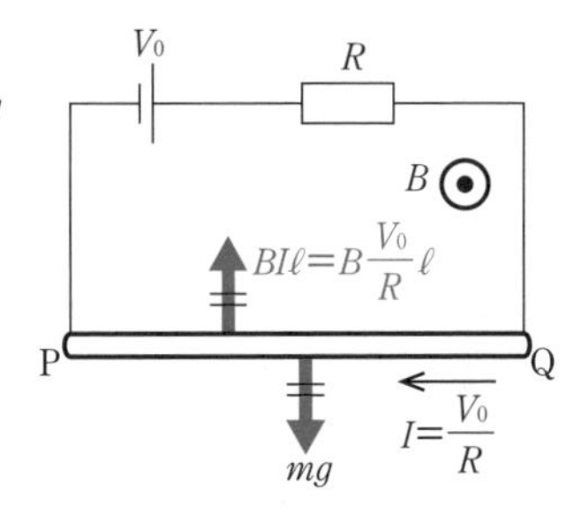

$$B\frac{V_0}{R}\ell = mg$$

$$V_0 = \frac{\boldsymbol{mgR}}{\boldsymbol{B\ell}}$$

(2) 導体棒は等速で動いているので，重力と電流が磁場から受ける力がつり合います。電流が磁場から受ける力は上向きということです。

フレミングの左手の法則より，電流の流れる向きは**Q→P**

導体棒にはたらく力のつり合いより　$mg = BI_1\ell$

よって　$I_1 = \frac{\boldsymbol{mg}}{\boldsymbol{B\ell}}$

(3) 導体棒はレールに沿って下向きに速さv_1で動いているので，導体棒には誘導起電力$v_1B\ell$がQ→Pの向きに生じます。

よって，右図のような回路になっているので，この回路で，電圧1周0ルールを使うと

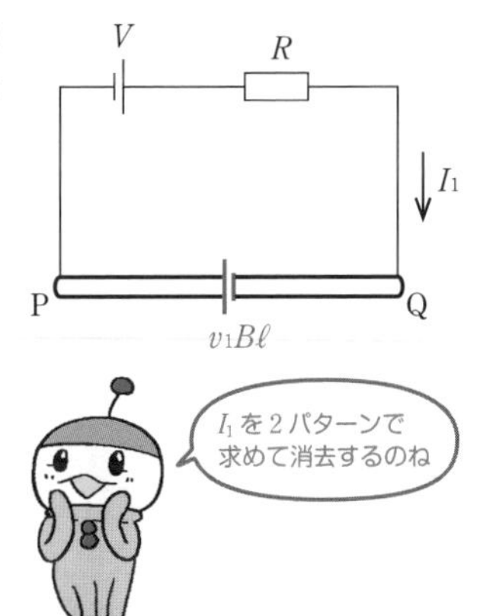

$$V - RI_1 + v_1B\ell = 0$$

$$I_1 = \frac{\boldsymbol{V + v_1B\ell}}{\boldsymbol{R}}$$

(4) (2)，(3) より　$(I_1 =)\ \frac{mg}{B\ell} = \frac{V + v_1B\ell}{R}$

ゆえに　$mg = \frac{\boldsymbol{B\ell(V + v_1B\ell)}}{\boldsymbol{R}}$

確認問題 45　7-7 に対応

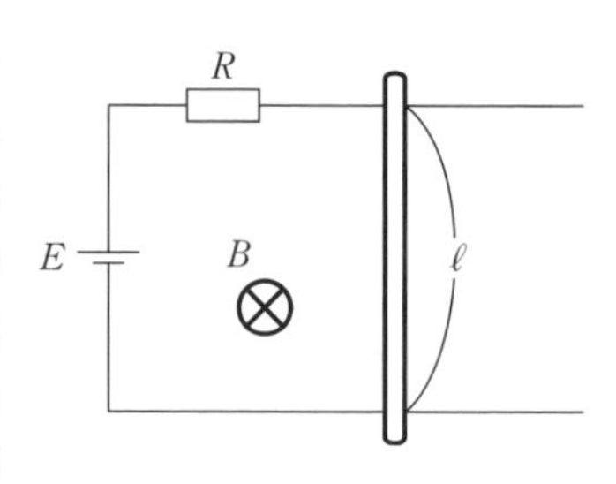

右図のように電源電圧がE〔V〕で抵抗値R〔Ω〕の抵抗がつながれた回路があり，紙面の表から裏に向かって磁束密度B〔T〕の一様な磁場がかかっている。質量m〔kg〕，長さℓ〔m〕の導体棒と回路の導線との間には摩擦力がはたらく。回路に電流が流れてから十分に時間が経過すると，導体棒は一定の速さで移動し始めた。導体棒と回路の導線との動摩擦係数をμ'，重力加速度をgとして以下の問いに答えよ。

(1)　回路を流れる電流を求めよ。

(2)　導体棒の速さを求めよ。

(3)　電流が抵抗を流れることで1秒あたりに発生する熱(ジュール熱)Q_{J}〔J〕を求めよ。

(4)　摩擦によって1秒あたりに発生する熱(摩擦熱)Q_{R}〔J〕を求めよ。

(5)　1秒あたりに電源のする仕事P〔J〕，ジュール熱Q_{J}〔J〕，および摩擦熱Q_{R}〔J〕の間には，どのような関係が成立するか答えよ。

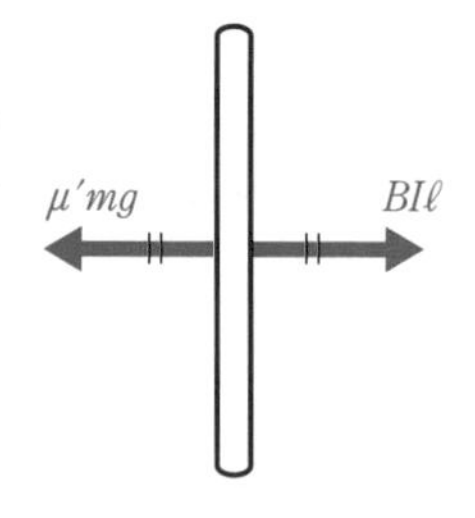

(1)　流れる電流をI〔A〕とすると，このとき，棒にはたらいている力は動摩擦力$\mu' mg$と，磁場から受ける力$BI\ell$です。導体棒は一定の速さで動いているので，右図のように導体棒にはたらく力はつり合っています。

$$\mu' mg = BI\ell$$

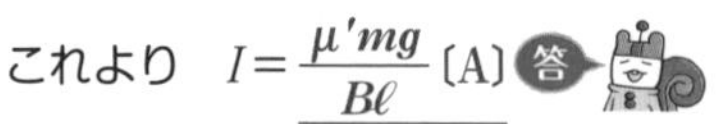

これより　$I = \dfrac{\boldsymbol{\mu' mg}}{\boldsymbol{B\ell}}$〔A〕 答

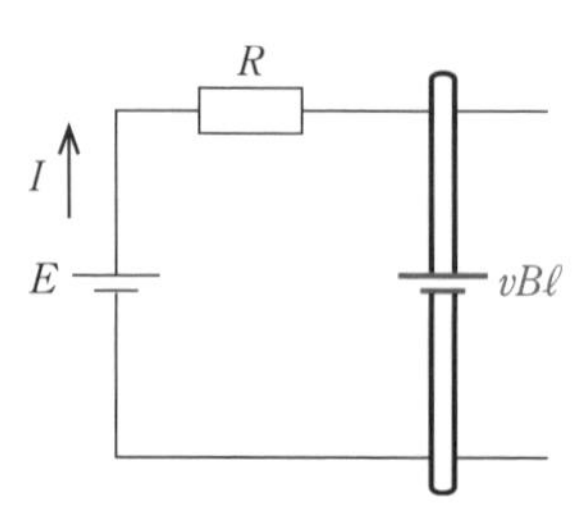

(2)　導体棒の速さをv〔m/s〕すると，導体棒には誘導起電力$vB\ell$が生じています。右図のような回路を考えると，電圧1周0ルールより

$$E - RI - vB\ell = 0$$

これより

$$v = \frac{E - RI}{B\ell} \quad \longleftarrow I = \frac{\mu' mg}{B\ell}$$

$$= \frac{EB\ell - \mu' mgR}{B^2\ell^2} \text{〔m/s〕}$$ 答

(3) 抵抗で発生するジュール熱Q_J〔J〕は

$$Q_J = RI^2 = R\left(\frac{\mu' mg}{B\ell}\right)^2 \text{〔J〕}$$ 答

(4) 摩擦熱は，摩擦力に逆らってした仕事が熱として放出されたものなので，摩擦熱の大きさは（動摩擦力の大きさ）×（1秒間の移動距離）となります。
1秒間の移動距離はv〔m/s〕なので

$$Q_R = \mu' mg \times v = \frac{\mu' mg(EB\ell - \mu' mgR)}{B^2\ell^2} \text{〔J〕}$$ 答

(5) 1秒あたりに移動する電荷量はI〔C〕で，電源電圧はその電荷をE〔V〕の電位まで持ち上げるので

$$P = IE$$

$$= \frac{\mu' mg}{B\ell} E$$

$$= \frac{\mu' mgEB\ell}{B^2\ell^2} \quad \longleftarrow Q_J,\ Q_R \text{と分母をそろえた}$$

よって

$$Q_J + Q_R = \frac{\mu' mg(\mu' mgR + EB\ell - \mu' mgR)}{B^2\ell^2}$$

$$= \frac{\mu' mgEB\ell}{B^2\ell^2}$$

$$= P$$

ゆえに　$Q_J + Q_R = P$ 答

[別解]

(5) 電圧1周0ルールより　$E - RI - vB\ell = 0$
両辺をI〔倍〕すると

$$EI - RI^2 - vB\ell \cdot I = 0$$

$$EI - RI^2 - \underbrace{BI\ell}_{\mu' mg} \cdot v = 0$$

$$\underbrace{EI}_{P} = \underbrace{RI^2}_{Q_J} + \underbrace{\mu' mg \cdot v}_{Q_R}$$

ゆえに　$P = Q_J + Q_R$ 答

確認問題 46　7-8に対応

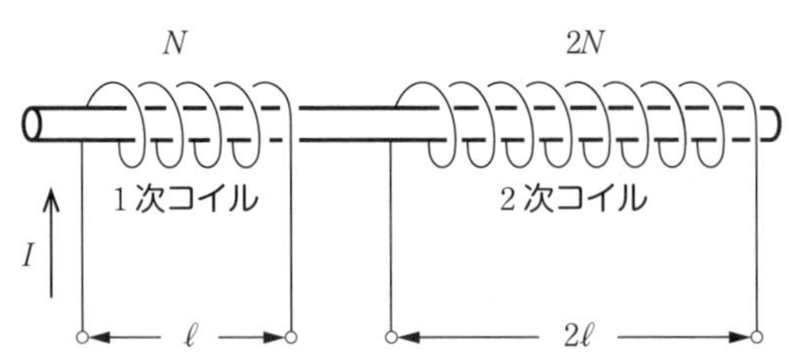

上図のように，巻き数N，長さℓ〔m〕の1次コイルと，巻き数$2N$，長さ2ℓ〔m〕の2次コイルが，断面積S〔m^2〕の鉄心に巻かれている。1次コイルには電流I〔A〕が流れている。透磁率をμ〔N/A^2〕として，以下の問いに答えよ。

(1) 1次コイルを流れる電流によって発生する磁場の強さH〔A/m〕を求めよ。

(2) コイルを貫く磁束Φ〔Wb〕を求めよ。

(3) Δt〔s〕の間に，1次コイルを流れる電流がΔI〔A〕だけ変化したとする。このとき，2次コイルに発生する誘導起電力の大きさV〔V〕を$X\left|\dfrac{\Delta I}{\Delta t}\right|$の形で表せ。

(4) 2次コイルの相互インダクタンスM〔H〕を，μ，N，S，ℓで表せ。

(1) ソレノイドに発生する磁場は$H=nI$で，$n=\dfrac{N}{\ell}$なので

$$H=\frac{N}{\ell}I\text{〔A/m〕}$$ 答

(2) 磁場の磁束密度は$B=\mu H$なので

$$\Phi=BS=\mu HS=\frac{\mu NSI}{\ell}\text{〔Wb〕}$$ 答

(3) 電流の変化により，磁束は$\Delta\Phi=\dfrac{\mu NS\Delta I}{\ell}$だけ変化するので

$$V=2N\times\left|\frac{\Delta\Phi}{\Delta t}\right|=\frac{2\mu N^2S}{\ell}\left|\frac{\Delta I}{\Delta t}\right|\text{〔V〕}$$ 答

(4)　(3) の解答と，相互誘導の式 $V=M\left|\dfrac{\Delta I}{\Delta t}\right|$ を比べれば

$$M=\frac{2\mu N^2S}{\ell}\text{〔H〕}$$ 答

確認問題 47　7-9 に対応

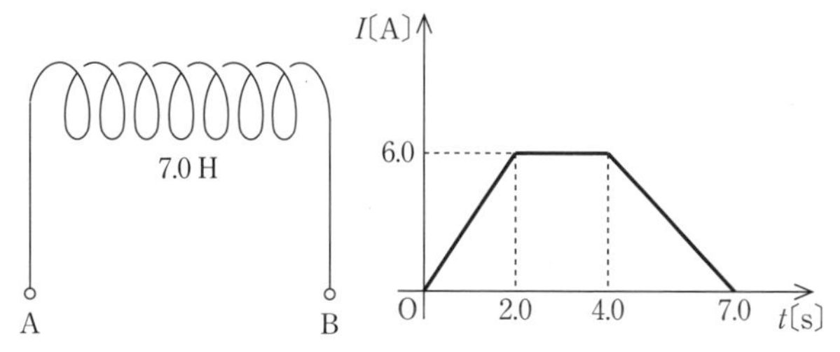

上図のように，自己インダクタンス7.0 Hのコイルに，上のグラフに示されるような電流を流した。このとき，Aに対するBの電位のグラフを，$0 \leqq t \leqq 7.0$ の範囲でかきなさい。ただし，電流はAからBへと流れる向きを正とする。

(i) $0 \leqq t \leqq 2.0$ のとき

このとき，2.0秒間で6.0 Aだけ電流が増加しているので，発生する誘導起電力の大きさは，$L\left|\dfrac{\Delta I}{\Delta t}\right|=7.0\times\dfrac{6.0}{2.0}=21$ Vです。AからBへ流れる電流が増えているので，誘導起電力は，BからAへ電流が流れる向きに発生します(右図)。これを見ると，Aに対してBは21 V低いので，$0 \leqq t \leqq 2.0$ の範囲では

$V=-21$ V

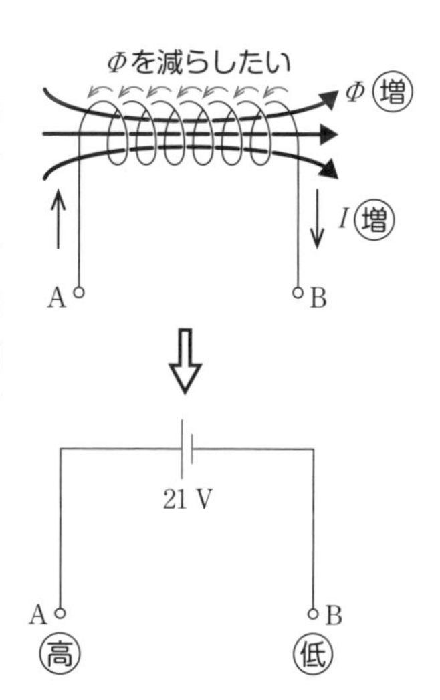

(ii) $2.0 \leqq t \leqq 4.0$ のとき

このとき，電流は変化していないので，$V=0$ Vです。

(iii) $4.0 \leqq t \leqq 7.0$のとき

このとき，3.0秒間で6.0 A電流が減少しているので，誘導起電力の大きさは，

$L\left|\dfrac{\Delta I}{\Delta t}\right| = 7.0 \times \dfrac{6.0}{3.0} = 14$ Vです。誘導起電力は，(i)とは反対向きに発生するので　$V = +14$ V

よって，求めるグラフは，下図のようになります。

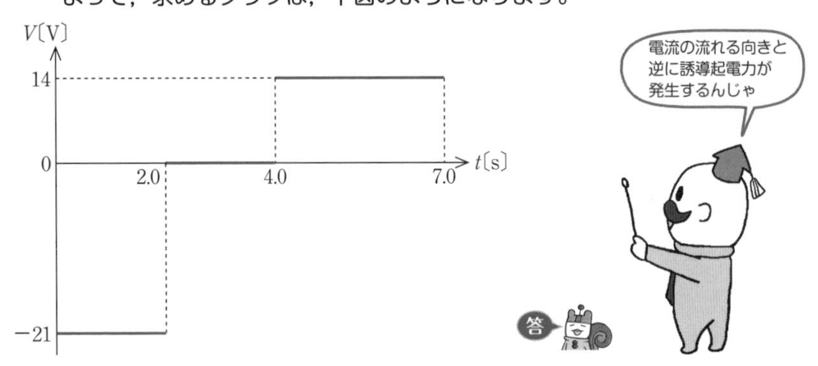

確認問題 48 7-10 に対応

右図の回路に関する以下の問いに答えよ。最初，スイッチは開いていた。

(1) スイッチを入れた瞬間の，抵抗R_2およびコイルに流れる電流を求めよ。

(2) スイッチを入れた瞬間の，コイルに発生する誘導起電力を求めよ。

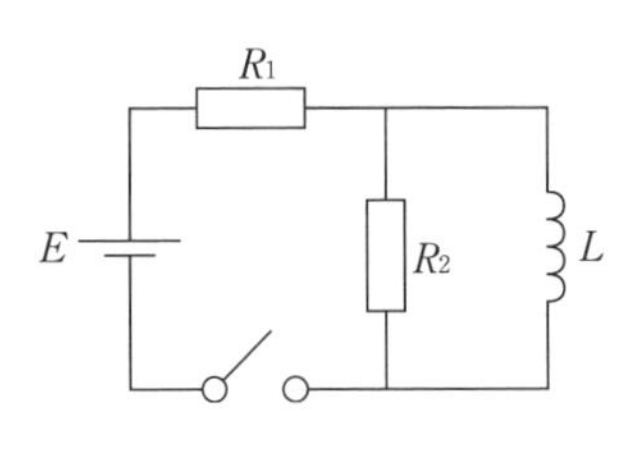

スイッチを入れてから十分に時間が経過した。

(3) 抵抗R_2およびコイルに流れる電流を求めよ。

(1) スイッチを入れた瞬間，コイルには電流はまったく流れないので，右図のように，電流はすべて抵抗R_2のほうへと流れていきます。右図の閉回路において，電圧1周0ルールより

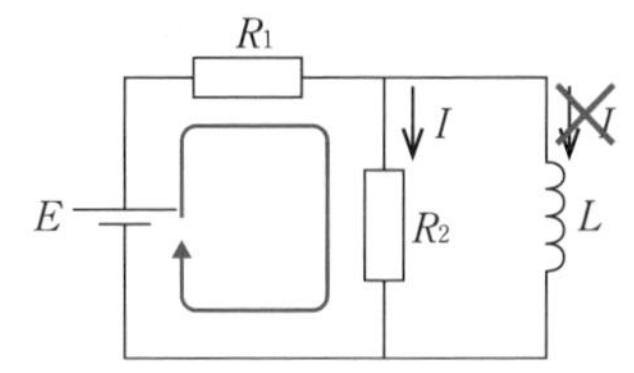

$$E-R_1I-R_2I=0$$

よって　$I=\dfrac{E}{R_1+R_2}$

R_2を流れる電流：$\dfrac{E}{R_1+R_2}$　コイルを流れる電流：0 答

(2) コイルには，電流を打ち消す誘導起電力が発生します。その起電力をVとすれば，右図の閉回路において，電圧1周0ルールより

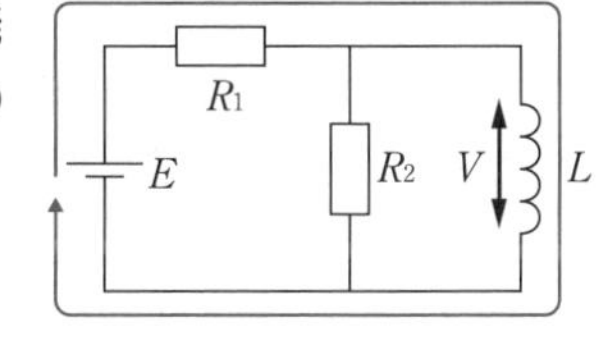

$$E-R_1I-V=0$$

これより　$V=E-R_1I=\dfrac{R_2E}{R_1+R_2}$ 答

(3) 十分に時間が経過すると，コイルは普通の導線と同じように扱うことができます。したがって，右図のように，電流は抵抗R_2には流れずに，すべてコイル側へと流れ込みます。電圧1周0ルールより

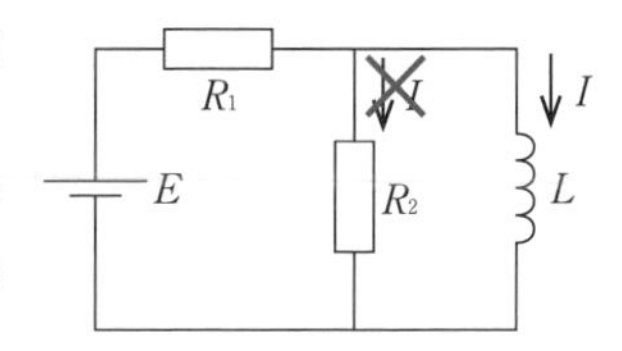

$$E-R_1I=0$$

$$I=\frac{E}{R_1}$$

R_2を流れる電流：0　コイルを流れる電流：$\dfrac{E}{R_1}$ 答

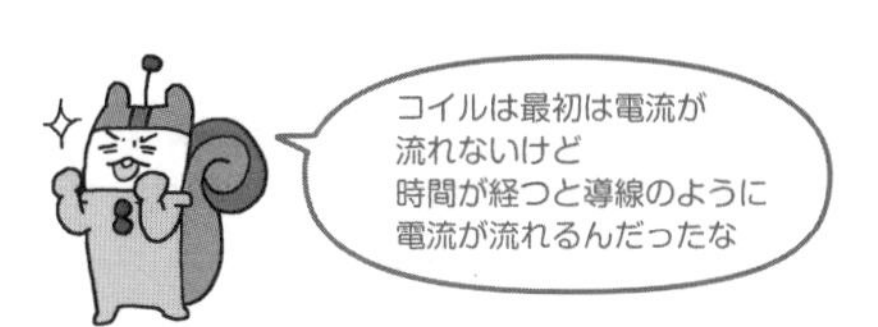

確認問題 49 7-10に対応

コイルに蓄えられるエネルギーについて，次の空欄にあてはまる式を答えよ。

自己インダクタンスがL〔H〕のコイルに電流i〔A〕が流れ，Δt〔s〕間の電流の変化がΔi〔A〕だったとすると，そのときコイルの両端に生じる誘導起電力の大きさは［ア］〔V〕となる。

i〔A〕の電流がΔt〔s〕間流れたとき，コイルを通った電荷は［イ］〔C〕なので，コイルを通って電荷を運ぶのに要した仕事は$\Delta W=$［ウ］〔J〕である。

コイルを流れる電流を0から少しずつ増加させていくとき，ΔWは右のグラフの色のついた長方形の部分であり，電流がI〔A〕になるまでに要する仕事の量はこの細い長方形を足し合わせたものになる。ゆえに，電流がI〔A〕のとき，コイルに蓄えられるエネルギーはグラフの赤い直線と赤い点線で作られた三角形の面積，すなわち［エ］〔J〕となる。

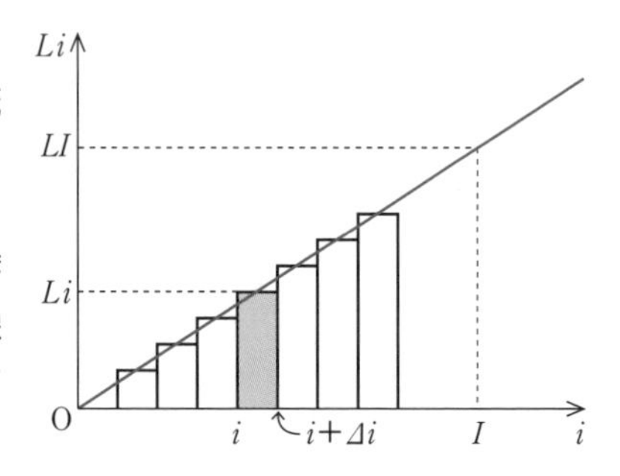

$U=\frac{1}{2}LI^2$は覚えてしまってかまわないので，この問題は無理に理解しなくてもよいです。

ただ，難関大学を受験する人は知っておくとよいと思いますよ。

［ア］…$L\frac{\Delta i}{\Delta t}$，［イ］…$i\Delta t$，［ウ］…$\left(L\frac{\Delta i}{\Delta t}\times i\Delta t=\right)Li\Delta i$，

［エ］…$\frac{1}{2}LI^2$ 答

交流

確認問題 50 8-1 に対応

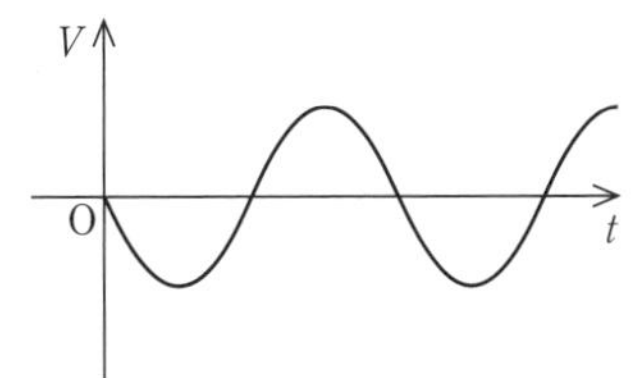

実効値100 V，周波数が50 Hzの右図のように変化する交流電圧がある。この交流電圧について，次の問いに答えよ。ただし，$\sqrt{2}=1.41$，$\pi=3.14$ とする。

(1) 交流電圧の最大値はいくらか。

(2) 周期 T〔s〕，角周波数 ω〔rad/s〕を求めよ。

(3) グラフより，交流電圧の式を求めよ。

(1) $V_e=\dfrac{V_0}{\sqrt{2}}$ より　$V_0=\sqrt{2}\,V_e=\sqrt{2}\times 100=\underline{141\ \mathrm{V}}$ 答

(2) $T=\dfrac{1}{f}=\dfrac{1}{50}=\underline{0.020\ \mathrm{s}}$ 答

$\omega=\dfrac{2\pi}{T}=\dfrac{2\times 3.14}{0.020}=\underline{314\ \mathrm{rad/s}}$ 答

(3) グラフは $-\sin$ の形をしているので，$V=-V_0\sin\omega t$ となります。
よって　$\underline{V=-141\sin 314\,t}$ 答

確認問題 51 8-2，8-3，8-4 に対応

右図のように(a) 抵抗値が200 Ω の抵抗，(b) 自己インダクタンスが1.50 Hのコイル，(c) 容量が5.00 μFのコンデンサーがある。これらの両端を実効値200 V，周波数50 Hzの交流電源につなぐ。次の問いに答えよ。ただし，$\pi = 3.14$，$\sqrt{2} = 1.41$とする。

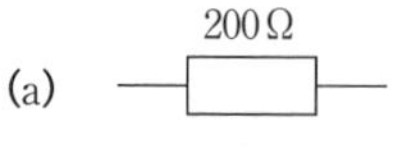

1.50 H

(b)

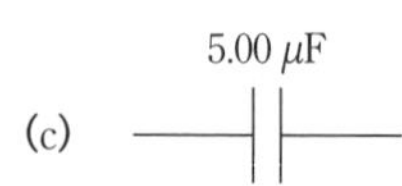

(1) コイルの誘導リアクタンス，コンデンサーの容量リアクタンスを求めよ。有効数字3桁で答えるものとする。

(2) 回路に流れる電流の最大値を(a)～(c)をつないだ場合でそれぞれ求めよ。有効数字3桁で答えるものとする。

(3) 交流電源の電圧の変化をあるタイミングで$t=0$とし切り取ったところ，右図のようになった。このとき(a)～(c)をつないだ場合の電流の変化を表す図は，次の(Ⅰ)～(Ⅳ)のそれぞれどれになるか。

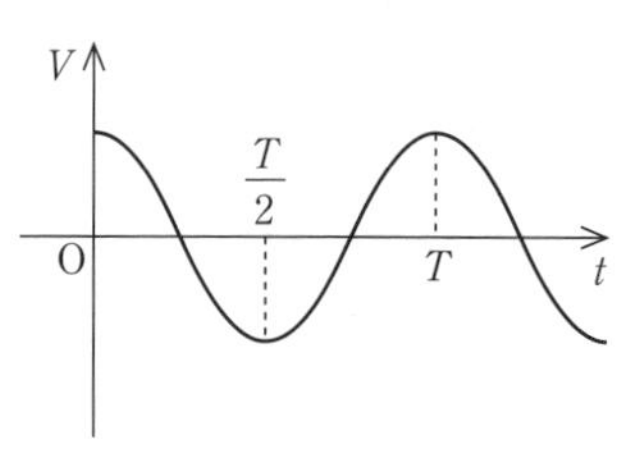

(Ⅰ)

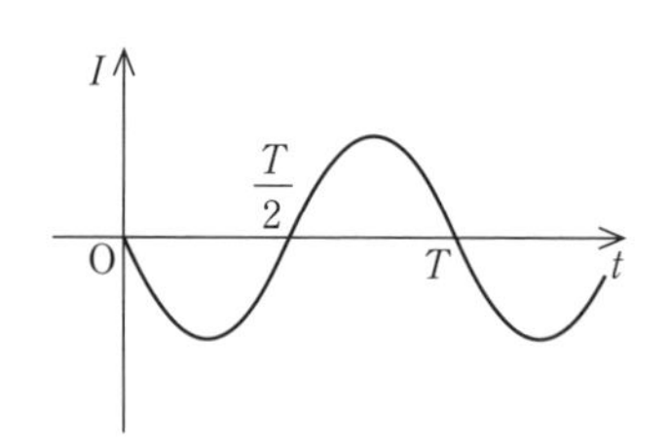

(Ⅱ)

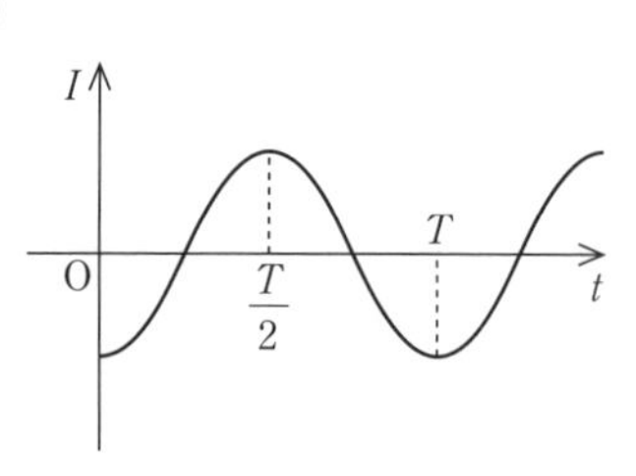

(Ⅲ)

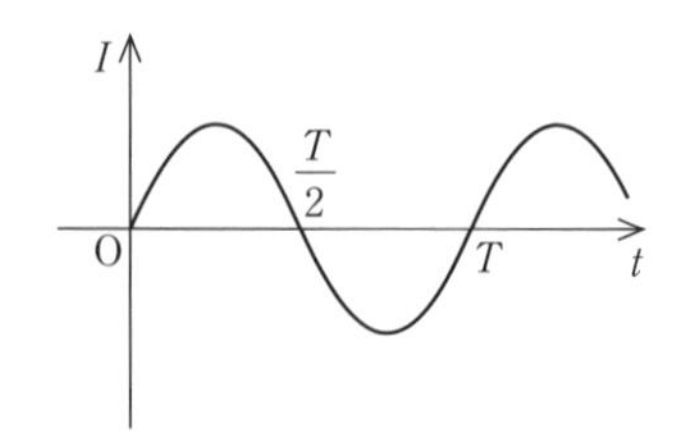

(Ⅳ)

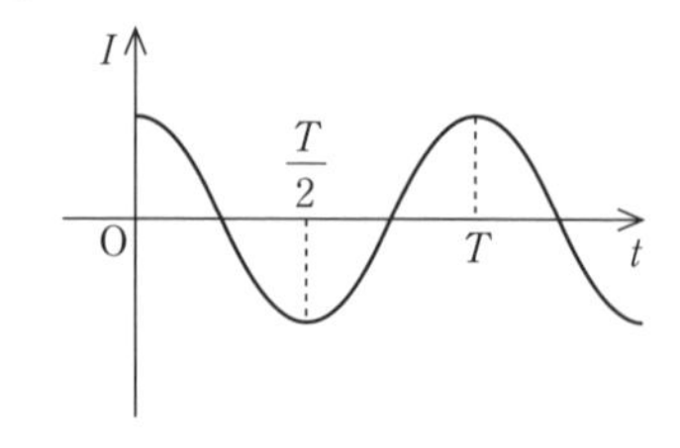

(1) $f = 50\ \mathrm{Hz}$ より　$T = 2.00 \times 10^{-2}\ \mathrm{s}$

よって　$\omega = \dfrac{2\pi}{T} = 314\ \mathrm{rad/s}$

誘導リアクタンス　$\omega L = 314 \times 1.50 = \underline{471\ \Omega}$ 答

容量リアクタンス　$\dfrac{1}{\omega C} = \dfrac{1}{314 \times 5.00 \times 10^{-6}} \fallingdotseq \underline{637\ \Omega}$ 答

(2) 与えられている電源電圧は実効値ですから，まずは実効値で計算をして，最後に$\sqrt{2}$倍すれば最大値が求められます。

(a) $V_{\mathrm{e}} = RI_{\mathrm{Re}}$なので　$200 = 200\ I_{\mathrm{Re}}$

ゆえに　$I_{\mathrm{Re}} = 1.00\ \mathrm{A}$

流れる電流の最大値I_{Ro}は　$I_{\mathrm{Ro}} = \sqrt{2}\,I_{\mathrm{e}} = \underline{1.41\ \mathrm{A}}$ 答

(b) $V_{\mathrm{e}} = \omega LI_{\mathrm{Le}}$なので　$200 = 314 \times 1.50 \times I_{\mathrm{Le}}$

ゆえに　$I_{\mathrm{Le}} = \dfrac{200}{471}$

流れる電流の最大値I_{Lo}は

$$I_{\mathrm{Lo}} = \sqrt{2}\,I_{\mathrm{Le}} = 1.41 \times \frac{200}{471} \fallingdotseq \underline{5.99 \times 10^{-1}\ \mathrm{A}}$$ 答

(c) $V_{\mathrm{e}} = \dfrac{1}{\omega C} I_{\mathrm{Ce}}$なので　$200 = \dfrac{I_{\mathrm{Ce}}}{314 \times 5.00 \times 10^{-6}}$

ゆえに　$I_{\mathrm{Ce}} = 0.314$

流れる電流の最大値I_{Co}は

$$I_{\mathrm{Co}} = \sqrt{2}\,I_{\mathrm{Ce}} = 1.41 \times 0.314 \fallingdotseq \underline{4.43 \times 10^{-1}\ \mathrm{A}}$$ 答

(3) 電源電圧のグラフは$t = 0$のところで山になっているcos型となっています。

抵抗は電流が電圧と同位相，コイルは電流が電圧より$\dfrac{\pi}{2}$だけ位相が遅れる，

コンデンサーは電流が電圧より$\dfrac{\pi}{2}$だけ位相が進むので

(a)→(Ⅳ)，(b)→(Ⅲ)，(c)→(Ⅰ) 答

確認問題 52　8-5に対応

抵抗値R〔Ω〕の抵抗，自己インダクタンスL〔H〕のコイル，電気容量がC〔F〕のコンデンサーのうち，2つを選んで角周波数ωの交流電源をつなぎ，図1～図3のような回路を作った。
図1～図3の回路のインピーダンスを求めよ。

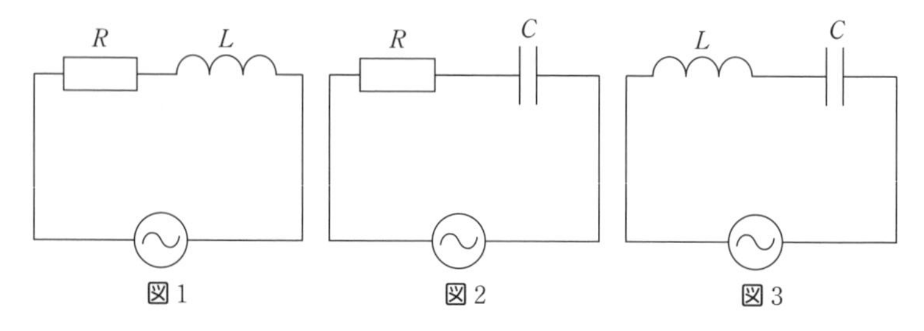

【図1】
RとLが直列につながれていますね。この回路に流れる電流の最大値がI_1で，電流の式が$I_1 \sin \omega t$だったとします。

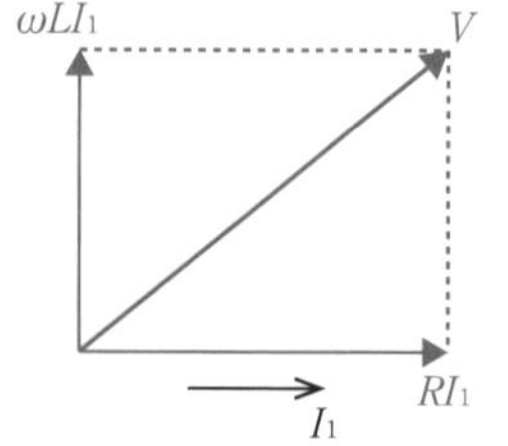

このとき電流と抵抗にかかる電圧V_Rは同位相，電流とコイルにかかる電圧V_Lでは電流のほうが$\frac{\pi}{2}$だけ位相が遅れるので

$$V_R = RI_1 \sin \omega t$$

$$V_L = \omega L I_1 \sin\left(\omega t + \frac{\pi}{2}\right)$$

となり，右図のような関係になります。
よって，電源電圧Vは　$V = \sqrt{(RI_1)^2 + (\omega L I_1)^2} = \sqrt{R^2 + (\omega L)^2}\, I_1$
回路のインピーダンスをZ_1とすると，$V = Z_1 I_1$となるので

$$Z_1 = \sqrt{R^2 + (\omega L)^2}$$ 答

【図2】
RとCが直列につながれていますね。この回路に流れる電流の最大値がI_2で，電流の式が$I_2 \sin \omega t$だったとします。

このとき電流と抵抗にかかる電圧 V_R は同位相，電流とコンデンサーにかかる電圧 V_C では電流のほうが $\frac{\pi}{2}$ だけ位相が進んでいるので

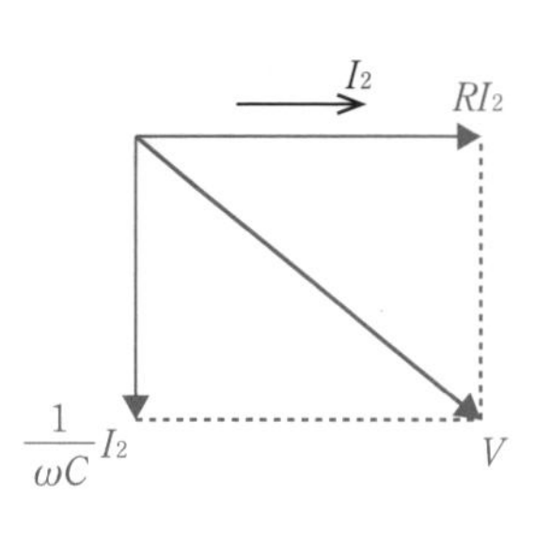

$$V_R = RI_2 \sin \omega t$$

$$V_C = \frac{1}{\omega C} I_2 \sin\left(\omega t - \frac{\pi}{2}\right)$$

となり，右図のような関係になります。

よって，電源電圧 V は　$V = \sqrt{(RI_2)^2 + \left(\frac{1}{\omega C} I_2\right)^2} = \sqrt{R^2 + \left(\frac{1}{\omega C}\right)^2} I_2$

回路のインピーダンスを Z_2 とすると，$V = Z_2 I_2$ となるので

$$Z_2 = \underline{\sqrt{R^2 + \left(\frac{1}{\omega C}\right)^2}}$$ 答

【図3】

L と C が直列につながれていますね。この回路に流れる電流の最大値が I_3 で，電流の式が $I_3 \sin \omega t$ だったとします。

電流とコイルにかかる電圧 V_L では電流のほうが $\frac{\pi}{2}$ だけ位相が遅れ，電流とコンデンサーにかかる電圧 V_C では電流のほうが $\frac{\pi}{2}$ だけ位相が進んでいるので

$$V_L = \omega L I_3 \sin\left(\omega t + \frac{\pi}{2}\right)$$

$$V_C = \frac{1}{\omega C} I_3 \sin\left(\omega t - \frac{\pi}{2}\right)$$

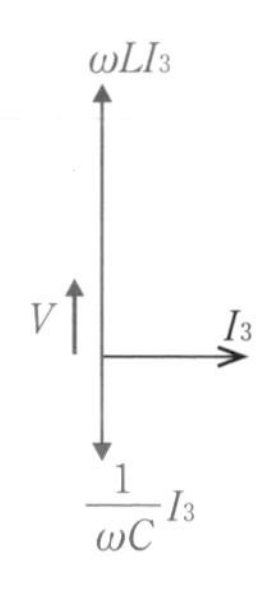

となり，右図のような関係になります。

よって，電源電圧 V は　$V = \left|\omega L - \frac{1}{\omega C}\right| I_3$

回路のインピーダンスを Z_3 とすると，$V = Z_3 I_3$ となるので

$$Z_3 = \underline{\left|\omega L - \frac{1}{\omega C}\right|}$$ 答

R，L，C の交流回路は慣れてきたわ

確認問題 53 8-5 に対応

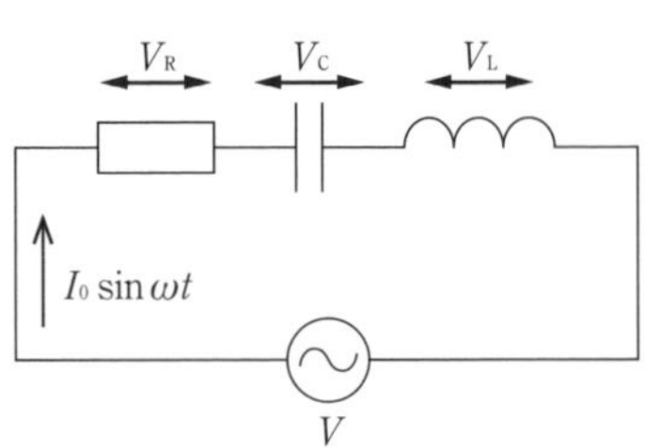

右図のように，抵抗値Rの抵抗，電気容量Cのコンデンサー，自己インダクタンスLのコイルが直列につながれている交流回路がある。この回路を流れる電流は$I_0 \sin \omega t$で表されるとして，以下の問いに答えよ。

(1) 抵抗にかかる電圧V_Rの式を求めよ。

(2) コンデンサーにかかる電圧V_Cの式を$\cos$を使って表せ。

(3) コイルにかかる電圧V_Lの式を$\cos$を使って表せ。

(4) 電源電圧Vの式を$A \sin \omega t + B \cos \omega t$の形で示せ。

(5) (4)の式で三角関数の合成をすることで，回路のインピーダンスZを求めよ。

(1) 抵抗の場合，電流と電圧は足並みをそろえて変化していくので

$$V_R = \underline{\boldsymbol{RI_0 \sin \omega t}}$$ 答

(2) コンデンサーの場合，電流は電圧よりも$\frac{\pi}{2}$だけ早く進む，つまり電圧は，電流よりも$\frac{\pi}{2}$だけ遅れて進みます。したがって，コンデンサーにかかる電圧の位相は$\omega t - \frac{\pi}{2}$となることに注意して

$$V_C = \left(\frac{1}{\omega C}\right) I_0 \sin\left(\omega t - \frac{\pi}{2}\right) = \underline{-\frac{1}{\boldsymbol{\omega C}} \boldsymbol{I_0 \cos \omega t}}$$ 答

(3) コイルの場合，電流は電圧よりも$\frac{\pi}{2}$だけ遅れて進む，つまり電圧は，コイルを流れる電流よりも$\frac{\pi}{2}$だけ早く進みます。したがって，コイルにかかる電圧の位相は$\omega t + \frac{\pi}{2}$となることに注意して

$$V_L = \omega L I_0 \sin\left(\omega t + \frac{\pi}{2}\right) = \underline{\boldsymbol{\omega L I_0 \cos \omega t}}$$ 答

(4) 電源電圧Vは，電圧1周0ルールより

$$V-V_R-V_C-V_L=0 \iff V=V_R+V_C+V_L$$

よって

$$V=RI_0\sin\omega t-\frac{1}{\omega C}I_0\cos\omega t+\omega LI_0\cos\omega t$$

$$=\mathbf{RI_0\sin\omega t+\left(\omega L-\frac{1}{\omega C}\right)I_0\cos\omega t}$$ 答

(5) 数学の三角関数の分野で学びますが$a\sin\theta+b\cos\theta$の形の式は1つの三角関数にまとめることができ，これを三角関数の合成公式といいます。

$$a\sin\theta+b\cos\theta=\sqrt{a^2+b^2}\sin(\theta+\alpha)$$

ただし　$\cos\alpha=\dfrac{a}{\sqrt{a^2+b^2}}$，　$\sin\alpha=\dfrac{b}{\sqrt{a^2+b^2}}$

となります。また，これより

$$\tan\alpha=\frac{\sin\alpha}{\cos\alpha}=\frac{b}{a}$$

でもあります。

これを使いましょう。

(4) の答えを合成すると

$$V=\sqrt{(RI_0)^2+\left\{\left(\omega L-\frac{1}{\omega C}\right)I_0\right\}^2}\sin(\omega t+\alpha)$$ (三角関数の合成)

$$=\underbrace{\sqrt{R^2+\left(\omega L-\frac{1}{\omega C}\right)^2}I_0}_{\text{電源電圧の最大値 }V_0}\sin(\omega t+\alpha) \quad \cdots\cdots①$$

ただし，αは$\tan\alpha=\dfrac{\omega L-\dfrac{1}{\omega C}}{R}$を満たします。

最大値を考えると$V_0=ZI_0$となるので，①式と見比べると

$$Z=\mathbf{\sqrt{R^2+\left(\omega L-\frac{1}{\omega C}\right)^2}}$$ 答

確認問題 54 8-8 に対応

次の空欄を埋めよ。

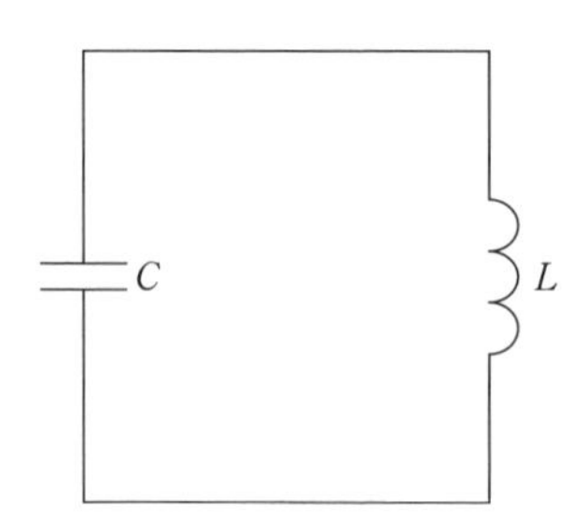

右図のような回路があり，角周波数 ω で電気振動が起きているとする。ある瞬間に回路に流れている電流を I とするとき，V_L = ［ア］，V_C = ［イ］
この回路において $V_L = V_C$ なので ω = ［ウ］となり，周期 T = ［エ］となる。

周期 $T=2\pi\sqrt{LC}$ を導く問題です。$T=2\pi\sqrt{LC}$ は覚えてよいですが，導出を理解しておくとよいでしょう。

$V_L = V_C$ より

$$\omega LI = \frac{1}{\omega C} I$$

$$\omega^2 = \frac{1}{LC}$$

$$\omega = \frac{1}{\sqrt{LC}}$$

$$T = \frac{2\pi}{\omega} = 2\pi\sqrt{LC}$$

となります。

［ア］…ωLI, ［イ］…$\dfrac{1}{\omega C}I$, ［ウ］…$\dfrac{1}{\sqrt{LC}}$, ［エ］…$2\pi\sqrt{LC}$ 答

確認問題 55　8-8に対応

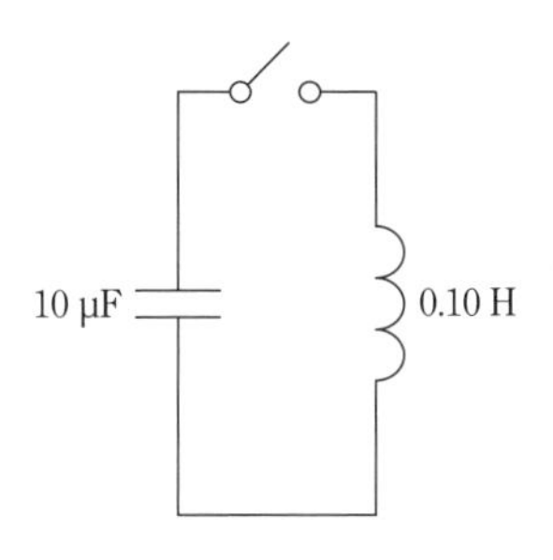

電気容量10 μFのコンデンサーと，自己インダクタンス0.10 Hのコイルをつないだ右図のような回路がある。コンデンサーには2.0×10^{-3} Cの電荷が蓄えられており，スイッチは開いていた。以下の問いに答えよ。ただし，$\pi=3.14$とし，有効数字2桁で答えるものとする。

(1) スイッチを閉じたところ，電気振動が起きた。この電気振動の周期は何sか。

(2) この電気振動の周波数は何Hzか。

(3) 流れる電流の最大値は何Aか。

(1) $T=2\pi\sqrt{LC}=2\times3.14\times\sqrt{0.10\times10\times10^{-6}}$
$=6.28\times10^{-3}\fallingdotseq\underline{\mathbf{6.3\times10^{-3}\ s}}$ 答

(2) $f=\dfrac{1}{T}=\dfrac{1}{6.28\times10^{-3}}=159\fallingdotseq\underline{\mathbf{1.6\times10^{2}\ Hz}}$ 答

(3) スイッチを入れた瞬間と，コンデンサーに電荷がなくなったときとで，エネルギー保存を使えば

$$\frac{Q^2}{2C}=\frac{1}{2}LI^2$$

$$\frac{(2.0\times10^{-3})^2}{2\times10\times10^{-6}}=\frac{1}{2}\cdot0.10I^2$$

$$I^2=4.0$$

よって　$\underline{\mathbf{I=2.0\ A}}$ 答

熱と気体の法則

確認問題 56 9-1 に対応

次の問いに答えよ。

(1) 比熱0.38 J/(g･K)の物体50 gの温度を30 K上げるのに必要な熱量を求めよ。

(2) 熱容量60 J/Kの物体の温度を70℃上昇させるのに必要な熱量を求めよ。

(3) 熱容量が39.6 J/Kで質量が90 gの物体の比熱を求めよ。

(4) 25℃，100 gの水の中に95℃，400 gの鉄を入れた。温度は何℃になるか。水の比熱を4.2 J/(g･K)，鉄の比熱を0.42 J/(g･K)とし，水と容器との間での熱のやり取りはないものとする。

(5) 30.0℃，100 gの水の中に，0 ℃，50.0 gの氷を入れるとどうなるか答えよ。ただし，水の比熱は4.20 J/(g･K)，氷の融解熱は336 J/gとする。

解説

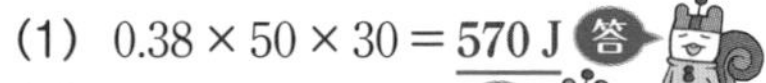

(1) $0.38 \times 50 \times 30 = \underline{570\ \mathrm{J}}$ 答

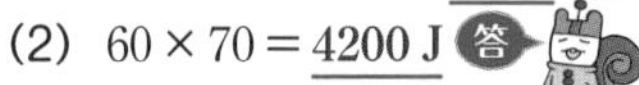

(2) $60 \times 70 = \underline{4200\ \mathrm{J}}$ 答

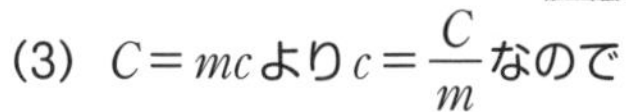

(3) $C = mc$より$c = \dfrac{C}{m}$なので

$$39.6 \div 90 = \underline{0.44\ \mathrm{J/(g \cdot K)}}$$ 答

(4) 低温物体は25℃，100 gの水で，高温物体は95℃，400 gの鉄です。

熱平衡後の温度をt〔℃〕とすると，$25 < t < 95$と予測できますね。

低温物体の得る熱量は　$100 \times 4.2 \times (t - 25)$

高温物体の失う熱量は　$400 \times 0.42 \times (95 - t)$

熱量保存の法則より

$$100 \times 4.2 \times (t - 25) = 400 \times 0.42 \times (95 - t)$$

$$420t + 168t = 10500 + 15960$$

$$588t = 26460$$

$$t = \underline{45\ ℃}$$ 答

(5) 0 ℃，50.0 gの氷を，0 ℃，50.0 gの水にするのに必要な熱量は

$$50.0 \times 336 = 16800\ \text{J}$$

ここで，30.0℃，100 gの水が0 ℃になったとすると，失う熱量は

$$100 \times 4.20 \times (30.0 - 0) = 12600\ \text{J}$$

つまり30.0℃の水がすべて0 ℃になったとしても，50.0 gの氷のすべては水にならないということです。

では，氷のうちのどれだけが水になったかというと

$$\frac{12600}{16800} = \frac{126}{168} = \frac{3}{4}$$

なので，$50.0 \times \frac{3}{4} = 37.5$ gが水になっています。

よって，$50.0 - 37.5 = 12.5$ gが氷として残っています。

つまり，**0 ℃の水137.5 gと，0 ℃の氷12.5 gになっている。** 

確認問題 57　9-2に対応

1辺が30 cmの立方体に，圧力2.0×10^5 Paの気体が入っている。立方体の中にある気体が，立方体の1つの面に及ぼす力は何Nか。

立方体の1つの面の面積は，$0.30 \times 0.30 = 9.0 \times 10^{-2}\ \text{m}^2$です。したがって

$$F = pS = 2.0 \times 10^5 \times 9.0 \times 10^{-2} = \underline{1.8 \times 10^4\ \text{N}}$$ 答

確認問題 58　9-2に対応

滑らかに動くピストンがあり，そのピストンを右図のように力Fで押し込んだ。大気圧をp_0とし，容器の断面積をSとするとき，容器内の空気の圧力を求めよ。

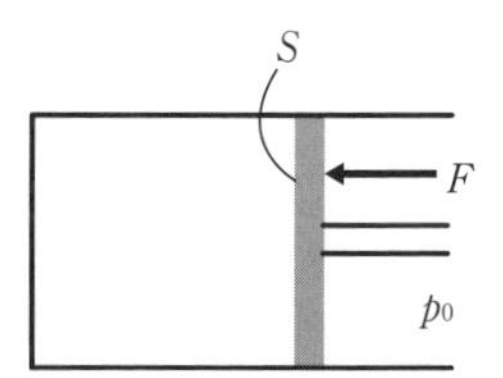

ピストンにはたらく力のつり合いを考えましょう。
容器の外側から内側への向きにはたらくのは，大気圧による力と，押し込む力Fですので　p_0S+F
容器の内側から押し返すのは，容器内の空気の圧力による力です。容器内の空気の圧力をpとすると　pS
よって　$pS=p_0S+F$

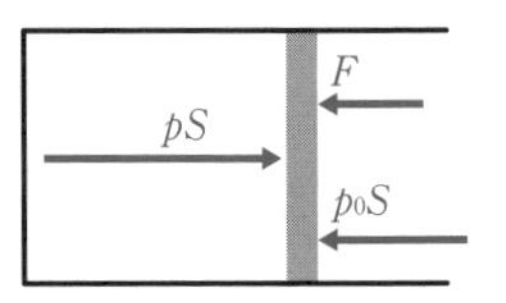

$$p=\underline{p_0+\frac{F}{S}}$$ 答

確認問題 59　9-3，9-4，9-5に対応

(1) 圧力1.5×10^5 Pa，体積4.0×10^{-3} m^{3}の気体がピストンに封入されている。気体の温度を一定に保ちながら，ピストンを押し縮め，気体の体積を2.0×10^{-3} m^{3}まで変化させたとき，気体の圧力は何Paか。

(2) 温度27℃の気体がピストンに封入されており，圧力を一定に保ったまま体積を7.0×10^{-3} m^{3}まで増加させたところ，温度は77℃まで上昇した。気体の元の体積は何m^{3}か。

(1) 気体はピストンに封入されており，温度が一定の変化なので，ボイルの法則$pV=$(一定)が使えます。求める圧力をp〔Pa〕とすると

$$1.5\times10^5\times4.0\times10^{-3}=p\times2.0\times10^{-3}$$
$$p=\underline{3.0\times10^5\ \mathrm{Pa}}$$ 答

(2) こちらは，圧力が一定なので，シャルルの法則$\frac{V}{T}=$(一定)が使えます。

元の体積をV〔m^3〕とすると，温度の単位をKに直すことに注意して

$$\frac{V}{273+27}=\frac{7.0\times10^{-3}}{273+77}$$
$$V=\underline{6.0\times10^{-3}\ \mathrm{m^3}}$$ 答

確認問題 60 9-6に対応

(1) 体積4.0×10^{-2} m^{3}の容器に，4.0 mol，300 Kの気体が入っている。この気体の圧力は何Paか。気体定数を8.3 J/(mol·K)として求めよ。

(2) 体積V〔m^3〕，圧力p〔Pa〕，温度T〔K〕の気体が，体積可変の容器に入っている。この容器を加熱したところ，温度は$3T$〔K〕に，体積は$2V$〔m^3〕に変化した。このときの圧力を答えよ。

(1) 状態方程式$pV = nRT$より

$$p = \frac{nRT}{V} = \frac{4.0 \times 8.3 \times 300}{4.0 \times 10^{-2}}$$

$$= 2.49 \times 10^5 \fallingdotseq \underline{2.5 \times 10^5 \text{ Pa}}$$ 答

(2) 加熱後の圧力をp'〔Pa〕とすると，ボイル・シャルルの法則$\frac{pV}{T} = $(一定)より

$$\frac{pV}{T} = \frac{p' \cdot 2V}{3T}$$

$$p' = \underline{\frac{3}{2}p \text{〔Pa〕}}$$ 答

確認問題 61　9-7 に対応

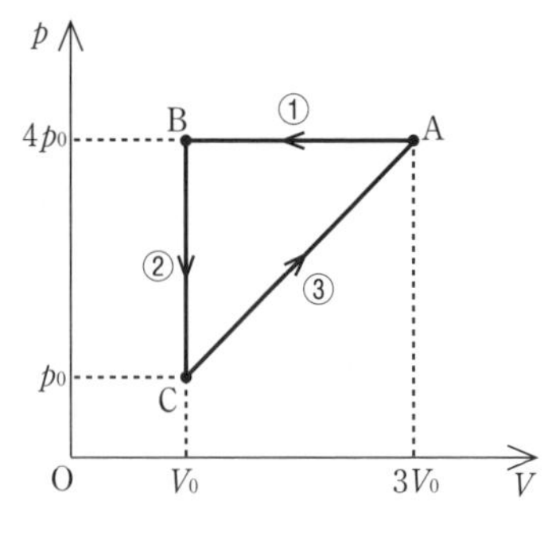

ある気体の状態を右図のA→B→C→Aのように変化させた。次の問いに答えよ。

(1) このサイクルで気体が外に仕事をするのは，①～③のうち，どの過程か。また，その仕事の大きさを求めよ。

(2) このサイクルで，気体が外から仕事をされるのは，①～③のうち，どの過程か。また，その仕事の大きさを求めよ。

(3) この1サイクル全体で，気体が外にした仕事を，符号を含めて答えよ。

(1) 気体が外に仕事をするのは，気体の体積が大きくなるときです。①～③のうち，体積が大きくなるのは③の過程ですね。その仕事の大きさは，グラフの面積を考えて

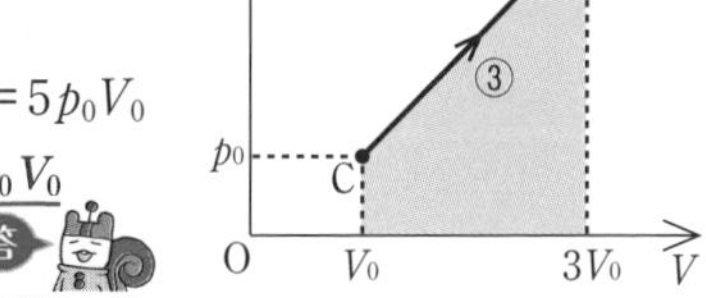

$$W_3 = (p_0 + 4p_0) \times (3V_0 - V_0) \div 2 = 5p_0V_0$$

よって，**過程は③で，仕事の大きさは$5p_0V_0$**　答

(2) 気体の体積が小さくなる過程なので，過程は①ですね。仕事の大きさは

$$W_1 = 4p_0 \times (3V_0 - V_0) = 8p_0V_0$$

よって，**過程は①で，仕事の大きさは$8p_0V_0$**　答

(3) 気体は③の過程で$5p_0V_0$だけ外に仕事をし，①の過程で$8p_0V_0$だけ外から仕事をされました。②の過程は体積が変化していないので，仕事をしてもされてもいません。1サイクル全体で見ると，気体は

$$W = 5p_0V_0 - 8p_0V_0 = -3p_0V_0$$　答

の仕事をしたということになります。マイナスということは，気体は全体としてこの1サイクルで外から仕事をされたということです。

確認問題 62 9-7 に対応

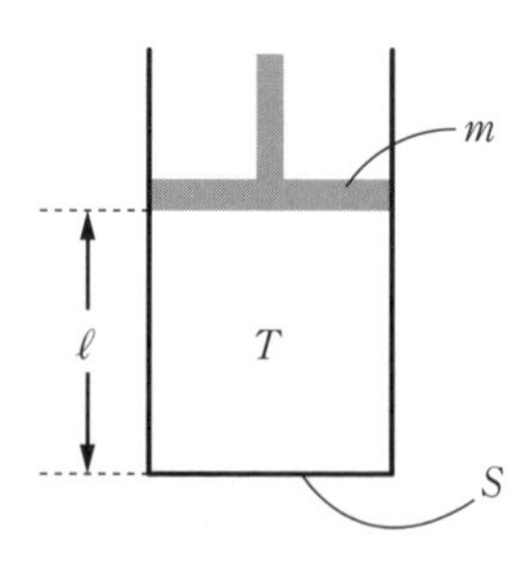

断面積Sの容器に温度Tの気体を入れ，滑らかに動く質量mのピストンで右図のように密閉した。このとき容器の底からピストンまでの距離はℓであった。大気圧をp_0とし，重力加速度をgとするとき，以下の問いに答えよ。

(1) 容器内の空気の圧力を求めよ。

(2) 容器内の気体の温度を$3T$にすると，容器の底からピストンまでの距離はいくらになるか。

(3) (2)の変化において，気体がした仕事を求めよ。ただし，ピストンはゆっくりと移動したものとする。

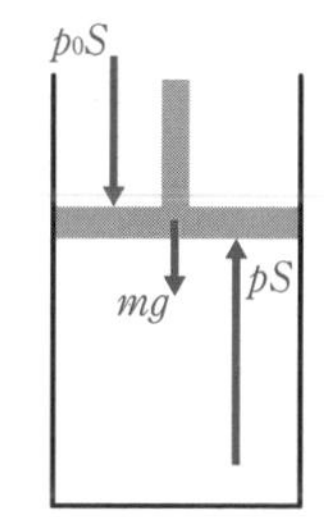

(1) ピストンにはたらく力のつり合いを考えます。
ピストンを内側へ押し込む力は　p_0S+mg
容器内の空気の圧力をpとすると
ピストンを外側へ押し返す力は　pS
よって　$pS=p_0S+mg$

$$p=\boldsymbol{p_0+\frac{mg}{S}}$$

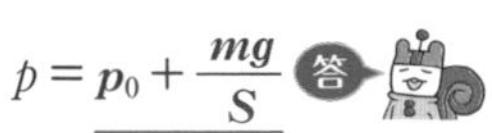

(2) この変化は，圧力が$p_0+\dfrac{mg}{S}$で不変なので，シャルルの法則が成立します。
最初の状態は，温度がT，体積が$S\ell$
変化後の状態は，温度が$3T$，体積がVとすると

$$\frac{S\ell}{T}=\frac{V}{3T}$$

$$V=3S\ell$$

よって，容器の底からピストンまでの距離は　$\underline{3\ell}$

(3) 容器内の空気はピストンにpSの力を加え，力を加えた方向に2ℓだけピストンが動いたので，容器内の空気がした仕事Wは

$$W = pS \times 2\ell$$
$$= (p_0S + mg) \times 2\ell$$
$$= \underline{\boldsymbol{2p_0S\ell + 2mg\ell}}$$ 答

温度が$3T$に上がったらピストンが上に2ℓだけ持ち上がったんだね

確認問題 63 9-8 に対応

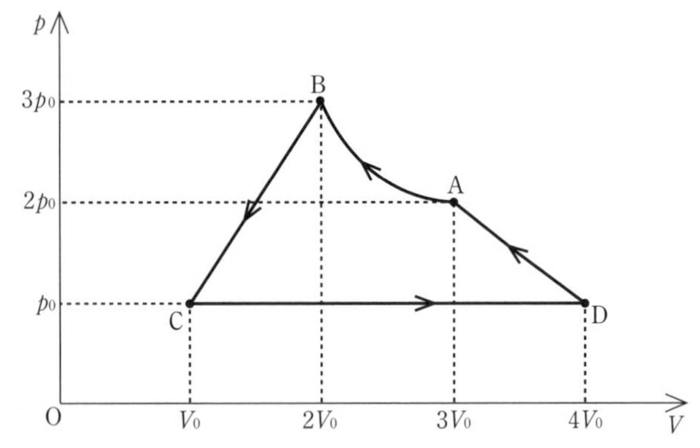

一定量の気体を上のグラフのように状態Aから始めて，A→B→C→D (→A) の順にゆっくりと変化させた。

(1) A→B，B→C，C→D，D→Aの中で等温で変化した過程が1つある。どの過程か。

(2) A，B，C，Dのそれぞれの状態の温度をT_A，T_B，T_C，T_Dとしたとき，それぞれの大小関係を示せ。

(3) 気体がした仕事が正なのはどの過程か答えよ。

(4) B→C，C→D，D→Aの過程で気体がした仕事を求めよ。

(1) 等温で変化したときは，反比例の曲線のグラフになるのでした。
A→B，B→C，C→D，D→Aの中で曲線なのはA→Bだけですね。
<u>**A→B**</u> 答

(2) それぞれの点からp軸とV軸に直線を下ろし，$p\times V$でできる長方形の面積を比べましょう。

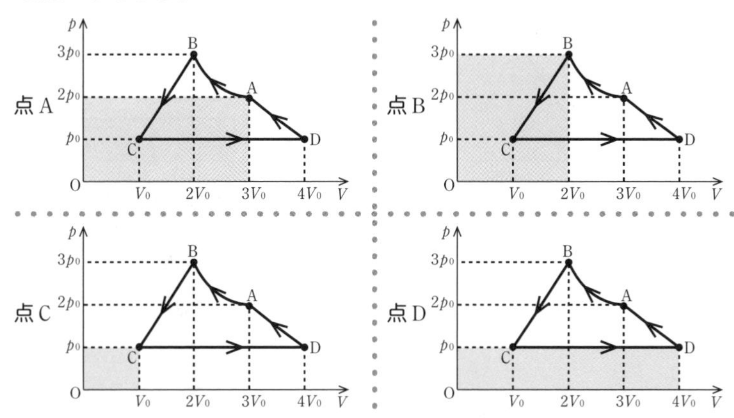

点Aの作る長方形の面積は　$2p_0\times 3V_0=6p_0V_0$

点Bの作る長方形の面積は　$3p_0\times 2V_0=6p_0V_0$

点Cの作る長方形の面積は　$p_0\times V_0=p_0V_0$

点Dの作る長方形の面積は　$p_0\times 4V_0=4p_0V_0$

面積の大きさはpVの値の大きさを表します。

$pV=nRT$のn，Rは不変なので，pVが大きいほどTも大きくなります。

よって　$\underline{T_C<T_D<T_A=T_B}$ 答

(3) 体積が増えているところが，気体が正の仕事をするところです。

$\underline{C\rightarrow D}$ 答

(4)

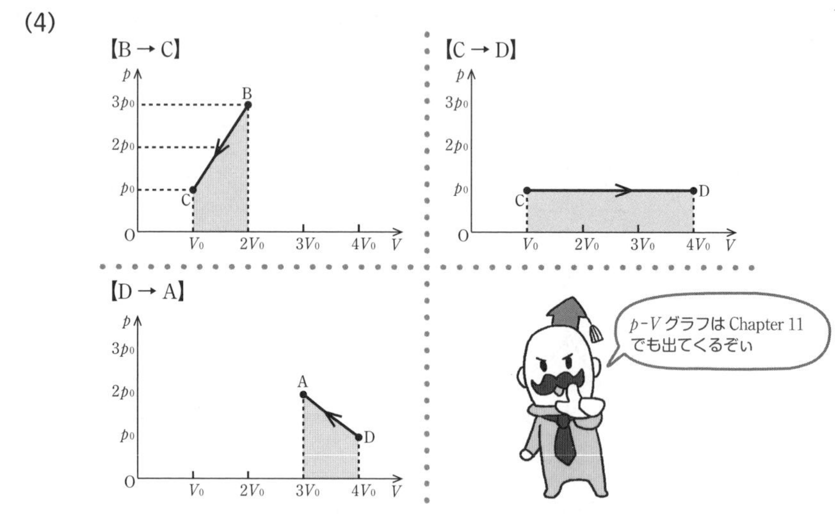

気体がした仕事はB→Cのときは負，C→Dのときは正，D→Aのときは負です。

変化を表すグラフ，端点からV軸へ下ろした2直線，V軸でできる図形の面積から仕事の大きさを求めます。

B→C：$-\{\underbrace{(p_0+3p_0)}_{\text{上底＋下底}}\times\underbrace{(2V_0-V_0)}_{\text{高さ}}\div 2\}=\underline{\boldsymbol{-2p_0V_0}}$ 答

C→D：$p_0\times(4V_0-V_0)=\underline{\boldsymbol{3p_0V_0}}$ 答

D→A：$-\{(p_0+2p_0)\times(4V_0-3V_0)\div 2\}=\underline{\boldsymbol{-\frac{3}{2}p_0V_0}}$ 答

確認問題 64 9-9 に対応

バルーンの容積がV〔m^3〕の熱気球に温めた空気を送り込み空中に浮上させたい。外気温をT〔K〕とし，そのときの空気の密度をρ〔kg/m^3〕とする。また大気圧をp〔Pa〕，重力加速度をg〔m/s^2〕とする。次の問いに答えよ。ただし，バルーンの下の部分は開いているのでバルーン内の空気の圧力はp，バルーンの容積はVのままであるとする。

(1) 熱気球が受ける浮力の大きさを求めよ。

(2) しばらくするとバルーン内の空気の密度がρ'となった。このときのバルーン内の空気の温度T'をT，V，ρ，ρ'，p，gのうち，必要なものを用いて表せ。

(3) 気球の総重量をM〔kg〕とするとき，気球が浮かび上がるのは，バルーン内の空気の温度が何K以上になったときか。

(1) 浮力は周りを満たす物体を押しのけた分だけ生じるのでしたね。
周りを満たす物体とは温度がTで密度がρの空気です。
バルーンの容積はVなので浮力は　ρVg 答

(2) バルーン内の空気が外気と同じ状態と，温まった状態で比べます。
空気の組成は変わりませんので，変化の前後で$\dfrac{p}{\rho T}$は一定となります。
バルーン内の空気の圧力はpで一定ですから

$$\frac{p}{\rho T}=\frac{p}{\rho' T'}$$

よって　$T'=\dfrac{\rho}{\rho'}T$ 答

(3) 気球にはたらく下向きの力と上向きの力が等しくなった瞬間に，気球は浮かび上がると考えます。
このときのバルーン内の空気の温度をT_1，密度をρ_1としましょう。
バルーンは密度ρの外気をVだけ押しのけているので，
気球には上向きにρVgの力がはたらきますね。
バルーン内の空気は温度T_1，密度ρ_1なので，その重さは下向きにはたらきます。よって下向きにはたらく力の合計は　$Mg+\rho_1 Vg$
ゆえに，気球が浮かび上がる瞬間は

$$\rho Vg=Mg+\rho_1 Vg$$

$$\rho_1=\rho-\frac{M}{V}$$

このとき，(2) より　$T_1=\dfrac{\rho}{\rho_1}T=\dfrac{\rho V}{\rho V-M}T$

それよりも暖かいと浮かび上がるので　$\dfrac{\rho V}{\rho V-M}T$〔K〕**以上** 答

気体の分子運動

確認問題 65 10-1 に対応

以下の文章を読み，空欄を埋めよ。

分子の運動から，気体の圧力を求めてみよう。右図は，1辺がLの立方体を示す。この中の壁面Aを考える。

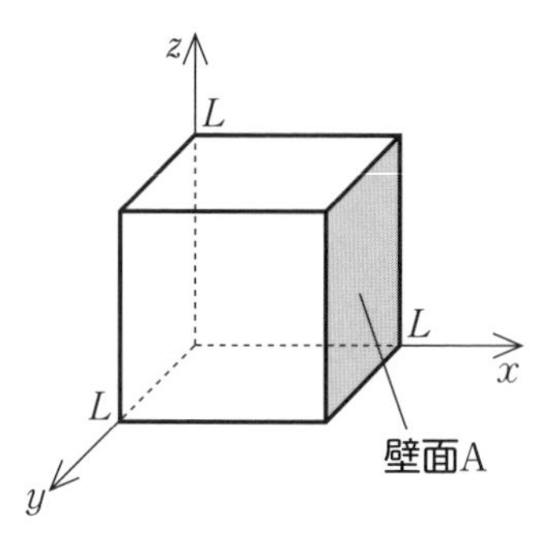

分子1個の質量をm，分子のx方向への速度をv_xとすると，分子が1回の衝突で壁面Aに与える力積は［(1)］である。分子は，［(2)］秒に1回，すなわち，1秒間では［(3)］回，壁面Aと衝突する。よって，t秒間では［(4)］回衝突するので，t秒間に分子1個が与える力積は［(5)］となる。したがって，運動量と力積の関係より，分子1個が壁面Aに与える力の平均は［(6)］となる。

次に，立方体の中にある分子すべてを考慮してみよう。立方体の中には，分子がN個含まれている。各分子のx方向への速度の，2乗の平均を$\overline{v_x^{\,2}}$とすれば，分子全体が壁面Aに与える力は［(7)］となる。

さらに，分子はランダムに飛び交うため，特定の方向にかたよって移動することはない。したがって，分子の速さの2乗の平均$\overline{v^2}$を用いて壁面Aが受ける力を表せば，［(8)］となる。

したがって，壁面Aが分子から受ける圧力は，立方体の体積Vを用いて，［(9)］と表される。

入試でも，気体分子運動論の分野は，このような穴埋めの形で出題されることも多いので，流れをしっかり確認しておきましょう。
(4)と(5)ではt秒間のことを考えているので，本冊で説明した1秒間の値にtが掛けられています。しかし，結局(6)でtで割るので，結果は同じになります。

(1) $2mv_x$　(2) $\dfrac{2L}{v_x}$　(3) $\dfrac{v_x}{2L}$　(4) $\dfrac{v_x t}{2L}$　(5) $\dfrac{m{v_x}^2 t}{L}$

(6) $\dfrac{m{v_x}^2}{L}$　(7) $\dfrac{Nm\overline{{v_x}^2}}{L}$　(8) $\dfrac{Nm\overline{v^2}}{3L}$　(9) $\dfrac{Nm\overline{v^2}}{3V}$ 答

確認問題 66　10-2 に対応

分子1個あたりの運動エネルギーの平均が7.35×10^{-21} Jのヘリウムの温度は何Kか。ただし，ボルツマン定数を1.4×10^{-23} J/Kとする。

$\dfrac{1}{2}m\overline{v^2} = \dfrac{3}{2}kT$ より

$$T = \frac{2}{3k} \cdot \frac{m\overline{v^2}}{2} = \frac{2}{3 \times 1.4 \times 10^{-23}} \times 7.35 \times 10^{-21}$$

$$= \underline{3.5 \times 10^2 \text{ K}}$$ 答

熱力学の法則と気体の変化

確認問題 67　11-1，11-2 に対応

(1)　T_1〔K〕でn〔mol〕の単原子分子の理想気体に熱を加えたところ，温度がT_2〔K〕に変化した。気体の出入りがなかったとすると，この変化の前後で気体はどれだけ内部エネルギーが増加したか。気体定数をRとして答えよ。

(2)　気体が500 Jの熱を吸収し，外へ200 Jの仕事をしたとき，内部エネルギーの増加量はいくらになるか。

(3)　気体に200 Jの仕事をしたところ，内部エネルギーは100 J増加した。このとき気体は熱を吸収したか，放出したか。またその大きさはいくらか。

(1)　単原子分子の理想気体ではn〔mol〕，T〔K〕の気体のもつ内部エネルギーU〔J〕は$U=\frac{3}{2}nRT$でした。変化した内部エネルギーをΔU〔J〕とすると

$$\Delta U=\frac{3}{2}nRT_2-\frac{3}{2}nRT_1=\underline{\boldsymbol{\frac{3}{2}nR(T_2-T_1)}\text{〔J〕}}$$ 答

(2)　$Q_{in}=\Delta U+W_{out}$をもとに考えましょう。

$Q_{in}=500$ J，$W_{out}=200$ Jですから　$\underline{\Delta U=300\ \text{J}}$ 答

(3)　気体は仕事をされたので　$W_{out}=-200$ J

$\Delta U=100$ Jなので

$$Q_{in}=100\ \text{J}+(-200\ \text{J})=-100\ \text{J}$$

よって，**気体は熱を放出し，その大きさは100 J** 答

確認問題 68　11-3，11-4に対応

(A)　ピストンがついた容器の中にn〔mol〕，T〔K〕の単原子分子の理想気体を閉じ込めた。この気体を体積を一定に保ちながら加熱したところ，気体の温度はT'〔K〕になった。気体定数をR〔J/(mol·K)〕とし，以下の問いに答えよ。

(1)　気体がした仕事W〔J〕を求めよ。

(2)　気体の内部エネルギーの変化量ΔU〔J〕を求めよ。

(3)　気体に加えられた熱量Q〔J〕を求めよ。

(B)　気体の温度をT〔K〕に戻したあと，今度は圧力を一定にして，気体の温度をT'〔K〕へ変化させた。

(4)　気体がした仕事W〔J〕を求めよ。

(5)　気体の内部エネルギーの変化量ΔU〔J〕を求めよ。

(6)　気体に加えられた熱量Q〔J〕を求めよ。

解説

(1)　定積変化では，気体は仕事をしないので　$W=\underline{0}$〔J〕 答

(2)　単原子分子の内部エネルギー変化の式$\Delta U=\frac{3}{2}nR\Delta T$より

$$\Delta U=\underline{\frac{3}{2}nR(T'-T)}\text{〔J〕}$$ 答

(3)　$W=0$なので，$Q_{in}=\Delta U+W_{out}$より，$Q=\Delta U$ですね。

よって

$$Q=\Delta U=\underline{\frac{3}{2}nR(T'-T)}\text{〔J〕}$$ 答

(4)　定圧変化の場合，気体がした仕事は$W=p\Delta V$と表せましたね。

しかし，ここでは圧力pも体積Vも与えられていません。

本冊p.380で説明した$p\Delta V=nR\Delta T$の関係を使って，仕事をn，R，Tで表しましょう。

$$W=p\Delta V=nR\Delta T=\underline{nR(T'-T)}\text{〔J〕}$$ 答

(5)　(2)と同様に

$$\Delta U=\underline{\frac{3}{2}nR(T'-T)}\text{〔J〕}$$ 答

(6)　熱力学第1法則より

$$Q=\Delta U+W=\underline{\frac{5}{2}nR(T'-T)}\text{〔J〕}$$ 答

確認問題 69　11-5 に対応

定積モル比熱がC_Vで温度がT_0の気体nモルを，定圧変化させたところ温度が$3T_0$に上昇した。気体定数をRとし，以下の問いに答えよ。

(1) 最初の状態の気体の内部エネルギーをC_Vを用いて表せ。
(2) この定圧変化において，気体の内部エネルギーはどれだけ変化したか。C_Vを用いて表せ。
(3) この定圧変化において，気体のした仕事はどれだけか。
(4) この定圧変化において，気体が得た熱はどれだけか。C_Vを用いて表せ。
(5) この気体の定圧モル比熱をC_Vを用いて表せ。

問題文に「単原子分子」という語がないので，$\Delta U=\dfrac{3}{2}nR\Delta T$は使えません。

C_Vが与えられたので$\Delta U=nC_V\Delta T$を使います。

(1) 定積モル比熱C_Vを用いて気体の内部エネルギーUを表します。

$$U=\underline{\boldsymbol{nC_VT_0}}$$ 答

(2) 温度はT_0から$3T_0$に変化したので

$$\Delta U=nC_V\Delta T=nC_V(3T_0-T_0)=\underline{\boldsymbol{2nC_VT_0}}$$ 答

(3) 定圧変化では気体がした仕事は$W=p\Delta V$と表せますが，この問題では圧力pも体積Vも与えられていません。
本冊p.380で説明した$p\Delta V=nR\Delta T$の関係を使って，仕事をn，R，T_0で表しましょう。

$$W=p\Delta V=nR\Delta T=nR(3T_0-T_0)=\underline{\boldsymbol{2nRT_0}}$$ 答

(4) 熱力学第1法則$Q_{\text{in}}=\Delta U+W_{\text{out}}$より

$$Q_{\text{in}}=\Delta U+W_{\text{out}}=2nC_VT_0+2nRT_0=\underline{\boldsymbol{2n(C_V+R)T_0}}$$ 答

(5) 定圧モル比熱をC_pとすると，定義より

$$Q_{\text{in}}=nC_p\Delta T=nC_p(3T_0-T_0)=2nC_pT_0$$

この式と(4)の結果を比べて

$$2nC_pT_0=2n(C_V+R)T_0$$
$$C_p=\underline{\boldsymbol{C_V+R}}$$ 答

確認問題 70　11-6，11-7 に対応

ある理想気体nモルを体積V_0の状態から断熱的に体積V_1の状態まで変化させた様子を$p-V$グラフに表すと右図のA→Bのようになった。
また同じ理想気体nモルを体積V_0の状態から等温で体積V_1の状態まで変化させた様子を$p-V$グラフに表すと右図のA→Cのようになった。
次の空欄に当てはまる言葉を埋めなさい。

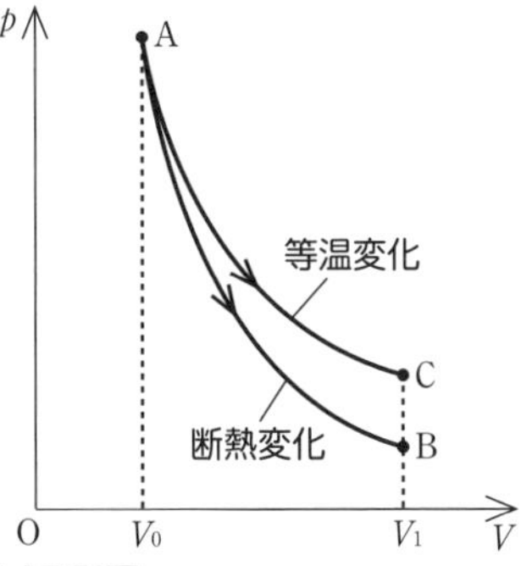

状態Bの気体の温度は状態Aの気体の温度よりも（あ）。

また断熱変化と等温変化を比べると，状態Bと状態Cでは状態Bのほうが気体の温度が（い）なる。

等温変化では温度は不変なので，$p-V$グラフの$p\times V$の面積は不変である。断熱変化では体積Vが増加するにつれて気体の温度が（う）なっていくので，$p-V$グラフの$p\times V$の面積が（え）くなっていく。

これが$p-V$グラフにおいて，断熱変化の曲線が等温変化の曲線よりも急になる理由である。

断熱変化では$Q_{\text{in}}=\varDelta U+W_{\text{out}}$の$Q_{\text{in}}=0$なので，$\varDelta U=-W_{\text{out}}$となります。よって，外に対して仕事をしている（体積が増えている）A→Bの変化では内部エネルギーが減少することになるので，状態Bの温度は状態Aよりも低くなります。
状態Aと状態Cは等温なので，状態Bと状態Cでは状態Bのほうが気体の温度が低くなりますね。
断熱変化では気体が外に向かって仕事をする（体積が増える）と，$\varDelta U$が減少していくので温度は低くなっていきます。よって，$p\times V$の面積は小さくなっていきます。
（$pV=nRT$より$p\times V$の面積の大小がTの大小になるのでしたね）
（あ）**低い**，（い）**低く**，（う）**低く**，（え）**小さ**

確認問題 71　11-7に対応

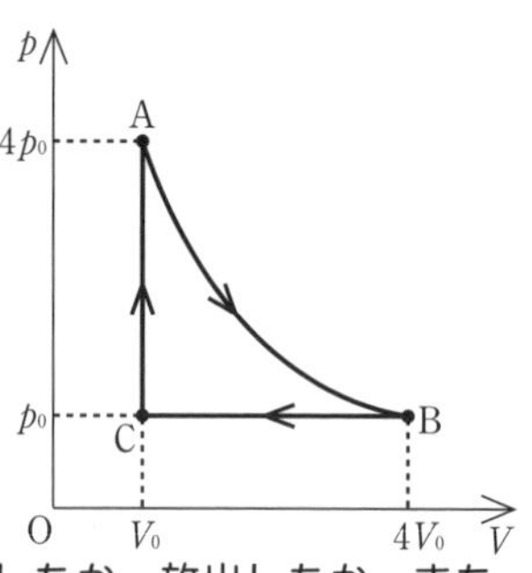

単原子分子の理想気体を右のようにA→B→C→Aの経路でゆっくり変化させた。A→Bは等温変化である。次の問いに答えよ。

(1) A→Bの過程において，気体が得た熱量を$Q_{A\to B}$〔J〕とする。A→Bにおいて気体の内部エネルギーの変化量$\varDelta U_{A\to B}$，外部にした仕事の大きさ$W_{A\to B}$を求めよ。

(2) B→Cの過程において，気体は熱を吸収したか，放出したか。また，その熱量の大きさを求めよ。

(3) C→Aの過程において，気体は熱を吸収したか，放出したか。また，その熱量の大きさを求めよ。

単原子分子なので，$U=\dfrac{3}{2}nRT$，$\varDelta U=\dfrac{3}{2}nR\varDelta T$と考えましょう。

(1) A→Bは等温変化で$\varDelta T=0$なので，
内部エネルギーの変化量は　$\underline{\varDelta U_{A\to B}=0}$ 答
$Q_{in}=\varDelta U+W_{out}$より，$\varDelta U=0$のとき$Q_{in}=W_{out}$となるため，
外部にした仕事の大きさは　$\underline{W_{A\to B}=Q_{A\to B}}$ 答

(2) B→Cは定圧変化ですね。まず，外部にした仕事W_{out}を求めましょう。

$$W_{out}=p\varDelta V=p_0(V_0-4V_0)=-3p_0V_0$$

次に$\varDelta U=\dfrac{3}{2}nR\varDelta T$を求めたいのですが，$n$や$T$の情報はありません。

BとCの状態の気体の状態方程式から$nR\varDelta T$を求めましょう。

状態B：$p_0\times 4V_0=nRT_B$　……①

状態C：$p_0\times V_0=nRT_C$　……②

②－①より　$-3p_0V_0=nR(T_C-T_B)$
$=nR\varDelta T$

よって　$\varDelta U=\dfrac{3}{2}nR\varDelta T=\dfrac{3}{2}\times(-3p_0V_0)=-\dfrac{9}{2}p_0V_0$

熱力学第1法則より

$$Q_{\text{in}} = \varDelta U + W_{\text{out}} = -\frac{9}{2}p_0V_0 + (-3p_0V_0) = -\frac{15}{2}p_0V_0$$

よって，**熱を放出し，その大きさは$\frac{15}{2}p_0V_0$**

[別解]

定圧変化なので

$$Q_{\text{in}} = nC_p\varDelta T = \frac{5}{2}nR\varDelta T$$

$$= \frac{5}{2}p\varDelta V$$

$$= \frac{5}{2}p_0(V_0 - 4V_0) = -\frac{15}{2}p_0V_0$$

よって，**熱を放出し，その大きさは$\frac{15}{2}p_0V_0$**

定圧変化では“$p\varDelta V = nR\varDelta T$”を使ってすぐに求めてもかまいません。

(3) C→Aは定積変化なので，気体は仕事をしませんから　$W_{\text{out}} = 0$

$\varDelta U = \frac{3}{2}nR\varDelta T$ですが，$n$，$T$の情報はないので，(2)でやったのと同様に

CとAの状態の気体の状態方程式から$nR\varDelta T$を求めましょう。

状態C：$p_0 \times V_0 = nRT_{\text{C}}$　……②

状態A：$4p_0 \times V_0 = nRT_{\text{A}}$　……③

③−②より　$3p_0V_0 = nR(T_{\text{A}} - T_{\text{C}})$

$= nR\varDelta T$

よって　$\varDelta U = \frac{3}{2}nR\varDelta T = \frac{3}{2} \times 3p_0V_0 = \frac{9}{2}p_0V_0$

熱力学第1法則より

$$Q_{\text{in}} = \varDelta U + W_{\text{out}} = \frac{9}{2}p_0V_0$$

よって，**熱を吸収し，その大きさは$\frac{9}{2}p_0V_0$**

$p-V$グラフの問題では，気体の状態方程式$pV = nRT$から，$\varDelta U$を求めることが多いです。この計算には慣れるようにしましょう。

確認問題 72 11-8に対応

右図のように，A→B→C→D→Aと，気体の状態が順に変わっていく熱機関の熱効率を求めよ。ただし，気体は単原子分子の理想気体とする。

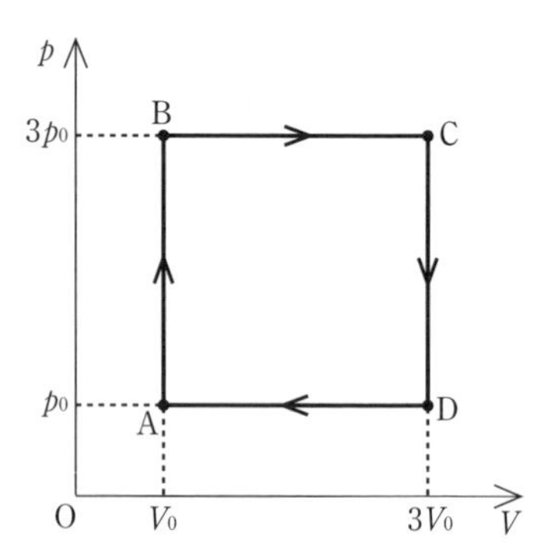

順を追って見ていきましょう。

まずはA→Bです。定積変化ですので$\underline{W_{\text{out}}=0}$ですね。

$$Q_{\text{in}}=\Delta U+W_{\text{out}}\text{より}\quad Q_{\text{in}}=\Delta U=\frac{3}{2}nR\Delta T$$

ここで点Aと点Bの気体の状態方程式より

点A：$p_0V_0=nRT_{\text{A}}$　　点B：$3p_0\times V_0=nRT_{\text{B}}$

よって　$nR(T_{\text{B}}-T_{\text{A}})=3p_0V_0-p_0V_0$

$nR\Delta T=2p_0V_0$

ゆえに　$\underline{Q_{\text{in}}}=\Delta U=\frac{3}{2}nR\Delta T=\frac{3}{2}\times 2p_0V_0\underline{=3p_0V_0}$

続いてB→Cです。定圧変化ですので$\underline{W_{\text{out}}}=p\Delta V=3p_0\times(3V_0-V_0)\underline{=6p_0V_0}$ですね。

また，$p\Delta V=nR\Delta T$でもありますね。

よって　$\underline{Q_{\text{in}}}=\Delta U+W_{\text{out}}=\frac{3}{2}nR\Delta T+p\Delta V$

$$=\frac{5}{2}p\Delta V=\frac{5}{2}\times 3p_0\times(3V_0-V_0)\underline{=15p_0V_0}$$

続いてC→Dですが，これも定積変化なので$\underline{W_{\text{out}}=0}$ですね。

$$Q_{in} = \Delta U + W_{out} \text{より} \quad Q_{in} = \Delta U = \frac{3}{2}nR\Delta T$$

ここで点Cと点Dの気体の状態方程式より

点C：$3p_0 \times 3V_0 = nRT_C$　　　点D：$p_0 \times 3V_0 = nRT_D$

よって　$nR(T_D - T_C) = 3p_0V_0 - 9p_0V_0$

$$nR\Delta T = -6p_0V_0$$

ゆえに　$\underline{Q_{in}} = \Delta U = \frac{3}{2}nR\Delta T = \frac{3}{2} \times (-6p_0V_0) \underline{= -9p_0V_0}$　となりますが，

$\underline{Q_{in}}$が負になるのでこれは得た熱量ではなく，放出した熱量となります。

最後にD→Aです。定圧変化なので$\underline{W_{out}} = p\Delta V = p_0 \times (V_0 - 3V_0) \underline{= -2p_0V_0}$ですね。

$\underline{W_{out}}$が負なので気体は仕事をされたということですね。

$$\underline{Q_{in}} = \Delta U + W_{out} = \frac{3}{2}nR\Delta T + p\Delta V$$

$$= \frac{5}{2}p\Delta V = \frac{5}{2} \times p_0 \times (V_0 - 3V_0) \underline{= -5p_0V_0}$$

これも$\underline{Q_{in}}$が負になるのでこれは得た熱量ではなく，放出した熱量です。

熱効率$e = \frac{W}{Q_{in}}$ですが，分母のQ_{in}は得た熱量だけ，分子のWはした仕事もされた仕事も含めますので

$$e = \frac{W}{Q_{in}} = \frac{6p_0V_0 + (-2p_0V_0)}{3p_0V_0 + 15p_0V_0} = \underline{\frac{2}{9}}$$ 答

[別解]

失った熱量を使って求めると

$$e = \frac{W}{Q_{in}} = \frac{Q_{in} - Q_{out}}{Q_{in}} = \frac{(3p_0V_0 + 15p_0V_0) - (9p_0V_0 + 5p_0V_0)}{3p_0V_0 + 15p_0V_0} = \underline{\frac{2}{9}}$$ 答

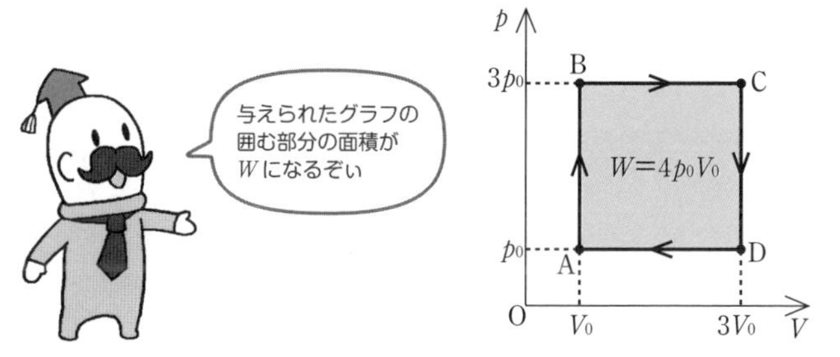

確認問題 73　11-9 に対応

右図のように，体積$3V$およびVの容器A，Bを細い管でつないだ。この中に物質量nの単原子分子の理想気体を入れたところ，気体の温度はTで一様となった。気体定数をRとして，以下の問いに答えよ。ただし，細管の体積は無視する。

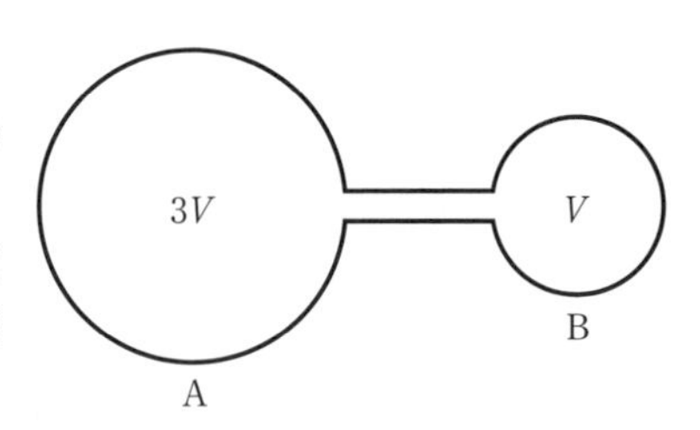

(1) このときの気体の圧力を求めよ。
(2) 気体の内部エネルギーを求めよ。

次に，容器Aを恒温槽に入れ温度をTに保ちながら，容器Bを加熱したところ，容器Bの気体の温度は$2T$まで上昇した。

(3) 容器Aおよび容器Bに含まれる気体の物質量をそれぞれ求めよ。
(4) このときの気体の圧力を求めよ。
(5) 容器Aおよび容器Bの内部エネルギーU_A，U_Bをそれぞれ求めよ。
(6) 加熱する前後で，気体の内部エネルギーはどれだけ増えたか。

(1) 容器全体で状態方程式を立てると

$$p\cdot 4V = nRT \qquad \underline{p = \frac{nRT}{4V}}$$ 答

(2) $\underline{U = \frac{3}{2}nRT}$ 答

(3) 加熱後，各容器は右図のような状態になっています。各容器について状態方程式を立てると

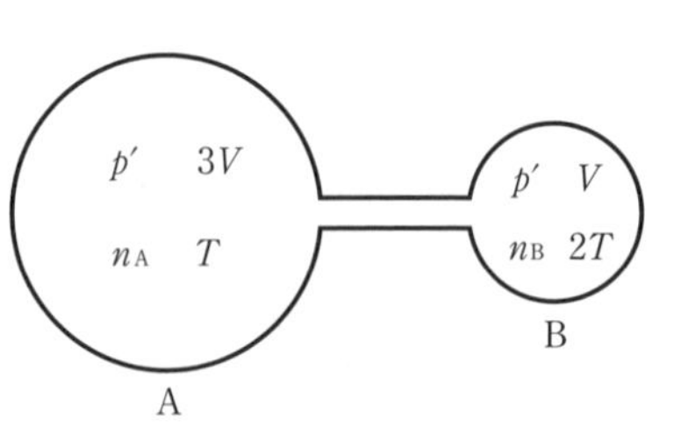

容器A：$p'\cdot 3V = n_A RT$ ……①
容器B：$p'\cdot V = n_B R\cdot 2T$ ……②

また，分子数は変わらないので

$$n_A + n_B = n \quad ……③$$

①，②，③より

$$n_A = \underline{\frac{6}{7}n},\quad n_B = \underline{\frac{n}{7}}$$ 答

(4) ②式にn_Bを代入して

$$p' = \frac{\frac{n}{7}\cdot R\cdot 2T}{V} = \underline{\mathbf{\frac{2nRT}{7V}}}$$ 答

(5) $U_A = \frac{3}{2}n_A RT = \underline{\mathbf{\frac{9}{7}nRT}}$ 答

$U_B = \frac{3}{2}n_B R\cdot 2T = \underline{\mathbf{\frac{3}{7}nRT}}$ 答

(6) 加熱後の気体全体の内部エネルギーは

$$U' = U_A + U_B = \frac{12}{7}nRT$$

よって，内部エネルギーの変化は

$$\Delta U = U' - U = \frac{12}{7}nRT - \frac{3}{2}nRT = \frac{24-21}{14}nRT = \underline{\mathbf{\frac{3}{14}nRT}}$$ 答

光の粒子性，電子の波動性

確認問題 74　12-1，12-2 に対応

(1) 波長6.0×10^{-7} mの光がもつエネルギーは何Jか。ただし，プランク定数を6.6×10^{-34} J·s，光速を3.0×10^{8} m/sとする。

(2) 原子がもつエネルギーは非常に小さいため，しばしばジュール〔J〕の代わりに，エレクトロンボルト〔eV〕という単位が用いられる。1 eVは，電子1個に1 Vの電圧をかけたときに，その電子が得るエネルギーであり，電気素量を1.6×10^{-19} Cとすると，1 eV = 1.6×10^{-19} Jである。(1)の光がもつエネルギーは，何eVか。有効数字2桁で答えよ。

(1) $E = h\nu = h\dfrac{c}{\lambda}$より

$$E = 6.6 \times 10^{-34} \times \frac{3.0 \times 10^{8}}{6.0 \times 10^{-7}} = \underline{3.3 \times 10^{-19}\ \mathrm{J}}$$ 答

(2) JをeVに変換する問題です。

$1\ \mathrm{eV} = 1.6 \times 10^{-19}\ \mathrm{J}$なので

$3.3 \times 10^{-19}\ \mathrm{J}$は，$\dfrac{3.3 \times 10^{-19}}{1.6 \times 10^{-19}} = 2.06 \fallingdotseq \underline{2.1\ \mathrm{eV}}$ 答

本冊では扱いませんでしたが，eVというエネルギーの単位があることは知っておく必要があります。覚えておきましょう。

確認問題 75 12-1，12-2に対応

限界振動数が5.0×10^{15} Hzである金属がある。電気素量を1.6×10^{-19} C，プランク定数を6.6×10^{-34} J・sとして，以下の問いに答えよ。

(1) この金属の仕事関数は何Jか。

(2) この金属に1.0×10^{16} Hzの光を照射した。この光の運動エネルギーの最大値は何Jか。

(3) (2)で照射した光の阻止電圧は何Vか。有効数字2桁で答えよ。

(1) $W = h\nu_0 = 6.6 \times 10^{-34} \times 5.0 \times 10^{15} = \underline{3.3 \times 10^{-18}\ \mathrm{J}}$ 答

(2) $\dfrac{1}{2}mv_{\max}{}^2 = h\nu - W = 6.6 \times 10^{-34} \times 1.0 \times 10^{16} - 3.3 \times 10^{-18}$

$= \underline{3.3 \times 10^{-18}\ \mathrm{J}}$ 答

(3) $\dfrac{1}{2}mv_{\max}{}^2 = eV_0$より

$$V_0 = \frac{1}{2}mv_{\max}{}^2 \times \frac{1}{e} = \frac{3.3 \times 10^{-18}}{1.6 \times 10^{-19}} = 20.6 \fallingdotseq \underline{21\ \mathrm{V}}$$ 答

確認問題 76　12-1，12-2に対応

金属板にナトリウムと，亜鉛の2種類を用いて光電効果の実験を行った。照射する光の振動数を変化させながら，飛び出した電子の運動エネルギーの最大値を調べたところ，右図のような結果になった。次の問いに答えよ。ただし，$1\mathrm{eV}=1.6\times10^{-19}\mathrm{J}$とする。

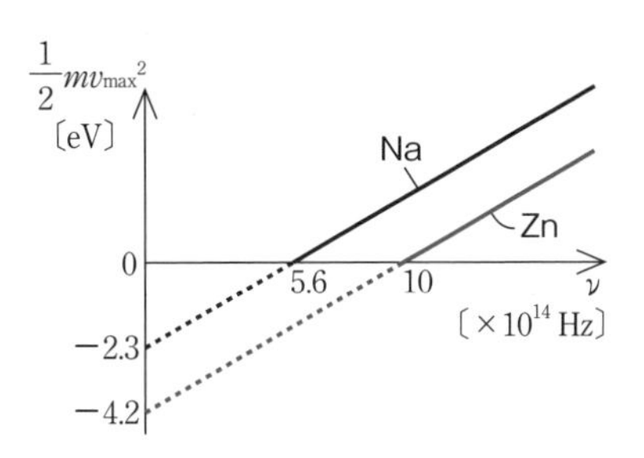

(1) 亜鉛の仕事関数をeVを用いて答えよ。

(2) ナトリウムの限界振動数を求めよ。

(3) 亜鉛のグラフからプランク定数〔J･s〕を求めよ。

$\frac{1}{2}mv_{\max}{}^2=h\nu-W$です。与えられたグラフを数学の1次関数のグラフである

$y=ax+b$にあてはめると，yが$\frac{1}{2}mv_{\max}{}^2$，xがνにあたりますね。

ということは$-W$は切片$+b$にあたり，hは傾きaにあたります。

限界振動数は$\frac{1}{2}mv_{\max}{}^2=0$のときを読み取りましょう。

(1) 亜鉛の仕事関数をW_{Zn}とすると，図より$-W_{\mathrm{Zn}}=-4.2\,\mathrm{eV}$なので

$W_{\mathrm{Zn}}=$ **$4.2\,\mathrm{eV}$** 答

(2) 電子の運動エネルギーが0のときが限界振動数なので，ナトリウムの限界振動数は　$\nu_{\mathrm{Na0}}=$ **$5.6\times10^{14}\,\mathrm{Hz}$** 答

(3) グラフの傾きがhにあたります。プランク定数の単位はJ･sなので，eVをJに直さないといけません。亜鉛のグラフから，10×10^{14} Hzだけ右に進むと，上に$4.2\times1.6\times10^{-19}$ J上がるので

$$h=\frac{4.2\times1.6\times10^{-19}}{10\times10^{14}}\fallingdotseq \mathbf{6.7\times10^{-34}\,J\cdot s}$$ 答

このグラフは本冊では
扱っておらんが
右のようなポイントを
理解しておくといいぞぃ

- 傾きはhを表し，金属によらずに一定。
- 縦軸の切片は$-W$となる。
- 縦軸（運動エネルギー）＝0のところは限界振動数ν_0を表す。

確認問題 77　12-1，12-2 に対応

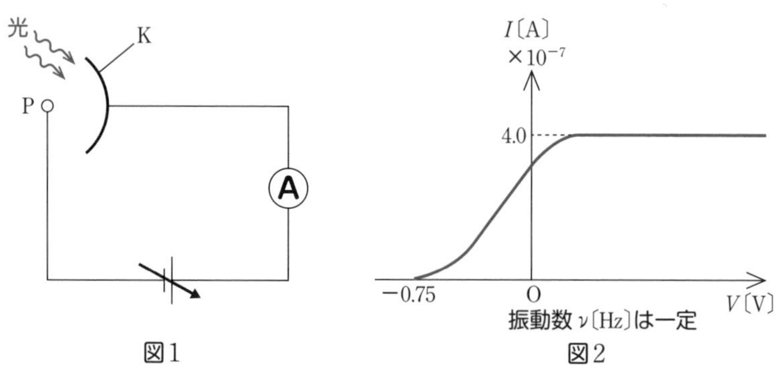

図1　　　図2

図1のような装置を用い，金属板Kに振動数5.00×10^{14} Hzの光を当ててK－P間の電位差を変化させながら光電流の値を測定したところ，図2のような結果になった。光の速さを3.00×10^{8} m/s，電気素量を1.60×10^{-19} C，プランク定数を6.63×10^{-34} J･sとして，以下の問いに答えよ。

(1) 照射した光の波長を求めよ。

(2) 照射した光が電子に与えるエネルギーは何Jか。

(3) 電子のもつ運動エネルギーの最大値は何Jか。

(4) 1秒間に金属板から飛び出す電子の個数を求めよ。

(1) 波動で使った$v=f\lambda$の文字だけを変えて$c=\nu\lambda$より

$$\lambda=\frac{c}{\nu}=\frac{3.00\times10^{8}}{5.00\times10^{14}}=\underline{6.0\times10^{-7}\ \mathrm{m}}$$ 答

(2) $h\nu=6.63\times10^{-34}\times5.00\times10^{14}=\underline{3.32\times10^{-19}\ \mathrm{J}}$ 答

(3) $\frac{1}{2}mv_{\max}{}^{2}=eV_0$で，図2より$-V_0=-0.75$なので

$$eV_0=1.60\times10^{-19}\times0.75=\underline{1.2\times10^{-19}\ \mathrm{J}}$$ 答

(4) 全電子がKからPへと到達したときに流れている電流は4.00×10^{-7} Aなので，1秒間に4.00×10^{-7} Cが移動していることになります。1つの電子は1.60×10^{-19} Cなので，1秒間に飛び出す電子の個数は

$$\frac{4.00\times10^{-7}}{1.60\times10^{-19}}=\underline{2.50\times10^{12}\ 個}$$ 答

確認問題 78 12-3に対応

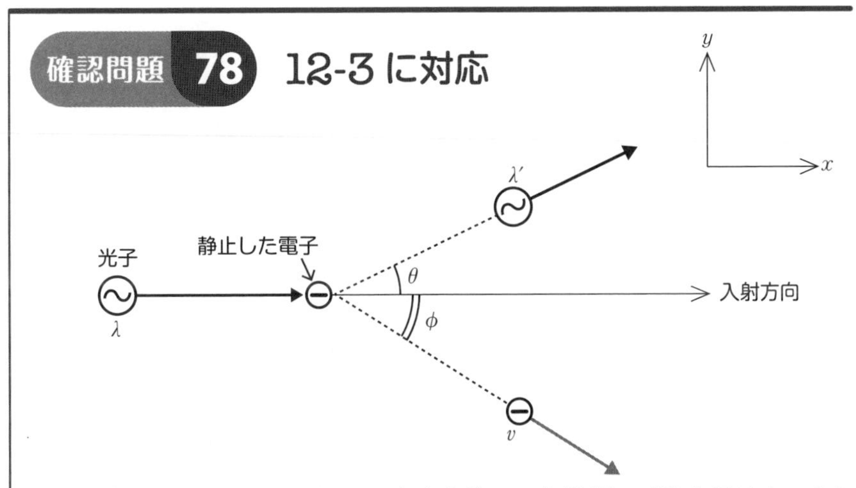

コンプトン効果に関する以下の文章を読み，空欄(1)～(9)を埋めよ。また【A】の式については，その結果となることを示せ。

波長λの光がもつ運動量は，プランク定数hを用いて［(1)］と表される。図のような，波長λの光子を静止している質量mの電子に衝突させるモデルを考えてみよう。衝突前後で，光子と電子がもつ運動量の和は保存される。光子が波長λ'となり角度θ方向へ，電子が角度ϕ方向へ速さvで飛んで行ったとすると，x方向の運動量保存の式は[(2)]，y方向の運動量保存の式は[(3)]となる。また，衝突前後でエネルギーは保存されるので，光速をcとすると[(4)]が成り立つ。

[(2)]を変形すると　$mv\cos\phi=$[(5)]　……①

[(3)]を変形すると　$mv\sin\phi=$[(6)]　……②

の関係が得られる。①，②式の両辺を2乗し，辺々を足し合わせれば

$(mv)^2=$[(7)]　……③

また[(4)]より　$(mv)^2=$[(8)]　……④

③，④式を合わせて，整理すると

$$\lambda'-\lambda=\frac{h}{2mc}\left(\frac{\lambda'}{\lambda}+\frac{\lambda}{\lambda'}-2\cos\theta\right)\quad【A】\quad\cdots\cdots⑤$$

という式が得られる。ここで，衝突前後で光子の波長はほぼ等しく，$\lambda'\fallingdotseq\lambda$と近似すれば，⑤式は

$\lambda'-\lambda=$[(9)]　……⑥

と変形できる。⑥式から本冊で紹介した波長の関係式が得られる。

誘導にしたがって，コンプトン効果における波長の関係式を求める問題です。

(1) $\dfrac{h}{\lambda}$　(2) $\dfrac{h}{\lambda}=\dfrac{h}{\lambda'}\cos\theta+mv\cos\phi$　(3) $0=\dfrac{h}{\lambda'}\sin\theta-mv\sin\phi$

(4) $\dfrac{h}{\lambda}c=\dfrac{h}{\lambda'}c+\dfrac{1}{2}mv^2$　(5) $\dfrac{h}{\lambda}-\dfrac{h}{\lambda'}\cos\theta$　(6) $\dfrac{h}{\lambda'}\sin\theta$ 答

ここまでは大丈夫でしょう。ここから先は計算をしていきますが，大きな方針として「電子の速さvと電子の飛び出した角度ϕを消す」というのを意識しましょう。vとϕは実験で測定不可能なので消すのです。

(7) ①，②式の両辺を2乗し，辺々を足し合わせると

$$(mv\cos\phi)^2+(mv\sin\phi)^2=\left(\frac{h}{\lambda}-\frac{h}{\lambda'}\cos\theta\right)^2+\left(\frac{h}{\lambda'}\sin\theta\right)^2$$

$\cos^2\phi+\sin^2\phi=1$の関係を使いながら，式を整理すれば

$$(mv)^2(\cos^2\phi+\sin^2\phi)=\frac{h^2}{\lambda^2}-\frac{2h^2\cos\theta}{\lambda\lambda'}+\frac{h^2}{\lambda'^2}\cos^2\theta+\frac{h^2}{\lambda'^2}\sin^2\theta$$

$$(mv)^2=h^2\left(\frac{1}{\lambda^2}+\frac{1}{\lambda'^2}-\frac{2}{\lambda\lambda'}\cos\theta\right)$$ 答

(8) $2mhc\left(\dfrac{1}{\lambda}-\dfrac{1}{\lambda'}\right)$ 答

【A】(7)，(8) 式より

$$2mhc\left(\frac{1}{\lambda}-\frac{1}{\lambda'}\right)=h^2\left(\frac{1}{\lambda^2}+\frac{1}{\lambda'^2}-\frac{2}{\lambda\lambda'}\cos\theta\right)$$

両辺に $\frac{\lambda\lambda'}{2mhc}$ を掛けて整理すれば

$$\lambda'-\lambda=\frac{h}{2mc}\left(\frac{\lambda'}{\lambda}+\frac{\lambda}{\lambda'}-2\cos\theta\right)$$

(9) $\lambda'\fallingdotseq\lambda$ とすると，$\frac{\lambda'}{\lambda}\fallingdotseq\frac{\lambda}{\lambda'}\fallingdotseq 1$ と近似できるので

$$\lambda'-\lambda\fallingdotseq\frac{h}{2mc}(1+1-2\cos\theta)=\underline{\frac{h}{mc}(1-\cos\theta)}$$ 答

λ を右辺に移項すれば，本冊で紹介した式が求まりますね。

確認問題 79　12-4 に対応

72 km/h で投げられた 150 g のボールの物質波の波長は何 m か。プランク定数を 6.6×10^{-34} J·s として計算せよ。

72 km/h は，$72\times1000\div60\div60=20$ m/s であるので

$$\lambda=\frac{h}{mv}=\frac{6.6\times10^{-34}}{0.15\times20}=\underline{2.2\times10^{-34}\ \mathrm{m}}$$ 答

確認問題 80 12-5に対応

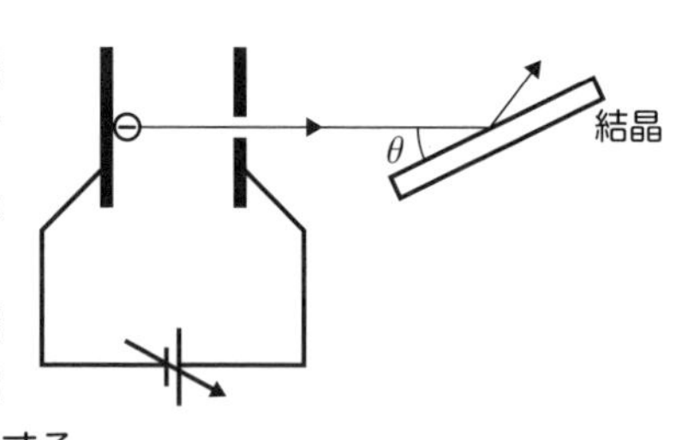

右図のような電子線を加速させる装置を使って，電子を照射角θで結晶へ照射する。加速電圧を0から増やしていくと，V_1〔V〕で初めて強い反射が起きた。
プランク定数をh〔J·s〕，電子の質量をm〔kg〕，電気素量をe〔C〕として，次の問いに答えよ。ただし，電子の初速度は0とする。

(1) 初めて強い反射が起きたときの，電子線の物質波の波長を求めよ。
(2) 結晶の原子の配列面の間隔を求めよ。
(3) 2度目に強い反射が起きるのは，加速電圧が何Vのときか。

(1) 極板にいた電子はeV_1〔J〕の位置エネルギーをもっており，それが運動エネルギー$\frac{1}{2}mv^2$に変わったので

$$eV_1 = \frac{1}{2}mv^2$$

$$v = \sqrt{\frac{2eV_1}{m}}$$

ゆえに，初めて強い反射が起きた波長をλ_1とすると

$$\lambda_1 = \frac{h}{mv} = \underline{\frac{h}{\sqrt{2meV_1}}\text{〔m〕}}$$ 答

(2) V_1のときに，初めて強い反射が起きたので，干渉の次数を$n=1$と考えて

$$2d\sin\theta = \lambda_1$$

$$d = \frac{\lambda_1}{2\sin\theta} = \underline{\frac{h}{2\sqrt{2meV_1}\sin\theta}\text{〔m〕}}$$ 答

(3) 加速電圧Vを上げていくと，(1)より波長は短くなっていきます。
$2d\sin\theta$は，Vによらず一定なので，2回目の強い反射が起こる波長をλ_2とすると，$n=2$と考えて

$$2d\sin\theta = 2\lambda_2$$

よって　$\lambda_2 = \frac{1}{2}\lambda_1$　……①

2回目の反射の起こる電圧をV_2とすると，(1)より

$$\lambda_2=\frac{h}{\sqrt{2meV_2}} \quad \cdots\cdots②$$

(1)の結果と①，②式より

$$\frac{h}{\sqrt{2meV_2}}=\frac{h}{2\sqrt{2meV_1}}$$

$$\sqrt{2V_2}=2\sqrt{2V_1}$$

$$2V_2=8V_1$$

$$\underline{V_2=4V_1\,〔\mathrm{V}〕}$$ 答

原子の構造

確認問題 81　13-2，13-3に対応

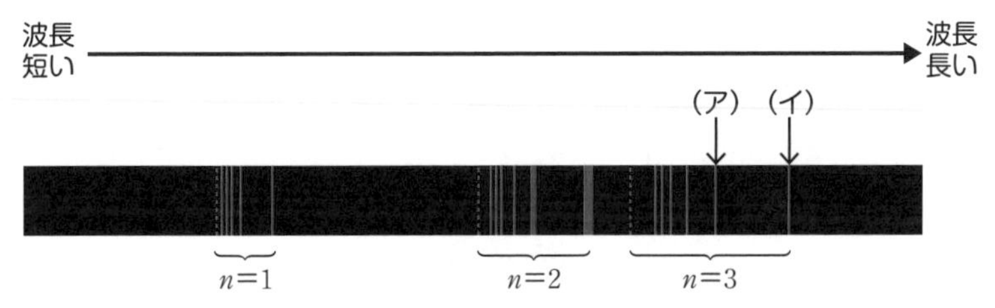

実験によって，高温にした水素原子の出す光の波長λは$\frac{1}{\lambda}=R\left(\frac{1}{n^2}-\frac{1}{n'^2}\right)$という関係を満たす$(n'>n)$と判明した。電子が$n'$の軌道から$n$の軌道に移るときに光子を放出する。上の図は，$n=1$，$n=2$，$n=3$のときに放出される高温にした水素原子の光の波長を示したものである。光の速さをcとし次の問いに答えよ。

(1) $n=1$，$n=2$，$n=3$のそれぞれの系列の名称を答えよ。

(2) $n'=2$の軌道から$n=1$の軌道へ移るときに，放出される光のもつエネルギー$E_{2\to1}$と，$n'=3$の軌道から$n=1$の軌道へ移るときに，放出される光のもつエネルギー$E_{3\to1}$をh，R，cを用いて表せ。

(3) 図中の$n=3$の系列に示してある(ア)，(イ)では，どちらのほうが外側の軌道(n'の値が大きい軌道)から遷移したときに放出された光を表しているか。

(4) $n=1$の系列と，$n=2$の系列では，放出される光のもつエネルギーはどちらが大きいか。

(5) $n=1$の状態(基底状態)の電子を取り除くのに，要するエネルギーはいくらか。

水素のスペクトルを用いた問題ですね。光子が放出される様子をイメージしながら，リュードベリの式を読み取りましょう。

(1) **$n=1$:ライマン系列，$n=2$:バルマー系列，$n=3$:パッシェン系列** 

(2) $n=1$に移ってくるのですから，ライマン系列の問題ですね。

リュードベリの式$\dfrac{1}{\lambda}=R\left(\dfrac{1}{n^2}-\dfrac{1}{n'^2}\right)$を用いましょう。

$n'=2$から移るとき，$n'=3$から移るときの波長をそれぞれ$\lambda_{2\to1}$，$\lambda_{3\to1}$とすると

$$\frac{1}{\lambda_{2\to1}}=R\left(\frac{1}{1^2}-\frac{1}{2^2}\right)=\frac{3R}{4} \qquad \lambda_{2\to1}=\frac{4}{3R}$$

$$\frac{1}{\lambda_{3\to1}}=R\left(\frac{1}{1^2}-\frac{1}{3^2}\right)=\frac{8R}{9} \qquad \lambda_{3\to1}=\frac{9}{8R}$$

$E=h\dfrac{c}{\lambda}$より

$$\boldsymbol{E_{2\to1}=hc\frac{1}{\lambda_{2\to1}}=\frac{3hcR}{4}}$$ 答

$$\boldsymbol{E_{3\to1}=hc\frac{1}{\lambda_{3\to1}}=\frac{8hcR}{9}}$$ 答

(3) (2)のリュードベリの式より$\lambda_{2\to1}=\dfrac{4}{3}\cdot\dfrac{1}{R}$，$\lambda_{3\to1}=\dfrac{9}{8}\cdot\dfrac{1}{R}$なので

$$\lambda_{2\to1}>\lambda_{3\to1}$$

つまり，同じ軌道に移る場合，近くの軌道から移るときのほうが，放出される光の波長は長いということがわかりますね。

外側の軌道から移ったときに放出される光のほうが，波長が短くなるということですので，**(ア)** 答

(4) 実験の結果より，$n=1$の系列のほうが放出される光の波長は短いですね。

放出される光のエネルギーは$h\dfrac{c}{\lambda}$なので，波長の短いほうがエネルギーは大きいということです。

$n=1$の系列で放出される光のほうがエネルギーが大きい。 

(5) 「取り除く」ということはnが∞になると考えましょう。$n=\infty$から$n=1$に移るときに放出される光子の波長を$\lambda_{\infty\to 1}$とすると

$$\frac{1}{\lambda_{\infty\to 1}}=R\left(\frac{1}{1^2}-\frac{1}{\infty^2}\right)=R$$

よって，$n=\infty$から$n=1$の軌道に電子が移るときに放出される，光子のもつエネルギーは

$$hc\frac{1}{\lambda_{\infty\to 1}}=hcR$$

逆に$n=1$から$n=\infty$に電子を移す，つまり$n=1$から電子を取り除くのに要するエネルギーも

確認問題 82　13-3 に対応

質量mの電子（電荷$-e$）が，原子核（電荷$+e$）の周りを，半径r_n，速さv_nで回っている。クーロンの法則の比例定数をk，プランク定数をh，光速をcとして，以下の問いに答えよ。

(1) 電子の円運動の運動方程式を立てよ。

(2) 電子が描く円軌道の1周の長さは，電子波の波長の整数倍となっている。この条件を何というか。また，その条件を式で示せ。

(3) 円軌道の半径r_nをh，k，m，e，nを用いて表せ。

(4) この電子のエネルギー準位E_nを，h，k，m，e，nを用いて表せ。

(5) エネルギー準位E_nの状態から，それよりも小さいエネルギー準位$E_{n'}$に移動するとき，それらの差のエネルギーをもった光が放出される。その光の波長をλとしたとき，$\dfrac{1}{\lambda}$をh，k，m，e，c，n，n'を用いて表せ。

(6) リュードベリ定数Rをh，k，m，e，cを用いて表せ。

(7) 電子が，$n=2$の軌道から基底状態へ移るときに放出される光の波長を有効数字2桁で求めよ。ただし，$R=1.1\times 10^7$〔1/m〕とする。

(1) $m\dfrac{v_n^2}{r_n}=k\dfrac{e^2}{r_n^2}$ 答

(2) **量子条件**，$2\pi r_n=n\cdot\dfrac{h}{mv_n}$ 答

(3) $r_n=\left(\dfrac{h}{2\pi}\right)^2\dfrac{n^2}{kme^2}$ 答

(4) $E_n=-\dfrac{2\pi^2k^2me^4}{h^2}\cdot\dfrac{1}{n^2}$ 答

(5) $\dfrac{1}{\lambda}=\dfrac{2\pi^2k^2me^4}{h^3c}\left(\dfrac{1}{n'^2}-\dfrac{1}{n^2}\right)$ 答

(6) $R=\dfrac{2\pi^2k^2me^4}{h^3c}$ 答

ここまでは本冊でやったことの確認なので，わからなかったら見直しておきましょう。

(7) $\dfrac{1}{\lambda}=R\left(\dfrac{1}{n'^2}-\dfrac{1}{n^2}\right)$において，$n=2$，$n'=1$として計算すると

$$\frac{1}{\lambda}=R\left(\frac{1}{1^2}-\frac{1}{2^2}\right)=\frac{3R}{4}$$

$$\lambda=\frac{4}{3R}=\frac{4}{3.3\times10^7}=1.21\times10^{-7}\fallingdotseq\underline{1.2\times10^{-7}\ \mathrm{m}}$$ 答

確認問題 83 13-4に対応

右の図は，X線の強さと波長の関係を表したグラフである。観測できたX線の最短の波長をλ_0，特異的に光が強くなったときの波長をλ_1，λ_2としてある。このグラフに関して，以下の問いに答えよ。

(1) 図の①，②のX線の名称を，それぞれ答えよ。

(2) λ_0は，何と呼ばれる波長か。

(3) 6.6×10^4 Vの電圧で電子を加速させてX線を発生させたときのλ_0の値を求めよ。プランク定数を6.6×10^{-34} J·s，光速を3.0×10^8 m/s，電気素量を1.6×10^{-19} Cとする。

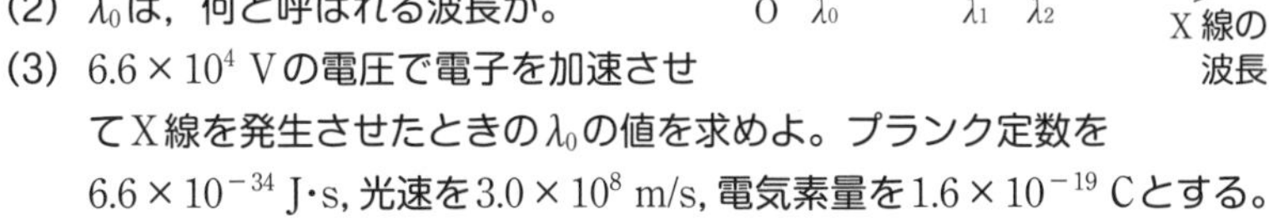

(4) 電子の加速電圧を小さくすると，λ_0，λ_1，λ_2の値はそれぞれどう変化するか。

解説

(1) **①：連続X線　②：特性X線(固有X線)** 答

(2) **最短波長** 答

(3) 最短波長は，電子のエネルギーをX線がすべて受け取った場合の波長ですね。

$$eV=h\frac{c}{\lambda_0}\text{より}\quad \lambda_0=\frac{hc}{eV}=\frac{6.6\times10^{-34}\times3.0\times10^8}{1.6\times10^{-19}\times6.6\times10^4}$$

$$=1.87\times10^{-11}\fallingdotseq \mathbf{1.9\times10^{-11}\ m}$$ 答

(4) $\lambda_0=\dfrac{hc}{eV}$より，Vが小さくなるとλ_0は大きくなります。

それに対して，特性X線の波長λ_1，λ_2はどうなるでしょうか。

特性X線は，はじき飛ばされた電子のところに，外側の軌道の電子が入り込むことで発生するX線であり，「エネルギー準位の差＝光子のエネルギー」の関係が成り立っていました。

したがって，発生するX線の波長は，軌道を移動した電子のエネルギー準位の差にのみ関係し，電子のエネルギーは無関係なのです。

よって，λ_1，λ_2は変わりません。

λ_0…**大きくなる**　λ_1，λ_2…**変わらない** 答

原子核反応

確認問題 84 14-1 に対応

次の原子の，陽子の数，および中性子の数を求めよ。

(1) $^{2}_{1}\mathrm{H}$　(2) $^{14}_{7}\mathrm{N}$　(3) $^{17}_{8}\mathrm{O}$　(4) $^{234}_{92}\mathrm{U}$

(1) 質量数が2，原子番号が1なので
陽子：**1個**　中性子：2－1＝**1個** 

(2) 質量数が14，原子番号が7なので
陽子：**7個**　中性子：14－7＝**7個** 

(3) 質量数が17，原子番号が8なので
陽子：**8個**　中性子：17－8＝**9個** 答

(4) 質量数が234，原子番号が92なので
陽子：**92個**　中性子：234－92＝**142個** 

確認問題 85 14-2 に対応

次の表を見て，空欄を埋めよ。

放射線	正　体	電　荷	電離作用	透過力
α線	(1)	(4)	(6)	(8)
β線	(2)	(5)	中	中
γ線	(3)	0	(7)	(9)

この表は，丸々覚えておきましょう。

(1)　**ヘリウム原子核($^4_2$He)**　(2)　**電子**　(3)　**電磁波**

(4)　$+2e$　(5)　$-e$　(6)　**強(大)**

(7)　**弱(小)**　(8)　**弱(小)**　(9)　**強(大)**　答

確認問題 86　14-2に対応

α線，β線，γ線が出ている放射性物質がある。右図 (1)，(2) において，どれがどの放射線にあたるかを答えよ。

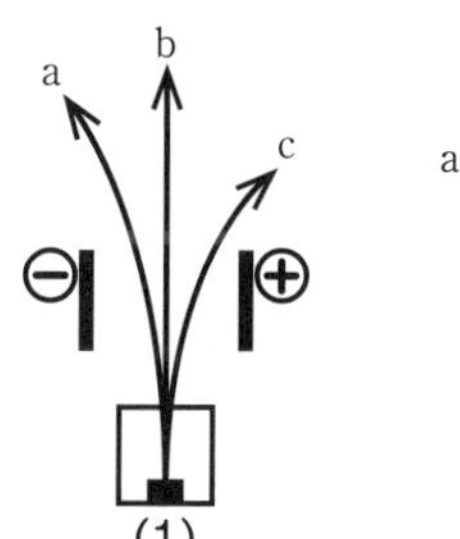

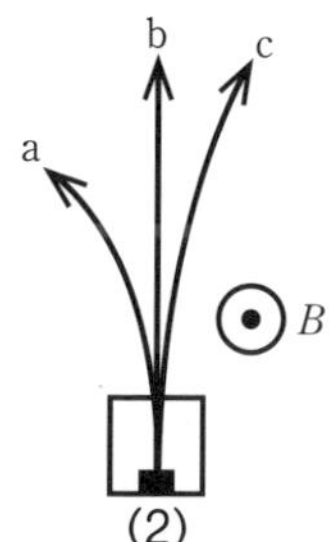

α線は$+2e$，β線は$-e$に帯電しており，γ線は帯電していないのでした。
(2) はフレミングの左手の法則を考えましょう。

(1)　a：**α線**，b：**γ線**，c：**β線**　答

(2)　a：**β線**，b：**γ線**，c：**α線**　答

確認問題 87　14-3 に対応

(1) $^{137}_{55}Cs$ が β 崩壊して Ba に変化するときの反応式を示せ。

(2) $^{14}_{6}C$ は β 崩壊をする。どんな原子核に変わるか。

(3) $^{232}_{90}Th$ が，α 崩壊を6回，β 崩壊を4回繰り返してできた原子の，質量数および原子番号を答えよ。

(4) $^{235}_{92}U$ は，α 崩壊と β 崩壊を繰り返し，$^{207}_{82}Pb$ となる。α 崩壊した回数，および β 崩壊した回数を求めよ。

(1) β 崩壊では，中性子が陽子と電子に変わります。その結果，原子番号が1増えた原子に変化し，電子を1つ放出するのでしたね。

$$^{137}_{55}\mathbf{Cs} \longrightarrow {}^{137}_{56}\mathbf{Ba} + {}^{0}_{-1}\mathbf{e}$$ 答

(2) β 崩壊は原子番号が1つ増えて，質量数は不変です。

$$^{14}_{6}C \longrightarrow {}^{14}_{7}N + {}^{0}_{-1}e$$

よって　$^{14}_{7}\mathbf{N}$ 答

(3) ・α 崩壊：質量数が4，原子番号が2減少。

・β 崩壊：原子番号が1増加。

これらのことを考えると

質量数：232 − 4 × 6 = 208 答

原子番号：90 − 2 × 6 + 1 × 4 = 82 答

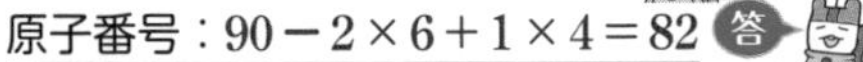

(4) α 崩壊，β 崩壊の回数を，それぞれ x，y とおくのがポイントです。崩壊を繰り返した結果，質量数は235から207へ，原子番号は92から82へと変化したので

$$235 - 4x = 207$$

$$92 - 2x + y = 82$$

2式より，$x = 7$，$y = 4$ となります。

α 崩壊：7回　β 崩壊：4回 答

α崩壊，β崩壊でどのように
質量数，原子番号が
変化するかを
理解するんじゃぞ

確認問題 88 14-4 に対応

(1) 半減期25年の原子核が400 gある。この原子核のうち，崩壊せずに残っているものが50 gになるまでには何年かかるか。

(2) 放射性崩壊する原子核が8 gあった。15日後に，崩壊せずに残っていた原子核は2 gであった。この原子核の半減期は何日か。

(3) はるか昔に伐採された木を発見した。この木に含まれる^{14}Cの量は，現在の大気中の^{14}Cの4分の1程度だった。この木が伐採されたのは何年前か。^{14}Cの半減期は5.7×10^3年として，推定せよ。

(1) 半減期の式$N=N_0\left(\frac{1}{2}\right)^{\frac{t}{T}}$より

$$50=400\left(\frac{1}{2}\right)^{\frac{t}{25}} \qquad \frac{1}{8}=\left(\frac{1}{2}\right)^{\frac{t}{25}}$$

$\left(\frac{1}{2}\right)^3=\frac{1}{8}$なので　$\frac{t}{25}=3$

よって　$t=$ **75年** 答

半減期の式のNやN_0は原子の個数ですが，ここでは質量を代入しています。原子の個数が多ければ質量が大きくなるので，質量でも半減期の式は成り立つのです。

(2) 半減期の式$N=N_0\left(\frac{1}{2}\right)^{\frac{t}{T}}$より

$$2=8\left(\frac{1}{2}\right)^{\frac{15}{T}} \qquad \frac{1}{4}=\left(\frac{1}{2}\right)^{\frac{15}{T}}$$

$\left(\frac{1}{2}\right)^2=\frac{1}{4}$なので　$\frac{15}{T}=2$

よって　$T=$ **7.5日** 答

(3) 木に含まれる^{14}Cは，大気からの補給により一定に保たれますが，切り倒されると補給がなくなるため，^{14}Cは崩壊していき，その存在率が低下していくのです。この事実を用いて，木や化石の年代を特定することを放射性炭素年代測定といいます。

木の^{14}Cの量が，$\frac{1}{4}$になったということなので

$$\frac{1}{4}=\left(\frac{1}{2}\right)^{\frac{t}{5.7\times10^3}}$$

$\left(\frac{1}{2}\right)^2=\frac{1}{4}$なので　$\frac{t}{5.7\times10^3}=2$

よって　$t=1.14\times10^4\fallingdotseq$ **1.1×10^4年前** 答

確認問題 89 14-5に対応

(1) $^4_2$Heの原子核の質量欠損は何kgか。陽子の質量を1.0073 u，中性子の質量を1.0087 u，$^4_2$Heの質量を4.0026 uとして，有効数字3桁で求めよ。ただし，1 u $=1.66\times10^{-27}$ kgである。

(2) $^4_2$Heの原子核の結合エネルギーは何Jか。また，何MeVか。有効数字3桁で求めよ。1 MeV $=1\times10^6$ eVであり，光速を3.00×10^8 m/s，電気素量を1.60×10^{-19} Cとする。

(1) 質量欠損は(バラバラの状態の質量)−(原子核の状態の質量)でしたね。

$^4_2$Heは，陽子数2，中性子数$4-2=2$なので

$$\varDelta m=2m_{\mathrm{p}}+2m_{\mathrm{n}}-M=2\times1.0073+2\times1.0087-4.0026$$
$$=0.0294\ \mathrm{u}$$

$$0.0294\times1.66\times10^{-27}=4.880\times10^{-29}\fallingdotseq \mathbf{4.88\times10^{-29}\ kg}$$ 答

(2)　$\Delta E = \Delta mc^2$ より

$$\Delta E〔\mathrm{J}〕= 4.880 \times 10^{-29} \times (3.00 \times 10^8)^2$$

$$= 4.392 \times 10^{-12} \fallingdotseq \underline{4.39 \times 10^{-12}\ \mathrm{J}}$$ 答

また，$1\ \mathrm{eV} = 1.60 \times 10^{-19}\ \mathrm{J}$（確認問題74参照）であるので

$$\Delta E〔\mathrm{eV}〕= 4.392 \times 10^{-12} \div (1.60 \times 10^{-19})$$

$$= 27.45 \times 10^6\ \mathrm{eV} \fallingdotseq \underline{27.5\ \mathrm{MeV}}$$ 答

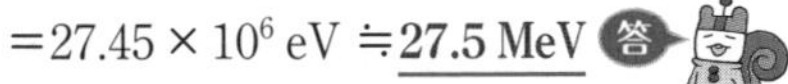

確認問題 90　14-6 に対応

次の核反応式の空欄を埋めよ。

$${}^{9}_{4}\mathrm{Be} + {}^{4}_{2}\mathrm{He} \longrightarrow \boxed{(1)} + {}^{1}_{0}\mathrm{n}$$

$${}^{7}_{3}\mathrm{Li} + {}^{1}_{1}\mathrm{H} \longrightarrow 2\boxed{(2)}$$

$${}^{235}_{92}\mathrm{U} + {}^{1}_{0}\mathrm{n} \longrightarrow {}^{103}_{42}\mathrm{Mo} + {}^{131}_{50}\mathrm{Sn} + 2\boxed{(3)}$$

核反応の前後では，質量数，および原子番号の和は不変であることを使って考えましょう。

(1)　${}^{12}_{6}\mathrm{C}$　(2)　${}^{4}_{2}\mathrm{He}$　(3)　${}^{1}_{0}\mathrm{n}$ 答

確認問題 91 14-7に対応

核融合 $^{2}_{1}\mathrm{H} + {}^{2}_{1}\mathrm{H} \longrightarrow {}^{3}_{2}\mathrm{He} + {}^{1}_{0}\mathrm{n}$ を考える。この反応によって減少したエネルギーを求めてみよう。$^{2}_{1}\mathrm{H}$，$^{3}_{2}\mathrm{He}$，および中性子 $^{1}_{0}\mathrm{n}$ の質量をそれぞれ2.01411 u，3.01603 u，1.00866 uとする。ただし，$1\,\mathrm{u} = 1.66 \times 10^{-27}\,\mathrm{kg}$ であるとし，光の速さを $3.00 \times 10^{8}\,\mathrm{m/s}$，電気素量を $1.60 \times 10^{-19}\,\mathrm{C}$ とする。以下の問いに有効数字3桁で答えよ。

(1) 反応前後で減少した質量は何kgか。

(2) 反応前後で減少したエネルギーは何Jか。

(3) 反応前後で減少したエネルギーは何MeVか。

解説

(1) 反応前の質量は $2 \times 2.01411 = 4.02822\,\mathrm{u}$，

反応後の質量は $3.01603 + 1.00866 = 4.02469\,\mathrm{u}$ であるので，減少した質量は

$$\begin{aligned}\Delta m = 4.02822 - 4.02469 &= 3.53 \times 10^{-3}\,\mathrm{u} \\ &= 3.53 \times 10^{-3} \times 1.66 \times 10^{-27} \\ &= 5.8598 \times 10^{-30}\,\mathrm{kg} \\ &\fallingdotseq \underline{\mathbf{5.86 \times 10^{-30}\,kg}}\end{aligned}$$ 答

(2) $$\begin{aligned}\Delta E = \Delta m \cdot c^{2} = 5.86 \times 10^{-30} \times (3.00 \times 10^{8})^{2} &= 5.274 \times 10^{-13} \\ &\fallingdotseq \underline{\mathbf{5.27 \times 10^{-13}\,J}}\end{aligned}$$ 答

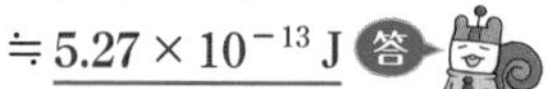

(3) $$\begin{aligned}\Delta E = 5.274 \times 10^{-13}\,\mathrm{J} &= \{5.274 \times 10^{-13} \div (1.60 \times 10^{-19})\}\,\mathrm{eV} \\ &= 3.296 \times 10^{6}\,\mathrm{eV} \\ &\fallingdotseq \underline{\mathbf{3.30\,MeV}}\end{aligned}$$ 答

確認問題 92　14-7 に対応

以下の問いに答えよ。

(1) ある物体が静止した状態から，右図のように質量mと質量Mの2つの物体に分裂し，正反対の向きへ動き始めた。質量mの物体の速さをv，質量Mの物体の速さをVとするとき，$\dfrac{v}{V}$はいくらか。

また，質量mの物体のもつ運動エネルギーE_mと質量Mの物体のもつ運動エネルギーE_Mの比，$\dfrac{E_m}{E_M}$をm，Mを用いて表せ。

(2) 静止しているU（ウラン）原子核がα崩壊をして，Th（トリウム）原子核になった。U原子核の質量をM_{U}，Th原子核の質量をM_{Th}，α粒子の質量をmとする。このとき発生するエネルギーEを求めよ。また，α粒子の運動エネルギーE_αをEを用いて答えよ。ただし，光の速さはcとして，発生したエネルギーEはすべてTh原子核とα粒子の運動エネルギーになるものとする。

力学の分裂から，原子分野のα崩壊へとつなげた問題です。運動量保存則と運動エネルギーの関係を理解しましょう。

(1) 運動量保存則より

$$mv = MV$$

$$\frac{v}{V} = \frac{M}{m}$$ 答

また，$E_m = \dfrac{1}{2}mv^2$，$E_M = \dfrac{1}{2}MV^2$より

$$\frac{E_m}{E_M} = \frac{mv^2}{MV^2} = \frac{m}{M}\cdot\left(\frac{v}{V}\right)^2 \quad \longleftarrow \left(\frac{v}{V}\right)^2 = \left(\frac{M}{m}\right)^2$$

$$= \frac{M}{m}$$ 答

この結果より，静止状態から分裂した2つの物体の運動エネルギーの比は，質量の逆比になるということがわかりましたね。

(2) 質量の減少量　$\Delta m = M_{\mathrm{U}} - M_{\mathrm{Th}} - m$

よって　$\underline{\boldsymbol{E = \Delta m c^2 = (M_{\mathrm{U}} - M_{\mathrm{Th}} - m)c^2}}$ 答

分裂後のTh原子核の運動エネルギー，α粒子の運動エネルギーをE_{Th}，E_{α}とすると，分裂で生じたエネルギーはすべてTh原子核とα粒子の運動エネルギーになるので

$$E_{\mathrm{Th}} + E_{\alpha} = E \quad \cdots\cdots ①$$

(1) の結果より

$$\frac{E_{\alpha}}{E_{\mathrm{Th}}} = \frac{M_{\mathrm{Th}}}{m} \quad \cdots\cdots ②$$

①，②より

$$E_{\alpha} = \frac{M_{\mathrm{Th}}}{m} E_{\mathrm{Th}} = \frac{M_{\mathrm{Th}}}{m}(E - E_{\alpha})$$

$$\frac{m + M_{\mathrm{Th}}}{m} E_{\alpha} = \frac{M_{\mathrm{Th}}}{m} E$$

よって　$\underline{E_{\alpha} = \boldsymbol{\frac{M_{\mathrm{Th}}}{m + M_{\mathrm{Th}}}} E}$ 答

The Most Intelligible Guide
of Physics in the Universe:
Electromagnetics & Thermodynamics
& Atomic physics
for High School Students